作業研究

Introduction to Management Science-

Mastering Quantitative Analysis

Michael E. Hanna ◎著

李茂興 ◎譯

序言

本書內容主要介紹數量方法的應用，以及說明經理人如何藉由數量方法的輔助來制定決策。全書重點在於教導學生如何應用管理科學的概念，而不在於使修課的學生成爲專家，專門從事統計計算。對於未來的決策者而言，能夠瞭解管理科學的各種模型並加以應用，毋寧更爲重要。

雖然管理科學的領域裡必須使用大量的數學模型與工具，但本書儘量以簡單的方式加以說明，以適合並不想鑽研數量模型的學生。對於修過代數或是機率、統計的學生來說，會發現本書非常清楚與容易瞭解。如果部份章節用到較多的數學，都會在範例中詳細說明，這麼做的主要目的在於提供學生一個溫故知新的機會，複習過去學過的數學。雖然本書中的數學並不困難，但學生們會發現，要完全瞭解書中所介紹的管理科學概念、並加以應用來解決管理問題，仍然是一項挑戰。

在本書每一章節的開始都會先點出一些問題，是經理人實際上遭遇、且必須解決的問題。藉由這些問題，可以激發學生們學習管理科學的動機，並使學生們瞭解到，管理科學的模型與概念不只是理論，而是爲瞭解決實際的管理問題。至於解決問題所需的方法與工具，都會在各章的正文中詳細介紹。

在每一章節前面出現的範例都是較單純的問題，利用這些單純的問題，能使學生將重點放在管理科學的概念上，這會比一開始就介紹數學模型來得有效。隨後，在各章接續的各小節以及習題部份，問題的複雜性會逐漸昇高。這些問題與現實中發生的問題相似，透過這些問題的討論與練習，有助學生瞭解實際狀況。在求解大型問題時需要電腦輔助，教師可以要求學生利用電腦求解，並對計算節果作有意義的解釋。

書中還會出現一些專欄，或作爲進一步說明管理科學應用廣泛的例子，或將應用方法作一摘要。

寫給教師

本書所介紹的方法，在於強調如何認知管理問題、如何建立合適的模型、以及如何應用電腦求解與解釋結果。在目前電腦套裝軟體普遍應用的環境下，這種課程設計應屬相當恰當。本書的重點在於瞭解管理科學的基本概念，而不是訓練學生成爲計算的工具。

在大部份的章節中，簡短的解釋已經足以使學生瞭解如何使用數學工具，但第五章（單形法與敏感度分析）與第六章（運輸與指派問題）可能較複雜，需在算術上多花一些時間。如果在初階的管理科學課程中刪除這些章節，並不會影響到課程的連貫性。在線性規劃的應用部份同時也會提到運輸與指派問題（不是以特殊法求解），這些問題也可以用線性規劃的方式求解。因此，即使希望介紹運輸與指派問題，也不一定要教第六章。

教師可以依據需要，自行設計教學的順序，不必依照書中的章次，但有一些例外。第二章介紹性規劃，必須先於其他有關線性規劃的應用（第三、四、五章）運輸與指派問題（第六章）、整數規劃與目標規劃（第七章）；另外，第十二章是決策模型的第一部份，必須先於第十三章。除了這些限制之外，教師可以自行編排教學順序。

特色

為了提高本書的教學效果，本書增添下列特色：

・本書的內容能使教師依需要自行編排順序。
・每一章的開始都有內容大綱。
・在「應用」專欄中，提供眞實世界的案例，使學生瞭解如何將管理科學的技術實際應用。
・在「全球觀點」專欄中，介紹商業世界的全球化特性，以及相關技術如何應用到全世界。
・專有名詞部份整理出每一章的關鍵字。
・問題部份呈現每一章的概念，使學生思考每一章所探討的概念。
・習題部份提供學生練習的機會，可以利用各章所介紹的技術求解問題。有時會要求學生提供有管理涵義的解答，而不只是利用所學的技術求出數字而已。
・有些章節最後會有案例，使學生能有機會利用所學技術解決較大型的問題。在這些問題中會要求學生提供管理報告，使學生能將相關的資訊組織起來。這是一般最常用的管理方法。

關於本書作者Michael E. Hanna

Michael E. Hanna 是休士頓大學澄湖校區（University of Houston-Clear Lake）決策科學（Decision Science）系的副教授，在德州科技大學（Taxes Tech University）分別取得經濟學學士、數學碩士與作業研究博士學位。

在超過20年的教學生涯中，Hanna博士曾經在統計、管理科學、預測以及其他數量研究的領域授課，經驗豐富。他曾獲得許多教學方面的殊榮，並且對管理學院學生的數學焦慮症發表過多篇論文。Hanna博士對於教育方法的發展與創新一直不遺餘力，貢獻了許多心血。

目前 Hanna博士的研究領域包括：成本預估方法、目標規劃、以及最小絕對值迴歸法等，並在作業研究學會期刊（Journal of the Operational Research Society）、電腦與作業研究（Computers and Operations Research）、海軍補給研究季刊（Naval Research Logistics Quarterly）以及其他國際知名季刊上多有論文發表，目前他並擔任電腦與作業研究雜誌的編輯。

Hanna博士在決策科學學會（Decision Sciences Institute）中非常活躍，在許多分會都擔任過委員，尤其在西北區分會中，他甚至還擔任會長。Hanna博士在休士頓大學澄湖校區也擔任許多行政職務，包括：決策科學系的課程協調人以及經濟、財務管理、行銷管理以及決策科學系的系主任。

目　錄

第1章

管理科學介紹

1.1簡介
1.2管理理論
1.3管理科學的簡史
1.4模型
1.5管理科學方法解決問題
1.6管理科學與職業生涯
1.7管理科學與電腦系統
1.8本書縱覽
1.9使用電腦軟體
字彙
問題與討論

1.1 簡介

經理人經常要面對問題、作出抉擇並解決問題，**管理科學**（management science）是一種**科學方法**（scientific method），可在決策過程中協助經理人做出決定。在管理科學領域中，數學模型是非常重要的一部份：在其他領域如作業研究、數量分析、數量方法及決策分析等，也經常會討論到數學模型。

在這一章中，將要介紹管理科學解決問題的方法，以及如何將這些方法應用至一般管理領域上；同時，也要介紹決定解決問題的步驟。在本書的後半部份，會介紹一些數學工具及模型，這些技術可以幫助經理人作成更好的決策。身為一位未來的經理人，必須儘可能擁有更多工具以作決策。

本書及管理科學課程並不能成就管理科學的專家，然而，當讀完本書時，讀者將會對經理人所應掌握的管理科學工具有基本認識。好的經理人必須具備各種能力，如瞭解使用各項工具的適當時機為何、有能力與管理科學界的專家進行討論、以及執行模型所建議的解決方式。當然，好的經理人更應有能力瞭解經濟環境或其他條件的改變，並瞭解如何修正由管理科學技術所引導出的決策。

1.2 管理理論

在管理學原理的課程中，定義管理為：為達成特定的目標，對一個組織所作進行規劃、組織、領導等的程序。近年來，已有許多理論在討論以上這些內涵究竟為何。早期的**古典科學管理**（classical approach to management）著重在組織的結構及行政管理，主要重點在於討論組織所產生的結果。此一學派甚少關注員工所扮演的角色，因此引發了勞工運動，使焦點轉向勞工所處的困境，進而產生了**行為學派管理**（behavioral school of management）。新學派強調在組織中「人」的因素之重要性：雇主善待員工使員工滿足其待遇，而一個滿足的員工將同時是一位有生產力的勞工。

在第二次世界大戰期間，不同領域的專家，包括：數學家、物理學家、軍事戰略專家及其他科學家等聚集起來形成研究小組，以研究軍事決策，也開創了作業研究的領域。當這些專家回歸平民生活時，同時也帶回了從其他同事身上學到電腦科技的發展，使數量模型更為廣泛應用。

的知識及技術，使得管理科學或**數量方法管理**（quantitative methods approach to management）成形。這一套方法的重點，在於如何利用數學模型協助經理人作決策；電腦科技驚人的進展，對於這些技術的擴散更有極大的貢獻。

在現代管理方法中，有一門稱為**系統取向**（systems approach），認為組織的每一部份都與其他部份相關，而一個組織本身同時也是一個國家或國際經濟體系的一部份。

目前新興的學派為**權變取向管理**（contingency approach to management），此一學派的基本前提認為，對一個特定的情況而言，最好的方法與方式為何，必須取決於這個特定的情況，幾乎沒有管理原則或概念可以放諸四海而皆準。

系統取向及權變取向管理都指出，作決策時必須儘可能去考慮每一個面向；甚至，連行為學派或管理科學方法的擁護者也承認，如果經理人能考慮各種管理學派或理論所強調的部份，將受益匪淺。

對經理人而言，數量因素與質性因素有相同的重要性。數量因素指的是可計算的部份如成本或收益，管理的數量部份是管理科學模型的重點，亦即是本書所要討論的重點；這一部份，多利用**數量分析**（quantitative analysis）進行討論。質性因素則是指較難、有時甚至不可能去測量的部份，包括：員工對工作的滿意度、員工的工作動機，以及公司的公眾印象等。這些對於經理人而言非常重要，但目前都是不可計算的，質性方面的管理一般都在其它的管理課程上討論，而非管理科學的重點。

1.3 管理科學的簡史

今天所使用的管理科學技術，大多起源於1800年代或1900年代早期。一般相信，泰勒（Frederick W. Taylor）早在1800年代晚期已經建立了管理科學的原則，他將重點放在製造領域，利用最有效率的方法來完成工作。之後，甘特（Henry L. Gantt）延伸泰勒的作法，建立一套利用圖表來安排工作的方法。在既有的技術之上，這一套方法帶來了可觀的進步。同樣也利用泰勒的作法，1900年代初期，Frank and Lillian Gilbreth發展出時間與動機研究的原理。

早期的存貨模型規劃是由巴柏克（George D. Babcock）所完成，1912年，他發展出一套方程式以決定最適產量。1915年，這套方法由哈里斯（F. W. Harris）繼續延伸，一般相信他建立了經濟訂購數量模型（Economic order quantity model）。同時，第一次世界大戰開始，作業研究進一步發展最明顯的結果，是藍契司特（F. W. Lanchester）應用數量方法預測出1914年戰爭所產生的結果。

1917年，厄爾朗（A. K. Erlang）研究打電話的行為模式，發展出一套公式，以描述排隊模型（queuing model）的運作，這也成為今天排隊模型的基礎。1924年，許瓦特（Walter Shewart）利用機率與統計發展出控制圖表（control charts），作為品質控制（quality control）的基礎。機率與統計繼續被應用，1928年，多吉與羅米格（H. F. Dodge & H. G. Romig）發展出統計抽樣圖表，後來在數量控制中應用廣泛。

在1930年代，萊文森（Horace C. Levinson）利用數學模型，表達當市場狀況如價格或廣告方式改變時，消費者將有何種反應。在此同時，里昂提夫（Wassily Leontief）建立了線性規劃形式的投入─產出模型，來代表美國經濟體。在下一章，將可以看到如何利用線性規劃技術，來決定稀少資源的最適分配方式。

無數的數學模型在二次大戰前被廣泛應用，而作業研究這種跨學科解決問題方法的概念，在戰後逐漸興盛。戰時為了協助軍事行動，不同學科的專家集結成團隊，以支持相關的研究。其中有一個小組，叫做「布萊克的馬戲團」（Blackett's

Circus)，由物理學家布萊克（P. M. S. Blackett）領軍，成員包括：一位軍官、一位調查員、三位生理學家、一位太空物理學家、一位普通物理學家、二位數學家，以及二位數理物理學家。這個小組研究雷達、潛水艇，以及武器與食物的後勤補給。另有一個小組與美國空軍八號戰機共同工作，負責提高目視與雷達轟炸任務的準確度。在1942年，只有15%的轟炸能擊中1000呎內的預設目標；二年後，由於作業分析小組所提的建議，準確度已提高爲60%以上。

戰後，這些小組成員非常熱切於將戰時所學應用到平時生產，在被某些懷疑論者接受後，這些來自英格蘭及美國的科學家受到鼓勵，持續不斷進行相關研究。在1947年，唐次希（George Dantzig）發展出一套單形法以求解線性規劃問題，至今仍廣泛使用。在1950及1960年代，由於電腦科技的進步，線性規劃的應用更爲普遍。

在許多專業性組織逐漸設立後，使管理科學界獲得更多的關注。1950年，英格蘭開始有了「作業研究學會」（Operational Research Society）；在美國，「作業研究學會」（Operations Research Society）及「管理科學學會」（Institute of Management Sciences）也分別在1952及1953年創立。1995年，這二個機構合併爲「作業研究及管理科學學會」（Institute for Operations Research and Management Sciences, INFORMS）。1969年，另一個重要的專業機構—「決策研究學會」（Decision Science Institute），也隨之設立。

1960年代起，大學裡也開始有相關的學術課程，並授予學位。由於電腦科技及軟體不斷進步，使管理科學技術的應用深受激發而大幅成長。在稍後各章中，將陸續介紹這些技術及其應用。

1.4 模型

模型（model）代表一個實際情況或主題，應用模型是管理科學中是很重要的一部份。在這一門學科中，使用的模型都是**數學模型**（mathematical model）。在本章的後半部份，將可看到如何應用數學模型以建立電腦模型。

數學模型可能很複雜，或簡單得只有一條方程式，例如，表達建築成本因房屋面積大小而不同。如果讓變數 x 代表房子的面積（平方呎），成本方程式可能是：

企業可以利用數量模型找出最佳的工廠地點。

$$成本 = 20,000+50x$$

這表示如果要蓋一棟3,000平方呎的房子，則成本預估爲：

$$成本 = 20,000+50(3,000) = \$170,000$$

如果公司明年要蓋30棟新房子，這個方程式將有助於推估成本預算。

另一種模型稱爲**實體或圖像模型**（physical or iconic model），像飛機或汽車模型，外型與實物非常相似，使工程師不必製造出眞的飛機或汽車，即可分析改變風阻設計的影響。

第三種稱爲**類比模型**（analog model），指模型性質與實物相似，而非外觀相似。溫度計即是一個類比模型，因爲溫度計以水銀柱來模擬溫度的高低。

數學或管理科學模型的優點，是讓經理人無須眞正作成決策，即可瞭解不同決定所造成的影響。例如，公司想要在二個可能地點之一蓋新廠房，可利用數學模型來決定相關的成本爲何。當這二個可能的地點被選定後，不需要進行實際的建築工事，只要利用數學模型，即可瞭解不同的地點成本如何變化。如果未來交

應用—管理科學帶來成功

森米格公司（San Miguel Corporation, SMC）是菲律賓最多角化經營的公司，範圍遍佈整個群島，有超過30,000位的員工。這個公司有飲料（包括：啤酒、果汁、酒以及汽水）、包裝（內部及外部）、食物及活禽（雞、牛、冰淇淋及椰子油）等三項主要業務。爲了管理這些不同的事業，公司必須借助作業研究部門的協助。

"Coca-Cola" 是可口可樂公司的註冊商標

SMC的作業研究部門建立於1971年，並從那時開始不斷成長。SMC利用管理科學技術來規劃廠房建築（包括：倉庫地點的選擇）、安排工作及機器的運作、混合生產配方，以及存貨系統規劃。任何時候，作業研究小組總是忙著評估二個倉庫地點計畫，好爲啤酒部門尋找倉庫；混合生產配方應用在許多方面，從動物飼料到冰淇淋的製作都有。同時，作業小組也利用模擬來分析設備擴增、選擇廢水處理設備、設計釀製場及規劃成本。

因爲有效整合作業研究方法並應用至決策過程，這個小組獲得「美國作業研究學會」（Operations Research Society of America, ORSA）的獎勵。SMC能夠成功保有競爭優勢，一部份應歸功於作業小組對於基層生產線造成的影響；另一方面，則是因爲SMC的管理哲學「SMC到處都有作業研究型的員工」。SMC的總裁艾曼迪（Francisco Eizmendi Jr.）在頒獎典禮上的致詞中特別提到：「對於作業研究小組在本公司所扮演的積極角色，森米格的管理當局在此表達無比的敬意與謝意」。

資料來源：Rosario, E. A., del, October 1994, "OR Brew Success for San Miguel." *OR/MS Today*: 24-30.

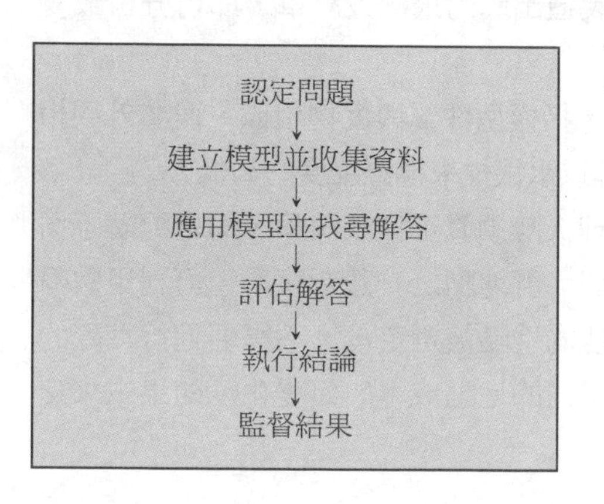

圖 1.1

管理科學解決問題的方法

通或生產成本增加，利用這樣的模型，也可用來分析成本變化的情形。在管理科學學派中，數學模型是非常重要的一部份。

1.5 管理科學方法解決問題

管理科學中有一套非常重要的基本方法，是由科學方法衍生出來的，已有幾世紀的發展歷史。到現在，這項基本原理也在其他領域被廣泛接受，（圖1.1）是這套方法的詳細步驟。在接下來的範例中，將逐步討論並解釋每一步驟。

範例

貝興城市建築公司每年大概要興建約30棟新房子。為了整體的規劃，公司必須推估蓋一棟3,000平方呎的房子所需的成本。公司曾蓋過的房子面積自1,800至3,500平方呎不等，依據經驗法則，公司相信，房屋面積是決定成本的主要因素。

以上這個範例，將會用於討論應用管理科學方法來解決問題的各個步驟。大部份的問題較這個範例複雜許多，但這個範例以足以解釋基本概念。

認定問題

應用管理科學方法解決問題的第一步，就是要認清並定義問題；經理人必須清楚瞭解發生問題的結構與情況為何，才有能力認定問題。同時，經理人也必須有能力觀察產生影響的因素，以及產生的特定影響是什麼。

這個步驟看似明顯易懂，但對於解決問題卻非常重要，將影響所需的時間及努力。一個問題如果未適當地定義，決策者花費再多的時間與努力，都浪費在不重要的問題上，真正的問題仍未解決。

另外，在這個階段，也必須考慮問題所產生的潛在利益與成本。如果解決問題所需的成本，大於解決後所能帶來的效益，那麼，或許這個問題並非如此重要，不值得花費太多的時間與精力。

在貝興城市公司的範例中，立即的問題，是公司想要估算建造一棟3,000平方呎的房子所需的成本；另外，公司也想建立起一套簡易的成本估算原則，以便以後應用在各種面積的建築上。面對這個問題，經理人就必須瞭解，什麼是房屋建築成本的主要因素。

建立模型並收集資料

瞭解問題後，經理人必須決定，在特定情況下應該應用哪一種模型。本書中，我們將介紹現今商業界最常使用的幾種管理科學模型。

建立模型的過程中，收集模型分析所必要的資料是一項重要工作。經理人常會發現，某個模型非常適用於某種特定情況，但所需要的資料卻非常昂貴或根本不可得。

在貝興城市的範例中，經理人想要預估建築成本，而且相信面積是主要的影響因素。因此，模型可能爲：

$$C = a+bx$$

其中

C = 建築成本

a = 常數(固定成本)

b = 變動成本

x = 房屋面積(平方呎)

所要收集的資料，是這個公司之前所蓋的房屋面積及所花費的成本。利用回歸分析（將於後面章節中討論），我們可以得到模型裡的 a 及 b：

$$C = 20{,}000+50x$$

這個模型就可以用來推估成本。

應用模型並找尋解答

下一個步驟，是要將收集來的資料應用在模型中，而模型將會產生解答，協助經理人找出解決問題的可行方案。有許多情況，答案可能不只一個。

在貝興城市的範例中，模型是：

$$C = 20{,}000+50x$$

如果要推估3,000平方呎的建築成本，令 $x = 3{,}000$，則可得

$$C = 20{,}000+50(3{,}000) = \$170{,}000$$

則預估成本爲$170,000。

評估解答

當解答產生後，經理人必須審慎評估，以決定這是否爲適當解；因爲資料可能無效或不完整，會使模型求出的解發生錯誤。

如果使用的資料皆是正確的，則管理科學模型所產生的解答也會是正確的，但對經理人而言，並不意味著這必然是個適合的解決方案。模型可能並未完全反映眞實的情況，或者某些重要因素無法放入模型中，經理人必須判斷解答的適合性。基於經理人的評估結果，模型會有所修改，因而會產生另一個解答。而當經理人之所以認爲模型無效的原因，是因爲無法將重要因素放入時，此時雖然模型所產生的解答無法執行，但也可揭露許多重要訊息。

在貝興城市的範例中，建造3,000平方呎的成本預估爲$170,000，經理人可依過去經驗評估是否合理。如果當時環境有所調整，如勞工成本可能上升，或這棟建築因爲構造特殊使成本偏高時，必須適度修改模型。在檢視模型的準確性時，經理人可將過去的實際情形用於模型，以觀察模型的可行性。這可提供經理人一個指標，看看模型所顯示的預估成本與實際成本是否有太大的出入。

執行結論

結果產生後必須去執行。如果執行結論將使員工改變工作方式，執行將會變得很困難，所以，經理人必須瞭解所做的決策會對組織及員工產生什麼影響。在執行決策時，行爲的管理非常重要。

在貝興城市的範例中，這個解答與執行並無關係。得到預估成本後，公司所要做的，只是將這個數值用在建築計畫上。這個模型可能繼續存在，因爲它也可用來預估未來的房屋建造成本。如果公司過去的管理當局曾使用其他模型來預估成本，則經理人必須設法說服其他人接受新模型的有效性。

監督結果

由管理科學所產生的特定結論，可以在特定時間適用於特定情形，但組織的運作情況隨時受不同的因素之影響而改變，一位好的經理人必須隨時監督決策結果，看看環境、條件是否有所改變。經濟條件改變時，其他的解決方式或許更好。本書中，我們將考慮當輸入的資料有所改變時，將如何影響模型的最適解。

在貝興城市的範例中，要監督模型的運作是否良好，管理階層必須定期檢查模型是否仍然有效。通貨膨脹及建材、建築方式的改變，都可能使模型失去準確性。如果管理階層發現模型失效，必須重新收集資料並更新模型。

1.6 管理科學與職業生涯

管理科學界有許多就業機會，而在其他領域的職場中，管理科學技術也扮演重要角色。如果某人的職銜是「分析師」， 那麼，他可能即是利用管理科學以協助公司作成決策的人。

有許多大型的公司，僱用數量分析師或作業研究人員成立一個特別的部門，以作爲公司其他部門的資源，像「美國航空」（American Airlines）、「美國合眾航空」（USAir）及其他許多航空公司都成立有作業研究部門並固定招募新人。利用管理科學來安排空勤人員、管理收益、值勤時間，以及市場行銷，使這些公司經歷成功，使其他交通運輸公司也紛紛起而仿效，利用作業研究人員來解決相同的問題。

大型的會計公司一般都有不同的管理諮詢部門，這些部門僱用許多技術分析、電腦應用，以及溝通的專業人才，管理科學或作業研究的技術分析課程，可以爲這些專業人才提供必要的訓練。除了會計公司之外，其他獨立的企管顧問公司也有相同的功能。

其他如財務分析、生產規劃、行銷研究，以及存貨控管分析等，也爲具有專長的人提供適當的工作機會；近年來，新興領域如環境及健康管理等，也提供相關的就業機會。成本—效益分析技術是管理科學的延伸，管理科學的技術可以協助經理人找出最小成本或最大效益的方案。

1.7 管理科學與電腦系統

在本書中所使用的模型，許多都會與電腦系統結合，以協助經理人解決問題。電腦可以用來儲存、組織及分析資料，以及提供給經理人對公司管理有用的訊息，而這樣的系統也被稱爲*管理資訊系統*（management information system；MIS）。利用這套系統，經理人可以做一些例行工作，如產生報告或進行交易，

全球觀點—管理科學應用在伐木業

對智利的經濟而言，伐木業非常重要，每年全球的銷量有14億美元。最近五年來，管理科學對於伐木業的決策過程，有越來越重要的影響。其中一個重要原因是管理科學的進步，促使這個產業的出口更發達。為了要取得國際競爭優勢，智利的伐木業被迫要降低營運成本，改善生產、銷售，以及投資決策。

智利基金會是一個非營利性的組織，致力於連結管理科學界及伐木業者，目的在於協助研究人員找出業界的眞正需要，這種合作關係產生了一種稱為 ASICAM 的卡車排班系統。ASICAM 主要用於運輸決策，利用一個模擬系統來安排卡車的排班表。運輸成本約佔伐木業成本的 40%，這個系統為智利的伐木業每年約省下 700 萬美元。

研究人員同時也開發了一種短期的線性規劃模型，目的在於使木材的供應能配合外銷、鋸木場，以及紙漿場的短期需求，而不致有太多的浪費。這個模型利用存貨模擬以預測需求的改變，並告知伐木公司避免不必要的運輸，以節省成本。

在長期生產方面，則是用線性規劃及整數規劃模型來進行規劃。規劃時間以 45 年為一期，模型協助經理人作產量、林地投資、新設廠房，以及財務等方面的決策。整體而言，管理科學協助智利的伐木業節省成本，並開創更光明的未來。

資料來源：Weintraub, A., R. Epstein, R, Morales, and J. Seron, October 1994. "Chopping Management Problems Down to Size: OR/MS Boosts Productivity in Chile's Timber Industry." *OR/MS Today* : 40-42

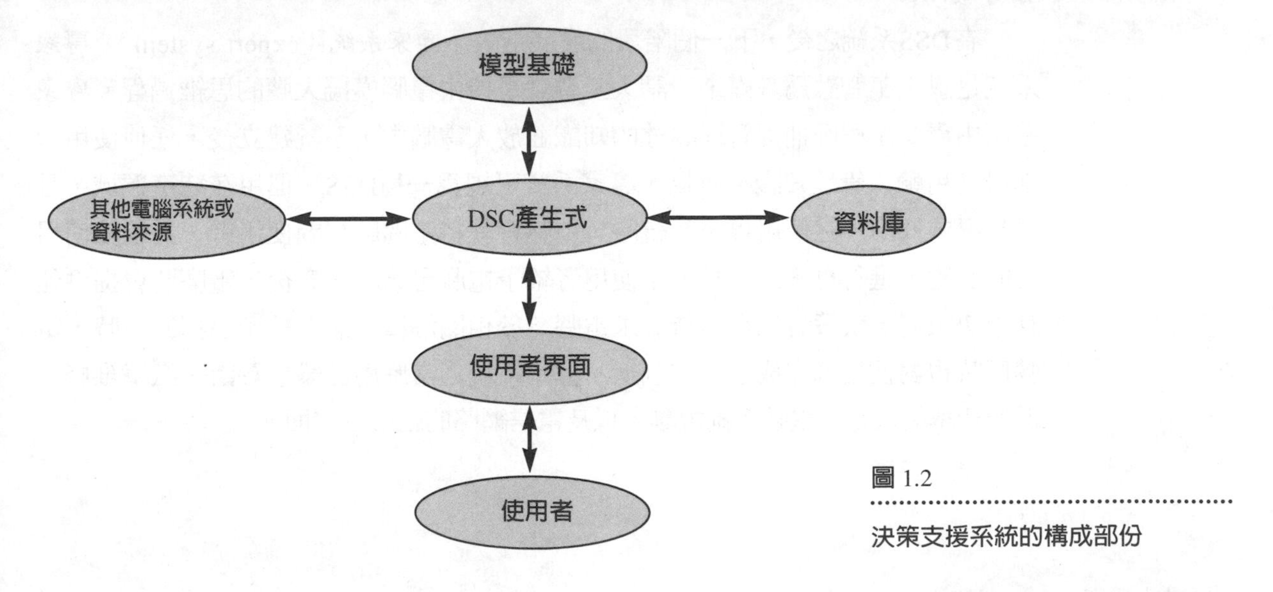

圖 1.2

決策支援系統的構成部份

也可以用來取得作決策所必須的資訊。要預測未來的市場需求，就需要由MIS提供過去的銷售資料；如果能取得生產原料或其他資源的資訊，就可以使生產規劃更有效率。在以上的這些情形，MIS系統可包含管理科學的模型，並設定爲自動安排生產規劃或預估市場需求。這樣的系統看似複雜，但在一些特定的情況之下，作業過程及決策規則可以包含管理資訊系統，則這種系統的運作則是可行的。

決策支援系統

近年來，以電腦爲基礎的**決策支援系統**（decision support system；DSS）逐漸普及。決策支援系統尚未有一個普遍爲人接受的定義，但一般認爲，DSS是一個協助決策的機制，包含人員、過程、資料庫，以及策略。而決策者和電腦、軟體，以及資料庫一樣，都是整個系統的一部份，藉著與電腦互動，取得資訊作特定決策。

（圖1.2）說明決策支援系統的概念：系統的建立者居於核心地位；資訊可由內部的資料庫或外部的來源取得，近年來由於電腦、資訊系統如網際網路等十分發達，外部資訊的取得對於決策過程將更形重要。

決策支援系統通常用以解決那些「半結構性」的問題，這些問題由於構造不完全，所以需要一些管理上的判斷，但已足以使經理人利用電腦去模擬各種可能的情形，快速解答「如果…，將…」的問題，並依此作爲評估的基礎，尋找可能的解決辦法。

專家系統

在DSS系統之後，下一個階段的發展進入了**專家系統**（expert system）。專家系統是以人工智慧爲基礎，所謂人工智慧是指由電腦模擬人腦的思維過程。專家系統由專業工程師捕捉管理專才的知識並放入電腦中，系統建立後，任何使用者都可利用輸入管理知識。所以，專家系統可視爲一種DSS，但用在特定領域，且具有專業知識。在使用專家系統時，電腦會就特定問題詢問使用者，並根據使用者的回應，進行更多的互動。當使用者給予電腦足夠的訊息後，電腦將會提供建議給決策者，決策者也可同時要求電腦給於相關解釋；而在給予解釋的同時，電腦同時也對使用者完成了一次訓練。專家系統通常應用於醫學診斷、汽車維修、保費費率的決定、電腦系統規劃，以及電信網路的維修各方面。

1.8 本書縱覽

本書中，我們要介紹今日管理科學界普遍使用的數學技術，包括：線性規劃及各種線性規劃的變形，如運輸與指派模型、整數規劃，以及目標規劃等。線性規劃是目前使用範圍最廣泛的數量工具，如漢堡王這樣的全球性企業，在作決策時也經常利用線性規劃模型，來同時達到節省採購成本及保持品質的目的，每年省下超過 200 萬美元。

我們也將介紹如何利用計畫評核數（PERT）及要徑法（CPM）等作專案管理。這些技術協助經理人執行各項專案，如化學工廠的建造、建造飛彈、發射太空梭等。有了以上的工具，專案經理人可以決定專案的排程及持續監控進行狀況，以求在時程內完成。這些工具同時也可用於預算及資源的分配計畫。

我們同時將介紹網路模型，用於規劃導管、輸油管或電腦電纜鋪設成本之最小化。近年來全球性的電訊通信系統發達，網路模型也用於計畫衛星軌道。我們也將介紹存貨模型，以決定存貨成本並建立降低存貨成本策略。同時，我們也將介紹用於規劃電話及電腦系統的排隊理論。利用排隊理論，可以評估不同系統面對不同需求時的運作情形，協助公司決定何者爲較佳系統。

藉由線性規劃的輔助，漢堡王的獲利能力不斷提昇。

決策理論、預測與模擬等技術可以用在如工廠營運等方面。

決策理論、預測及模擬等應用於資產組合選擇、預算規劃及工廠運作等相關理論，也將出現在書中一併探討。而除了介紹相關理論及技術外，本書也將示範如何將電腦軟體應用於相關理論，以得出具體的可行方案。利用電腦，輸入數字（資料）便可得出結果（解決方案），而經理人除了須瞭解、使用輸入—輸出的技巧外，更須對使用的軟體有基本的瞭解。如果對軟體一無所知，只是單純的重複輸入—輸出的過程，經理人將難以瞭解模型與現實環境的契合程度，也不易評估所得的方案是否適用於所要解決的問題。

1.9 使用電腦軟體

本書中，模型中所引用的例子用筆處理即可，但一般碰到的計算問題則大多要使用到電腦。目前，已有許多特殊的套裝軟體專供管理科學模型使用。

本書中我們將介紹一種專供線性規劃及整數規劃使用的套裝軟體「LINDO」，也會有相關範例及問題的應用。

此外，我們也將使用一種特殊的管理科學軟體，稱為「決策支援軟體」（Decision Support Software；DSS），這種軟體利用選單操作，非常易於使用。本書後半部，將有DSS相關的應用範例及問題。（圖1.3）是DSS的主選單畫面。

圖 1.3

決策支援軟體主選單

決策輔助軟體

利用上、下、左、右鍵移動後再按ENTER，或按字母。

選項

線性規劃（L）	排隊（U）
整數規劃（P）	馬可夫鍊（M）
指派（A）	模擬（S）
運輸模型（T）	線上手工（O）
網路模型（N）	瀏覽解答（B）
預測模型（F）	顏色選擇（C）
Inventory和生產（I）	幫助（H）
動態規劃（Y）	
決策分析（D）	離開（Q）

字彙

類比模型（Analog model）：一種外觀與所代表的主體不相似的實體模型。

行爲學派管理（Behavioral school of management）：強調員工之重要性的管理觀點。

古典方法管理（Classical approach to management）：強調組織結構與產出的管理觀點。

權變取向管理（Contingency approach to management）：強調不同情況應採用不同管理方法的管理觀點。

決策支援系統（Decision support system：DSS）：一種協助決策的系統，由人員、過程、資料庫及策略組成的集合。

專家系統（Expert system）：一種可模擬專家思考過程的電腦化資訊系統。

圖像模型（Iconic model）：一種外觀與所代表的主體相似的實體模型。

管理資訊系統（Management information system：MIS）：一種用於儲存、組織，以及分析資訊並提供有用資訊給經理人的系統。

管理科學（Management science）：一種利用科學方法去解決問題的科學，同時也是利用數學模型解決管理問題的方法。

數學模型（Mathematical model）：數學形式的模型。

模型（Model）：用以代表眞實情況、過程或主體。

數量分析（Quantitative analysis）：利用管理科學及數學模型來解決問題的方法。

數量方法管理（Quantitative methods approach to management）：利用數學方法來解決問題的管理觀點。

科學方法（Scientific method）：一種系統化解決問題的方法。

系統取向（Systems approach）：認爲組織每一個部份都是互相關聯而非獨立的管理觀點。

問題與討論

1. 管理上除了數量觀點之外，尚有什麼其他不同的觀點存在？

2. 請指出一些除了管理科學之外，還有哪些領域也利用數學模型來輔助決策過程？
3. 何謂模型？模型有哪幾種？
4. 寫出利用管理科學方法來解決問題的步驟。
5. 利用模型來代表現實情況會遭遇何種問題？
6. 爲什麼經理人在執行由管理科學模型所得的解決方案時，必須先進行評估？
7. 何謂決策支援系統？
8. 何謂專家系統？
9. 一位銷售員上星期賣出5套電腦系統，報酬爲$1,500。利用以上資訊，可採下面的模型來表示這位員工的稅前收入：

$$I = \$300X$$

何處

I = 收入

X = 所賣出的電腦系統

   a. 如果上述模型能眞實反映這位銷售員的週薪，則一星期賣出7套將可獲得週薪多少？
   b. 上述的模型可以眞實反映週薪嗎？請解釋。
   c. 假設現在有額外的資訊：銷售員每週基本薪資是500元，如果一星期賣出 5 套電腦系統，可得薪資是1,500元（即在上述例子中，500元包含在1500元中）。請建立一個新的模型來表示銷售員的週薪，並利用新模型算出一星期賣出7套時的薪水。
   d.（c）所建立的模型可以眞實反映週薪嗎？請解釋。
   e. 利用（a）及（c）的答案，解釋爲何對經理人而言，瞭解模型及其代表的情況是一樣重要的。

10. 公司每個產品的生產成本是15元，售價爲25元。

   a. 建立一個數學模型，來表示所賺的利潤。讓 P 代表所產生的利潤，X 代表生產的單位數。

b. 假設現在售出每單位產品要分攤$3元的營運成本，試建立一個新的數學模型，來表達所賺得的利潤。

分析—北塔公司

北塔是一棟新的辦公大樓，最近有許多承租戶向經理抱怨電梯太慢。公司已經裝設的電梯無法解決這個問題，所以經理作了一些調整，決定將電梯的速度設在最大可能速度。此外，有人建議電梯應設定為一座專供低樓層使用，而一座專供高樓層使用；也有人建議要有一座電梯專門來回於中樓層；同時，有人建議，當一座電梯在頂層附近等候時，另一座就應在底層附近等候。

試過所有方法後，北塔的經理很失望，因為客戶的抱怨未曾稍減，事實上，甚至有越演越烈的趨勢，因為客戶對整個情況已逐漸失去耐性。經理知道是時候採取更積極行動的時候了，但其他建議如加裝電梯或將原有的電梯汰換等，又因成本太高而不可行。

公司於是聘請一位顧問來解決問題，這位顧問被寄予厚望，人人都希望他有辦法使電梯的運作更有效率。在分析整個情況之後，顧問發現電梯已經設定在可能的最佳狀況，沒有改善的空間了。然而，顧問發現了真正的問題，並告知經理整個問題可以極低廉的成本獲得改善。經理雖然對於能停止客戶的抱怨已不抱希望，但仍同意顧問的作法，讓他在每一層樓的電梯門前裝置一面長鏡。抱怨奇蹟似的停止了。現在，大家在等電梯時，都會順便照照鏡子、整理儀容，而不是像以前頻頻看表、計算等待時間。等待的時間似乎變快了，而經理也很高興再也沒有人抱怨電梯了。於是，問題解決了。

1. 試解釋北塔的經理人如何定義問題。經理人採取何種解決取向去解決他所認定的問題？
2. 試解釋顧問如何定義問題。在這個定義下，有什麼哪些的解釋？

第2章

線性規劃簡介

2.1簡介
2.2最大化問題
2.3將線性規劃問題公式化
2.4重回最大化問題：B & B 電子公司
2.5求解線性規劃模式
2.6最小化問題
2.7另一個最大化的例子
2.8等式限制
2.9虛變數與剩餘變數
2.10線性規劃的標準式
2.11基本解
2.12線性規劃假設
2.13特殊情形
2.14摘要
字彙
問題與討論

2.1 簡介

線性規劃（linear programming）的使用非常普遍，是一種非常有效的數量工具，可以應用在生產、分配、行銷、財務、排班，以及其他各方面的規劃，範例例如：

1. 在資源固定的限制下，工廠如何決定生產組合，以使利潤最大。
2. 在不增加風險的情況下，退休金基金管理經理人要決定如何將分配資金，分配於股市、債市，以及其他投資工具，求得最大預期收益。
3. 製造廠商有幾個產能不同的工廠及需求不同的配銷中心，在符合不同工廠的產能下，配銷中心的經理必須決定產品該從那個的廠送那個配銷中心，以使運輸成本最小。
4. 在預算有限的限制下，行銷經理要決定採取何種廣告策略，以使目標市場中傳播人數最多。

線性規劃也常應用在其他方面，如第四章中，我們就可以看到如何利用線性規劃，來協助經理人作更好的決策。

本書將用許多篇幅來說明線性規劃及其各種變形：在第二章中，介紹線性規劃及如何用公式來表示簡單的問題；第三章中，要討論決定最適解的敏感度，並介紹如何將電腦應用在線性規劃模型。第四章中則有較多的線性規劃應用範例，而第五章中將介紹線性規劃用的基本電腦軟體。

2.2 最大化問題

B & B電子公司生產行動電話及呼叫器二種產品，以一星期作為生產規劃的決策期間。目前所有生產出的產品都能賣出，每支行動電話可獲利$15，而每個呼叫器可獲利$20。二種產品都要經過裝配、監測，以及測試等過程，行動電話需要4小時的裝配時間及1小時的監試時間，呼叫器需要2小時的裝配時間及2小時的監試時間。每個星期，裝配線可工作36小時，而監試線可工作24小時。現在，經理人經理人可以利用線性規劃模型來決定產量。

要決定每個星期二種不同產品的產量，以達成利潤最大。

這是一個比較小型的問題，只有二種產品，即使不借重任何工具，經理人也可以很容易訂出生產規劃；但在一些較大型的問題中，很可能有許多不同的產品組合，使問題會變得很複雜，如果沒有輔助工具，單純只利用判斷或「嘗試錯誤」的方式，經理人不容易找出答案。線性規劃就可以用來解決這一類的問題，幫助經理人快速尋得答案。

2.3 將線性規劃問題公式化

線性規劃是用一個數學模型來代表要面對的情況，包含一個單獨的極大化或極小化**目標函數**（objective function），一個或多個**限制式**（constraints）。例如，公司的目標可能是要追求利潤或銷售量極大化，在線性規劃模型中，這就可以當成目標函數，限制是產能或市場需求。另外，成本最小化也是常見的目標函數。成本就不可能爲0，因爲如果要滿足市場需求，就必須要生產達到最小產量，一定會發生成本。因此，成本的目標函數函數不可能是0，只能求最小值。

目標函數及限制式都必須是線性函數，也就是所有變數都必須是可分的，而且是一次方的升函數。線性函數可用直線（二變數）、平面（三變數）或其他相似的圖形（更多變數時）來表示。如線性不等式可為：

$$4X_1 + 2X_2 - 0.5X_3 \leqq 36$$

注意每一個變數的指數（次方）都是 1，如果是X_1^2、X_1X_2、$X_1^{0.5}$ 或是 $\log(X_3)$ 等，都會使函數變成非線性。

要將線性問題公式化，必須先瞭解所面臨的管理問題，才能完全瞭解目標函數及限制式。知道何為目標函數及限制式後，即可依下列步驟，使將問題公式化為線性規劃問題：

1. 以文字定義目標函數及限制式。
2. 仔細定義決策變數，即經理人所要作的決定。
3. 利用步驟 2 的決策變數，將目標函數及限制式轉變成數學型態。

定義出決策變數後，必須考慮這些變數是否可能為負值。一般而言，決策變數都僅限於非負值。在線性規劃的電腦軟體中，通常也有這項限制。我們將回到B & B 電子公司的範例，利用這個範例，可以說明如何將線性規劃問題公式化。

2.4 重回最大化問題：B & B 電子公司

在裝配線及監試線的工作時間有限的情形下，B & B電子公司經理人要決定每星期的行動電話及呼叫器產量組合，使公司的利潤達到最大。利用（表2.1）的資訊摘要，我們將要建立一個線性規劃模型，來表達整個情況。

定義問題

開始時，經理人必須清楚定義目標及限制。在這個範例中，目標是要使利潤最大。

因為總裝配線及總監試線的工作時間是固定的，會使生產時間及產量受到限制，也同時使利潤有最大的限制範圍。因此，我們可以得到二條限制式：

表 2.1

B & B 電子公司問題資訊摘要

產品	每單位利潤	所需之裝配時間	所需之監試時間
行動電話	\$15	4	1
呼叫器	\$20	2	2
總裝配線工作時間36小時			
總監試線工作時間24小時			

1. 總裝配線工作時間36小時
2. 總監試線工作時間24小時

此外，因爲產品的產量不可能是負值，所以問題中必須再多一項限制：就是產量的非負限制。

定義決策變數

一旦問題寫成上述形式後，下一步驟就是要定義決策變數。決策變數代表經理人實際上所要作的決策。範例中，經理人要決定每星期行動電話及呼叫器每星期的產量，因此，決策變數可定義爲：

$$X_1 = \text{行動電話每星期的產量}$$
$$X_2 = \text{呼叫器每星期的產量}$$

當找出 X_1、X_2 的數值後，經理人就可以知道產量應是多少。

將問題公式化，寫成數學形式

下一步驟，即是要將目標函數及限制式寫成數學形式。每支行動電話及呼叫器所產生的利潤分別爲\$15及\$20，因此，行動電話所產生的總利潤是：

$$(\text{每支電話獲利\$15})(\text{電話總產量}) = 15X_1$$

同樣的，呼叫器所產生的總利潤即是：

$$(\text{每個呼叫器獲利}\$20)(\text{呼叫器總產量}) = 20X_2$$

因此，目標函數就是：

$$\text{利潤} = 15X_1 + 20X_2$$

第一條限制式是總裝配時間。裝配一支行動電話須花4小時、呼叫器須花2小時，所以，行動電話所需的總裝配時間為：

$$(\text{每支行動電話4小時})(\text{電話總產量}) = 4X_1$$

同樣的，呼叫器所需的總裝配時間為：

$$(\text{每個呼叫器2小時})(\text{呼叫器總產量}) = 2X_2$$

因此，第一條限制式：

總裝配時間不超過36小時

轉成

$$4X_1+2X_2 \leqq 36$$

而第二條限制式：

總監試時間不超過24小時

轉成

$$X_1+2X_2 \leqq 24$$

必須謹記不等式左方所代表的意義，在最後解釋最適解的意義時，這一點非常重要。第一條限制式中， $4X_1 + 2X_2$ 是代表總裝配時間；而第二條限制式中，$X_1 + 2X_2$ 則是總監試時間。生產時間的最大值則在不等式的右方。

因爲行動電話及呼叫器的產量都不能爲負值，所以，可以歸納出非負限制式是：

$$X_1 \geqq 0$$

及

$$X_2 \geqq 0$$

這些稱爲**非負限制式**（nonnegativity constraints），通常寫作

$$X_1，X_2 \geqq 0$$

現在，我們已經得出了一個完整的線性規劃問題，如下：

$$\begin{aligned} \text{利潤最大} &= 15X_1 + 20X_2 \\ \text{受 限 於：} & 4X_1 + 2X_2 \leqq 36 \quad \text{(總裝配時間)} \\ & X_1 + 2X_2 \leqq 24 \quad \text{(總監試時間)} \\ & X_1，X_2 \geqq 0 \quad \text{(非負限制式)} \end{aligned}$$

這是一個完整的線性規劃模型，代表B & B電子公司所面臨的問題，當問題解出時（註：也就是找出 X_1 與 X_2 的最適解），就可知道每星期行動電話及呼叫器應生產多少。

2.5 求解線性規劃模型

較複雜的線性規劃問題要用一般式求解，這種技術將於第五章介紹。對於只有二個決策變數的問題，可以利用圖解法求解，這種圖解法只用來作爲說明之用，大部份線性規劃問題都以電腦求解，將在下一章介紹。

全球觀點—將線性規劃應用在中國化學工廠

1983年之前，中國的化學染料工廠幾乎完全由政府控制，經理人並非企業營運的實際負責人。之後由於全球競爭的壓力，中國開始進行經濟改革，並逐漸放鬆中央集權，使得工廠的經理人第一次眞正能爲公司的營運負責。對經理人而言，這是一個極困難的問題，因爲整體經濟情況轉變太快，使得所有預測的工作，即使是對近期的預估，都不易於進行。

大連染料工廠是其中一家最大的化學染料工廠，擁有11個工廠、生產超過 100 種的染料及其他產品，供應內銷及外銷。大連染料工廠與大連科技大學共同合作，開發出一套整體的決策支援系統，利用線性規劃來安排年度的生產規劃。

模型的目標函數在於使工廠的年收益達到最大。除了數量資料外，工廠也將質性資料加入模型中，如市場需求的上限或下限等資訊，以增加模型的彈性。這樣的彈性使得系統的運作非常成功，取代在早已不敷使用傳統預測機制。總體而言，這套系統每年爲大連染料增加了 100 萬美元的收益。

資料來源：Yang, D-L, and W. Mou, 1993. "An Integrated Decision Support System in a Chinese Chemical Plant" Interfaces 23(6):93-100.

圖解線性問題

因爲B & B電子公司的問題只有二個決策變數，所以可用圖解法求解。利用圖解法的第一步，先要找出滿足限制式的解集合（X_1、X_2的數值組合）。可以滿足限制式的解稱爲**可行解**（feasible solution），可能解的集合稱爲**可行區域**（feasible region）。從可行解的集合中，可以找出最適解。某些情形下，最適解可能會不止一個。

先畫出X_1軸與X_2軸。傳統上，X_1軸爲水平，X_2軸爲垂直，如（圖2.1）。理論上，座標軸的值是負無限大到正無限大，但因爲有非負限制，所以只要第一象限即可。利用座標系統，可以畫出所有的限制式。

圖 2.1

二度空間的座標系

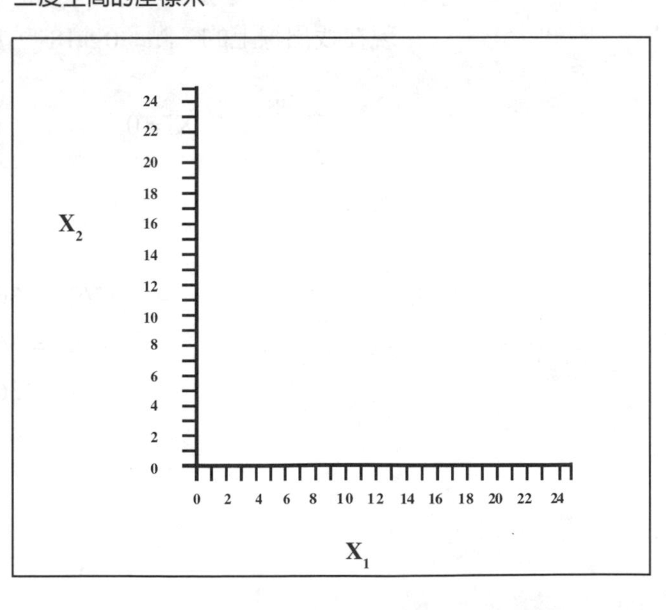

第一條限制式是：

$$4X_1+2X_2 \leqq 36$$

要畫出不等式，第一步是要畫出等式（＝）的部份，之後才考慮不等的部份（<）。所以，先畫：

$$4X_1+2X_2 = 36$$

這是一條直線。要畫直線，只要找出線上二點即可。任意選擇 X_1，而後再利用等式解出 X_2，或者反之亦可。選擇：

$$X_1 = 0$$

所以

$$\begin{aligned} 4(0)+2X_2 &= 36 \\ 2X_2 &= 36 \\ X_2 &= 36/2 \\ X_2 &= 18 \end{aligned}$$

現在找出線上的一點（0，18），爲了找另一點，選擇：

$$X_2 = 0$$

所以

$$\begin{aligned} 4X_1+2(0) &= 36 \\ 4X_1 &= 36 \\ X_1 &= 36/4 \\ X_1 &= 9 \end{aligned}$$

這可找出線上的第二個點（9，0）。將這二點畫在圖上並連起來，就是（圖2.2）的直線。如果限制式是等式，則滿足限制式的點將只落在直線上，但這個問題的限制式是不等式，所以直線外的其他點也會滿足限制式，也要考慮。

不等式表示線某一邊的所有點都會滿足限制式，要決定到底是哪一邊的點，只要從線的上方或下方任選一個點，代入$4X_1+2X_2$，看看是否小於36。現在選擇點（5，5），即生產5支行動電話，5個呼叫器。則：

$$4(5) + 2(5) = 30$$

這個點小於36，所以這個點是可行的；因為可用的總裝配時間共有36小時，但這個生產點只要用30個小時的裝配時間。所以，每一個跟（5，5）在線的同一邊的點都是可行的，如（圖2.3）。

選擇（5，5）後，可再選擇任何一點來驗算，通常都選擇（0，0）。利用這個點，可得：

$$4(0) + 2(0) < 36$$

現在已經確認這一邊是可行的。如果選擇的是線的另一邊的點，如（10，10），會發現另一邊是不可行的，因為：

$$4(10) + 2(10) = 60$$

圖 2.2

畫出裝配時間限制等式

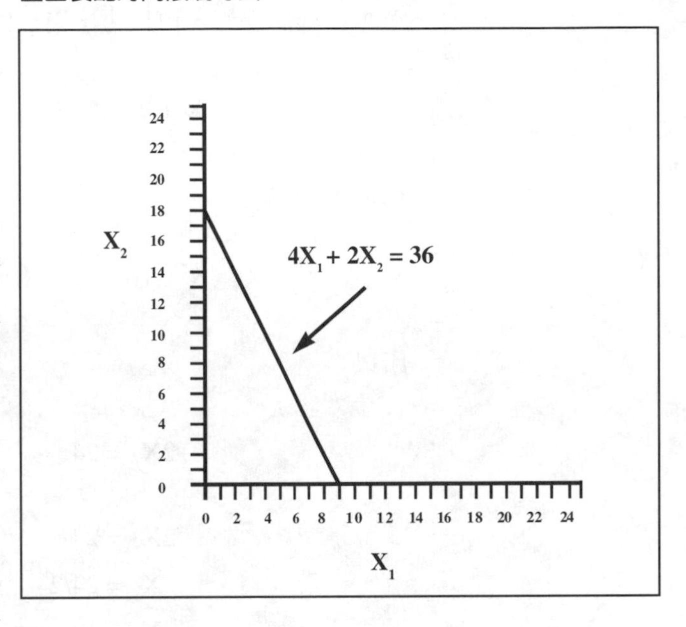

圖 2.3

滿足裝配時間限制的可行邊

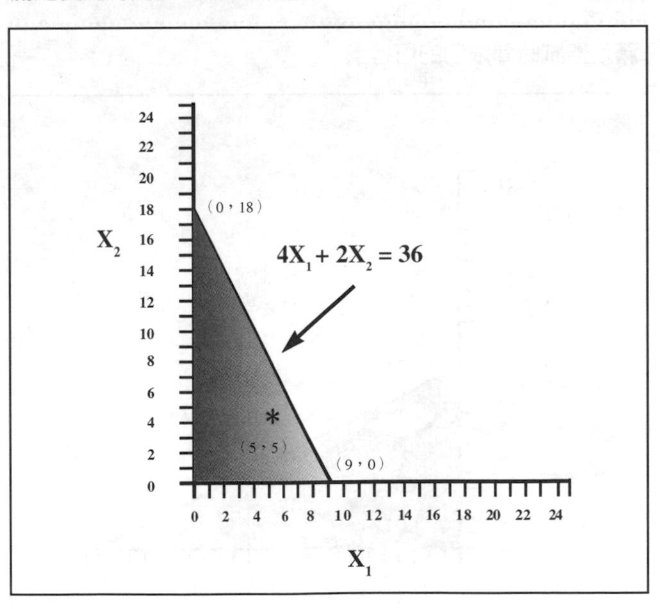

這表示生產10支行動電話及10個呼叫器共需要60小時的裝配時間，而總裝配時間總共只有36小時，所以（10，10）是不可行解。

重複這樣的過程，可以畫出第二條限制式：

$$X_1 + 2X_2 \leqq 24$$

選擇

$$X_1 = 0$$

所以

$$0+2X_2 = 24$$

$$2X_2 = 24$$

$$X_2 = 24/2$$

$$X_2 = 12$$

線上第一點爲（0，12），爲找另外一點，選擇：

$$X_2 = 0$$

$$X_1+2(0) = 24$$

$$X_1 = 24$$

第二點是（24，0），表示生產24支行動電話及0個呼叫器。這些點及第二條限制線在（圖2.4）中。

圖 2.4

滿足監試時間限制的可行邊

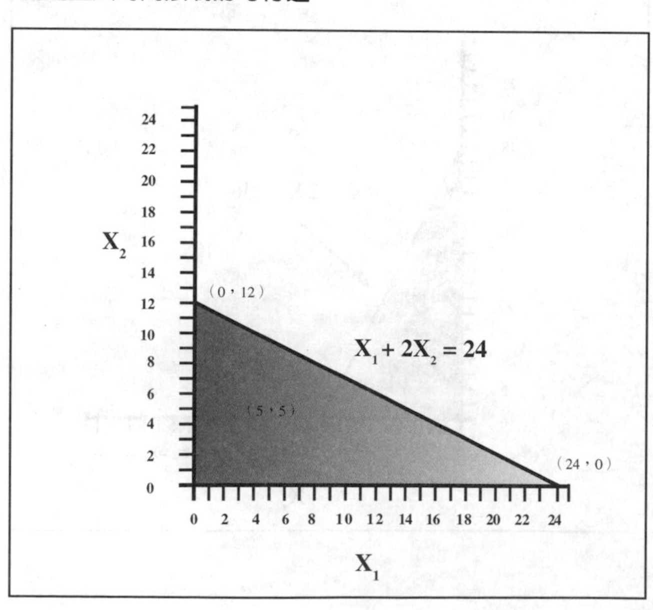

爲了找出線的哪一邊滿足不等式，任意選擇一點（5，5），可得：

$$5 + 2(5) = 15$$

表示生產 5 支行動電話及 5 個呼叫器需要15小時的監試時間，是可行解。因爲這一點是可行的，所以在同一邊的每一點也都是可行的。二條限制式的可行區域交集，即是最後的可行區域如（圖2.5）。這些點的集合就是可行區域，每一個落在此區的點，代表在現有的資源限制下（裝配及監試時間固定），B & B電子公司所能生產的所有行動電話及呼叫器的組合。任何不在可行區域的點，表示如果沒有更多的裝配時間或監試時間，B & B電子公司就不可能達成的生產組合。所以，爲了要找出利潤最大點，就要從可行區域中的點著手。

圖 2.5

B & B 電子公司問題的可行區域

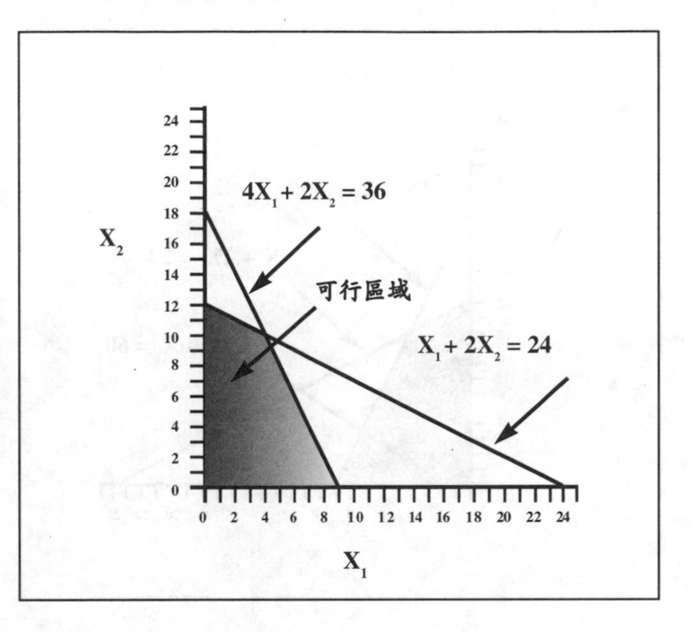

找出最適解：等利潤法

一旦找出可行區域後，在可行區域中就可以找到最適解。在B & B電子公司的例子中，目標函數是使利潤極大，我們可以用二種方法來找最適解：第一種是**等利潤法**（iso-profit method），第二種是**角隅點法**（corner-point method）。

我們從等利潤法開始。問題的最大利潤目標函數爲：

$$利潤 = 15X_1+20X_2$$

這個目標函數與其他的限制式相同，都是線性的。在可行區域中任意選擇一點，算出這一點所產生的利潤，可以畫出利潤線。如選（4，0），即是生產 4 支行動電話、0 個呼叫器，利潤爲：

$$15(4)+20(0) = \$60$$

利潤爲60的目標函數爲：

$$15\ X_1+20\ X_2 = 60$$

圖 2.6

利潤為 $60 的等利潤線

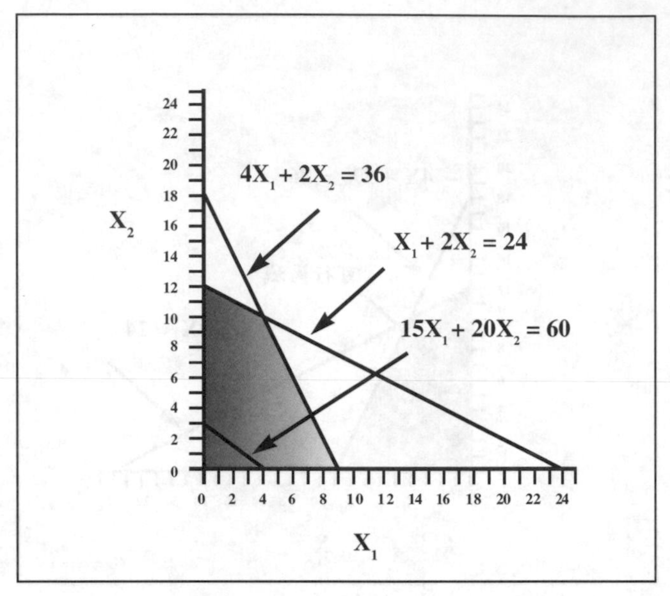

圖 2.7

利潤為 $120 的等利潤線

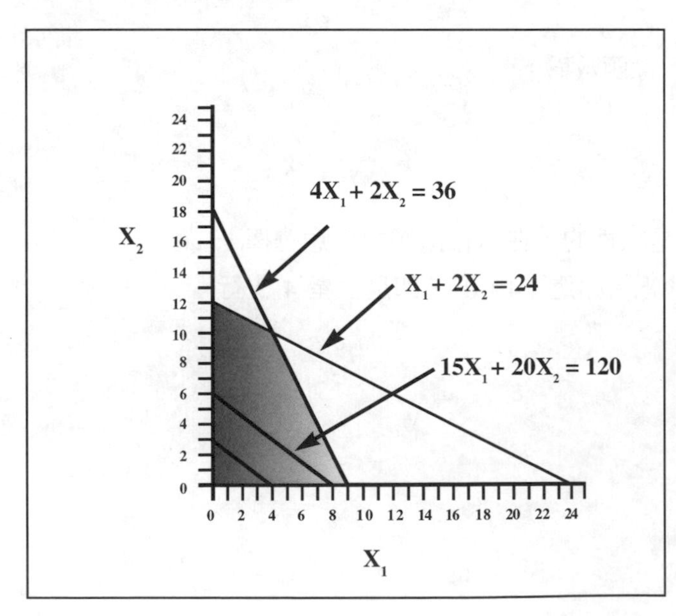

在這一條線上的點所產生利潤皆爲60，如（圖2.6）。

爲了畫出這條等利潤線，需要找出滿足這條等式的二個點：一點是（4，0），而爲了找出另一點，先選擇X_1，然後再解X_2的值。

$$X_1 = 0$$

然後

$$15(0)+20X_2 = 60$$
$$20X_2 = 60$$
$$X_2 = 60/20$$
$$X_2 = 3$$

點（4，0）及（0，3）可以用來畫出（圖2.6）的等利潤線。

如果改變等式的右方，由60改爲120，同樣的，也可畫出利潤爲120的等利潤線，這條線經過（8，0）及（0，6）這二點，如（圖2.7）。

當利潤由60增加爲120時，新的函數線會與原來的函數線平行移動，並由（0，0）朝外移動。如果繼續由原點向外移動這一條等利潤線，則代表利潤繼續增加。因此，利用等利潤法，在不離開可行區域的情況下，儘量將目標函數線外移，這條線所能碰到可行區域的最外面一點，就是利潤最大點，也就是最適解。（圖2.8）中，利潤最大點是二條限制式的交點，一旦找出這個交點的值，就可知道這個問題的最適解。

要找出二條限制式的交點，可以利用求解二條限制式的聯立方程式：

$$4X_1 + 2X_2 = 36$$
$$X_1 + 2X_2 = 24$$

有許多方法可以解出二個未知數的聯立方程式，這裡所用的是消去法。在這個例子中，X_2的係數都是 2，所以，可以將第一式減第二式，就可以直接消去X_2。

圖 2.8

利用等利潤法找出最適解

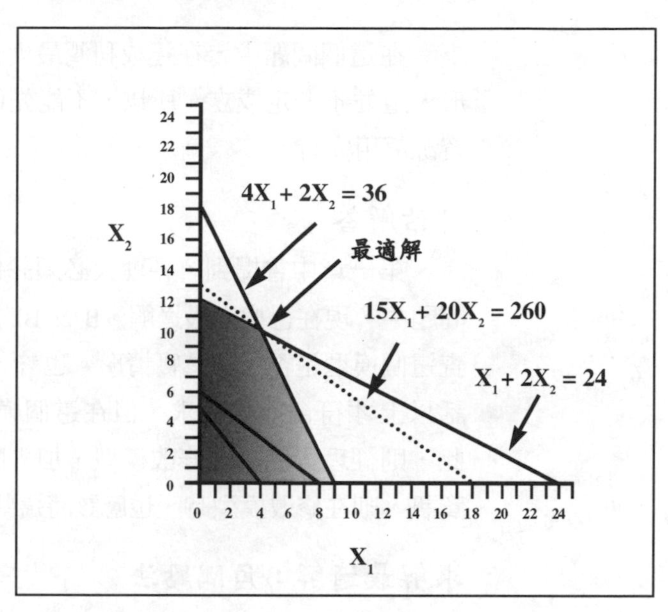

$$4X_1 + 2X_2 = 36$$
$$-(X_1 + 2X_1 = 24)$$
$$3X_1 = 12$$
$$X_1 = 12/3$$
$$X_1 = 4$$

將X_1代入任一式，就可以得出X_2。如果代入第一式，可得：

$$4(4) + 2X_2 = 36$$
$$16 + 2X_2 = 36$$
$$2X_2 = 20$$
$$X_2 = 20/2$$
$$X_2 = 10$$

所以，二條限制式交點是生產4支行動電話及10個呼叫器。因為這是可行區域最外面一點，所以這是問題的最適解，利潤為：

$$\text{利潤} = 15X_1 + 20X_2 = 15(4) + 20(10) = \$260$$

如果生產4支行動電話及生產10個呼叫器，可以獲得利潤$260，所需要的工作時間為：

$$4X_1+2X_2=4(4)+2(10)=36$$
$$X_1+2X_2=4+2(10)=24$$

在這個問題中，在達成利潤最大化時，所有的資源都被使用殆盡。在有些情形，這並不一定成立，所以，不能先假設當利潤達到最大時，一定是發生在所有資源都用完時。

評估解答

第一章中曾提到，經理人必須評估最適解是否與實際的情況相契合。在這個問題中，現在已找出最適解，B & B的經理人必須評估這個解是否切合實際，並檢查這個模型是否反映眞實情形。也許，經理人知道每個星期至少要生產4支行動電話以上才符合市場需求，但在這個模型中並未包含這項資訊。如果現實情況如此，則經理人就必須修改模型，加入關於行動電話數量的限制。如果有其他更多資訊，則在修改模型時，也應該將這些因素加入模型。

求解最適解：角隅點法

另外一個以圖形求解最適解的方法是角隅點法。瞭解等利潤法及角隅解法將有助於學習後面的敏感度分析。

從之前的等利潤法可知，線性規劃問題的最適解都會落在可行區域的角隅點，所以，只要檢查角隅點，再計算出角隅點的目標函數值（就是這個例子裡的利潤），最後從中選一個最好的值。

利用B & B電子公司的範例，先列出所有角隅點。大部份的角隅點多可以從觀察可行區域的點獲得。最後一點（4，10）是二條限制式的交點，在等利潤法中，已經介紹過找出這一點的方法。列出各角於點，再算出各點的目標函數值（利潤），就可以找出利潤最大值。

可行角隅點	利潤
（X_1，X_2）	$15X_1+20X_2$
（0，0）	15(0)+20(0)=0
（0，12）	15(0)+20(12)=240
（9，0）	15(9)+20(0)=135
（4，10）	15(4)+20(10)=260

表 2.2

B & B 電子公司資源使用

可行角隅點 (X_1, X_2)	裝配時間 $4X_1+2X_2$	監試時間 X_1+2X_2	利潤 $15X_1+20X_2$
（0，0）	0	0	0
（0，12）	24	24	240
（9，0）	36	9	135
（4，10）	36	24	260

$260爲最大的利潤值，因此，產生利潤$260的點就是問題的最適解。

除了利潤之外，經理人也會想知道要達成最佳產量要花掉的多少資源。（表2.2）列出所有角隅點所要用掉的資源，如同在等利潤法中所看到的，最佳生產組合需要花掉36小時的總裝配時間、24小時的總監試時間。

等利潤法與角隅點法的摘要

這一章中介紹二種圖解法來求解線性規劃問題，每個方法都提供一些有用的求解觀點，並有助於學習下一章所要討論的敏感度分析，因此，雖然目前線性規劃可以利用電腦求解，但等利潤法及角隅點法仍有其重要性。等利潤法及角隅點法的相關步驟在（摘要表2.1）中，注意如果目標函數不是最大化而是最小化，則必須更改某些步驟，將在之後的例子再中作解釋。

摘要表 2.1

圖解法摘要

等利潤（等成本）法

1. 畫出所有限制式並找出可行區域。
2. 選擇一個點，並找出該點目標函數的值。畫出給定值的目標函數線。
3. 將目標函數線儘可能往增加利潤（降低成本）的方向平行移動，但目標函數線仍必須維持在可行區域內。
4. 最適解是目標函數線與可行區域最後的交點，找出此點的座標及在此點的目標函數值。

角隅點法

1. 畫出所有限制式並找出可行區域。
2. 找出可行區域中所有的角隅點。
3. 算出在每一個角隅點的目標函數值。
4. 找出可以得到最佳函數值（最大利潤或是最小成本）的角隅點，即是最佳解。

表 2.3

雙穀玉米片公司資訊

	麥	米
成本（每盎司）	$0.04	$0.03
維他命 1（單位/每盎司）	2	1
維他命 2（單位/每盎司）	2	3
每包最低要求		
20單位維他命 1		
24單位維他命 2		

2.6 最小化問題

雙穀玉米片公司正在開發一種新產品，研究要如何混合米和麥二種穀類，來生產新配方的玉米片。公司希望在不影響成份的情況下，使生產成本降至最低，（表2.3）列出相關資訊。公司必須決定新玉米片中米與麥的混合比例。

將問題公式化

非常明顯的，雙穀的問題是使成本最小化，而限制式是：

1. 每包所含的維他命1 至少要有20單位。
2. 每包所含的維他命2 至少要有24單位。

雙穀的經理人必須要決定每包玉米片用多少米及麥去生產，所以，決策變數可定義爲：

X_1= 生產每包玉米片所要用的麥(單位：盎司)

X_2= 生產每包玉米片所要用的米(單位：盎司)

將目標函數及限制式轉成爲數學形式，即可得：

最小成本 $= 0.04X_1 + 0.03X_2$

受 限 於： $2X_1 + X_2 \geqq 20$ 維他命 1

$2X_1 + 3X_2 \geqq 24$ 維他命 2

$X_1，X_2 \geqq 0$ 非負限制

零售業可以利用線性規劃模型來決定各項商品的陳列空間。

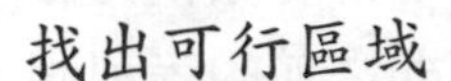

找出可行區域

要用圖解法求解，第一步要畫出限制式。找出座標第一條限制式的二點，就可以：

$$2X_1 + X_2 = 20$$

如果$X_1 = 0$，可解出$X_2 = 20$；然後選擇$X_2 = 0$，得$X_1 = 10$，利用（0，20）及（10，0）這二點，就可以來畫出限制線如（圖2.9）。要看線哪一邊是可行區域，可選擇任何點來做確認的工作。如果選擇（0，0），得2(0)+0=0不大於20，所以，滿足限制不等式的點是在（0，0）的另一邊。

用同樣的方法，也可以畫出第二條限制線：

$$2X_1 + 3X_2 = 24$$

令$X_1 = 0$，可解出X_2，得點（0，8）；之後再選擇$X_2 = 0$，得X_1及點（12，0）。要看哪一邊滿足限制不等式，選擇（0，0），可發現此點是不可行，因爲2(0)+3(0)=0不大

圖 2.9

畫出雙穀問題的第一條限制式

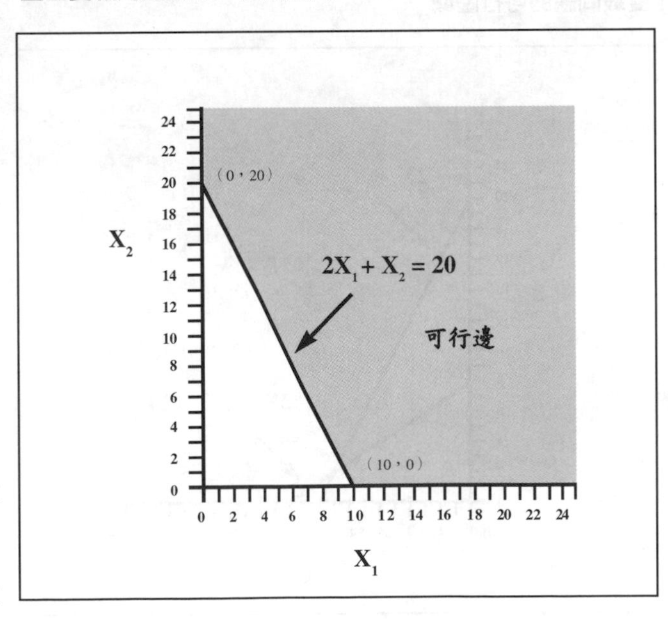

圖 2.10

畫出雙穀問題的第二條限制式

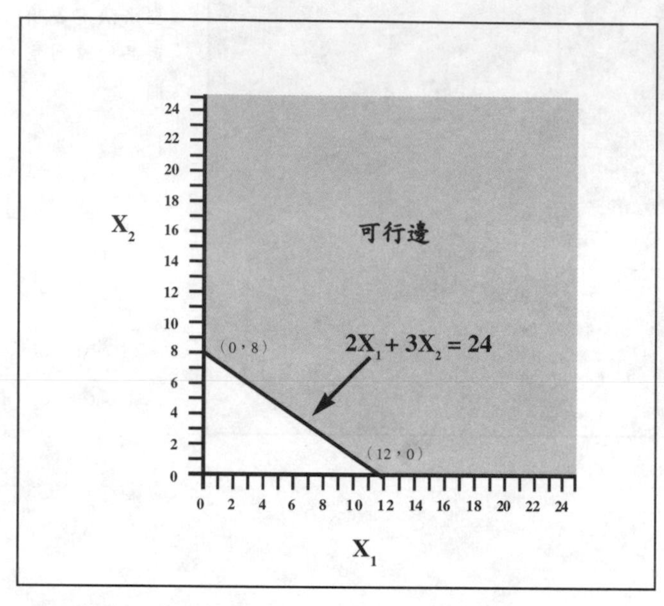

圖 2.11

雙穀問題的可行區域

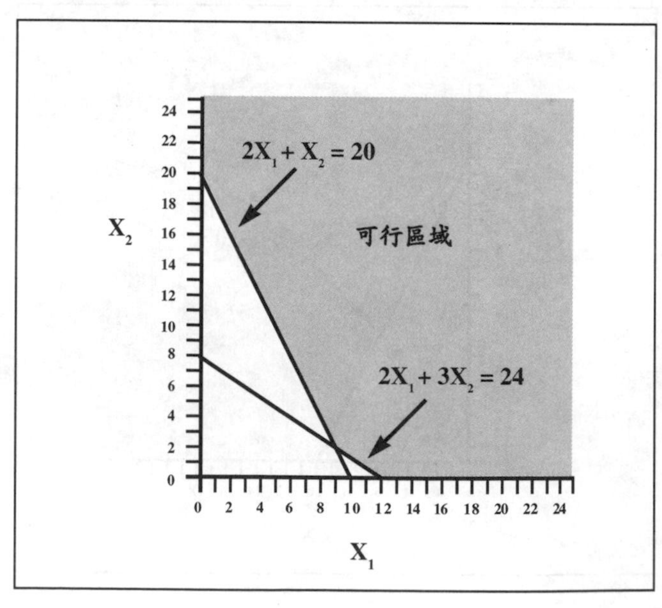

於24。之後，就可找出滿足這個方程式的可行點，如（圖2.10）。合併二條限制式，可找出同時滿足二條限制式的可行點，依此即可找出最後的可行區域（圖2.11）。

利用等成本法找出最適解

因爲雙穀公司的問題是要最小化成本，而非使利潤最大化，因此，以下求解的方法也就改稱爲等成本法，而非之前的等利潤法。

等利潤線是由所有產生相同利潤的可行點所連結而成的線，同理，等成本線也就是由需要相同成本的可行點所連成的線。

要利用等成本法，首先必須畫出任意點或是任意成本值的目標函數線。如果選擇點（0，20），則成本爲：

$$0.04(0) + 0.03(20) = 0.6$$

所以，可以畫出成本爲0.6的等成本線：

$$0.04X_1 + 0.03X_2 = 0.6$$

線上其中一點是（0，20），要找另一點，可使$X_2 = 0$，再解X_1，得點（15，0），利用這二點，可畫出$0.04X_1 + 0.03X_2 = 0.6$這一條目標函數線（圖2.12）。當成本値下降時，這條線會平行朝原點的方向移動。等成本法是要將目標函數線儘量往原點移動，直到目標函數線碰到了最後一個可行點，這一點就是問題的最適解。如（圖2.13）所示，這一點是二條限制式的交點，求解聯立方程式即可。

$$2X_1 + X_2 = 20$$
$$2X_1 + 3X_2 = 24$$

解出$X_1 = 9$、$X_2 = 2$，也就是每包要用9盎司的麥及2盎司的米代入總成本函數，得出成本為：

$$0.04(9) + 0.03(2) = 0.42$$

代入第一條方程式，可得：

$$2(9) + 2 = 20$$

每包中含有20單位的維他命1。

代入第二條方程式，可得：

$$2(9) + 3(2) = 24$$

每包中含有24單位的維他命 2。

圖 2.12

雙穀問題的等成本線

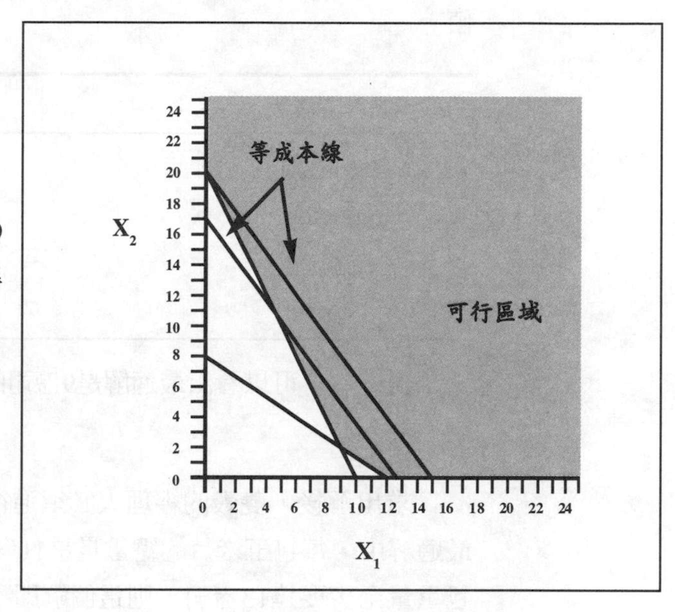

圖 2.13

雙穀問題的最適解

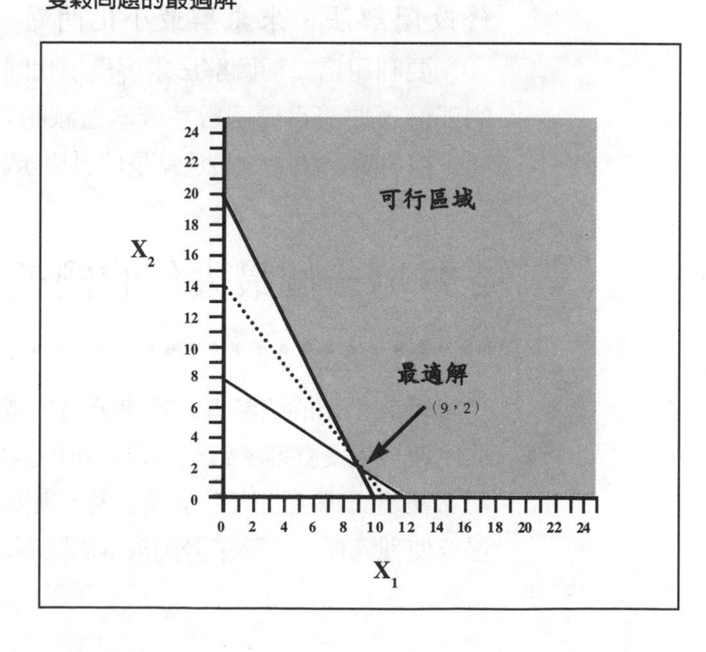

利用角隅點找出最適點

要利用角隅點法求解，要先列出所有可行角隅點，並算出角隅點的目標函數值。

可行角隅點	成本
（X_1，X_2）	$0.04\ X_1 + 0.03\ X_2$
（0，20）	0.04 (0) + 0.03 (20) = 0.60
（12，0）	0.04 (12) + 0.03 (0) = 0.48
（9，2）	0.04 (9) + 0.03 (2) = 0.42

再一次，可以看出最適解是9盎司的麥及2盎司的米。

評估解答

求出解後，雙穀的經理人必須進行評估，決定最適解是否符合現實需求。在最適解中，每包玉米片的總重量是11盎司（9盎司的麥加2盎司的米），如果要求每包重量至少要達13盎司，則這個解即不可行。經過評估後，經理人必須修改原有線性規劃問題，加入總重量要達13盎司的限制，再求解新的問題及評估新的方案。

修改圖解法，來求解最小化問題

要利用這二種圖解法求解最小化問題，只須作一些細部的修改。在等成本法的部份，要將目標函數往成本遞減的方向移動、而非原先向利潤增加的方向移動。在角隅點法中，最適點是使目標函數值最小而非最大的點。

2.7 另一個最大化的例子

俄亥俄州的路騎者自行車公司生產比賽用及休閒用二種自行車，二種都有21段變速且大受歡迎。每一種自行車所產生的利潤及所需的勞動成本在（表2.4）。公司希望建立每星期的生產規劃表，需要利用線性規劃模型來解決這個問題。目標是要使利潤極大。除了勞動成本的限制之外，公司經理還必須面對以下的限制：

應用—利用線性規劃模型做燃料管理

對航空公司而言，燃料費用是一項主要的成本，也是消費者必須承擔的間接成本。麥克多爾．道格拉斯公司（McDonnell Douglas）建立了一個燃料模型，用來預估不同機型所用的燃料量，依此建立決策，並提供其他航空公司相關的諮詢服務。這個模型用來評估不同飛行路線的燃料需要，利用提高燃料使用效率，來降低燃料成本，並提供燃料供應者一些有效的資訊。

麥克多爾．道格拉斯公司

這個燃料模型是一個線性規劃模型；但如果只考慮一架飛機，或不限制在特定情況下所能購買的燃料數量，這個模型可再轉變成一個的網路模型。模型中需輸入的資料包括航班、每航次燃料消費量、飛行著陸時燃料用量、不同時間及供應者的燃料價格及供應情形等資訊。限制式爲起飛的最大燃料用量、飛機能承載的最大燃料重量及最少應存有的燃料量。

在麥克多爾．道格拉斯的協助之下，巴西的航空公司VASP也解決了加油的問題。利用麥克多爾．道格拉斯的模型，並收集波音727及737一星期的相關資料作爲分析基礎，據此找出了最小成本的最適解。一年爲VASP省下了5.94%的燃料成本，約$13,000美元；每航次則約節省了2.57%到10.69%。利用這個線性模型，一般而言，麥克多爾．道格拉斯可爲客戶約省下5%到6%的成本。

資料來源：Stroup, J. s., and R. D. Wollmer, 1992. " A Fuel Management Model for the Airline Industry." *Operations Research* 40 (2): 229-237.

表 2.4

路騎者自行車公司相關資訊

	比賽用車	休閒用車
利潤	$80	$70
裝配時間（小時）	2	3
上漆時間（小時）	4	2

路騎者公司的生產部經理必須利用線性規劃模型來決定產量，在條件限制下達到利潤最大。

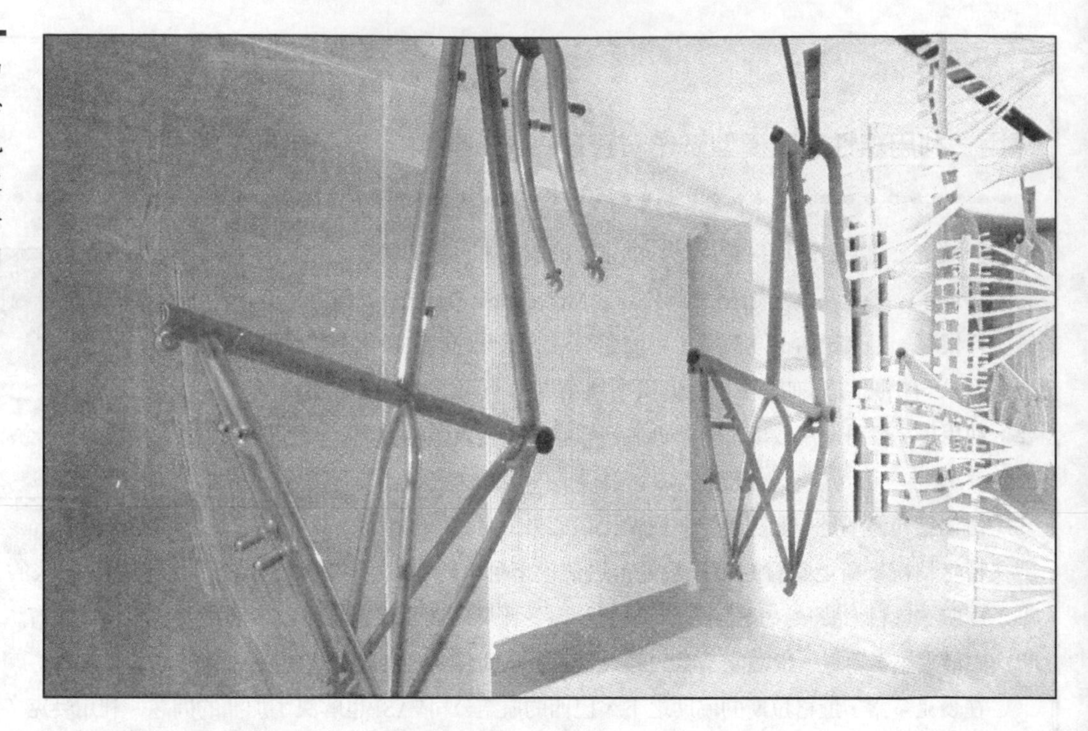

1. 為滿足市場需求，至少要生產50輛休閒用自行車，但不能多於150輛。
2. 比賽用的產量不能多於休閒用車。
3. 每星期裝配工人最多工作時數為360小時。
4. 每星期上漆工人最多工作時數為400小時。

將問題公式化

從定義決策變數開始：

X_1= 每星期比賽用自行車產量

X_2= 每星期休閒用自行車產量

目標函數為：

$$最大利潤 = 80\ X_1 + 70\ X_2$$

休閒用車的產量限制在50到150輛之間，即：

$$X_2 \geqq 50$$
$$X_2 \leqq 150$$

比賽用車的產量限制在不能超過休閒用車，即：

$$X_1 \leqq X_2$$

或

$$X_1 - X_2 \leqq 0$$

每星期裝配工人最多工作時數爲360小時，即：

$$2X_1 + 3X_2 \leqq 360$$

每星期上漆工人最多工作時數爲400小時，即：

$$4X_1 + 2X_2 \leqq 400$$

表示這個問題的線性規劃是：

$$\begin{aligned} \text{最大利潤} = 80X_1 + 70X_2 & \\ X_2 &\geqq 50 \\ X_2 &\leqq 150 \\ X_1 - X_2 &\leqq 0 \\ 2X_1 + 3X_2 &\leqq 360 \\ 4X_1 + 2X_2 &\leqq 400 \\ X_1，X_2 &\geqq 0 \end{aligned}$$

總共有5個限制式及1個非負限制。

找出可行區域

要求解，必須畫出所有限制式，以找出可行區域。找出線上任二點，可畫出五條等式限制線：

圖 2.14a

畫出路騎者的例子

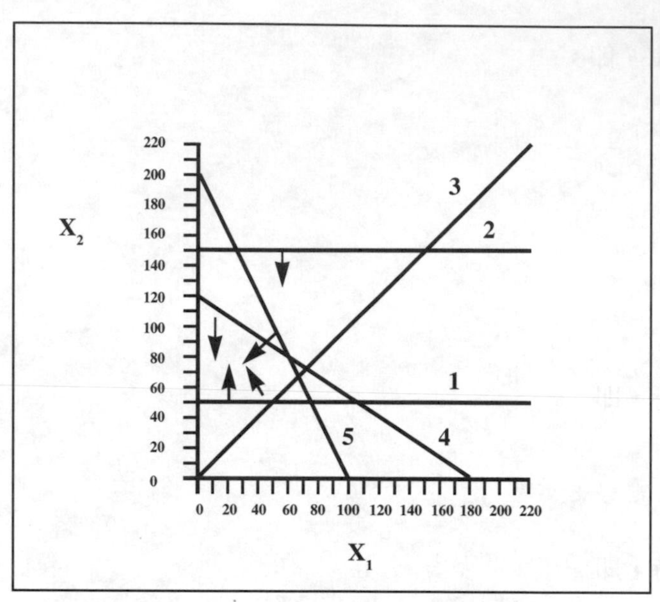

圖 2.14b

畫出路騎者的例子

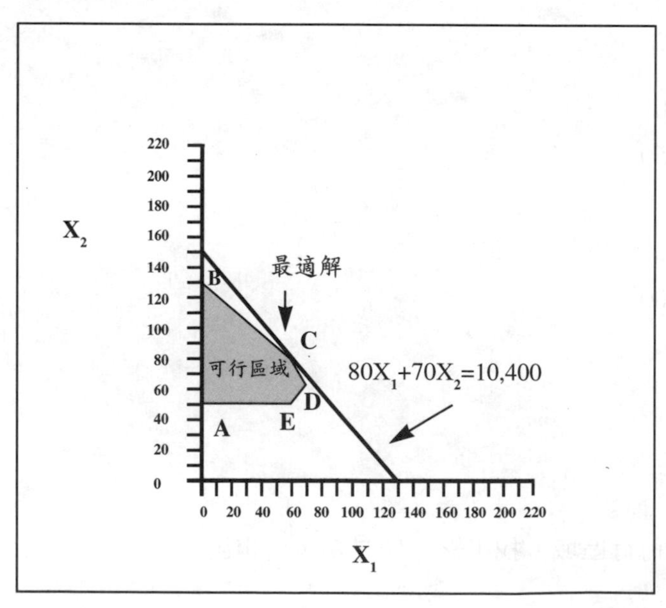

第1條：　$X_2 = 50$

（0，50）及（100，50）

第2條：　$X_2 = 150$

（0，150）及（100，150）

第3條：　$X_1 - X_2 = 0$

（0，0）及（50，50)

第4條：　$2X_1+3X_2 = 360$

（0，120）及（180，0）

第5條：　$4X_1+2X_2 = 400$

（0，200）及（100，0）

將這些線畫出，如（圖2.14a）；再找出各個可行區域，交集即為最後的可行區域。

利用等利潤法找出最適解

利用等利潤法並畫出目標函數線，可以找出點C是最適解，如（圖2.14b)。C點是第4條與第5條限制式的交點。要找出C點的座標，可以利用求解第4條與第5條限制式的聯立方程式：

$$-2(2X_1 + 3X_2 = 360)$$
$$4X_1 + 2X_2 = 400$$
$$0 - 4X_2 = -320$$
$$X_2 = 80$$

要找出X_1，將X_2代入第2條等式，可得：

$$4X_1 + 2(80) = 400$$
$$X_1 = 60$$

因此，爲使利潤達到最大，每星期要生產60輛比賽用車及80輛休閒用車，利潤爲：

$$80X_1 + 70X_2 = 80(60) + 70(80) = \$10,400$$

每星期將要用360小時的裝配時間及400小時的上漆時間。

2.8 等式限制

在大多數的問題中，限制式都是以等式形式出現，而非不等式。例如，一個生產電腦的公司會要求生產螢幕數量等於鍵盤數量，因爲每部電腦都需要這二種配備。或者，對某些特定部門，公司會希望使用完所有可利用的工時；要求所使用的工時等於可利用的總工時，即是一種等式限制。

當限制式是等式時，可行區域即爲直線，所有可行點都只在線上，線任一邊的點都是不可行的，而最適點也就是這一條線的角隅點（二端點）。

2.9 虛變數與剩餘變數

經理人有一項很重要的工作，就是要利用線性規劃模型來作分析，去檢查所有可利用的資源數量，以及探討資源被利用的情形。在小於或等於的限制式中，任何沒用完的資源均稱爲「虛」，也代表限制式右邊超過左邊的部份。同樣的，「剩餘」即代表大於或等於的限制式中，右邊被超過的部份。「**虛變數**」（slack）及「**剩餘變數**」（surplus）經常被用來代表這些部份。利用前面的例子，我們得以說明「虛變數」與「剩餘變數」的概念。

虛變數

在B & B電子公司的問題中，有二個小於或等於的限制式，第一條是：

$$4X_1 + 2X_2 \leqq 36 \quad \text{可用的總裝配時間}$$

任何沒有使用完的時間皆稱為虛，用S_1代表，將S_1加入限制式中則可得：

(使用時間)+(虛)=(可利用的總裝配時間)

$$(4X_1+2X_2)+S_1=36$$

所以，利用前述定義，

虛裝配時間=(所有可用裝配時間)-(所有使用的裝配時間)

或在本例中，

$$S_1=36-(4X_1+2X_2)$$

考慮角隅點（0，12），在這點沒使用完的裝配時間有：

$$\begin{aligned}\text{虛裝配時間}&=36-(4X_1+2X_2)\\ S_1&=36-[4(0)+2(12)]\\ &=36-(24)\\ &=12\end{aligned}$$

所以，在（0，12）這一點時，有12小時的虛裝配時間。利用這個方法，可算出其他點的虛裝配時間。

第二條限制式是：

$$X_1+2X_2\leqq 24$$

令S2代表此式的虛變數，則：

$$X_1+2X_2+S_2=24$$

在點（0，12）這個虛變數為0。

剩餘變數

回到雙穀公司的問題中，可以清楚地解釋剩餘變數的概念。第一條限制式爲：

$$2X_1+X_2 \geqq 20 \quad \text{維他命1 的單位}$$

如果維他命 1 的量超過20單位，則將存在剩餘變數。讓S_1代表維他命 1 的剩餘變數，可得：

$$(\text{維他命1的數量}) - (\text{剩餘變數}) = (\text{必須要有的量})$$
$$(2X_1 + X_2) - S_1 = 20$$

重組以上各項，可得

$$(\text{剩餘變數}) = (\text{維他命1的數量}) - (\text{必須要有的量})$$
$$S_1 = (2X_1 + X_2) - 20$$

考慮可行角隅點（12，0），這是非最適解的角隅點：

$$\text{維他命1的剩餘變數} = [2(12)+0] - 20$$
$$S_1 = 24 - 20$$
$$= 4$$

所以，在這點的維他命數量比所需的多了4單位。

同樣的，也可找出維他命 2 的剩餘變數S_2。

$$(2X_1 + 3X_2) - S_2 = 24$$

在點（12，0），這個剩餘變數爲 0。

2.10 線性規劃的標準式

如果所有限制式都寫成左邊非0的等式，且所有變數都是非負值，則這個線性規劃模型就稱爲標準式。在小於或等於的限制式左邊加上虛變數、或在大於等於的限制式左邊減去剩餘變數，將可使線性規劃問題變成標準式（standard form）。

範例

在B & B電子公司的範例中，線性規劃模型爲：

$$\text{利潤最大} = 15X_1 + 20X_2$$

受限於：

$$4X_1 + 2X_2 \leqq 36 \quad \text{(總裝配時間)}$$

$$X_1 + 2X_2 \leqq 24 \quad \text{(總監試時間)}$$

$$X_1，X_2 \geqq 0 \quad \text{(非負限制式)}$$

利用虛變數，標準式可寫成：

$$\text{利潤最大} = 15X_1 + 20X_2$$

受限於：

$$4X_1 + 2X_2 + S_1 = 36$$

$$X_1 + 2X_2 + S_2 = 24$$

$$X_1，X_2，S_1，S_2 \geqq 0$$

注意，所有變數都需受非負值的限制。

要說明剩餘變數的應用，則要回到雙穀的範例。雙穀公司的線性規劃模型是：

$$\text{最小成本} = 0.04X_1 + 0.03X_2$$

受限於：

$$2X_1 + X_2 \geqq 20 \quad \text{維他命1}$$

$$2X_1 + 3X_2 \geqq 24 \quad \text{維他命2}$$

$$X_1，X_2 \geqq 0 \quad \text{非負限制}$$

利用剩餘變數，可以將這個問題轉變成爲標準式：

$$
\begin{aligned}
&\text{最小成本} = 0.04X_1 + 0.03X_2 \\
&\text{受限於：} \quad 2X_1 + X_2 - S_1 = 20 \\
&\qquad\qquad 2X_1 + 3X_2 - S_2 = 24 \\
&\qquad\qquad X_1，X_2，S_1，S_2 \geqq 0
\end{aligned}
$$

2.11 基本解

在有二個決策變數的線性規劃模型中，可行區域是一個平面或直線，最適解是可行區域的角隅點。而對於有三個決策變數的線性規劃，可以想見可行區域是一個立方體或其他三度空間的圖形，最適解是這些圖形的角隅點。如果變數多於三個，圖解法就有些難以想像，因此，有必要介紹**基本解**（basic solution）的概念。所有的角隅解都是基本解。

考慮一個寫成標準式、有 n 個變數（決策變數、虛變數及剩餘變數）及有m條限制式的線性規劃模型，$n \geqq m$。將（n - m）個變數設爲 0，可以解出基本解。被設爲 0 的變數稱爲**非基本變數**（nonbasic variables），而其他的則稱爲**基本變數**（basic variables）。

B & B電子公司的基本解

B & B 電子公司標準式爲：

$$
\begin{aligned}
&\text{利潤最大} = 15X_1 + 20X_2 \\
&\text{受限於：} \quad 4X_1 + 2X_2 + S_1 = 36 \\
&\qquad\qquad X_1 + 2X_2 + S_2 = 24 \\
&\qquad\qquad X_1，X_2，S_1，S_2 \geqq 0
\end{aligned}
$$

在這個問題中，$n = 4$，$m = 2$，$n - m = 2$，爲了要找出基本解，要將二個變數設爲 0。假設將 X_1 及 X_2 設爲 0，可以解出 S_1 及 S_2。

$$4(0) + 2(0) + S_1 = 36$$
$$S_1 = 36$$

與

$$(0) + 2(0) + S_2 = 24$$
$$S_2 = 24$$

所以，有一個基本解是 $X_1 = 0$，$X_2 = 0$，$S_1 = 36$ 及 $S_2 = 24$。這是一個角隅點解，在這個角隅解中，X_1 與 X_2 是非基本變數，S_1 及 S_2 是基本變數。

要找出另外一個基本解，可將 X_1 與 S_1 設為 0，解下列聯立方程式，得出 X_2 及 S_2 的值。

$$4(0) + 2X_2 + 0 = 36$$
$$0 + 2X_2 + S_2 = 24$$

這是一組有二個方程式、二個未知數的聯立方程式，可輕易解得 $X_2 = 18$、$S_2 = -12$，注意這不是一個可行解。

2.12 線性規劃假設

目前已經看到如何將線性規劃模型寫成公式化，以及如何利用圖解法解二個決策變數的模型。在這些求解法的背後，隱含著四個假設：確定性、可分性、比例性與可加性。

確定性指問題中所有的數字（例如，每單位利潤、可用資源數等）都是確實可知的。如果有些資訊並非百分之百確定、而只是某種程度可知，則要用到敏感度分析的輔助，才能利用線性規劃模型，下章會討論。

可分性指所有變數都可分、不必然為整數。如果要求變數值只能為整數，則要用整數規劃模型來解決問題。很多情形，可分性的假設並不如看起來那麼具有限制性。例如，X_1 定義為某產品每星期的產量，每星期6.75單位的產量是有意義的：分數的部份表示該單位的生產由這個星期開始，將完成於下星期。有許多像這樣的例子。

比例性指所產生的利潤及所用的資源與產量是成比例的。例如，生產一單位需要4小時，生產五單位則需要20小時。

可加性指每個變數對於產生利潤及使用資源上都是獨立的，變數之間都沒有交互作用。

2.13 特殊情形

線性規劃的模型中可能會出現許多特殊情況，如不可行性、多重最適解、無限性及多餘限制式等問題。對於經理人而言，這些情形皆隱含重大意義。

不可行性

在將線性規劃問題寫成公式化時，可能存在有互相衝突的限制式。在B & B電子公司的例子中，每星期總裝配時間共有36小時，如果經理人希望每星期至少要生產 8 支行動電話及 8 個呼叫器以滿足市場需求，則線性規劃模型中要再加入二條限制式：$X_1 \geqq 8$，$X_2 \geqq 8$。可以發現這二條限制式是互相衝突的。因為要達成產量限制共需要 4（8）+2（8）= 48小時的裝配時間，但事實上可用36小時的裝配時間。如（圖2.15）所示，這個問題找不出可行區域。當經理人得到不可行解時，可能會發現是因為問題中有太多限制式、或有些限制式太嚴格了。經理人必須試圖去找出哪一個限制式引起這樣的情況，如果可能的話，放寬限制。

圖 2.15

沒有可行解的問題

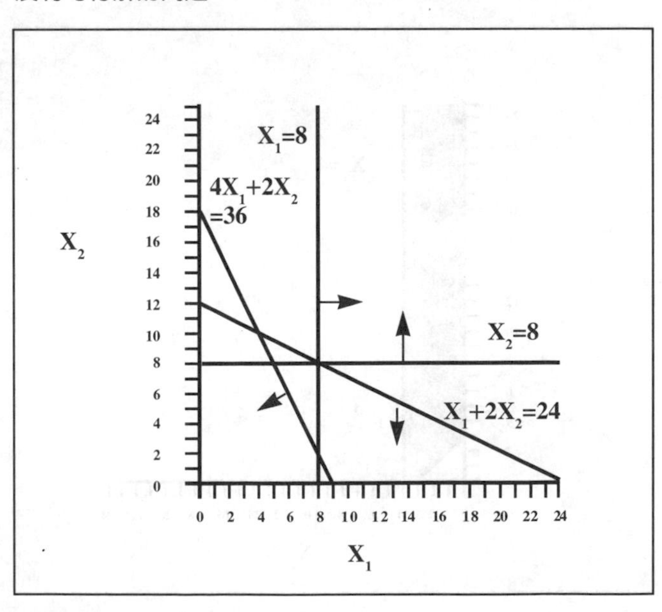

多重最適解

一個線性規劃模型可能有一個以上的最適解，比如，可能有二個角隅點有相同的目標函數值。當這種情形發生時，即稱這個線性規劃有多重最適解。如果這種情況發生，則一定是目標函數線與其中一條限制線是平行的。出現多重最適解時，經理人會發現在決策時多了許多彈性。例如，當利潤最大化的生產問題如果出現多重最適解時，經理人可以從幾個最適解中選擇，依據現實需要，選擇不同的總生產量或不同資源的組合。

無界限性

在一個極大化的線性規劃模型中，如果目標函數值無上限，則稱這個問題具有無界限性（unbounded），這通常表示有一個限制式可以從模型中消去。

考慮以下例子：

$$極大化利潤 = 10X_1 + 20X_2$$

$$受限於：\quad X_1 + X_2 \geqq 3$$

$$X_1 \leqq 4$$

$$X_1，X_2 \geqq 0$$

如（圖2.16）所示，可行區域是沒有限制的，X_2可以一直增加而無上界，所以，不論距原點有多遠，等利潤線一直都在可行區域中。出現無界限解時，經理人必須決定哪一條限制式是可消去的，並要修改模型。

圖 2.16

具有無限性解的問題

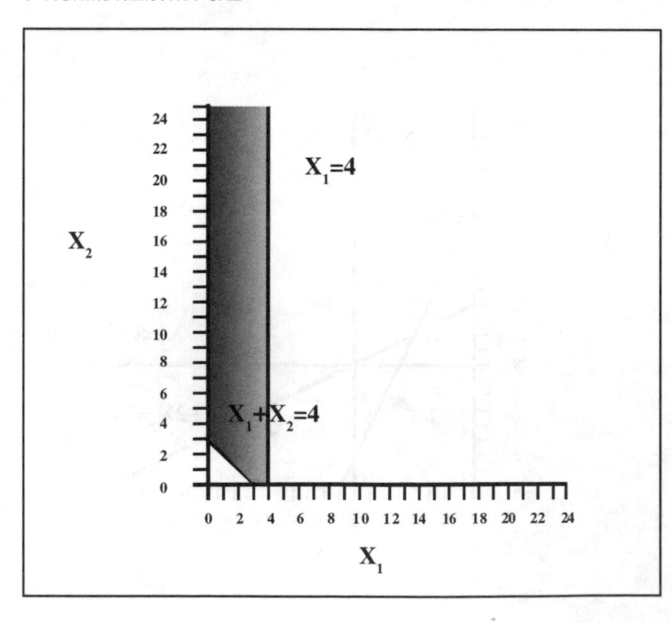

多餘限制式

不改變可行區域的限制式稱為**多餘限制式**（redundant constraints）。出現多餘限制式時，如果所有其他限制式都被滿足時，多餘限制式會自動被滿足。

例如，考慮一個生產2種產品的公司，要求解以下已經公式化的問題：

X_1 = 每星期產品 1 的產量

X_2 = 每星期產品 2 的產量

最大利潤 = $6X_1 + 2X_2$

受限於：$2X_1 + X_2 \leqq 40$ 勞動時間

$X_1 \leqq 10$ 產品 1 的需求量

$X_2 \leqq 10$ 產品 2 的需求量

$X_1，X_2 \geqq 0$ 非負限制

（圖2.17）表達整個問題，注意勞動時間並未改變可行區域。

如果有限制式是多餘的，則若消去這條限制式，最適解仍不改變；所以，消去這條限制式可以使要考慮的因素變少，有益於求解。然而，在未來情況條件改變時，消去多餘限制式，可能會產生不當的影響。就上例而言，如果未來需求量增加為25單位時，則勞動時間的限制即不再是多餘限制式，忽略此一限制將會得到錯誤的模型。

圖 2.17

多餘的限制式

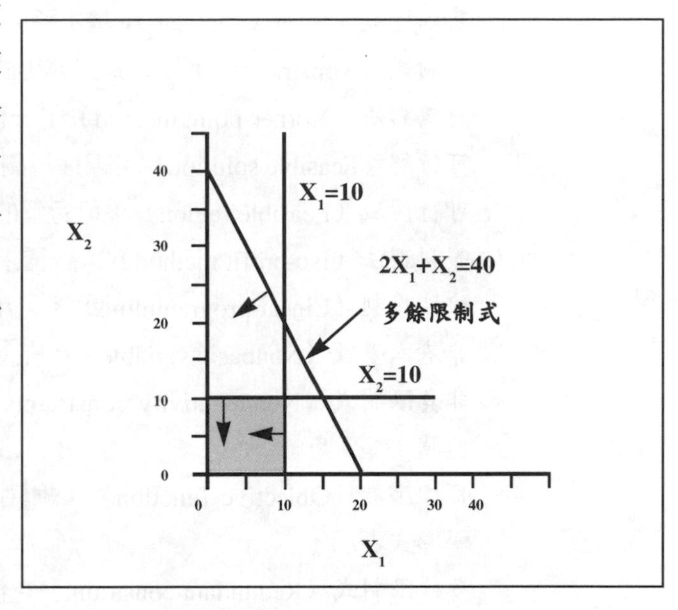

2.14 摘要

本章介紹線性規劃。經理人在決定分配資源、以達最佳結果時會遇到許多問題，線性規劃模型可以提供有效資訊，協助經理人來解決問題。線性規劃經常應用在稀少資源的分配，這一部份將在第四章作詳細的說明。

本章中的線性規劃模型包含一個目標函數及一個或以上限制式。線性隱含了確定性、可加性、可分性及比例性；最適解必須是可行的，且出現在角隅點。模型只有二個決策變數時，最適解可利用等利潤（或等成本）法及角隅點法等圖解法求解。下一章中，將介紹如何利用圖解法來瞭解電腦軟體求解法，並會一併討論模型中參數改變的影響。

字彙

基本解（Basic solution）：如果有線性規劃模型 n 個變數（決策變數、虛變數及剩餘變數）、有 m 條限制式，且n ≧ m，可以利用將（n－m）個變數設為 0，解出的解稱為基本解。

基本變數（Basic variable）：基本解中不為0的變數。

限制式（Xonstraint）：以等式或非等式表示，通常限制線規範可行解的範圍。

角隅點法（Xorner-point method）：一種用來求解只有二個決策變數的圖解法。

可行解（Feasible solution）：線性規劃模型中滿足所有限制的解。

可行區域（Feasible region）：可行解的集合。

等利潤法（Iso-profit method）：一種求解線性規劃的圖解法。

線性規劃（Linear programming）：可用來協助經理人分配資源的數學技術。

非基本變數（Nonbasic variable）：在基本解中為 0 的變數。

非負限制式（Nonnegativity constraints）：線性規劃模型中，限制決策變數值為非負值。

目標函數（Objective function）：線性規劃模型的中最大化或最小化問題，都以數學形式表示。

多餘限制式（Redundant constraint）：消去後不改變可行區域的限制式。

虛變數（Slack）：在小於或等限制式中，限制式右邊超過左邊的部份。

標準式（standard form）：如果線性規劃模型的限制式都為等式、且所有變數均非負值，這個線性規劃模型就稱為標準式。

剩餘變數（Surplus）：在大於或等限制式中，限制式右邊小於左邊的部份。

無界限性（Unbounded）：線性規劃模型中，目標函數值無上限（最大化問題）或無下限（最小化問題）。

問題與討論

1. 寫出將線性規劃寫成公式化的步驟。
2. 討論等利潤法及角隅點法的異同。

3. 在線性規劃中，可行區域的重要性爲何？又如何決定可行區域？
4. 試討論如果線性規劃的限制式是等式，可行區域會是什麼形狀？在這個可行區域中，最多的可行角隅點有幾個？
5. 如何能不看可行區域的圖解，即可決定一個解是否可行？
6. 考慮一個可行區域定義爲 $X_1 \geqq 4$、$X_2 \geqq 4$，這個可行區域具有無限性。如果目標函數爲利潤極大化，解答是否也具有無限性？如果目標函數爲成本極小化，解答是否也具有無限性？
7. 如果線性規劃模型有二個最適解，則這個模型有無限多最適解。請說明。
8. 一位經理人要利用線性規劃模型爲公司求得最大利潤。當經理人找到最適解後，發現這個解具有無界限性，他應該採取什麼行動？
9. 一位經理人要利用線性規劃模型爲公司求得最大利潤。當經理人找到最適解後，發現問題無可行解，他應該採取什麼行動？
10. 舉二個非線性限制式的例子。
11. 何謂線性規劃的標準式？
12. 何謂線性規劃的基本解？
13. 考慮下列線性規劃模型：

$$\begin{aligned} \text{最大化利潤} &= 8X_1 + 5X_2 \\ \text{受限於：} \quad & 3X_1 + 4X_2 \leqq 36 \\ & 3X_1 + 2X_2 \leqq 24 \\ & X_1，X_2 \geqq 0 \end{aligned}$$

   a. 利用角隅點法求解。
   b. 利用等利潤法求解。
   c. $X_1 = 5$，$X_2 = 5$是一個可行解嗎？如果不是，是因爲哪一條限制式不滿足？
   d. $X_1 = 3$，$X_2 = 7$是一個可行解嗎？如果不是，是因爲哪一條限制式不滿足？

14. 將上一個問題寫成標準式，算出各個變數在每一個可行角隅點的值。每一個角隅點都是基本解，每一個基本解中爲 0 的變數是哪些？

15. 考慮以下的線性規劃問題：

$$\text{最大化利潤} = 5X_1 + 2X_2$$

$$\text{受限於：}\quad 2X_1 + X_2 \leqq 8$$

$$2X_1 + 3X_2 = 12$$

$$X_1，X_2 \geqq 0$$

a. 檢查限制式，並描述可行區域的形狀。

b. 利用角隅解法解這個問題。

16. 考慮以下的線性規劃問題：

$$\text{最大化利潤} = 4X_1 + 10X_2$$

$$\text{受限於：}\quad X_1 + X_2 \leqq 10$$

$$2X_1 + 4X_2 \leqq 24$$

$$3X_1 + X_2 \leqq 27$$

$$X_1，X_2 \geqq 0$$

a. 利用圖解法求解這個問題。

b. 最大可能的利潤值是多少？

c. 最適時，每一條限制式的虛變數值是多少？

17. 將上一個問題寫成標準式，算出各個變數在每一個可行角隅點的值。每一個基本解中爲 0 的變數是哪些？

18. 考慮以下的線性規劃問題：

$$\text{最大化利潤} = 5X_1 + 4X_2$$

$$\text{受限於：}\quad 2X_1 + X_2 \leqq 8$$

$$3X_1 + 4X_2 \leqq 24$$

$$3X_1 + 4X_2 \geqq 2$$

$$X_1，X_2 \geqq 0$$

a. 利用圖解法求解這個問題。

b. 最大可能的利潤值是多少？

c. 最適時，第二條限制式的虛變數值是多少？

d. 最適時，第三條限制式的剩餘變數值是多少？

19. 考慮以下的線性規劃問題：

$$
\begin{aligned}
\text{最小成本} &= 10X_1 + 15X_2 \\
\text{受限於：} \quad 4X_1 + 2X_2 &\geqq 12 \\
2X_1 + 4X_2 &\geqq 16 \\
X_1 &\geqq 2 \\
X_1，X_2 &\geqq 0
\end{aligned}
$$

a. 求出這個問題的最適解。

b. 最適時，每一條限制式的剩餘變數值是多少？

20. 利用圖解法求出下列線性規劃問題的最適解：

$$
\begin{aligned}
\text{最小成本} &= 4X_1 + 5X_2 \\
\text{受限於：} \quad X_1 + X_2 &= 20 \\
X_2 &\geqq 6 \\
X_1 &\geqq 5 \\
X_1，X_2 &\geqq 0
\end{aligned}
$$

21. 利用圖解法求出下列線性規劃問題的最適解：

$$
\begin{aligned}
\text{最小成本} &= 12X_1 + 10X_2 \\
\text{受限於：} \quad X_1 + X_2 &\geqq 8 \\
3X_1 + X_2 &\geqq 12 \\
4X_1 - 2X_2 &\leqq 24 \\
X_1，X_2 &\geqq 0
\end{aligned}
$$

22. 下列的線性規劃問題會出現那些特殊情形？

$$\begin{aligned}
\text{最大化利潤} &= 2X_1 + 5X_2 \\
\text{受限於：}\quad 2X_1 + X_2 &\geqq 8 \\
X_1 &\geqq 4 \\
X_1，X_2 &\geqq 0
\end{aligned}$$

23. 下列的線性規劃問題會出現有那些特殊情形？

$$\begin{aligned}
\text{最大化利潤} &= 10X_1 + 8X_2 \\
\text{受限於：}\quad 3X_1 + 9X_2 &\geqq 36 \\
X_1 &\leqq 8 \\
X_1，X_2 &\geqq 0
\end{aligned}$$

24. 考慮以下的線性規劃問題：

$$\begin{aligned}
\text{最大化利潤} &= X_1 + 2X_2 \\
\text{受限於：}\quad X_1 + X_2 &\leqq 6 \\
3X_1 + 6X_2 &\leqq 24 \\
X_1，X_2 &\geqq 0
\end{aligned}$$

利用圖解法求解這個問題，這個線性規劃問題會出現那些特殊情形？

25. 利用圖解法求解這個線性規劃問題，問題中有會出現那些特殊情形？

$$\begin{aligned}
\text{最大化利潤} &= 12X_1 + 5X_2 \\
\text{受限於：}\quad 5X_1 + 3X_2 &\geqq 30 \\
2X_1 + 4X_2 &\geqq 20 \\
X_1 &\geqq 4 \\
X_1，X_2 &\geqq 0
\end{aligned}$$

26. 利用圖解法求解這個線性規劃問題，問題中會出現那些特殊情形？

$$
\begin{aligned}
\text{最大化利潤} &= 10X_1 + 8X_2 \\
\text{受限於：}\quad 3X_1 + 3X_2 &\geqq 45 \\
2X_1 + 4X_2 &\leqq 20 \\
X_1 &\leqq 4 \\
X_1,\ X_2 &\geqq 0
\end{aligned}
$$

27. 考慮以下的線性規劃問題：

$$
\begin{aligned}
\text{最大化利潤} &= 4X_1 + 8X_2 \\
\text{受限於：}\quad X_1 + X_2 &\leqq 10 \\
2X_1 + 4X_2 &\leqq 24 \\
X_1,\ X_2 &\geqq 0
\end{aligned}
$$

a. 問題中會出現那些特殊情形？

b. 最大可能的利潤值是多少？

c. 點（2，5）是否爲一可行解？這一點的利潤是多少？

d. 點（12，0）是否爲一可行解？原因是什麼？

28. 考慮以下的線性規劃問題：

$$
\begin{aligned}
\text{最大化利潤} &= 8X_1 + 6X_2 \\
\text{受限於：}\quad X_1 + 2X_2 &\leqq 120 \\
4X_1 + 3X_2 &\leqq 240 \\
X_1,\ X_2 &\geqq 0
\end{aligned}
$$

a. 問題中會出現那些特殊情形？

b. 最大可能的利潤值是多少？

c. 假設經理人的目標是要使利潤達到最大，現在有好幾個方式都可以達到這個目標。因此，經理人又多加了一項目標：要使總產量達到最大。經理人會選擇哪一個解？

29. 夏日樂趣公司生產木製的吊床以及一些野餐用的桌子。每一個吊床需要50呎的木材以及1小時的人工，野餐桌則需要60呎的木材及1小時的人工。目前，公司每星期可用的木材有3,000呎、可用總工時爲120小時。吊床的單位利潤爲$40，桌子的單位利潤爲$60。公司與經銷商簽有契約，每星期至少要生產15張吊床。在這個情形之下，公司應該如何作生產規劃？利潤爲何？木材與工時的虛變數值是多少？

30. 阿爾發電子公司生產電腦螢幕，在蒙特婁與多倫多都設有工廠。工廠所製造出的成品都會銷往美國，再組裝成爲完整的電腦銷售。因爲環境不同，這二家工廠的生產成本也就不同：蒙特婁廠的單位成本爲$80、多倫多廠爲$90。蒙特婁公廠的產能爲每星期20單位、多倫多廠爲40單位。依據公司所簽下的契約，每星期必須運50單位至美國，且公司希望每一個廠的產能利用率都達75%以上（有就是蒙特婁廠至少生產15單位、多倫多廠至少30單位）。這二個廠的產量分別應爲多少？公司的總生產成本爲多少？

31. 農夫在田裡種植了小麥與玉米，目的是希望能儘量提高利潤。依據過去的經驗，每一畝的小麥利潤爲$800、玉米爲$600。每一畝小麥所需的工時爲3小時、玉米爲2小時。農夫的地總共爲400畝，工時總共爲900小時。依據過去的經驗，農夫決定今年至少要種植240畝的小麥。在這種情形下，每一種作物要種植的面積是多少？總收益是多少？總使用的工時是多少？

32. 伍夫寵物公司生產低熱量的狗食，是利用牛肉與穀物混合而成。每一磅牛肉的成本爲$0.9、穀物爲$0.8。在每一磅的狗食中，至少必須包含8單位的維他命#1、10單位的維他命#2。每一磅牛肉中，有10單位的維他命#1、12單位的維他命#2；每一磅穀物中，則有6單位的維他命#1、9單位的維他命#2。將這個問題公事化爲一個線性規劃問題，目標是要使混合成本極小。每一磅混合狗食中要包含多少的牛肉與穀物？每一磅混合狗食的成本與各種維他命各爲多少？

33. 有位投資者決定每年投資$50,000，考慮投資的標的爲石油公司的股票以及政府債券。長期目標是要使總收益達到最大，關於風險與收益的資料如下表。風險指數爲1-10，10代表風險最高，總風險爲各風險指數乘以投資數額後的加總總數。

投資標的	預期收益（單位：%）	風險指數
石油公司股票	12	9
政府債券	6	3

投資者希望使預期報酬率達到最大，但平均的風險指數不能大於 6。每一種投資標的應投資多少？平均風險爲多少？預期報酬爲多少？

34. 回到習題33，現在假設投資者改變風險態度目標改變，變成希望在報酬率至少維持8%的情形下，將風險降到最低。將這個新問題公式化爲線性規劃問題，並求出最適解。每一種投資標的應投資多少？平均風險爲多少？預期報酬爲多少？

35. 市長候選人的宣傳預算有$10,000，希望分配在電台與電視廣告的宣傳活動中。每一則電台廣告的成本爲$200、可傳播給3,000人，電視廣告成本爲$500、可傳播給7,000人。市長公關幕僚的目標是要使傳播的人數達到最多，但要求每一種廣告的次數都至少要有10次以上，且電台廣告的次數至少要和電視廣告一樣多。每一種廣告的次數應爲多少？傳播總人數有多少？

36. 摩斯石油公司生產專供精密機器使用的高級汽油，這種高級汽油是由二種原油WT23與AR15混合而成。每一種原油的成本與成分如下：

原油	每桶成本	成分A（單位：%）	成分A（單位：%）
WT23	$16	40	45
AR15	$20	60	30

每一桶高級汽油中至少需含有50%的成分A，而且AR15不能多於WT23的2倍。公司的目標是要使成本最低。

將這個新問題公式化爲線性規劃問題，求出每一種原油的數量。每一桶混合高級汽油成本是多少？成分A與成分B含量各爲多少？

37. 回到習題36的摩斯石油公司的問題，假設現在公司決定要再生產一般的汽油，其中應至少含有45%的成分A，且在混合時WT23的量至少應與AR15的量相等。將這個新問題公式化爲線性規劃問題，求出每種原油的數量。每一桶混合一般成本是多少？成分A與成分的含量各爲多少？

38. 回到問題36與37。假設摩斯石油公司至少必須生產2,000桶的高級汽油與1,000桶的一般汽油。目前公司可用的原油有2,100桶的WT23、1,700桶的AR15，摩斯公司的經理人目標為把生產成本降至最低。將這個問題公式化為線性規劃問題，但無須求解。（註：利用二個變數代表高級汽油中各種原油的數量，再用另外二個二個變數代表一般汽油中各種原油的數量。）

39. 有一家運動器材公司製造二種壁球球拍，目前顧客預訂了180支一般型與90支專業型的球拍，這些必須在本月底交貨。另外，另一位顧客預訂了200支一般型、120支專業型的球拍，但這份訂單只要在下個月底之前交貨即可。在一般的工作時間，一般型球拍的單位成本為\$40、專業型為\$60；如果必須加班趕工，單位成本就或分別提高為\$50及\$70。此外，因為下個月或有新的員工加入，勞工成本將使各單位成本再加\$10。

本月內，一般時間內的產量為230支，如果加班的話可以多生產180支。因為已經預知下個月的訂單，公司希望本月能儘量生產，以確保下個月可以準時交貨。公司保有每支球拍一個月的單位成本為\$2。

將這個問題公式化為線性規劃問題。為何無法利用圖解法求解這個問題？

分析—穆爾尼與森顧問公司

穆爾尼與森是一家小型的顧問公司，專長是爲其它公司建立會計電腦化系統。此外，公司會在報稅季節提供一些公衆服務，協助一般大衆報稅，並藉此賺取一些利潤。依據過去的經驗，公司決定利用二種管道—報紙與電台—作廣告，以使公衆獲知他們的服務項目。隨著報稅季節逐漸逼近，穆爾森決定開始擬定廣告策略。依據過去的經驗，去年的電台廣告爲每個月7次、報紙廣告爲10次。

公司本季的廣告預算爲每月$4,000，預算期總共有三個月。每一次電台廣告的成本爲$200、可傳播給12,000人；報紙廣告成本爲$250、可傳播15,000人。穆爾森決定電台的廣告次數不能多於報紙，且每一種廣告每個月都至少要達到5次以上。

現在，你的工作是要協助穆爾森擬定今年的廣告策略。先將這個問題公式化爲一個線性規劃問題，求出最適解，並準備一張書面的摘要報告。在摘要報告中所應有的訊息包括：各種廣告的次數、每月的廣告成本，以及可傳播總人數；另外，在報告中也必須比較今年與去年策略的優劣。

第3章

圖解敏感度分析與電腦求解

限制條件如原物料數量的改變，將對線性規劃模型中的各變數值產生影響。

資料來源：照片提供Freeport-McMoRan Copper & Gold Company, Inc.

3.1 簡介

世界經濟情況不斷在改變：市場不停的開張與關閉；面臨其他競爭者進入市場時，有些供應者必須宣佈倒閉或放棄生產某種產品；中間財及最終消費財的價格也是隨時在波動。因爲這些改變，會使原有問題加入新的、或消去不必要的限制。因此，在利用線性規劃模型，如果沒有更進一步的分析，經理人可能會對最適解產生不信賴，因爲這些係數所代表的利潤、成本、需求，以及可獲得的資源等，都有不確定性。即使最初的模型是確定的、正確的，但因爲整體經濟情況隨時會改變，也可能會使各項因素在求解之後才發生變化。

在模型中，資料數值如果發生變化，對最適解將會產生什麼影響？答案並不一定。很小的變化可能對於決策變數有重大的影響，連帶的影響到最適解；反之，也可能數值上發生極大的變化，卻對最適解毫無影響。所以，一位經理人必須瞭解最適解對於資料數值變化的敏感度。這種分析，稱爲**敏感度分析**（sensitivity analysis）或後**最適性分析**（postoptimality analysis）。

大部份的線性規劃模型都有二個以上的變數，通常需要利用電腦求解。本章就是要討論電腦求解法，並要利用電腦解來作敏感度分析。

3.2 重回 B & B 電子公司的例子

在第二章B & B電子公司的例子中，最適解是每星期生產4支行動電話及10個呼叫器。經過評估後，經理認爲這是一個適當的解。現在有新資訊加入：B & B電子公司配售者要求，每星期要從公司購買20個產品，但購買的呼叫器不超過11個；另外，經理認爲高估了生產行動電話的成本，所以每支電話所產生的利潤應高於原先的$15。面對新的變化，經理想知道，改變生產組合是否可以獲得更高的利潤。同時，裝配線及監試線的員工現在願意加班，以提高所得，但經理並不確定加班費的增加是否會使利潤下降。敏感度分析可以協助經理人瞭解以上問題。本章中，將以電腦進行敏感度分析的大部份運算工作。

3.3 敏感度分析

本節中，將探討目標函數係數改變、限制式右方數值改變，以及加入或消去限制式對最適解與目標函數值的影響。有時，這些改變不只是影響目標函數與最適值，也影響決策變數、虛變數，以及剩餘變數等。

在開始討論敏感度分析之前，必須先瞭解一些與限制式有關的用語。在第二章中，一個不影響可行區域的限制式稱爲多餘限制式。不管有沒有這條限制式，都不會影響模型或可行區域。**束縛**（binding）限制式的意義，是指在最適點時，這條限制式的左邊值等於右邊值。這表示在最適解時，沒有虛變數或是剩餘變數。反之，在最適解時有虛變數或剩餘變數的限制式，則稱爲**非束縛**（nonbinding）

限制式。

敏感度分析的主要觀念

敏感度分析的幾個重要觀念如下：

1. 最適解出現在可行區域的角隅點，同時也是基本解。
2. 改變目標函數的係數對於可行區域或可行角隅點並無影響，只是使不同的基本解成爲最適解。
3. 唯一可能改變可行區域及基本可能解的，只有限制式的改變。

以下將利用這些基本概念，配合修改過的B & B範例，說明敏感度分析。

3.4 解釋電腦結果

考慮新的B & B電子公司例子，因爲需求改變，要多加入二條限制式。配售者每星期要從公司購買20個產品，但購買的呼叫器不超過11個，因此，限制式爲：

$$X_1 \leqq 11$$

及

$$X_1 + X_2 \leqq 20$$

而新線性規劃問題爲：

$$\begin{aligned}
&\text{利潤最大} = 15X_1 + 20X_2 \\
&\text{受限於：}\quad 4X_1 + 2X_2 \leqq 36 \quad \text{(總裝配時間)} \\
&\qquad X_1 + 2X_2 \leqq 24 \quad \text{(總監試時間)} \\
&\qquad X_2 \leqq 11 \quad \text{(呼叫器需求)} \\
&\qquad X_1 + X_2 \leqq 20 \quad \text{(總需求)} \\
&\qquad X_1 , X_2 \geqq 0 \quad \text{(非負限制式)}
\end{aligned}$$

圖 3.1

4 條限制式的 B & B 電子公司問題

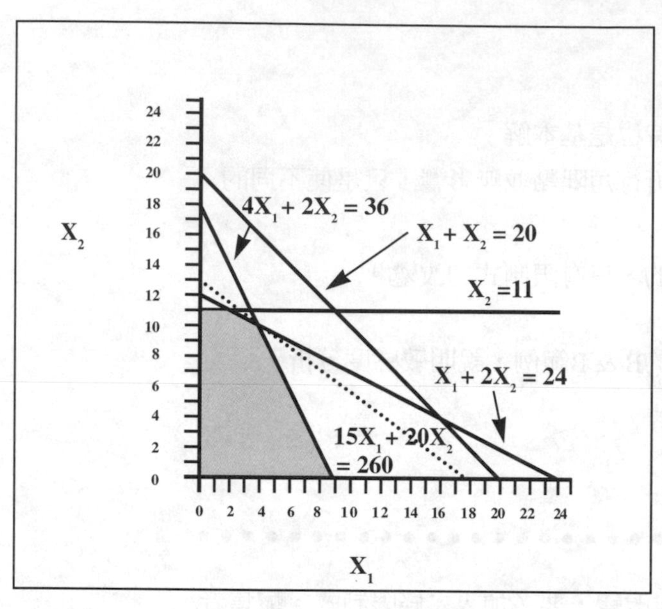

這個問題的圖解，在（圖3.1），等利潤線顯示最適解在點（4，10）。

因爲總需求限制不改變可行區域，所以這是一條多餘限制式。呼叫器的需求是一條非束縛限制式，因爲在最適解時有虛變數值；但這不是一條多餘限制式，因爲利用這條限制式，可以定義可行區域。如果消去這條限制式，可行區域會改變。

新模型仍只有二個決策變數，所以仍然可以用圖解法求解，但因爲之後要用到電腦解來進行敏感度分析，所以先將這個問題以 LINDO 求解，如（解3.1）。

爲要進行敏感度分析，將這個問題寫成標準式：

$$\text{利潤最大} = 15X_1 + 20X_2$$

$$\begin{aligned} \text{受限於：}\quad 4X_1 + 2X_2 + S_1 &= 36 \\ X_1 + 2X_2 + S_2 &= 24 \\ X_2 + S_3 &= 11 \\ X_1 + X_2 + S_4 &= 20 \\ X_1，X_2，S_1，S_2，S_3，S_4 &\geqq 0 \end{aligned}$$

最適解是點（4，10），這也是基本解：$S_1 = 0$，$S_2 = 0$，因爲這是第一及第二條限制式的交點。

（解3.1）的LINDO解是典型電腦套裝軟體的解答形式，線性規劃模型在解答中被重述，決策變數列出最適值及**還原成本值**（reduced cost）。可以看出 X_1 及 X_2 分別爲 4 及 10，目標函數值（利潤）爲$260。

二個決策變數的還原成本都是 0。如果最適解中有任何一個決策變數爲 0，利用還原成本值，可以知道這個變數的目標函數係數要改變多少，才能使決策變數值出現正值。例如，如果最適解中建議不要生產任何呼叫器，則還原成本值的意義，就是指在利潤最大化的原則下，每單位呼叫器所產生的利潤應該增加多少

解 3.1

以 LINDO 解 B & B 電子公司問題

```
Max        15 X1 + 20 X2
SUBJECT TO
        2)    4 X1 + 2 X2 <=    36
        3)    X1 + 2 X2 <=      24
        4)    X2 <=    11
        5)    X1 +  X2 <=       20
END

      OBJECTIVE FUNCTION VALUE

      1)        260.00000

VARIABLE          VAVUE                 REDUCED COST
      X1           4.000000                  .000000
      X2          10.000000                  .000000

    ROW        SLACK OR SURPLUS          DUAL PRICES
      2)           .000000                  1.666667
      3)           .000000                  8.333333
      4)          1.000000                   .000000
      5)          6.000000                   .000000

RANGES IN WHICH THE BASIS IS UNCHANGED:

                              OBJ COEFFICIENT RANGES
VARIABLE          CURRENT          ALLOWABLE          ALLOWABLE
                   COEF            INCREASE           DECREASE
     X1          15.000000         25.000000           5.000000
     X2          20.000000          9.999999          12.500000

                              RIGHTHAND SIDE RANGES
    ROW           CURRENT          ALLOWABLE          ALLOWABLE
                   RHS             INCREASE           DECREASE
      2          36.000000         36.000000           6.000000
      3          24.000000          1.500000          15.000000
      4          11.000000         INFINITY            1.000000
      5          20.000000         INFINITY            6.000000
```

時，生產呼叫器才有利可圖。在這個例子中，二個決策變數的最適值都爲正；對於最適解中爲正值的變數而言，還原成本都爲 0。

這個問題中有四條限制式，LINDO列在第2到第5列，目標函數在第1列。每一條限制式的虛變數及剩餘變數值分別列出，前二條限制式中都沒有虛值，第三條限制式（$X_2 \leqq 11$）的虛變數值爲1單位，因爲最適解 $X_2 = 10$。最後一條限制式的虛變數值爲6單位，因爲最適解 $X_1+X_2 = 4+10 = 14$，比 20 還少 6 單位。此外，每一條方程式也都有一個**對偶價**（dual price），所謂對偶價，就是指當這一條限制式右邊的值變動1單位時，目標函數值所隨之變動的量。第一條限制式的對偶價是1.666667，第二條是8.333333，而最後二條都是.000000。

電腦解答的最後一部份提供額外資訊，顯示當原始資料改變時，將對問題造成什麼影響，這是電腦所執行的敏感度分析中的一部份。

（解3.2）是用DSS軟體所執行的結果。注意，它只列出非0值的變數，沒有列出的變數最適解值都爲 0。這裡有一個取代對偶價的參考資料稱爲改善指數，代表的意義與對偶價相似，在本章稍後會有進一步的討論。

在第二章中介紹二種圖解法－等利潤法與角隅點法，對於敏感度分析提供相當重要的觀點，因此，下一節中將利用圖解法，來進一步瞭解電腦解法。

3.5 目標函數係數改變

可行區域只用限制式來定義，因此，目標函數的改變將不會影響可行區域，同時也不影響基本解，這一點是非常重要的。最適解必定是基本解，而基本解是所有可行區域的角隅點。

B & B電子公司預估每支行動電話所產生的利潤爲$15，但實際上的利潤可能是$16、$20或其他任何數目。行動電話每單位利潤若改變，會影響到公司的生產決策嗎？爲了詳加解釋，先檢查當單位利潤爲$16、$20、$40及$41時的情形。雖然用電腦可以輕易算出解答，但以下將先利用圖解法解釋這些變化，。

圖解分析

利用角隅點法，可以作以下的確認：不管目標函數係數如何改變，只要限制式相同，可行區域就相同。爲找出目標函數係數改變後的最適解，只要找出每一

解 3.2

DSS 解新的 B & B 電子公司問題

Linear Programming

Z	X1	X2	Rel Op	R H S
Max	15	20		
Cons1	4	2	<=	36
Cons2	1	2	<=	24
Cons3	0	1	<=	11
Cons4	1	1	<=	20

SOLUTION :

Variable	Value
X1	4
X2	10
Slack 3	1
Slack 4	6

MAX Z =260

SENSITIVITY ANALYSIS (Cj ' s):

Basis Variables

Variable	Value	Low	Current	High
X1	4	10	15	40
X2	10	7.50000	20	30

Nonbasis Variables

Variable	Value	Low	Current	High	Impr Indx

SENSITIVITY ANALYSIS (Bi ' s):

Binding Constraints

Constraint	Value	Low	Current	High	Impr Indx
Cons1	0	30	36	72	-1.666667
Cons2	0	9	24	25.5	-8.333333

Nonbinding Constraints

Constraint	Value	Low	Current	High
Cons3	1	10	11	+INF
Cons4	6	14	20	+INF

Note : A '%' indicates rounding occurred to fit display space

表 3.1

目標函數係數改變

可行角隅點	不同目標函數的利潤值				
（X_1，X_2）	$15X_1+20X_2$	$16X_1+20X_2$	$20X_1+20X_2$	$40X_1+20X_2$	$41X_1+20X_2$
（0，0）	0	0	0	0	0
（0，11）	220	220	220	220	220
（9，0）	135	144	180	360*	369*
（4，10）	260*	264*	280*	360*	364
（2，11）	250	252	260	300	302

*表最適解

角隅點的目標函數值，其中必有一點爲最適點。（表3.1）是行動電話利潤爲$15、$16、$20、$40及$41的目標函數值摘要。

考慮 X_1 利潤由$15變成$16，在（表3.1）中，最適解仍然是點（4，10），但改變後總利潤會增加$4。總利潤多$4，是因爲生產4支行動電話，每支的利潤增加1所致。如果每支的利潤增加$5（由$15增加到$20），則總利潤增加：

(每支利潤增加$5)(生產4支) = $20

只要（4，10）一直都是最適點，則當 X_1 的單位利潤增加時，總利潤即會再繼續增加，且是 $4 的倍數。當目標函數係數繼續改變，在（4，10）之外的其他點可能會出現更高的總利潤，而產生新的最適點。這些都可以從圖解或電腦解資料中看出。

（圖3.2）是利用等利潤法求解。當目標函數 X_1 的係數改變時，改變目標函數線的斜率，因此，利潤線會旋轉。當利潤線旋轉，最適解仍在原有的角隅點中（因爲可行區域不變），直到新目標函數線與其中某一條限制式平行（發生在當 X_1 的單位利潤爲$40時），也就是二條線有相同的斜率時。如果在這點之後利潤線繼續旋轉，就會出現新的最適點，也就是出現新的生產決策。如（表3.1），當單位利潤爲$41時，最大利潤的生產點爲9支行動電話（$X_1=9$）、0 個呼叫器（$X_2=0$）。

圖 3.2

改變 B & B 電子公司的利潤線

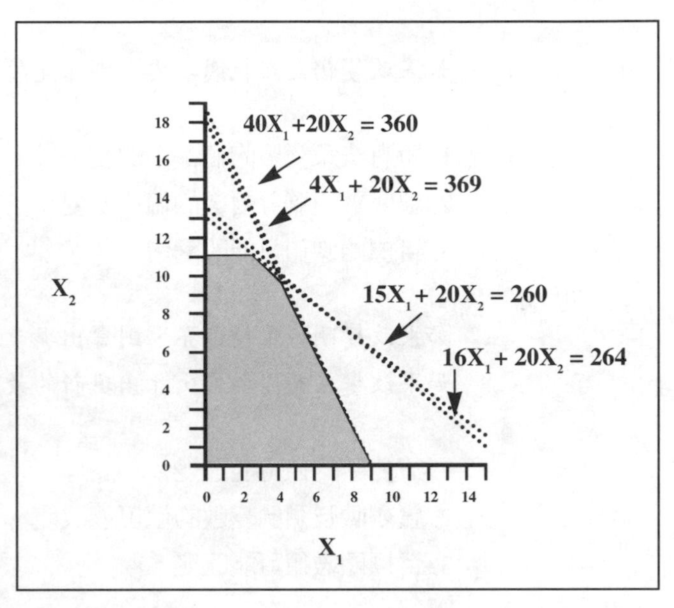

電腦解答

雖然可用圖解法來觀察目標函數係數改變的影響，但一般都依靠電腦求解來獲得這些資訊。（解3.1）中有列出目標函數係數範圍欄（OBJ COEFFICIENT RANGES），可以看出 X_1 的單位利潤容許由目前的$15至多增加$25（每單位利潤$40），至少減少$5（每單位$10），在這個範圍內，原有的最適解都仍然是最適。但當 X_1 的單位利潤超過$40時，會改變最適解。所以，由此可得結論，當目標函數係數在適當的範圍變動時，最適解並不改變，因此，虛變數或剩餘變數的值也不改變，唯一會改變的只有目標函數最適值。注意，當目標函數係數變動剛好在邊界時，會出現多重最適解，也就是原有的最適解仍爲最適，但同時再有新的最適解。

（摘要表3.1）是目標函數係數改變時狀況的簡單摘要。當一個決策變數係數變動介於其上、下限之間，所有決策變數、包括虛變數及剩餘變數值都不改變，目標函數值會改變，所改變的量，是這個變數所改變的量乘以變數的最佳解值。當然，如果最佳解是生產 0 單位該產品，則目標函數值也不會改變。

如果係數改變低於下界或高於上限時，則目標函數及其他變數值都會改變，因爲最適解會改變，出現在不同的角隅點。新問題可以用電腦求解，這些規則在其他係數不變的情況下，可以用來評估一個單獨係數改變的效果。

雖然單一係數變化的情形可以利用以上的規則來分析，但經理人可能想知道的是二種產品的利潤同時改變時的狀況。現在假設每支行動電話利潤爲$12、呼叫器爲$28。要瞭解二變數同時改變對生產決策的效果，上述的原則不能再應用，因爲那是在其他變數維持不變的情況，單獨變數改變的效果。考慮多個變數同時變動的效果，必須利用100%原則。

摘要表 3.1

目標函數係數值改變的效果

如果改變仍是在範圍之內，則原先的最適解仍爲最適。

1. 所有決策變數的值都不改變。
2. 虛變數及剩餘變數的值不改變。
3. 目標函數值可能改變。

如果改變剛好位於邊界，則會出現多重最適解。
如果改變在範圍之外，會出現新的最適解。

1. 策變數的值可能改變。
2. 虛變數及剩餘變數的值可能改變。
3. 目標函數值可能改變。

如果改變裝配線總可用的加班時數，會改變限制式的右邊值。

目標函數係數同時變動的100%原則

經過前一節討論，得出結論是一個單獨係數的變動範圍可以百分之百、完全達到其上限或下限，而最適解不會改變。如果某些目標函數係數同時改變，也可能使最適解不改變，但係數的變動範圍不是百分之百。這就是所謂**目標函數係數同時變動的100%原則**（100% rule for objective function coefficients）。如果總變動幅度超過100%，必須重新解變動後的問題，因爲最適解可能是原來的，或者有新的解出現。

考慮B & B電子公司的例子。如果每支行動電話利潤變爲$12、呼叫器變爲$28，會有什麼結果？行動電話的利潤變爲$12，從目前的利潤下降$3，容許減少的量是$5，所以，總變動幅度是（3/5）100% = 60%。同時，呼叫器的利潤增爲$28，從目前利潤上升$8，而可容許的上升範圍爲$10，上升比例爲（8/10）100% = 80%。總變動比例爲60%+80%=140%，超過100%，所以原來的最適解不再是最適。另外，也可以利用目標函數$12X_1 + 28X_2$，算出不同可行角隅點的目標函數值，看看最適點如何改變。詳見（表3.2）。

爲強調即使當目標函數係數總變動比例超過100%時，原有的最適解仍可能是最適，我們將介紹下面的例子。假設行動電話的利潤每單位增加$25（變成$40），

表 3.2

目標函數係數同時變動時的影響

可行角隅點	不同目標函數的利潤值		
	原始目標函數	改變率140%	改變率200%
(X_1, X_2)	$15X_1+20X_2$	$12X_1+28X_2$	$40X_1+30X_2$
（0，0）	0	0	0
（0，11）	220	308	330
（9，0）	135	108	360
（4，10）	206*	328	460*
（2，11）	250	332*	410

*表最適解

全球觀點—利用線性規劃協助工廠進行關閉

美國能源部（United States Department of Energy, DOE）需要一種可以承受高放射量的微晶片，在1980年代早期，美國沒有任何私人企業所生產出的產品可以符合需求，因此，能源部設立了一家奧布奎克微電子組織（Albuquerque Microelectronics Organization, AMO），並雇用管理人才運作這個組織。在1989年之前，民間的半導體公司在製程上已有大幅的改進，有能力生產適合用於高輻射的晶片，基於儘量向民間採購的政策，因此能源部決定要出售AMO，轉而向民間業界購買晶片。

在做出出售的決定之前，事實上，有些AMO產品中所用的晶片已經交由民間企業製造，但其他部門的民營化仍是在規劃階段。分階段民營化是必要的，因爲這項產業在當時仍是新興工業，民間企業仍須仰賴政府的扶持。AMO民營化是一項非常不易的工作，特別是當能源部宣佈政策時，許多不定的因素使AMO的技術人才大量流失；此外，民間企業何時有能力完全供應所需的晶片，也是一項未知數。能源部最後決定要在一年後正式關閉AMO，在這一年之間要逐漸停產各種產品。

生產規劃與生產控制部門接到一項新的命令，指示經理人必須做出這一年內的生產規劃。這些經理人沒有使用其他特殊的輔助工具，只是簡單地依據目前的生產狀況，將各種品的產量與產能逐漸縮小。最後，這個帶有特殊任務的生產規劃終於出爐，但公司的管理當局卻非常不滿意，認爲這是一項不科學的結論，因此，更高層的經理階層決定利用線性規劃技術來解決這個問題。

管理當局將整個問題公式化爲線性規劃模型，目標是要使這一年內的晶片產量達到最大，限制式是各項產品都分別設有產量上限與下限。這個最大化的目標就等於將DOE未來的成本降至最小，因爲在這一年內AMO生產的越多，未來DOE需要採購的數量也就越少。利用線性規劃求出的結果與之前所做出的規劃結果其實很相似，但對客戶以及AMO的勞工而言，線性規劃技術毋寧是較值得信賴的。這個模型也同時進行了敏感度分析，分析產量與訂購量改變之間的影響，結果提供了一些有用的資訊。例如，根據分析結果，在關廠的這一年中，AMO有能力接下較目前爲多的訂單。如果沒有這項資訊，AMO可能就會失去賺錢的機會。

這個模型中也同時包含了一些預測的功能，可預測出AMO關廠後三個月內的情形。線性規劃模型協助AMO的關廠計畫以及民營化的規劃，使AMO在關廠前三個月內避免了120萬美元的支出。

資料來源：Clements, D. W., and R. A. Reid, March-April 1994. "Analytical MS/OR Tools Applied to a Plant Closure." *Interfaces* 24(2):1-12.

變動率為100%；而呼叫器的利潤增加$10（變成$30），也是變動100%。當總變動率達200%時，最適解並不改變，這可以由評估各個可行角隅點值來證實，如（表3.2）。

100%的原則可協助經理人預估各項產品的利潤，並體認到這些預估雖非確定，但有某種程度的可信任區間。例如，行動電話的利潤（X_1）雖然原先預估為$15，但經理人所能確定的，可能只是利潤不低於$12。根據以上的分析，這表示利潤最大下降的幅度是60%；只要能確認呼叫器的利潤波動不超過40%，即可保證原來的最適解仍是最適。比方說，假設現在知道呼叫器的利潤可能高於$20，因為所能增加的上限為$10，只要呼叫器實際增加利潤不超過40%（$10）=$4，即可確定現有最適解仍有效。因此，如果經理人確定行動電話的利潤不少於$12，且呼叫器利潤不高於$24，則可信任原來由線性規劃模型所找出的最適解。

3.6 限制式改變—右邊值改變

在B & B電子公司的問題中共有四條限制式：裝配時間、監試時間、呼叫器需求及總需求；經理人考慮讓裝配勞工及監試勞工加班的可能，同時也希望評估需求改變對生產決策所造成的影響。這些改變，都與限制式右邊的值改變有關。

因為可行區域是由問題中的限制式所定義的，除非發生改變的是一條多餘限制式，否則一旦限制式右邊發生變化，一定會影響可行區域。可行區域的改變對於可能會、但不必然會改變最適解。如果一開始是利用電腦軟體求解，電腦解中也會提供部份關於限制式改變所造成的影響。

對偶價、影子價及改善指數

因為限制式右邊的值改變，而引起目標函數值的改變部份，稱為對偶價、影子價（shadow price）或者改善指數。有人認為對偶價與影子價的定義相同，但也有人認為，對偶價是指限制式右手邊的值增加一單位，目標函數值所「改善」的部份，但影子價則是指目標函數值「增加」的部份。對於最大化問題而言，目標函數值的「改善」與「增加」有相同的意義；但對最小化問題而言，「改善」指的是目標函數值下降。雖然定義缺乏共識，但實際上利用不同的電腦套裝軟體求解相同的問題時，在一個報告中找出正的對偶價、但在另一份報告中出現負值的影子價的情形並不常見。本書中使用最常用的定義，將對偶價與影子價視為相同，且定義為當限制式右手邊的值增加一單位，目標函數值所「改善」的部份。

最容易消除對於電腦解中對偶價、影子價及改善指數混淆的作法，就是忽略他們的正負號。所以，在本書中，對偶價、影子價及改善指數即定義成限制式右手邊的值改變一單位，目標函數值所改善的部份。如果放鬆限制式，目標函數值會獲得改善；如果收緊限制式，則目標函數值則會惡化。所謂放鬆限制式，是指右手邊的值改變而使可行區域加大。所以增加小於等於的限制式右邊的值、或者是減少大於等於的限制式右邊的值，都是放鬆。這二種改變都使得限制式的拘束力變小，可行區域內有更多的點可供選擇；之後會有範例來說明。等式限制式的放鬆則較不明顯，因為右邊的值改變，會使原本所有的可行點失效，產生全新的可行點集合。

以下將用二個不同的例子來說明可行點的改變，第一個例子包含非束縛限制式，而第二例則包含束縛限制式。

非束縛限制式右邊的值改變

B & B電子公司的最適解為（4，10），在這一點的目標函數值及四條限制式為：

利潤最大 $= 15X_1 + 20X_2 = 260$

裝配時間：$4X_1 + 2X_2 = 36$　　(總裝配時間為36，$S_1 = 0$)

監試時間：$X_1 + 2X_2 = 24$　　(總監試時間為24，$S_2 = 0$)

呼叫器需求：$X_2 = 10$　　(呼叫器需求限制為11，$S_3 = 1$)

總需求：$X_1 + X_2 = 14$　　(總需求限制為20，$S_4 = 6$)

在最適解中，第三及第四條限制式都有虛變數值，這在解3.1 的LINDO中可以非常清楚的看出。對這二條限制式而言，對偶價都是 0。呼叫器需求的最大限制為11，但只有生產10即達成使利潤最大的目標，含有1單位的虛值。

考慮第二條限制式 $X_2 \leqq 11$。經理人可能會認為呼叫器的需求量太小了，因而會想尋找其他的配售者，增加呼叫器的總需求。為了瞭解呼叫器總需求增加對於生產決策的影響，考慮限制式右邊的值增加後的變化。因為這條限制式的對偶價為 0，所以總需求增加對利潤將無任何影響，說明如圖3.3。

假設呼叫器的總需求增加為12（即是放鬆限制式），這會擴大可行區域的範圍，但目標函數值（利潤）仍維持不變。利用等利潤法可以看出，即使可行區域擴大了，最適角隅點仍未改變。限制式的改變，只是使得虛值由1增加為2，因為X_2仍為12。如果這條限制式右邊的值持續無限增加，效果只是使虛值增加。這可以從LINDO的解3.1中看出，這條限制式右邊可容許的增加範圍為無限大。

圖 3.3

第三條限制式右邊的值改變

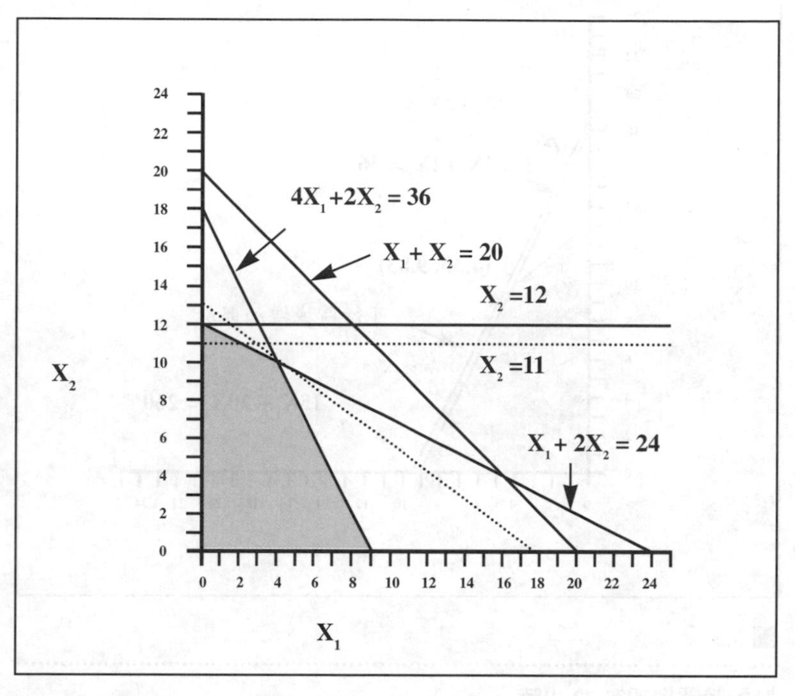

如果限制式右邊的值由11變為10（即收緊限制式），則可行區域的範圍會縮小，但原先的最適角隅點（4，10）仍然在可行區域內，因此仍然是最適解，只是限制式現在已無虛值。如果限制式右邊的值減少為9，則點（4，10）不再可行，最適解必須改變。在LINDO解答3.1中，這條限制式右邊可容許的減少範圍為1單位。

在這個例子中，非束縛的小於等於限制式中，右邊的值所能增加的範圍為無限大，而所能減少的範圍是虛變數的值；如果變動在範圍之內，目標函數值及所有決策變數值都不改變，因為最適解不變。而在非束縛的大於等於限制式中，右邊的值所能減少為任何數，而所能增加的範圍是剩餘變數的值。

束縛限制式右邊的值改變

如果一條限制式是束縛的，則不會有虛值，所有資源都會被用盡，可獲得額外資源表示情況可以有所改善。例如，如果資源限制為工時，經理人可能會希望員工加班以爭取更多的資源；如果資源限制是原物料，經理人或許願意多付點錢以獲得更多資源。在電腦求解中，通常都會提供一些有用的資料，協助經理人決定是否要使用額外的資源。

在線性規劃模型中，改變稀少性資源數量，即相等於改變一條無虛值的限制

圖 3.4

裝配時間增加為 37

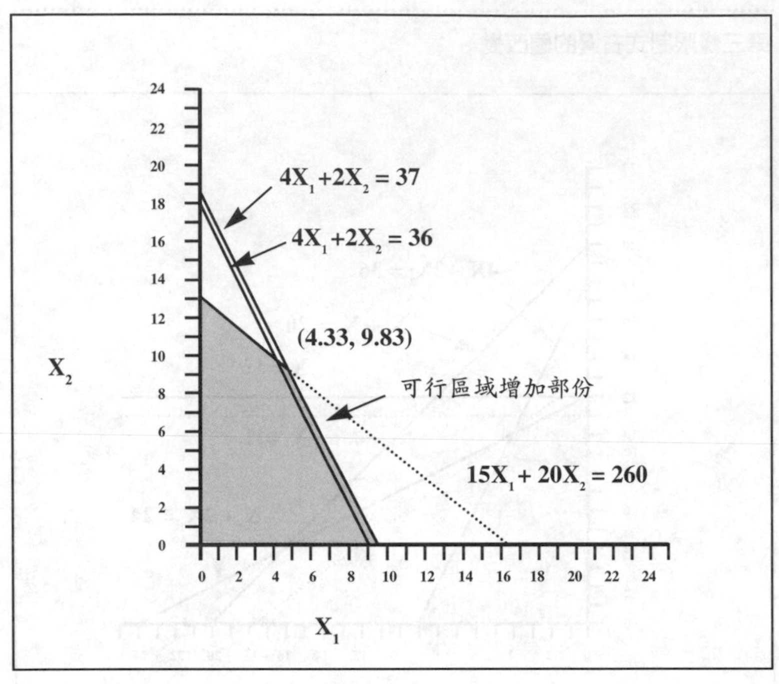

圖 3.5

裝配時間增加為 72 小時

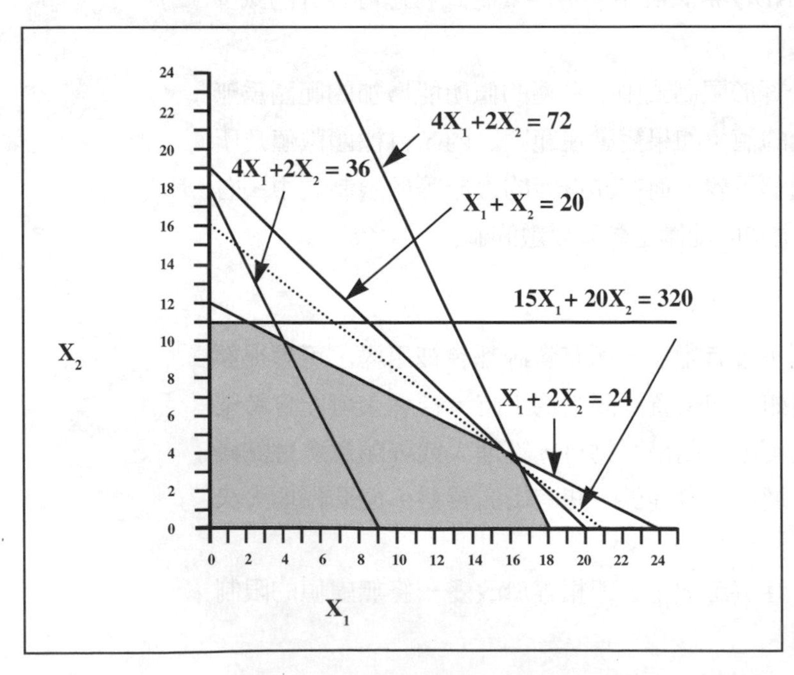

式右邊的值。在B & B電子公司的問題中，原先可用的總裝配時間爲36小時，在最適時全部都被使用殆盡（$S_1=0$）；如果經由加班或其他方法，可以使總裝配時間增加，同時也將始可行區域擴大，如圖3.4所示。

（4，10）不再是角隅點，因此，也就不再是基本解。裝配時間與監試時間的交點爲（4.33，9.83），而$S_1=0$，$S_2=0$的基本解仍爲最適解，只是值由（4，10）變成（4.33，9.83）。

改變後 X_1 的總產量增加，而 X_2 減少，這使得所用監試時間減少、裝配時間增加。新角隅點的利潤爲$261.67，較原有利潤增加了$1.67。如果裝配時間限制式的右邊再增加1單位變爲38，利潤會再增加$1.67。因此，1.67即是裝配時間限制式的對偶價，因爲當裝配時間每增多1單位時，利潤固定增加此一相同的量，而利潤的增加是因爲最適點時 X_1 及 X_2 的改變所致。

右邊值的改變範圍

裝配時間的改變、引起利潤改變$1.67的情形將一直持續，直到裝配時間限制碰到上限或下限。從解3.1中第二列中可以看出，能容許最大增加裝配時間為36小時，因此，當裝配時間每多增加1單位，利潤即會再增加$1.67，直到總裝配時間增加36小時為72小時。圖3.5 說明到達限制範圍時的情況。

如果總裝配時可有72小時，則三條限制線將交於（16，4）。而這些限制式及虛變數為：

$$4X_1 + 2X_2 + S_1 = 72$$
$$X_1 + 2X_2 + S_2 = 24$$
$$X_1 + X_2 + S_4 = 20$$

總需求限制式（$X_1 + X_2 \leqq 20$）會出現正虛值（$S_4 > 0$），一直到總裝配時間為72小時。裝配時間增加超過72小時後，這條總需求限制式變成束縛限制式，每增加 1 單位的裝配時間不再使總利潤增加$1.67，因此，$1.67的對偶價與整個問題不再相關。圖3.6表示當總裝配時間增為80小時的可行區域。利用監試時間的可行區域與目標函數線的斜率，可看出最適解出現在點（16，4）。

圖 3.6

裝配時間增為 80

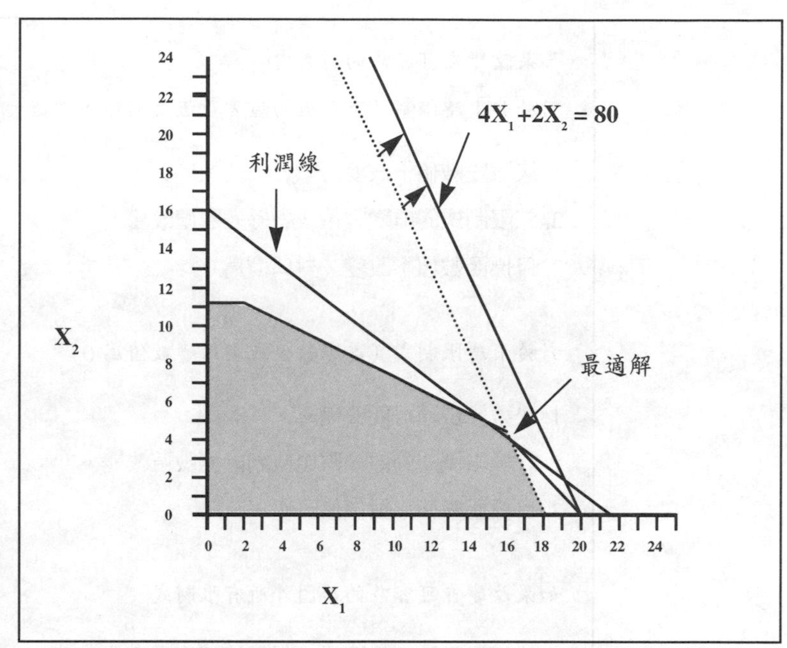

雖然以上的討論都著重在資源增加（放鬆限制式），但對偶價同時也可對於資源量減少的情況提供資訊。如果裝配時間限制緊縮，目標函數值將會惡化，因此，每減少1小時的裝配時間，將使得利潤下降$1.67，直到碰到下限。對於經理人而言，最重要的是要瞭解到一件事實：在某一區間內，裝配時間每增加或減少1單位，將使總利潤增加或減少$1.67。這可協助經理人決定，爭取更多的裝配時間是否有利可圖。

限制式右邊改變摘要

以上是用圖解敏感度分析來瞭解限制式右邊改變時的影響，同時也包含電腦解的結果。摘要表3.2有簡略的說明。

摘要表 3.2

限制式右邊改變時的影響

如果改變在可容許的範圍內
對於非束縛限制（有正值的虛變數值或剩餘變數值）
1. 決策變數值不改變。
2. 該限制式的虛變數值或剩餘變數值改變。
3. 目標函數值不改變（對偶價爲 0）。
對於束縛限制式（虛變數值或剩餘變數值爲 0）
1. 決策變數值可能改變。
2. 許多限制式的虛變數值或剩餘變數值改變。
3. 目標函數值以對偶價改變。
如果改變在可容許的範圍外所有限制式
1. 決策變數值可能改變（新最適解出現）。
2. 許多限制式的虛變數值或剩餘變數值改變。
3. 目標函數值改變，但與對偶價無關。

以上是考慮單獨一條限制式右邊的值改變的情形。經理人可能會考慮其他獲得額外資源的方式，如B & B電子公司可能會同時增加總可用裝配時間及監試時間。類似這種情形，會使幾條限制式右邊的值同時改變。當只有一條限制式改變時，可以用對偶價來評估其影響；但對於多條限制式同時改變的影響，就必須利用100%原則來評估。

限制式右邊值變動的100%原則

如前節中所介紹，單一限制式右邊值的變動，可以百分之百增加或減少至上、下限，在此範圍內，對偶價對於評估變化仍有效。如果多條限制式同時變動時，對偶價對於評估目標函數值變動就有了限制，有效性僅限於所有變動總和在

100%的範圍之內的情況，這稱爲限制式右邊值變動的100%原則（100% rule for right-hand side values）。如果總變動率超過100%，對偶價就會失效。

假設電子公司同時將每星期總可用裝配時間增加12小時、總監試時間增加1小時。從解3.1可以知道，總裝配時間最大可以增加的時間上限爲36小時，增加12小時的增幅即爲33.3%。同樣的，總監試時間增加1小時的增幅爲66.7%，因爲監試時間所能增加的上限爲1.5小時。因此，總變動率爲33.3%+66.7%=100%，而總利潤則增加爲：

(裝配限制式對偶價$1.67)(12小時) + (監試限制式對偶價$8.33)(1小時) = $28.37

$S_1 = 0$，$S_2 = 0$ 的基本解仍爲最適解，但 X_1 與 X_2 的值因爲限制式改變而改變了。因爲決策變數值（行動電話與呼叫器的產量）改變，使總利潤增加。若其中任一條限制式的改變量超過上述的值，則總變動量將超過100%，整個問題必須重新求解。

3.7 較大型的範例

康瑞奇視聽公司在肯塔基州生產CD音響，共有普及型及豪華型二種機型，最近生產新產品－CD隨身聽。每一種機型在裝運前都要經過裝配、監試及包裝等過程，所需時間詳列在表3.3。

在這個問題中，生產資源有所限制：每星期可用總裝配時間爲250小時（15,000分鐘）、總監試時間爲50小時（3,000分鐘），以及總包裝時間爲40小時（2,400分鐘）。此外，公司還必須面對其他限制：每星期至少要生產10部隨身聽，以及其他二種產品至少共生產50部。爲了規劃生產計畫、使利潤最大，公司必須將以下問題公式化爲線性規劃模型：

X_1 = 每星期CD隨身聽的產量
X_2 = 每星期普及型CD音響的產量
X_3 = 每星期豪華型CD音響的產量

表 3.3

康瑞奇視聽公司所需之工作時間（單位：分鐘）

部門	產品		
	隨身聽	普及型音響	豪華型音響
裝配	120	20	150
監試	20	5	30
包裝	15	15	20

與產品規範相關的法律改變時，會對經理人用來決定生產的線性規劃模型產生影響。

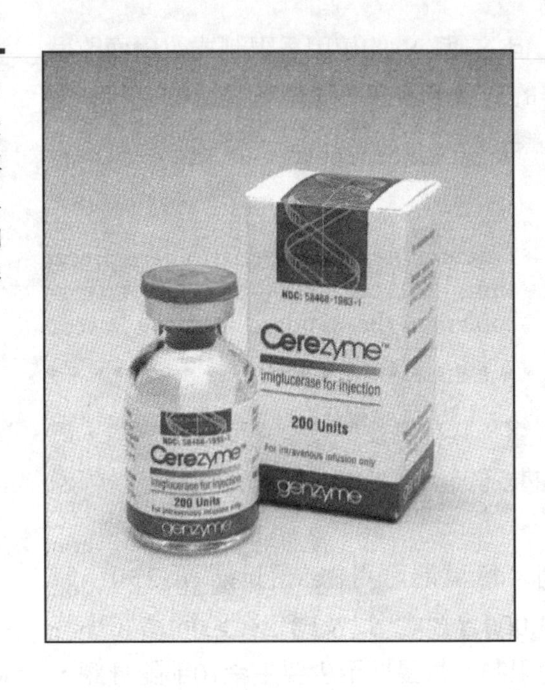

最大化利潤 $= 25X_1 + 30X_2 + 35X_3$

受限於：

$120X_1 + 130X_2 + 150X_3 \leqq 15{,}000$	裝配時間
$20X_1 + 35X_2 + 30X_3 \leqq 3{,}000$	監試時間
$15X_1 + 15X_2 + 20X_3 \leqq 2{,}400$	包裝時間
$X_1 \geqq 10$	隨身聽產量產量
$X_1 + X_2 \geqq 50$	其他產量限制
$X_1，X_2，X_3 \geqq 0$	非負限制

這個問題以LINDO求解，結果在解3.3。

解 3.3

康瑞奇音響公司的電腦解

```
MAX        25 X1 + 30 X2 + 35 X3
SUBJECT TO
        2 )     120 X1 + 130 X2 + 150 X3 <=    15000
        3 )     20 X1 + 35 X2 + 30 X3 <=    3000
        4 )     15 X1 + 15 X2 + 20 X3 <=    2400
        5 )     X1 >=    10
        6 )     X2 + X3 >=    50
END

LP OPTIMUM FOUND AT STEP          4

        OBJECTIVE FUNCTION VALUE

        1 )        3470.0000

    VARIABLE            VALUE          REDUCED COST
        X1          10.000000              .000000
        X2            .000000              .333334
        X3          92.000000              .000000

       ROW     SLACK OR SURPLUS         DUAL PRICES
        2 )          .000000              .233333
        3 )        40.000000              .000000
        4 )       410.000000              .000000
        5 )          .000000            -3.000000
        6 )        42.000000              .000000

NO. ITERATIONS=         4
RANGES IN WHICH THE BASIS IS UNCHANGED :

                              OBJ COEFFICIENT RANGES
VARIABLE     CURRENT COEF    ALLOWABLE INCREASE    ALLOWABLE DECREASE
      X1        25.000000              3.000000              INFINITY
      X2        30.000000               .333334              INFINITY
      X3        35.000000              INFINITY               .384616

                              RIGHTHAND SIDE  RANGES
     ROW      CURRENT RHS    ALLOWABLE INCREASE    ALLOWABLE DECREASE
       2     15000.000000            200.000000           6300.000000
       3      3000.000000              INFINITY             40.000000
       4      2400.000000              INFINITY            410.000000
       5        10.000000             52.500000             10.000000
       6        50.000000             42.000000              INFINITY
```

解出的最適解爲：每星期要生產10部CD隨身聽（$X_1=10$）、0部普及型音響（$X_2=0$）及92部豪華型音響（$X_3=92$），總利潤爲$3,470。在這個生產計畫中，第一條限制式（第二列）沒有虛值，因此總裝配時間15,000分鐘完全使用殆盡；第二條限制式（第三列）中有40分鐘的虛值，因此，在可用監試時間 3,000分鐘中，總共只使用了2,960分鐘（3,000 - 40=2,960）；第三條限制式（第四列）中有410分鐘的虛值，因此，在可用包裝時間2,400分鐘中，總共只使用了1,990分鐘（2,400 - 410=1,990）。電腦解同時也指出第四條限制式（第五列）的剩餘變數值爲0，因爲$X_1=10$，爲要求生產的最低量。由最後一條限制式（第六列），可知普及型及豪華型的音響產量共爲：

$$X_2 + X_3 = 0 + 92 = 92$$

這個值超過所要求的最低產量50，因此，剩餘變數值爲42。

將這個問題寫成標準式，則爲：

$$\text{最大化利潤} = 25X_1 + 30X_2 + 35X_3$$

受限於：

$120X_1 + 130X_2 + 150X_3 + S_1 = 15{,}000$	裝配時間
$20X_1 + 35X_2 + 30X_3 + S_2 = 3{,}000$	監試時間
$15X_1 + 15X_2 + 20X_3 - S_3 = 2{,}400$	包裝時間
$X_1 - S_3 = 10$	隨身聽產量產量
$X_1 + X_3 - S_5 = 50$	其他產量限制
$X_1，X_2，X_3，S_1，S_2，S_3，S_4 \geqq 0$	非負限制

最適的基本解是當 $X_2 = 0$，$S_1 = 0$ 與 $S_4 = 0$ 時。只要變動率在可容許的範圍內，這個有三個變數爲 0 的基本解將仍爲最適。

目標函數係數的改變

普及型CD音響（X_2）的還原成本爲.333334，意思爲在其他條件不變下，生產一部普及型CD音響將會使總利潤降低.333334。利潤降低的原因，是因爲目前用於生產其他產品的裝配時間，被移作用來生產普及型CD音響，而這將使得其他產品的產量降低。在目標函數係數範圍（OBJ COEFFICIENT RANGES）欄中，顯示同一個值.333334，意思是如果 X_2 的單位利潤超過.333334，則生產 X_2 將有利可圖，而新的最適解將是另一個基本解，因此 X_2 的產量不再爲 0。如果 X_2 的單位利潤恰好爲.333334，則原先的最適解仍爲最適，但亦會同時出現另一個解。X_2單位利潤容許改變的下限爲無限大，即單位利潤的任何減少都不改變最適解。

如果隨身聽的利潤改變$1單位，則總利潤則將改變$10單位，因爲X_1 的產量爲10單位。只要X_1單位利潤的改變仍在容許範圍內，則原來的最適解將維持最適，而總利潤也將繼續增加。例如，X_1單位利潤增加$3，總利潤增加$30；但單位利潤增加$4，則已經超過可容許範圍，最適解會改變，因此，必須重解這個問題。然而，可知如果單位利潤增加$4，總利潤將至少增加$30，因爲最大可容許增加範圍爲$30，而產量爲10單位。與$X_2$相同，$X_1$單位利潤可減少的最大範圍亦爲無限大，即任何$X_1$單位利潤的下降，都不會影響最適解，這是因爲第四條限制式（第五列）要求CD隨身聽的產量至少爲10單位，而最適解正是這個最低要求。

如果豪華型音響（X_3）單位利潤增加，則最適解仍爲同一個基本解，因爲豪華型的單位利潤增加上限爲無限大。X_3的單位利潤每增加$1，則總利潤將增加$92，因爲原最適解豪華型產量爲92單位（X_3=92）。如果單位利潤下降超過.384616（可容許範圍），則必須重解這個問題，因爲原最適解不再是最適。

只要目標函數係數的變動仍在指定範圍內，原最適解就會仍維持有效，即表示所有決策變數值、所有限制式的虛變數值及剩餘變數值都將維持不變。

限制式的改變

如果經理人要評估增加裝配、監試及包裝時間，利用對偶價及右邊值改變範圍等資訊，將可協助經理人進行評估工作。

最適解中，所有可用裝配時間（15,000分鐘）都被使用完了，因此沒有虛變數值。這條限制式的對偶價爲.233333，意指總裝配時間每多增加1分鐘，總利潤可增加$.233333。這條限制式右邊值可增加上限爲200分鐘、可減少的下限爲6,300分鐘。當總裝配時間在範圍內變動時，每單位的變動將引起總利潤變動$.233333，$X_1$、$X_3$的值會隨限制式而改變，造成總利潤變動；而$X_2$則維持爲 0。

第四條剩餘變數值爲0，對偶價爲－3，表示如果這條限制式右邊增加1單位，則使總利潤減少$3。必須注意這是一條大於等於的限制式，將右邊的值由10增加爲11，事實上縮小了可行區域，目標函數值因此惡化（即變小），反之，將限制式由10變爲9將使總利潤增加$3。總利潤的變化，是由於隨身聽（$X_1$）及豪華型CD音響（$X_3$）的產量組合改變所致，而普及型（$X_2$）的產量仍爲 0。只要隨身聽的需求限制增加不超過52.5單位、減少不超過10單位，以上皆成立。

在監試時間及包裝時間限制式中都有虛變數值，對偶價都爲0，表示改變總監試時間或總包裝時間對結果均無影響。總監試時間最多可減少40分鐘，在這之前，原有最適解仍有效。可減少的範圍即是虛變數的值。同樣的，總包裝時間至多可以減少410分鐘，在這之前，最適解不變。

最後一條限制式的剩餘變數值爲42單位，相同的，如果這條限制式右邊增加的範圍在42單位之內，則現有的解仍爲最適：總利潤爲$3,470，隨身聽產量10單位，而豪華型音響的產量仍爲92單位。所改變的，只是最後這一條限制式的剩餘變數值。

利用DSS軟體解出的「康瑞奇公司」結果在解3.4，解釋與前述LINDO相同，只是在這裡用改善指數代替對偶價。

應用— FINA 利用原物料採購與生產分配最適化模型

芬納（FINA）公司是一家石油化學公司，營運範圍包含原油與天然氣的探勘與生產、行銷、提煉原油以及生產石化產品等。1992年，由於經濟不景氣，公司的需求大減，使利潤因此大受影響。因爲公司預期這種困難的局面將持續一段時間，因此，芬納的管理當局從1993年起開始整頓財務與管理，希望渡過難關，並尋求未來的發展。

芬納公司

芬納公司最主要的策略是要控制營運成本，利用最適化的技術，公司調整供應及運輸成本，使原物料的購買成本與運輸、配銷成本盡量降至最低。同時，公司將銷售與行銷部門相結合，改善二者的功能，確實掌握市場的需求，使公司的供應能維持穩定，不致發生短少的現象。這一點，使芬納公司加強了企業的競爭能力。

在如何降低成本並提高銷量等方面，芬納公司裡的科技與研究中心也提供了有用的建議。中心裡的研究員利用最適化的概念選擇觸媒的混合比例，使得公司的成本大幅下降，利潤也因此顯著上升。

總而言之，利用最適化的模型，使芬納公司將1993年轉化爲「改善的一年」，並擺脫經濟不景氣的影響。與1992年相比，公司的債務減少、營運改善，收益更是明顯上升。

資料來源：FINA Annual Report, 1993.

解 3.4

DSS 的「康瑞奇公司」解

Linear Programming

Z	X1	X2	X3	Rel Op	RHS
MAX	25	30	35		
Cons1	120	130	150	<=	15000
Cons2	20	35	30	<=	3000
Cons3	15	15	20	<=	2400
Cons4	1	0	0	>=	10
Cons5	0	1	1	>=	50

SOLUTION :

Variable	Value
X1	10
X3	92
Slack 2	40
Slack 3	410
Slack 5	42

MAX Z = 3470

SENSITIVITY ANALYSIS (CJ'S) :

Basis Variables

Variable	Value	Low	Current	High
X1	10	-INF	25	25
X3	92	34.6153	35	+INF

Nonbasis Variables

Variable	Value	Low	Current	High	Impr Indx
X2	0	-INF	30	30.3333	-.333334

SENSITIVITY ANALYSIS (Bi'S) :

Binding Constraints

Constraint	Value	Low	Current	High	Impr Indx
Cons1	0	8700	15000	15200	-.2333333
Cons4	0	9.53674	10	62.5	-3

Nonbinding Constrints

Constraint	Value	Low	Current	High
Cons2	40	2960	3000	+INF
Cons3	410	1990	2400	+INF
Cons5	42	0 (-INF)	50	92

Note : A '%' indicates rounding occurred to fit display space

3.8 增加或消去限制式

在評估線性規劃模型的最適解後，經理人常會發現，將問題寫成公式化時常忽略了某一條或一些限制式：可能是沒有明示各項產品的最低產量，可能是忽視了倉儲空間的限制，也或者是政府對特定決策過程產生限制。以上這些情況，都會使原有的線性規劃模型加入新的限制式。同時，因為政府的放寬限制或其他經濟環境因素的改變，問題中也有可能出現不再必要的限制式。由於這些改變，將使得目標函數及決策變數的最適值發生改變。

B & B電子公司的例子

考慮之前的B & B電子公司的例子，原先只有裝配時間及監試時間二條限制式，整個問題為：

$$
\begin{aligned}
\text{利潤最大} &= 15X_1 + 20X_2 \\
\text{受限於：}\quad 4X_1 + 2X_2 &\leqq 36 \quad \text{(總裝配時間)} \\
X_1 + 2X_2 &\leqq 24 \quad \text{(總監試時間)} \\
X_1，X_2 &\geqq 0 \quad \text{(非負限制式)}
\end{aligned}
$$

這個問題的圖解詳見圖3.7的第一圖，最適解為利潤$260，生產4支行動電話及10個呼叫器。

加入限制式

假設加入呼叫器（X_2）的限制，假設其需求量不低於11，則限制視為：

$$X_2 \leqq 11$$

及

$$X_1+X_2 \leqq 20$$

而新的線性規劃問題為：

$$
\begin{aligned}
\text{利潤最大} &= 15X_1 + 20X_2 \\
\text{受限於：}\quad 4X_1 + 2X_2 &\leqq 36 \quad \text{(總裝配時間)}
\end{aligned}
$$

$$X_1 + 2X_2 \leqq 24 \qquad \text{(總監試時間)}$$
$$X_2 \leqq 11 \qquad \text{(呼叫器需求)}$$
$$X_1，X_2 \geqq 0 \qquad \text{(非負限制式)}$$

這個修改過的問題圖解在圖3.7的第二圖，加進新限制式使得可行區域縮小了，但原先的最適解仍可行，仍是有效的最適解。如果原本的最適解可滿足新限制式，則對新問題而言，原本的最適解也必然還是最適解，因為沒有新的點加入可行區域。如果限制式是$X_2 \leqq 6$，則原本的解將不再是最適（因為原最適$X_2=10$），必須考慮其他的角隅點以找出新最適解。

如果限制總需求不得超過20單位，則將加入限制式 $X_1 + X_2 \leqq 20$，成為上述問題的第三條限制式，如圖3.7。這條限制式將不改變可行區域的範圍，釋一條多於限制式。線性規劃模型中，加入或消去多於限制式都不影響可行區域。因此，在上述情形中，加入新限制式將不會改善目標函數值，因為沒有新的點加入可行區域；但目標函數值可能惡化，因為可行區域中某些點可能會被消除。

消去限制式

另一方面，自線性規劃模型中消去某條限制式，將會使可行區域變大或至少保持不變。如果所消去的並非多餘限制式，則可行區域將擴大，可考慮更多的可行點。因此，最適解至少會跟原先的一樣好。如果所消去的是多餘限制式，可行區域不變，因此最適解也不變。

考慮B & B電子公司的例子，加入$X_2 \leqq 11$及$X_1+X_2 \leqq 20$二條限制式，如圖3.7的第三圖所示，可以看出當這消去限制式時的影響。如果市場規模擴大，使$X_1+X_2 \leqq 20$變成多餘限制式，可以從問題中消去，可行區域仍維持不變，而

圖 3.7.1

B & B 電子公司的例子加入二條限制式

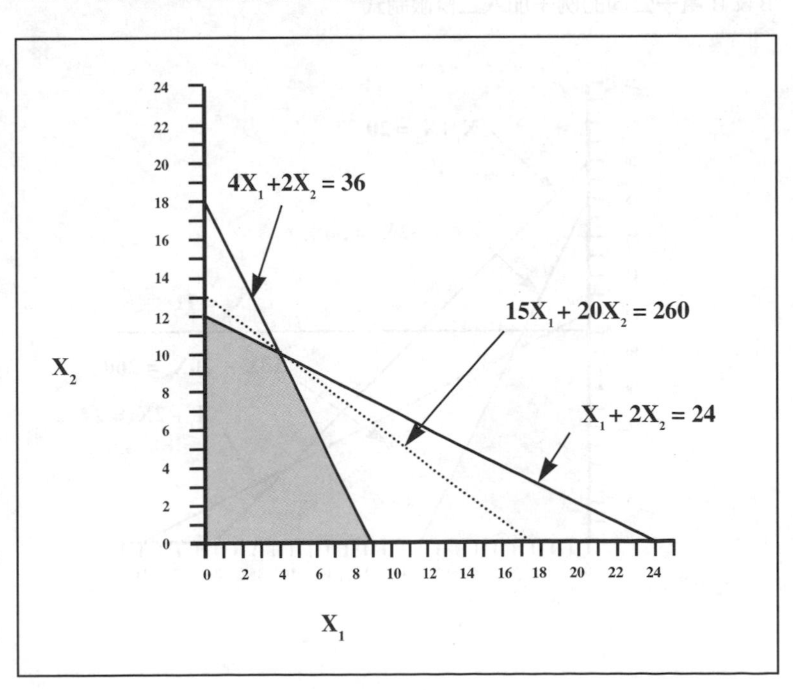

圖 3.7.2

B & B 電子公司的例子加入二條限制式

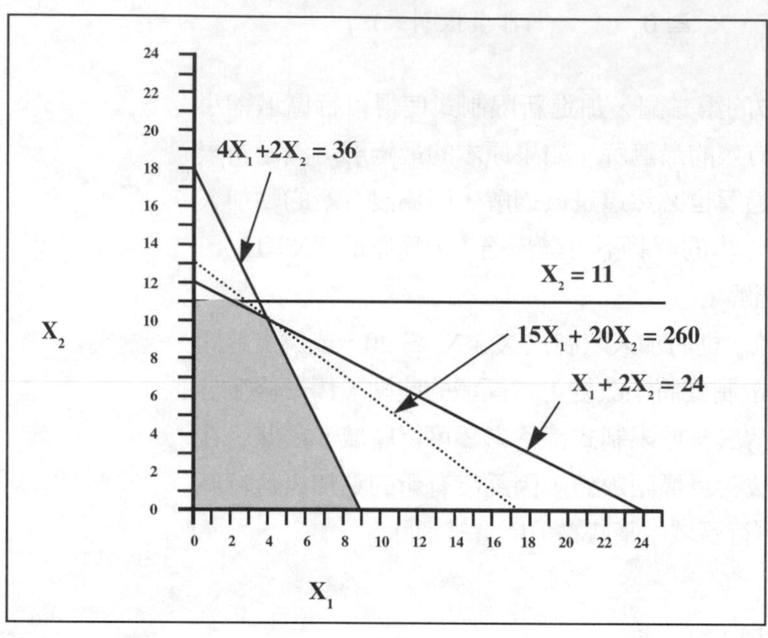

圖 3.7.3

B & B 電子公司的例子加入二條限制式

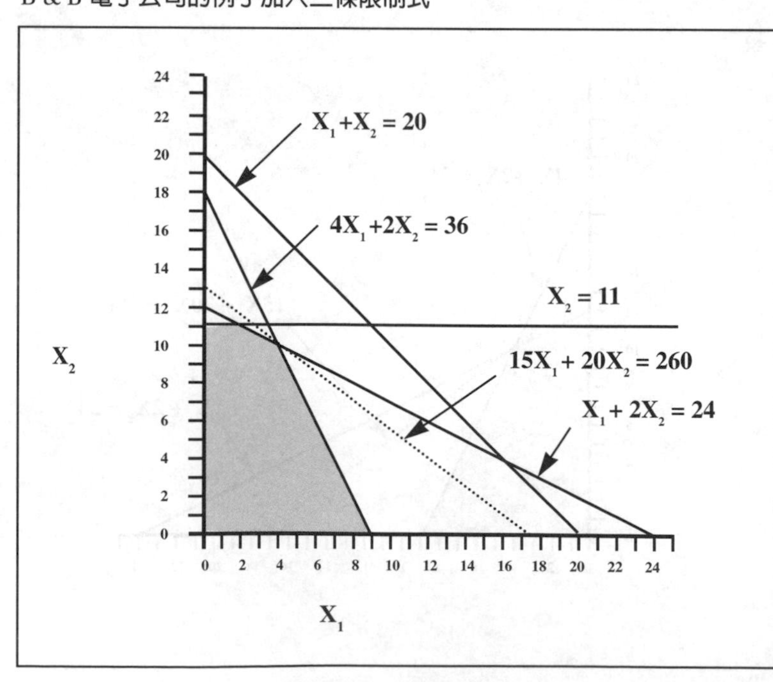

最適解仍有效，如第二圖。同樣地，如果$X_2 \leqq 11$也因不再需要而消去，如第一圖所示，則可行區域變大，但最適解仍不變，因此整個情況也維持不變。注意，在最適時，這二條限制式都有虛變數值，爲非束縛限制式。

如果束縛限制式（如本例中的總監試時間）被消去時，則原最適解通常不再是最適。圖3.8是B & B電子公司總裝配時間限制改變、其他條件不變下的的可行區域。

利用等利潤線，可找出最適解是$X_1=16$，$X_2=4$。值得注意的是，當裝配時間限制消去後，$X_1+X_2 \leqq 20$不再是多餘限制式。

當線性規劃模型中消去某條限制式後，可能會有新的點加入可行區域，因此，目標函數的最適值將或者改善、或者與原先一樣。如果有更多點加入可行區域，將會使目標函數值改善。加入或消除限制式的影響列於摘要表3.3。

如果加進一條新的限制式，要檢查原本的最適解是否有效，經理人只要將原最適解代入，看看是否能滿足新的限制式：如果是，則原解仍爲最適；如果否，則整個問題必須重解。反之，如

摘要表 3.3

加入或消除限制式的影響

加入限制式
1. 可行區域可能縮小或維持原狀。 2. 如果原有最適解破壞新的限制式，則目標函數值將惡化；如果滿足新限制式，則目標函數最適值不變。
消去限制式
1. 可行區域可能擴大維持原狀。 2. 目標函數值可能改善或不變。

果是消去限制式的情況，如果消去的限制式有虛變數值，則原最適解將是仍是最適；但若消去的限制式虛變數值為0，同樣地，則必須重解整個問題。

圖 3.8

消去一條限制式的可行區域

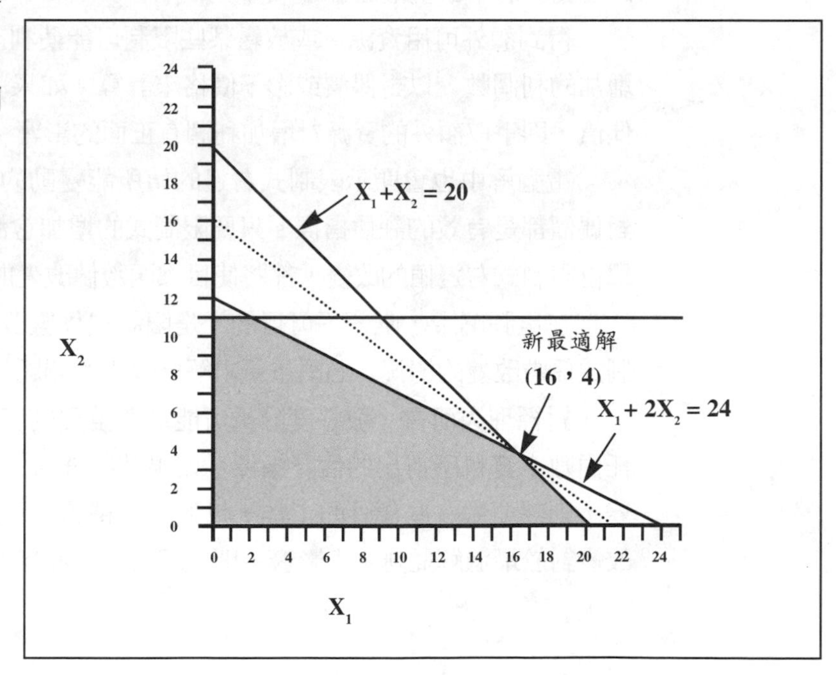

3.9 限制式係數的改變

以上已考慮過目標函數係數及限制式右邊值改變的情形，現在要看限制式係數改變的影響。在B & B電子公司的例子中，行動電話及呼叫器每單位所需的裝配時間，就是限制式的係數。技術的進步可使這些係數改變。限制式中任何一個係數改變，會使限制線的斜率改變。當這種情況發生時，必須重解整個問題。

3.10 摘要

本章中，討論經理人如何評估線性規劃模型的解：多加入限制式將使目標函數值惡化，消去限制式則可以改善目標函數。當目標函數係數改變時，最適解可能改變，也可能維持不變。即使最適解及其他條件不變，但目標函數值一定會改變。在線性規劃軟體中，通常會計算出一個容許變動的範圍，在此範圍內係數值的變動，將不改變最適解。

得到額外可用資源、或放鬆某些限制可能使利潤增加，每額外多1單位資源可增加的利潤數，以對偶價或影子價格來計算。如果多獲取1單位資源的成本小於對偶價，則爭取額外的資源對增加利潤有正面的影響。

電腦解中也會顯示限制式右邊的值所能變動的上、下限範圍，在此範圍內，對偶價都是有效的評估指標。只要限制式的增加會減少都還在可容許範圍內，每1單位限制式右邊值的改變，都將使目標函數值改變的量等於對偶價。

在電腦解中，唯一不可得的，是限制式係數改變所造成的影響。如果發生限制式係數改變的情況，必須重新求解修改後的問題。

對經理人而言，敏感度分析可能是最重要的工作之一，因爲這可使經理人信任由數字資料所得出的估計指標。如果某些細微的變化會引起決策變數的巨大改變，則需要做一些額外的工作，以取得更精確或更即時的估計指標。反之，若大改變對於最適解並無重大影響，則經理人可放心參考模型所求出的解。

字彙

目標函數係數同時變動的100%原則（100% rule for objective function coefficients）：如果每一個目標函數係數的可許容變動範圍以100%來衡量，只要所有係數變動率總和加起來不超過100%，則線性規劃模型中的最適解不變，但目標函數值本身可能改變。

限制式右邊值變動的100%原則（100% rule for right-hand side values）：如果每一條限制式右邊值的容許變動範圍以100%來衡量，只要所有右邊值變動率總和加起來不超過100%，用對偶價來評估限制式改變對目標函數值的改變仍爲有效。

束縛（Binding）：在最適解中，限制式左邊的值等於右邊，沒有虛變數或剩餘變數值。

對偶價（Dual price）：限制式右邊值改變1單位、使目標函數值所改變的值。

非束縛（Nonbinding）：在最適解中，限制式有正的虛變數或剩餘變數值。

後最適性分析（Postoptimality analysis）：分析線性規劃模型各項參數改變對最適解的影響，也稱爲敏感度分析。

還原成本（Reduced cost）：在最適解中，要使某一個決策變數出現正值的目標函數係數所需改善的值。

敏感度分析（Sensitivity analysis）：分析線性規劃模型各項參數改變對最適解的影響。

影子價格（Shadow price）：因限制式右邊的值改變1單位，使目標函數值所改變的值。

問題與討論

1. 如果目標函數係數改變，可行區域是否會隨之改變？基本可行解（即角隅點）是否會改變？
2. 在線性規劃模型中，目標函數係數改變對最適解有何影響？
3. 如果小於等於的限制式右邊值增加，對可行區域有何影響？如果減少，對可行區域又有何影響？

4. 如果大於等於的限制式右邊值增加，對可行區域有何影響？如果減少，對可行區域又有何影響？
5. 對於小於、等於與大於等於的限制式而言，放鬆及緊縮限制的意義是什麼？
6. 如果線性規劃模型中加入一條限制式，對於可行區域有何影響？又對目標函數的最適值有何影響？
7. 如果線性規劃模型中消去一條限制式，對於可行區域有何影響？又對目標函數的最適值有何影響？
8. 如果可行區域的範圍擴大，對目標函數值有何影響？
9. 如果可行區域的範圍縮小，對目標函數值有何影響？
10. 假設目標函數係數發生改變，且改變仍在可容許的範圍之內。在這種情形下，決策變數的最適值會受影響嗎？虛變數或剩餘變數值如何改變？目標函數值如何改變？
11. 何謂束縛限制式？何謂非束縛限制式？
12. 假設某條束縛限制式右邊的值改變，且改變仍在可容許的範圍之內。在這種情形下，決策變數的最適值會受影響嗎？虛變數或剩餘變數值如何改變？目標函數值如何改變？
13. 假設某條非束縛限制式右邊的值改變，且改變仍在可容許的範圍之內。在這種情形下，決策變數的最適值會受影響嗎？虛變數或剩餘變數值如何改變？目標函數值如何改變？
14. 何謂非束縛限制式的對偶價？
15. 考慮下列線性規劃模型：

最大利潤 $= 8X_1 + 5X_2$

受限於：
$$3X_1 + 4X_2 \leqq 36$$
$$3X_1 + 2X_2 \leqq 24$$
$$X_1，X_2 \geqq 0$$

a. 利用圖解法解上述問題。

b.（5，5）是可行點嗎？

c. 如果目標函數改爲：$8X_1 + 3X_2$，求出最適解。

d. 如果目標函數改爲：$8X_1 + 2X_2$，求出最適解。

e. 如果加入限制式 $X_1 \leqq 7$，對可行區域有何影響？

16. 考慮下列線性規劃模型：

$$\begin{aligned} \text{最大利潤} &= 4X_1 + 10X_2 \\ \text{受限於：} \quad X_1 + X_2 &\leqq 10 \\ 2X_1 + 4X_2 &\leqq 24 \\ 3X_1 + X_2 &\leqq 27 \\ X_1，X_2 &\geqq 0 \end{aligned}$$

a. 利用圖解法解上述問題。

b. 最大可能利潤是多少？最適時，每一條限制式的虛變數值爲何？

c. 如果加入限制式 $X_1 \leqq 11$，對可行區域有何影響？這是多餘限制式嗎？

17. 利用電腦解習題16，並比較結果。

18. 錫門公司製造二種電腦螢幕－15吋及17吋，每一種都在同一家工廠生產。15吋的螢幕需2小時的裝配時間及1小時的監試時間，而17吋的需3小時的裝配時間及2小時的監試時間。每星期總共有240個小時的裝配時間120小時的監試時間可用。而由於需求限制，公司決定每星期總產量不超過100單位。15吋螢幕的單位利潤爲$50，17吋爲$80。公司目標爲使利潤極大。

a. 利用圖解法解出二種產品每星期的最適產量。

b. 當利潤爲大時，使用了多少裝配及監試時間？

c. 每種螢幕都生產45單位可行的嗎（即是否在可行區域內）？

d. 假設17吋螢幕的價格因競爭而下跌，跌爲$60，最適產量將有何改變？

e. 回到模型最初的資料，考慮下列改變：因爲競爭劇烈，因此公司決定每星期總產量減爲90單位。這將如何影響決策函數值及利潤？

f. 回到模型最初的資料，考慮下列改變：如果總監試增加1小時，最大利潤爲何？每種產品的產量爲何？監試時間限制式的對偶價爲何？

19. 利用電腦解習題18，並比較結果。

20. 公司生產二種鬧鐘收音機－普及型及豪華型，每一種都需經裝配與監試，而每星期工作時間爲固定。公司希望使利潤最大，以下的問題表示這個情形：

X_1= 普及型的產量
X_2= 豪華型的產量
最大利潤 $= 25X_1 + 20X_2$
受限於：　$2X_1 + X_2 \leqq 120$　(總裝配時間限制)
$X_1 + X_2 \leqq 70$　(總監試時間限制)
$X_1，X_2 \geqq 0$　(非負限制)

a. 以圖解法解上述問題，找出目標函數最適值及各條限制式的虛變數值。
b. 將第二條限制式（總監試時間限制）右邊的值由70增爲71，重新以圖解法求解。當這條限制式右邊的值增加1單位時，目標函數值增加多少？注意，即使總裝配時間都已經用完了，但總監試時間的增加也可能使利潤增加。
c. 回到問題最初的情況，考慮以下改變：將第二條限制式（總監試時間限制）右邊的值由70增爲120，重新求解整個問題。注意目標函數值不再以對偶價爲單位增加，因爲已經超過可容許增加範圍120外了。
d. 回到問題最初的情況，考慮以下改變：將第二條限制式（總監試時間限制）右邊的值由70改爲60，重新求解整個問題。注意這將使目標函數值減少，減少的值爲10乘以對偶價。
e. 回到問題最初的情況，考慮以下改變：將第二條限制式（總監試時間限制）右邊的值由70增爲59，重新求解整個問題。注意目標函數值不再以對偶價爲單位減少，因爲已經達可容許減少範圍了。

21. 利用電腦解習題20，並比較結果。
22. 考慮下列線性規劃模型：

最大利潤 $= 5X_1 + 4X_2$
受限於：　$2X_1 + X_2 = 8$

$$3X_1 + 4X_2 \leqq 24$$
$$3X_1 + 4X_2 \leqq 2$$
$$X_1，X_2 \geqq 0$$

a. 利用圖解法解上述問題。

b. 最大可能利潤是多少？

c. 在最適解中，第二條限制式的虛變數值是多少？

d. 在最適解中，第三條限制式的剩餘變數值是多少？

e. 考慮第二條限制式右邊的值由24改變爲20，求出新的最適解。利潤較前一個最適解時減少多少？新對偶價是多少？

23. 利用電腦解習題22，並比較結果。

24. 考慮下列線性規劃模型：

$$最小成本 = 10X_1 + 15X_2$$
$$受限於：5X_1 + 3X_2 \geqq 30$$
$$2X_1 + 4X_2 \geqq 20$$
$$X_1 \geqq 2$$
$$X_1，X_2 \geqq 0$$

a. 利用圖解法解上述問題。

b. 最適時，每一條限制式的剩餘變數值是多少？

c. 在目標函數中，如果X_1的係數由10變成12，最適解將如何改變？

25.（回到第二章的習題31）農夫種麥及玉米，希望增加利潤。依據過去的經驗，每畝麥子收益爲$800、而玉米爲$600。耕作每畝麥田需3小時、而玉米田需2小時。農夫總共有400畝地、900小時的工時，且農夫決定今年麥田的面積不超過240畝。

a. 二種穀類今年的產量是多少？總利潤多少？用了多少工時？

b. 如果可以每小時$12的成本獲得額外工時，農夫會考慮增加工時嗎？如果是，會增加多少小時？（說明：移動圖上的工時限制式）。

c. 利用電腦求解，看看當可獲得額外土地或工時時，總利潤有何改變。

26. （回到第二章的習題31及之前的問題）如果麥田每畝收益增為$900，對最適解有何影響？

27. （回到第二章的習題32）沃福寵物食品公司為過重的狗生產低熱量狗食，這是一種混合牛肉及穀類的狗食。每磅牛肉成本為$0.90、而穀類為$0.80，每磅狗食必須包含至少8單位的維他命1及10單位的維他命2。每磅牛肉含10單位的維他命1及12單位的維他命2，而穀類則含6單位的維他命1及9單位的維他命2。

a. 定義可行區域，並找出最適解。

b. 如果維他命1 的最低量由8增為9單位，可行區域將如何改變？新的最適解是多少？

28. 在第二章中沃福寵物食品工的原始問題中，如果牛肉每磅的成本由$0.90增為$1.00，可行區域將如何改變？新的最適解是多少？

29. （回到第二章習題36穆迪士特油品公司的問題）利用電腦解這個問題，看看需要WT23及AR15各幾桶以煉製原油？又在生產原油混合的比例不變下，WT23的成本最多可以增加多少？

30. 穆迪勒飛機製造公司製造三種飛機－P51、B17及0型，每一型的飛機，都必須利用三種不同的機器生產。每一種飛機需使用的製造時間及機器可使用的時間（單位為分鐘）詳列於下表。

	P51	B17	0型	可使用時間
機器A	4	6	7	720
機器B	3	5	3	480
機器C	8	7	8	960

P51的售價為$32、B17為$36、而0型為$26。而原料及勞工成本分別為P51$20、B17為$25、0型為$18。

a. 利用線性規劃及電腦套裝軟體，解出爲求利潤最大，三種飛機的產量各應爲多少？

b. 如果其中有一部機器可以增加額外的使用時間，增加在哪一部機器可以產生最高的利潤？又在這部機器上應該增加多少額外使用時間？

31. 考慮習題30的穆迪勒飛機製造公司問題。穆迪勒正在考慮提高0型飛機的售價。在原最適產量組合不變原則下，售價至多可提高多少？

32. 考慮習題30的穆迪勒飛機製造公司問題。假設因爲成本下降的緣故，使得P51型的利潤多增加$0.50、B17多增加$4、而0型多增加$2。利用100%原則，判斷這些改變是否會產生新的最適解。

33. 考慮習題30的穆迪勒飛機製造公司問題。因爲機器需要維修整理，使得機器A及C可使用的時間各減少80分鐘，但B的可使用時間增加200分鐘。利用100%原則，判斷這些改變是否會使新的最適解出現。

34. 更好傢俱公司生產三種家具－桌子、椅子及書架。每種產品都需經過製材、刨木及加工等三道程序。各種產品所需資源及總可用資源如下表。

	桌子	椅子	書架	總可用資源
製材	6呎	2呎	8呎	200呎
刨木	3小時	2小時	3小時	80小時
加工	2小時	1小時	1小時	40小時

桌子的單位利潤爲$40、椅子爲$20、書架爲$35。

a. 爲了達到利潤最大，各種產品的產量應爲多少？

b. 如果總可用刨木時間多 1小時，利潤可以增加多少？

c. 如果總可用加工時間多 1小時，利潤可以增加多少？

d. 如果總可用刨木時間多增加 1小時的成本爲$8，公司應該多增加總可用刨木工時嗎？又在這個價格之下，應增加多少時間？

35. 考慮習題34更好傢俱公司的問題，請解釋當總可用製材多增加100呎時，會產生什麼結果。

36. 考慮習題34更好傢俱公司的問題，最適解時，椅子的產量為 0。如果現在生產 1 單位椅子，對總利潤有什麼影響？如果椅子的單位利潤由$20增加為$25，對總利潤有什麼影響？

分析—園藝店供應公司

園藝店供應公司是一家批發商，供應肥料、種子及其他園藝用品。近年來，肥料的訂單契約大增，使得這一部份的生意變得非常有利可圖。然而因為肥料儲存時間有限，園藝店供應公司開始注意規劃肥料產品的營運。

當公司接到某種肥料的訂單後，必須向其他廠商訂購所需的原料，以適當的比例混合，再加以特別包裝，之後才送達客戶手中。現在有一份從五金連鎖店來的訂單，要訂購5,000包、40磅重的8－10－12肥料。8－10－12表示肥料中需至少含8%的氮、10%的磷及12%的碳酸鉀，以上這些是最低含量，而每種的最高含量不得超過最低含量的3%（即氮不得超過11%、磷不得超過13%、而碳酸鉀不得超過15%）。而應送達時間距離目前不遠，必須現在就開始製作肥料。

為了製作客戶所訂購的產品，必須使用三種散裝的肥料。這三種散裝的肥料是從化學用品店所買來的，各種肥料的價格及總量如下表。

散裝肥料	每磅成本	總可用量
6－8－6	$0.05	60,000
8－10－12	$0.07	80,000
16－16－16	$0.12	120,000

如果客戶在短時間內對各種肥料有的額外需求，化學用品店願意接受這種特殊訂單；但如果目前已經有其他的特殊訂單了，後來的訂單可能會有一些延遲。同時，特殊訂單的價格也較高，每種產品每磅的價格要多加收$0.02。

請為園藝店供應公司備妥一份包含建議的管理報告，在提供資訊時必須考慮肥料的成分及成本。利用敏感度分析，判斷是否應訂購超過目前可得的量。

第4章

線性規劃應用

4.1簡介
4.2媒體選擇
4.3財務應用
4.4多重期間的生產表
4.5雇用規劃
4.6成分混合（調配）問題
4.7運輸問題
4.8轉運問題
4.9指派問題
4.10摘要
字彙
問題與討論

4.1 簡介

線性規劃在管理界應用廣泛，在本章中，將會介紹應用於行銷、財務、雇用規劃、生產規劃，以及其他領域的例子。雖然這些例子都是現實問題的簡化，但足以解釋如何將一般線性規劃問題公式化的基本方法。

4.2 媒體選擇

在行銷方面，線性規劃常應用於計畫分配系統、爲市場調查抽樣，以及協助公司規劃廣告預算、增加收益。在這一節中，將介紹如何利用線性規劃，協助公司選擇廣告行銷管道。

摩爾電器公司的例子

查爾斯・摩爾經營摩爾電器公司，這是一家音響及電視等視聽設備的連鎖店。查爾斯要評估公司所用的行銷管道，看看是否達到使利潤最大的目的。公司利用電視、電台、報紙及週刊等四種管道，針對目標市場的潛在客戶作廣告。當把廣告交給各種媒體的銷售代表以傳播資訊，公司同時也考慮成本與目標觀眾及聽眾。查爾斯每個星期的廣告預算爲$12,000，希望在這個預算之下，能使得到資訊觀眾及聽眾人數達到最多。同時，他也對廣告在每一種媒體播放的次數做出限制，這些資訊都詳列在表4.1。

表 4.1

四種媒體的廣告成本及可傳播人數

廣告形式	成本	可傳播人數	最多可刊登次數
電視	$900	10,000	12
電台	200	2,600	15
報紙	700	5,500	25
週刊	400	4,200	10

在行銷方面，可以利用線性規劃來進行市場調查研究。

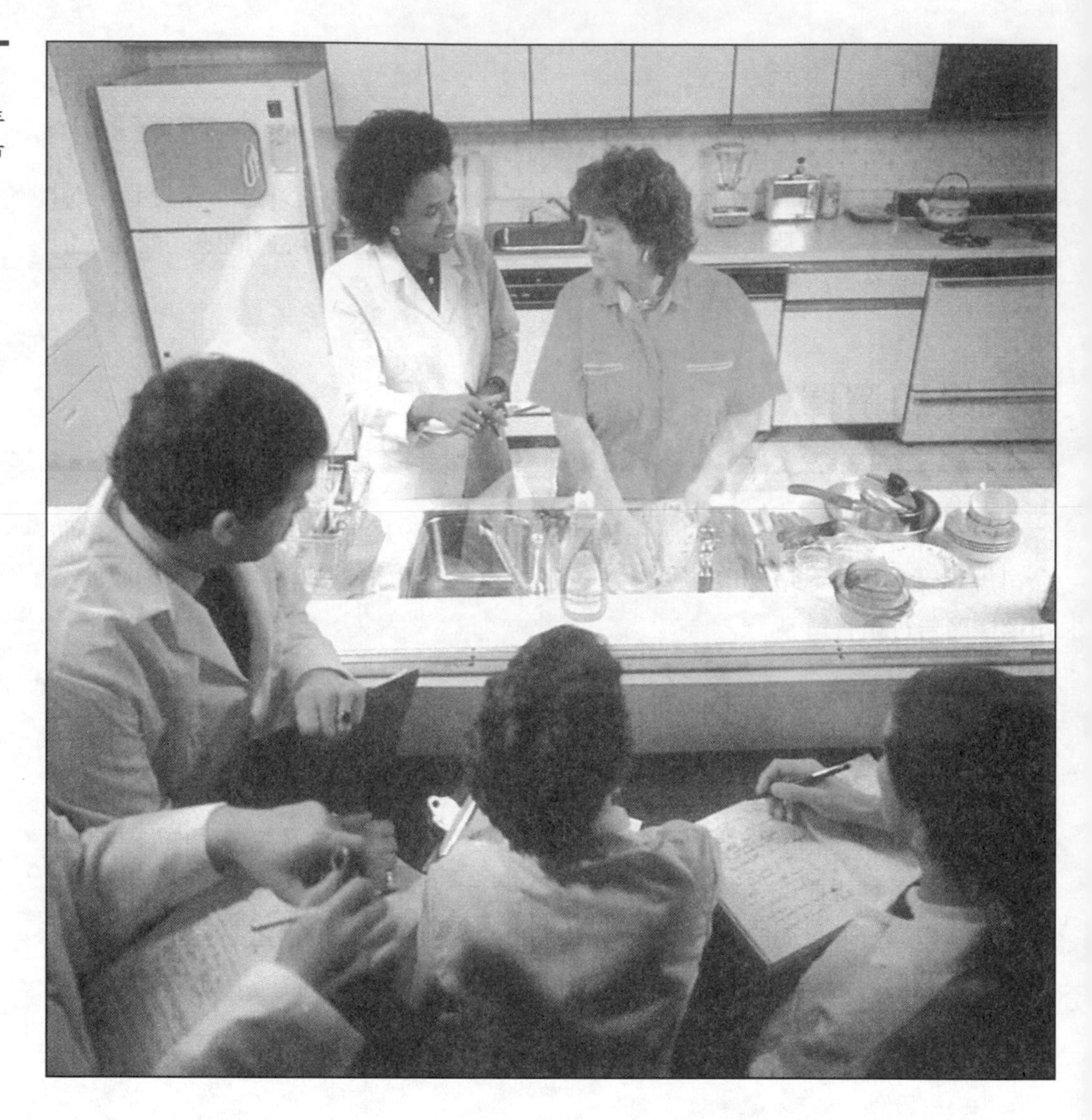

同時，查爾斯也決定在報紙與週刊上所刊登的廣告次數，總共至少要有20則。利用線性規劃模型，可以協助查爾斯決定最佳的廣告規劃。

爲了要將整個問題公式化、成爲一個線性規劃問題，必須先確定目標函數及所有的限制式。目標函數是要使可傳播的人數達到最多，而各條限制式分別爲：

1. 電視上的廣告不得多於12則。
2. 電台廣告不得多於15則。
3. 報紙上的廣告不得多於25則。

4. 週刊上的廣告不得多於10則。

5. 廣告的總花費不得超過$12,000。

6. 刊登在報紙與週刊上的廣告總數至少要有20則。

因爲目標函數是要使傳播人數達到最大，目前已知每則廣告可傳播的人數，因此，決策變數爲：

X_1 = 每則電視廣告所能傳播的人數
X_2 = 每則電台廣告所能傳播的人數
X_3 = 每則報紙廣告所能傳播的人數
X_4 = 每則廣告所能傳播的人數

由以上資訊，可得出下列的線性規劃模型：

可傳播最大人數 = $10{,}000X_1+2{,}600X_2+5{,}500X_3+4{,}200X_4$

受限於：

$X_1 \leqq 12$	電視廣告限制
$X_2 \leqq 15$	電台廣告限制
$X_3 \leqq 25$	報紙廣告限制
$X_4 \leqq 10$	週刊廣告限制
$900X_1+200X_2+700X_3+400X_4 \leqq 12{,}000$	總預算
$X_3+X_4 \geqq 20$	報紙與週刊廣告限制
$X_1, X_2, X_3, X_4 \geqq 0$	非負限制式

利用LINDO所找出的解在解4.1。在最適時，電視廣告爲 0 則（$X_1=0$）、電台廣告5則（$X_2=5$）、報紙廣告10則（$X_3=10$）、週刊廣告10則（$X_4=10$），而總預算$12,000都用完了，因爲第五條限制式的虛變數值爲0。

在解4.1中，敏感度分析也對整個情況提供了許多額外的資訊。變數 X_1 的還原成本爲1,700，表示如果要使刊登的電視廣告爲正值而非 0，則每則電視廣告所能傳播的人數應較目前高出1,700人；在目前條件不變的情況下，如果決定刊登一次的電視廣告，能最大傳播人數將由目前的110,000再減1,700人。第四條限制式（週刊廣告限制）的對偶價（影子價）爲2,600，表示當這個限制式右邊的值每增加1單位，則可傳播總人數將增加2,600人。這條限制式右邊的值可容許增加的上限爲

解 4.1

LINDO 的摩爾電器公司解

OBJECTIVE FUNCTION VALUE

1) 110000.000

VARIABLE	VALUE	REDUCED COST
X1	.000000	1700.000000
X2	5.000000	.000000
X3	10.000000	.000000
X4	10.000000	.000000

ROW	SLACK OR SURPLUS	DUAL PRICES
2)	12.000000	.000000
3)	10.000000	.000000
4)	15.000000	.000000
5)	.000000	260.000000
6)	.000000	13.000000
7)	.000000	- 3600.000000

RANGES IN WHICH THE BASIS IS UNCHANGED :

OBJ COEFFICIENT RANGES

VARIABLE	CURRENT COEF	ALLOWABLE INCREASE	ALLOWABLE DECREASE
X1	10000.000000	1700.000000	INFINITY
X2	2600.000000	INFINITY	377.777800
X3	5500.000000	2600.000000	INFINITY
X4	4200.000000	INFINITY	2600.000000

RIGHTHAND SIDE RANGES

ROW	CURRENT RHS	ALLOWABLE INCREASE	ALLOWABLE DECREASE
2	12.000000	INFINITY	12.000000
3	15.000000	INFINITY	10.000000
4	25.000000	INFINITY	15.000000
5	10.000000	6.666667	3.333333
6	12000.000000	2000.000000	1000.000000
7	20.000000	1.428571	2.857143

6.666667，可容許減少下限的範圍爲3.333333。只要所增加或減少的值仍在此一範圍內，則對偶價仍會是有效的衡量指標：第四條限制式右邊的值每變動1單位，將使總可傳播人數變動2,600人。同樣的解釋，也可適用於其他限制式中的變動範圍與對偶價。總預算是第五條限制式，影子價爲13，即總預算每改變1單位，將可使可傳播人數變動13人。第六條限制式的對偶價（影子價）爲負值，表示如果這條限制式右邊的值減少1單位（由20變爲19），則最大可傳播人數可增爲3,600人，因此，查爾斯應考慮是否要限制這二種廣告的總和至少爲 20。

4.3 財務應用

線性規劃模型及變形經常會應用在財務管理方面。經理人可能會利用變形的線性規劃模型，如整數規劃，去評估資本預算決策（整數規劃將在本書的稍後各章中再討論）。基金經理人經常利用線性規劃模型決定投資組合，目標函數通常是使預期的報酬達到最大，而限制式爲風險及預算；或者，目標函數是使風險最小化，限制式爲基金的報酬率及其他相關條件。下面的例子將有詳細說明。

C & A投資公司的例子

考慮C & A投資公司的例子。這是一個投資顧問公司，其中有一個客戶出售房地產得$200,000，要交給C & A投資。C & A要將這筆錢投資於政府債券、石油股票、電腦股票或是公營事業股票。各項投資工具的預期收益及可投資的最大額度如表4.2。

此外，客戶希望對投資在電腦股票及石油股票的金額設限，以控制風險：投資於石油股票的額度不得超過政府債券；同時，投資於石油股票及電腦股票的總額度，不得超過投資於政府債券及公營事業股票的60%。面對以上限制，C & A公司希望能使預期報酬率達到最大。

因此，目標函數爲使預期報酬率達到最大，而限制式有：

1. 投資於政府債券的額度不得超過$130,000。
2. 投資於石油股票的額度不得超過$100,000。
3. 投資於電腦股票的額度不得超過$100,000。

表 4.2

各項投資工具的預期收益及可投資的最大額度

投資項目	收益	投資最大額度
政府債券	0. 045	$130,000
石油股票	0.060	100,000
電腦股票	0.080	100,000
公營事業股票	0.055	120,000

4. 投資於公營事業股票的額度不得超過$120,000。
5. 投資於石油股票的額度需小於等於投資於政府債券的額度。
6. 投資於石油股票及電腦股票的總額度，需小於等於投資於政府債券及公營事業股票的60%。
7. 總投資額不得超過$200,000。

因爲所要決定的變數是各項投資的額度，因此，決策變數爲：

X_1 = 投資於政府債券的額度(元)
X_2 = 投資於石油股票的額度(元)
X_3 = 投資於電腦股票的額度(元)
X_4 = 投資於公營事業股票的額度(元)

將目標函數及限制式轉化成爲數學形式，可答：

最大收益 $= 0.045X_1+0.060X_2+0.080X_3+0.055X_4$
受 限 於：$X_1 \leqq 130{,}000$
$X_2 \leqq 100{,}000$
$X_3 \leqq 100{,}000$
$X_4 \leqq 120{,}000$
$X_2 \leqq X_1$

$$X_2+X_3 \leqq 0.6(X_1+X_4)$$

$$X_1+X_2+X_3+X_4 \leqq 200,000$$

$$X_1, X_2, X_3, X_4 \geqq 0$$

有二條限制式的形式必須稍作轉換，使得決策變數都在限制式的左邊，電腦才可能解出答案。

$$X_2 \leqq X_1$$

必須轉成

$$-X_1+X_2 \leqq 0$$

及

$$X_2+X_3 \leqq 0.6(X_1+X_4)$$

必須轉成

$$-0.6X_1+X_2+X_3-0.6\,X_4 \leqq 0$$

總投資額最高可達$200,000，在這個問題中，假設客戶允許投資公司沒有將全部的資本投資完，這表示總投資額的限制式為小於等於限制式。如果客戶要求把所有$200,000都用完，則這條限制式會變成等式，而非不等式。

LINDO解在解4.2，從這裡可知：

$X_1 = 5,000$，為投資於政府債券的額度(元)
$X_2 = 0$，為投資於石油股票的額度(元)
$X_3 = 75,000$，為投資於電腦股票的額度(元)
$X_4 = 120,000$，為投資於公營事業股票的額度(元)

而總收益為$12,825。

敏感度分析中，顯示X_2（石油股票）的還原成本為 0.02，表示除非石油股票的每股預期收益較目前高 0.02，否則將不會投資石油股票。如果石油股票的預期報酬下跌，或者收益增加不到 0.02，則C & A仍然不會投資石油股票，所有決策變數值都不會改變，總利潤也將不會改變。

解 4.2

以 LINDO 解 C & A 投資公司的問題

OBJECTIVE FUNCTION VALUE

1) 12825.0000

VARIABLE	VAVUE	REDUCED COST
X1	5000.000000	.000000
X2	.000000	.020000
X3	75000.000000	.000000
X4	120000.000000	.000000

ROW	SLACK OR SURPLUS	DUAL PRICES
2)	125000.000000	.000000
3)	100000.000000	.000000
4)	25000.000000	.000000
5)	.000000	.010000
6)	5000.000000	.000000
7)	.000000	.021875
8)	.000000	.058125

RANGES IN WHICH THE BASIS IS UNCHANGED :

		OBJ COEFFICIENT RANGES	
VARIABLE	CURRENT COEF	ALLOWABLE INCREASE	ALLOWABLE DECREASE
X1	.045000	.010000	.093000
X2	.060000	.020000	INFINITY
X3	.080000	INFINITY	.020000
X4	.055000	INFINITY	.010000

		RIGHTHAND SIDE RANGES	
ROW	CURRENT RHS	ALLOWABLE INCREASE	ALLOWABLE DECREASE
2	130000.000000	INFINITY	125000.000000
3	100000.000000	INFINITY	100000.000000
4	100000.000000	INFINITY	25000.000000
5	120000.000000	4999.998000	120000.000000
6	.000000	INFINITY	4999.998000
7	.000000	7999.997000	120000.000000
8	200000.000000	66666.660000	7999.997000

表中有揭露其他決策變數可容許變動範圍的資訊，表示只要決策變數變動在此範圍內，最適解將不受影響。例如，如果 X_1（政府債券）的預期報酬率增加不超過 0.01，則雖然所有工具的投資額度不變（即最適解不變），但總利潤會增加。電腦股票及公營事業股票預期利潤可增加的範圍爲無限大，因此，無論其預期報酬增加多少，皆不影響最適解，只是使總利潤增加。

總投資額度限制式（最後一條限制式）右邊的值增加 1 單位時，目標函數的最適值將增加 0.058125。因此，如果整投資額度可以增加，則每多 $1，總報酬率將可增加約 5.8%。

4.4 多重期間的生產表

在前幾章的範例或習題中，曾出現過一些典型的生產混合問題，決策是要決定在某個單獨的期間（例如，一星期）中各種產品的產量。生產混合問題經常被延伸，變成利用線性規劃模型來建立在多重期間內的生產計畫。例如，公司可能已經接受訂購幾種產品，要在未來幾個月內運送。如果公司有足夠的產能，可以每個月生產足量以供應客戶需求，但這會使每個月生產的產品數目及勞工率用率大幅變動，因而引起雇用、訓練及資遣的成本；同時，如果在需求較低的月份多生產一些產品，需求較高的月份就不需要加工趕工，可以省下加班費，節省生產成本，但必須考慮往後幾個月的倉儲成本。

要作多重期間的生產規劃，只要先建立一個最初的模型，之後在依據不同的需求資訊修改模型即可。

麥克葛藍森製造公司的範例

麥克葛藍森公司生產影印機專用的零件，公司目前生產二種供影印機使用的裝配齒輪－AV7型及AV9型，三個月的個別需求量詳列於表4.3。

工廠的每月產能爲2,200單位，足以滿足3月及4月的需求，但5月的需求超出總產能，因此，必須在較早的時候及多生產一些，以供應 5 月之需。

AV7型的單位生產成本爲$30，而AV9型的單位成本爲$35，麥克葛藍森公司預估單位倉儲成本爲生產成本的1%，也就是說，AV7型每月每單位的倉儲成本爲$0.3，AV9型的每月單位倉儲成本爲$0.35。

表 4.3

麥克葛藍森製造公司產品三個月的需求量

	3月	4月	5月	總需求
AV7型	800	1,000	1,200	3,000
AV9型	900	1,000	1,400	3,300
總需求	1,700	2,000	2,600	

過去公司員工流動比率相當高，一般認爲是因爲工時太不規則所引起，因此，公司決定每月最低總產量至少要爲1,900單位，以維持最低工時。

要將整個問題公式化爲一個線性規劃模型，首先要從確認目標函數著手。公司的目的，是要使生產成本及倉儲成本最小化。

限制式爲：

1. 每種產品每月產量需能滿足當月需求。
2. 每月總產量不能超過2,200單位。
3. 每月最低產量不得低於1,900單位。

下一步是要確認決策變數。目標函數包括二種成本－生產成本及倉儲成本，而經理人所要作的決策，是要決定每個月每種產品的產量，以及每個月所要儲存的數量。因此，決策變數可以定義如下：

X_{ij} = 產品 i 在 j 月的產量
I_{ij} = 產品 i 在 j 月的存貨
$_i$ = 1 為 AV7 型產品
= 2 為 AV9 型產品
$_j$ = 1 為 3 月
= 2 為 4 月
= 3 為 5 月

綜合以上，目標函數爲：

最小化成本 $= 30X_{11}+30X_{12}+30X_{13}+35X_{21}+35X_{22}+35X_{23}+0.3I_{11}+0.3I_{12}+0.3I_{13}+0.35I_{21}+0.35I_{22}+0.35I_{23}$

在寫限制式時，必須記住每個月可用的產品總數來自二方面，一方面是當月的產量，一方面是上個月的存量。如果本月的生產超過本月需求，則多出來的部份即可當成存貨，以供下個月使用。因此，可得下列的關係式：

上個月的存貨 + 本月產量 = 本月需求 + 本月月底存貨

或者，

$I_{ij}-1+X_{ij} = D_{ij}+I_{ij}$

D_{ij} 為產品 i 在 j 月的需求

假設3月初無存貨，則可得以下的限制式：

$X_{11} = 800+I_{11}$	AV7型產品3月的需求
$X_{21} = 900+I_{21}$	AV9型產品3月的需求
$I_{11}+X_{12} = 1{,}000+I_{12}$	AV7型產品4月的需求
$I_{21}+X_{22} = 1{,}000+I_{22}$	AV9型產品4月的需求
$I_{12}+X_{13} = 1{,}200+I_{13}$	AV7型產品5月的需求
$I_{22}+X_{23} = 1{,}400+I_{23}$	AV9型產品5月的需求

決策變數必須在限制式的左邊，才能以電腦求解，因此，將以上的限制式重新整理，則可得：

$X_{11}-I_{11} =800$	AV7型產品3月的需求
$X_{21}-I_{21} =900$	AV9型產品3月的需求
$I_{11}+X_{12}-I_{12} =1{,}000$	AV7型產品4月的需求
$I_{21}+X_{22}-I_{22} =1{,}000$	AV9型產品4月的需求
$I_{12}+X_{13}-I_{13} =1{,}200$	AV7型產品5月的需求
$I_{22}+X_{23}-I_{23} =1{,}400$	AV9型產品5月的需求

極大及極小限制式爲：

$X_{11}+X_{21} \leqq 2,200$	3月的最高產量
$X_{12}+X_{22} \leqq 2,200$	4月的最高產量
$X_{13}+X_{23} \leqq 2,200$	5月的最高產量
$X_{11}+X_{21} \geqq 1,900$	3月的最低產量
$X_{12}+X_{22} \geqq 1,900$	4月的最低產量
$X_{13}+X_{23} \geqq 1,900$	5月的最低產量

再加決策變數的非負限制，整個線性規劃模型就完成了，整理如下：

最小化成本 $= 30X_{11}+30X_{12}+30X_{13}+35X_{21}+35X_{22}+35X_{23}+0.3I_{11}+0.3I_{12}+$
$0.3I_{13}+0.35I_{21}+0.35I_{22}+0.35I_{23}$

受限於

$X_{11}-I_{11}=800$	AV7型產品3月的需求
$X_{21}-I_{21}=900$	AV9型產品3月的需求
$I_{11}+X_{12}-I_{12}=1,000$	AV7型產品4月的需求
$I_{21}+X_{22}-I_{22}=1,000$	AV9型產品4月的需求
$I_{12}+X_{13}-I_{13}=1,200$	AV7型產品5月的需求
$I_{22}+X_{23}-I_{23}=1,400$	AV9型產品5月的需求
$X_{11}+X_{21} \leqq 2,200$	3月的最高產量
$X_{12}+X_{22} \leqq 2,200$	4月的最高產量
$X_{13}+X_{23} \leqq 2,200$	5月的最高產量
$X_{11}+X_{21} \geqq 1,900$	3月的最低產量
$X_{12}+X_{22} \geqq 1,900$	4月的最低產量
$X_{13}+X_{23} \geqq 1,900$	5月的最低產量

$X_{11}，X_{12}，\ldots X_{23}，I_{11}，I_{1}，\ldots，I_{23} \geqq 0$

利用DSS所找出的解在解4.3中，而基於此解所作的生產規劃在表4.4。

這種問題可有許多變形，假設第一個月月初即有存貨，則模型中會在多二個存貨變數（每種產品各一個），必須將這二個變數加入，作爲限制式。例如，一開

解 4.3

以 DSS 解麥克葛蘭森製造公司的多重期間生產規劃問題

Linear Programming　　Problem : MCGLASSAN

Z	X11	X12	X13	X21	X22	X23	I11	I12	I13	I21	I22	I23	Rel Op	R H S
MIN	30	30	30	35	35	35	.3	.3	.3	.35	.35	.35		
Cons1	1	0	0	0	0	0	-1	0	0	0	0	0	=	800
Cons2	0	0	0	1	0	0	0	0	0	-1	0	0	=	900
Cons3	0	1	0	0	0	0	1	-1	0	0	0	0	=	1000
Cons4	0	0	0	0	1	0	0	0	0	1	-1	0	=	1000
Cons5	0	0	1	0	0	0	0	1	-1	0	0	0	=	1200
Cons6	0	0	0	0	0	1	0	0	0	0	1	-1	=	1400
Cons7	1	0	0	1	0	0	0	0	0	0	0	0	<=	2200
Cons8	0	1	0	0	1	0	0	0	0	0	0	0	<=	2200
Cons9	0	0	1	0	0	1	0	0	0	0	0	0	<=	2200
Cons10	1	0	0	1	0	0	0	0	0	0	0	0	>=	1900
Cons11	0	1	0	0	1	0	0	0	0	0	0	0	>=	1900
Cons12	0	0	1	0	0	1	0	0	0	0	0	0	>=	1900

SOLUTION :

Variable	Value
X11	1000
X12	1200
X13	800
X21	900
X22	1000
X23	1400
I 11	200
I 12	400
Slack 7	300
Slack 8	0
Slack 11	300
Slack 12	300

MIN　Z　=　205680

表 4.4

麥克葛蘭森公司三個月的生產規劃

	3月	4月	5月	總需求
AV7型	1,000	1,200	800	3,000
AV9型	900	1,000	1,400	3,300
總需求	1,900	2,200	2,200	

航空公司可以利用線性規劃模型來安排地勤及其他人員的工作排班。

始有100單位的AV7型及150 AV9型在倉庫中時，就必須加入下列二條限制式：

$I_{10} = 100$

$I_{20} = 150$

第一及第二條限制式必須修改為：

$I_{10}+X_{11}-I_{11} = 800$　　AV7型產品3月的需求

$I_{20}+X_{21}-I_{21} = 900$　　AV9型產品3月的需求

另一種變形是關於勞動工時的穩定限制（即極大及極小限制）。極大及極小限制式中隱含了一個假設，當產品生產穩定時，勞工的工時也是穩定。這個假設要成立有一個前提，就是這二種產品所需的單位人力投入必須是相同的。如果二種產品所需的單位勞動成本不同，產品生產的穩定性與工時的穩定就不一定相關，因此必須改變限制式，不以產品的產量作爲限制，而是直接對工時作出限制。

全球觀點─ GE 資本公司的最適最小化結構

GE 財務服務事業是美國最大的財務服務公司之一，GE 資本公司是其中一個子公司，資本額爲700億。GE 資本公司同時從事仲介與製造，產品包括：電信通訊器材、資料處理器、建築物、生產機器設備、貨運飛機、汽車、卡車，以及客運飛機，在國內外的租賃業市場中頗有一席之地。

出租契約是一份由財產所有人（出租人）、財產使用人（租用人）及一位借貸者所訂定，借貸者提供財產售價的 50%到 80%，給租用人作爲貸款額度。一般而言，GE 資本公司在交易中是扮演出租者的角色，爲資產的所有人，必須支付所得稅。每一份訂定契約都必須滿足租用人的需求，價格上必須有競爭力，當然，公司也必須要有利可圖。因爲這些因素，使得訂定租賃契約成爲一項複雜而困難的工作。GE 的分析師利用套裝軟體求解，在短時內就能求出複雜問題的解答。

GE 公司使用線性規劃軟體，分析師據此求出最適的契約形式。一般而言，分析師的目標是要在達成目標利潤的前提下，使租用人付款的淨現值達到最小。

公司的利潤目標主要是依據稅後的現金流動成長率訂定，其他因素則還包括保險以及其租用人的特殊需求等。分析師除了使用最小化的目標函數進行分析外，也可以選擇利用最大化：在租用者的成本限制下，使公司的利潤達到最大。

分析師同時也利用模型進行敏感度分析，看看租用者成本、稅率以及契約地改變對公司利潤所造成的影響。總而言之，利用敏感度分析，使GE公司更能掌握未來的獲利狀況。

資料來源：Litty, C. J., May-June 1994. "Optimal Lease Structuring at GE Capital." *Interfaces* 24 (3): 34-35.

另一種可能的變形，是讓單位勞動成本可因情況不同而改變，而非一直都是固定的。比如說，加班需要有額外的成本。

4.5 雇用規劃

線性規劃在人力資源方面的應用十分廣泛，如航空公司利用線性模型調配飛機組員、安排定位櫃檯、行李搬運或其他地勤人員的排班；大型連鎖飯店利用線性規劃模型安排櫃檯職員值勤，以接聽客戶電話及接受訂位。以上這些指派個人負責不同工作的規劃，可以變成線性規劃模型。指派問題將留待以後討論，接下來所要討論的是典型的雇用規劃。

家鄉旅館的範例

家鄉旅館是一家連鎖性的旅館，遍佈於美國南部。任何時候，顧客都可利用免付費電話預定其中的任何一家旅館。電話旁隨時有接線生待命，接聽顧客的預訂電話。當電話線路太忙時，公司或播放音樂請顧客稍待。經理希望能安排足夠的接線生，使電話能在最短的時間內有人接聽。但經理同時也必須考慮勞動成本，因此，經理人並不想請太多接線生，僅要確定電話能在某個時間內被接聽就可以了。

一天內不同時段所需的接線生人數如表4.5。

每一位接線生值勤8小時候換班，換班時間是在早上8:00、中午12:00、下午4:00、晚上8:00、凌晨12:00及凌晨4:00，如表4.6。

家鄉旅館的經理人要使勞工成本達到最小，就是在滿足表4.5需求的前提下，雇用最少數目的接線生。爲了要將這個問題公式化成爲一個線性規劃模型，必須要先確認目標函數及限制式：

目標函數爲雇用的接線生人數達到最少受限於：

1. 早上8：00到中午12：00工作的接線生至少爲23人。
2. 中午12:00到下午4:00工作的接線生至少爲18人。
3. 下午4:00到晚上8:00工作的接線生至少爲32人。
4. 晚上8:00到凌晨12:00工作的接線生至少爲16人。

表 4.5

家鄉旅社所需的接線生人數

時間	至少所需的接線生人數
早上 8:00 - 中午12:00	23
中午12:00 - 下午 4:00	18
下午 4:00 - 晚上 8:00	32
晚上 8:00 - 凌晨12:00	16
凌晨12:00 - 凌晨 4:00	8
凌晨 4:00 - 早上 8:00	10

表 4.6

家鄉旅社接線生的換班時間

班次	上班	下班
1	早上 8:00	下午 4:00
2	中午12:00	晚上 8:00
3	下午 4:00	凌晨12:00
4	晚上 8:00	凌晨 4:00
5	凌晨12:00	早上 8:00
6	凌晨 4:00	中午12:00

5. 凌晨12:00到凌晨4:00工作的接線生至少爲8人。
6. 凌晨4:00到早上8:00工作的接線生至少爲10人。

作決策時，必須考慮每一班的工作人數。決策變數定義如下：

X_1 = 第一班工作的接線生人數
X_2 = 第二班工作的接線生人數
X_3 = 第三班工作的接線生人數
X_4 = 第四班工作的接線生人數
X_5 = 第五班工作的接線生人數
X_6 = 第六班工作的接線生人數

這個問題很可能破壞線性規劃的某個假設—變數值只要是非負數即可。這些變數不可以有分數值，因爲在特定時間不會有15.5個接線生在工作。因此，因爲這個問題的結構特殊，需求是以整數的形式表示，因此最後的最適解值也必須是整數形式。如果是這樣，則必須用整數規劃來求解決。整數規劃將於稍後討論。

在這個問題中，每一個工作時段都會有二班工作人員重疊，因此每一個變數都會出現在二條不同的限制式中。將以上這個問題公式化成一個線性規劃模型，如以下：

香水製造商可以利用線性規劃決定成份混合比例。

最少接線生人數 $= X_1+X_2+X_3+X_4+X_5+X_6$

受限於：

$$X_1+X_6 \geqq 23$$
$$X_1+X_2 \geqq 18$$
$$X_2+X_3 \geqq 32$$
$$X_3+X_4 \geqq 16$$
$$X_4+X_5 \geqq 8$$
$$X_5+X_6 \geqq 10$$
$$X_1，X_2，X_3，X_4，X_5，X_6 \geqq 0$$

解 4.4

利用 LINDO 解出的家鄉旅社問題解

```
MIN        X1  +  X2  +  X3  +  X4  +  X5  +  X6
SUBJECT  TO
     2 )  X1 + X6 >=  23
     3 )  X1 + X2 >=  18
     4 )  X2 + X3 >=  32
     5 )  X3 + X4 >=  16
     6 )  X4 + X5 >=  8
     7 )  X5 + X6 >=  10
END
     OBJECTIVE  FUNCTION  VALUE

     1 )  63.000000

VARIABLE            VALUE          REDUCED COST
     X1          18.000000             .000000
     X2            .000000             .000000
     X3          32.000000             .000000
     X4           3.000000             .000000
     X5           5.000000             .000000
     X6           5.000000             .000000

ROW    SLACK OR SURPLUS            DUAL PRICES
     2 )           .000000           -1.000000
     3 )           .000000             .000000
     4 )           .000000           -1.000000
     5 )         19.000000             .000000
     6 )           .000000           -1.000000
     7 )           .000000             .000000
```

利用 LINDO 解出的結果在解4.4。從結果中得知，早上8:00的第一班有18位接線生（$X_1=18$），中午12:00的第二班沒有接線生（$X_2=0$），下午4:00的第三班有32位接線生（$X_3=32$），晚上8:00的第4班有3位接線生（$X_4=3$），凌晨12:00的第五班有5位接線生（$X_5=5$），凌晨4:00的第六班有5位接線生（$X_6=5$），雇用員工總數為63（目標函數值）。此外，電腦解也提供一些其他相關資訊：除了第五列（晚上8:00到凌晨12:00）的限制式有剩餘變數值爲19之外，其餘所有限制式都沒有剩餘變數值。

在這個解中，第二班沒有接線生。這個決策變數（X_2）的還原成本爲0，這表示這個問題存在另一個最適解，在這個最適解中，目標函數的最適值不變，但X_2的值爲正值。在這類問題中，通常都可找到不只一個的最適解。經理人可以利用這項資訊，找出其他工時分配較平均的解。但必須注意的是，當第二班的接線生人數由 0 變成正值後，第三班的人數將減少，這同時將使得晚上8:00到凌晨12:00工作人數限制式的剩餘變數值減少。

4.6 成分混合（調配）問題

許多產品像穀類食物、寵物食物、肥料、汽油或化學物品等，都由許多不同的成分混合而成。利用線性規劃模型，可以在符合特定要求的情況下，決定最小成本的混合比例。這種問題通常稱爲成分混合或調配問題。下面的例子將解釋調配問題。

羅培特燃料的範例

羅培特燃料公司生產三種汽油－普級、高級，以及特級，這三種燃料都由A原油及B原油二種成分混合而成。這二種原油有一些特定的成分，其中有二種成分是決定汽油的辛烷值，這二種成分在二種原油分別所佔的比例如表4.7。

原油A每加侖成本爲$0.42，原油B每加侖成本爲$0.47。爲了達到所要求的辛烷值，普級汽油至少要有41%的成分1、高級汽油至少要有44%、特級至少要48%。

表 4.7

原油的組成成分比

	成分1	成分2
原油A	40%	55%
原油B	52%	38%

爲了滿足目前顧客的需求，羅培特公司至少必須生產20,000加侖的普級、至少15,000加侖的高級及至少10,000加侖的特級汽油。羅培特燃料公司要利用最小成本來生產三種燃料用油。

要將這個問題公式化爲線性規劃模型，目標函數爲使成本最小，限制爲：

1. 普級油的中成分1的含量至少應達41%。
2. 高級油的中成分1的含量至少應達44%。
3. 特級油的中成分1的含量至少應達48%。
4. 普級油的產量至少應爲20,000加侖。
5. 高級油的產量至少應爲15,000加侖。
6. 特級油的產量至少應爲10,000加侖。

決策是要決定要如何混合二種不同的原油，來製造出三種燃料油，決策函數必須反應決策內容。在定義決策變數時，必須使用到二種符號，第一個符號是表示所用的原油種類，第二個符號是表示用於哪一種燃料油。決策變數爲：

X_{11} = 用於普級燃油的原油A數量
X_{12} = 用於高級燃油的原油A數量
X_{13} = 用於特級燃油的原油A數量
X_{21} = 用於普級燃油的原油B數量
X_{22} = 用於高級燃油的原油B數量
X_{23} = 用於特級燃油的原油B數量

利用這些變數，可以爲這個問題建立數學形式，其目標函數爲：

最小成本 $= 0.42X_{11}+0.42X_{12}+0.42X_{13}+0.47X_{21}+0.47X_{22}+0.47X_{23}$

因爲原油A含有40%的成分1，原油B則含有52%，因此，最後混合出的普級燃油共有成分1的量爲：

0. 40(用於普級燃油的原油A數量) + 0.52(用於普級燃油的原油B數量)

這個量至少要大於普級燃油總量的41%。普級燃油的總量爲 $X_{11}+X_{12}$，因此，第一條限制式爲：

$$0.40X_{11}+0.52X_{21} \geqq 0.41(X_{11}+X_{21})$$

利用相同的程序，可得出所有的限制式：

$0.40X_{11}+0.52X_{21} \geqq 0.41(X_{11}+X_{21})$　　普級燃油中所含的成分1限制式

$0.40X_{12}+0.52X_{22} \geqq 0.44(X_{12}+X_{22})$　　高級燃油中所含的成分1限制式

$0.40X_{13}+0.52X_{23} \geqq 0.48(X_{13}+X_{23})$　　特級燃油中所含的成分1限制式

需求限制式爲：

$X_{11}+X_{21} \geqq 20{,}000$　　普級燃油的需求限制式

$X_{12}+X_{22} \geqq 15{,}000$　　高級燃油的需求限制式

$X_{13}+X_{23} \geqq 10{,}000$　　特級燃油的需求限制式

在利用電腦求解前，必須對限制式作一些調整，將所有決策變數移至限制式的左邊，將常數放在限制式右邊。第一條限制是變成：

$$0.40X_{11}+0.52X_{21}-0.41(X_{11}+X_{21}) \geqq 0$$
$$0.40X_{11}+0.52X_{21}-0.41X_{11}-0.41X_{12} \geqq 0$$
$$-0.01X_{11}+0.11X_{21} \geqq 0$$

第二及第三條限制式也可以同樣的方法改變其形式，而線性規劃模型變成：

最小成本為 $= 0.42X_{11}+0.42X_{12}+0.42X_{13}+0.47X_{21}+0.47X_{22}+0.47X_{23}$

受限於：

$$-0.11X_{11}+0.11X_{21} \geqq 0$$
$$-0.04X_{12}+0.08X_{22} \geqq 0$$
$$-0.08X_{13}+0.04X_{23} \geqq 0$$
$$X_{11}+X_{21} \geqq 20{,}000$$
$$X_{12}+X_{22} \geqq 15{,}000$$

解 4.5

利用 DSS 所解出的結果

Linear Programming　　Problem : RAPTOR

Z	X11	X12	X13	X21	X22	X23	Rel Op	R H S
MIN	.42	.42	.42	.47	.47	.47		
Cons1	-.01	0	0	.11	0	0	>=	0
Cons2	0	-.04	0	0	.08	0	>=	0
Cons3	0	0	-.08	0	0	.04	>=	0
Cons4	1	0	0	1	0	0	>=	20000
Cons5	0	1	0	0	1	0	>=	15000
Cons6	0	0	1	0	0	1	>=	10000

SOLUTION :

Variable	Value
X11	18333.33
X12	10000
X13	3333.333
X21	1666.668
X22	5000
X23	6666.667

MIN　Z　=　19566.67

$$X_{13}+X_{23}\geqq 10{,}000$$

$$X_{11}，X_{12}，X_{13}，X_{21}，X_{22}，X_{23}\geqq 0$$

利用DSS所解出的結果在解4.5。從解答中可看出生產20,000加侖的普級燃油要用18,333.33加侖的原油A及1,666.668加侖的原油B、生產15,000加侖的高級燃油要用10,000加侖的原油A及5,000加侖的原油B、生產10,000加侖的特級燃油要用3,333.333加侖的原油A及6,666.667加侖的原油B。

4.7 運輸問題

在基本的**運輸問題**（transportation problem）中，包含了一個由數個起點（例如，工廠或地區倉庫）組成的集合、及由數個終點（例如，批發商或零售商）組成的集合。運輸問題是要找出成本最小的方法，將貨物由起點運至終點。運輸問題會牽涉到供給及需求，因爲工廠及倉庫有固定的容量，會有供應的限制；而銷售者則對產品有特定的需求，會對需求產生限制。因此，利用線性規劃可以求解運輸問題：在需求與供給條件的限制下，使運輸成本降到最低。以下是一個運輸問題的範例。

凱普特電機公司

凱普特電機公司生產電動馬達，共有三個工廠，位於德州、阿拉巴馬州及路易斯安納州，三個工廠所生產出的產品是同質的。德州的工廠每星期產量爲100單位、阿拉巴馬的工廠每星期產量爲150單位、而路易斯安納的工廠每星期生產180單位。凱普特電機擁有三個地區性配銷點，每個產品都必須運至其中一個配銷點，這些配銷點分別位於佛羅里達、德州及喬治亞州。爲了符合當地的需求，每星期必須運送210單位的馬達至佛羅里達州、120單位至德州、100單位至喬治亞州。圖4.1的網路表示整個情況。從不同的起點運至終點的運輸成本列於表4.8。經理人希望以最小的運輸成本，來滿足不同地點的需求。

要將整個問題公式化爲線性規劃問題，必須先確認目標函數及限制式。目標函數是要使運輸成本極小，而限制式是每個工廠的場量及每個配銷地點的需求。因此，這個問題中總共有三條供給限制式及三條需求限制式如下：

1. 從德州廠運送出的產品不能超過100單位。
2. 從阿拉巴馬州廠運送出的產品不能超過150單位。
3. 從路易斯安納州廠運送出的產品不能超過180單位。
4. 運送至佛羅里達的產品等於210單位。
5. 運送至德州的產品等於120單位。
6. 運送至喬治亞州的產品等於100單位。

圖 4.1

表示凱普特運輸問題的網路圖

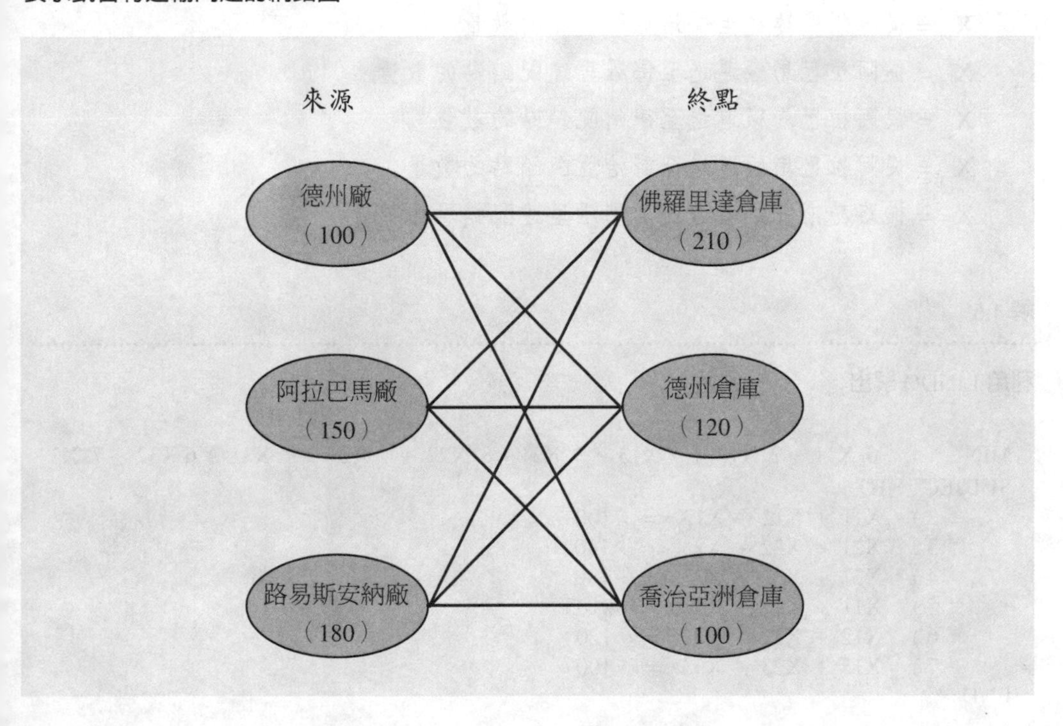

表 4.8

凱普特電機公司的運輸成本

	終點		
起點	佛羅里達	德州	喬治亞州
德州	$6	2	5
阿拉巴馬	3	8	4
路易斯安納	7	6	7

經理人要決定要從各工廠運送多少單位的產品至各配銷點，因此，決策變數必須要能提供以上這些資訊。決策變數必須使用二個符號，第一個代表生產的工廠，而第二個代表所要運送配銷點，定義為：

X_{11} = 從德州廠運送至佛羅里達配銷點的數量

X_{12} = 從德州廠運送至德州配銷點的數量

X_{13} = 從德州廠運送至喬治亞配銷點的數量

X_{21} = 從阿拉巴馬廠運送至佛羅里達配銷點的數量

X_{22} = 從阿拉巴馬廠運送至德州配銷點的數量

X_{23} = 從阿拉巴馬廠運送至喬治亞配銷點的數量

X_{31} = 從路易斯安納廠運送至佛羅里達配銷點的數量

解 4.6

利用 LINDO 解出

```
MIN      6 X11 + 2 X12 + 5 X13 + 3 X21 + 8 X22 + 4 X23 + 7 X31 + 6 X32 + 7 X33
SUBJECT  TO
       2)   X11 + X12 + X13 <=   100
       3)   X21 + X22 + X23 <=   150
       4)   X31 + X32 + X33 <=   180
       5)   X11 + X21 + X31  =   210
       6)   X12 + X22 + X32  =   120
       7)   X13 + X23 + X33  =   100
END

       OBJECTIVE FUNCTION VALUE
       1)   1890.0000

VARIABLE                 VALUE               REDUCED COST
     X11              .000000                   3.000000
     X12           100.000000                    .000000
     X13              .000000                   2.000000
     X21           150.000000                    .000000
     X22              .000000                   6.000000
     X23              .000000                   1.000000
     X31            60.000000                    .000000
     X32            20.000000                    .000000
     X33           100.000000                    .000000

     ROW     SLACK OR SURPLUS                DUAL PRICES
      2)              .000000                   4.000000
      3)              .000000                   4.000000
      4)              .000000                    .000000
      5)              .000000                  -7.000000
      6)              .000000                  -6.000000
      7)              .000000                  -7.000000
```

X_{32} = 從路易斯安納廠運送至德州配銷點的數量

X_{33} = 從路易斯安納廠運送至喬治亞配銷點的數量

利用這些變數，線性規劃模型變成：

最小成本 = $6X_{11}+2X_{12}+5X_{13}+3X_{21}+8X_{22}+4X_{23}+7X_{31}+6X_{32}+7X_{33}$

受限於：

$$X_{11}+X_{12}+X_{13} \leqq 100$$
$$X_{21}+X_{22}+X_{23} \leqq 150$$
$$X_{31}+X_{32}+X_{33} \leqq 180$$
$$X_{11}+X_{21}+X_{31} = 210$$
$$X_{12}+X_{22}+X_{32} = 120$$
$$X_{13}+X_{23}+X_{33} = 100$$

$$X_{11}, X_{12}, X_{13}, X_{21}, X_{22}, X_{23}, X_{31}, X_{32}, X_{33} \geqq 0$$

利用LINDO所求解的結果在解4.6。由結果中可看出，使成本最小的解爲：從德州廠運送100單位到德州配銷點（X_{12}=100）、從阿拉巴馬廠運送150單位運送1510單位至佛羅里達配銷點（X_{21}=150）、從路易斯安納廠運送60單位至佛羅里達配銷點（X_{31}=60）、從路易斯安納廠運送20單位到德州配銷點（X_{32}=20）及從路易斯安納廠運送100單位到喬治亞到德州配銷點（X_{33}=100），總成本爲$1,890。

4.8 轉運問題

運輸問題（transshipment problem）是轉運問題的一個特例。如果貨物的運輸是由起點、經過中間的轉運點後才能到達最終的地點，則這個問題就被稱爲轉運問題。例如，公司可能會利用幾個工廠生產，之後運送至地區性的配銷中心，最後再運送至零售商。下面有一個範例，可以說明轉運問題。

範例：佛洛斯提機械公司

佛洛斯提生產鏟雪機，在多倫多及密西根都有工廠，所有的產品將運送至伊利諾及紐約的配銷中心，之後在送至紐約、費城及密蘇理的供應商手中。運輸成本、工廠產量、各配銷中心及供應者的需求列於表4.9，圖4.2的網路圖是整個問

應用—利用線性規劃模型可使學生的交通成本下降

1990年，在北加州每天約有700,00個學童是以公車作爲上學的交通工具，總運輸費用約達$1億4,700萬。公車的營運成本不斷提高、預算持續縮減，因此，州政府正極思謀財之道，並要提高公車營運的效率。

Blue Bird Coach Lines, Inc.

加州約可分爲100個地區，州政府的分析人員以各區的公車數目以及營運成本作爲資料，算出公車每天所載運的學生人數。在進行分析時，同時也考慮區域特性、是否爲火車終點、學校數目以及地區所得等因素，這些因素對每天運輸的學生數目有很大的影響，但是卻是地方政府無法控制的部份。

州政府利用資料包裹分析（Data Envelopment Analysis; DEA）技術作分析，這是一種以線性規劃爲基礎的技術，在考慮不同因素的前提下，計算出各地營運的相對效率性。爲了能確實考慮到區域特性，州政府利用迴歸分析做了適度的調整。利用分析結果，州政府就可以依據效率來分配預算。同時，分析結果也有助於地區政府瞭解自身的營運狀況，及可改善之處。

分析結果使得地區政府積極面對學童的交通問題，並思提高營運效率（低效率代表預算減少）。至今，這套DEA使得公車的規劃與營運更有效率，並降低所需的公車數目，節省了一大筆的維修成本。三年內，每一年都爲加州政府節省了$2,520萬美元的營運成本（預算爲每年$2,720萬美元），未來可能可以節省各多不必要的花費。

資料來源：Sexton, T. R., S. Sleeper, and R. E. Taggart, Jr., January-February 1994. "Improving Pupil Transportation in North Carolina," *Interfaces* 24 (1): 87-103.

題。

佛洛斯提電機公司希望在不超出工廠產能、且滿足市場需求的情況下，使運輸成本最小化。因此，與之前的運輸問題相同，這個問題中也有供給及需求限制式。此外，因爲伊利諾及紐約的配銷中心不從事生產，必須由多倫多或密西根的工廠轉運，才能提供產品給供應商，這一項資訊必須在限制式中表示出來。以文字陳述整個問題，就是目標函數是使運輸成本極小化，而限制爲：

表 4.9

佛洛斯提轉運問題的運輸成本、產量及需求

起點（工廠）	終點（配銷中心）		
			產量
多倫多	$4	7	600
密西根	5	7	500

起點（配銷中心）	終點（供應商）		
	紐約	費城	密蘇理
伊利諾	$ 3	2	2
紐約	1	3	4
需求	450	350	300

圖 4.2

佛洛斯提轉運問題的網路圖

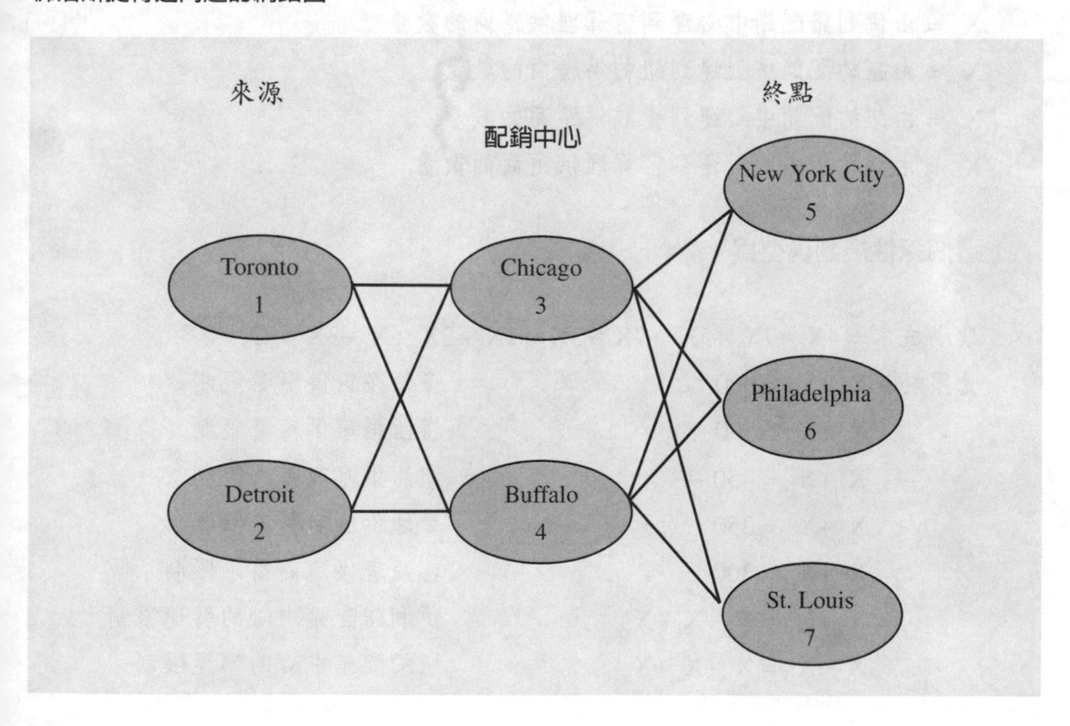

1. 從多倫多廠運送出的產品不得超過600單位。
2. 從密西根廠運送出的產品不得超過500單位。
3. 送到紐約供應商的產品為450單位。
4. 送到費城供應商的產品為350單位。
5. 送到密蘇理供應商的產品為300單位。
6. 送到伊利諾配銷中心的數量等於從此配銷中心運送給供應商的數量。
7. 送到紐約配銷中心的數量等於從此配銷中心運送給供應商的數量。

決策變數必須表示從各工廠轉運至配銷中心，以及之後載運到各供應商的數量，因此，決策變數必須用二個符號，定義如下：

X_{13} = 由多倫多廠運到伊利諾配銷中心的數量
X_{14} = 由多倫多廠運到紐約配銷中心的數量
X_{23} = 由密西根廠運到伊利諾配銷中心的數量
X_{24} = 由密西根廠運到紐約配銷中心的數量
X_{35} = 由伊利諾配銷中心運到紐約供應商的數量
X_{36} = 由伊利諾配銷中心運到費城供應商的數量
X_{37} = 由伊利諾配銷中心運到密蘇理供應商的數量
X_{45} = 由紐約配銷中心運到紐約供應商的數量
X_{46} = 由紐約配銷中心運到費城供應商的數量
X_{47} = 由紐約配銷中心運到密蘇理供應商的數量

這個線性規劃模型為：

最小成本 $= 4X_{13}+7X_{14}+5X_{23}+7X_{24}+3X_{35}+2X_{36}+2X_{37}+X_{45}+3X_{46}+4X_{47}$

受限於：$X_{13}+X_{14} \leqq 600$　　多倫多廠供應量限制
$X_{23}+X_{24} \leqq 500$　　密西根廠供應量限制
$X_{35}+X_{45} = 450$　　紐約供應商需求限制
$X_{36}+X_{46} = 350$　　費城供應商需求限制
$X_{37}+X_{47} = 300$　　密蘇理供應商需求限制
$X_{13}+X_{23} = X_{35}+X_{36}+X_{37}$　　伊利諾配銷中心的轉運限制
$X_{14}+X_{24} = X_{45}+X_{46}+X_{47}$　　紐約配銷中心的轉運限制

X_{13}，X_{14}，X_{23}，X_{24}，X_{35}，X_{36}，X_{37}，X_{45}，X_{46}，$X_{47} \geqq 0$　非負限制

要利用電腦求解，必須先將上面幾個限制式重新整理，將最後二條限制式中的決策變數都移到限制式的左邊。因此，

$$X_{13}+X_{23}=X_{35}+X_{36}+X_{37}$$

變成

$$X_{13}+X_{23}-X_{35}-X_{36}-X_{37}=0$$

及

$$X_{14}+X_{24}=X_{45}+X_{46}+X_{47}$$

變成

$$X_{14}+X_{24}-X_{45}-X_{46}-X_{47}=0$$

利用LINDO求解的結果在解4.7。

由此可看出，要由多倫多廠運送600單位、由密西根廠運送50單位至伊利諾配銷中心，由密西根廠運送450單位至紐約配銷中心。從伊利諾配銷中心運送350單位給費城的供應商、300單位給密蘇理的供應商；從紐約配銷中心運送450單位給紐約的供應商。總運輸成本爲$7,550。

4.9 指派問題

基本的**指派問題**（assignment problem），包括一個由幾個工作或任務組成的集合，以及一個由人員或項目（例如，機械）組成的集合，決策是要找出指派工作的最佳方式，一般的目標函數是使成本或完成的時間最小化。有時指派問題也被視爲是特殊形式的運輸問題。然而，因爲每個人都會被指派一個、且僅被指派一個工作，而所有的工作也都僅需要一個人去做，因此，指派問題中的供給及需求限制式都爲等式。與運輸問題不同，指派問題不是將貨物由起點運至終點，而是指定個人（可視作運輸問題的起點）從事某項工作（可視作運輸問題的終點）。技術上，指派問題是一個整數規劃問題，因爲決策變數值非0即1，這部份將在稍後討論。有一些特別形式的指派問題，仍可以用標準的線性規劃模型解決，將以下例說明。

解 4.7

LINDO 求解佛洛斯提公司的轉運問題

```
MIN    4 X13 + 7 X14 + 5 X23 + 7 X24 + 3 X35 + 2 X36 + 2 X37 + X45 + 3 X46+ 4 X47

SUBJECT TO
       2)   X13 + X14 <=  600
       3)   X23 + X24 <=  500
       4)   X35 + X45  =  450
       5)   X36 + X46  =  350
       6)   X37 + X47  =  300
       7)   X13 + X23 - X35 - X36 - X37  =  0
       8)   X14 + X24 - X45 - X46 - X47  =  0
END

       OBJECTIVE FUNCTION VALUE
       1)    7550.0000

VARIABLE              VALUE             REDUCED COST
     X13         600.000000                .000000
     X14            .000000               1.000000
     X23          50.000000                .000000
     X24         450.000000                .000000
     X35            .000000                .000000
     X36         350.000000                .000000
     X37         300.000000                .000000
     X45         450.000000                .000000
     X46            .000000               3.000000
     X47            .000000               4.000000

     ROW      SLACK OR SURPLUS             DUAL PRICES
      2)            .000000               1.000000
      3)            .000000                .000000
      4)            .000000              -8.000000
      5)            .000000              -7.000000
      6)            .000000              -7.000000
      7)            .000000              -5.000000
      8)            .000000              -7.000000
```

艾里堡建築公司的例子

艾里堡建築公司有三部挖土機設備，每一部機器分別適合用於不同的情況。艾里堡公司有一項建築工事下個星期即將開始，主要有三個工作，每個工作都要使用一部挖土機。艾里堡的經理尼克，必須決定指派哪一部機器去從事哪一個工

表 4.10

艾里堡建築公司所需的工作天

	工作		
機器設備	#1	#2	#3
A	10	14	9
B	8	16	5
C	7	14	4

作。尼克已經估計每項工作使用三種不同機器所需的時間，詳列於表4.10。

從表中可知，如果機器A用於工作1，總共要花10天完成；如果機器B用於工作1，總共要花8天完成；如果機器C用於工作1，則總共要花7天完成。從表4.10可以看出，不管將機器C用於何種工作，其所需要的工作天都是最短的，但機器C也只能被指派於完成一種工作。

以文字敘述整個線性規劃問題，則目標函數是要使完成三種工作的時間最短，而限制爲：

1. 機器A不能被指派於完成超過一種工作。
2. 機器B不能被指派於完成超過一種工作。
3. 機器C不能被指派於完成超過一種工作。
4. 工作1一定要有一部機器來完成。
5. 工作2一定要有一部機器來完成。
6. 工作3一定要有一部機器來完成。

目標函數是要使總工作時間最短，利用各部機器所需的完成時間的資訊，可以定義出決策變數，以決定是否將某一部機器指派於完成某一項工作。決策變數爲：

$X_{11}=1$，如果指派機器A完成工作 1

$=0$，如果不指派機器A完成工作 1

$X_{12}=1$，如果指派機器A完成工作2

$=0$，如果不指派機器A完成工作2

$X_{13}=1$，如果指派機器A完成工作3

$=0$，如果不指派機器A完成工作3

$X_{21}=1$，如果指派機器B完成工作1

$=0$，如果不指派機器B完成工作1

$X_{22}=1$，如果指派機器B完成工作2

$=0$，如果不指派機器B完成工作2

$X_{23}=1$，如果指派機器B完成工作3

$=0$，如果不指派機器B完成工作3

$X_{31}=1$，如果指派機器C完成工作1

$=0$，如果不指派機器C完成工作1

$X_{32}=1$，如果指派機器C被完成工作2

$=0$，如果不指派機器C完成工作2

$X_{33}=1$，如果指派機器C完成工作3

$=0$，如果不指派機器C完成工作3

利用以上資訊，可得出完整的線性規劃模型，與運輸問題相似，但限制式右邊的常數皆爲1。

$$最短時間=10X_{11}+14X_{12}+9X_{13}+8X_{21}+16X_{22}+5X_{23}+7X_{31}+14X_{32}+4X_{33}$$

受限於：

$$X_{11}+X_{12}+X_{13}\leqq 1$$
$$X_{21}+X_{22}+X_{23}\leqq 1$$
$$X_{31}+X_{32}+X^{33}\leqq 1$$
$$X_{11}+X_{21}+X_{31}=1$$
$$X_{12}+X_{22}+X_{32}=1$$
$$X_{13}+X_{23}+X_{33}=1$$
$$X_{11}，X_{12}，....X_{33}\geqq 0$$

前三條限制式是寫成小於等於的形式，而非只是等式，這是因爲機器最多只能被安排用於一種工作，但同時也有可能不被指派而閒置。在目前的例子中，如果這些限制式被寫成等式，對整個解將無影響（因爲機器及工作數目是相同的）。

解 4.8

利用 LINDO 求解艾里堡建築公司的結果

```
MIN     10 X11 + 14 X12 + 9 X13 + 8 X21 + 16  X22  + 5  X23  + 7  X31  +14  X32+  4  X33

SUBJECT  TO
        2 )   X11  +  X12  +  X13  <=    1
        3 )   X21  +  X22  +  X23  <=    1
        4 )   X31  +  X32  +  X33  <=    1
        5 )   X11  +  X21  +  X31    =    1
        6 )   X12  +  X22  +  X32    =    1
        7 )   X13  +  X23  +  X33    =    1
END

        OBJECTIVE  FUNCTION  VALUE

        1 )        26.000000

VARIABLE                      VALUE             REDUCED COST
     X11                    .000000                 2.000000
     X12                   1.000000                  .000000
     X13                    .000000                 4.000000
     X21                   1.000000                  .000000
     X22                    .000000                 2.000000
     X23                    .000000                  .000000
     X31                    .000000                  .000000
     X32                    .000000                 1.000000
     X33                   1.000000                  .000000

     ROW       SLACK OR SURPLUS              DUAL PRICES
      2 )                .000000                  .000000
      3 )                .000000                  .000000
      4 )                .000000                 1.000000
      5 )                .000000                -8.000000
      6 )                .000000               -14.000000
      7 )                .000000                -5.000000
```

如果限制式寫成等式，而機器的數目又多餘工作項目時，電腦將無法求解。

這個問題利用LINDO求解結果在解4.8。由解中可看出，$X_{12}=1$，$X_{21}=1$，及

$X_{33}=1$，表示指派機器A完成工作2、指派機器B完成工作1、指派機器C完成工作3，其他所有的變數值爲 0。因目標函數最適值爲 26，所以所需的最短工作時間爲26天。

運輸問題、轉運問題，以及指派問題的線性規劃模型形式特殊，因爲問題本身結構的關係，使得最適解爲整數，必須使用整數規劃。在這裡，即使因爲所有變數值必須是整數而破壞了線性規劃的假設，但目前並不構成問題，因爲所有變數的最適解值仍爲整數。

4.10 摘要

本章中介紹線性規劃的一般應用，雖然所用的範例都是小型的問題，但以足以解釋大型問題的基本解法。

在某些範例中，要求決策變數值必須爲整數，本應利用整數規劃，但因這些例子本身的結構特殊，利用標準的線性規劃仍可解出最適解。對於其他要求決策變數值爲整數、而線性規劃解不必然提供整數解的問題，將在稍後討論。

運輸問題、轉運問題可以用標準的線性規劃套裝軟體求解，但同時也有一些特殊的代數及其他技巧專用於解此類問題，將在稍後介紹。這些軟體所需求解時間較一般的線性規劃軟體爲少，有利於求解大型問題。而對於一般中小型的問題，利用一般的線性規劃套裝軟體即可輕易求解，並不十分需要專用軟體。

近觀—資料包裹分析

線性規劃應用的最新進展，是用於資料包裹分析（Data Envelopment Analysis, DEA）。這種分析通常用以分析如不同學校、醫院、連鎖速食店及銀行各分行間等組織中不同單位運作的效率。

利用DEA時，只要將不同單位的運作成本及績效輸入，DEA即可做出分析，比較不同單位間何者的營運較有效率。如果某個單位所達成的績效，其他單位可以用較低的成本達成相同績效，則這個組織即是較無效率。

所輸入的成本資料包括：員工數目、可用資本設備、單位規模（例如，醫院的病床數或銀行的櫃檯數）及營運費用等。績效包括：市場佔有率、利潤、完成的工作數及客戶數目等。這些成本與績效的資料，都可由一個單獨的DEA模型處理分析。

如果利用DEA模型分析出某個單位是較無效率的，經理人也可以用DEA模型所提供的資訊，找出是哪一方面的運作無效率。如果這些不效率是可以修正的，經理人應該採取必要的措施。但有一些不效率是由於不包含在模型中的因素所引起，例如，某種特定的速食連鎖店面臨經濟環境改變、或者是特定的病人對特殊醫院有需求。比如，如果某家醫院是專業的癌症醫院，則投入成本很明顯地將較一般的小型綜合醫院爲高。注意這些特點將有助於經理人評估不同單位的營運狀況，並做相關調整。

資料來源：Callen, J., 1991. :Data Envelopment Analysis: Practical Survey and Managerial Accounting Applications." Journal of Management Accounting Research, 3: 35-37. Also, Winston, W. L., 1994. Operations Research: Applications and Algoritbms. 3rd ed. Belmont: Duxbury Press.

字彙

指派問題（Assignment problem）：指派一群人或機器從事特定工作的問題。

資料包裹分析（Data envelopment analysis；DEA）：線性規劃的應用，可用於評估不同營運單位的效率性。

成分混合或調配問題（Ingredient mix or blending problems）：決定不同成分混合比例或調配比例以生產最終產品的問題。

運輸問題（Transportation problem）：一種線性規劃問題，再符合供給及需求限制下，使運輸成本最小。

轉運問題（Transshipment problem）：一種包含中間轉運點的運輸問題。

問題與討論

1. 為什麼指派問題是一種特殊的運輸問題？
2. 運輸問題是一種特別的轉運問題。這二種問題有何異同？
3. 在某些例子中，指派問題所有的限制式都是等式。如果工作數與工人（機器）數目不等時，求解將會有何問題？
4. 如果標準的運輸問題有3個起點及5個終點，在將問題公式化為一個線性規劃模型時，需要多少決策變數及限制式？
5. 如果標準的指派問題有4個工人及4項工作，在將問題公式化為一個線性規劃模型時，需要多少決策變數及限制式？
6. 在摩爾電器公司的廣告問題中，假設經理人多加入一條限制：電視廣告與電台廣告二者的總數必須高於40%，試寫出這一條限制式。
7. 在C ＆ A投資公司的範例中 ，假設投資在政府公債的金額必須至少達到20%，試寫出這一條限制式。
8. 在麥克葛藍森公司範例中，假設經理人決定在五月底時公司必須保有AV7型200單位、AV9型250單位做為存貨，試寫出這一條限制式。
9. 考慮家鄉旅館的範例：

   a. 假設經理人決定在12:00A.M.到8:00A.M.之間不需要接線生，因此，第一班的工作時間就會從8:00A.M.開始，而第三班在12:00A.M.下班。假設從8:00A.M.到12:00A.M.最低工作人數要求未變，將新問題公式化為一個線性規劃問題。
   b. 假設家鄉旅館的經理人在檢視原始問題的解後，決定每個時間的剩餘工作人數不應多於最低要求人數的50%，修改原始問題，以滿足新的限制。

10. 在羅培特燃料公司的範例中，假設因為經濟情形改變，造成原油B短缺。公司所能獲得最多的原油B有25,000加侖。寫出這一條限制式並求解新問題。這個短缺的現象對生產成本有何影響？

11. 在佛洛斯提公司的範例中，假設從密西根的工廠可以直接運到密蘇理，單位成本爲$6，其他狀況不變，要如何消改原始問題，使其符合新的狀況？

12. 在艾里堡公司的範例中，假設公司買了第四部挖土機，工程仍只有三項，每一項也只需用到一部機器，因此，必定有一部機器會被閒置。第四部機器需要7天完成工作#1、12天完成#2、7天完成#3。修改原始問題，並將新問題公式化爲線性關化問題。這項改變對所用總工時有何影響？各機器會指定給那一項工作？那一部機器要閒置？

13. 羅伯是一位競選總經理，目前正在協助候選人進行宣傳活動。羅伯有四種宣傳方式一電視、電台、宣傳板以及報紙。電視廣告的單位成本是$800、電台爲$400、一個宣傳板放置一個月需$500、報紙廣告一次$100。而電視廣告可傳播的人數爲30,000人、電台爲22,000人、每一個宣傳板是24,000人、報紙廣告爲8,000人。羅伯決定每一種廣告的次數不能多於10次，但電台與電視的廣告至少要有6次。宣傳總預算爲$15,000，花在宣傳板與報紙的總成本，不得超過電視廣告的花費。將這個問題公式化爲線性規劃問題。

14. 班礦業公司正在開採二條礦脈，開採出的礦會分送到二個工廠精錬，認輸成本、精煉成本以及工廠產能的需求如下：

每噸運輸成本

	精煉廠		
礦脈	#1	#2	每日供給
A	#6	8	300噸
B	7	10	450噸
精煉產能	500	500	

將這個問題公式化爲線性規劃問題，決定每一條礦脈應開採的數量爲多少，以及在最小運輸成本下的運輸路線爲何。

15. 回到習題14、班礦業公司的問題中，假設所有開採出的礦經過精煉之後，要再運到工廠的三個供應站之一，運輸成本等相關資訊如下：

	每一噸的運輸成本		
精煉廠	A	B	C
#1	$13	17	20
#2	19	22	21
每日需求	200	240	330

a. 將這個問題公式化爲一個轉運線性規劃問題，目標是要利用最小的成本滿足各供應商的需求。可以利用電腦套裝軟體求解。

b. 假設工廠#1的單位精煉成本爲每噸$22、工廠#2爲$18。將整個問題公式化爲一個線性規劃問題，目標是要使總精煉成本與總轉運成本之和達到最小。可以利用電腦套裝軟體求解。

16. 麥克是一家體育用品店的經理，這家公司所生產的橄欖球品質居全球之冠。公司的工廠設在海外，完工後運回公司在美國的二大配銷中心，這二大配銷中心分別位於紐約市以及洛杉磯。貨物送達配銷中心後，會在送到地區性的發貨倉庫，這些倉庫的地點在芝加哥、亞特蘭大、達拉斯以及鳳凰城。目前，洛杉磯的配銷中心有存貨20,000顆球、紐約市配銷中心有25,000顆。地區性發貨倉庫的預估需求如下：芝加哥9,000顆、亞特蘭大11,000顆、達拉斯15,000顆、鳳凰城10,000顆。運輸單位成本如下：

	終點			
	芝加哥	亞特蘭大	達拉斯	鳳凰城
起點				
紐約市	$3	$4	$4	$5
洛杉磯	$5	$6	$4	$3

麥克的目標是要使總運輸成本達到最小。將這個問題公式化爲一個線性規劃問題，可以利用電腦套裝軟體求解。從紐約市以及洛杉磯配銷中心運到各發貨倉庫的數量有多少？如果之前紐約市的存貨水準更高，是否會產生成本更低的解？利用敏感度分析求解這個問題。

17. 財務規劃師協助顧客處理$100,000的投資，可選擇的投資標的包括股票、債券及房地產。股票的預期收益爲12%、債券爲10%、房地產爲14%。在考慮投資風險時，客戶訂出了幾項限制：債券的投資至少要占30%，投資在房地產的金額不得超過投資股票與債券投資總和的50%，而且，三種投資標的的金額都不得超過$50,000。將這個問題公式化爲一個線性規劃問題。每一項投資標的的金額爲多少？預期收益率爲多少？

18. 電話訂購中心是藉由電視廣告推銷產品，並接受顧客利用電話訂購。訂購中心預期在不同的時段可接獲的電話通數不一，因此，所需要的接線生人數也不同。一天中所需的接線生人數如下：

時　段	人數	時　段	人數	時　段	人數
8:00A.M.- 9:00A.M.	13	11:00A.M.-12:00P.M.	14	2:00P.M.-3:00P.M.	19
9:00A.M.-10:00A.M.	15	12:00P.M.- 1:00P.M.	15	3:00P.M.-4:00P.M.	18
10:00A.M.-11:00A.M.	17	1:00P.M.- 2:00P.M.	17	4:00P.M.-5:00P.M.	16

訂購中心雇用全職與兼職的員工，全職員工工作時間爲8:00A.M.到5:00P.M.，兼職員工只要連續工作4小時就可以。全職員工的午餐時間分成二段式，一半員工在11:00A.M.到12:00P.M.之間休息，另一半員工的午餐時間是在12:00P.M.到1:00P.M.之間。公司聘請全職員工的成本（包含薪資與其他福利）爲每人每天$72，兼職員工成本爲每小時$5，或每4小時$20。全職員工數目不能超過14位，而公司的目標是希望將人事成本降至最低。將這個問題公式化爲一個線性規劃問題，求解出公司應聘請的全職員工人數，以及每一個時段所需的兼職員工人數。總人事成本爲多少？

19. 梅傑食品公司正在開發二種新的早餐穀物食品，這二種食品都是由小麥、米，以及燕麥混合而成，每一包的重量是12盎司。第一種新產品（產品A）要作爲健康食品，每一包中需至少包含25單位的維他命#1以及18單位的維他命#2。第二種新產品（產品B）中，每一包中需至少包含12單位的維他命#1以及6單位的維他命#2。

每一種成分每盎司的單位成本已及維他命含量如下表：

	小麥	米	燕麥
成本	0.02	0.03	0.04
維他命#1	4	4	3
維他命#2	2	2	1

將這個問題公式化為一個線性規劃問題，可以利用套裝軟體求解。這二種產品每一包（12盎司裝）的生產成本是多少？各種維他命的含量是多少？

20. 艾略特公司是一家聯合會計師事務所，查帳部門有4位員工—史密斯、瓊斯、大衛以及葛因，每一位的專長都不同。公司的經理接獲了4件案子，要分派給這4個人，每一件工作都只需一個人。這4個人預估可完成各項工作所需的時間如下：

	工作#1	工作#2	工作#3	工作#4
史密斯	4	10	8	9
瓊斯	5	14	8	10
大衛	4	13	9	12
葛因	5	11	7	11

經理人要使總工作天數最少。將這個問題公式化為一個線性規劃問題，可以利用套裝軟體求解。總工作天數是多少？指派方式為何？

21. 基尼是一家電機公司的經理，他的公司生產二種發電機—BR54以及BR49型。公司目前已經接到許多訂單，必須儘早作出生產規劃，以滿足未來三個月的需求。發電機可以事先生產，然後儲存作為存貨，公司願意保有每一單位的期限是一個月；每持有一單位存貨一個月的成本，是這個產品生產成本的1%。BR54的單位成本為$80、BR49為$95，公司的產能為1,100單位。目前，公司每一種型都有50單位的存貨；在十月底時，公司希望保有100單位的BR54以及150單位的BR49。這二種產品的每月需求如下：

	BR54	BR49
八月	320	450
九月	740	420
十月	500	480

將這個問題公式化爲一個線性規劃問題，目標是要使成本最小化。每月每一種發電機要生產多少單位？總生產成本爲多少？

22. 海岸航空公司正在調查不同城市的燃料成本，希望在成本最低的地方購買燃料，以降低營運成本。但因爲燃料有重量，如果長距離載運大量的燃料，也會使營運成本增加。公司有一條路線是由亞特蘭大起飛，由亞特蘭大到洛杉磯，之後由洛杉磯飛往休士頓、由休士頓再飛往紐奥良，最後再由紐奥良飛回亞特蘭大。一旦再度飛抵亞特蘭大，及完成整條飛行路線，下一次的飛行再由亞特蘭大起飛。因爲路線很長，要經過的城市很多，每次在飛行開始時，公司就會考慮燃料的問題。在這段飛行路線中，因爲各分段的距離不同，所需燃料的最大與最小量也不同，相關資料如下表：

分段路線	最小所需燃料	最多所需燃料	一般耗油量	每加侖的價格
亞特蘭大到洛杉磯	24	36	12	$1.15
洛杉磯到休士頓	15	23	7	$1.25
休士頓到紐奥良	9	17	3	$1.10
紐奥良到亞特蘭大	11	20	5	$1.18

一般耗油量是依據飛機載運最小燃料需求量時所計算出的，如果飛機所載的燃料多於最小需求量時，耗油量就會增加；每多載1,000加侖，耗油量就會增加一般耗油量的5%。例如，如果飛機載運25,000加侖的燃料從亞特蘭大起飛，總共的耗油量是$12+0.05(12)=12.6$（單位爲千加侖）。如果再多載1,000加侖，耗油量就會再多0.6千加侖，變成13.2千加侖。

將這個問題公式化爲一個線性規劃問題，目標是要使成本最小化。在每一個城市要購買的燃料數量爲多少？總成本爲多少？

23. 日落汽車租賃公司是一家大型的汽車出租公司，目前正在規劃之後六個月的租賃策略。日落汽車租賃是向車廠直接租車，然後出租給一般大眾，租金按日收取。日落汽車租賃預估未來六個月的需求如下：

三月	四月	五月	六月	七月	八月
420	400	430	460	470	440

從車廠租來的車子租期可為三、四或五個月，日落租賃在月初取車、月底還車。每六個月，日落租賃會告知汽車廠之後六個月所需的車數。汽車廠決定，在六個月內的出租車中，至少要有50%的租期是五個月，每一輛汽車的每月租金與租期有關，三個月租期的車租金為$420、四個月為$400、五個月為$370。

目前，日落租賃有390部車，其中120部在三月底到期、140部四月底到期、其他在五月底到期。

利用線性規劃技術，決定在使六個月總成本最小的前提下，每個月每種租期的數量為多少？八月底公司有多少車子？

24. 丹尼爾是一位財務分析師，專為客戶提供投資建議。他找出五種值得長期投資的股票，在訂定投資策略時，預期報酬固然重要，風險也勢必要考慮的因素。風險是以beta值來計算，相關資訊如下：

股票	1	2	3	4	5
預期報酬率（%）	11.0	9.0	6.5	15.0	13.0
beta	1.20	0.85	0.55	1.40	1.25

丹尼爾希望在預期報酬率維持11%的前提下，將投資組合的beta（投資組合中的加權平均beta值，權數為投資金額）降到最低。因為未來情形可能改變，丹尼爾決定不集中投資，因此，每一種股票的投資比例均不超過35%。

將這個問題公式化為線性規劃問題（註：將決策變數定義為每種股票的投資比例，限制式是要使所有決策變數的總和為1），可以利用套裝軟體求解。投資組合的beta值為多少？投資組合的預期收益率為多少？

分析—福和紙公司

福和紙公司供應美國南部的用紙，公司生產多種不同的商業用紙，以及一般用紙，交由供應商銷售。公司每個月都會預估需求，並依此作生產規劃。

公司的產品之一是捲軸紙，供收銀機、機器、電腦，以及其他用途使用。在製造過程中，公司事先生產出一捲捲長 200 呎、寬 10 吋的紙捲，之後，在依據不同的用途，利用機器切割成不同寬度的捲軸。主要的尺寸有三種：1.5 吋、2 吋、以及 2.5 吋。多出的備份會變成廢紙，送紙資源會回收，對公司而言，這是一項成本。公司有7部不同的切割機器，切割的方式如下：

	捲軸的數目			
切割方式	1.5 吋寬	2 吋寬	2.5 吋寬	廢紙
1	0	0	4	0
2	0	5	0	0
3	6	0	0	1
4	2	1	2	0
5	4	2	0	0
6	2	2	1	0.5
7	0	2	2	1

如果利用第六部機器進行切割一捲 10 吋寬的捲軸，會切割出 2 捲 1.5 吋寬的捲軸、2 捲 2 吋寬的捲軸、1 捲 2.5 吋寬的捲軸以及 0.5 吋寬的廢紙。

下個月的預估需求如下：1.5 吋寬的 2,300 捲、2 吋寬的800捲、2.5 吋寬的 2,000 捲。公司經理的目標，是要在最小成本的前提下滿足需求。有最小成本的生產規劃會使生產多餘需求量多出的部份就作爲存貨，以供日後之用。之前公司的經理並不考慮存貨成本，但這個月開始，公司要開始考慮。因爲存貨成本與存貨量有關，公司目前尚無可用資料，因此，經理人希望先解決二個問題：第一，是在使廢紙成本最小的前提下，每一部機器分別要切割多少捲 10 吋寬的捲軸紙？第二，在所需 10 吋捲軸數目最小的前提下，每一部機器分別要切割多少捲 10 吋寬的捲軸紙？

準備一份摘要報告，敘述在不同的準則之下，廢紙成本與所需的 10 吋捲軸各爲多少？同時，請提出建議，選擇一個較適當的準則，以作爲公司的生產規劃。

第5章

單形法與敏感度分析

5.1介紹
5.2利用單形法的前置工作
5.3最大化問題
5.4建立單形法輪轉表第一表
5.5尋找下一個解
5.6單形法摘要
5.7修改單形法，以便應用於極小化的問題
5.8剩餘變數及人爲變數
5.9範例：最小化問題
5.10特殊情形
5.11敏感度分析
5.12目標函數係數值改變
5.13右邊值改變
5.14對偶問題
5.15關於單形法的其他問題
5.16摘要
字彙
問題與討論

5.1 介紹

第四章介紹包含二個決策變數的線性規劃模型，並利用圖解法求解。本章中，大部份問題都有二個以上的決策變數，因此，不能再以二度空間的圖解法求解。這種多變數的的線性規劃問題，一般多用**單形法**（simplex algorithm）的技術求解。

本章將分別利用極大化及極小化的問題作爲範例，來說明單形法的基本概念；同時，也將介紹如何利用單形法作敏感度分析。第四章中由電腦所算出的可容許變動範圍，在本章中將利用單形法算出。

單形法的基本概念

在第一至第四章中，二個決策變數的線性模型如果有最適解，都可以利用角隅點找出最適解，這個最適解必定是一個基本可行解。當模型有三個變數時，可行區域的形狀會變成立方體，最適解仍然是其中的一個角隅點。當有四個或以上的變數時，雖然無法看出可行區域的形狀，但最適解還是出現在角隅點中，同時也是基本解。

因此，我們可以推知，只要找出角隅點或基本解，就可以找出最適解。單形法是一套有系統的方法，可以用來找出角隅點或基本解，並評估何者爲最適。利用單形法時，首先要考慮的是所有決策變數值都爲0的基本解，再算出是否有其他解的目標函數值較此點爲佳。如果是，就必須再找出下一點、與現有解再作比較。一直重複這個過程，直到不再有較佳點爲止，而最後這一點即是最適解。

5.2 利用單形法的前置工作

要利用單形法求解之前，必須將線性規劃問題轉成標準式。如在第二章所介紹的，標準式是所有限制式右邊的值及所有變數必須爲非負值，且限制式必須以等式表示。必須要利用**虛變數**（stack variable）及**剩餘變數**（surplus variable），將虛變數加入小於等於的限制式，或將剩餘變數加入大於等於的限制式，就可以將限制式轉成標準式。

對於限制式是大於等於或是只是等於的線性規劃問題，必須再加入人爲變數（artificial variables）。因爲單形法的第一步是要找出所有決策變數均爲 0 的基本解，在限制式是大於等於、或是只是等於的情況下，這個通常不是一個可行解。在大於等於的限制式中，剩餘變數的係數爲負數，但限制式右邊的值爲非負值，會使得所解出的第一個基本解出現負數，違反非負限制。利用人爲變數，可以解決這個問題，慢慢找出可行的基本解。這一部份將在本章稍後討論。

以下將利用單形法求解第二章中B & B電子公司的問題，所有應用單形法的步驟也將摘要於後。

5.3 最大化問題

再回到第二章中B & B電子公司的問題，這個問題中，決策變數定義爲：

X_1 = 行動電話每星期的產量
X_2 = 呼叫器每星期的產量

而整個線性規劃模型爲：

利潤最大 $= 15X_1 + 20X_2$
受限於： $4X_1 + 2X_2 \leqq 36$ （總裝配時間）
$X_1 + 2X_2 \leqq 24$ （總監試時間）
$X_1，X_2 \geqq 0$ （非負限制式）

所有限制式右邊的值已經是非負值，所以現在只要將虛變數加入限制式（因爲限制式小於等於），即可將模型變成標準式。

利潤最大 $= 15X_1 + 20X_2$
受限於： $4X_1 + 2X_2 + S_1 = 36$ （總裝配時間）
$X_1 + 2X_2 + S_2 = 24$ （總監試時間）
$X_1，X_2，S_1，S_2 \geqq 0$ （非負限制）

虛變數 S_1 代表未使用的裝配時間，同樣的，S_2 代表未使用的監試時間。非負限制式爲大於等於限制式，但在此不需使用剩餘變數，因爲在單形法中，所有的變數都受非負值限制。B & B電子公司的限制式圖見圖5.1。

圖 5.1

B & B 電子公司的限制式圖（不含需求限制式）

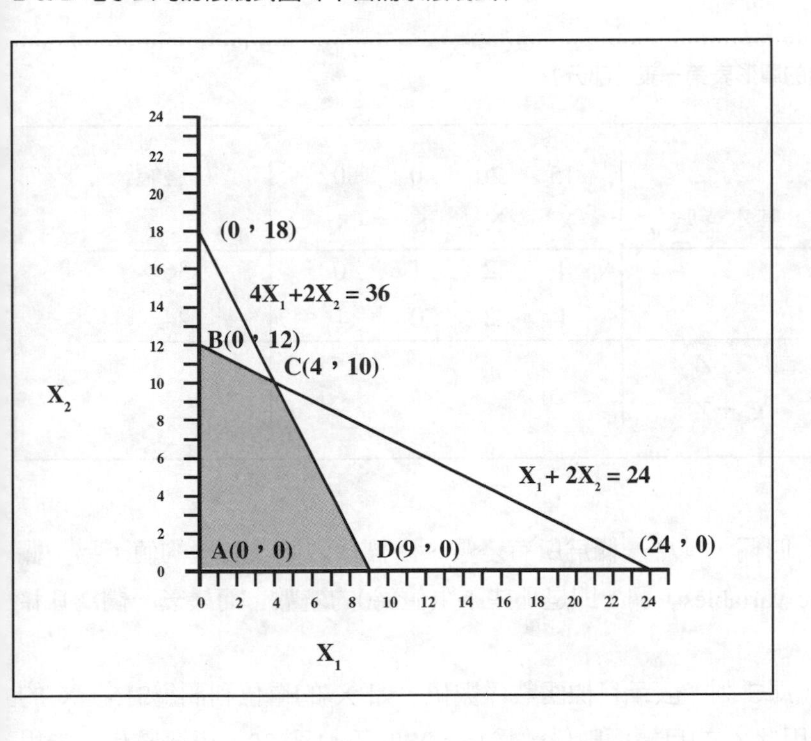

在這個圖中，可行區域中有四個角隅點，應用單形法要從點（0，0）開始，即是圖中的A點。利用單形法，可以證明點A不是一個最適點，因此，之後要再評估其他點如點B。利用單形法後，也可發現這不是一個最適點，於是要再評估下一個點C。經評估後這是一個最適點，因此不需要再試下一個點D。因此，利用單形法評估一個點接一個點，最後即可找出最適解。

5.4 建立單形法輪轉表第一表

要應用單形法求解時，必須參考單形法輪轉表，簡稱單形表。單形表是以列表的形式來表示整個線性規劃問題，圖5.2是單形表第一表。

圖 5.2

B & B 電子公司問題的單形表第一表（部分）

C_j		15	20	0	0	右邊值
	基本變數	X_1	X_2	S_1	S_2	
		4	2	1	0	36
		1	2	0	1	24
	Z_j					
	$C_j - Z_j$					

單形表中共有四欄，其中一欄爲所有變數、一欄爲限制式右邊的值；另一欄爲**基本變數**（basic variables）欄，即是那些不限值爲0的變數；而最後一欄爲**目標函數係數**（C_j）。

最上方一列（即C_j列）表示目標函數係數值，如 X_1 的單位利潤爲$15，$X_2$ 的單位利潤爲$20，因此$X_1$ 的目標函數係數爲15，X_2的係數爲 20。虛變數代表未用完的資源，通常對利潤並無影響，因此，對於虛變數的目標函數係數值爲 0。在單形表中，其中有一列是表示限制式的係數，如第一條限制式爲：$4X_1+2X_2+S_1=36$，X_1 的係數爲 4、X_2係數爲 2、 S_1係數爲 1、S_2係數爲 0，對應的右邊的值爲 36。同樣的，從表中也可看出下一列（1，2，0，1）所代表的即是第二條限制式的係數。此外，表裡還有二列：Z_j 及 $C_j - Z_j$，這二欄要用來評估並尋找最適解，將在之後討論。

基本變數

應用單形法時，所有列在單形表「基本變數」欄的變數，均稱爲基本變數

（basic variable），而基本變數的集合則稱爲**基底**（basis）。不列在基本變數欄者稱**非基本變數**（nonbasic variables），所有非基本變數值均設爲 0，因此，單形表中變數值大於0者皆爲基本變數。應用單形法，第一步是要將決策變數設定爲 0（在這個問題中，即是X_1、X_2爲0），而決策變數目前是非基本變數。在單形表第一表中，只有虛變數、剩餘變數及人爲變數是基本變數。

第一條限制式爲：

$$4X_1+2X_2+S_1 \quad =36$$
$$4(0)+2(0)+S_1 =36$$

$$S_1 =36$$

在單形表第一表中，現在可以將S_1=36放入基本變數欄。同樣的，也可再解出S_2=24，並加入基本變數欄。圖5.3是加入這二個變數之後的單形表第一表。而這二個變數的目標函數係數列在旁邊C_j欄。

圖 5.3

單形表第一表（部分）

C_j		15	20	0	0	右邊值
	基本變數	X_1	X_2	S_1	S_2	
0	S_1	4	2	1	0	36
0	S_2	1	2	0	1	24
	Z_j					
	C_j-Z_j					

這二個基本變數的值列於右邊值欄。在這張第一表中，基本變數爲 S_1 及 S_2，解爲 S_1=36、S_2=24；而非基本變數 X_1 及 X_2 爲0。

這個由單形表找出的解是一個角隅點解（如圖5.1），同時也是一個**基本解**（basic solution）。用數學術語來說，基本解是對於有 m 個方程式及 n 個未知數

（m<n）的線性問題，讓其中 n-m 個變數為 0 所求出的解。有些問題可能無法找出這種基本解，但在一個有虛變數、剩餘變數及人為變數的線性規劃模型中，將不會有這種問題。在這個B & B電子公司的範例中，總共有二條限制式（m=2），包括虛變數在內的未知數有四個（n=4），因此，必須將 m-n = 4-2 = 2 個變數設為0，這些被設為0的變數就是單形法中的非基本變數。在第一個解中，令$X_1=0$，$X_2=0$，另外二個未知數可從二條限制式解出，得$S_1=36$、$S_2=24$。雖然所有基本解都可以代數法解出，但單形法可提供一套有系統的方法找出最適解。

替代率

單形表中，在變數下方的數字稱為**替代率**（substitution rates）。在B & B電子公司的範例中，替代率即是二條限制式的係數。替代率表示基本變數與非基本變數之間的替代關係，也就是當非基本變數要由 0 變成 1 單位時，基本變數所要減少的值。例如，在圖5.3中，在 X_1 欄中下方、與基本變數 S_1 列相對應的的數字為4，代表 X_1 與 S_1 之間的替代率為 4。這個值可以由第一條限制式中得到：如果 X_1 的值由 0 變成 1 單位，則S_1的值要減少 4單位。也就是說，在B & B電子公司的範例中，要生產 1單位的行動電話，要花 4小時的裝配時間，會使裝配時間限制式的虛變數值減少 4單位。同樣地，在下一列中，X_1 與 S_2 對應的值為 1（這個值可從第二條限制式中求得），意義是如果多增加 1單位的 X_1，就要使S_2 的值減少 1單位。以B & B的例子來說，也就是表示要多生產 1單位的行動電話，將要花 1單位的監試時間，會使監試時間限制式的虛變數值減少1單位。因為右邊值欄即是基本變數的值，因此，當每多增加 1 單位 X_1，右邊值的第一欄將與 S_1 一樣，下降 4單位，第二欄則將下降 1 單位。

符號Z_j 及C_j

標號$_j$ 出現在符號 Z_j 及 C_j 中，Z 所代表的意義將在稍後介紹，而 Z_j 所代表的意義，就是第$_j$ 個變數的 Z 值。例如，在本例中，X_1 是第一個、X_2 是第二個、S_1 是第三個、S_2 是第四個變數，因此，Z_1 即是 X_1 的 Z 值，Z_2、Z_3、Z_4也有相同的定義。C_j 的意義，前面已經定義過，是表示第$_j$ 個變數的目標函數係數值，也代表第$_j$ 個變數對目標函數所能產生的單位利潤。

計算Z_j的值（機會成本）

Z_j 所代表的意義，是如果要將第$_j$ 個變數包含於解中（即解中第$_j$ 個變數值不爲 0）所要犧牲的部份，也就是第 $_j$ 個變數的機會成本（opportunity cost）。機會成本可以用各基本變數的替代率及目標函數係數（即C_j）算出。

考慮圖5.3中的X_1。X_1與S_1的替代率爲4、X_1與S_2的替代率爲 1，S_1對目標函數所貢獻的單位利潤爲\$0、S_2的單位利潤爲\$0。多生產1單位X_1的機會本是所要犧牲S_1與S_2的總和，爲：

　　(S_1單位利潤為\$0)(要犧牲4單位的S_1)
＋　(S_2單位利潤為\$0)(要犧牲1單位的S_2)

\$0 = X_1的機會成本 = Z_1

同樣的，也可以算出其他變數的 Z 值

X_2的機會成本　= Z_2 = 0(2)+0(2) = 0
S_1的機會成本　= Z_3 = 0(1)+0(0) = 0
S_2的機會成本　= Z_4 = 0(0)+0(1) = 0
右邊值欄的Z值　= 0(36)+0(24) = 0

右邊值欄的 Z 值與其他欄的 Z 值的意義不同，所代表的意義不是機會成本的概念，而是代表這個解所產生的目標函數值。

在下一階段的單形表，基本變數會改變，目標函數係數（C_j）及 Z 值也會隨之改變。

計算目標函數值的淨改變（$C_j - Z_j$）

在單形表最後一列的是$C_j - Z_j$，如以上所述，C_j是第 $_j$ 個變數對目標函數的單位貢獻度，Z_j是該變數的機會成本，因此，$C_j - Z_j$就是第 $_j$ 個變數的單位淨貢獻度。因此，在X_1欄的$C_j - Z_j$（或$C_1 - Z_1$）代表X_1（行動電話）的單位淨貢獻，$C_2 - Z_2$則是X_2（呼叫器）的單位淨貢獻。

要計算每一欄的 $C_j - Z_j$ 值可以從對應欄分別找出每個變數的 C_j 和 Z_j 值，再將二者相減，如：

C_1 =15
$- Z_1$ =- 0

$C_1 - Z_1$ =15

因此，如果原來（X_1，X_2，S_1，S_2）=（0，0，36，24）的解中，增加1單位的X_1（生產1支行動電話），則目標函數值（利潤）會增加$15。

在X_2欄中，可算出C_2- Z_2：

$$\begin{array}{r} C_2 = 20 \\ - Z_2 = -0 \\ \hline C_2 - Z_2 = 20 \end{array}$$

同樣的，這個解中如果增加1單位的X_2，則目標函數值會增加$20。

重複這樣的過程，可以算出其他欄的對應值，結果列在圖5.4，這即是一張B & B電子公司完整的單形表第一表。

圖 5.4

B & B 電子公司單形表第一表（完整）

C_j	基本變數	15 X_1	20 X_2	0 S_1	0 S_2	右邊值
0	S_1	4	2	1	0	36
0	S_2	1	2	0	1	24
	Z_j	0	0	0	0	0
	C_j-Z_j	12	20	0	0	

評估現有的解

要決定目前單形表中的解是否爲最適，只要檢查表中的 C_j - Z_j 的值就可以了。在一個極大化的問題中，如果某個解的C_j - Z_j 的值都爲 0 或負值，則這個解必定是最適解。如果其中有任何一個值爲正，表示目標函數值可以因爲解改變而增加，所以目前的解並非最適，必須再找下一個解。

應用─南加州的廢水再利用最適模型

Courtesy of American Water Works Company (Denver, Co)

加州一直爲沙漠所苦。1993年，加州已經經歷連續六年的乾旱，同時也發現可飲用的地下水與地面水也嚴重枯竭。其中以南加州所受的影響最爲嚴重，因爲其大部份水源都來自於北加州（超過90%）及科羅拉多河，而北加州的的儲水量也創歷年新低，使得南加州所能得到的水源供應較平時爲少。同時，加州地區人口仍不停地成長，平均每年成長約350,000人，使得水源短缺的問題更形嚴重。

在這樣的乾旱時期，南加州人開始尋找新的長期水源，以解決問題。但如果要開發新水源，就要面臨許多法律、政治、環保的障礙，因此，他們便傾向於處理廢水，並拿來再利用。基本的想法，是在除了飲用水之外，在可用水回歸自然前，至少要使用二次以上。可以使用二次用水的範圍，包括農用、灌溉及工業用水等。

爲了研究廢水利用計畫，美國政府委託南加州廢水回收及再利用全面研究（Southern California Comprehensive Water and Reclamation and Reuse Study）進行政治、權術及技術各層面的分析。在這個研究中，包括利用成本效益法分析再生水的回收及運輸，並建立一個具經濟效益的分配模型，以使再生水的利用能達成最適化。這個計畫的經理人－Richard A. Martin當時是一個正在攻讀作業研究的博士生，對於能將所學的管理科學應用在這個計畫中，感到十分有興趣。他建立了一個最適化分配網路（optimum distribution network），利用最少的成本，使能使用回收水的區域範圍達到最大。利用這個模型，再加上調整廢水處理的技術進步及市場供需，決策者可以評估未來計畫擴張的可行性。

資料來源：Martin, R. A., June 1993. "Thirsting for Answers: Optimization of Wastewater Reuse in Southern California Offers Possible Long-Range Hope for Drought-Plagued Area." *OR/MS Today:* 24-29.

5.5 尋找下一個解

如果$C_j - Z_j$中任何一個值爲正，表示現有的解不是最適解，必須繼續利用單形表來找出更好的解。要繼續找解，首先，必須決定哪一個非基本變數要進入基底，然後再決定這個新進入基底的變數值爲多少。新變數進入基底通常會影響其他變數，因此，必須對單形表作一些必要的調整。

選擇進入的變數

B & B的問題是要使目標函數值達到極大。如果變數 $_j$ 的$C_j - Z_j$爲正值，選擇變數 $_j$ 加入基底，將會使目標函數值增加。因此，修正單形表的下一步，就是比較各變數的 $C_j - Z_j$，然後選擇最大的值，將這個變數加入基底。這個新進入的變數稱爲**進入變數**（entering variable），而與這個變數相對應的欄稱爲**主軸行**（pivot column）。

在圖5.4中，可以看出最大的$C_j - Z_j$值發生在X_2。這個欄位的$C_j - Z_j$值爲20，代表如果X_2進入最適解中（即最適解中X_2的值不爲 0）值，每增加1單位的X_2，將使目標函數值（利潤）增加$20，是所有變數中增加最多的。因此，選擇$X_2$爲進入變數，$X_2$欄爲主軸行。

選擇退出變數

因爲每單位進入變數進入基本解時，都可使目標函數值增加，要使目標函數值達到最大，會希望儘量增加進入變數的值。進入變數最多可增加多少？要解答這個問題，必須考慮限制式右邊的值及替代率。因爲所有變數都受非負值的限制，因此，表中的右邊值欄也不能出現負數。如果將右邊值分別除以主軸行的替代率，將會得到一個比率，這個值稱爲**臨界率**（critical ratio）。在幾個臨界率中，最小的值表示這個進入變數可以增加的最大值，出現最小臨界率的列稱爲**主軸列**（pivot row）。選擇產生最小臨界率的列，將保證接下來所找出的解是可行的；若選擇其他列，則不必然可行。在這一列中的基本變數稱爲**退出變數**（leaving variable），因爲這個變數退出基底，變成非基本變數，其值爲0。主軸行與主軸列會產生一個交點，稱爲**主軸數**（pivot number）。

在圖5.5中，可以算出第一列的臨界率爲18，第二列爲12。從第一列可看出，因爲每增加1單位的X_2必須犧牲 2單位的S_1，S_1最多有36單位，因此，最多可增加的X_2數量爲 18單位（等於臨界率），此時S_1爲 0。同樣的，在第二列中，可以知道X_2可增加的數量至多爲 12，此時S_2爲 0。在所有變數都必須是非負值的限制下，X_2可增加的最大值爲 12。主軸列爲第二列，退出變數是這一列中的基本變數，也就是S_2。主軸數爲 2，即是主軸行與主軸列的交點。

從圖5.6中可以很清楚的看出，以最小的臨界率作爲選擇標準的原因。

進入變數爲X_2，表示在新解中的X_2值會由 0 增加爲正值。要增加X_2，即是從

圖 5.5

B & B 電子公司的主軸行與主軸列

C_j	基本變數	15 X_1	20 X_2	0 S_1	0 S_2	右邊值	
0	S_1	**4**	**2**	1	0	36	36/2=18
0	S_2	**1**	**2**	**0**	**1**	**24**	**24/2=12** ← 主軸列
	Z_j	0	**0**	0	0	0	
	$C_j - Z_j$	15	**20**	0	0		
			↑ 主軸欄				

圖 5.6

B & B 電子公司問題的角隅點

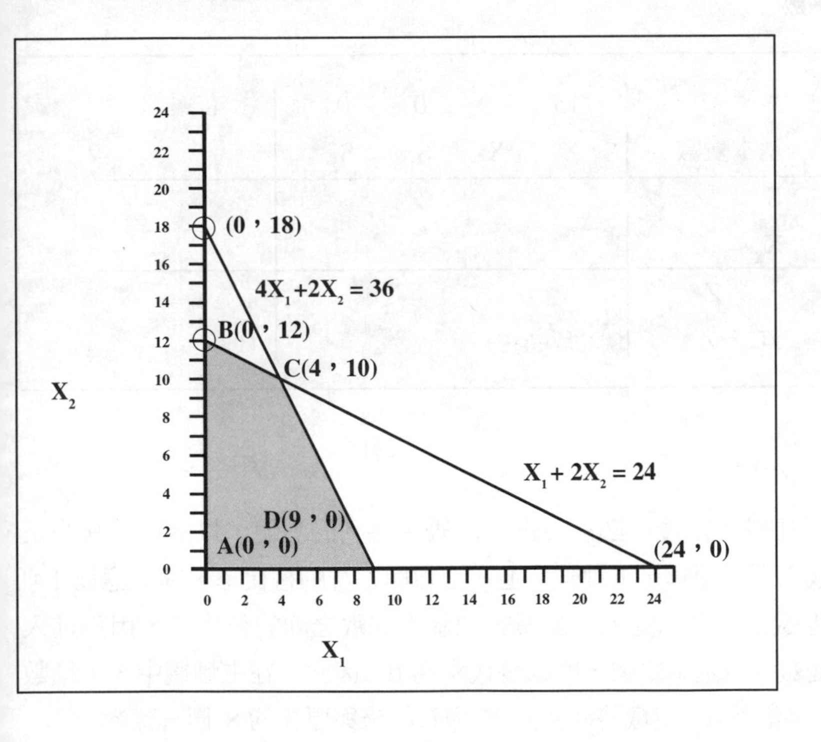

（0，0）開始，沿著 X_2 軸往上移，而這個第一象限 X_2 軸的意義，代表的意義是 $X_1 \geqq 0$。在圖5.6中顯示出角隅點，這二點是（0，12）及（0，18）。X_2 的值爲12的是第一個角隅點，第二個角隅點的 X_2 值則是18，這二個值剛好等於所算出的臨界率值。可行解必須落在可行區域內，表示所選擇的點必須是最小的X_2 值，也就是最小的臨界率。如果選擇的不是最小臨界率，利用單形表所找出的下一個解就不是可行解，因爲將會有一個基本變數值爲負數。從圖5.6中，可看出點（0，18）已落在可行區域外；如果選擇點（0，18），就會違反總可用監試時間限制式，使得這個限制式有負的虛變數值。

在這的例子中的退出變數爲 S_2，是主軸列的基本變數，這個變數將被進入變數所替代。X_2 的目標函數係數是20，現在要將其放入C_j 欄。其他在基底中的變數維持不變，因此，其他變數的係數也不變。圖5.7是單形表的第二表。

圖 5.7

改變基本變數及其係數

C_j		15	20	0	0	右邊值
	基本變數	X_1	X_2	S_1	S_2	
0	S_1					
20	$\mathbf{X_2}$					
	Z_j					
	C_j-Z_j					

修正單形表

決定主軸行及主軸列之後，必須修正單形表中各列的數值，以確實反映修正後的新情況，並找出下一個解。主軸數爲進入變數與本身的替代率，其值應爲 1；而主軸欄中的其他數值，表示進入變數與其他基本變數之間的替代率，因爲進入變數已由非基本變數變成基本變數，所以替代率爲 0。因此，在主軸欄中，主軸數變成 1，而其他數字都爲 0；這樣將使新的 X_2 欄看起來與原先的 S_2 欄一樣。

要使主軸數變成1十分簡單，只要將主軸列中所有的數字都除以主軸數即可，如：

原先的第二列（X_2）：	1	2	0	1	24
新的第二列：	1/2	2/2	0/2	1/2	24/2
化簡後可得					
新的第二列：	1/2	1	0	1/2	12

將這一列加入單形表，可得圖5.8：

圖 5.8

主軸列改變後的單形表

C_j		15	20	0	0	右邊值
	基本變數	X_1	X_2	S_1	S_2	
0	S_1					
20	X_2	1/2	1	0	1/2	12
	Z_j					
	C_j-Z_j					

因為X_2為主軸欄，X_2與其他原來的基本變數之間並無替代關係，所以X_2欄所有的替代率（除了主軸數之外）都必須變成 0。本例中，X_2欄的原本第一個數字是 2，必須變為 0。因為修正後的主軸數要為 1，所以將修正後的主軸列數值，乘以要變為0的數值的相反數（如在本中要使數值 2 變為 0，就要將修正後的主軸列乘以 2 的相反數-2），再將原本的數列與這一列相加，就可使主軸欄中的其他數值均為 0。在本例中，計算過程如下：

新的第一列 = (原本的第一列) - 2(修正後的主軸列)

將數字代入以上的公式中，為：

原來的第一列：	4	2	1	0	36
-2(修正後的主軸列)：	-2(1/2	1	0	1/2	12)

或

原來的第一列：	4	2	1	0	36
-2（修正後的主軸列）：	-1	-2	-0	-1	-24
新的第一列：	3	0	1	-1	12

將這個最新的結果再加入單形表中，即可以得出圖5.9的結果。在這個表中，X_2 欄的第一列替代率為 0，且X_2（現在是進入變數）欄的係數與第一表的S_2（現在是退出變數）欄係數一樣。

這個表所表達的解也必須藉由計算 Z_j 與 $C_j - Z_j$，進行評估。各變數的 Z_j 值的計算方式，是由目標函數係數 C_j 乘以各變數的替代率，加總之後得出，如下：

X_1欄的Z_j值：　0(3)+20(1/2)　=10

X_2欄的Z_j值：　0(0)+20(1)　=20

S_1欄的Z_j值：　0(1)+20(0)　=0

S_2欄的Z_j值：　0(-1)+20(1/2) =10

右邊值欄的Z_j值：0(12)+20(12) =240

圖 5.9

單形表第二表（改變二列）

C_j		15	20	0	0	右邊值
	基本變數	X_1	X_2	S_1	S_2	
0	S_1	3	0	1	-1	12
20	X_2	1/2	1	0	1/2	12
	Z_j					
	$C_j - Z_j$					

要算出 $C_j - Z_j$ 之值，只要用目標函數係數列減去 Z_j 即可，結果在圖5.10。

從單形表中可以得出下一個解，解是 S_1 =12，X_2 =12（基本變數值等於右邊值

圖 5.10

單形表第二表（計算值 C_j - Z_j ）

C_j		15	20	0	0	右邊值
	基本變數	X_1	X_2	S_1	S_2	
0	S_1	3	0	1	-1	12
20	X_2	1/2	1	0	1/2	12
	Z_j	10	20	0	10	240
	C_j-Z_j	5	0	0	-10	

欄中的數字）；X_1 與S_2 都等於 0（因為這二個都是非基本變數），目標函數值為240。從第一表到第二表中，目標函數值從0變成240，這個改變可以從C_j $-Z_j$ 值及最小臨界率算出。X_2 的值C_j $-Z_j$ 為 20，表示每增加1單位的X_2 可以使利潤增 20；最小臨界率表示可以將12單位的X_2 帶進新的解中。因此，新解中總利潤可增加\$20(12)=\$240。

在這個解中，仍然有C_j $-Z_j$ 值為正數，因此，這仍然不是一個最適解，必須再重複以上的過程，尋找下一個解。

單形表第三表

因為在圖5.10中仍有正值的C_j $-Z_j$，所以必須重複上述過程。因為X_1 欄的C_j $-Z_j$ 值最大，現在以X_1 欄為主軸欄。這表示在下一個單形表中，X_1 會變成進入變數；C_j-Z_j為5，表示解中每增加1單位的X_1，總利潤會增加\$5。

要選擇主軸列及找出退出變數，則要利用右邊值分別除以替代率，以得到臨界率，如下：

12/3=4

及

12/(1/2)=24

最小臨界率是4，所以要選擇第一列作為主軸列；而這一列中的基本變數S_1，就變成了退出變數。這個變數由進入變數X_1取代，目標函數係數欄C_j也同時要改變爲15（就是X_1的目標函數係數值）。主軸數是3，就是主軸行與主軸列的交點。在之前的圖5.6中，如果從角隅點（0，12）出發，沿著總監試時間的限制式，往增加X_1（新的進入變數）的方向移動，就會碰到另外二個角隅點（4，10）及（24，0）。在這二個點上，X_1的值分別是4與24，也就是臨界率的值。爲使所選擇的點仍落在可行區域內，必須選擇較小的臨界率值，也就是$X_1 = 4$的點。

下一步是要將主軸數變成1（將主軸列除以3），可得：

(原本的第一列)/3：	3/3	0/3	1/3	−1/3	12/3
＝新的第一列：	1	0	1/3	−1/3	4

之後，必須將主軸欄其他數值都變成0。主軸欄中只有第二欄有數值，爲1/2。因此，必須將修改過的主軸列乘以-1/2，並將這一列加上原本的第二列，如：

新的第二列＝(原本的第二列) - (1/2)(修正後的主軸列)

或是

原來的第二列：	1/2	1	0	1/2	12
-1/2(修正後的主軸列)：	-1/2（1	0	1/3	-1/3	4）

或

原來的第二列：	1/2	1	0	1/2	12
-1/2(修正後的主軸列)：	-1/2	- 0	-1/6	+1/6	-2
新的第一列：	0	1	-1/6	2/3	10

將新的第一列及第二列加入單形表中，可以得出圖5.11。

圖 5.11

單形表第三表（部份）

C_j	基本變數	15	20	0	0	右邊值
		X_1	X_2	S_1	S_2	
15	X_1	1	0	1/3	-1/3	4
20	X_2	0	1	-1/6	2/3	10
	Z_j					
	C_j-Z_j					

接下來是要計算Z_j值，利用各欄中的目標函數係數及替代率即可，得：

X_1 欄的Z_j 值　= 15(1)+20(0) = 15

X_2 欄的Z_j 值　= 15(0)+20(1) = 20

S_1 欄的Z_j 值　= 15(1/3)+20(-1/6) = 5/3

S_2 欄的Z_j 值　= 15(-1/3)+20(2/3) = 25/3

右邊值欄的Z_j 值 = 15(4)+20(10) = 260

將這些值加入單形表第三表中，並算出C_j - Z_j，將會得到圖5.12。在這個表中，所有的 C_j - Z_j 值都爲 0 或負值，所以這是一個最適解。所有的變數值爲：

X_1 的值 =4　生產4支行動電話

X_2 的值 =10　生產10個呼叫器

S_1 的值 =0　總裝配時間的限制式中虛變數值為0

S_2 的值 =0　總裝配時間的限制式中虛變數值為0

總利潤 =$260

這個結果與利用圖解法所解出的結果完全一樣。

圖 5.12

單形表第三表（完整）

C_j		15	20	0	0	右邊值
	基本變數	X_1	X_2	S_1	S_2	
15	X_1	1	0	1/3	-1/3	4
20	X_2	0	1	-1/6	2/3	10
	Z_j	15	20	5/3	25/3	260
	C_j-Z_j	0	0	-5/3	-25/3	

利用電腦計算單形表

DSS軟體可以用來運算單形法並且做出單形表，結果呈現在解5.1中。電腦所用的符號意義如下：

B：右邊值欄的數字

Impr Index：改善指數

Keycell：主軸數

Θ_i：臨界率

5.6 單形法摘要

以下將要對單形法的步驟作一個簡單的摘要。之前的範例是最大化問題，如果變成最小化問題，則必須修改其中某個步驟，這一部份在之後的例子中將會有更詳細的介紹。

利用單形法的前置作業

如果有任何限制式右邊的值是負數，必須些限制式乘以-1。對於小於等於限制，必須加入虛變數；等式限制式要加入人為變數；大於等於的限制式，就要減去剩餘變數、並加入人為變數。虛變數或是剩餘變數的目標函數係數值均為 0，最

解 5.1

利用 DSS 運算單形法

Linear Programming

Z	X1	X2	Rel Op	R H S
MAX	15	20		
Cons1	4	2	<=	36
Cons2	1	2	<=	24

Tableau 1

Ci	Basis	Bi	X1	X2	Slack 1	Slack 2	θ i
		Cj >>	15	20	0	0	
0	Slack 1	36	4	2	1	0	18
0	Slack 2	24	1	2	0	1	12
	Zj	0	0	0	0	0	
	Impr Indx		15	20	0	0	

Keycell = (Slack 2, X2)

Tableau 2

Ci	Basis	Bi	X1	X2	Slack 1	Slack 2	θ i
		Cj>>	15	20	0	0	
0	Slack 1	12	3	0	1	-1	4
20	X2	12	.5	1	0	.5	24
	Zj	240	10	20	0	10	
	Impr Indx		5	0	0	-10	

Keycell = (Slack 1, X1)

Tableau 3

Ci	Basis	Bi	X1	X2	Slack 1	Slack 2
		Cj >>	15	20	0	0
15	X1	4	1	0	.3333333	-.3333333
20	X2	10	0	1	-1666667	.6666667
	Zj	260	15	20	1.666667	8.333334
	Impr Indx		0	0	-1.666667	-8.333334

Keycell = None - Optimal

後，所有變數都必須受非負數限制。

單形法的步驟

步驟 1：建立單形表第一表。第一個解中，基本變數只有虛變數或者是人為變數。每一欄都必須算出 Z_j 值，將欄中的 C_j 乘以對應的替代率，並將所有的積加總。之後，計算出 $C_j - Z_j$ 值：利用C_j（目標函數係數值）減去之前所算出的對應的 Z_j。在一個極大化的問題中，如果所有的 $C_j - Z_j$ 值都為 0 或負值，所找出的解就是最適解，停止其他步驟。否則，就要進行步驟 2。（在一個極小化的問題中，如果所有的 $C_j - Z_j$ 值都為 0 或正值，所找出的解就是最適解，停止其他步驟。否則，就要進行步驟 2。）

步驟 2：在一個極大化問題中，選擇$C_j - Z_j$ 值最大的欄作為主軸欄。（在極小化問題中，要選擇$C_j - Z_j$ 負值最大、即絕對值最大的欄為主軸欄。這個值表示能使目標函數值減少最多的值），在這一欄中的變數即是新的進入變數。

步驟 3：將右邊值除以主軸欄中對應的替代率，可以算出各臨界率，選擇臨界率值最小的一列作為主軸列，主軸列中的基本變數則成為退出變數。主軸數是主軸欄與主軸列的交點。如果主軸欄中有任何一個替代率為 0 或負數，這一列就不能被選為主軸列，因為任何數除以0都將變成無法定義，而除以負數會使右邊值欄出現負數，違反非負限制。因此，當這種情形出現時，就不需要計算臨界率，而是要用進入變數取代退出變數，並且改變基本變數及目標函數係數值（C_j）。

步驟 4：將主軸列中所有的數字都除以主軸數，使主軸數變成 1。

修正後的主軸列 = (原先的主軸列) / (主軸數)

步驟5：將主軸欄除了主軸數之外的替代率都變成 0，得出新的各列：

新的列 = (原有的列) + (替代率的相反數)(修正後的主軸列)

步驟6：將每一個基本變數的 C_j 乘以對應的替代率，並將所有的積加總，可以得到 Z_j，將這個結果加入表中。

步驟 7：將 C_j（目標函數係數值）減去之前所得到的 Z_j 值，就可以得到$C_j - Z_j$ 值。在一個極大化的問題中，如果所有的$C_j - Z_j$ 值都為 0 或負值，所找出的解就是最適解，停止其他步驟。否則，就要進行步驟 2。（在一個極小化的問題中，如果

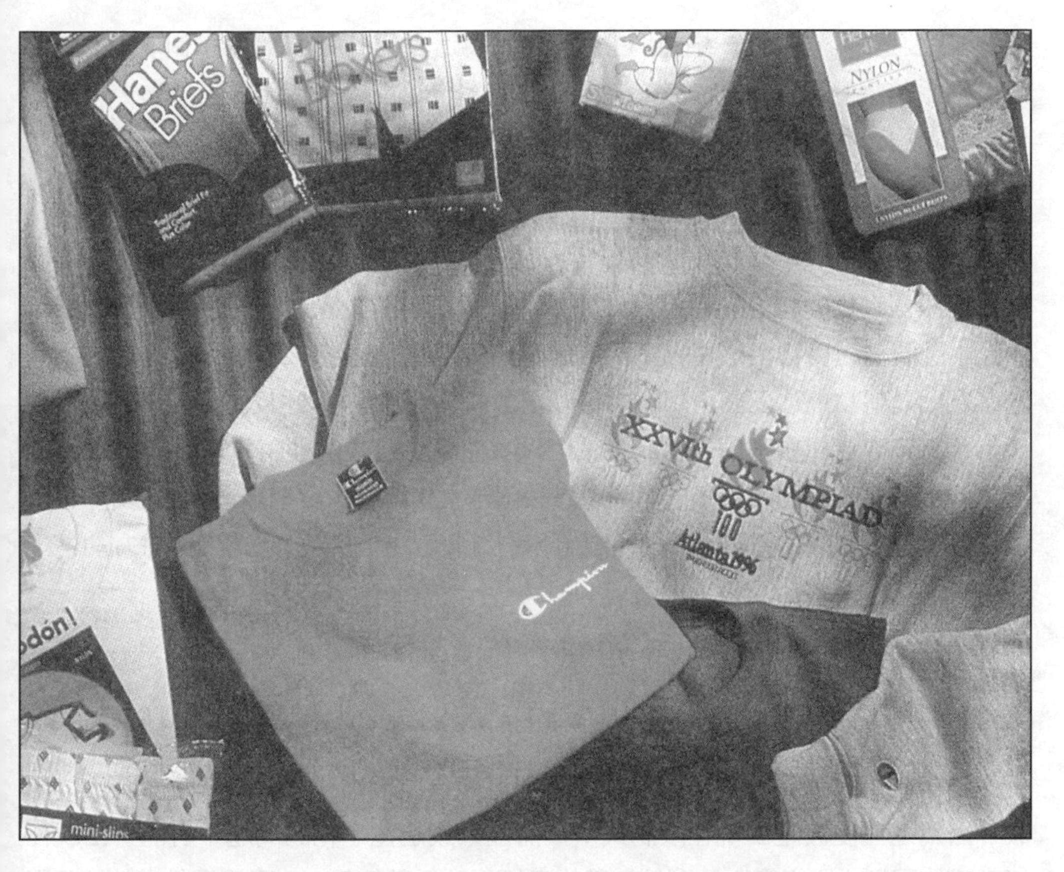

利用最小化的線性規劃模型，成衣廠可以決定印有不同標語的運動T恤產量。

所有的$C_j - Z_j$值都為 0 或正值，所找出的解就是最適解，停止其他步驟。否則，就要進行步驟 2。）

5.7 修改單形法，以便應用於極小化的問題

要將單形法應用在求解最小化問題時，必須要修改二個地方。在極小化的問題中，$C_j - Z_j$有不同的意義。如果目的是要使目標函數值最小化，在所有的$C_j - Z_j$值都為 0 或正值時，就要停止；若其中有任何一個$C_j - Z_j$值為負，表示目標函數值仍可因改變解而下降，因此，要從步驟 7 開始進行其他步驟。

第二個改變發生在步驟 2。選擇主軸欄時，要選擇使目標函數值下降最多的一欄，也就是要選擇使$C_j - Z_j$負值最大的變數。例如，有二欄的$C_j - Z_j$值分別為－5

及 -12，要選擇 -12的那一欄作爲主軸欄。因爲這表示增加1單位某一個變數，將可使目標函數值下降$12，而增加另一個變數1單位只能使目標函數下降$5。除此之外，在求解最小化問題時，其餘各步驟都與求解最大化問題相同。

求解極小化問題的替代方法

利用單形法求解最小化問題有另一個替代方法，只要將目標函數乘以 -1，問題就變成極大化問題。利用這個方法求解時，要將最後所求出的目標函數值乘以 -1，才是眞實的目標函數值，下面的範例將說明這個觀念。假設一個線性規劃問題有三個角隅點，這三個角隅點的目標函數值分別爲 17，23及36。如果目標是要最小化，只要選擇函數值最小的17就可以。如果將這些函數值分別乘以 -1，將會變成 -17，-23 及 -36。如果這個問題是一個極大化問題，要選擇最大的值是 -17；而眞值（就是最小化問題的目標函數值）是這個値的相反數，也就是 -(-17) =17。

5.8 剩餘變數及人爲變數

不論在極大或是極小化的問題中，都可能會出現虛變數、剩餘變數及人爲變數，因爲這些變數是出現在限制式中，而極大或是極小化的問題中可能會出現任何形式的限制式。虛變數及剩餘變數的目標函數係數值爲 0，因爲這些變數並不影響目標函數值。

在求解最小化問題的單形表中，人爲變數是用來顯示某個解的可行性。如果某個解有任何人爲變數不爲 0，則這個解就不是一個可行解。因爲加入人爲變數，使得求解的可以從一個非可行解開始。從各個解中，逐漸將人爲變數變成 0，就可以逐步找出可行解。要消去人爲變數，只要利用一個適當的係數，使得人爲變數對目標函數產生極差的效果（如使最大化問題的目標函數值變得很小，或使最小化問題的目標函數值變得很大），人爲變數就很容易變成退出變數。爲了達成上述目的，可以使最大化問題中的人爲變數的爲 -1,000或 -10,000，或使最小化問題中的人爲變數係數爲1,000或10,000。人爲變數的係數值較其他變數大的多，使得目標函數值主要由人爲變數決定。一般而言，字母M用來代表一個非常大的數字，在最大化問題中使用 -M；反之，在最小化問題中，則使用+M。

考慮下列的線性規劃問題：

利潤最大 $= 15X_1 + 25X_2$

受限於：$2X_1 + 3X_2 \geqq 30$

$X_1 + 4X_2 \leqq 36$

$X_1，X_2 \geqq 0$

因爲有一個大於等於的限制式，所以要在虛變數、剩餘變數之外，再加進一個人爲變數。將以上各變數加進問題中，將會變成：

最大利潤 $= 15X_1 + 25X_2 + 0S_1 - MA_1 + 0S_2$

受限於：$2X_1 + 3X_2 - S_1 + A_1 = 30$

$X_1 + 4X_2 + S_2 = 36$

$X_1，X_2，S_1，S_2，A_1 \geqq 0$

A_1 的係數 -M 可以是 -500 或 -1,000。如果利用單形法求解這個問題，第一個解中，決策變數都會等於 0，如下：

$X_1 = 0$

$X_2 = 0$

$S_1 = 0$ (表示第一個限制式中無剩餘變數值)

$A_1 = 30$

$S_2 = 36$

利潤 $= 15(0) + 25(0) + O(0) - M(30) + O(36) = -30M$

因爲 M 是一個很大的數字，這表示以上的利潤將非常低。如果用一個數字如 1,000取代 M，利潤就是 -$30,000，非常不好。如果將人爲變數$A_1$ 變成 0，總利潤將會改善，因爲0比 -30M要好。利用單形法，可以發現只要使得A_1 變成 0，目標函數值就可以改善。因此，只要有可行解，人爲變數的值一定要爲 0。如果這個問題不是求最大利潤，而是求最小成本，則目標函數會變成：

最小成本 $= 15X_1 + 25X_2 + 0S_1 + MA_1 + 0S_2$

而最初解的總成本值爲 +30M（如果M=1,000，成本就等於$30,000），這個目標函數值非常不好，只要$A_1=0$，目標函數值就可以獲得大幅改善。如果一個問題的可行解存在，即使一開始無法利用單形找到最初可行解，只要加入人爲變數，就可以解決這個問題。

5.9 範例：最小化問題

下面的範例，將說明如何應用單形法求解最小化問題。

司威福是一家T恤的製造商，專門製作一些特別的T恤。大學裡春季運動會即將到來，公司決定爲這個活動生產一些特別的產品：總共要生產T恤及背心二種產品，同時要在每一件產品上印製一些特別的標誌。每打T恤的單位生產成本爲$4、而背心的單位生產成本爲$5；此外，公司決定總共要生產30打，其中T恤至少要生產10打以上。總共要印製的標誌有100個，每件T恤要有4個、每件背心要有2個。公司的目標是要使成本達到最小。

下列的敘述，可以爲這個成本最小化的問題建立一個線性規劃模型：

成本最小化

受限於：

1. 總產量爲30打。
2. T恤的產量至少爲10打。
3. 所使用的標誌總類不能超過100個。

生產決策中，必須分別考慮T恤及背心的生產量，因此，決策變數可定義爲：

X_1 = T恤的產量

X_2 = 背心的產量

這個問題的數學式爲

最小化成本 = $4X_1+5X_2$

受限於：　$X_1+X_2 = 30$　　總產量

　　　　　$X_1 \geqq 10$　　T恤的最小需求量限制

$4X_1+2X_2 \leqq 100$　使用標誌限制

X_1，$X_2 \geqq 0$　非負限制

這些限制式在圖5.13，圖上有些點被特別標出，這些點的意義將在稍後作說明。

圖 5.13

圖解司威福公司的範例

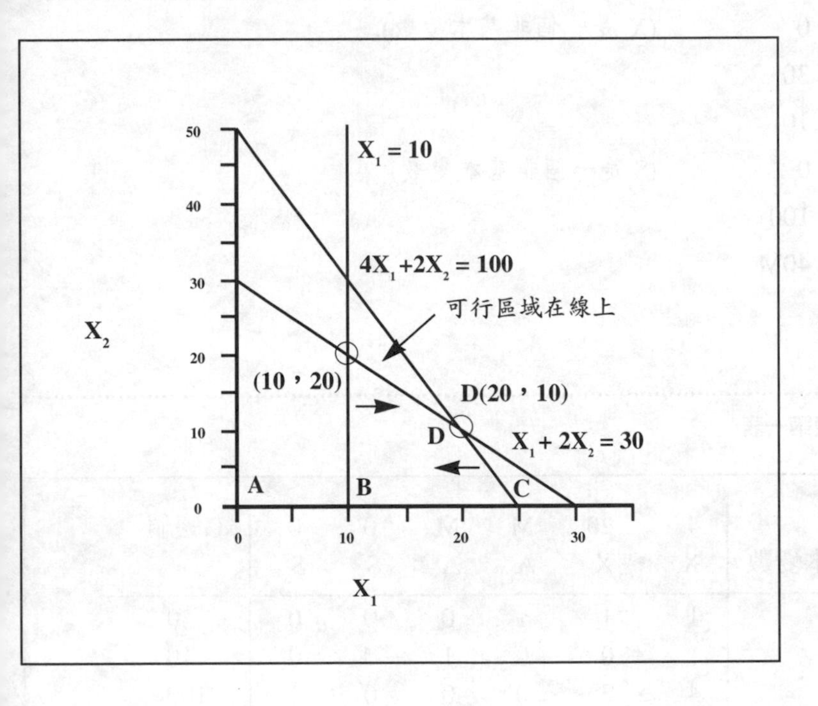

注意點A（即是$X_1 = 0$、$X_2 = 0$的點，這也是利用單形表所找出的最初解）並不在可行區域內，因爲問題中有一條等式限制式，所以可行區域必須是直線。

要利用單形法求解這個問題，注意限制式右邊的值已經都是非負值，所以不需要將任何限制式乘以（-1），以改變其符號。加入虛變數、剩餘變數及人爲變數後，可得：

最小成本 $= 4X_1+5X_2+MA_1+MA_2+0S_2+0S_3$

受限於：　$X_1+X_2+A_1 = 30$　　總產量

$X_1 - S_2 + A_2 = 10$　　T恤的最小需求量限制

$4X_1 + 2X_2 + S_3 = 100$　　使用標誌限制

求解這個問題的單形表，將以數字化的方式，逐步呈現。

建立單形表第一表

步驟 1：單型表第一表在圖5.14，最初解為（這個解也就是圖5.13的點A）：

$X_1 = 0$　　(X_1是一個非基本變數)

$X_2 = 0$　　(X_2是一個非基本變數)

$A_1 = 30$

$A_2 = 10$

$S_2 = 0$　　(S_2是一個非基本變數)

$S_3 = 100$

成本 $= 40M$

圖 5.14

司威福公司的單形表第一表

C_j	基本變數	4 X_1	20 X_2	M A_1	M A_2	0 S_2	0 S_3	右邊值
M	A_1	1	1	1	0	0	0	30
M	A_2	1	0	0	1	-1	0	10
0	A_3	4	2	0	0	0	1	100
	Z_j	2M	M	M	M	-M	0	40M
	$C_j - Z_j$	4-2M	5-M	0	0	M	0	

這張表所表達的解不是一個可行解，因為人為變數A_1及A_2為正數。將解代入第一條限制式，得出值為$X_1+X_2=0$，並不等於這條限制式所要求的30，因此，在這個點當A_1為30時，並不滿足第一條限制式。同樣地，第二個限制式中，這個解的X_1（=0）的值並不滿足至少為10的要求，而且剩餘變數（S_2）為0；所以，A_2=10

的點並無法滿足第二條限制式。這個解中各個變數的 Z_j 值為：

X_1 的 Z_j 值 $= M(1)+M(1)+0(4) = 2M$
X_2 的 Z_j 值 $= M(1)+M(0)+0(2) = M$
A_1 的 Z_j 值 $= M(1)+M(0)+0(0) = M$
A_2 的 Z_j 值 $= M(0)+M(1)+0(0) = M$
S_2 的 Z_j 值 $= M(0)+M(-1)+0(0) = -M$
S_3 的 Z_j 值 $= M(0)+M(0)+0(1) = 0$
右邊值欄的的 Z_j 值 $= M(30)+M(10)+0(100) = 40M$

目標函數值（成本）為40M，這是一個非常大的值。接著要計算的是 C_j-Z_j：

X_1 的 C_j-Z_j 值 $= 4-2M$
X_2 的 C_j-Z_j 值 $= 5-M$
A_1 的 C_j-Z_j 值 $= M-M$
A_2 的 C_j-Z_j 值 $= M-M = 0$
S_2 的 C_j-Z_j 值 $= 0-(-M) = +M$
S_3 的 C_j-Z_j 值 $= 0-0 = 0$

因為這是一個最小化問題，有些變數的 C_j-Z_j 值為負值，所以必須再進行單形法的其他步驟。

建立單形表第二表

步驟 2：選擇主軸欄。在這個問題中，因為減少1單位的 X_1，使目標函數值下降的幅度遠大於其他的變數，所以選擇 X_1 欄作為主軸欄。因為M的數值很大，消去 4-2M 比消去 5-M 更能改善目標函數值（如假設M=1,000，則(4-2M) =-1,996，而(5-M)為 -995）；因此，選擇消去 X_1 欄。進入變數是主軸欄中的非基本變數，也就是 X_1。

步驟 3：計算臨界率並選擇主軸列。臨界率可以右邊值欄的數字除以替代率算出，如下：

第一列：　30/1 = 30

第二列：　　10/1 = 10 ←最小的臨界率

第三列：　　100/4 = 25

最小的臨界率出現在第二列，所以這一列就是主軸列，而要抽離基底的變數就是A_2。將A_2抽離基底，用X_1取代，並將基本係數改爲4；在第一表中的其他基本變數，在第二表中仍維持不變；主軸數是主軸行與主軸列的交點，數值是1。

步驟 4：主軸數爲1，將這一列的所有數值都除以1（主軸數值），其他不變。

步驟 5：將主軸欄的替代率除了主軸數之外皆變成 0，這表示第一列與第三列都必須做出改變。將新的主軸列（在本列中新的主軸列與原來相同）乘以主軸欄中替代率的相反數，並將新的列與要改變的列相加即可。

先改變第一列。因爲主軸欄中的第一列數值爲 1，所以要將主軸列乘以 -1，再加上第一列，就可以得出新的第一列，即是：

新的第一列=原本的第一列-1 (修正後的主軸列)

改變第三列時，要將主軸列乘以 -4（因爲主軸欄的第三列替代率爲 4），再加上第三列，即是：

新的第三列 = 原本的第三列- 4(修正後的主軸列)

改變後的結果如圖5.15，解爲：

$X_1 = 10$

$X_2 = 0$　　(X_2是一個非基本變數)

$A_1 = 20$

$A_2 = 0$　　(A_2是一個非基本變數)

$S_2 = 0$　　(S_2是一個非基本變數)

$S_3 = 60$

成本 = 20M+40

之後，就要進入步驟 6，進行評估。

步驟 6：利用 Z_j 值評估圖5.15中的解。注意，這個解的成本爲 20M+40。

圖 5.15

司威福公司的單形表第二表

C_j		4	5	M	M	0	0	右邊值
	基本變數	X_1	X_2	A_1	A_2	S_2	S_3	
M	A_1	0	1	1	-1	1	0	20
4	X_2	1	0	0	1	-1	0	10
0	S_3	0	2	0	-4	4	1	60
	Z_j	4	M	M	-M+4	M-4	0	20M+40
	C_j-Z_j	0	5-M	0	2M-4	-M+4	0	

步驟 7：計算出圖5.15中的C_j - Z_j值。因爲並非所有的C_j - Z_j值均爲 0 或正數，因此，必須再找出下一個解，回到步驟 2。

建立單形表第三表

步驟 2：選擇 S_2 欄爲主軸欄，因爲減少1單位的S_2，使目標函數值下降的幅度遠大於其他的變數。

步驟 3：計算臨界率並選擇主軸列，如下：

第一列：20/1 = 20

第二列：--替代率為-1。因為將右邊值除以這個數會得出負值，所以一列不能作為主軸列；不需要考慮這個臨界率。

第三列：60/4 = 15←最小的臨界率

第三列就是主軸列，所以退出變數爲S_3，主軸數爲 4。改變基底，將退出變數（S_3）抽離基底，用進入變數（S_2）將其取代。

步驟 4：將主軸數變爲 1，將這一列的所有數值都除以 4（主軸數值），其他不變。主軸列爲第三列，所以：

新的第三列 = (原本第三列)/4

步驟 5：將主軸欄的替代率除了主軸數之外都變成 0。在第一列中要改變的數由於可用資源的數量是來自預估或是經常改變的，因此，在應用線性規劃模型所求出的最適解之前，必須先分析最適解與變數值改變有何相關性。

值是1，要變成0，將修正後的主軸列（第三列）乘以-1，並加上第一列：

新的第一列＝原本的第一列-1(修正後的主軸列)

在第二列，要改變的數值是-1，要變成0，將修正後的主軸列（第三列）乘以1，並加上第一列：

新的第二列＝原本的第二列-(-1)(修正後的主軸列)

經過計算後，最後結果如圖5.16（也就是圖5.13的C點），解爲：

$X_1 = 25$

$X_2 = 0$　　(X_2是一個非基本變數)

$A_1 = 5$

$A_2 = 0$　　(A_2是一個非基本變數)

$S_2 = 15$

圖 5.16

司威福公司的單形表第三表

C_j	基本變數	4 X_1	5 X_2	M A_1	M A_2	0 S_2	0 S_3	右邊值
M	A_1	0	1/2	1	0	0	-1/4	5
4	X_1	1	1/2	0	0	0	1/4	25
0	S_2	0	1/2	0	-1	1	1/4	15
	Z_j	4	1/2M+2	M	0	0	-1/4M+1	5M+100
	C_j-Z_j	0	3-1/2M	0	M	0	1/4M-1	

$S_3=0$ (S_3是一個非基本變數)

要注意這並非一個可行解；在可行解中，必須滿足所有人為變數均為 0 的條件。

步驟 6：利用Z_j值評估圖5.16中的解。注意，這個解的成本為 5M+100。

步驟 7：計算出圖5.16中的C_j - Z_j值。因為並非所有的C_j - Z_j值均為 0 或正數，因此，必須再找出下一個解，回到步驟 2。

建立單形表第四表

步驟2：因為減少1單位的X_2使目標函數值下降的幅度遠大於其他的變數，因此，選擇X_2欄為主軸欄。

步驟 3：計算臨界率並選擇主軸列，如下：

第一列：5/(1/2) = 10←最小的臨界率

第二列：25/(1/2) = 50

第三列：15/(1/2) = 30

第一列就是主軸列，所以退出變數為A_1，這是這一列中的基本變數。之後找出的解將是一個可行解，因為所有的人為變數都被抽離基底，值變為 0。主軸數為 1/2，改變基底，進入變數（X_2）取代退出變數（A_1）。同時，目標函數係數值C_j -

也改變。

步驟 4：將主軸數變為 1，將這一列的所有數值都除以1/2（主軸數值），其他不變，得：

新的第一列 = (原本第一列) / (1/2) = 2 (原本第一列)

步驟 5：將主軸欄的替代率除了主軸數之外皆變成 0。在第二列中要改變的數值是1/2，要變成 0，將修正後的主軸列（第一列）乘以-1/2，並加上第二列：

新的第二列 = 原本的第二列 - (1/2) (修正後的主軸列)

結果如圖5.17。

在第三列，要改變的數值也是1/2，要變成 0，將修正後的主軸列（第一列）乘以-1/2，並加上第三列：

新的第三列 = 原本的第三列 - (1/2) (修正後的主軸列)

經過計算後，最後結果如圖5.17（也就是圖5.13的 D 點），解為：

圖 5.17

司威福公司的單形表第四表

C_j		4	5	M	M	0	0	右邊值
	基本變數	X_1	X_2	A_1	A_2	S_2	S_3	
5	X_2	0	1	2	0	0	-1/2	10
4	X_1	1	0	-1	0	0	1/2	20
0	S_2	0	0	-1	-1	1	1/2	10
	Z_j	4	5	6	0	0	-1/2	130
	C_j-Z_j	0	0	M-6	M	0	1/2	

$X_1 = 20$

$X_2 = 10$

$A_1 = 0$ （A_1 是一個非基本變數）

$A_2 = 0$ （A_2 是一個非基本變數）

$S_2 = 10$

$S_3 = 0$ （S_3 是一個非基本變數）

之後，要進入步驟 6，評估這個解。

步驟 6：利用Z_j值評估圖5.17中的解。注意，這個解的成本為$130。

步驟 7：計算出圖圖5.17中的$C_j - Z_j$值。因為所有的$C_j - Z_j$值均為 0 或正數，因此，不可能找出任何其他解的成本較現有解更低。

依據單形表所找出的最適解，司威福公司將生產 20 打T恤（$X_1 = 20$）、背心10打（$X_2 = 10$），總成本為$130。因為20+10=30，所以滿足第一條需求限制式；在第二條限制式中，有10單位的剩餘（$S_2 = 10$），因為T恤的產量超過最低要求產量10單位；在第三條限制式中沒有虛值（$S_3 = 0$），所有100個標誌都使用完畢。

計算中需注意事項

因為人為變數的目標係數值為 0，所以，一旦人為變數抽離基底，就不會再成為進入變數。因此，如果有人為變數變成非基本變數，可以將這個變數欄刪除，以節省計算時間。

5.10 特殊情形

在利用單形法時，經常出現一些特殊情形。

無界限解

在第四章中，利用圖解法求解線性規劃問題時，曾經出現有無界限解（unbounded solution）的情形。如果問題中出現無界限解時，表示經理人在將問題公式化時，忽略了一些限制式。在單形表中，如果主軸欄中所有的替代率均為負值或 0 時，就會出現無界限解的情形，圖5.18是一個最大化問題出現無界限的範例。X_2 欄是主軸欄，利用表中的資訊，可知每多增加 1 單位的 X_2，會使單形表右邊值欄的數字增加（如果替代率爲負），或是不變（如果替代率爲 0）。因此，這將使可以進入基底的進入變數值無上界。

圖 5.18

最大化問題出現無界限解的範例

C_j	基本變數	5 X_1	4 X_2	0 S_1	0 S_2	0 S_3	右邊值
5	X_1	1	-1	1	0	0	24
0	S_2	0	-2	-1	1	0	12
0	S_3	0	0	2	0	1	25
	Z_j	5	-5	5	0	0	120
	C_j-Z_j	0	9	-5	0	0	
			↑主軸欄				

不可行解

在最終的單形表中，如果人爲變數值爲正，則這必定是一不可行解，圖5.19是一個範例。圖5.19是一個最大化問題的最適解單形表，但基底中有一個正值的人爲變數（A_1=20），這會使得這個人爲變數所在的限制式不被滿足。在利用線性規劃作爲決策輔助工具時，使用者在求出最適解後必須進行更進一步的評估，檢視是否所有限制式都被滿足，並據此做出必要的修改。

多重最適解

要檢查是否出現多重最適解，可以利用最適解單形表中的 C_j - Z_j 值。如果最適解中出現C_j - Z_j 值爲 0，則表示若將這個非基本變數欄選爲主軸欄，也不改變目標函數值，因此，就會出現多重最適解。對於經理人而言，出現多重最適解表示有更多的彈性。

在圖5.20中，是一個最大化問題的最終單形表，其中，非基本變數 X_1 的 C_j - Z_j 值爲 0。若選擇作 X_1 爲主軸欄，可以找出另一個解，目標函數值與圖5.20的最適解相同。因此，這是一個有多重最適解的問題。

圖 5.19

不可行解的範例

C_j		6	4	-M	0	0	右邊值
	基本變數	X_1	X_2	A_1	S_1	S_2	
6	X_1	1	2	0	0	1	8
-M	A_2	0	-4	1	-1	-2	20
	Z_j	6	12+4M	-M	M	6+2M	48-20M
	C_j-Z_j	0	-8-4M	0	-M	-6-2M	

圖 5.20

多重最適解的範例

C_j		12	18	15	0	0	0	右邊值
	基本變數	X_1	X_2	X_3	S_1	S_2	S_3	
0	S_1	4/3	0	-7/3	1	-4/3	0	28
18	X_2	2/3	1	4/3	0	1/3	0	8
0	S_3	1/3	0	-1/3	0	-1/3	1	4
	Z_j	12	18	24	0	6	0	144
	C_j-Z_j	0	0	-9	0	-6	0	

退化解

在最終的解單形表中，如果有任何一個基本變數值爲 0，則這個解就稱爲是一個退化解（degenerate solution）。在出現退化解時，右邊值也會出現 0。在單形表中，如果有二列或更多列的臨界值都同爲最小值，利用這張表所找出的下一章表中，出現的解就會是一個退化解。在出現退化解時，是當有一個變數值爲 0的非基本變數進入基底變成基本變數，但其值也爲 0，圖5.21是一個出現退化解的範例。在現有解中，變數S_3是一個基本變數，但其值爲0；這個變數在下一個解被抽離基底，但下一個進入基底的變數值也爲 0。因此，在經過這些變化後，目前的解與下一個解並未改變，仍是相同的解。如果發生退化現象，理論上，單形表會進

圖 5.21

退化解的範例

C_j	基本變數	3 X_1	2 X_2	0 S_1	0 S_2	0 S_3	右邊值
3	X_1	1	0.5	1	0	0	8
0	S_2	0	-2	-1	1	0	6
0	S_3	0	2	2	0	1	0
	Z_j	3	1.5	3	0	0	24
	C_j-Z_j	0	0.5	-3	0	0	

全球觀點—印度鐵路公司的營運規劃

印度鐵路公司（Indian Railways, IR）是亞洲規模最大，也是全球第二大的鐵路營運系統。IR 的系統中，總共有 9,000 個火車頭、38,000 節客車廂以及 350,000 節的貨車廂。透過IR系統，每天的運輸量可達 1,000 萬人次及 100 萬噸貨物。鐵路系統貫通了印度的經濟命脈，因此，鐵路營運對整個國家而言非常重要。

為了營運上的方便，IR 的鐵路網劃分為 9 個區域，當作基本的規劃單位。每一個區域都分配有定量的客車廂與火車頭，以滿足顧客的運輸需求。區域性的服務有獨立的時間表以及營運與維持規則，依票價的不同，車廂分為頭等、臥鋪以及其他座位。

在管理技術逐漸發展成熟後，印度鐵路公司開始規劃整體的鐵路網。利用決策支援系統，鐵路公司的資訊系統中心將乘客運輸部份的規劃加以簡化。DSS 在二個區域性的系統進行分析，利用最適的路線規劃，將不同的區域系統加以整合，不僅節省了一大筆的營運以及維護成本，也使得 IR 可以預測未來的整體旅客需求，進而訂定擴張策略。

資料來源：Ramani K. V., and B. K. Mandal, September-October 1992. "Operational Planning of Passenger Trains in Indian Railways." *Interfaces* 22 (5): 39-51.

入一個循環的過程，幾個相同的解會不斷重複出現。但在事實上，很少出現退化的現象，循環的單形表很少見。在利用電腦求解時，可利用特殊規則排除退化現象。

5.11 敏感度分析

一旦找出最適解，就可以開始進行敏感度分析，看看最適解對於資料變化的敏感度。一般而言，經理人關心包括利潤、成本、資源等因素以及目標函數的變化，因此，完整的評估，必須包括這些因素變化後對最適解的影響。以下，將介紹如何應用單形表進行敏感度分析，內容包括目標函數係數值以及限制式右邊值改變的影響。在利用電腦求解時，也可以利用單形表的敏感度分析，算出目標函數係數以及限制式右邊值可變動的範圍。

亞靈頓皮箱公司的範例

亞靈頓皮箱公司生產二種不同的行李箱──一般型以及實用型，各項產品的單位利潤以及單位所需生產資源如表5.1。目前，公司只有25個倉位存放這些皮箱，要到下一個星期才有多餘的倉位，而公司可用的總工時爲每個星期 80小時。經理人的決策目標，是希望在倉位與工時有限的情形下，使利潤達到最大。

表 5.1

亞靈頓皮箱公司產品的利潤以及所需的生產資源

	利潤	工時	需用倉位
一般型	$30	2	1
實用型	$60	5	1

要將這個問題公式化爲一個線性規劃問題，先要定義出決策變數：

X_1＝每星期一般型行李箱的產量

X_2＝每星期實用型行李箱的產量

線性規劃問題爲：

利潤最大：$30X_1+90X_2$

受限於：
$2X_1+5X_2 \leqq 80$　　總可用工時
$X_1+X_2 \leqq 25$　　總可用倉位
$X_1, X_2 \geqq 0$　　非負限制式

最適解單形表如圖5.22，解爲：

$X_1=0$　　生產任何一般型的行李箱
$X_2=16$　　生產16單位實用型的行李箱
$S_1=0$　　工時限制式的虛變數值為0
$S_2=9$　　倉位限制式的虛變數值為9單位，只使用了16單位
利潤為$1,440

圖 5.22

亞靈頓皮箱公司最適解單形表

C_j	基本變數	30 X_1	90 X_2	0 S_1	0 S_2	右邊值
90	X_2	0.4	1	0.2	0	16
0	S_2	0.6	0	-0.2	1	9
	Z_j	36	90	18	0	1440
	C_j-Z_j	-6	0	-18	0	

經理人在評估這個解時，可能會將注意力放在，爲什麼結果是要不生產一般型的行李箱、以及爲何會有多餘倉位等問題上。另外，經理人也可能會考慮增加總可用工時能，或者是考慮當單位利潤改變時對生產規劃所可能產生的影響。敏感度分析將有助於解答這些問題。

5.12 目標函數係數值改變

如果目標函數係數值改變，對可行區域將不會有任何影響。目標函數決定哪一個基本解（角隅點）爲最適解，一旦係數改變，所造成的影響，只是成爲最適解的基本解不同（當然也可能沒有任何影響），並不會改變基本解的範圍。在係數改變後，只要C_j-Z_j值仍滿足最適條件（最大化問題中，所有C_j-$Z_j \leqq 0$；最小化問題中，所有C_j-$Z_j \geqq 0$），則最適解不變。據此，可以算出目標函數係數改變、但最適解不變的**最適性範圍**（range of optimality）。

要找出最適性範圍，在最適解單形表中，將決策變數X_k的目標函數係數值以C_k來代替（在單形表中，如果這個變數是基本變數，就等於這個變數在C_j欄中的數值改成C_k），然後先在現有的最適解仍爲最適的前提下，計算出C_k的範圍。

在計算最適範圍時，如果是要考慮非基本變數，計算過程較容易；如果是基本變數，計算過程會較繁複。以下，將分別討論這二種情形。

非基本變數

考慮亞靈頓公司的最適單形表，現有的最適解是不生產一般型的行李箱（X_1=0），因此，X_1是一個非基本變數。要考慮當一般型行李箱的單位利潤變動時，將會如何改變最適解，先將對應的目標函數值$30替換成$C_1$，然後重新計算所有的$C_j$-$Z_j$，計算結果如圖5.23。在一般型的單位利潤改變後，只要所有的C_j - Z_j值仍爲負數會 0，最適解就不變。改變C_1後，只有C_1 - Z_1會隨之改變；因此，如果要使現有

圖 5.23

評估亞靈頓皮箱公司中X1目標函數係數改變的影響

C_j	基本變數	C_1 X_1	90 X_2	0 S_1	0 S_2	右邊值
90	X_2	0.4	1	0.2	0	16
0	S_2	0.6	0	-0.2	1	9
	Z_j	36	90	18	0	1440
	C_j-Z_j	C_1-36	0	-18	0	

解仍爲最適解，必須滿足：

$C_1 - 36 \leqq 0$

或是

$C_1 \leqq 36$

從這個結果中可以看出，C_1 的最適性範圍沒有最下界，上界爲36。如果正好等於36，則會出現多重最適解；如果大於36，則現有最適解不再是最適解（因爲 $C_1 - Z_1$ 大於 0），必須重新找出其他基本最適解。而這也表示如果要生產X_1，必須要在單位利潤再增加$6（這個數值等於$C_1 - Z_1$ 的相反數）以上，才有利可圖；要將這個非基本變數（X_j）變成基本變數，目標函數係數值必須改善的數值，就等於的Cj-Zj值。在LINDO或是其他套裝軟體中，這個值是表現「還原成本（reduced cost）」欄。

基本變數

要評估X_2（實用型）的單位利潤變化的影響，必須比在X_1 評估時作更多的計算，因爲是X_1 非基本變數，但X_2 是基本變數。將對應的係數值90替換成C_2，必須注意，除了必須改變 C_j 列的係數之外，也必須改變C_j 欄的對應係數，如圖5.24。如果這個表所代表的解爲最適解，則必須滿足所有的C_j-Z_j 值均爲0或負值，因此：

圖 5.24

評估亞靈頓皮箱公司中 X_2 目標函數係數改變的影響

C_j	基本變數	30 X_1	C_2 X_2	0 S_1	0 S_2	右邊值
C_2	X_2	0.4	1	0.2	0	16
0	S_2	0.6	0	-0.2	1	9
	Z_j	$0.4C_2$	C_2	$0.2C_2$	0	$16C_2$
	$C_j - Z_j$	$30-0.4C_2$	0	$-0.2C_2$	0	

$30-0.4\,C_2 \geqq 0$

以及

$-0.2\,C_2 \leqq 0$

從第一式中可以解出：

$$
\begin{aligned}
30-0.4\,C_2 &\leqq 0 \\
-0.4\,C_2 &\leqq -30 \\
-C_2 &\leqq -30/0.4 \\
-C_2 &\leqq -75 \\
C_2 &\geqq 75
\end{aligned}
$$

從第二式中可得：

$$
\begin{aligned}
-0.2\,C_2 &\leqq 0 \\
-C_2 &\leqq 0 \\
C_2 &\geqq 0
\end{aligned}
$$

解出的二條限制式爲$C_2 \geqq 75$爲$C_2 \geqq 0$，只要滿足$C_2 \geqq 75$，則必然滿足第二條限制式$C_2 \geqq 0$。因此，只要實用型的單位利潤維持$75或更高，則現有的最適解仍爲最適。這個係數最適性範圍下界爲$75，沒有上界，因爲利用$C_j-Z_j$無法算出上界。在原有的最適解中，實用型的單位成本爲$90，只要單位成本下降的幅度不超過$15（$90-$75），現有最適解就可以維持最適；但當然，利潤（最適目標函數值）會改變。另一點必須注意，是這個表中的利潤爲$16C_2$。如果的X_2目標函數係數值改變1單位，總利潤就會改變16（$）=$16。這是因爲在現有最適解中，X_2的產量是16單位，每1單位利潤的改變，就會使總利潤改變達16單位。只要的X_2單位利潤變動仍在最適性範圍內，總利潤改變的幅度就會遵循這個規則。

解釋最適性範圍的意義

解5.2中是利用LINDO求出的解，表中顯示出決策變數的單位利潤可以增加或減少的範圍。如之前的計算，X_1的利潤可以無限減少，或是至多增加$6，在這個

解 5.2

利用 LINDO 求解亞靈頓公司的問題

```
MAX  30 X1 + 90 X2
 SUBJECT TO
       2) 2 X1 + 5 X2 <=  80
       3) X1 + X2 <=  25
 END

LP OPTIMUM FOUND AT STEP        1

       OBJECTIVE FUNCTION VALUE

       1)    1440.0000

       VARIABLE          VALUE          REDUCED COST
             X1           .000000           6.000000
             X2         16.000000            .000000

           ROW SLACK OR SURPLUS      DUAL PRICES
              2)          .000000          18.000000
              3)         9.000000            .000000

NO.ITERATIONS=          1

RANGES IN WHICH THE BASIS IS UNCHANGED:

                          OBJ COEFFICIENT RANGES
VARIABLE      CURRENT          ALLOWABLE              ALLOWABLE
                 COEF           INCREASE               DECREASE
X1          30.000000           6.000000               INFINITY
X2          90.000000           INFINITY              15.000000

                          RIGHTHAND SIDE RANGES
ROW           CURRENT          ALLOWABLE              ALLOWABLE
                  RHS           INCREASE               DECREASE
2           80.000000          45.000000              80.000000
3           25.000000           INFINITY               9.000000
```

範圍之內變動，都不會改變最適解；同樣的，X_2的單位利潤可以減少$15，或是無限增加，在這個範圍內變動不改變最適解，但X_2的單位利潤每變動$1，總利潤就會變動$16。

以上的結果摘要如下：如果目標函數係數值在最適性範圍內變動，不會影響到任何變數值；目標函數值變動的總數，等於基本變數中的決策變數係數值的改變數目，乘以這個決策變數值。如果任何超出最適性範圍的變動，就必須找出另一個最適基本解。

5.13 右邊值改變

如在第三章中所討論，右邊值的改變通常表示可用資源的改變，會改變可行區域角隅點上的決策變數值，因而使目標函數的最適值發生改變。利用限制式的對偶價以及影子價格，可以算出當限制式右邊值變動1單位時，對目標函數值所造成的總影響，總影響是一個固定值；只要右邊值的變動在一定的範圍內，這種定量的改變就會一直繼續下去。在線性規劃的電腦套裝軟體中，一般也會提供這些變動範圍的資訊。以下，將解釋如何利用單形表計算出對偶價以及影子價。

對偶價以及影子價

限制式右邊值每變動1單位導致目標函數值獲得改善的幅度，就稱爲對偶價。如在第三章中所提過的，有些研究者或軟體開發者將變動值稱爲影子價；而另外有一些人爲了仔細區別影子價與對偶價，將影子價定義爲目標函數增加（而非改善）的部份。這些問題使得對偶價的定義莫衷一是，因此，爲了討論的方便，本書中只考慮對偶價或影子價的數值，而忽略其正、負號，其定義如下：當限制式右邊值放鬆1單位時，目標函數值將會改善的絕對數值，稱爲對偶價或影子價。

對偶價可以直接單形表中找出。如果限制式小於等於限制式（≦），對偶價就這條限制式中虛變數的 Z_j；如果是大於等於限制式（≧），對偶價就這條限制式中剩餘變數的 $-Z_j$。

要解釋原因，先回到最原始的問題：

利潤最大：$30X_1+90X_2$

受限於：　$20X_1+5X_2 \leqq 80$　總可用工時

$X_1+X_2 \leqq 25$　總可用倉位

$X_1，X_2 \geqq 0$　非負限制式

首先，先考慮工時限制式。要考慮如果有額外可用工時所造成的影響，可以利用在最適單形表中的S_1欄，因爲S_1是這一條限制式的虛變數。最適單形表如圖5.25，顯示出工時限制式的對偶價爲18（S_1欄的Z_j值）。

在S_1欄中，替代率的意義，是表示如果要增加1單位的S_1，必須要減少的基本變數（X_2與S_2）值。在解中加入1單位的S_1值，就表示多增加這個限制式的虛變數值，也就等同於減少1單位的可用工時（即如果$S_1=1$，則總可用工時只剩79小時）。從圖5.25中可知，第一列的替代率0.2，這表示每多增加1單位的S_1，必須減少0.2單位的X_2；因爲X_2的單位利潤爲$90，減少0.2單位，將使潤減少0.2（90）=$18。因此，S_1欄Z_j值的意義，就是指每多增加1單位S_1所必須犧牲的利潤，同時也是多減少1單位S_1所能增加的利潤。減少1單位的S_1，表示可用整工時由80增爲81，總利潤增加$18。如果總可用工時由80增爲82，爲總利潤會增加2（18）=36。因此，總工時限制式的對偶價爲18。

圖5.25

評估限制式右邊值的影響

C_j		30	90	**0**	0	右邊值
	基本變數	X_1	X_2	S_1	S_2	
90	X_2	0.4	1	**0.2**	0	16
0	S_2	0.6	0	**-0.2**	1	9
	Z_j	36	90	**18**	0	1440
	C_j-Z_j	-6	0	**-18**	0	

要明瞭這額外的利潤是如何產生的，回到最原始的問題中，看看當可用工時多增加1小時，所產生的影響爲何。S_1欄第一列的數值爲0.2，表示工時增加1小時（減少1單位的S_1），會使X_2增加0.2單位，這會使表中第一欄的右邊值變爲：

新的右邊值＝(原有的右邊值)＋(替代率)

＝16+0.2＝16.2

因爲X_2是第一列的基本變數，因此，X_2值爲：

$X_2 = 16.2$

同樣的，第二列的數值爲 -0.2，會使表中第一欄的右邊值變爲：

新的右邊值＝(原有的右邊值)＋(替代率)

＝9＋(-0.2)＝8.8

因爲S_2是第二列的基本變數，因此，S_2值爲：

$S_2 = 8.8$

因爲目標函數爲：

$30X_1 + 90X_2 + 0S_1 + 0S_2$

可得出利潤爲：

利潤＝30(0)+90(16.2)+0(0)+0(8.8)＝1458

這比原有的利潤$1440提高了$18。如果每小時的加班成本低於$18，經理人可以考慮增加可用工時。

考慮問題中的第二條的倉位限制式。目前可用的倉位有25個，必須等到下星期才有額外可用倉位。經理人可能會考慮是否要多付一些成本，以便儘早能使用額外的倉位。要求解這個問題，必須要先評估獲得額外可用倉位對總利潤的影響。這條限制式也有對偶價，可以從S_2欄的Z_j值看出，因爲S_2是這條限制式的虛變數。這個Z_j值爲0，表示對偶價爲0。不管有無額外的可用倉位，對總利潤不產生任何影響。這個結果非常明顯，因爲在最適解時，這條限制式的虛變數值爲9，目前可用的倉位並未完全使用；即使立即可獲得額外倉位，也不會使用。同樣的，如果目前可用倉位為24而非25，對總利潤也不產生任何影響。

右邊值的變動範圍

只有在有限的範圍內，對偶價才是一個有效的測度指標：限制式右邊邊值每增加1單位，目標函數值會以對偶價增加，這種情形會一直持續到增加超過特定範圍。如果有某項資源大幅增加（如成本大量下跌），公司的經理人可能就會調整資源的使用，儘量使用可得性高的資源，而少利用其他。在這種情形下，目標函數值與限制式右邊值的變動，就不必然成比例關係。同樣地，如果可用資源減少，目標函數值會以對偶價減少，一直到減少超過特定範圍。

考慮亞靈頓公司的問題，工時限制式的對偶價為$18，每增加1單位的工時，會增加0.2單位的 X_2、減少0.2單位的 S_2，可得表中新的右邊值：。

新的右邊值＝(原有的右邊值)＋(替代率)

$$16.2 = 16 + 0.2$$
$$8.8 = 9 + (-0.2)$$

如果可用工時增加10小時，得：

新的右邊值＝(原有的右邊值)＋(替代率)

$$18 = 16 + 10(0.2)$$
$$7 = 9 + 10(-0.2)$$

總利潤增加的總數，是對偶價乘以增加的10單位，為10（$18）=$180。

只要最適單形表中基本變數欄的右邊值仍為大於等於0，這種變化的形式就會一直繼續。因為基本變數的右邊值代表這個變數的變數值，因此，所有基本變數的右邊值欄都必須為非負值。只要現有的最適解中基本變數值仍為非負值，對偶價就是一個有效的測度指標。

要找限制式右邊值可變動的範圍，先定義Δ代表限制式右邊值變動的數值。因 為在單形表中，所有基本變數欄的右邊值皆必須為非負，因此，必須滿足：

新的右邊值＝(原有的右邊值)＋Δ(替代率)≧0

要找出工時限制式的變動範圍，要利用S_1欄，因爲S_1是這一條限制式的虛變數。

$$新的右邊值 = (原有的右邊值) + \Delta(替代率)$$

$$第一列新的右邊值 = 16+\Delta(0.2) \geqq 0$$

$$第二列新的右邊值 = 9+\Delta(-0.2) \geqq 0$$

求解Δ，可得：

$$16+\Delta(0.2) \geqq 0$$

$$0.2(\Delta) \geqq -16$$

$$\Delta \geqq -80$$

以及：

$$9+\Delta(-0.2) \geqq 0$$

$$-0.2(\Delta) \geqq -9$$

$$\Delta \leqq 45$$

因此，只要可用工時的變動（Δ）不超過-80以及+45，對偶價都有效。可用工時一直增加，增加至多45小時之內，總利潤的單位增加都是$18；同樣地，只要工時減少在80小時之內，總利潤也會以每單位$18減少。

要算出可用倉位的變動範圍，可利用：

$$新的右邊值 = (原有的右邊值) + \Delta(替代率)$$

$$第一列新的右邊值 = 16+\Delta(0) \geqq 0$$

$$第二列新的右邊值 = 9+\Delta(1) \geqq 0$$

第一式爲恆等式，Δ可爲任意數；求解第二是，可得：

$$9+\Delta(1) \geqq 0$$

$$\Delta \geqq -9$$

只要Δ為 -9或其他更大的數值，對偶價格 0 就有效。只要可用倉位減少的數量小於 9，總利潤就不會有任何改變。對這個限制式而言，右邊值可減少的範圍為 9，可增加的範圍為無限大。

因為這條限制式在最適解的虛變數值為 9（$S_2=9$），只要限制式邊值減少的幅度不大於虛變數值，則對偶價就利用這個方法，無需經過繁複的計算，就可以得出如之前算出的結果。

利用LINDO求解的結果在解5.2中，還原成本欄對應到單形表中，即為C_j-Z_j值；同樣地，利用電腦所算出的對偶價資訊，也可以在單形表中找出。目標函數係數以及限制式右邊值的變動無法從表中直接看出，必須透過一些計算。

5.14 對偶問題

最初的線性規劃問題稱為**原始問題**（primal problem），這個問題會衍生出另一個相關的問題，就是**對偶問題**（dual problem），也是對偶價的最初來源。本書已經介紹過如何利用單形表找出原始問題的對偶價，但尚未介紹對偶問題。在原始問題中，限制式數目會多於決策變數的數目，但對偶問題相反，決策變數的數目或多於限制式，因此，在求解對偶問題時，必須加入較多的虛變數、剩餘變數以及人為變數，這在電腦求解時較有利，因為所需的記憶體空間較小，在求解大型問題時較有利。

將對偶問題公式化

如果一個原始問題可以公式化為一個極大化的問題，而且所有限制式都為大於等於（≧），則這個問題的對偶問題就是一個極小化問題，且所有限制式均為小於等於（≦）。要將對偶問題公式化，必須利用到下列關係：

1. 在原始問題中的每一個變數，與對偶問題中的限制式有關；對偶限制式中各變數的係數，與等於原始問題限制式中變數係數有關。在對偶問題中，限制式的數目會等於原始問題中變數的數目。
2. 在原始問題中的每一條限制式，與對偶問題中的目標函數變數有關；對偶問題中目標函數的數目，等於原始問題中限制式的數目。

3. 原始問題中限制式右邊的值，會變成對偶問題中目標函數的係數值。

4. 原始問題中的目標函數係數值，會變成對偶問題中限制式的右邊值。

以亞靈頓公司的問題作為範例，可以詳細解釋對偶問題的概念。這個範例的原始問題為：

利潤最大：$30X_1+90X_2$

受限於：

$$2X_1+5X_2 \leqq 80 \quad \text{總可用工時}$$

$$1X_1+1X_2 \leqq 25 \quad \text{總可用倉位}$$

$$X_1，X_2 \geqq 0 \quad \text{非負限制式}$$

讓對偶變數為 U_1，這代表工時限制式；另一個對偶變數為 U_2，代表可用倉位限制式。如果將原始問題的係數寫下如下表，將有助於建立對偶問題：

X_1	X_2	限制式右邊值	
30	90		←對偶問題的限制式右邊值
2	5	80	U_1←對偶變數
1	1	25	U_2←對偶變數
		↑	

對偶問題中，目標函數的係數值

利用原始問題的目標函數係數值，可以寫出對偶問題的目標函數係數值如下：

最小化利潤 = $80U_1+25U_2$

在對偶問題中，第一條限制式的右邊值為30，第二條為90。要寫出第一條限制式，利用原始問題限制式中X_1的係數：

$$2U_1+1U_2 \geqq 30$$

第二題限制式，則可利用X_2的係數：

$5U_1+1U_2 \geqq 90$

完整的對偶問題如下：

最小化利潤 $= 80U_1+25U_2$

受限於：　$2U_1+1U_2 \geqq 30$

　　　　　$5U_1+1U_2 \geqq 90$

　　　　　U_1，$U_2 \geqq 0$

現在，可以利用單形法求解這個問題。原始問題與對偶問題的最適解之間，存在有特定的關係。

原始問題與對偶問題最適解的關係

對偶問題的最適解可以由原始問題的解中找出，同樣地，特踱求解對偶問題，也可以找出原始問題的最適解。

在原始問題爲極大化的問題時，原始問題與對偶問題之間的解有以下的關係：

1. 原始問題的最適目標函數值等於對偶問題的最適目標函數值。
2. 原始問題中$C_j - Z_j$的絕對值等於對偶問題中$C_j - Z_j$的絕對值。反之，對偶問題中$C_j - Z_j$的絕對值，也等於原始問題中$C_j - Z_j$的絕對值。

圖5.26中的最適單形表有二張，上面是原始問題的單形表，下面是對偶問題。爲了避免混淆，定義對偶問題中的虛變數爲S_1'以及S_2'，所有原始問題中的變數值，都可以在對偶問題單形表中的$C_j - Z_j$列找到。

原始問題中的決策變數X_1與對偶限制式中的第一條有關，因此，也就與這條限制式中的剩餘變數（S_1'）有關。在原始問題中，X_1是一個非基本變數，其值爲 0；因此，在對應的對偶限制式中，其$C_j - Z_j$值亦爲 0。同樣地，與X_2相關的是第二條對偶限制式，聯隊與這條限制式的剩餘變數（S_2'）有關。在原始問題中，X_2的值爲16，因此，在對應的對偶限制式中，其C_j-Z_j值亦爲16。

圖 5.26

評估限制式右邊值的影響

原始問題

C_j		30	90	0	0	右邊值
	基本變數	X_1	X_2	S_1	S_2	
90	X_2	0.4	1	0.2	0	16
0	S_2	0.6	0	-0.2	1	9
	Z_j	36	90	18	0	1440
	C_j-Z_j	-6	0	-18	0	
		↑	↑	↑	↑	
		$S'_1=6$	$S'_2=0$	$U_1=18$	$U_2=0$	

對偶問題

C_j		80	25	0	0	右邊值
	基本變數	U_1	U_2	S'_1	S'_2	
80	U_1	1	0.2	0	-0.2	18
0	S'_1	0	-0.6	1	-0.4	6
	Z_j	80	16	0	-16	1440
	C_j-Z_j	0	9	0	16	
		↑	↑	↑	↑	
		$S_1=0$	$S_2=9$	$X_1=0$	$X_2=16$	

原始問題中的對偶價，就等於對偶變數的值。從圖5.26中可以看出，$U_1=18$，因此，與這個變數有關的工時限制式對偶價也爲18；同理，倉位限制式的對偶價爲 0，因爲與這個變數有關的對偶變數值$U_2 = 0$。對偶價（或稱影子價）的經濟意義，在之前已有完整的介紹。

這裡所介紹的對偶問題，必須在原始問題的限制式均爲小於等於限制式、變數均滿足非負限制前提下才成立。如果限制式不滿足這項前提，在將對偶問題公式化時，必須適度的修改。

5.15 關於單形法的其他問題

本章介紹如何利用單形法求解線性規劃問題，在使用套裝軟體時，因為目的不同，有時電腦軟體設計師會做一些不同的修改。以下是一些相關的介紹。

修正的單形法

利用**修正的單形法**（revised simplex algorithm），可以避免化整的問題，在作電腦應用時所需的記憶體空間也較小，進階的參考書中都有更詳細的說明。

對偶單形法

有時候，額外的限制式會在求出解後才出現。利用**對偶單形法**（dual simplex algorithm），可以將目前求出的解當作一個開始點，再繼續求解加入新限制式後的最適解，而不需要將整個問題重新求解。即使目前求出的解對新狀況而言並非可行解，也不會影響對偶單形法的結果。在求解大型問題時，這將有助於節省時間。

無限制變數

本章中，假設所有變數都滿足非負限制，但若其中有任何變數**不限符號**（unrestricted in sign），表示這個變數值可以為正值、0或負值，則在使用單形法時，就必須做一些變形修正。如，假設X_1是一個不限符號的變數，則讓：

$$X_1=X_1' - X_1''$$

在應用單形法中，利用滿足非負限制的變數 X_1' 與X_1'' 來代替 X_1。假設最適解為 $X_1'=0$ 及 $X_1''=12$，即表示：

$$X_1=0-12=-12$$

X_1值即可為負。

近觀─K 氏法

近年來，在求解線性規劃問題上有一些新技術的發展，其中有一項稱爲K氏法（Karmarkar's Algorithm），是由Narendra Karmarkar所發展出的。不同於單形法中利用評估角隅點求解，在K氏法中，是在可行區間裡面建立一系列的球體（sphere），之後評估這些球體裡的點，中心點代表著改善後的較佳解。利用K氏法過程，可以不斷建立球體區，一直到某一個球體的中心非常靠近最適點，這個點就可被視爲最適點。

大型的線性規劃問題，可能有數百甚至數千個決策變數與限制式，利用以線性規劃爲基礎的套裝軟體求解，可以迅速、有效求出最適解；但在一些極大型的問題中，應用K氏法求解，可較單形法約快50倍。以K氏法爲基礎的套裝軟體目前多應用在航空界以及石化業，這些領域的問題通常規模龐大，求解不易。例如，Delta航空（Delta Airlines）每個月都必須規劃飛行班次與飛行員的排班問題，這個問題中包含了數以千計的飛行員以及超過400架的飛機，利用K氏法，可以更迅速求解問題。

資料來源：Hooker, J. N., 1986. "Karmarkar's Linear Programming Algorithm." *Interfaces:* 16(4): 75-90.

5.16 摘要

本章中，是利用單形法求解線性規劃問題，這個方法是一般線性規劃套裝軟體的基礎。求解時，若有必要，必須加入虛變數、剩餘變數或人爲變數。在求最初的基本解時，是將所有決策變數值都設爲 0。利用單形法，可以有系統地評估各個階段的解，直到找出最適解。

利用單形法也可以進行敏感度分析，算出各項因素變動時的影響。目標函數係數可以找出一最適性範圍，在這個範圍內變動，不會影響到最適解。要找出限制式的對偶價，可以利用虛變數或是剩餘變數中的 Z_j 值欄。限制式右邊值的最適性範圍，可以利用虛變數或剩餘變數的替代率以及限制式的右邊值決定。

在討論單形法時，必須考慮不可行解、多重最適解、無界限解以及退化解等問題。

字彙

人爲變數（Artificial variables）：單形法中所使用的變數，可以用來檢查所求出的解是否可行。

基本解（Basic solution）：對於有 m 個方程式及 n 個未知數（m<n）的線性問題，讓其中（N－m）個變數爲 0所求出的解。

基本變數（Basic variables）：利用單形法所求出的解中，不限值爲0的變數。

基底（Basia）：基本變數的集合。

C_j：第$_j$個變數的目標函數係數值。

C_j-Z_j：是第$_j$個變數的單位淨貢獻度。

臨界率（Critical ratio）：將右邊值分別除以主軸行的替代率所得出的比率，出現最小臨界率的列稱爲主軸列。

退化解（Degenerate solution）：線性規劃中，解中有任何一個基本變數值爲 0 的解。

對偶問題（Dual problem）：線性規劃所衍生的問題。

對偶單形法（Dual simplex algorithm）：一種求解方法，可以將目前求出的解當作一個開始點，再繼續求出加入新限制式後的最適解。

進入變數（Entering variable）：主軸欄中，要進入下一個解的基底的變數。

K氏法（Karmarkar's Algorithm）：一種用來求解線性規劃問題的數學技術。

退出變數（Leaving variable）：目前在主軸列的基本變數，在下一個解中會變成非基本變數。

非基本變數（Nonbasic variable）：單形表中不列在基本變數欄者爲非基本變數，所有非基本變數均設爲 0。

主軸數（Pivot number）：主軸行與主軸列的交點。

主軸列（Pivot row）：出現最小臨界率的列，這一列中的變數要離開基底。

主軸行（Pivot column）：包括新進入變數的行。在極大化問題中，選擇出最大的 C_j-Z_j 值，最小化問題中，選擇負 C_j-Z_j 值最大者。

原始問題（Primal problem）：最初的線性規劃問題。

最適性範圍（Range of optimality）：在一定的範圍內，目標函數係數改變、但最適解不變。

修正的單形法（Revised simplex algorithm）：一種線性規劃問題求解技術，可以避免化整的問題，而在作電腦應用時所需的記憶體空間也較小。

單形法（Simplex algorithm）：最常見的線性規劃問題求解技術。

虛變數（Slack variable）：加入小於等於的限制式以代表未使用的資源。

替代率（Substitution rates）：表示基本變數與非基本變數之間的替代關係，即是當非基本變數要由 0 變成 1 單位時，基本變數所要減少的值。

剩餘變數（Surplus variable）：加入大於等於的限制式，以代表超過限制式右邊值的部份。

不限符號（Unrestricted in sign）：變數值可以為正值、0 或負值，不受非負限制。

Z_j：如果要將第 $_j$ 個變數包含於解中（即解中第 $_j$ 個變數值不為 0）所要犧牲的部份，也就是第 $_j$ 個變數的機會成本。

問題與討論

1. 解釋 $C_j - Z_j$ 在單形表中所代表的意義。
2. 對一個極大化問題而言，如果選擇主軸欄的規則改為選擇為 $C_j - Z_j$ 正值，會有什麼影響？
3. 在單形法中如何使用臨界率？
4. 如果將臨界率最大的列選為主軸列，將會有何影響？
5. 如果不建立下一張單形表，如何知道下一個解中進入變數要增加多少單位？
6. 在一個極大化問題的單形表中，最大的 $C_j - Z_j$ 值為 4，最小的臨界值為 15，這個解將使總利潤增加多少單位？
7. 在單形法中，如何看出線性規劃問題無可行解？
8. 在單形法中，如何看出線性規劃問題有多重解？
9. 在單形法中，如何看出線性規劃問題有無界限解？
10. 假設目前已經找出線性規劃問題的最適解，要評估非基本變數目標函數係數值改變所造成的影響。假設目標函數係數的改變在範圍內，對其他變數會產生什麼影響？目標函數值會改變嗎？

11. 假設目前已經找出線性規劃問題的最適解，要評估基本變數目標函數係數值改變所造成的影響。假設目標函數係數的改變在範圍內，對其他變數會產生什麼影響？目標函數值會改變嗎？
12. 假設基本變數的目標函數係數值改變，且改變超出範圍，其他變數的最適值是否會因之改變？目標函數值會改變嗎？
13. 在單形表中，如何決定多1單位可用資源所造成的影響？
14. 假設在一單形表中，虛變數爲基本變數。在不影響其他變數最適值的前提下，限制式又邊值可以增加多少？可以減少多少？
15. 假設最適解中虛變數爲非基本變數，現在改變這個虛變數所在的限制式右邊值。如果改變是在可容許的範圍之內，對目標函數值會有什麼影響？對其他非基本變數有何影響？
16. 下面是一張利潤最大化問題的單形表第一表：

C_j		12	4	0	0	右邊值
	基本變數	X_1	X_2	S_1	S_2	
0	S_1	2	1	1	0	24
0	S_2	2	4	0	1	36
	Z_j	Z_j				
	$C_j - Z_j$					

a. 寫出這個問題的目標函數以及限制式。
b. 這張表所代表的解爲何？哪一些變數是非基本變數？
c. 計算出$C_j - Z_j$與$C_j - Z_j$值，並選擇主軸列。
d. 哪一個變數會進入基底？每一單位的非基本變數進入基底時，將可使利潤增加多少？
e. 計算出臨界率並選擇主軸列。
f. 哪一個變數會離開基底，變成非基本變數？
g. 在第二個解中，有多少單位的進入變數加入？
h. 利用之前已計算出的各項資訊，計算出第二表中的利潤值。
i. 建立單形表第二表，並利用這個表回答問題 b 到 g。

17. 考慮下列的線性規劃問題：

$$\text{最大利潤} = 20X_1 + 30X_2 + 15X_3$$

$$\begin{aligned} \text{受限於：}\ & 3X_1 + 5X_2 - 2X_3 \leqq 120 \\ & 2X_1 + X_2 + 2X_3 \geqq 250 \\ & X_1 + X_2 + X_3 = 180 \\ & X_1, X_2, X_3 \geqq 0 \end{aligned}$$

a. 在利用單形法求解時，加入必要的剩餘變數、虛變數以及人爲變數，同時修改目標函數。

b. 將所有的決策變數以及剩餘變數值都先設爲 0，求出基本解、各變數值以及目標函數值。

c. 建立單形表第一表。

18. 利用單形法求解習題17的線性規劃問題。

19. 考慮下列的線性規劃問題：

$$\text{最小成本} = 5X_1 + 6X_2 + 4X_3$$

$$\begin{aligned} \text{受限於：}\ & 4X_1 - 5X_2 + 4X_3 \leqq 230 \\ & 3X_1 + 2X_2 - X_3 \geqq 250 \\ & X_1 + X_2 + X_3 = 120 \\ & X_1, X_2, X_3 \geqq 0 \end{aligned}$$

a. 在利用單形法求解時，加入必要的剩餘變數、虛變數以及人爲變數，同時修改目標函數。

b. 將所有的決策變數以及剩餘變數值都先設爲 0，求出基本解、各變數值以及目標函數值。

c. 建立單形表第一表。

d. 如果這個問題的目標變成是要使利潤最大化，最適解將如何改變？

20. 利用單形法求解習題19的線性規劃問題。

21. 考慮下列的線性規劃問題：

最大成本 $= 12X_1 + 15X_2$

受限於：

$$3X_1 - 5X_2 \leqq -50$$
$$2X_1 + X_2 \geqq 250$$
$$X_1, X_2 \geqq 0$$

a. 將問題作必要的修改，在利用單形法求解時，加入必要的剩餘變數、虛變數以及人爲變數，將問題寫成標準式。

b. 建立單形表第一表。

c. 在第一表中，各變數值是多少？

d. 最初解是否爲一個可行解？請解釋。

22. 考慮下列的線性規劃問題：

最大利潤 $= 10X_1 + 8X_2$

受限於：

$$4X_1 + 2X_2 \leqq 80$$
$$X_1 + 2X_2 \leqq 50$$
$$X_1, X_2 \geqq 0$$

a. 利用圖解法求解這個問題。

b. 建立單形表第一表。

c. 選擇主軸欄與主軸列。

d. 進入變數與退出變數分別是哪一個？

e. 在圖中找出臨界率。

f. 在第二表中，進入變數會進入多少單位？

g. 利用單形法求解這個問題。

h. 每一個單形表中的解都是圖中角隅點，請在圖上找出每一個單形表所代表的解。

23. 寫出習題22的對偶問題。

24. 修改本章中司威福公司的範例，現在假設總產量限制式40，而非原本的30，新線性規劃問題如下：

最小化成本 $= 4X_1 + 5X_2$

受限於：

$X_1 + X_2 = 40$	總產量
$X_1 \geqq 10$	T恤的最小需求量限制
$4X_1 + 2X_2 \leqq 100$	使用標誌限制
$X_1, X_2 \geqq 0$	

這個改變將導致問題中產生退化解。

a. 利用單形法求解這個問題。

b. 利用圖解法求解，請在圖上找出每一個單形表所代表的解，並在圖中確認每個表上的基本變數與非基本變數。

c. 如果發生退化解，在利用圖解法時會產生什麼問題？

25. 公司生產三種產品，這三種產品都需要用到三個部門的工時。公司的目標，是在總可用工時的限制下，求利潤最大。

X_1 = 每星期產品1 的產量

X_2 = 每星期產品2 的產量

X_3 = 每星期產品3 的產量

最大利潤 $= 12X_1 + 15X_2 + 14X_3$

受限於：

$4X_1 + 2X_2 + X_3 \leqq 60$	A部門的總工時限制
$X_1 + 2X_2 + 2X_3 \leqq 36$	B部門的總工時限制
$2X_1 + 2X_2 + 2X_3 \leqq 40$	C部門的總工時限制
$X_1, X_2, X_3 \geqq 0$	

最適單形表如下：

C_j		12	15	14	0	0	0	右邊值
	基本變數	X_1	X_2	X_3	S_1	S_2	S_3	
0	S_1	0	0	-1	1	2	-3	12
15	X_2	0	1	1	0	1	-0.5	16
12	X_1	1	0	0	0	-1	1	4
Z_j		12	15	15	0	3	4.5	288
$C_j - Z_j$		0	0	-1	0	-3	-4.5	

a. 算出這個解的基本變數及非基本變數值。

b. 三條限制式中的對偶價分別爲多少？

c. 如果要求這三個部門的員工加班，公司每小時願付的成本最高爲多少？

d. 不使總利潤減少的前提下，如果要生產產品3，必須使產品3的單位利潤提高多少？

e. 產品1的單位利潤可容許增加或減少的範圍爲何？

f. 在不影響總利潤的前提下，工時可以減少多少？

g. 找出B部門的工時限制式對偶價有效的範圍。

h. 假設B部門的可以取得額外可用工時1小時，在改變後會產出新最適解，對於利潤以及其他變數值有何改變？

i. C部門的加班費是每小時$6，公司會決定要使C部門的員工加班嗎？

26. 下列是一個線性規劃問題以及最終的單形表；

最大利潤 $= 80X_1 + 120X_2 + 90X_3$

受限於： $12X_1 + 20X_2 + 14X_3 \leqq 800$

$4X_1 + 2X_2 + 2X_3 \leqq 100$

$X_1 + X_2 + X_3 \geqq 30$

$X_1，X_2，X_3 \geqq 0$

最適單形表如下：

C_j		80	120	90	0	0	0	-M	右邊值
	基本變數	X_1	X_2	X_3	S_1	S_2	S_3	A_3	
0	S_3	1	0	0	1	0.5	1	-1	20
90	X_3	4.667	0	1	-0.167	1.667	0	0	33.33
120	X_2	-2.667	1	0	0.167	-1.167	0	0	16.67
	Z_j	100	120	90	5	10	0	0	5,000
	C_j - Z_j	-20	0	0	-5	-10	0	-M	

a. 這三條限制式的對偶價分別是多少？

b. 如果第一條限制式的右邊值增加10單位，在表中新的右邊值欄的各值是多少？

c. 第三條限制式在增加或減少多少之內，可以不影響總利潤？

d. 如果第三條限制式的右邊值由30增為45，對其他變數會有什麼影響？

27. 寫出習題26的對偶問題，利用原始問題的最適單形表，找出對偶問題中各變數的值。

28. 考慮下列最大化問題的單形表：

C_j		12	4	0	0	右邊值
	基本變數	X_1	X_2	S_1	S_2	
0	S_1	-2	1	1	0	24
0	S_2	-1	4	0	1	36
	Z_j	0	0	0	0	0
	C_j - Z_j	12	4	0	0	

選擇主軸行，並計算出臨界率。這個問題中出現哪一種特殊狀情形？

29. 考慮下列最大化問題的單形表：

C_j		20	30	30	0	0	0	右邊值
	基本變數	X_1	X_2	X_3	S_1	S_2	S_3	
0	S_1	0	0	-1	1	2	-3	26
30	X_2	0	1	1	0	1	-0.5	40
20	X_1	1	0	0	0	-1	1	50
	Z_j	20	30	30	0	10	5	2,200
	$C_j - Z_j$	0	0	0	0	-10	-5	

這個問題中出現哪一種特殊情形？找出這個問題中另一個最適解。

30. 下面的單形表，是一個最大化問題的第二表：

C_j		12	8	0	0	0	右邊值
	基本變數	X_1	X_2	S_1	S_2	S_3	
12	X_1	1	1/2	1/4	0	0	6
0	S_2	0	1/2	-1/4	1	0	4
0	S_3	0	1/2	-3/4	0	1	0
	Z_j	12	6	3	0	0	72
	$C_j - Z_j$	0	2	-3	0	0	

a. 這個表所代表的解爲何？哪些變數是基本變數？哪些是非基本變數？

b. 這個問題中有哪一種特殊情形？

c. 哪一欄是主軸欄？每多進入1單位的進入變數，會使總利潤增加多少？

d. 建立下一張單形表，並算出總利潤因此增加了多少？

31. 利用單形法求解下列問題：

最小成本 $= 5X_1 + 2X_2$

受限於： $X_1 + X_2 \geqq 40$

$2X_1 + 4X_2 \leqq 72$

X_1，$X_2 \geqq 0$

這個問題中出現哪一種特殊情形？

32. 銀行的貸款資金有1,000萬，用於承作房貸、車貸、投資公債以及做爲現金準備。房貸的預期收益爲 9%、車貸爲 12%、公債爲 6%，而做爲現金準備的部份則爲 0。銀行的目標，是要在投資風險的限制下，求預期收益的最大值。風險限制如下：

    1. 投資公債與現金準備的總額必須至少爲總投資金額的50%以上。
    2. 車貸的總金額不能超過房貸的總金額。
    3. 現金準備至少要爲總資本的10%以上。

利用線性規劃技術，求解銀行在這三個標的中應投資的金額。

分析—鄉村咖啡公司

鄉村咖啡生產二種咖啡——一般咖啡以及特級咖啡，每一種咖啡的風味不同，公司在生產過程中實行嚴格的品管，控制咖啡因的含量、酸度、香味等因素，以確保品質。各種因素以1—10作爲評分的指標，10 爲最高級。在一般咖啡中，咖啡因的含量不能超過 7、酸度不能大於4、香味至少要爲 7；特級咖啡的咖啡因含量不能達於 6、酸度不能大於 3、香味必須至少爲 8。公司在作生產規劃時，先進行一些市場研究，發現消費者在選擇咖啡（尤其是特級咖啡）時，風味的因素比價格更重要。

鄉村咖啡的產品是由巴西以及哥倫比亞的咖啡依比例混合而成，這二種咖啡的特質如下：

	巴西咖啡	哥倫比亞咖啡
咖啡因	7	3
酸度	4	2
香味	5	9

每一磅巴西咖啡的價格是$1.00、哥倫比亞咖啡是$1.40。鄉村公司去年的年產量爲8,000萬磅，因爲數量龐大，因此，單位成本的小幅變動，對公司會造成嚴重的影響。

利用線性規劃，求解出鄉村公司所生產的咖啡混合比例。準備一份摘要報告，說明如果咖啡因含量、酸度、香味等限制改變時，對公司的生產成本有何影響。

第6章

運輸問題與指派問題

6.1介紹
6.2範例
6.3運輸法
6.4建立最初解－西北角法
6.5評估現有解－踏腳石法
6.6找出下一個解
6.7繼續尋找最適解
6.8敏感度分析
6.9其他找出最初解的方法
6.10利用修正分配法評估空格
6.11運輸問題的特例
6.12運輸法與單形法的比較
6.13指派問題
6.14匈牙利法
6.15指派問題的特例
6.16電腦解
6.17摘要
字彙
問題與討論

6.1 介紹

在前幾章中，曾經介紹過如何將運輸問題及指派問題公式化，成爲線性規劃問題。這二種問題非常重要，是線性規劃模型中非常特別的形式，需要特別的技術來增加求解效率。近年來由於電腦科技進步，這些問題對於特別技術的需求已經大減，但對於比較大型的問題而言，在利用電腦求解時能配合這些特別技術，可增進求解的效率。即使是處理一些較小型的問題，這些特別技術也有助於增進求解的效率。

基本的運輸問題，是要找出以最小的方法，將貨物由起點運輸至終點。起點可能包括工廠或是地區性的倉庫，有固定容量或數量限制。終點包括批發或是零售，有固定的需求限制。

從以下通用汽車（General Motors）的例子中，可以瞭解運輸成本在公司營運上扮演的重要性。1984年，通用汽車在北美大約有20,000個供應工廠、31個裝配廠及11,000個銷售點，原料及最終產品的運輸成本約爲41億美元。

基本的運輸問題，是要找出將貨物由來源地運到目的地所需成本最小的方法。

本章中，將要介紹一些特別的技術，以適用於運輸及指派問題；同時，這些技術與線性規劃及單形法的關聯性，也將在本章中討論。

6.2 範例

凱普特電子公司是一個專門生產電動馬達的公司，有三個工廠，分別位於德州、阿拉巴馬及路易斯安納。德州廠每星期的產量為100單位、阿拉巴馬廠每星期的產量為150單位、而路易斯安納廠的產量為180單位。同時，公司有三個地區性的貨倉，分別位於佛羅里達、德州、及喬治亞州，每一個生產出的產品都要運至其中之一個貨倉。基於公司對市場需求所作的預測，每星期有210單位的產品要運至佛羅里達、120個運至德州、100個要運至喬治亞州。從不同的起點運至不同終點的運輸成本不同，個別的成本詳列於表6.1。凱普特公司有許多方法去運送產品，而經理人所要考量的是如何將運輸成本降至最低。如何安排運輸計畫表？

表 6.1

凱普特公司的運輸成本

	終點		
起點	佛羅里達	德州	喬治亞州
德州	$6	2	5
阿拉巴馬	3	8	4
路易斯安納	7	6	7

6.3 運輸法

雖然像凱普特公司這種小型的問題可以用線性規劃技術求解，但在求解有較多起點及終點的大型問題時，就可能需要用到一些為特殊目的而設計的方法，比單形法更能快速解決運輸問題。實際的運輸問題所包含的變數及限制式可能成千上百，因此，能有更快速方法來解決問題是很重要的。

在求解凱普特公司的問題之前，我們將先對運輸法作一個整體的介紹。在建立一個運輸模型之前，我們先將所有與模型有關的資訊詳列於圖6.1。

圖 6.1

凱普特電機公司問題的圖示

起點	終點：佛羅里達	終點：德州	終點：喬治亞州	供給
德州	6	2	5	100
阿拉巴馬	3	8	4	150
路易斯安納	7	6	7	180
需求	210	120	100	

在這個問題中，起點（工廠）是在表中列的位置，終點（倉庫）是在欄的位置，邊緣是供給與需求；而在每一格的右上角，所代表的則是每單位的運輸成本。稍後，從不同的起點運輸到終點貨物的單位數量，將會陸續填入表格中。利用這個表，很容易就可看出與問題相關的所有資訊，將有助於經理人進行評估。

在第四章中，我們曾試過將運輸問題以線性規劃的方式呈現。決策變數可以用圖6.1中每一格所代表的意義來定義，限制式則是每一欄與每一列。就如在第五章中所介紹的，單形法可用來尋找線性規劃中的最適基本解，所以，圖6.1所表示的運輸問題，可以用單形法、也可以運輸法來尋找最適解。表中的空格表示為非基本變數，其值為0，而有數值的格子則表示為基本變數。

我們將利用專門的運輸法技巧來求解運輸問題，步驟在摘要表6.1，這個摘要將有助於瞭解如何利用運輸法。

以下將用凱普特電機公司為例，詳細說明運輸法的運用。第一步，是要建立一個如圖6.1所示的運輸模型。第二步，則是要找出一個最初解。將利用西北角法來求解最初解。

摘要表 6.1

運輸法摘要

步驟1：建立一平衡（即供需條件獲得滿足）的運輸表

步驟2：找出一個最初解。通常所使用的技術爲西北角法、最小成本法及差額法（Vogel's approximation method，VAM）。

步驟3：利用踏腳石法（steppingstone method）或修正分配法（modified distribution，MODI）去計算每一個空格的評估指數　（evaluation index）。在一個最小化的問題中，最適解出現在所有評估指數都爲正數或0時。

步驟4：選擇一個單位改善幅度最大的空格，利用進階路徑（steppingstone path）找出一個較好的解，之後重複步驟3。

6.4 建立最初解－西北角法

利用**西北角法**（northwest corner method），可以輕易地求出運輸問題中的最初解。西北角法是從運輸矩陣圖的左上方（西北角）空格開始，將這一格塡入滿足總供給或總需求或二者的值（取總供給與總需求中較小的值），如果之後供給或需求仍有剩餘，則再往右下方移動。在移動到下一個空格時，繼續同樣的步驟，塡入滿足剩下的供給或需求的值。一直持續這個步驟，直到總供給及總需求都被滿足爲止。

在圖6.2中，詳細說明如何利用西北角法求解凱普特公司的問題。一開始，在圖中最左上方的空格，要儘可能塡入最大的數字。因爲德州供給的最大數量是100單位，而佛羅里達的需求是210單位，所以，從德州運到佛羅里達的最大數量爲100單位（滿足供給，但無法滿足需求），塡入這個空格中的數值爲100，是來自德州所有的供應量。下一步，是要往右方或下方的空格移動。因爲來自德州的供應量已經全部份配完畢，所以繼續向下移動。佛羅里達的倉庫仍有110單位的需求量未能滿足，而阿拉巴馬工廠有150單位的供應量，因此，即安排由阿拉巴馬運送110單位至佛羅里達倉庫，以滿足當地需求。下一步是繼續向右方或下方空格移

圖 6.2

將西北角法應用於凱普特電機公司的問題

起點	佛羅里達	德州	喬治亞州	供給
德州	100 (6)	(2)	(5)	100
阿拉巴馬	110 (3)	40 (8)	(4)	150
路易斯安納	(7)	80 (6)	100 (7)	180
需求	210	120	100	

（終點：佛羅里達、德州、喬治亞州）

動。在這個例子中，移動的方向是向右，因爲阿拉巴馬廠還餘下40單位未被分配。將這40單位分配運送至德州倉庫，如此一來，即將來自阿拉巴馬廠的供給量完全分配。下一步是往下移動，分配80單位由路易斯安納工廠運送至德州倉庫，以滿足德州倉庫的需求量。之後往右移動，分配100單位由路易斯安納工廠運送至喬治亞州倉庫，至此滿足總供給及總需求。

這個由西北角法得出的解在圖6.2，是這個問題的最初解。利用西北角法求解完全忽略運輸成本，因此，很難期望這個最初解是一個良好的、低成本的解。但無論如何，西北角法非常易於使用，算得上是一個有效的方法。要算出最初解的總運輸成本也十分容易，只要將單位運輸成本乘以各運輸量，之後再加總即可，即：

總成本 = 6(100)+3(110)+8(40)+6(80)+7(100) = \$2,430

最後，必須評估這個最初解，看看是否有可以改善之處。

全球觀點—道瓊公司面對全球運輸問題

道瓊（Dow Jones）公司是全世界知名的商業新聞、資訊服務及報紙的出版商，其最著名的出版品是《華爾街日報》（*Wall Street Journal*），在美國、歐洲及亞洲等地發行，全球總發行量約爲200萬份。除此之外，尙有其他商業性出版品如《遠東經濟評論》（*Far Eastern Economic Review*）、《國家商業就業週刊》（*National Business Employment Weekly*）、《德州雜誌》（*Texas Journal*）及《亞洲華爾街日報週刊》（*the Asian Wall Street Journal Weekly*）等多種刊物。同時，道瓊公司在北美、南美、亞洲及歐洲各地，也有對許多報紙與雜誌的出版商進行投資。

出版及發行的區域要涵蓋如此廣泛的地區並非易事。道瓊公司在許多國家都設有《華爾街日報》的分社，並在不同的地點發行這份報紙。爲了因應各地對地區性商業趨勢及相關報導的需求快速成長，在德州及亞洲，道瓊每週會發行一份《華爾街日報》的補充版；同時，針對歐洲市場，公司也發行一份名爲《中歐經濟評論》（*Central European Economic Review*）的季刊。爲保持讀者的滿意度，在全球各地，公司也增加許多可以每日派報的點，使讀者每天早晨都可以在家收到報紙（將近有100萬份報紙是每天派發的）。

很明顯地，道瓊公司面臨了一個規模龐大的全球性運輸問題。爲使營運成本降低，同時維持顧客的滿意度，公司必須找出最有效率的方法，以分派它的各種出版刊物。因爲有太多的供應點，及有超過100萬個需求點，整體的《華爾街日報》分派問題是一個太複雜、太龐大的問題，無法利用最適化的技術加以解決。然而，一旦將問題劃分爲較小的分支，變成許多個區域性的問題，就可以應用管理科學技術加以規劃。

資料來源：Dow Jones Annual Report, 1993.

6.5 評估現有解－踏腳石法

踏腳石法（steppingstone method）是一種用來評估現有解的技術，可以檢驗出目前的解是否是最適解，或者還可以找出更好、成本更低的解。在踏腳石法中，要算出每一個空格的**評估指數**（evaluation index），看看如果利用原本在最初解中沒有被利用的運輸途徑（即空格部份），對總運輸成本將會有何影響。踏腳石法的基本概念，是如果有任何一個空格中的數值改變，則其他空格中的數值也必須隨之改變，以相互抵銷改變，確保總供給及總需求條件仍能滿足。

評估空格時，必須利用**進階路徑**（steppingstone path）算出評估指數。要找出進階路徑，先從空格開始。選擇一個原本是空著的格子、加入1單位，在同列中選擇另一個原本已經有數值的格子、從其中減1單位，使得同列的限制式仍能滿足。在被減少1單位的格子同一欄，選擇另一個原本已經有數值的格子、多加入1單位，以抵銷之前的改變。如此重複行與列之間的變化，形成一個環狀，直到回到第一次被選擇的空格。如此重複行與列之間的改變，在完成以上過程後，這個環形中的每一個行或列中的數字，不是維持不變，就是改變了二次。如果有一行或列的數字改變了二次，一定是在這一行或列中，某一格的數字是加1單位，而另一格則是減去1單位。除了一開始所選擇的空格之外，環形中每一個已經填有數字的格子都必須加以評估，並且做出必要的改變。

凱普特電機公司問題中的評估指數

上圖6.2是利用西北角法所找出的最初解，以下將要以踏腳石法加以評估。如圖所示，圖中總共有4個空格，表示有4條運輸路線未被利用，即是：德州工廠至德州倉庫、德州工廠到喬治亞州的倉庫、阿拉巴馬州的工廠至喬治亞州的倉庫及路易斯安納廠到佛羅里達州的倉庫。以上每一個空格都必須加以評估，並找出其評估指數。

一開始，先計算德州工廠至德州倉庫的評估指數。利用這個評估指數，將可瞭解如果有1單位的貨物是利用此路線運輸，對總成本將有何影響。如果多加1單位在這個空格，在其他情況不變下，將使總成本增加$2。但第一列必須發生改變，因爲從德州廠運出的貨物最多只能有100單位，如果在這個空格多加1單位而不作其他改變，將會使從德州廠運出的貨物總數變爲101單位。因此，必須在第一列中，從德州廠到佛羅里達倉庫的路徑中減1單位，而這節省總成本$6。如果不作其他調整，這個改變將使代表佛羅里達州需求量的欄位少1單位，變成只有209單位。因此，必須在這一欄多加1單位。因爲這個增加必須加在原本已經填有數字的格子中，所以選擇增加代表從阿拉巴馬廠到佛羅里達倉庫的格子，這將會使總成本增加$3。到目前爲止，從阿拉巴馬廠運出去的貨物已經超過總供應量，因此，必須在由從阿拉巴馬廠到德州倉庫的貨運中減少1單位，而這將節省$8。注意，最後一次的改變，發生於代表德州倉庫的欄位，這也是一開始發生改變的地方。最後一次改變造成的影響，已經被第一次的改變所抵銷，因此，運到德州倉庫的量不變。

圖 6.3

從德州廠到德州倉庫的進階路徑

起點	佛羅里達		德州		喬治亞州		供給
	終點						
德州	-100	6	+	2		5	100
阿拉巴馬	+110	3	-40	8		4	150
路易斯安納		7	80	6	100	7	180
總需求	210		120		100		

利用進階路徑來評估這個空格的結果如圖6.3，這一格的評估指數的意義，是在考慮其他必要的改變下，如果有多1單位利用此一路徑，將總成本有何影響。因此，這一格的評估指數爲：

評估指數 $= +2-6+3-8 = -9$

表示如果多1單位從德州廠運到德州倉庫，將會使總成本下降\$9。同時，這也表示，與最初解相較之下，利用這一條路徑可使總成本每單位降低\$9。因此，圖6.3所求出的解並非最適解。至於其他的空格，也必須進行同樣的評估，以瞭解是否有能使總成本降低的可能。找出更好的解之前，凱普特問題最初解中的每一個空格都必須經過評估。這些其他的進階路徑在圖6.4中。

圖 6.4

凱普特問題中的進階路徑

起點 \ 終點	佛羅里達	德州	喬治亞州	供給
德州	100 (6)	(2)	(5)	100
阿拉巴馬	-110 (3)	+40 (8)	(4)	150
路易斯安納	+ (7)	-80 (6)	100 (7)	180
總需求	210	120	100	

起點 \ 終點	佛羅里達	德州	喬治亞州	供給
德州	100 (6)	(2)	(5)	100
阿拉巴馬	110 (3)	-40 (8)	+ (4)	150
路易斯安納	(7)	+80 (6)	-100 (7)	180
總需求	210	120	100	

起點 \ 終點	佛羅里達	德州	喬治亞州	供給
德州	-100 (6)	(2)	+ (5)	100
阿拉巴馬	+110 (3)	-40 (8)	(4)	150
路易斯安納	(7)	+80 (6)	-100 (7)	180
總需求	210	120	100	

如果考慮由路易斯安納州廠運至佛羅里達倉庫的路徑，由圖6.4的結果可知，評估指數爲：

評估指數 = +7-3+8-6 = +6

表示如果在這個空格中多加1單位，會使總成本增加$6。

利用進階路徑，評估由阿拉巴馬廠—喬治亞倉庫的路徑，可得結果如下：

評估指數 = +4-8+6-7 = -5

表示如果在這個空格中多加1單位，會使總成本減少$5。

從德州廠到喬治亞倉庫的進階路線比其他路徑複雜。如果要從德州廠多1單位運至喬治亞州的倉庫，必須將由德州廠運至佛羅里達倉庫的貨運量減少1單位，因爲這是這一列中唯一有數字的格子。之後，必須在從阿拉巴馬廠到佛羅里達倉庫的路徑中多加1單位，從阿拉巴馬廠到德州倉庫的路徑中減少1單位，再加1單位到從路易斯安納州廠到德州倉庫，最後從路易斯安納州廠到喬治亞州倉庫減1單位。最後的改變與最初的改變發生在同一欄，所以進階路徑在此結束，而所得出的評估指數如下：

評估指數 = +5-6+3-8+6-7 = -7

這表示在這個空格每多增加1單位將使總成本減少$7。

在上圖6.4中，每一行或每一列不是維持不變，就是改變了二次。從德州工廠到喬治亞州倉庫的進階路徑較長，但在建立路徑時，所用的方法是一樣的。

選擇要填滿的空格

一旦算出每個空格的評估指數後，如果有改善的可能，就必須選擇改善程度最大的路徑。如果某個評估指數是負值，表示若利用這一條路徑，則可使總成本降低。如果沒有負值的評估指數出現，就停止其他的步驟。代表德州廠—德州倉庫空格的評估指數爲 -9，代表德州廠—喬治亞州倉庫空格的評估指數爲 -7，代表阿拉巴馬州廠—喬治亞州倉庫空格的評估指數是 -5，因此，如果任選這三個空格其中之一，將可以使總成本下降。要選擇的空格，是要使總成本下降最多的，因此，選擇填滿代表德州廠—德州倉庫空格，因爲這使每單位成本下降最多。

其他關於進階路徑的事項

在找出空格的進階路徑時，要記住三件事：

1. 除了要評估的空格以外，在路徑中所能、所要改變的，只能是原本已經填有數字的格子。
2. 在某一列發生改變後，下一次的改變必須發生在欄；同樣地，在某一欄發生改變，下一次的改變必須在列。每次的改變從欄或列開始都可以。
3. 在一個環形的進階路徑中，每一行或列不是維持不變，就是要改變二次。

進階路徑中，除了所要評估的空格，其他只能利用原本已有數字的格子，有幾點直接的原因：第一，很明顯地，無法從一個原本是空格的格子中減去任何數目；同時，之所以要利用進階路徑，是為了要評估如果使用除了現有解之外的其他路徑，對總成本將有何影響。如果在路徑中考慮使用一個以上的空格，則算出來的評估指數所表示的意義，將無法反映單一路徑的影響，而是多個路徑的混合影響。

6.6 找出下一個解

要找出下一個解（運輸法中的步驟4），必須要根據各個評估指數作一些改變。之前找出的最初解是基本解，利用踏腳石法，可以找出其他解。

在凱普特的問題中，根據圖6.3的進階路徑所示，圖最上方的路徑所能節省的單位成本最大，為$9，因此，必須據此來找出下一個解。在利用這條進階路徑時，將儘可能在這一格中加入最多的數目，使節省下來的運輸成本達到最大。根據進階路徑，改變的過程是新加入由德州工廠—德州倉庫路徑的運輸量，減去從路徑德州工廠—佛羅里達倉庫的運輸量，增加從阿拉巴馬州廠—佛羅里達倉庫的運輸量，減少阿拉巴馬廠—德州倉庫的運輸量，而所有以上變動的數量都相等。在整個改變的過程中，限制是來自於那些要被減去數量的路徑（空格）。在路徑德州工廠—佛羅里達倉庫的格子中，能被減去的最大數量為100單位；而在路徑阿拉巴馬廠—德州倉庫的格子中，能被減去的最大數量是40單位，因此，能加入路徑德州工廠—德州倉庫的空格中最大的數量為40單位。如果超過這個數，將會超過德州倉庫的需求量。在這個路徑中，不可以改變代表路易斯安納廠—德州倉庫格子中的數字，因爲這條路徑不在目前的進階路徑上。因此，可得出一個結論：空格中所能新加入數量的最大值，即是進階路徑中要減去的最小數值。以上的改變過程詳列於圖6.5。

圖 6.5

進階路徑中改變由德州工廠—德州倉庫

	終點			
起點	佛羅里達	德州	喬治亞州	供給
德州	- 100-40 [6]	+ 0+40 [2]	[5]	100
阿拉巴馬	+ -110+40 [3]	- 40-40 [8]	[4]	150
路易斯安納	[7]	80 [6]	100 [7]	180
總需求	210	120	100	

	終點			
起點	佛羅里達	德州	喬治亞州	供給
德州	60 [6]	40 [2]	[5]	100
阿拉巴馬	150 [3]	[8]	[4]	150
路易斯安納	[7]	80 [6]	100 [7]	180
總需求	210	120	100	

新解的總成本爲：

總成本 = 6(60)+3(150)+2(40)+6(80)+7(100) = $2,070

與最初解相較，這個解使總成本下降$360（$2,430-$2,070）。這個數目在事前即可先預知，因為利用這個空格所能減少的單位總成本為$9，在這個空格中新加入40單位，將可使總成本下降9(40)=$360，就如上式所計算出的數值。

6.7 繼續尋找最適解

產生新解後也必須做評估，評估可以利用進階路徑完成。上圖6.5中是所求出的第二解，各空格的評估指數為：

德州廠—喬治亞州倉庫的評估指數 = +5-2+6-7 = +2
阿拉巴馬州廠—德州倉庫的評估指數 = +8-2+6-3 = +9
阿拉巴馬州廠—喬治亞州倉庫的評估指數 = +4-7+6-2+6-3 = +4
路易斯安納廠—佛羅里達倉庫的評估指數 = +7-6+2-6 = -3

因為其中仍有負值的評估指數，因此，必須重複以上各步驟。

找出第三解

在第二解中，路易斯安納廠—佛羅里達倉庫的評估指數為-3，為唯一的負值。表示若利用此一路徑，將可使成本下降最大，同時也是唯一可以改善總成本的路徑。圖6.6中是進階路徑中所有應作的變化。

整個過程是減少德州工廠—佛羅里達倉庫及路易斯安納廠—德州倉庫的運輸量，原本這二條路徑的運輸量分別為60及80單位。因此，空格中所能加入的最大運輸量為60單位—也就是要減去的格子中最小數目。新解較之前的解減少總成本3(60)=$180，亦即是$2,070-$180=$1,890。這個總成本數也可以每單位成本乘以運輸單位數的總和相加而得，如下：

總成本 = 2(100)+3(150)+7(60)+6(20)+7(100) = 1,890

評估第三解

因為這是一個新的解，因此，如果要知道這是否是最適，同樣的，必須計算所有空格的評估指數。圖6.6解中，各空格的評估指數如下：

圖 6.6

為填滿路易斯安納州廠—佛羅里達倉庫路徑所做的變化

起點 \ 終點	佛羅里達	德州	喬治亞州	供給
德州	[6] -60-60	[2] +40+60	[5]	100
阿拉巴馬	[3] 150	[8]	[4]	150
路易斯安納	[7] +0+60	[6] -80-60	[7] 100	180
總需求	210	120	100	

起點 \ 終點	佛羅里達	德州	喬治亞州	供給
德州	[6]	[2] 100	[5]	100
阿拉巴馬	[3] 150	[8]	[4]	150
路易斯安納	[7] 60	[6] 20	[7] 100	180
總需求	210	120	100	

德州工廠—佛羅里達倉庫的評估指數 = +6-2+6-7 = +3

德州工廠—喬治亞州倉庫的評估指數 = +5-2+6-7 = +2

阿拉巴馬工廠—德州倉庫的評估指數 = +8-3+7-6 = +6

阿拉巴馬工廠—喬治亞州倉庫的評估指數 = +4-3+7-7 = +1

因為不再出現負值的評估指數，所以，不可能再找出成本更低的解，所以，這個第三解必定是最適解，且總成本為 $1,890。

6.8 敏感度分析

在求得最適解之後，經理人下一個感到興趣的問題，是如果運輸表中各單位成本如果發生微小變化，將對最適解產生何種影響？要回答這個問題，分析各空格的評估指數將有所助益，因爲可以從其中看出單位成本改變所產生的影響。從之前的分析可知，每多加1單位進入空格中，將會使總成本變動，其變動數值等於該空格的評估指數值。如，代表路徑德州工廠—佛羅里達倉庫空格的評估指數爲+3，因此，如果必須使用這條路徑，利用進階路徑，將可得出新的總成本較目前的總成本每單位高出$3。運輸問題的目標在於使成本極小，因此，除非這條路徑的單位運輸成本有辦法下降$3，否則，將不會使用該運輸路線。如果有任何其他原因必須使用這一條路線，可以預見總成本將較目前的最小成本運輸方法更高，每單位高出$3。

如果自某一個特定起點到所有終點（或反之，某一特定終點到所有起點）的運輸成本都等量增加，結果是所有的評估變數值皆不改變。這是非常明顯的結果，理由是進階路徑中每一行或每一列不是無任何改變，就是改變了二次。在改變二次的行或列中，每一次的變化剛好符號相反，如果這二次的變化同時增加一個定值，在計算評估指數時，一加一減正好抵銷，淨效果爲 0。因此，任何運輸成本的變化，只要是整欄或整列的等值、同向變化，將不會改變最適解，便會影響最後算出的總運輸成本。

6.9 其他找出最初解的方法

雖然西北角法是一個非常易於使用的方法，便於找出最適解，但它的缺點是求解時完全忽略運輸成本，以至於通常找出的最初解都不會是一個低成本解。如果有高速的電腦設備，是否一開始就可以找出成本較低的解並不重要，因爲最終總是可以在短時間內找出最適解。但對於非常大型的問題而言，如果可以一開始就找出成本較低的解，將非常有利，可以節省可觀的求解時間。以下，將介紹二種考慮成本的求最初解技巧，即是最小成本法及差額法。

最小成本法

最小成本法（least cost method）是一開始在最運輸表中找出成本最小的路徑，然後儘可能利用這條路徑。一旦這條路徑的運輸量滿了之後，再尋找成本次低的路線，使這條路線的運輸量也儘量被使用，同時一邊注意著已經被分配出去的運輸量。繼續這個過程，一直到所有需求及供給條件都被滿足爲止，如圖6.7。一開始，分配路徑德州工廠—德州倉庫運輸100單位（成本爲$2），分配完從德州工廠生產出來的貨物，而德州倉庫的需求只剩20單位未滿足。之後，次低的成本是在代表阿拉巴馬廠—佛羅里達倉庫的空格，分派150單位（成本爲每單位$3）。再次低成本的路徑爲阿拉巴馬廠—喬治亞州倉庫，爲每單位$4，但因爲要從阿拉巴馬工廠運出的貨物已經完全分配完了，所以不需要用到這一條路徑，故要再找下一條低成本的路徑。因爲要從德州及阿拉巴馬工廠運出的貨物已經分配完了，目前只要考慮要從路易斯安納廠運出的路徑，最低成本的運輸路線是路易斯安納廠—德州倉庫。這條路徑分配20單位（120單位的需求量，其中有100單位由德州工廠供應）。最後，分配60單位由路易斯安納廠—佛羅里達倉庫、80單位由路易斯安納廠—橋至亞洲倉庫。這個最後解如圖6.7的最下方，整個過程摘要在**摘要表6.2**。

圖 6.7

利用最小成本法找出的最初解

	終點			
起點	佛羅里達	德州	喬治亞州	供給
德州	------ [6]	100 [2]	------ [5]	~~100~~
阿拉巴馬	[3]	[8]	[4]	150
路易斯安納	[7]	[6]	[7]	180
總需求	210	120	100	

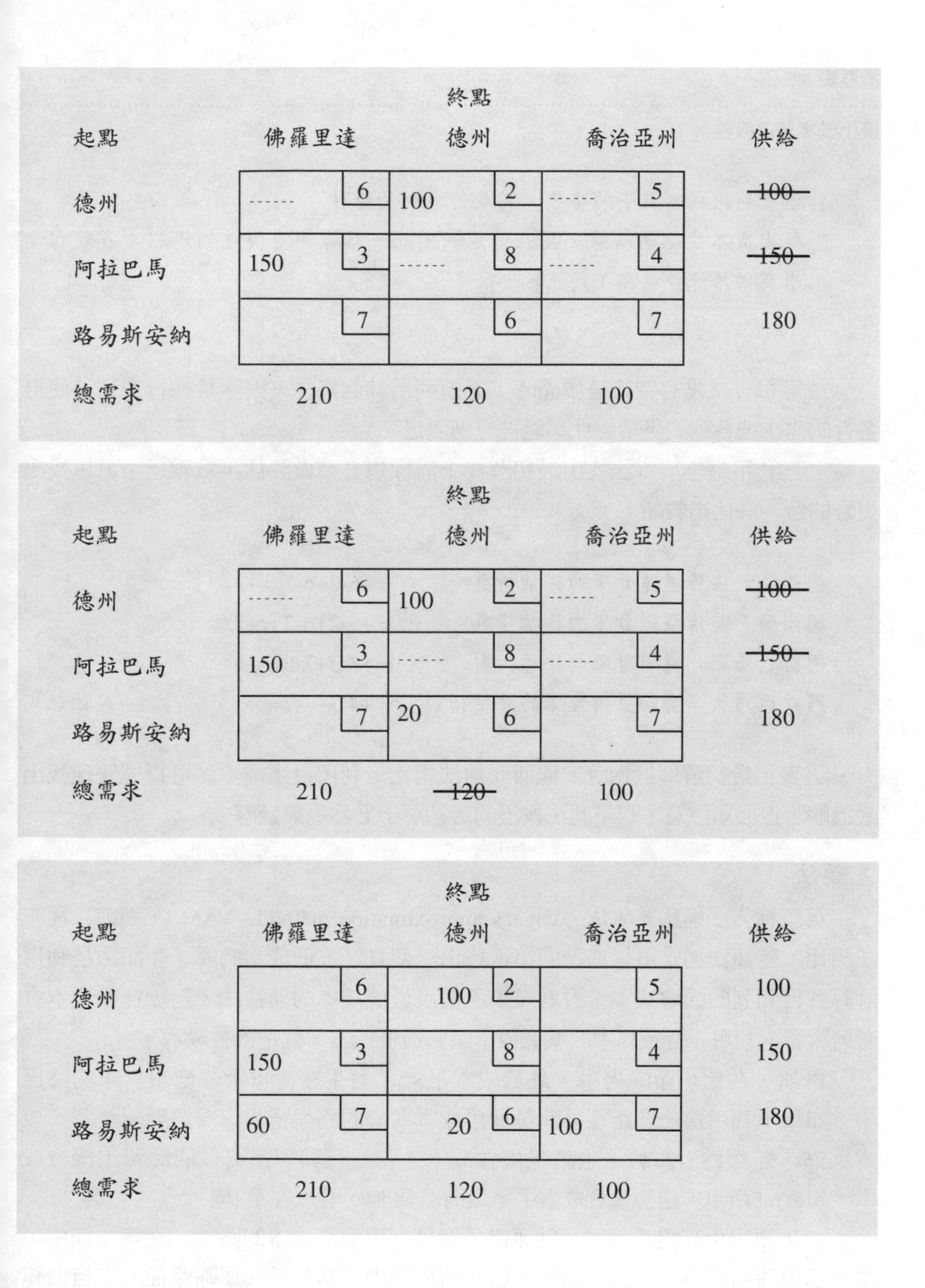

	終點			
起點	佛羅里達	德州	喬治亞州	供給
德州	------ (6)	100 (2)	------ (5)	~~100~~
阿拉巴馬	150 (3)	------ (8)	------ (4)	~~150~~
路易斯安納	(7)	(6)	(7)	180
總需求	210	120	100	

	終點			
起點	佛羅里達	德州	喬治亞州	供給
德州	------ (6)	100 (2)	------ (5)	~~100~~
阿拉巴馬	150 (3)	------ (8)	------ (4)	~~150~~
路易斯安納	(7)	20 (6)	(7)	180
總需求	210	~~120~~	100	

	終點			
起點	佛羅里達	德州	喬治亞州	供給
德州	(6)	100 (2)	(5)	100
阿拉巴馬	150 (3)	(8)	(4)	150
路易斯安納	60 (7)	20 (6)	100 (7)	180
總需求	210	120	100	

摘要表 6.2

最小成本法之摘要

1. 儘量利用成本最小的路徑，滿足行或列的條件
2. 找出成本次低的路線，並且儘量利用此一路線。重複這個過程，直到需求及供給條件被滿足爲止。

注意每一次當有空格被填滿時，必須利用其他條件來刪除某些行或列，使得各行的需求或各列的供給條件都能被分別滿足。

一旦利用最小成本法找出最初解後，同樣也必須做評估，看看是否可以找出更好的解。評估指數如下：

德州廠—佛羅里達倉庫的評估指數 $= +6-2+6-7 = +3$
德州廠—喬治亞州倉庫的評估指數 $= +5-2+6-7 = +2$
阿拉巴馬廠—德州倉庫的評估指數 $= +8-3+7-6 = +6$
阿拉巴馬廠—喬治亞州倉庫的評估指數 $= +4-3+7-7 = +1$

這表示最初解即最適解。與西北角法相比，利用最小成本法可以極快速找出最適解，但必須注意，利用此法找出的最初解不必然是最適解。

差額法

第三種方法稱爲*差額法*（Vogel's approximation method；VAM），與前二種方法相比，差額法通常可以在一開始就找出一個良好、低成本的解。差額法是利用計算各行和列的機會成本，看看如果不使用最低成本的運輸法，對總運輸成本會有何影響。利用一行或列中的次低成本減去最低成本，就是機會成本。

例如，在德州廠的列中，最低成本是$2，發生在德州廠—德州倉庫的路徑中。如果不利用這一條路徑，而是利用成本次高的路徑德州—喬治亞州倉庫，成本爲$5，差額爲5-2=$3，也就是機會成本。每一行與列都可以依此算出機會成本，如圖6.8所示。這些機會成本中，最高值爲 $4，發生在第2欄。

如果要避免高機會成本，就要避免選擇利用到高成本的路徑。在第二欄中，是表示要運到德州倉庫的貨物量，儘量利用其中成本最低的運輸路徑。在這個範

圖 6.8

利用差額法找出的最初解

起點 \ 終點	佛羅里達	德州	喬治亞州	總供給	
德州	(6)	(2)	(5)	100	5-2=3
阿拉巴馬	(3)	(8)	(4)	150	4-3=1
路易斯安納	(7)	(6)	(7)	180	7-6=1
總需求	210	120	100		
	6-3=3	6-2=4*	5-4=1		

起點 \ 終點	佛羅里達	德州	喬治亞州	總供給	
德州	------ (6)	100 (2)	(5)	100	
阿拉巴馬	~~150~~ (3)	(8)	(4)	150	4-3=1
路易斯安納	(7)	(6)	(7)	180	7-6=1
總需求	210	120	100		
	7-3=4*	8-6=2	7-4=3		

起點 \ 終點	佛羅里達	德州	喬治亞州	總供給
德州	------ (6)	100 (2)	------ (5)	100
阿拉巴馬	150 (3)	------ (8)	------ (4)	150
路易斯安納	60 (7)	20 (6)	100 (7)	180
總需求	210	120	100	

例中，運到德州貨倉最低廉的路徑是由德州工廠運出，因此，在表6.8的第二圖中，在德州廠—德州貨倉的空格中，加入100單位。現在，從德州廠的貨物已經完全運出，不需要再考慮這個起點。圖6.8中的第二圖有些被刪去的空格，表示無須再考慮。之後，必須在不考慮第一列的情形下，重新計算機會成本，如圖6.8中第二圖。新的最高機會成本爲$4，發生在代表佛羅里達州倉庫欄。選擇這一欄中的最低成本路線，並儘量利用。在路易斯安納廠—佛羅里達倉庫的空格中填入150單位，使得路易斯安納廠的貨物完全運出，如圖6.8。現在，只剩一列以及180單位未分配，只要將這180單位適當分配，滿足各終點的需求即可。

在本例中，最小成本法與差額法都在一開始都找出最適解，但並非所有的問題都會出現這個特性。如果最初解並非最適解，必須進行評估，利用進階路徑，找出更好的解。差額法的步驟摘要在摘要表6.3中。

摘要表 6.3

差額法的步驟

步驟1：利用將次低成本減去最小成本，計算出各行列的機會成本。

步驟2：選擇機會成本最高的行或列，儘量利用成本最低的路徑，再回到步驟1。

6.10 利用修正分配法評估空格

之前的評估都是利用進階路徑法，這種方法在小型問題中非常有效。但在大型的問題中，要找出所有的路徑是非常困難的，必須要用另一種**修正分配法**（modified distribution／MODI，method）進行評估。

MODI 法是利用比較各行與各列的成本來進行評估，每一列都可以找出一個 MODI 值，稱爲 R_i；同樣地，每一行也可以找出一個 MODI 值，稱爲 K_j；而運輸成本爲C_{ij}。下面有二條 MODI 法的二條公式：

$C_{ij} = R_i + K_j$ 這是對每一個已經填有數字的格子而言

應用一聯合航空的最適路線規劃

聯合航空公司

在1993年，聯合航空（United Airline）面臨了嚴重的挑戰。當時，美國的經濟衰退，全球經濟也正面臨著不景氣，同時美國國內一些低成本的運輸業著也正在快速興起，這些因素迫使聯合航空採取更嚴格的成本控制。聯合航空將注意力放在控制營運成本與班機的調整上，取消無利可圖的航線，藉此在降低成本時仍維持服務品質。

聯合航空採取幾項指標做爲成本控制：除了人事成本外，公司在1993到1996年之間減少了近一半的資本支出，延遲購買新飛機，並加速淘汰老舊飛機。但這項行動也使得聯合航空要面新問題：飛機艦隊規模縮小的情形下，如何加強效率，以維持服務水準？另一項更複雜的問題，是由於國內低成本的運輸業的興起，使得聯合航空必須調整國內的運輸網路。

聯合航空將重點放在美國境內的四個主要的營運中心以及長程的跨洲航線，同時取消一些無利可圖的航線。公司改變華盛頓營運中心的經營重點，讓它變成進出歐洲大陸與跨洲的走廊，這是二種獲利性最高的航線。同時，公司將來往丹佛的班次增加，同時修改飛行的時間，以便服務國內的旅客。另外，因爲美國西岸當地的低成本運輸業十分興盛，市場已經過度飽和，公司決定削減當地點對點的班次。同樣地，因爲旅遊市場的蕭條，公司也決定要減少飛往奧蘭多的班次。最後，聯合航空停飛美國境內七條航線並新開九條航線，以修正公司在美國境內的運輸網路。總體而言，聯合航空利用提供營運效率，將每個座位每一哩的成本降低3%。

資料來源：VAL Corporation Annual Report, 1993.

另外

空格評估值 $= C_{ij} - R_i - K_j$　這是對每一個空格而言

MODI 法的步驟包括：

步驟 1：任意選擇一個R_i或K_j，將這個值設定爲 0。如果在選擇這個R_i或K_j時，所選擇的列或行是有最多數字格的行列，將會有助於之後的求解。

步驟 2：利用下列的關係以及有數字的嗝子，找出公式中的另一個K_j或R_i：

$$C_{ij} = R_i + K_j$$

步驟 3：利用下列的公式評估空格：

空格評估值 $= C_{ij} - R_i - K_j$

如果這個評估值爲正值或 0，停止；否則，則進入步驟4。

步驟 4：選擇可使成本下降最多的空格，並且找出進階路徑。利用此一路徑，再回到步驟1。因爲最初解已經改變，因此，必須重新找出所有的R_i以及K_j值。

一旦完成評估後，可以再找出進階路徑，並根據進階路徑此找出下一個解。找出新解後，同樣地，也必須進行評估。如果所有的空格評估值均爲 0，則所找出的解就是最適解；若否，必須要再重複評估與找新解的各步驟，直到找出一個解使所有評估指數均爲 0 或正值。

利用修正分配法求解凱普特電機公司的問題

以下，將利用在西北角法中所找出的最初解，來解釋如何應用修正分配法。圖6.9是利用西北角法找出的最適解。

修正分配法的步驟1是任意選擇R_i或K_j，並將值設爲 0；在本例中選擇$K_1 = 0$。在K_1所在的位置中，其中第一行、第一列的欄位是有數字的，可利用這個格子求出R_i：

$$C_{ij} = R_i + K_j$$
$$C1_1 = R_1 + K_1$$
$$6 = R_1 + 0$$

這表示$R_1 = 6$。之後，再檢查K_1所在的行，另外還有第一行、第二列的欄位是有數字的，因此：

$$C_{21} = R_2 + K_1$$
$$3 = R_2 + 0$$

圖 6.9

將西北角法應用於凱普特電機公司的問題

		$K_1=0$	$K_2=$	$K_3=$	
			終點		
	起點	佛羅里達	德州	喬治亞州	供給
$R_1=$	德州	100 (6)	(2)	(5)	100
$R_2=$	阿拉巴馬	110 (3)	40 (8)	(4)	150
$R_3=$	路易斯安納	(7)	80 (6)	100 (7)	180
	總需求	210	120	100	

		$K_1=0$	$K_2=$	$K_3=$	
			終點		
	起點	佛羅里達	德州	喬治亞州	供給
$R_1=6$	德州	100 (**6**)	(2)	(5)	100
$R_2=3$	阿拉巴馬	110 (**3**)	40 (8)	(4)	150
$R_3=$	路易斯安納	(7)	80 (6)	100 (7)	180
	總需求	210	120	100	

		$K_1=0$	**$K_2=5$**	$K_3=$	
			終點		
	起點	佛羅里達	德州	喬治亞州	供給
$R_1=6$	德州	100 (6)	(2)	(5)	100
$R_2=3$	阿拉巴馬	110 (3)	40 (**8**)	(4)	150
$R_3=$	路易斯安納	(7)	80 (6)	100 (7)	180
	總需求	210	120	100	

這表示$R_2 = 3$，結果如圖6.9的第二圖。在K_1所在的欄位（第一行）中，不再有任何一個格子是有數字的，因此，無法再利用K_1找出其他的K_j或R_i值。但因為之前已經找出R_2與R_3的值，可以利用這二個數值，繼續之前的步驟。

利用已知的R_i與K_j值，並藉著填有數字的格子，可以繼續找出其他的MODI值。因為$R_2 = 3$，檢視R_2所在的欄位，在第二列、第二行的欄位，有填有數字的格子，因此：

$$C_{22} = R_2 + K_2$$
$$8 = 3 + K_2$$
$$K_2 = 5$$

利用K_2，重複之前的步驟，可得：

$$C_{32} = R_3 + K_2$$
$$6 = R_3 + 1$$
$$R_3 = 1$$

已知R_3的值後，再利用第三列、第三欄填有數字的格子，可以算出K_3：

$$C_{33} = R_3 + K_3$$
$$7 = 1 + K_3$$
$$K_3 = 6$$

圖6.10是這些運算的最後結果。

如果一開始所選擇的K_1不同，則算出來的R_i與K_j值就不同；但不論一開始所選擇的Ri與Kj值為何，所做出的空格評估值都會是相同的。

利用MODI計算評估指數

一旦找出所有的R_i與K_j值後，就可以利用下面的公式，開始評估空格：

空格評估值 $= C_{ij} - R^i - K_j$

剩下的空格以及評估指數為：

圖 6.10

利用西北角法的最初解，將修正分配法應用於凱普特電機公司的問題

		$K_1=0$	$K_2=5$	$K_3=$	
			終點		
	起點	佛羅里達	德州	喬治亞州	供給
$R_1=6$	德州	100 [6]	[2]	[5]	100
$R_2=3$	阿拉巴馬	110 [3]	40 [8]	[4]	150
$\mathbf{R_3=1}$	路易斯安納	[7]	80 **[6]**	100 [7]	180
	總需求	210	120	100	

		$K_1=0$	$K_2=5$	$\mathbf{K_3=6}$	
			終點		
	起點	佛羅里達	德州	喬治亞州	供給
$R_1=6$	德州	100 [6]	[2]	[5]	100
$R_2=3$	阿拉巴馬	110 [3]	40 [8]	[4]	150
$R_3=1$	路易斯安納	[7]	80 [6]	100 **[7]**	180
	總需求	210	120	100	

德州工廠—德州倉庫：空格評估值 = 2-6-5 = -9

德州工廠—喬治亞州倉庫：空格評估值 = 5-6-6 = -7

阿拉巴馬州工廠—喬治亞州倉庫：空格評估值 = 4-3-6 = -5

路易斯安那州工廠—佛羅里達州倉庫：空格評估值 = 7-1-0 = +6

因為仍有評估指數為負值，因此，這個最初解並非最適解。在修正分配法中，也是利用進階路徑找出下一個解：選擇一個可以使成本下降最多的路徑，將這個空格填滿，並且對這個格子所在的進階路徑做出必須的改變。在這個範例為了達到利潤最大，通用汽車利用貨船將汽車運至中國大陸。

中，以德州工廠－德州倉庫的路徑能降低的運輸成本最大，每單位為$9，因此，找出這一條進階路徑，並做出必要的改變，以找出下一個解。

一旦找出下一個解後。同樣地，也可以繼續使用修正分配法，進行空格的評估。因為每一次的 R_i 與 K_j 都是由特定的格子所決定的，因此，每進行一次修正分配法的評估，必須重新找出所有的R_i 與 K_j 值。繼續類似的評估與改善過程，值到所有空格的評估指數都為 0 或正數為止。

6.11 運輸問題的特例

運輸問題中常會出現一些特別的情形，包括不平衡問題、退化問題、多重最適解以及禁運路線等問題。另外，如果問題是極大化而非極小化，之前所介紹的求解技術必須作一些修正，才能應用在目標函數形式不同的問題。

不平衡問題

在運輸問題中，如果總供給不等於總需求，則這個問題就被稱為是一個不平衡（unbalanced）問題。如果問題中出現不平衡的問題，在求解時必須加入一虛擬列（dummy row）或虛擬行（dummy column），用來代表超額供給或不足需求。在實際進行運輸時，不需要考慮分配在虛擬行或虛擬列上的單位數，因此，虛擬行或虛擬列的單位運輸成本可設爲 0。如果在運輸問題中加入虛擬的是來源點，這個來源點即稱爲**虛擬起點**（dummy source）。**虛擬終點**（dummy destination）的意義相似。

要說明虛擬行列的應用，先回到凱普特電機公司的問題，並將原始問題稍作修正。假設德州廠的產能擴充，總產量增爲150單位。在新的問題中，總產量爲德州廠的150單位、阿拉巴馬廠150單位、路易斯安納廠180單位，總供給量爲480單位。假設需求情形不變，總需求仍爲210+120+100=430單位。因爲總供給並不等於總需求，所以這是一個不平衡的運輸問題。爲使這個問題回復平衡，必須要加入一個虛擬終點，即虛擬行，增加需求，使供需相等，如圖6.11。求解的方法，是將這個虛擬欄與其他欄一視同仁，利用之前所介紹的方式求解。虛擬欄中若有空格，必須如其他空格一般，進行評估。在最後求出的最適解中，如果虛擬欄中分配到任何數量，並不代表有任何貨物會送至這個虛擬終點，而是這個格子所代表的路徑起點有超額產量。（如果虛擬欄中有多個格子被填滿，則表示同時有多個起點都發生超額生產的情形。）

圖 6.11

在凱普特電機公司的問題中加入虛擬欄

起點	終點：佛羅里達	德州	喬治亞州	虛擬	供給
德州	6	2	5	0	100
阿拉巴馬	3	8	4	0	150
路易斯安納	7	6	7	0	180
總需求	210	120	100	50	

退化

如果我們檢查最後的運輸表，會發現在最適解時，數字的格子數目（即最適解時所要利用的路徑數目）與行列的數目間，有一特殊的關係。如果求出的解不滿足這一個關係，則這個解就被稱為是一個**退化**（degenerate）解。填有數字的格子數目與行列數目之間的關係如下：

填有數字的格子數目 = R+C-1

其中，

R = 列的數目
C = 行的數目

例如，如果有一個運輸問題中有三列、三行，則每一個解出的解中，必須有五個格子是填有數字的（也就是說，要利用五條路徑），因為R+C-1=3+3-1=5。如果某個解中只有三個填有數字的格子（就是只利用三條路徑），則這是一個退化的解。

退化的概念來自基本解。在基本解中，數值為 0的變數數目是固定的；同樣地，在一個運輸問題中，空格就表示這一個變數值為 0，數目也必須是固定的。

在一個退化的解中，除非將退化的現象移除，否則，將無法進行空格的評估。消除退化的方法很簡單，只要挑選一個空格，然後將這個空格的數值填為 0，如圖6.12。有一件事必須注意，要填上數值為 0 的空格並非任意選取，而必須是要能協助評估空格的適當欄位。以圖6.12為例，如果選取的欄位是在第二列的第一欄（#2-A），就無法找出進階路徑來評估第三列、第二欄的空格（#3-B）。

多重最適解

在一個運輸問題中，最適解可能不只一個。如果有一個以上的最適解，表示使成本最小的運輸方法不只一種，這一點對經理人而言是相當有利的，因為在決策可以有更多的彈性。在應用運輸法求解時，必須知道是否有出現多重最適解的可能：最後解的空格評估指數中如果出現有任何數值為 0，就會出現多重最適解。某個空格的評估指數為 0，表示若利用此空格所代表的路徑運輸，所增加的單位成本為 0；因此，可以利用這條路徑運輸，將其填滿，並用進階路徑找出下一個解，

圖 6.12

退化解的範例

	終點			
起點	A	B	C	供給
#1	50 [7]	100 [4]	[6]	150
#2	[11]	100 [8]	[9]	100
#3	[12]	0 [6]	90 [4]	90
需求	50	200	90	

指派問題是要找出指派工作的最佳方式。

下一個解與現有解的運輸總成本完全相同。圖6.13是一個多重最適解的範例。在評估第一表的解時，其中有一個評估指數爲 0，如果選擇這個空格、將之塡滿，並利用進階路徑找出下一個解，就會出現另一個最適解，如圖6.13的第二圖。

圖 6.13

多重最適解的範例

終點

起點	A	B	C	供給
X	150 [7]	100 [4]	[6]	250
Y	[11]	50 [8]	[9]	50
Z	[12]	20 [6]	90 [4]	110
需求	150	170	90	

XC的評估指數 = +4　　YA的評估指數 = 0

YC的評估指數 = +3　　ZA的評估指數 = +3

總成本 = 7(50)+4(100)+8(50)+6(20)+4(90) = 2,330

終點

起點	A	B	C	供給
X	100 [7]	150 [4]	[6]	250
Y	50 [11]	[8]	[9]	50
Z	[12]	20 [6]	90 [4]	90
需求	150	170	90	

總成本 = 7(100)+4(150)+11(50)+6(20)+4(90) = 2,330

最大化問題

有許多運輸問題的目標函數是最大化而非最小化，例如，如果問題是要將不同地點出產的產品銷售到在不同地點的買方，目標函數可能就是要使銷售所得的利潤最大；除了產品價格之外，影響銷售利潤的因素還包括不同路徑所造成的運輸成本。在求解這一類最大化的問題時，只要將前面所介紹的運輸法技術稍作修改，就可以應用來求解新問題。在極大化的問題中，第一項要作的調整，是修改運輸法中的目標函數，由極小化變成極大化。第二點差別，是發生在評估時：如果所有空格的評估指數都是 0 或負值，則停止（極小化的問題中，當所有評估指數爲正值或 0 時則停止）；若否，則選擇可以增加利潤最大的空格（極小化問題中，選擇可以降低成本最大的），並將其填滿，其他運輸法中的步驟與最小化時完全相同。

禁運路線

在基本的運輸問題中，一般是假設所有的路徑都是可行。若有特定的路線無法使用，則稱爲**禁運路線**（prohibited route）。如果問題中出現禁運路線，只要稍作修改，仍可以應用運輸法。在最小化問題中，將禁運路線的運輸成本設定爲很高：在最大化問題中，則將禁運路線所產生的利潤設定爲負值。這樣作的好處，就是很快就可以將禁運路線排除在外。

在處理這種情形時，一般都利用大 M 來代表高額的成本，意義與在單形法中目標函數的 M 係數意義相似。如果目標函數是要使利潤最大化，就設定禁運路線所產生的利潤爲 -M。

6.12 運輸法與單形法的比較

運輸問題是一種特殊線性規劃問題，可以利用單形法或是運輸法來求解。因此，如果對運輸法有多一些瞭解，將可助於瞭解單形法以及一般運輸問題的求解過程。表6.2是一部份的單形法與運輸法的比較。

單形法中的$C_j - Z_j$與運輸法中的評估指數的意義相同，表示如果將該變數代入目標函數1單位，會對目標函數值所造成的影響。因此，在極小化的問題中，如果利用單形法算出有任何$C_j - Z_j$值仍爲負值、或是以運輸法算出有任何評估指數仍爲負值，則必須再繼續後面的步驟，才能找出最適解。每一個變數或空格可以填入的最大數值，必須限制在使解仍落在可行區域內，在單形法中，這個值是以最小臨界率爲基準；在運輸法中，則是以行或列中要減少的方格的最小數目爲基準。

表 6.2

單形法與運輸法的比較

單形法	運輸法
限制式	行與列
決策變數	表中的格子
基本解	填有數字的格子
非基本解	空格
$C_j - Z_j$	空格的評估指數
最小臨界率	行或列中要減少的方格的最小數目
離去變數	將有數字的格子變成空格
進入變數	填滿空格
虛變數	虛擬終點的格子
人造變數	虛擬來源的格子

6.13 指派問題

基本的指派問題，包含一群人或項目（如機器）以及幾項工作或任務，目標是要在最小成本或最短完成時間的前提下，找出指派工作的最佳方式。這是一種特殊的運輸問題，問題中各點的需求與供給量都為1。利用下面的範例，可以對指派問題作一詳細說明。

艾里堡建築公司的範例

艾里堡建築公司有三部挖土機，每一部都是多功能的機器，但有特別適用的情況。下個星期，艾里堡有三項新的建築工事要開工，每一項工事中都需要用到挖土機。尼克是艾里堡公司的經理，必須決定在哪一項工事中應該使用哪一部挖土機。他先估計出每一項工事所需的工作日數，這項資料如表6.3所示。如果指派A機器從事工作#1，需10天完成這項工作；如果指派B機器從事工作#1，則需8天；而C機器只需7天。從表6.3中可知，不管指派C機器從事哪一項工作，所需要的工作日數都是最短的，但要注意只能指派機器C從事一項工作。

表 6.3

艾里堡公司的工作日數資料

	工作項		
機器	#1	#2	#3
A	10	14	9
B	8	16	5
C	7	14	4

指派問題可以化爲運輸問題，就像圖6.14一樣，必須注意所有的供給與需求都要設爲 1。很明顯地，指派問題也可以用運輸法求解，但如果應用專門求解指派問題的技術，會比利用運輸法求解更有效率。

圖 6.14

將指派問題轉化為運輸問題

	工作			
機器	#1	#2	#3	供給
A	10	14	9	1
B	8	16	5	1
C	7	14	4	1
需求	1	1	1	

6.14 匈牙利法

匈牙利法（Hungarian algorithm），也稱為指派法，是專門用來求解指派問題的技術。基本上，匈牙利法是利用矩陣降階的方法求解，算出各種指派方式的機會成本或超額成本，找出使超額成本達到最小的指派法。匈牙利法的應用步驟簡述於摘要表6.4中。

摘要表 6.4

匈牙利法

步驟1：在每一列中，將所有數字減去該列中的最小數值，所得出的就是各指派方法的機會成本。之後可以得出一個新矩陣，在這個新矩陣中，將每一行的各個數字減去該行的最小值。

步驟2：找出矩陣中所有為0的欄位，畫出數目最少的垂直線或水平線，以涵蓋所有數值為0的欄位。如果所畫出的直線數目小於列的數目，進入步驟3。

步驟3：找出不在垂直線與水平線上的數值中的最小值，之後在找出任二條線的交點，將交點上的數值減去之前所找出的最小值，再回到步驟2。

利用表6.3中艾里堡建築公司的範例，可以進一步說明匈牙利法的應用。在匈牙利法中，第一步是要將每一列中的各個數值減去該列中的最小值（第一列的最小值為 9、第二列為 5、第三列為 4），減去最小值後的新矩陣如圖6.15。

新矩陣中各個數字的意義，是指如果不利用最小成本的方式指派工作，各種其他指派方法的機會成本或超額成本。

繼續步驟 1，將新矩陣中各行的數字減去該行中的最小值，結果就會如圖6.15中的第二個矩陣。如果之前的矩陣中有某一行已經全為 0，則在新矩陣中不會再有任何改變。第二個矩陣中各數字的意義，是如果不利用最小成本法指派工作，各行與各列的總超額成本。如果經理人的目標是要以最小的成本完成工作，就應該要儘可能使這些超額成本為 0。

圖 6.15

在艾里堡建築公司的範例中，利用匈牙利法的步驟 1 所找出的結果

	工作項目		
機器	#1	#2	#3
A	1	5	0
B	3	11	0
C	3	10	0

	工作項目		
機器	#1	#2	#3
A	0	0	0
B	2	6	0
C	2	5	0

要找出最小成本的指派方法，必須進入步驟 2。在匈牙利法的步驟 2中，是要畫出數目最少的直線涵蓋所有數值爲 0 的欄位。如果要確定所畫出的直線數目爲最少，可以先找出其中只包含一個 0 的行或列，將可以協助這項確認的工作。如果有一列中只有一個 0（如第二列中的B-#3），表示如果指派B機器去做工作#3，機會成本爲 0；因此，在三項工作中，應該指派B機器從事工作#3。通過B-#3畫一條垂直線，讓這一條垂直線通過第三欄，表示這項工作已經分配給機器B，不再考慮分配給機器。同樣地，如果有一欄中只有一個數值爲 0（如第一欄中的A-#1），表示這項工作若指派給機器A，則機會成本等於 0。通過A-#1畫一條水平線，讓這條線通過第一列，表示機器A已經分配給工作#1，不再考慮分配去做給其他的工作。一個工作只能分配給一部機器，一部機器也只能分配去作一項工作，不會有重複的情形，畫出的直線數爲最少。重複這個步驟，直到所有 0 都在線上。

圖6.16是艾里堡公司中的範例中所畫出的線，只需要畫二條直線，就可使所有的0都在線上，如圖所示。如果依據這個表進行指派工作，只有二種指派方式的機會成本爲0（指派機器A從事工作#1，將工作#3分配給機器B），第三部機器的指派方式會產生正值的超額成本，因爲機器C以及所分配的工作都不在直線上。

圖 6.16

艾里堡建築公司的範例中所畫出的線

	工作項目		
機器	#1	#2	#3
A	0	0	0
B	2	6	0
C	2	5	0

因爲範例中的列數有三列，但直線只有二條，表示現有的分配方式只能使二項指派的超額成本爲 0，其他的指派方法可能更好，因此，必須進入步驟 3，考慮其他指派方式。在匈牙利法中的步驟 3，要找出不在線上的數值中的最小值，並將所有其他的數值減去此最小值。在圖6.16中，這個最小值爲 2；所有不在線上的數值，都必須減去這個數目。這項作法的意義，是僅就不在直線上的方式作指派時，指派機器C會產生的超額成本。在步驟 3中，最後還要將二條直線交點的數值加上這個最小值。圖6.17是步驟3的結果。

圖 6.17

艾里堡建築公司的範例步驟 3 後的結果

	工作項目		
機器	#1	#2	#3
A	0	0	0+2
B	2-2	6-2	0
C	2-2	5-2	0

	工作項目		
機器	#1	#2	#3
A	0	0	2
B	0	4	0
C	0	3	0

再回到步驟 2，同樣地，要畫出數目最少的直線包含所有的 0。因為第二欄只有一個 0，所以，通過A-#2畫一條直線，並使這條直線通過第一列。之後，畫二條垂直線分別通過第一與第三欄，就可以包含所有 0 值，最少的直線數目為三條。雖然有其他方法可以畫出這三條線，但無論畫法如何，所需的數目不變。因為將所有 0 值包含在內的直線數至少為三條，而這個問題的矩陣中有三列，因此，指派方式為最適指派，結果如表6.18。

圖 6.18

艾里堡建築公司的最後結果

	工作項目		
機器	#1	#2	#3
A	0	0	2
B	0	4	0
C	0	3	0

	工作項目		
機器	#1	#2	#3
A	0	0*	2
B	0*	4	0
C	0	3	0*

	工作項目		
機器	#1	#2	#3
A	0	0*	2
B	0	4	0*
C	0*	3	0

指派問題的最適解，是要使所有指派的超額成本最小。因此，要求解艾里堡公司的指派問題，需依據表6.18中的0值作指派。先找出任何只有一個0值的行或列作指派。在本例中，在第二欄中只有一個0，因此，將第二欄的工作#2指派給機器A；之後，消去代表工作#2的欄與代表機器A的列，因為無須再考慮這二個行與列

的指派方式。在消去第一列與第二行之後，已經沒有任何行或列只有一個0，因此，可以選擇指派機器B從事工作1、機器C從事工作3，或者作相反的指派。要找出指派的總成本，必須回到最初的表中計算指派成本，如下：

指派機器A從事工作#2	14天
指派機器B從事工作#1	8天
指派機器C從事工作#3	4天
總工作日數	26天

利用這種指派方式完成三項工作，所需的工作總日數爲26天。本例中還有另一種指派方式，總工作日數爲：

指派機器A從事工作#2	14天
指派機器B從事工作#3	5天
指派機器C從事工作#1	7天
總工作日數	26天

二種不同指派方式所需的總日數相同，二種方式均爲最適指派。

除了上述二種指派方式之外，其他任何方式的總完成日數一定大於26日。

6.15 指派問題的特例

與運輸問題相似，指派問題也會出現一些特別的情形，包括不平衡問題、多重最適解以及禁止指派路線等問題。只要稍作修改，在這些情形下也能利用匈牙利法求解指派問題。

不平衡問題

在指派問題中，如果可指派的機器或人員數目不等於工作項，則這就是一個不平衡的指派問題。如果出現這種問題，表示在最小成本或最少時間下完成工作的目標下，會有一部或是更多的機器必須閒置，或者有一項或是更多工作必須要有額外的資源才能完成。如果指派問題是不平衡的，就必須加入必要的行或列，使問題回復平衡。在虛擬的行或列中，指派成本必須設為 0，因為在這些欄位實際上並不會發生任何指派。有一點必須注意，就是問題中可能會需要多個虛擬行或列。圖6.19是一個不平衡指派問題的範例，有5個人，但只有3項工作。

圖 6.19

不平衡指派問題的範例

	人	員			
工作	A	B	C	D	E
#1	9	7	7	9	6
#2	5	5	4	7	7
#3	7	6	5	6	6
虛擬列	0	0	0	0	0
虛擬列	0	0	0	0	0

多重最適解

在最小化成本的問題中，可能會有幾種不同指派方式所造成的成本都相同。如果最適解有這種特性，經理人在進行指派時就可以較有彈性。經理人可以依據成本以外的因素，決定最後的指派方式。艾里堡建築公司的問題，就是一個多重最適解的範例。

禁止指派

在求解指派問題時，有時因為機器的特性或是勞工的特質不同，使某種指派方式變成不可行，例如，可能有一位員工有足夠的技能從事大部份的工作，但無法勝任其中某一項工作。當發生這種情形時，就把指派這個人去作這份工作的分配方式稱為**禁止**（prohibited）。如果問題中發生禁止指派的情形，在從事指派時，必須確認最後的指派方式已經刪除禁止指派。如果要應用匈牙利法求解禁止指派的問題，必須先作適度的修改。如同在處理運輸問題中的禁運路線問題一般，修改的方式，是將禁止指派的成本作非常高的設定，也就是所謂的大M 法，以儘早將禁止指派消去。如果是利用電腦套裝軟體求解禁止指派的問題，無須用到大

M，只要將禁止指派的成本設定爲表中最大成本的數倍，就可以利用正常程序求解。圖6.20是艾里堡公司的範例，包含禁止指派的問題。其中，不能指派機器B去從事工作#3。

圖 6.20

艾里堡公司的範例，包含禁止指派的問題

	工作項目		
機器	#1	#2	#3
A	10	14	9
B	8	16	M
C	7	14	4

最大化問題

在一般的指派問題中，經理人都是要以最小成本的方式從事指派；但在某些指派問題中，也有可能要考慮的目標是利潤而非成本，例如，總經理要將五位員工指派到最適當的區域擔任銷售經理，依據個人的經驗與能力，以及這五個區域的社區特性、人口的因素，總經理認爲，地區性的利潤與經理人有極大的相關性。

要求解最大化的指派問題，只要稍作修改，就可以應用匈牙利法求解。在最大化的問題中，如果不用產生最大利潤的方式進行指派，就會產生一些損失利潤。這些損失利潤與在最小化的問題中一樣，也是一種機會成本。因此，再處理最大化的問題時，只要先找出能產生的最大利潤值，利用這個最大利潤值減去矩陣中所有的利潤，就可以得出機會成本；之後，就可以應用之前所介紹的匈牙利法，利用使機會成最小化，求解這個使利潤最大化的指派問題。表6.21是整個詳細的過程。一旦找出機會成本矩陣，就可以利用匈牙利法求解，所有的步驟與處理最小化問題時完全相同。

圖 6.21

利用匈牙利法求解最大化問題

工作項目				
機器	#1	#2	#3	
A	21	15	19	利潤表
B	23	12	17	（最大化）
C	25	14	19	

工作項目				
機器	#1	#2	#3	
A	25-21	25-15	25-19	計算機會成本
B	25-23	25-12	25-17	
C	25-25	25-14	25-19	

工作項目				
機器	#1	#2	#3	
A	4	10	6	最小化機會成本
B	2	13	8	
C	0	11	6	

6.16 電腦解

解6.1是利用DSS求解凱普特電機公司的運輸問題。電腦軟體可以利用本章中所介紹的任何方法求出最適解，使用者可以選擇列印需用的運輸表。

解6.2是利用DSS求解艾里堡公司的指派問題，使用者也可以選擇列印需用的指派表。

解 6.1

利用 DSS 求解凱普特電機公司的運輸問題

Transportation Model Problem : CAPITOL. P11

Initial Problem

Min	Miami	Dallas	Atlanta	Prod Cap
Lubbock	6	2	5	100
Mobile	3	8	4	150
Lake Cha	7	6	7	180
Dest Req	210	120	100	430

Enhanced Vogel's Approximation Method

Solution : Min Z = 1890

From	To	Number	Cost	Amount
Lubbock	Dallas	100	2	200
Mobile	Miami	150	3	450
Lake Cha	Miami	60	7	420
Lake Cha	Dallas	20	6	120
Lake Cha	Atlanta	100	7	700
Total				1890

6.17 摘要

本章中介紹運輸問題，是一種特殊的線性規劃問題。這一類的問題，可以利用一般的線性規劃求解，也可以利用專用的運輸法求解。利用運輸法求解，一開始可以用西北角法、最小成本法或差額法求出最初解。一旦找出最初解，就可以利用踏腳石法或修正分配法進行評估；如果現有解不是最適解，可以利用進階路徑找出最適解。

指派問題可視爲運輸問題的特殊形式，其中的供給與需求都爲1。求解這一類問題，可以利用一般的線性規劃、運輸法或專門求解指派問題的匈牙利法。

解 6.2

利用 DSS 求解艾里堡公司的指派問題

Assignment Model

Initial Problem

	MIN	#1	#2	#3
	A	10	14	9
	B	8	16	5
	C	7	14	4

Tableau 1

	MIN	#1	#2	| #3
→	A	0*	0	0
	B	2	6	0*
	C	2	5	0

Tableau 2

	MIN	| #1	#2	| #3
→ 0	A	0	0*	0
	B	0*	4	0
	C	0	3	0*

Solution

MIN	#1	#2	#3
A		14	
B	8		
C			4

From	To	Cost
A	#2	14
B	#1	8
C	#3	4

Total assignment:

** Multiple solutions exist **

單形法與運輸法間有許多相似之處，仔細作比較，可以對這二種方法作更進一步的瞭解。

字彙

平衡（Balanced）：運輸問題中，總需求等於總供給。

退化（Degenerate）：運輸問題中，所求出的解不滿足「塡有數字的格子數目等於行數加列數減一」的關係。

虛擬列（Dummy row）**與虛擬行**（Dummy column）：在指派問題中，所增加的列或行，使行列數目相等。

虛擬終點（Dummy destination）：在運輸問題中所增加的終點，藉此以使問題恢復平衡。運到虛擬終點的運輸成本爲 0。

虛擬起點（Dummy source）：在運輸問題中所增加的起點，藉此以使問題恢復平衡。從虛擬起點起運的運輸成本爲 0。

評估指數（Evaluation index）：在運輸問題中，若利用空格所代表的路徑運輸，對整體運輸成本的單位淨影響。

匈牙利法（Hungarian algorithm）：專門用來求解指派問題的技術，又稱爲指派法。

最小成本法（Least cost method）：在運輸問題中用來求解最初解的方法。

修正分配法（Modified distribution；MODI method）：在運輸問題中用來評估空格的方法。

西北角法（Northwest corner method）: 在運輸問題中用來求解最初解的方法。

禁運路線（Prohibited route）：在運輸問題中不能使用的運輸路線，求解最小化問題時，利用大M 法。

禁止指派（Prohibited assignment）：在指派問題中不能使用的指派方式，求解最小化問題時，利用大M 法。

踏腳石法（Steppingstone method）：評估現有解是否爲最適的方法，並可以依此找出更加解。

進階路徑（Steppingstone path）：在運輸表中，選擇一個原本是空著的格子、加入1單位，在同列中選擇另一個原本已經有數値的格子、從其中減1單位，使得同列的限制式仍能被滿足的過程。藉此可找出評估指數，以檢查現有解是否有改善的可能。

不平衡指派問題（Unbalanced assignment problem）：在指派問題中，行、列的數目不相等。

不平衡運輸問題（Unbalanced transportation problem）：在運輸問題中，總供給不等於總需求。

差額法（Vogel's approximation method；VAM）：在運輸問題中求解最初解的方法。差額法是利用計算各行和列的機會成本，看看如果不使用最低成本的運輸法，對總運輸成本會有何影響。

問題與討論

1. 列舉在運輸問題中求解最初解的方法，並說明這些方法各有哪些優點。
2. 列舉二種在運輸問題中用來評估空格的方法。
3. 如果利用運輸法評估出某空格的評估指數為 +6，有什麼意義？
4. 在運輸法中應用進階路徑時，為什麼如果某一行或列有任何改變的話，改變的次數一定是二次？
5. 如果目標函數是最大化而非最小化，要如何修改運輸法？
6. 如何確認運輸問題中發生退化的現象？為什麼會發生退化？如何得知？
7. 如何確認運輸問題中是否有多重最適解？
8. 為什麼在運輸問題中要加入虛擬行或虛擬列？
9. 討論單形法與運輸法之間的相似性。
10. 有禁運路線時，為何最小化問題中要使用 M，但最大化問題中要使用 -M？
11. 為何在運輸問題中虛擬行列的成本為 0？
12. 如果運輸問題是最大化而非最小化，要如何修改最小成本法與差額法，以求出最初解？
13. 在運輸問題中虛擬行列的成本為 0，為什麼必須評估虛擬行列中的空格？
14. 如何利用匈牙利法處理有禁止指派的問題？
15. 在凱普特電機公司的問題中，最後解的空格評估結果對經理人有何意義？

16. 在凱普特電機公司的問題中，假設德州廠的產量多增加20單位，試用運輸法求解新問題。每一條路徑的運貨量是多少？總運輸成本是多少，哪一個工廠會發生超額生產的情形？

17. 芬妮家具工廠在內華達、科羅拉多以及賓州都設有工廠，公司的批發銷售點設在亞歷桑那、俄亥俄以及伊利諾。各種運輸路徑的成本如下：

起點	終點		
	亞歷桑那	俄亥俄	伊利諾
內華達	10	16	19
科羅拉多	12	14	13
賓州	18	12	12

內華達的工廠產量爲120單位、科羅拉多廠爲200單位、而賓州廠爲160單位。亞歷桑那需要140單位、俄亥俄需要160單位、伊利諾需要180單位。

a. 利用西北角法找出這個問題的最初解。這個最初解的總成本是多少？
b. 利用差額法找出最初解。這個最初解的總成本是多少？
c. 利用西北角法的最初解，以運輸法求解這個運輸問題。最適解的總運輸成本是多少？

18. 回到習題17，假設伊利諾銷售點的需求變成150單位。會出現哪一種特殊情形？最小成本的運輸法爲何？來源有多少單位無法運出？

19. 回到習題17，假設伊利諾銷售點的經理認爲需求爲180單位，而且認爲科羅拉多工廠出產的產品不良，不願意接受來自科羅拉多的產品。利用運輸法，求解這個問題最小成本的運輸方式。

20. 考慮下列最小化的運輸問題：

a. 利用空格評估，確認這是最適解。
b. 以上這個解的成本是多少？
c. 在現有解中，不使用路徑3－X。如果在最小成本前提下要使用這一條路徑，必須是單位成本下降多少時？

d. 解釋 3—X空格中評估指數的意義。

起點 \ 終點	X	Y	Z
1	1800 (6)	300 (9)	(10)
2	(11)	1100 (12)	700 (11)
3	(13)	(10)	2000 (8)

21. 回到問題20，假設在求解之前，已經從來源3運送500單位到地點Y。因此，這張已求出最後解的運輸表必須最適度的修改。請作必要的修改，之後再算出最小的總運輸成本。檢查最初的評估指數，並利用這項資訊求出修改後的成本增加部份。

22. 柯爾達公司是一家室內冷氣機的製造商，在德州、新墨西哥以及亞歷桑那都有工廠，每一個工廠的產量都是每星期80部。這些機器會被送到地區性的發貨倉庫，發貨倉庫分別位在加州、德州以及阿拉巴馬州。加州倉庫的需求量爲100單位、德州倉庫爲120單位、阿拉巴馬州則爲50單位，成本資訊如下：

起點	終點 加州	 德州	 阿拉巴馬州
德州	12	8	15
新墨西哥	10	10	16
亞歷桑那	8	14	17

利用運輸法，建立最小成本的運輸表。每一個發貨倉庫的需求都可被滿足嗎？是否有其他解所造成的成本與所找出的最適解相同？

23. 回到問題22，假設德州廠的單位生產成本爲$40、新墨西哥廠成本爲$45、亞歷桑那廠的成本爲$45，每一部冷氣機的售價均爲$120。公司的利潤受生產成本、售價以及運輸成本等因素影響。利用運輸法，求解這個要求利潤最大的運輸問題。

24. 大衛是一位建築師，目前在德州境內三個地點都有建築公司。他請了三位助理，辛普森、賈西亞及湯馬斯，負責管理三個地點的銷售情形。依據這三位助理過去的經歷以及生活背景，大衛預估他們在不同城市的表現，並將這些表現評分。分數爲1的表示能在最短的時間內完成銷售，表示表現最佳的情形。分數資訊如下：

	辛普森	賈西亞	湯馬斯
休士頓	3	5	6
達拉斯	5	6	6
奧斯汀	4	7	5

a. 利用匈牙利法，求解出總分數最小的指派方式。是否有其他解所產生的分數與找出的解相同？

b. 現在，假設10分爲最佳表現、而1分爲最差表現，試利用匈牙利法求解出總分數最大的指派方式。

25. 有一家會計公司有三位客戶，每一位客戶都由一位專責的會計師負責。公司目前有四位人選可以選擇，每一位會計師從事不同工作所需的工作時間如下表：

	會計師			
客户	瓊斯	史密斯	大衛司	李
#1	4	5	5	3
#2	7	8	6	6
#3	10	9	10	10

a. 利用匈牙利法，找出使總工時最小的指派方式。總工作時間是多少？

b. 如果公司希望儘量延長服務時間，以增加收取的報酬，應該如何進行指派？總工作時間是多少？

26. 康百建築公司總共有三部推土機，下星期公司將有三項工程要開工，每一項工程都需要用到推土機。每一部機器從事各工作所需的時間資訊如下：

	工程		
機器	#1	#2	#3
A	9	6	4
B	7	7	6
C	10	12	8

在使工作時間最小的前提下，應指派哪一部機器去從事哪一項工作？是否有其他解所需的時間與最適指派相同？

27. 假設現在公司新買一部推土機，新機器要用8天完成工作#1、6天完成#2、6天完成#3。在使工作時間最小的前提下，應如何對新問題進行指派？哪一部機器會被閒置？

28. 球季開始，籃球裁判團中的裁判現正分別在4個城市中工作，執行裁判的任務，協助比賽進行。當這4個城市的賽事結束後，這些裁判必須再趕往下一組的4個城市，繼續工作各城市之間的距離如下：

	終點			
起點	堪薩斯城	芝加哥	底特律	多倫多
西雅圖	1800	1900	1850	2100
阿靈頓	500	800	950	1200
奧克蘭	1500	2100	2000	x
巴爾的摩	1300	800	600	400

從奧克蘭到多倫多的距離以 x 代表，因爲這是一條禁止指派的路線。

a. 在使總旅程最小的前提下，請決定在下一次的球賽中，哪一位裁判應被分到哪一個城市。這種指派法下的總旅程爲多少？

b. 評估最適指派法，找出使總旅程最長的指派法。

29. 迪吉多公司是一家汽車零件的製造商，專門製造一種供高性能汽車使用的配電器。之後四個月的需求量已知：三月240組、四月400組、五月600組、六月320組。公司的產能，在一般的時間爲每月300組，如果加班就可以多生產150組。一般時間生產出的產品每一組成本爲$120、加班時單位成本增加$50。公司每個月的產量不必然要等於當月需求，多出的部份可以作爲存貨，供日後之需，但每月的單位存貨成本爲$20。公司現有存貨有50組。

    利用與求解運輸問題相關的技術，在達成最小的生產以及存貨總成本前提下，求解公司每個月的產量。

30. 在習題29中，如果加班時間的單位成本再提高$10，對公司的生產決策將有何影響？

31. 在習題29中，如果每月的存貨單位成本由$20提高$25，對公司的生產決策將有何影響？

32. 在習題29中，如果經理人決定在六月底至少要保有100單位的存貨，在維持最小總成本的前提下，公司應該如何調整生產規劃？

33. 利用匈牙利法求解第四章的習題20。

分析—卡特花生醬公司

卡特花生醬公司（Carter's Peanut Butter）是一家食品加工廠，唯一的產品是花生醬，在哥倫比亞、南加州以及摩根城都設有工廠。目前市面上對花生醬的需求急速增加，因此公司在考慮要建新的工廠。在選擇地點時，經理人考慮的因素包括：勞動供給、稅賦以及其他附屬的次要因素，在評估後選出二個候選地點—田納西州的曼非斯市，以及喬治亞州的亞特蘭大城。安妮是卡特公司的總經理，希望評估在這二個城市建廠的建築成本以及運輸成本。目前公司有二個地區性配銷中心，將各工廠送來的產品運至各地銷售。下表是公司的每週供給、需求與單位運輸成本的相關資訊：

	終點		
起點	納許維爾	紐奧良	供給
哥倫比亞	$8	12	240
摩根城	7	14	200
需求	280	260	

哥倫比亞廠的成本爲每一箱$19、摩根城廠爲$22。

無論新的工廠最後設於何地，總產能皆可達到每星期200箱。因爲勞工成本的差異，曼非斯城的生產成本爲每箱$21、亞特蘭大廠爲$22，單位運輸成本如下：

	終點	
起點	納許維爾	紐奧良
曼非斯城	6	15
亞特蘭大	8	13

現在，公司要在最低成本的前提下，決定新工廠的所在地。（這是一個工廠地點選擇問題，利用運輸法分別評估二個地點所造成的影響，最後比較結果。）

準備一份摘要報告，說明在現有資訊下得出的結論。

第7章

整數線性規劃及目標規劃

7.1 簡介

從前幾章中可以看出，線性規劃的應用範圍非常廣泛。雖然在許多情況下線性規劃都是非常有用的，但並非所有問題都能用線性規劃求解。線性規劃中有一項假設，是決策變數是連續的，且不必爲整數，如果某個問題符合線性規劃連續性等其他假設，但決策變數卻必須是整數，就必須使用整數線性規劃（integer linear programming，ILP）求解。如果問題中加入整數要求，就表示多加入一些限制式，因此，可行區域會變小。與沒有整數限制的一般線性規劃問題相較，整數規劃問題的最適值不可能更好，一般都是較差。本章第一部份所要討論的，就是整數規劃相關問題。

本章第二部份，將要討論另一個與線性規劃相關的主題—目標規劃（goal programming）。在之前所討論的線性規劃問題中，目標必須是單一的，但在許多情況中，管理當局可能同時想達成多個目的或目標。可能的情況如業務部經理希望保有大量存貨，以便及時滿足顧客需求，但製造部的經理卻希望公司存貨的存化成本能達到最小。因此，一個公司可能要同時面對多個目標，而且這些目標彼此間也可能是互相衝突的。在遇到這些類似的情況時，目標規劃將有助於管理當局規劃問題。

在本章中，將要介紹如何將整數規劃及目標規劃技術應用於各種問題中。這些問題多半可以套裝軟體求解，而本章中所介紹的是基本求解技巧。

7.2 整數線性規劃的類型

整數規劃問題有三種一般形式，這三種型態的問題中，目標函數及線性限制式都必須是線性的。

第一類是**純粹整數問題**（pure integer problem），就是問題中所有變數都必須是整數。例如，在一個線性規劃問題中，如果決策變數定義成是航空公司爲組成艦隊，所要購買不同類型的飛機數目，則所有變數都必須是整數，因爲不管是任何一類的飛機，購買的數量都不能是2.75架，這是一個純粹整數問題。

第二類是**混合整數線性規劃問題**（mixed integer linear programming

常見的資本規劃問題，包括在預算有限的限制下，決定購買哪一部機器設備。

problem)，是問題中有些變數必須是整數，而其他不必。例如，決策變數如果表示要指派給某項特定工作的勞工數，就必須是整數值；但在同一個問題中的其他變數如工時（以小時爲單位），這些變數就不必須是整數，因爲分數解是可能且有意義的。因此，這就是一個混合整數線性規劃問題。

第三類是非常常見的 **0-1整數規劃問題**（0-1 integer programming problem)，在這類問題中，變數不僅必須是整數，還必須是1或0。這一類的變數有時被稱爲**二項式變數**（binary variables）或 **0-1變數**（0-1variables）。而決策變數只要是整數，不管是否爲 0-1 變數，即通稱爲**一般整數變數**（general integer variables)。

0-1變數很重要，在許多整數規劃問題都會作相關的限定，如下面的範例。

7.3 利用0-1變數將問題公式化

在本節中，將介紹如何在各種不同的情形中，利用0-1變數來規劃問題。一般而言，0-1變數值是利用以下條件來設定：當某個特定條件被滿足時，變數值即設爲1，否則，則爲0。這種問題最普遍的型態是指派問題，就是要決定如何指派一群人去做一些特定的工作，如第四章所介紹。在指派問題中，如果某個特定人被指派給某項特定工作，則代表的變數值為 1，否則為 0。因為這種問題的結構特別，一般都可以標準的線性規劃套裝軟體求解，所找出的變數值將會是 0 或 1。以下將介紹其他類型的 0-1 問題，用來介紹整數規劃技術的應用。

資本預算

一般的資本預算問題，是在預算有限、無法選擇完成所有計畫的限制下，必須決定要選擇完成那些計畫。分別利用各種0-1變數，可以定義出各個代表計畫的變數，如下面的範例。

昆摩化學公司目前有三個投資計畫，但投資資本必須有一定額度，且之後二年的預算已經決定，使得公司無法完全投資於這三個計畫。各個計畫的淨現值（net present value, NPV，即計畫未來的收益折現回目前時點的值）、投資資本需求及未來二年的預算限制如表7.1。

表 7.1

昆摩公司的投資資訊

投資計畫	淨現值	第一年	第二年
1	25,000	8,000	7,000
2	18,000	6,000	4,000
3	32,000	12,000	8,000
可用資金預算		20,000	16,000

為了要將問題公式化為一個整數規劃問題，必須先定義出目標函數及限制式：

目標函數：使投資的淨現值最大化

受限於：第一年可用資金≦20,000

第二年可用資金≦16,000

決策變數定義如下：

$X_1=1$ 如果投資計畫 1
$=0$ 如果否
$X_2=1$ 如果投資於計畫 2
$=0$ 如果否
$X_3=1$ 如果投資於計畫 3
$=0$ 如果否

整數線性規劃的數學式為：

最大化 $= 25{,}000X_1+18{,}000X_2+32{,}000X_3$

受限於： $8{,}000X_1+6{,}000X_2+12{,}000X_3 \leqq 20{,}000$

$7{,}000X_1+4{,}000X_2+8{,}000X_3 \leqq 16{,}000$

$X_1，X_2，X_3 = 1$ 或 0

以電腦運算出的結果在解7.1中，最適解為$X_1=1$，$X_2=0$，$X_3=1$，目標函數值為57,000。這表示昆摩公司應該要投資於第一及第三個計畫，不要投資第二個計畫，而所有投資收益的淨現值為$57,000。

限制可選擇的方案數目

假設在昆摩公司的例子中，公司最多只能投資二個計畫，就必須加入以下的限制式：

$$X_1+X_2+X_3 \leqq 2$$

如果希望在三個計畫中選擇二個投資，限制式會變成：

$$X_1+X_2+X_3 = 2$$

這個限制會使得其中正好二個變數值為 1，而另一個為 0。

相依選擇

假設在昆摩公司的例子中，第一個投資案必須在投資第二案的前提下才能進

解 7.1

LINDO 的摩爾電器公司解

Integer Programming

Node Branching Table:

Node#	Branched From Node#	Additional Constraint			Resulting 'Z' Value	Results	Current Values: X1	X2	X3
1	First	Linear	Approximation		59000	NI	1	1	.5
2	1	X3	<=	0	43000	I	1	1	0
3	1	X3	>=	1	57000	I <=Opt	1	0	1

BS: Bounded Suboptimum, BI: Bounded Infeasible, I: Integer, NI: Non-integer

Original Problem:

Z	X1	X2	X3		
MAX	25000	18000	32000		
Cons1	8000	6000	12000	<=	20000
Cons2	7000	4000	8000	<=	16000
Int Req	Z	Z	Z		

Solution:

X1 = 1

X2 = 0

X3 = 1

MAX Z = 57000

This solution is degenerate

Slack 1 1 1

Slack 2 0 0

Additional Constraint: X3 >= 1

行，則必須加入下列限制式：

$$X_1 \leqq X_2$$

或相等於

$$X_1 - X_2 \leqq 0$$

因此，如果不投資第二案，X_2 的值為 0，因為以上的限制，則X_1 的值也必須為0。但如果投資第二案（$X_2=1$），則不必然也同時投資第一案。

如果希望第一與第二投資案是同時被選擇或同時不被選擇，必須利用以下限制式：

$$X_1 = X_2$$

或相等於

$$X_1 - X_2 = 0$$

也就是說，如果其中有一個變數為 0，另一個變數也必須是 0；其中一個變數為 1，另一個也必須是 1。

固定費用的問題

固定費用對將來的營運成本有重大影響，因此，是經理人經常要面對的決策之一。蓋一座新的工廠必須支出一筆固定的建築費用，這筆費用可能會因工廠的規模及地點不同而有不同。一旦工廠建好後，工廠所在地的勞工成本，將會成為影響生產變動成本的重要因素。考慮下列情況：公司決定至少新建一座工廠，目前有三個城市可供考慮。一旦工廠建好後，公司希望能有足夠的產能，每年產量至少達18,000單位。各個地點的相關成本詳列於表7.2。

要將這個問題寫成一個整數規劃問題，先將目標函數定義為要使變動成本及固定成本總和最小化。限制式為（1）生產產能至少達到18,000；（2）如果不在地點一建工廠，則地點一的產量為0；如果在地點一建工廠，產量不能超過11,000；（3）如果不在地點二建工廠，則地點二的產量為0；如果在地點二建工廠，產量不

表 7.2

三個地點的建築成本

地點	固定成本	變動成本	產能
1	340,000	12	11,000
2	270,000	13	10,000
3	290,000	10	9,000

能超過10,000；（4）如果不在地點三建工廠，則地點三的產量爲 0；如果在地點三建工廠，產量不能超過 9,000。

之後即可定義決策變數如下：

$X_1 = 1$ 如果在地點一建工廠
$= 0$ 如果否
$X_2 = 1$ 如果在地點二建工廠
$= 0$ 如果否
$X_3 = 1$ 如果在地點三建工廠
$= 0$ 如果否
$X_4 =$ 地點一工廠的產量
$X_5 =$ 地點二工廠的產量
$X_6 =$ 地點三工廠的產量

整數線性規劃問題是：

最小成本 $= 340{,}000X_1 + 270{,}000X_2 + 290{,}000X_3 + 12X_4 + 13X_5 + 10X_6$

受限於：

$$X_4 + X_5 + X_6 \geqq 18{,}000$$
$$X_4 \leqq 11{,}000X_1$$
$$X_5 \leqq 10{,}000X_2$$
$$X_6 \leqq 9{,}000X_3$$

X_1，X_2，$X_3 = 1$或0；X_4，X_5，$X_6 \geqq 0$，且是整數

必須注意如果$X_1 = 0$（表示不在地點一建工廠），因為第二條限制式，X_4（地點一工廠的產量）也必須是 0。如果$X_1 =1$，則X_4的值可以是任何小於或等於11,000的整數值。第三、第四條限制式的用法也相同，表示如果在地點二、地點三不蓋工廠時，產量即為0。

利用 LINDO 求出的最適解在解7.2中，利用此表，可以看出：

解 7.2

利用 LINDO 解出

```
MIN      340000 X1 + 270000 X2 + 290000 X3 + 12  X4 + 13 X5 + 10 X6
SUBJECT  TO
      2 )   X4 + X5 + X6 >=   18000
      3 )   -11000 X1 + X4 <=   0
      4 )   -10000 X2 + X5 <=   0
      5 )   -9000 X3 + X6 <=   0

END
      OBJECTIVE  FUNCTION  VALUE

      1 )   767000.00

VARIABLE                  VALUE              REDUCED COST
       X1              .000000             329000.000000
       X2             1.000000             270000.000000
       X3             1.000000             263000.000000
       X4              .000000                   .000000
       X5          9000.000000                   .000000
       X6          9000.000000                   .000000

      ROW       SLACK OR SURPLUS              DUAL PRICES
       2 )             .000000                -13.000000
       3 )             .000000                  1.000000
       4 )         1000.000000                   .000000
       5 )             .000000                  3.000000

NO. ITERATIONS=  11
BRANCHES=  5  DETERM. =  1.000E   0
```

$X_1=0$　　　$X_2=1$

$X_3=1$　　　$X_4=0$

$X_5=9,000$　　　$X_6=9,0000$

目標函數值為：767,000

這表示應在地點二及地點三建工廠，每個工廠的產量皆爲9,000單位，總成本爲$767,000。

到目前爲止已經看過幾個0-1變數的範例了，除了這些0-1整數問題之外，還有其他各種不同的整數規劃問題，在下一節中將會有更進一步的介紹。

7.4 一般整數規劃問題

凱薩琳是一家鄉村俱樂部—賽浦路斯俱樂部的經理，目前她正在與某個電台洽談廣告事宜，希望針對俱樂部的目標群眾作宣傳。公司每星期的廣告預算爲$1,800，凱薩琳希望在有限的預算下，儘量達成宣傳的目標。這個電台的廣告費在主要時段爲每分鐘$390，其他非主時段則爲每分鐘$240。在主要時段，每次廣告可以傳播給8,200人收聽，非主要時段則可傳播5,100人。公司決定每星期至少要有二次主時段廣告，非主時段廣告則不超過六次。爲瞭解決這個問題，公司將問題公式化爲下列線性規劃問題：

X_1= 每星期主時段的廣告次數

X_2= 每星期非主時段的廣告次數

最大化 $= 8,200X_1 + 5,100X_2$

受限於：

$$X_1 \geqq 2$$

$$X_2 \leqq 6$$

$$390X1_1 + 240X_2 \leqq 1,800$$

$$X_1，X_2 \geqq 0$$

如果利用線性規劃、而非整數規劃電腦軟體求解，所得結果將如解7.3：

利用整數規劃，可以找出使可傳播人數達到最大的廣告方式。

資料來源：Mike Steinberg

近觀—利用啓發性技術做整數規劃

許多問題都可以公式化為0—1問題，但如此一來變數與限制數數目會太多，就算是利用速度最快的電腦求解，也必須花費很多時間。面對這類情況時，可以使用啓發法（heuristic methods）或是簡單啓發法（simple heuristics）。啓發法的原則，是不一定要找出最適解，只要找出良好的解就可以。

啓發法多用於求解「旅行的推銷員問題」（traveling salesperson problem, TSP）類的問題。這類問題的原型，是一位推銷員必須離家工作，在幾個城市間來回，最後才再度返家。問題的目標函數，是要使推銷員的總旅程數或總旅行時間最少。如果推銷員必須拜訪的城市有10個，則路線總共有10！=10（9）（8）...（1）=3,628,800種。這個問題可以變成一個整數規劃問題，如果要利用一般線性規劃技術求解，所需的時間將非常可觀。

用來求解TSP問題的啓發法中，有一種稱為最近區域啓發法（nearest-neighbor heuristic），一開始隨機選擇幾個必須旅行的地點，然後轉往最近的地點；重複這個過程，一直到推銷員拜訪完所有的城市，最後返家。之後，再重新選擇另一個地點作為起始城市，重複相同的過程，之後比較這二條路線的總旅程，選擇距離較小的路徑即可。利用這種方法所選擇不必然是最適路徑，但是較佳路徑。

資料來源：Winston; W. L., 1995. Introduction to Mathematical Programming. California: Duxbury Press.

解 7.3

利用 LINDO 解出

```
MIN       8200  X1  +  5100  X2
SUBJECT   TO
       2 )    X1   >=   2
       3 )    X2   <=   6
       4 )    390  X1  + 240  X2  <=   1800

END

LP OPTIMUM FOUND AT STEP              3

       OBJECTIVE  FUNCTION  VALUE

       1 )    38075.000

VARIABLE                    VALUE             REDUCED COST
       X1                2.000000                .000000
       X2                4.250000                .000000

     ROW      SLACK OR SURPLUS               DUAL PRICES
       2 )                .000000             -87.500000
       3 )               1.750000                .000000
       4 )                .000000              21.250000

NO. ITERATIONS=             3
```

$X_1 = 2$　　每星期主要時段廣告次數

$X_2 = 4.25$　每星期非主時段的廣告次數

目標函數值為 38,075人

由於廣告次數必須是整數，所以凱薩琳決定在主要時間作 2 次廣告，非主要時間 4 次，這樣每星期傳播人數爲 36,800人。但在瞭解整數規劃技術後，凱薩琳在想是否有其他解較現有解爲佳。利用整數規劃將有助於解決這個問題，以下將利用圖解的方式，解釋只是將無整數限制的問題解化整將有何問題。

7.5 圖解賽浦路斯俱樂部的問題

利用圖解，可找出賽浦路斯俱樂部問題的可行區域（忽略整數限制），如圖7.1的最上方，最適解（$X_1 = 2$，$X_2 = 4.25$）及利潤線也同時表示在圖上。如果將這個解化整，得$X_1 = 2$，$X_2 = 4$，目標函數值爲 36,800人。

圖7.1下方的圖，是表示整數問題的可行區域，注意這個問題只有有限個整數解。

圖 7.1

賽浦路斯俱樂部問題，放鬆線性規劃和整數線性規劃的可行區域

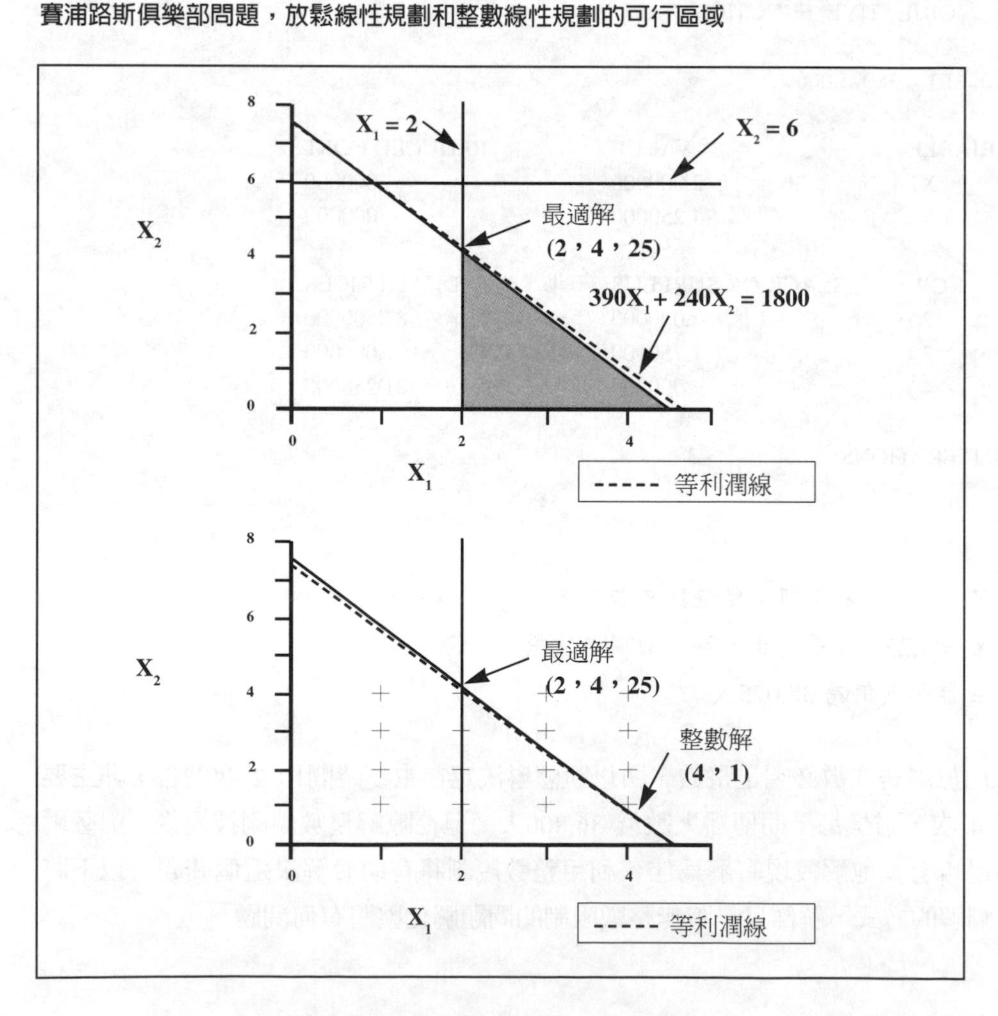

因爲現有解是針對無整數限制的線性規劃問題求解，而非針對整數規劃，因此必須找出針對整數問題的最適解，這可以利用等利潤法達成。畫一條等利潤線，讓這條線通過原無限制線性問題的最適解，可以看出這條線並不經過任何可行的整數點。爲要找出可行的整數解 M，必須將原問題的目標函數線（等利潤線）往原點方向移回，直到它碰到任何一點可行的整數解。等利潤線經過的第一整數點是（4，1），因此，這就是整數問題的最適解，目標函數值爲37,900人，較原本利用化整求出的解高了1,100人。雖然利用圖解法可以說明整數規劃的基本概念，但只限於能用在二個決策變數的問題中。如果問題的決策變數多於二個，必須利用其他技術。

7.6 整數問題的放鬆線性規劃及化整

在一個整數規劃問題中，如果變數值的整數要求被消去，這個問題即被稱爲整數問題的**放鬆線性規劃**（linear programming （LP）relaxation）。對於某些問題而言，先放鬆整數限制、求得解後再化整可以得到適當的解，但有時候化整法求出的解可能很差，或者根本找不出可行解。

假設放鬆後問題的最適解是$X_1=275.37$，$X_2=454.96$，分數部份佔總值的比例可以說是說十分微小，如果化整爲275及455，對經理人而言，仍將是一個有用的解。這個整數解可能是可行，或是經理人可以獲得一些額外的資源，使其非常接近可行。雖然這不必然是最適解，但也可能非常接近最適解。但如果某個放鬆後問題的最適解是$X_1=1.45$，$X_2= 3.38$，將之化整，對求解結果可能會有重大影響。如果將X_1向上化整爲2，而非向下化整爲1，將會使整個結果相差達一倍。1與2之間、275與276的絕對差異都是1，但相對差異或差異百分比卻相差很大。

因此，當決策變數值很大時，從經理人的觀點而言，化整放鬆問題求出的解可能是令人滿意的。當決策變數值很小時，化整解可能就失去其參考價值。在賽浦路斯俱樂部的例子中，化整的解較整數規劃解的結果爲差。

7.7 求解技巧

利用電腦及適當的套裝軟體，線性規劃問題可以在短期內求出解。在求解規模與線性問題相等的整數規劃問題時，一般而言較困難，需要較多的電腦運作時間。在極端龐大的整數規劃問題中，可能要花非常多的時間，才能找出最適解。有些套裝軟體允許使用者設定所需時間上限，電腦及利用在這段時間找出的可行區域求解，即使這並不必然是最適解。

在求解一般整數線性規劃問題時，通常使用二種求解技術，即切面法（cutting plane method）與分枝法（Branch and Bound B & B Algorithm），這二種方法都可用於任何形式的整數規劃問題。

有些0-1問題中可以列出所有的可能解，以求得最適解。但當問題的規模增加時，所列出的可能解數目將會很龐大。如一個問題中如果有10個變數必須是0或1，則可能性就有2^{10}=1,024種。有n個0-1變數，可能性就有2^{n}種。因爲有太多可能性，明確地將所有數目列出的方法需要許多時間，分枝法是一種隱性列出所有可能的方法，可以有效求解整數規劃問題。

切面法

切面法是以整數線性規劃的放鬆求解爲基礎，如果放鬆問題所求出的最適解是整數，則這同時也將是整數規劃的最適解。如果不是整數最適解，就必須在問題中加入限制式或切面，來排除非整數解，但不會排除任何的整數點。如果加入切面後，對新線性規劃問題求出的最適解是整數，則這必定是整數規劃的最適解。如果最適解仍非整數，就要再加入新切面。繼續以上過程，直至找出整數解爲止。

因爲要求解時要加入的切面可能很多，使得電腦需長時間運作，因此，切面法的應用較不普遍。利用切面法時，在最適解找出來之前，所有放鬆問題的最適解均非整數。因爲對經理人而言只有整數解有意義，因此，除非找到最後的整數最適解，否則無可行解。

分枝法

大部份的整數規劃軟體都應用分枝法，分枝法一開始是求解整數線性規劃的放鬆問題，如果求出的最適解是整數，則必也是整數問題的最適解。如果不是整數，則對非整數解的變數加入限制式，將可行區域分成二個部份，被分開的可行區域會產生一個次問題，之後求解這個次問題。同時，找出目標函數值的上界及下界，用以決定在找出最適解時，哪一個次問題可以被消去，不再考慮。如果次問題仍無法產生整數最適解，必須再繼續分割問題。

與切面法相較，分枝法的主要優點，是很快就可以找出一些很好的整數解。從經理人的觀點而言，即使找出的解並非最適解，好的整數解也有參考價值。

7.8 利用分枝法求解賽浦路斯俱樂部的問題

回到之前賽浦路斯俱樂部的廣告決策問題，以下將解釋如何利用分枝法求解最大化問題。將此問題以整數規劃方式表示，可得：

X_1 = 每星期主時段的廣告次數

X_2 = 每星期非主時段的廣告次數

最大化 $= 8{,}200X_1 + 5{,}100X_2$

受限於：

$$X_1 \geqq 2$$

$$X_2 \leqq 6$$

$$390X_1 + 240X_2 \leqq 1{,}800$$

$$X_1，X_2 \geqq 0，\text{且為整數}$$

注意在這個問題中，決策變數特別限制爲整數。要利用分枝法，第一步是要將整數限制放鬆並求解。將這個放鬆問題定義爲P1，解爲：

$X_1 = 2$

$X_2 = 4.25$

目標函數值為 38,075人

因爲X_2的值並非整數，因此必須進行其他步驟。先找出現整數問題中目標函數的上、下限。因爲整數問題的最適值不會比線性規劃問題好，因此，上界可訂爲38,075。爲了找出最初的下界，必須先找出可行區域。在這個問題中，是將線性

規劃的解化整為 $X_1 = 2$，$X_2 = 4$。檢查限制式後，此點為可行解，此點的目標函數值為：

$$8{,}200(2)+5{,}100(4) = 36{,}800$$

因此，可得出一個可行的整數解（雖然不必然是最適解），以作為比較之用。這個目標函數值可作為下限。如果化整解並非可行解，可以用其他方法找出最初的下限。

回到線性規劃問題P1，找出最適解中非整數的解，加入二個限制式，以分開整個問題，成為二個次問題。最適解時，可能是：

$$X_2 \leqq 4$$

或

$$X_2 \geqq 5$$

加入這二條限制式，可以將現有的非整數解消去，但不會消去任何整數點。將第一條限制式加入原本的問題P1，會產生一個新的次問題，稱為P2：

最大化 $= 8{,}200X_1 + 5{,}100X_2$

受限於：

$$X_1 \geqq 2$$
$$X_2 \leqq 6$$
$$390X_1 + 240X_2 \leqq 1{,}800$$
$$X_2 \leqq 4$$
$$X_1，X_2 \geqq 0$$

必須注意 $X_2 \leqq 4$的限制式使得 $X_2 \leqq 6$變成多餘，因此，可以將限制式 $X_2 \leqq 6$消去，以簡化問題。但以下仍保留此限制式，以便對分枝法作完整說明。

求解線性規劃問題 P2 可得：

$$X_1 = 2.154$$
$$X_2 = 4$$

目標函數值為 38061.54

同樣地，將第二條限制式（$X_2 \geqq 5$）將入原始的線性規劃問題，可得第二個次問題，稱爲 P3。

$$\text{最大化} = 8{,}200X_1 + 5{,}100X_2$$

$$\begin{aligned} \text{受限於：} \quad X_1 &\geqq 2 \\ X_2 &\leqq 6 \\ 390X_1 + 240X_2 &\leqq 1{,}800 \\ X_2 &\geqq 5 \\ X_1, X_2 &\geqq 0 \end{aligned}$$

求解這個問題時，可以發現沒有可行解。圖7.2說明如何利用樹狀結構圖，以瞭解分枝狀況及所求出的解。圖7.2中並無任何最適解爲整數解，所以之前所找出

圖 7.2

賽浦路斯俱樂部問題中的最初分枝

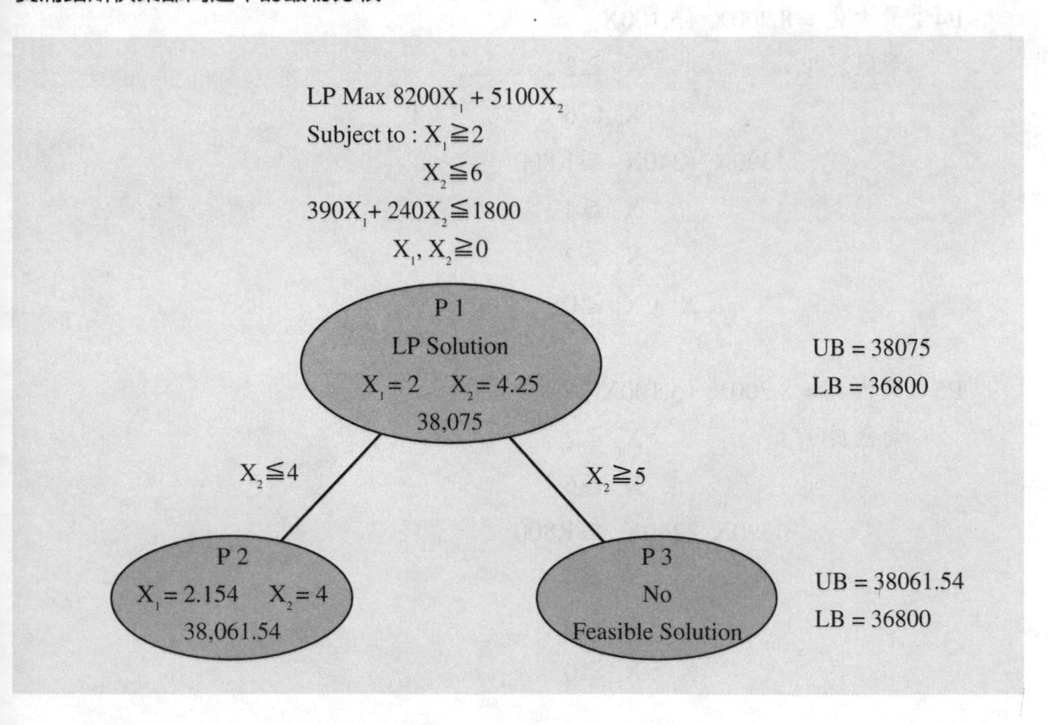

的下限不變。但上界必須改變，因爲分枝末端（即P2與P3）中，最佳的解變爲38061.54。較原先的上限爲低，因此變爲新的上界。

整數規劃問題的最適解，必定是落在分枝末端某個次問題的可行區域中。因爲當在原問題中加入限制式時，只會消去非整數點，使可行區域變小，而不會增加任何點，增加可行區域範圍。因此，在最大化問題中，必須不斷產生分枝的子問題，直到出現下列情形之一：

1. 找出一個整數解（如果最適函數值等於上界，這即是最適解，無須再考慮其他分枝）
2. 次問題中求出的目標值已經小於下界
3. 次問題無可行解

在賽浦路斯俱樂部的問題中，次問題開始於P2。P2中X_1變數值並非整數（$X_1 = 2.154$），所以要對X_1做出限制。因此，可知最適時可能的情形爲$X_1 \leqq 2$或$X_1 \geqq 3$。將以上限制加入P2中，可在多得二個次問題，分別稱作P4（$X_1 \leqq 2$）及P5（$X_1 \geqq 3$），如下所示：

P4：最大化 $= 8{,}200X_1 + 5{,}100X_2$

受限於：

$$X_1 \geqq 2$$
$$X_2 \leqq 6$$
$$390X_1 + 240X_2 \leqq 1{,}800$$
$$X_2 \leqq 4$$
$$X_1 \leqq 2$$
$$X_1, X_2 \geqq 0$$

P5：最大化 $= 8{,}200X_1 + 5{,}100X_2$

受限於：

$$X_1 \geqq 2$$
$$X_2 \leqq 6$$
$$390X_1 + 240X_2 \leqq 1{,}800$$
$$X_2 \leqq 4$$
$$X_1 \geqq 3$$
$$X_1, X_2 \geqq 0$$

注意在P4中，$X_1 \geqq 2$與 $X_1 \leqq 2$的限制式可以合併，變成 $X_1=2$，而 $X_2 \leqq 6$仍是多餘限制式，可以消去。在P5中，$X_1 \geqq 2$也是多餘限制式，因為 $X_1 \geqq 3$。

求解這二個問題的結果在圖7.3，注意P4的解是整數值，且等於下界。雖然這是次問題P4的最適解，但P4的可行區域只是原可行區域的一部份，因此不必然是整個問題的最適解，必須考慮其他分枝，看看是否有更好的解。對目前在分枝末端的次問題（P3，P4及P5）而言，最佳目標值出現在P5的37,987.5。這個值比之前的上界為低，因此成為新的上界。

P5的解在圖7.3的上方，並非整數最適解，且目標函數值仍高於下界，因此必須繼續其他步驟。如果這個目標值不比下界36,800為高，則無須考慮此一分枝，因

圖 7.3

賽浦路斯俱樂部問題中二個次問題集合

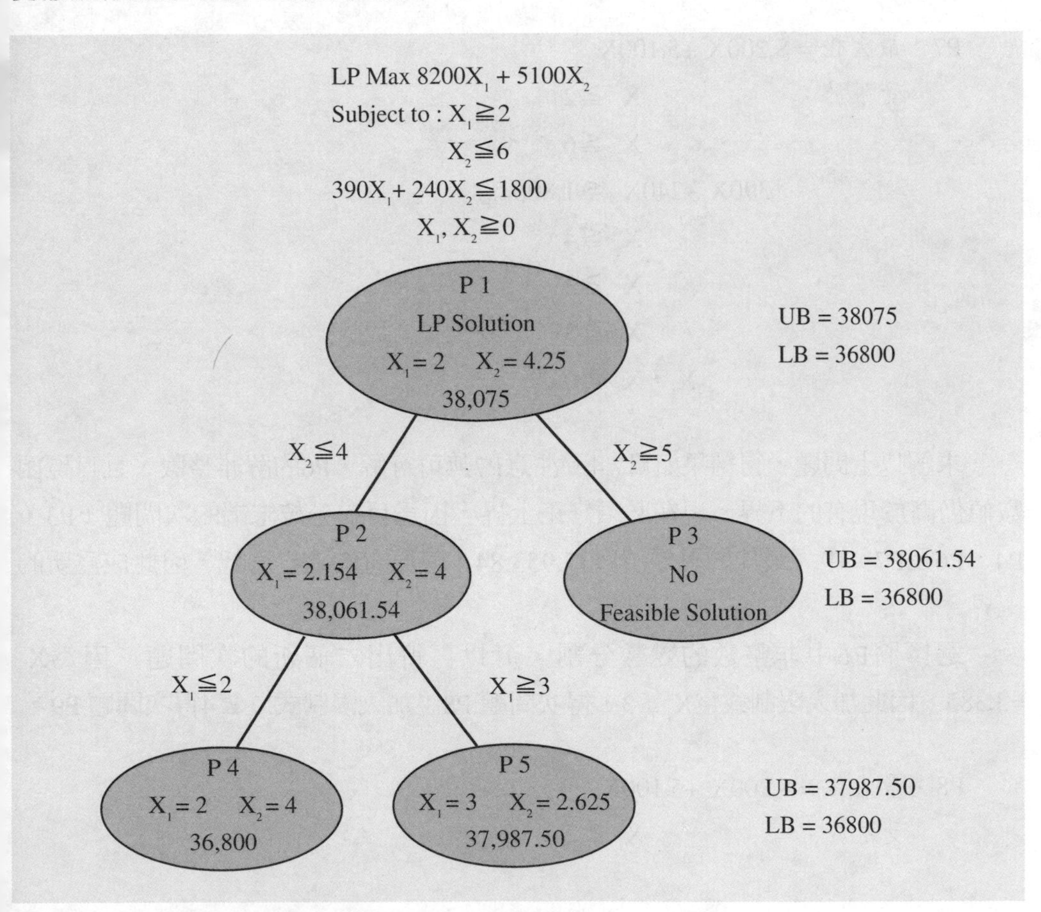

爲之後不會有任何次問題的解較現有的下界爲佳。因爲在P5中，非整數解是X_2（$X_2=2.625$），因此必須在從此分枝。加入$X_2 \leqq 2$的限制式，可以產生P6；加入$X_2 \geqq 3$，則產生P7，如下：

P6：最大化 $= 8,200X_1 + 5,100X_2$

受限於：

$$
\begin{aligned}
X_1 &\geqq 2 \\
X_2 &\leqq 6 \\
390X_1 + 240X_2 &\leqq 1,800 \\
X_2 &\leqq 4 \\
X_1 &\leqq 23 \\
X_2 &\leqq 2 \\
X_1，X_2 &\geqq 0
\end{aligned}
$$

P7：最大化 $= 8,200X_1 + 5,100X_2$

受限於：

$$
\begin{aligned}
X_1 &\geqq 2 \\
X_2 &\leqq 6 \\
390X_1 + 240X_2 &\leqq 1,800 \\
X_2 &\leqq 4 \\
X_1 &\geqq 3 \\
X_2 &\geqq 3 \\
X_1，X_2 &\geqq 0
\end{aligned}
$$

求解以上問題，得結果如圖7.4。注意P7無可行解，P6的解非整數，且目標函數值仍高於現有的下界。現在必須修正上界，因爲目前分枝末端的次問題（P3，P4，P6及P7）中，最佳的目標值爲37,953.84，較原有的上界爲低，因此成爲新的上界。

選擇將P6中非整數的變數分割，可以再得出二個新的次問題。因爲$X_1=3.385$，因此加入限制式爲$X_1 \leqq 3$，得次問題 P8；加入限制式$X_1 \geqq 4$得次問題 P9。

P8：最大化 $= 8,200X_1 + 5,100X_2$

受限於：

$$X_1 \geqq 2$$

圖 7.4

賽浦路斯問題中三個次問題集合

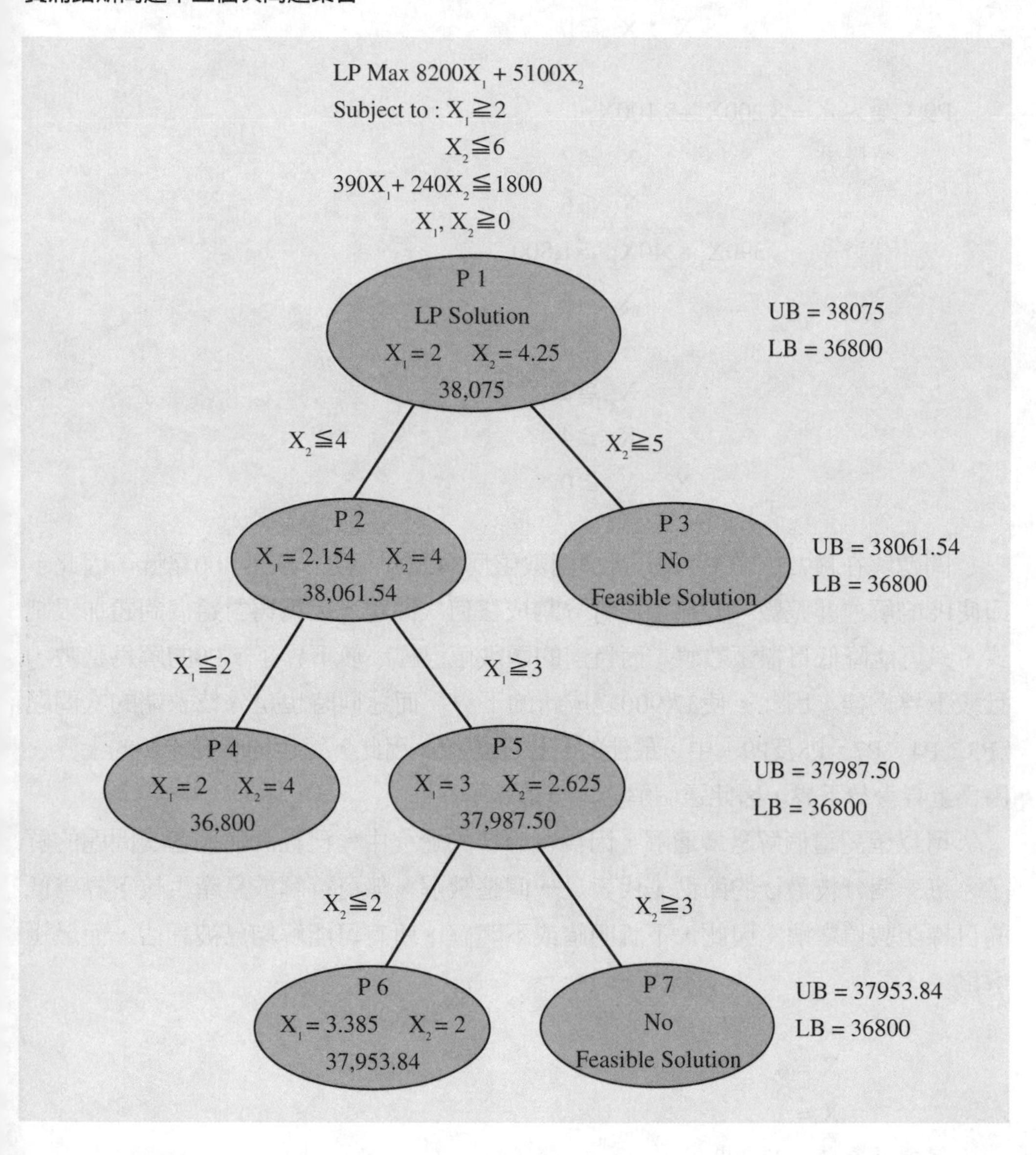

$$
\begin{aligned}
X_2 &\leqq 6 \\
390X_1 + 240X_2 &\leqq 1,800 \\
X_2 &\leqq 4 \\
X_1 &\geqq 3
\end{aligned}
$$

$$X_2 \leqq 2$$
$$X_1 \leqq 3$$
$$X_1，X_2 \geqq 0$$

P9：最大化 $= 8{,}200X_1 + 5{,}100X_2$

受限於：

$$X_1 \geqq 2$$
$$X_2 \leqq 6$$
$$390X_1 + 240X_2 \leqq 1{,}800$$
$$X_2 \leqq 4$$
$$X_1 \geqq 3$$
$$X_2 \leqq 2$$
$$X_1 \geqq 4$$
$$X_1，X_2 \geqq 0$$

問題解在圖7.5。在P8中，目標函數值爲34,800，較下界36,800爲低，因此，即使P8的解並非整數，亦無須再行分割成任何次問題。因爲再對這個問題加限制式，只可能降低目標函數值，而目前的函數值已經小於下界了。P9的解爲整數，且較下界爲佳，因此，使37,900變成新的下界。而這同時也是分枝末端的次問題（P3，P4，P7，P8及P9）中，最佳的目標函數值，因此，這也同時變成新的上界。因爲上界等於下界，因此這個解必定爲最適解。

可以確認這個解是最適解，因爲在分枝的過程中，已經評估過各次問題的解了。每一個分枝最後的節點，代表是一個整數解、無可行解或是產生較下界爲低的目標函數值之解。因此，不論明確或不明確，所有可能解均已被評估，而最適解爲：

$$X_1 = 4$$
$$X_2 = 1$$
目標函數值 $= 37{,}900$

對賽浦路斯俱樂部的經理凱薩琳而言，這個解是有意義的，可以看出公司要在主要時段買4次廣告，在非主時段買1次，而這將使傳播人數達37,900。與線性規劃解化整的結果相比，原解爲在主要時段買2次廣告，在非主時段1次，傳播人數

圖 7.5

賽浦路斯俱樂部問題的最後解

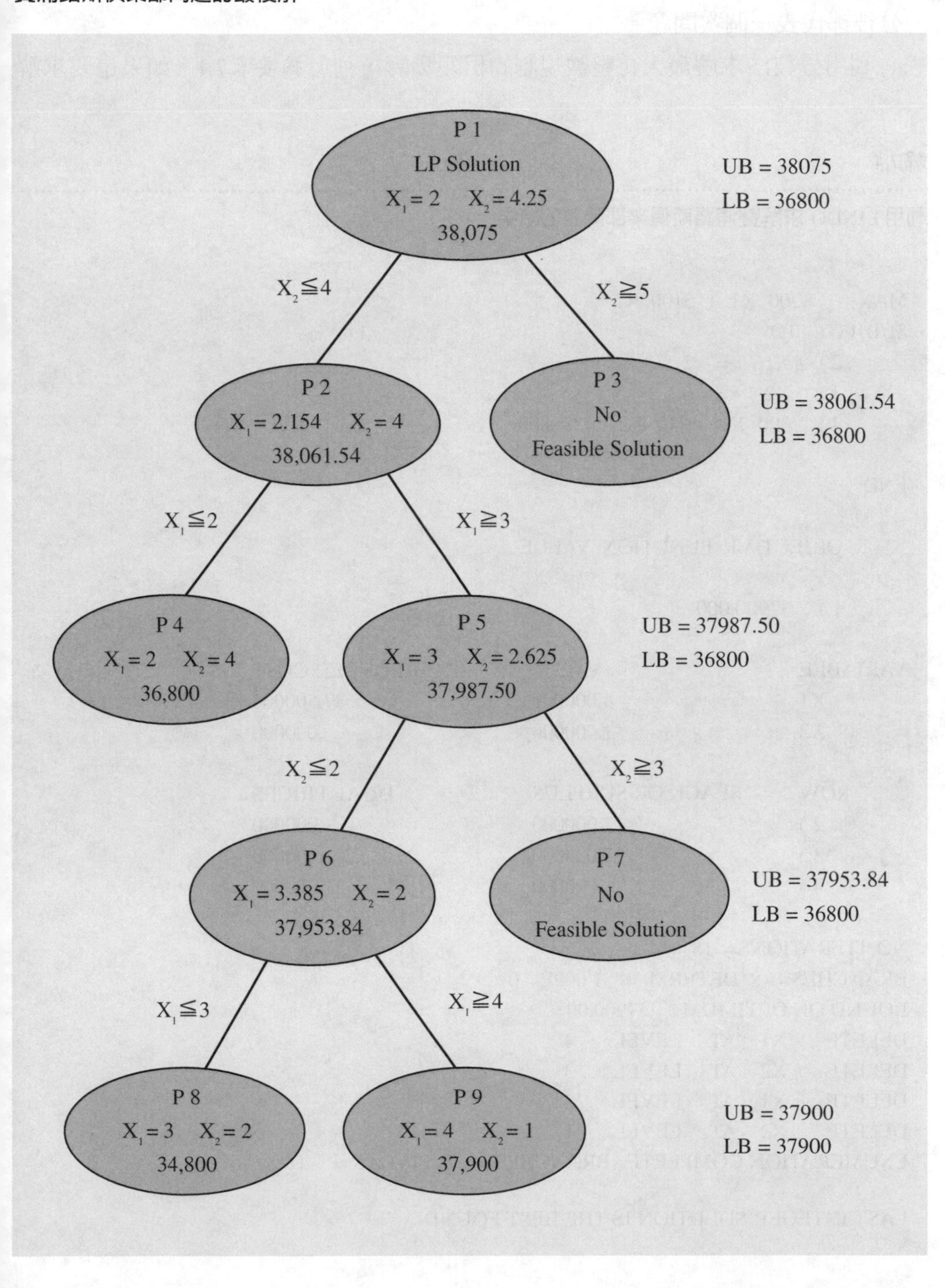

為36,800。因此，利用整數規劃求解，可使凱薩琳的廣告傳播人數多1,100人。

解7.4是利用LINDO求解這個問題結果。注意求解此問題實用了8次分枝，每一分枝都代表一個次問題。

利用分枝法求解最大化整數規劃的相關步驟，列於摘要表7.1。如果是要求解

解 7.4

利用 LINDO 求解賽浦路斯俱樂部問題的結果

```
MAX      8200  X1  +  5100  X2
SUBJECT   TO
        2 )    X1   >=   2
        3 )    X2   <=   6
        4 )    390  X1  + 240  X2  <=   1800

END

        OBJECTIVE  FUNCTION  VALUE

        1 )    37900.000

VARIABLE                    VALUE              REDUCED COST
      X1                 4.000000                 87.500000
      X2                 1.000000                   .000000

     ROW        SLACK OR SURPLUS               DUAL PRICES
       2 )               2.000000                   .000000
       3 )               5.000000                   .000000
       4 )                .000000                 21.250000

NO. ITERATIONS=  18
BRANCHES=   8  DETERM. =    1.000E   0
BOUND ON OPTIMUM :    37900.00
DELETE      X1    AT    LEVEL      4
DELETE      X2    AT    LEVEL      3
DELETE      X1    AT    LEVEL      2
DELETE      X2    AT    LEVEL      1
ENUMERATION COMPLETE.  BRANCHES =   8  PIVOTS =    18

LAST INTEGER SOLUTION IS THE BEST FOUND
```

最小化問題，只要作一些細微的修改，將上界與下界的意義反轉。步驟一中求解出放鬆問題的解，這個解的目標函數值即是整數規劃的下界。同樣在步驟一中，上界（即同等於最大化問題中的下界）可以由檢驗法或其他方法求出。在步驟四中，分枝終點求出的最佳解，變成新的下界。在步驟五中，次問題的最佳整數解變成新上界，其餘的方法不變。

摘要表 7.1

分枝法摘要

步驟 1：求解放鬆的線性規劃問題，訂出上界=線性規劃問題的最適目標函數值，找出整數規劃的任一可行解，求出下界。

步驟 2：找出在線性規劃中非整數解的變數，利用加入限制式，一為小於等於整數部份，一為大於等於下一個整數部份。將這二條限制是加入之前的問題中，產生二個次問題。

步驟 3：求解新產生的問題。

步驟 4：選擇各分枝中最佳的解，將其變成新的上界。

步驟 5：如果某個次問題的解為整數，且其目標函數值高於下界，將這個目標函數值訂為新的下界。如果上界=下界，則這個解就是最適解。如果不相等，則繼續。

步驟6：找出所有次問題中的可行但非整數解，找出其中最佳的目標函數值，回到步驟2。

7.9 關於分枝法的其他問題

雖然在求解整數問題時，分枝法是最為廣泛應用的技術，且理論上能應用在任何整數問題，但實際上仍有一些問題。之前所介紹的範例規模很小，在大型問題中，次問題的數目可能會很多，對電腦記憶體的容量是一大考驗。同時因為有很多子問題，將使得電腦所需的處理時間加長。因此，許多電腦軟體允許在電腦運作時間或是次問題的數目上做限制，使電腦即使無法找出最適解，在短時間內也可以找出很好的解，讓經理人能選擇目前現有的最佳解。有些軟體允許使用者

全球觀點—整體規劃協助貝爾實驗室將研發費用作最適分配

研究與發展是使產業在全球競爭中立於不敗的關鍵，但成本一般都是相當可觀的。有相同利益的公司如果可以集資成立一獨立的研發公司，常可以避免獨立支付龐大的研發成本。有七個地區性的電話公司就採取此種方法，共同成立了貝爾通訊實驗室(Bell Communication Research, Bellcore)。實驗室的目標之一，是要盡力提供最有價值的研發成果給這七家公司， 這七家公司被稱爲是貝爾實驗室的客戶公司（Bellcore Client Companies)，簡稱爲BCCs。

實驗室將研發成果組織成爲產品（如同步影像網路），每一個產品中都包含了幾個不同的計畫。雖然每個計畫都還可能包含其他更小型的子計畫，但實驗室是將一個個計畫視爲最小的銷售單位，整套出售給其客戶。某些重要計畫對整體產業的發展影響深遠，是由七個公司共同贊助，而其他計畫則由各公司分別選擇，可由BCCs中一個至七個公司分別支持。每一個BCCs在選擇支持計畫時，總是在預算限制下，選擇對自己最有價值的，只有付費者才有權利使用研發成果。

有時候BCCs會主動要求實驗室進行要求進行額外的計畫，實驗室的研究員會利用整數規劃來安排，只在主要計畫完成之後才滿足客戶的需求。這個限制使得每一個BCCs都能維持預算額度，同時又能進行高收益的計畫。利用這個模型，在不影響各公司投入的選擇性計畫預算下，實驗室較從前多參與了約30%的額外計畫；且自此之後，整數規劃即成爲貝爾實驗室預算規劃的一部份。

資料來源：Hoadley, B., P. Katz, and A. Sodrian, January-February 1993. Improving the Utility of the Bellcore Consortium. *Interfaces* 23(1): 27-43.

做一些特別設定，當上界與下界之間的差距範圍達特定百分比以內，即停止繼續分枝。因此，在可以接受的範圍內，經理人可以依據自己的需求設定差距，不一定要等到上界等於下界時才停止求解。

利用特殊的規則，可以對分枝法可以有許多不同的修正，如可以設定當不同變數值均非整數時，要選擇何者予以分枝，或是如何選擇次問題、以作爲下一次的分枝等。如果能在求解的過程中作較有效率的選擇，將可大幅縮短求解時間。

7.10 目標規劃

線性規劃及整數規劃所處理的問題都是單一目標，但現實上經理人想要達成的目標可能是多重的。經理人或許希望能追求利潤最大，同時使某個特定部門的閒置時間達到最小。在這種情形下，將無法利用線性規劃技術求解，而必須使用**目標規劃**（goal programming）去處理此類問題。此外，在處理無可行解的線性規劃問題上，目標規劃也可以有所助益。

目標規劃的基本方法，是要先界定要達成的特定目標，如要達成的目標利潤值，或是要利用的總工時。這些目標以限制式的方式出現在問題中，但這些目標限制並非完全無可改變，而是有一些可容許的變動存在。代表這些變動的變數有二種，分別是超過目標變數（overachievement variables）或不足目標變數（underachievement variables）。目標規劃中的目標函數，就是要使這些目標的變異達到最小。如果目標的總和變異爲0，則表示完全達成目標。

7.11 將目標規劃問題公式化

以下將以爲湯普森電腦公司的問題爲例，來解釋如何將目標規劃問題公式化。這個公司生產二種個人電腦—BP6及BP8型。表7.3的資訊，是這二種電腦所創造的利潤及所需的製造成本。目前可用的工時包括電子技師每星期480小時、裝配及包裝線200小時，如果必要時也可加班。另外，經理也希望使二個部門的閒置時

表 7.3

湯普森電腦公司的利潤及成本資料

	利潤	所需電子技師工時	所需裝配與包裝工時
BP6型	$30	3	1
BP8型	$70	4	2
每週工時（小時）		480	200

間達到最小。公司的管理當局決定每種類型至少每星期生產70單位，以滿足顧客的需求。雖然利潤很重要，但經理並不要求達到最大利潤，只要每星期的利潤至少有$7,000即可，這是他的利潤目標。

以上的敘述與之前的線性規劃問題相似，唯一的差異，是經理的目標是多重而非單一。爲了要將上述問題公式化爲一個目標規劃問題，首先要確認出問題中的特殊目標及限制式。目標如以下：

1. 每星期所創造的利潤至少爲$7,000
2. 每星期利用電子技師的工時爲480小時。
3. 每週利用裝配及包裝的工時爲200小時。
4. 每週至少生產BP6型的電腦70部。
5. 每週至少生產BP8型的電腦70部。

以上這些條件，經理人會將其訂爲目標，而非嚴格的限制式。若問題中有其他嚴格的限制式，必須如處理之前的線性規劃問題一般，公式化爲限制式。

建立限制式

在確認目標之後，就必須定義出決策變數，然後加入問題中。而每一個目標都將以限制式的形式，出現在問題中。

在這個問題中，決策變數定義爲：

X_1 = BP6型電腦每週的產量
X_2 = BP8型電腦每週的產量

之後，將利用這些變數來建立問題的數學形式，將五個目標寫成數學式如下：

$30X_1 + 70X_2 \geqq 7{,}000$　利潤
$3X_1 + 4X_2 = 480$　電子技師工時的利用狀況
$X_1 + 2X_2 = 200$　裝配及包裝工時的利用狀況
$X_1 \geqq 70$　BP6型的需求
$X_2 \geqq 70$　BP8型的需求

如果這些限制式僅以目前的形式出現，在求解時，就必須要求完全滿足；然而這些限制式實際上只是目標，應容許這些限制式在最後未滿足，因此，必須要定義一些**偏離變數**（deviational variables），並放入目標限制中。如在第一條限制式中，使：

d_1^+ = 利潤超過\$7,000的部份

d_1^- = 利潤不足\$7,000的部份

將這二個變數加進限制式，可得等式如下：

$$30X_1 + 70X_2 - d_1^+ + d_1^- = 7,000$$

這使得最後算出的利潤可以超過或低於7,000。有（+）號的偏離變數（如d_1^+）通常稱爲**超過目標變數**（overachievement variables），而（-）號的偏離變數即是**不足目標變數**（underachievement variables）。超過目標變數與剩餘變數相似，不足目標變數與需變數相似。

爲將其他目標限制式也做相同的處理，定義出下列變數，將可容許目標值變異：

d_2^+ = 電子技師工時超過480小時的部份
d_2^- = 電子技師工時不足480小時的部份
d_3^+ = 裝配及包裝工時超過200小時的部份
d_3^- = 裝配及包裝工時不足200小時的部份
d_4^+ = BP6型需求超過70部的部份
d_4^- = BP6型需求不足70部的部份
d_5^+ = BP8型需求超過70部的部份
d_5^- = BP8型需求不足70部的部份

後四條限制式可以表示成：

$3X_1^+ + 4X_2 d_2^+ + d_2^- = 480$　　電子技師工時的利用狀況
$X_1 + 2X_2^- d_3^+ + d_3^- = 200$　　裝配及包裝工時的利用狀況

$$X_1 - d_4^+ + d_4^- = 70 \quad \text{BP6型的需求}$$
$$X_2 - d_5^+ + d_5^- = 70 \quad \text{BP8型的需求}$$

如果所有的偏離變數值均為 0，則表示所有的目標均達成，而沒有超過目標或不足目標的問題。如果有任何偏離變數值不為 0，則與這個變數對應的目標，將出現超過或不足目標的問題。

建立目標規劃的目標函數

因為在完全達成目標時的狀態，是所有的偏離變數值均為 0，因此，目標規劃問題的目標，即是要使某些或所有的偏離變數總和達到最小。

要使目標函數公式化，需先決定目標函數中要包含哪些偏離變數。第一個目標是要達到每星期利潤為$7,000，但如果更多也無妨。如果利潤超過$7,000，表示d_1^+值為正。因此，毋須最小化d_1^+，但要使d_1^-最小化，因為如果這個變數是正值，表示利潤低於目標值。另外二條工時目標限制（即限制2及限制3）是要儘量利用可用勞力，並避免加班，因此，要儘量使偏離變數d_2^+、d_2^-、d_3^+與d_3^-最小化。關於最後二條限制，經理人決定如果產量超過70部不會有問題，但必須使這些目標不足的情形達到最小，也就是是要使d_4^-與d_5^-達到最小。因此，目標函數為：

最小化 $= d_1^- + d_2^+ + d_2^- + d_3^+ + d_3^- + d_4^- + d_5^-$

受限於：

$$30X_1 + 70X_2 - d_1^+ + d_1^- = 7000 \quad \text{利潤}$$
$$3X_1 + 4X_2 - d_2^+ + d_2^- = 480 \quad \text{電子技師工時的利用狀況}$$
$$X_1 + 2X_2 - d_3^+ + d_3^- = 200 \quad \text{裝配及包裝工時的利用狀況}$$
$$X_1 - d_4^+ + d_4^- = 70 \quad \text{BP6型的需求}$$
$$X_2 - d_5^+ + d_5^- = 70 \quad \text{BP8型的需求}$$

X_1、X_2、d_1^+、d_1^-、d_2^+、d_2^-、d_3^+、d_3^-、d_4^+、d_4^-、d_5^+、$d_5^- \geqq 0$

利用線性規劃電腦軟體求解，可以得結果如解7.5。在此所使用的偏離變數符號不同，超過目標變數定義為O_i，不足變數定義為U_i，解為：

$X_1 = 62.22$　　BP6型的產量

$X_2 = 73.33$　　BP8型的產量

$d_3^+ (O_3) = 8.89$　　超額使用包裝與裝配工時

解 7.5

利用 LINDO 求解湯普森公司的目標規劃問題

```
MIN     U1 + O2 + U2 + O3 + U3 + U4 + U5
SUBJECT  TO
      2)  U1 + 30 X1 + 70 X2 - O1  =  7000
      3) - O2 + U2 + 3 X1 + 4 X2  =  480
      4) - O3 + U3 + X1 + 2 X2  =  200
      5)  U4 + X1 - O4  =  70
      6)  U5 + X2 - O5  =  70

END

LP  OPTIMUM FOUND AT STEP         5

      OBJECTIVE  FUNCTION  VALUE

      1)   16.666670

VARIABLE              VALUE          REDUCED COST
     U1             .000000              .933333
     O2             .000000              .333333
     U2             .000000             1.666667
     O3            8.888889              .000000
     U3             .000000             2.000000
     U4            7.777778              .000000
     U5             .000000             1.000000
     X1           62.222220              .000000
     X2           73.333340              .000000
     O1             .000000              .066667
     O4             .000000             1.000000
     O5            3.333333              .000000

      ROW    SLACK OR SURPLUS        DUAL PRICES
       2)           .000000            -.066667
       3)           .000000             .666667
       4)           .000000            1.000000
       5)           .000000           -1.000000
       6)           .000000             .000000

NO. ITERATIONS=  5
```

d_4^- (U_4) =7.78　　　　　　BP6型產量低於目標值　70
d_5^+ (O_5) =3.33　　　　　　BP8型產量高於目標值　70

所有其他的偏離變數值均爲 0。

評估解7.5後，發現電腦產量並非整數解，但因爲這是每星期平均產量，所以非整數解是可以接受的。某部電腦可以在這個星期開始生產，然後在下個星期才完成，所以在這個問題中，分數是有意義的，不需要用整數規劃處理。裝配及包裝要加班8.89小時（d_3^+ =8.89），而每種類型的電腦產量都不等於目標值（d_4^- =7.78，d_5^+ =3.33 ）。因爲其他的偏離變數值均爲 0，所以知道利潤目標$7,000可達成，而且電子技師的利用工時也正好等於480小時。

對公司的管理當局而言，這個解不必然可行，可能會有一些問題，使得經理人必須去修改參數，以得到更佳的結果。在公司產能範圍允許的情形下，每週各生產70部的要求是否必要？如果是，則不容許有達不到目標的情形發生，而必須消去不足目標變數，而後二條限制式即變成：

$X_1 - d_4^+ = 70$　　　　BP6型的需求
$X_2 - d_5^+ = 70$　　　　BP8型的需求

如果每星期能加班的最多時間有限制，就必須將這種情況加入限制式。假設每個部門每星期加班不得超過 5小時，就必須加入以下二條限制式：

$d_2^+ \leqq 5$　　　　電子技師的加班時數限制
$d_3^+ \leqq 5$　　　　裝配與包裝線的加班時數限制

如果以上這些條件是限制而非目標，只要將偏離變數消去即可。

對目標函數而言，因爲各偏離變數的權數完全相同，表示重要性是完全一樣；但事實上，每一個偏離變數的意義不同，重要性也應有不同。偏離變數d_1^- 與d_1^- 代表利潤目標的變異，而d_4^- 與d_5^- 則代表不同型電腦的產量變異。如果利潤的變異1單位、也就是0.04%，與BP6型的產量變異1單位、是4%的變異，重要性是否相等？利潤目標變異1單位，與加班時間變異1單位的重要性又是否相同？在求解過程中，只將不同意義的變異加總、求最小值，只是使結果逼近目標，但對經理人

應用一利用目標規劃來建立新的電腦整合製造（CIM）實驗室

1987年時，密蘇理大學的電機系接受了一次捐贈，有人捐出一塊約5,072平方呎的土地，供學校興建電腦整合製造（computer integrated manufacturing, CIM）實驗室。系上將這個試驗室視爲珍貴的資源，希望用來激發教學，甚至最後發展成密蘇理的產業科技中心。大學當局計畫將這個實驗室向全校開放，供所有的工學院與研究中心使用。由於各單位的利益不盡相同，很自然地，對於如何規劃這項新設施，出現了許多互相矛盾的觀點與討論。

密蘇理大學電機系機房

電機系因此成立了一個規劃小組，向工學院提出規劃建議案。首先，這個小組利用分析層級法（analytic hierarchy process）找出實驗室要達成的目標，並將教學、研究、以及學術服務的目標將以排序。同時，他們也確認出實驗室應劃分爲15個部份，每一個部份專門負責一個或多個目的。之後，小組在利用序列線性目標規劃，求解出這15個部份應設置的地點。爲了能執行序列的目標規劃，小組成員利用之前所排出的目標序列爲基礎，從優先次序最高的目標開始求解，並將優先目標的解作爲次要目標的限制式，繼續求解。

得出序列目標規劃的求解結果後，稍做一些修正，增加更多的設備，工學院的規劃委員會便據此進行實驗室的規劃、興建工程。整體而言，藉助目標規劃求解，使CIM實驗室最後得以滿足各項不同的需求。

資料來源：Benjamin, C. O., I. C. Ehie, and Y. Omurtag, 1992. " Planning Facilities at the University of Missouri-Rolla." *Interfaces* 22(4): 95-105.

而言，這並不必然是一個令人滿意的結果。因此，在求解目標規劃時，經常會使用加權目標，以區別不同目標的重要性。

7.12 加權目標規劃

若每一項目標的重要性都相同，在目標規劃中，只要求出使目標函數值最小的解就可以了。但如果有些目標比起其他重要 2倍（3倍或是其他倍數），就必須對相關的偏離變數加重權數。若有些目標具有絕對的優先性，可依據重要性訂出各目標的優先性，並以序號顯示。優先性較高的目標必須先滿足，之後再逐項考慮其他。

加權目標

考慮湯普森電腦公司的範例，假設經理認為工時目標（目標 2與目標 3）比利潤目標重要 4 倍；同時，最後二個與產量有關的目標利潤目標比重要 8 倍。將這些目標分別給予不同的權數，就可以藉修改目標函數值，以反映出各目標的重要性。最不重要的目標權數為 1，其他目標的權數就乘以相關的倍數，就可以得出加權目標函數與問題如下：

最小化 $= d_1^- + 4d_2^+ + 4d_2^- + 4d_3^+ + 4d_3^- + 8d_4^- + 8d_5^-$

受限於：$30X_1 + 70X_2 - d_1^+ + d_1^- = 7000$　　利潤

$3X_1 + 4X_2 - d_2^+ + d_2^- = 480$　　電子技師工時的利用狀況

$X_1 + 2X_2 - d3^+ + d_3^- = 200$　　裝配及包裝工時的利用狀況

$X_1 - d_4^+ + d_4^- = 70$　　BP6型的需求

$X_2 - d_5^+ + d_5^- = 70$　　BP8型的需求

X_1、X_2、d_1^+、d_1^-、d_2^+、d_2^-、d_3^+、d_3^-、d_4^+、d_4^-、d_5^+、$d_5^- \geqq 0$

利用線性規劃套裝軟體求解，可得結果如下：

$X_1 = 70$　　BP6型的產量

$X_2 = 70$　　BP8型的產量

$d_2^+ = 10$　　超額使用電子技師工時

$d_3^+ = 10$　　超額使用包裝與裝配工時

所有其他的偏離變數值為 0。

以上這個解表示二種類型的電腦產量均為70單位，電子技師要加班10小時、包裝與裝配也要加班10小時，利潤以及其他目標可以完全達成。經理可能會對這個解較滿意，因為只有二個目標沒有達成，而且超額工時較短。

建立最小變異比例的權數

經理人很可能非常瞭解各目標的重要性，當他（她）認爲某項目標較其他重要2倍時，指的可能是最後的結果，而不是偏離變數間的關係。考慮湯普森電腦公司的範例，最初對於利潤目標的描述是：

$$30X_1+70X_2-d_1^{+}+d_1^{-}=7000$$

偏離目標1單位，表示與利潤目標差$1。如果將上述的目標改以千元爲單位，則目標式變成：

$$0.030X_1+0.070X_2-d_1^{+}+d_1^{-}=7$$

現在，偏離1單位表示相差$1000。目標函數式的規模改變，隱含了相同單位值的偏離影響完全不同，這與經理人當初設定目標的重要性完全無關。

爲了能更有效反應管理當局對目標以及偏離的觀點，在設定目標規劃的目標函數時，一般會使用偏離變數的相對比例值，而非絕對數值。其中一種作法，是將所變數除以對應的目標值（等式右邊的值）。利用這個方法，目標規劃中的目標函數會變成分數，若將這些變數再乘以100，最後求出的變數值，意義就變成是百分比。如在湯普森電腦公司的範例中：

$$\text{最小化}=(1/7000)d_1^{-}+(1/480)d_2^{+}+(1/480)d_2^{-}+(1/200)d_3^{+}+(1/200)d_3^{-}$$
$$+(1/70)d_4^{-}+(1/70)d_5^{-}$$

受限於：
$$30X_1+70X_2-d_1^{+}+d_1^{-}=7000 \quad \text{利潤}$$
$$3X_1+4X_2-d_2^{+}+d_2^{-}=480 \quad \text{電子技師工時的利用狀況}$$
$$X_1+2X_2-d_3^{+}+d_3^{-}=200 \quad \text{裝配及包裝工時的利用狀況}$$
$$X_1-d_4^{+}+d_4^{-}=70 \quad \text{BP6型的需求}$$
$$X_2-d_5^{+}+d_5^{-}=70 \quad \text{BP8型的需求}$$
$$X_1，X_2，d_1^{+}，d_1^{-}，d_2^{+}，d_2^{-}，d_3^{+}，d_3^{-}，d_4^{+}，d_4^{-}，d_5^{+}，d_5^{-}>0$$

利用LINDO求出的結果於解7.6中，摘要如下：

解 7.6

利用加權目標規劃求解湯普森公司的問題

```
MIN     0.0001428 U1 + 0.0020833 O2 + 0.0020833 U2 + 0.005 O3 + 0.005 U3 +
        0.01428 U4 + 0.01428 U5
SUBJECT  TO
        2)   U1 + 30 X1 + 70  X2 - O1   =   7000
        3)  - O2 + U2 + 3 X1 + 4 X2   =   480
        4)  - O3 + U3 + X1 + 2 X2   =   200
        5)   U4 + X1 - O4   =   70
        6)   U5 + X2 - O5   =   70

END

LP  OPTIMUM FOUND AT STEP     7

        OBJECTIVE  FUNCTION  VALUE

        1)    .70833000E-01

VARIABLE              VALUE              REDUCED COST
      U1            .000000                   .000085
      O2          10.000000                   .000000
      U2            .000000                   .004167
      O3          10.000000                   .000000
      U3            .000000                   .010000
      U4            .000000                   .004767
      U5            .000000                   .000000
      X1          70.000000                   .000000
      X2          70.000000                   .000000
      O1            .000000                   .000058
      O4            .000000                   .009513
      O5            .000000                   .014280

     ROW       SLACK OR SURPLUS              DUAL PRICES
      2)            .000000                  -.000058
      3)            .000000                   .002083
      4)            .000000                   .005000
      5)            .000000                  -.009513
      6)            .000000                  -.014280

NO. ITERATIONS=  7
```

$X_1 = 70$　　BP6型的產量

$X_2 = 70$　　BP8型的產量

$d_2^+ (O_2) = 10$　　超額使用電子技師工時

$d_3^+ (O_3) = 10$　　超額使用包裝與裝配工時

目標函數值為 $(1/480)d_2^+ + (1/200)d_3^+ = (1/480)10 + (1/200)10 = 0.0708$因此，最後的解偏離目標7.08%。

以下是另一個方法，這個方法可以對最後的解做出更清楚的解釋。在將變異變數加在目標函數之前，相除以對應的等式右邊值，讓每一條等式的右邊值都等於1。然後，再將所有等式乘以100。最後，偏離變數的意義，就會是偏離目標的百分比，目標函數值是總變異百分比。再以湯普森電腦公司的問題為例，修改成：

最小化 $= d_1^- + d_2^+ + d_2^- + d_3^+ + d_3^- + d_4^- + d_5^-$

受限於：

$(3000/7000)X_1 + (7000/7000)X_2 - d_1^+ + d_1^- = 100$　　利潤

$(300/480)X_1 + (400/480)X_2 - d_2^+ + d_2^- = 100$　　電子技師工時的利用狀況

$(100/200)X_1 + (200/200)X_2 - d_3^+ + d_3^- = 100$　　裝配及包裝工時的利用狀況

$(100/70)X_1 - d_4^+ + d_4^- = 100$　　BP6型的需求

$(100/70)X_2 - d_5^+ + d_5^- = 100$　　BP8型的需求

$X_1，X_2，d_1^+，d_1^-，d_2^+，d_2^-，d_3^+，d_3^-，d_4^+，d_4^-，d_5^+，d_5^- \geqq 0$

以上這些限制式都可化簡後求解，也可以利用套裝軟體求解。LINDO的求解結果在解7.7，結果摘要如下：

$X_1 = 70$　　BP6型的產量

$X_2 = 70$　　BP8型的產量

$d_2^+(O_2) = 2.08$　　超額使用電子技師工時

$d_3^+(O_3) = 5.00$　　超額使用包裝與裝配工時

在這個解中，偏離變數的意義是偏離的百分比，目標函數值是7.08，表示偏離目標7.08%。與解7.6相比，結果是相同的。

解 7.7

LINDO 利用加權比例目標規劃求解湯普森公司的問題

```
MIN      U1 + O2 + U2 + O3 + U3 + O4 + U5
SUBJECT  TO
        2 )   U1 + 0.42857 X1 + X2 - O1  =  100
        3 )  - O2 + U2 + 0.625 X1 + 0.83333 X2  =  100
        4 )  - O3 + U3 + 0.5 X1 + X2  =  100
        5 )   U4 + 1.42857 X1 - O4  =  100
        6 )   U5 + 1.42857 X2 - O5  =  100

END

LP  OPTIMUM FOUND AT STEP     7

        OBJECTIVE  FUNCTION  VALUE

        1 )    7.0833030

VARIABLE                    VALUE           REDUCED COST
      U1                  .000002               .000000
      O2                 2.083198               .000000
      U2                  .000000              2.000000
      O3                 5.000103               .000000
      U3                  .000000              2.000000
      U4                  .000000               .512498
      U5                  .000000               .416668
      X1                70.000070               .000000
      X2                70.000070               .000000
      O1                  .000000              1.000000
      O4                  .000000               .487501
      O5                  .000000               .583332

     ROW        SLACK OR SURPLUS            DUAL PRICES
      2 )                 .000000             -1.000000
      3 )                 .000000              1.000000
      4 )                 .000000              1.000000
      5 )                 .000000              -.487501
      6 )                 .000000              -.583332

NO. ITERATIONS=  7
```

若有些目標具絕對的優先次序，在規劃時需先考慮這些目標，且在求使其他變異數最小化時，不可影響最優先的目標。這種情形必須利用有優先性的目標規劃。

7.13 有優先性的目標規劃

有優先次序（preemptive priorities）目標規劃的意義，是指在目標規劃問題中，將各目標依重要性排列。最重要的目標優先性最高，必須先考慮優先目標，再依序滿足其他目標。一旦滿足最優先的目標後，再考慮次優先的目標；以最高級目標的最小變異值作爲限制式，求解第二級目標。只有在考慮完前二級的目標後，才會考慮第三優先的目標。一直持續這個過程，直到考慮完所有的目標爲止。

利用湯普森公司的範例，求解有優先次序的目標規劃問題

第一步，要決定目標的優先順序。假設利潤目標最重要，爲第一級，二個工時目標都是第二級，而產量目標都爲第三級，整個問題如下：

最小化 $= P_1d_1^- + P_2d_2^+ + P_2d_2^- + P_2d_3^+ + P_2d_3^- + P_3d_4^- + P_3d_5^-$

受限於：$30X_1 + 70X_2 - d_1^+ + d_1^- = 7000$ 利潤

$3X_1 + 4X_2 - d_2^+ + d_2^- = 480$ 電子技師工時的利用狀況

$X_1 + 2X_2 - d_3^+ + d_3^- = 200$ 裝配及包裝工時的利用狀況

$X_1 - d_4^+ + d_4^- = 70$ BP6型的需求

$X_2 - d_5^+ + d_5^- = 70$ BP8型的需求

X_1，X_2，d_1^+，d_1^-，d_2^+，d_2^-，d_3^+，d_3^-，d_4^+，d_4^-，d_5^+，d_5^- $\geqq 0$

其中，P_1，$4P_2$ 與 P_3 並不代表任何數字，只是一些優先順序。

以下，將用標準的目標規劃技術求解，雖然，如果利用套裝軟體求解的效率較高。

求解有優先順序的目標規劃問題

要求解以上的問題，必須從第一級的目標開始：建立一個只有該項目標的偏

離變數，求最小值。在湯普森的例子中，第一級的目標是利潤目標，因此，目標函數就是不足偏離（d_1^-），第一級的目標規劃為：

最小化 $= d_1^-$

受限於：$30X_1 + 70X_2 - d_1^+ + d_1^- = 7000$ 利潤

$3X_1 + 4X_2 - d_2^+ + d_2^- = 480$ 電子技師工時的利用狀況

$X_1 + 2X_2 - d_3^+ + d_3^- = 200$ 裝配及包裝工時的利用狀況

$X_1 - d_4^+ + d_4^- = 70$ BP6型的需求

$X_2 - d_5^+ + d_5^- = 70$ BP8型的需求

$X_1，X_2，d_1^+，d_1^-，d_2^+，d_2^-，d_3^+，d_3^-，d_4^+，d_4^-，d_5^+，d_5^- \geqq 0$

利用線性規劃技術求解，最適目標值為 0，表示利潤目標可以完全達成。當在將其他目標變異最小化時，必須維持第一級的目標，因此，在求解第二級目標規劃時，必須將第一級的最小變異數當作是限制式，因此，第二級目標規劃要多加一條限制式：

$d_1^- = 0$

求解第二級的問題時，要將第一級的結果加入成為限制式後，再求第二級目標的最小偏離變數值。在處理第二級的目標時，同樣地，經理人也希望能儘量達成目標，也就是要儘量使偏離變異數值為 0。因此，第二級的目標函數是要使對應的偏離變數總和達到最小，整個問題為：

最小化 $= d_2^+ + d_2^- + d_3^+ + d_3^-$

受限於：$30X_1 + 70X_2 - d_1^+ + d_1^- = 7000$ 利潤

$3X_1 + 4X_2 - d_2^+ + d_2^- = 480$ 電子技師工時的利用狀況

$X_1 + 2X_2 - d_3^+ + d_3^- = 200$ 裝配及包裝工時的利用狀況

$X_1 - d_4^+ + d_4^- = 70$ BP6型的需求

$X_2 - d_5^+ + d_5^- = 70$ BP8型的需求

$d_1^- = 0$ 第一級目標函數值限制式

$X_1，X_2，d_1^+，d_1^-，d_2^+，d_2^-，d_3^+，d_3^-，d_4^+，d_4^-，d_5^+，d_5^- \geqq 0$

利用電腦軟體求解以上問題，得出目標函數值爲8.8889，是最小的目標偏離值。

在求解出第二級的目標規劃後，將這個最小的目標函數值訂爲限制式，以求解第三級的目標規劃問題。因此，在第三級目標中，要再多加入一條限制式，是：

$$d_2^+ + d_2^- + d_3^+ + d_3^- = 8.889$$

接著，就可以依據第三級目標變異的情形，建立新的目標函數。在第三級目標中，希望每一種電腦的產量都至少達成70單位。d_4^- 與d_5^- 代表產量超過70單位，經理人並不在乎超過變數的變異。在這種情形下，第三級目標規劃問題是：

最小化 = $d_4^- + d_5^-$

受限於：

$30X_1+70X_2-d_1^++d_1^- = 7000$	利潤
$3X_1+4X_2-d_2^++d_2^- = 480$	電子技師工時的利用狀況
$X_1+2X_2-d_3^++d_3^- = 200$	裝配及包裝工時的利用狀況
$X_1-d_4^++d_4^- = 70$	BP6型的需求
$X_2-d_5^++d_5^- = 70$	BP8型的需求
$d_1^- = 0$	第一級目標函數值限制式
$d_2^+ + d_2^- + d_3^+ + d_3^- = 8.889$	第二級目標函數值限制式

X_1，X_2，d_1^+，d_1^-，d_2^+，d_2^-，d_3^+，d_3^-，d_4^+，d_4^-，d_5^+，d_5^- $\geqq 0$

求解結果爲：

$X_1 = 62.222$	BP6型的產量
$X^2 = 73.333$	BP8型的產量
$d_3^+ = 8.889$	超額使用包裝與裝配工時
$d_4^- = 7.778$	BP6型產量不足70單位的部份
$d_5^+ =3 .333$	BP8型產量超過70單位的部份
目標函數值為 7.777	第三級目標偏離值

其他所有變數值為 0

因爲這是問題中優先次序最低的問題，因此，解出第三級的目標後，也就代表解出整個問題。總而言之，整個問題的第一級目標可以完全達成（d_1^+ 與 d_1^- = 0，利潤爲7,000），第二級的目標（工時目標）會偏離8.889，第三級的目標（產量目標）不足7.778。

關於目標規劃問題的其他事項

在執行目標規劃時，必須瞭解如何訂定目標的優先次序與權數。有時候，必須將權數與優先次序這二種技術合併使用。在湯普森電腦公司的範例中，如果經理在考慮工時利用時，較偏好儘量利用完所有工時，次偏好加班，就必須給各對應的偏離變數不同權數，如在第二級的目標規劃問題中，將不足變數的權數訂爲2，使目標函數變成：

$$\text{最小化} = d_2^+ + 2d_2^- + d_3^+ + 2d_3^-$$

可以利用之前的方法求解。

在應用加權目標規劃時，最困難的問題是如何指定適當的權數。經理人可能知道各目標的重要順序，但不必然知道相對的重要程度。如果應用的技術是有優先次序的目標規劃，就可以避免這項難題；但有優先次序的目標規劃技術有一些隱含的意義，就是第一級的目標絕對比任何其他層級的目標更重要，這個假設不必然適用所有問題。

在利用套裝的線性規劃軟體求解時，如果目標規劃問題有優先次序，使用者可能會將第一級的目標偏離值給定很高的權數，將第二級的目標權數降低，再依次降低權數。如，在湯普森的問題中，經理人可能將第一級的偏離變數權數訂爲1,000,000，第二級的權數爲10,0000，第三級爲1,000。這種作法在概念上完全可行，但權數太大時，會發生電腦將變數值化整的問題，應予以避免。

7.14 摘要

本章中，介紹如何將問題寫成整數規劃的形式，利用 0-1 法，使經理人可以處理很多問題，而分枝法是另一種整數規劃的求解技術。

在面臨多目標問題時，可以用目標規劃技術求解。目標規劃技術中，目標函數是求偏離變數總和的最小值。如果給各偏離變數不同的權數，可以協助經理人區別個別目標的重要性。利用有優先次序的目標規劃，可以使經理人依據目標的優先次序進行規劃，先滿足優先性高者，再依序考慮其他目標。

在使用任何線性規劃技術時，最後經理人都必須進行評估，以判斷模型所提供的建議是否適用。雖然，利用電腦軟體所求出的解必定是問題的最適解，但問題可能在一開始設定模型時就已經發生，所設計出的模型不必然能眞實反應經理所關心的問題。經理人的責任，就是必須確認模型的適當性。

字彙

0-1整數規劃問題（0-1 integer programming problem）：變數值爲1或0的規劃問題。

0-1變數（0-1variables）：變數值必爲0或1的變數，也稱作**二項式變數**（binary variables）。

分枝法（Branch and Bound B & B Algorithm）：在求解整數規劃問題時，最常見的技術。

切面法（Cutting plane method）：在求解整數規劃問題時的技術。

偏離變數（Deviational variables)：在目標規劃問題中，用來代表允許偏離目標幅度的變數。

一般整數變數（General integer variables）：變數值限制爲整數，但不必然限制爲0-1變數。

目標規劃（Goal programming）：一種線性規劃的技術，應用這種技術可以同時考慮多個目標，而不只限於一個。

放鬆線性規劃（Linear programming (LP) relaxation）：在整數規劃問題中，先放鬆整數限制。

混合整數線性規劃問題（Mixed integer linear programming problem）：有些變數必須是整數，而其他不必的整數規劃問題。

超過目標變數（Overachievement variables)：在目標規劃問題中，用來代表超過目標值的偏離變數。

優先次序（Preemptive priorities）：在目標規劃問題中，將各目標依重要性排列。

純粹整數問題（Pure integer problem）：所有變數都必須是整數的規劃問題。

不足目標變數（Underachievement variables)：在目標規劃問題中，用來代表不足目標值的偏離變數。

問題與討論

1. 為何在可以利用放鬆整數規劃，然後再化整求解的情形下，會有經理人卻要選擇要複雜的整數規劃求解法？
2. 假設經理人在將問題公式化為線性規劃模型時，發現必須將所有變數值限制為整數。與之前原始的線性規劃問題相比，加上新限制的可行區域有何不同？
3. 與一般的線性規劃問題相比，整數規劃問題的解是否可能較好（即是目標函數值較好）？試解釋為什麼是或為什麼否？
4. 請解釋如何利用分枝法求解整數規劃問題。
5. 在利用分枝法求解整數規劃問題時，會選擇將非整數的解加以分割，變成另外二個子問題。試解釋為何子問題的解為何不能好過最初的上界？
6. 在整數線性規劃問題，如果所有偏離變數值均為0，所代表的意義為何？
7. 假設某決策者利用將最優先的目標給定非常高的權數，藉此來求解有優先次序的目標規劃問題，這樣作會出現什麼問題？
8. 試解釋為何在目標規劃問題解中，不可能出現對應的偏離變數同時為正數的情形？（如，不會同時得出$d_1^+ = 5$與$d_1^- = 8$的解）
9. 假設在一個有優先次序的目標規劃問題中，第一級的目標是要d_1^-最小化，解出的目標函數值為120。試解釋為何在求解稍後階段的問題時，不會出現使$d_1^- < 120$的解？
10. 假設在利用線性規劃技術求解時，某個問題不具可行解。要如何利用目標規劃求解這個問題？
11. 建築公司正在考慮三個計畫—小型的公寓社區、小型的購物中心以及小型的批發中心。每一個案子各年所需的成本不同，淨現值也不同，下表示相關的資訊，單位為千元：

	淨現值	第一年	第二年
公寓	18	40	30
購物中心	15	30	20
批發中心	14	20	20

公司可用資本在第一年爲$80,000，第二年爲$50,000元。

a. 將這個問題公式化爲一個整數規劃問題，目標爲使淨現值達到最大。

b. 求解問題a，在使淨現值最大的前提下，公司會投資哪些計畫？每年的投資金額爲多少？

12. 回到習題11：

a. 假設公寓社區與購物中心的案子相關聯，公司只有在投資公寓社區的前提下，才會考慮投資購物中心。在問題中加入這個限制，以反應眞實的情形。

b. 假設限制變成必須在三個案子中選擇投資二個，寫出這條新的限制式。

13. 在本章中賽浦路斯俱樂部的範例中，利用圖7.1，找出子問題的可行區域（子問題是指加入限制式後所產生的問題）。

14. 考慮下列的整數規劃問題：

最大化 $= 200X_1 + 100X_2 + 100X_3$

受限於：

$$X_1 + X_3 \geqq 2$$

$$X_1 + X_2 \leqq 6$$

$$91X_1 + 47X_2 + 35X_3 \leqq 1200$$

$$X_1，X_2，X_3 \geqq 0\text{，且為整數}$$

利用線性規劃軟體求解各子問題，利用分枝法求解整個問題。

15. 考慮下列的整數規劃問題：

$$\text{最大化} = 120X_1 + 160X_2 + 170X_3$$

受限於：

$$X_1 - X_3 \geqq 2$$
$$X_1 + X_2 \leqq 8$$
$$8X_1 + 7X_2 + 6X_3 \leqq 200$$
$$X_1，X_2，X_3 \geqq 0，\text{且為整數}$$

利用線性規劃軟體求解各子問題，利用分枝法求解整個問題。

16. 球季開始，籃球裁判團中的裁判現在正分別在4個城市中工作，執行裁判的任務，協助比賽進行。當這4個城市的賽事結束後，這些裁判必須再趕往下一組的4個城市，繼續工作各城市之間的距離如下：

	到			
從	堪薩斯城	芝加哥	底特律	多倫多
西雅圖	1800	1900	1850	2100
阿靈頓	500	800	950	1200
奧克蘭	1500	2100	2000	x
巴爾的摩	1300	800	600	400

從奧克蘭到多倫多的距離以 x 代表，因爲這是一條禁止指派的路線。每一爲裁判只能去一個城市、每一城市也只需要一位裁判。利用 0-1 變數，將這個問題公式化爲整數規劃問題，目標爲在總旅程數最小前提下的指派方式。利用電腦套裝軟體求解，在最適指派下，總旅程數爲多少？

17. 建築開發公司目前在三州都有工程進行，公司聘請了山姆、葛瑞以及琳達爲分區的銷售經理。依據過去的經驗及個人的背景，總經理預估他們在不同城市的表現，並將這些表現評分。分數爲1的表示能在最短的時間內完成銷售，是表現最佳的情形。總體的評分如下：

地點	山姆	葛瑞	琳達
#1	3	5	6
#2	5	6	6
#3	4	7	5

利用 0-1 變數，將這個問題公式化為整數規劃問題，目標為在總分數最小前提下的指派方式。每一個個人只能擔任一地的經理，每一個地區也只需要一位經理。利用電腦套裝軟體求解，在最適指派下，總旅程數為多少？

18. 三角電力公司供應三個城市的電力需求，公司有4組發電機，主發電機一天運轉24小時，只有在維修時才偶爾暫停運轉。其他三部次要的發電機（#1、#2與#3）工作時間較短，只有在需額外供電時才運轉。每一部發電機每次開工都會產生開工成本，#1號機的開工成本為$6,000、#2號機為5,000、#3號機為$4,000。每一部發電機的工作時間如下：如果是6:00A.M.開工，就連續工作8小時或16小時；如果是2:00P.M.開工，就連續工作8小時（到10:00P.M.停止）。除了主機器之外，其他所有的機器都必須在10:00P.M.之前停止。公司作了一些對電力需求的預估：在2:00P.M.之前，需求量會超過主機器所能供應的電力，超出的部份有3,200百萬瓦；2:00P.M.到10:00P.M.的用電量較大，超過的需求量達5,700百萬瓦。各機器的最大產能為：#1號機可以供應2,400百萬瓦、#2號機供應2,100百萬瓦、#3號機可供應#3,300百萬瓦。每運轉8個小時，每百萬瓦的成本分別為#1號機$8、#2號機$9、#3號機為$7。

    利用0—1變數，將這個問題公式化為整數規劃問題，目標為在成本最小前提下滿足電力需求。

19. 財務規劃師協助顧客處理$250,000的投資，可選擇的投資標的包括股票、債券及房地產。股票的預期收益為13%、債券為8%、房地產為10%。客戶所要求的最低報酬率為10%，當然，預期報酬率越高越好。在考慮投資風險時，客戶設有幾項原則，以決定可接受的風險水準：第一個風險目標，是債券的投資至少要占30%；第二個風險目標，是投資在房地產的金額不得超過投資股票與債券投資總和的50%。第三點是一項嚴格的限制式而非目標：三種投資標的的金額都不得超過$150,000。

a. 假設所有的目標都同等重要，將這個問題公式化為一個目標規劃問題。

b. 利用電腦軟體求解這個問題，每一項投資標的的金額為多少？預期收益率為多少？

20. 競選經理目前正在規劃宣傳活動，宣傳的管道有四種：電視、電台、宣傳板以及報紙。每一次的電視廣告成本為$900、電台為$500、一張宣傳板放置一個月為$600、每則報紙廣告為$180。每種管道可以傳播的人數預估為：電視館告為40,000人、電台廣告為32,000人、宣傳板為34,000人、報紙為17,000人，每月的宣傳預算為$16,000。競選經理的目標如下：

1. 傳播的總人數達1,500,000人。
2. 每月的宣傳花費不超出總預算。
3. 電視與電台的廣告總是必須為6次以上。
4. 每一種廣告方式都不能超過10次。

a. 將這個問題公式化為整數規劃問題，假設預算目標比其他目標重要2倍。

b. 利用電腦軟體求解。

c. 哪些目標可以完全滿足？哪些不能？

21. 回到習題20，假設現在要利用有優先次序的目標規劃技術求解。目標1最重要、目標2次重要、目標3與目標4同等重要，重要性再次於目標2。將這個問題公式化為一個整數規劃問題，並利用電腦軟體求解。

22. 回到習題20，假設現在放鬆「每一種廣告方式都不能超過10次」的限制式，改為每一種廣告方式都不能超過12次。加入必要的限制式，修改問題。

23. 考慮下列的目標規劃問題：

最小化 $= d_1^- + d_2^+ + d_2^- + d_3^+$

受限於：

$$4X_1 + 3X_2 + 3X_3 + d_1^- - d_1^+ = 100$$

$$5X_1 + 8X_2 + 4X_3 + d_2^- - d_2^+ = 220$$

$$X_1+2X_2+X_3+d_3^- -d_3^+ =90$$
$$X_1，X_2，X_3，d_1^-，d_1^+，d_2^-，d_2^+，d_3^-，d_3^+ \geqq 0$$

a. 從目標函數來看，是否所有的目標重要性都相同？
b. 從目標函數來看，經理人最希望滿足哪一個目標（即沒有超過或不足）？
c. 假設第一個目標表示工時目標，從目標函數來看，經理人希望避免加班或是避免出現閒置工時？

24. 回到前一個問題，將問題公式化爲加權目標規劃問題，目標爲使比例變異達到最小。使用與習題23中目標函數相同的偏離變數。
25. 莫爾邦公司生產三種電動果汁機——一般型、豪華型以及專業型。一般型需1.5小時的工時生產、豪華型2小時、專業型2.5小時。一般型的單位利潤爲$28、豪華型爲$32、專業型爲$35。公司每星期的總可用工時爲240小時，每一種型的需求預估爲60部。公司的管理當局希望達成以下的目標：

1. 將240小時的工時完全使用完畢。
2. 至少生產60部專業型的機器。
3. 至少生產60部豪華型的機器。
4. 至少生產60部一般型的機器。
5. 每星期的利潤至少要達成$3,500。

將這個問題公式化爲一個整數規劃問題，並利用電腦軟體求解。
26. 回到習題25，假設目標1比目標2、目標3、目標4都重要2倍，目標1比目標5重要3倍，將這個問題公式化爲一個整數規劃問題，並利用電腦軟體求解。
27. 回到習題25，假設所有目標都一樣重要，但經理人希望使偏離比例最小。將這個問題公式化爲一個整數規劃問題，並利用電腦軟體求解。
28. 假期即將來臨，一群大學生正爲此在規劃旅遊路線。他們要走幾哩路穿過樹林，最後才抵達營地。露營所需的物品必須打包，直接背到營區去。其中一位學生想攜帶的物品總共有8件，但總重量太重，無法負荷。因此，他決定要將各種物品的效用評分，分數從1－100，100爲最有用，這些物品的重量與效用如下：

物品	1	2	3	4	5	6	7	8
重量	8	1	7	6	3	12	5	14
效用	80	20	50	55	50	75	30	70

因爲要走的路很長，因此，他所能負荷的總重量只有35磅。將這個問題公式化爲一個 0-1 規劃問題，總重量限制爲35磅，目標爲使總效用最大。可利用套裝軟體求解。

29. 回到第六章分析的卡特花生醬公司的範例，將這個問題公式化爲一個整數規劃問題，用來求解新設工廠的地點及最適的運輸路徑。可用電腦軟體求解。

分析—城市規劃

一個城市若有一塊800畝的完整土地，就可以考慮各種規劃方案。城市規劃經理人的主要職責，就是要找出最佳的規劃方式。所謂「最好」的規劃，是指在投資金額有限的前提下，求投資收益的最大值。假設現有預算爲$5,000,000，第一年必須將預算花完，否則，預算將被回收。目前是政府手中仍有額外可用預算$2,000,000。是政府預估第二年可用預算至少爲$4,000,000，但不會多於$6,000,000。

可考慮的方案如下，淨現值與成本的單位都爲千元。

方案	所需面積（單位：畝）	淨現值	費用 第一年	用 第二年
1. 公園	60	-$20	$400	$300
2. 高爾夫球場	170	20	900	300
3. 國宅	185	-30	1,300	1,700
4. 工業區	150	65	1,400	1,200
5. 自來水廠	100	90	3,900	1,000
6. 運動場	80	-10	800	200
7. 野生保留地	250	0	400	0

因爲選舉逐漸來臨，因此，市政府決定必須在1、3、6項中至少選擇一項，以獲取民心；如果選擇 5，同時也必須選擇 4 或 7。

利用 0—1 變數，將這個問題公式化爲整數規劃問題。利用電腦軟體求解，求出應選擇的方案有哪些，並另外準備一份摘要報告。

分析—卡隆耐汽車公司

卡隆耐是美國一家汽車製造商，生產四種車型。在新的一年中，公司規劃的總產量爲300,000輛。因爲聯邦法對平均里程數有所規定，因此，公司所生產的車子平均里程數至少要達到每加侖30哩以上。公司的目標當然是希望使利潤達到最大，但同時也希望增加銷售量。新的一年中，公司的利潤目標是至少$90萬，目標銷售量是至少達到$800萬。

四種車的相關資訊如下：

車型	單位利潤	價格	每加侖平均里程數
A	$500	$7,500	42
Z	600	9,800	35
C	900	13,000	25
L	1,500	20,000	18

爲滿足市場需求，每一種類型的車子至少要生產40,000輛，但若小於此也無妨。

利潤目標是公司最關心的，較銷售目標重要3倍，較每一種車的最低產量目標重要5倍。公司必須遵守聯邦法的規定，同時，產量也必須是正好300,000部。

利用目標規劃技術，求解出每一種車型的產量，並另外準備一份摘要報告。

第8章

專案管理

8.1簡介

北極星潛艇火箭計畫開始於1950年代晚期，這是一項包含數以千計個作業項的專案，必須由一大群的作業人員合力完成。為了規劃、安排及控制整個專案的進行，發展出了一套**計畫評核術**（Program Evaluation and Review Technique，PERT）。同時，另一個完全獨立的專案也正展開，主要是用來規劃及維護化學工廠，這個由杜邦（Du Pont）公司及Ramington Rand公司發展出的技術，稱為**要徑法**（Critical Path Method，CPM），也是用來協助規劃、安排及控制專案的進行。計畫評核術及要徑法是分別發展出來的，經過近年來的演進，雖然二者之間仍有差異，但現在一般都混稱這種技術為計畫評核術／要徑法。一般而言，要徑法多用於專案時間確定的情形，計畫評核術則可用於專案時間不確定的情形，有時必須用估計。

資料來源：Photo courtesy of Kevin Kirwin, Regina. Villa Associates, Boston; courtesy of Massachusetts water Resource Authority.

計劃評核術與要徑法可以協助專案的管理，如波士頓港的清理專案。

這幾年，計畫評核術與要徑法常用於協助一些大型專案，如太空梭的發射、高速公路網的設計、軟體網路的建立、醫院的重新規劃及音樂廳的興建。在這一章，要介紹計畫評核術及要徑法的基本概念，不僅能用於安排專案的起始時間，同時也可用於預算規劃，以協助經理人檢查各階段實際成本與預估成本之差。同時，也要研究如何評估是否使用額外的資源，使專案在較短的時間內完成。

8.2 伽瑪公司的範例

伽瑪公司是一家專業公司，專門生產一些用於醫學測試的設備，目前這個公司正準備建造一部新型的測試機器。為求能領先其他的競爭者，伽瑪公司的管理當局希望新產品能儘早問世。公司必須根據之前建立相似專案的經驗，決定各項必要作業。由於之前的經驗豐富，經理人對於建造及測試各項軟、硬體所需的時間非常確定。但因為這個專案所需的人力正在執行另一個專案，經理人不知道有多少可用人力，能用來來進行這個專案。之所以會發生這種情形，是因為之前專案實際所需時間較預期為長，使得人力配置不如原先預期。經理人必須決定新專案是否必須因舊專案的延誤而延後。

8.3 作業畫分結構圖

在規劃伽瑪公司的專案時，第一步驟是要決定這個專案中有哪些作業項目。在一個完全的**作業畫分結構圖**（work breakdown structure，WBS）中，專案中所有的作業都會詳列在這個結構圖中，依次再畫分為其他更低階的子作業項目。從作業畫分結構圖中，經理人可以找出專案中所必要的、其他次級的作業組員，如系統工程師或程式設計師等，也可以同時安排人選。在伽瑪公司的範例中，假設專案中所有作業項如圖8.1。因為這是一個小型專案，所以圖8.1中並無子作業項目，無須進一步畫分。但為求完整說明作業畫分圖的結構，假設設計系統的作業還包括與設計工程師們會面研商、調查醫學工程專家的研究投入概況，以及將設計裝設為成品等，如圖8.2，以便其他次要作業項也包含在此圖中，一併說明作業畫分的完整過程。每項次要作業都以所屬的主要作業來編號，如果次要作業要再細

圖 8.1

最高階的作業畫分結構圖

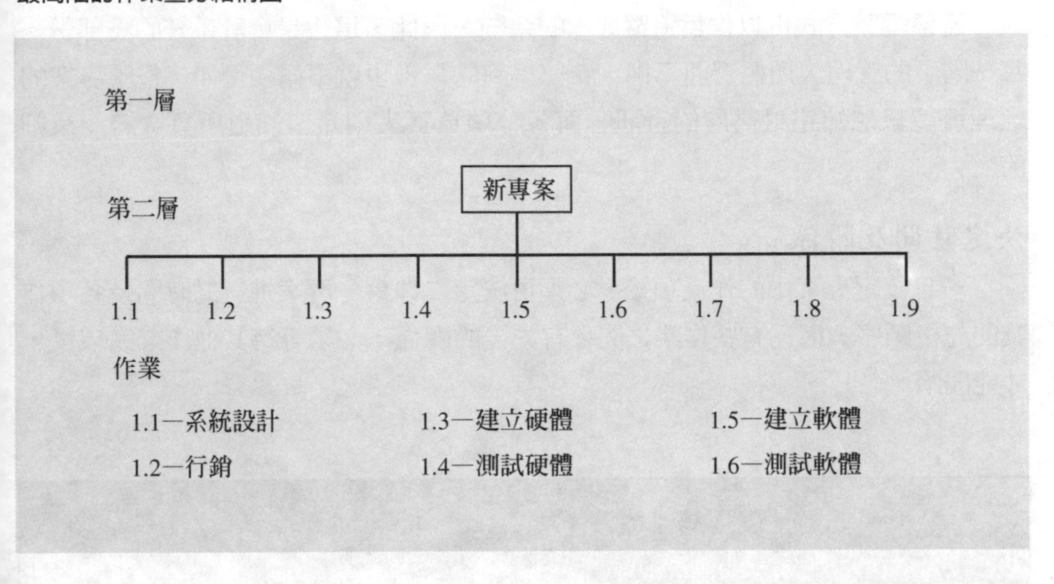

圖 8.2

細分的作業結構畫分圖

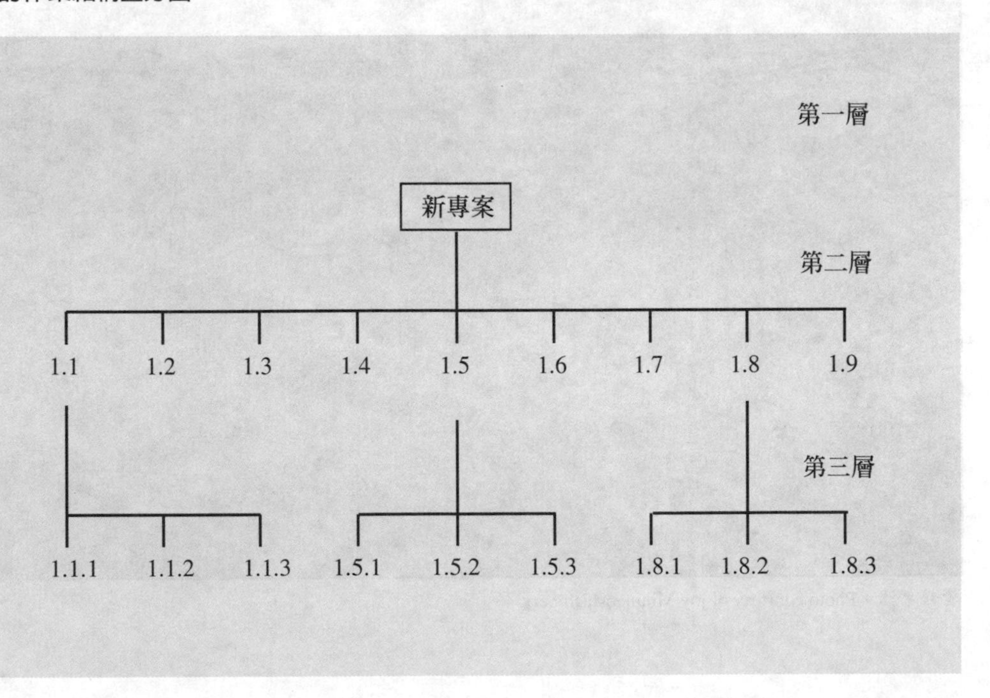

分，則更次要作業即可編號成如1.1.2.1或1.1.2.2，依此類推。因此，在完成整體的作業畫分圖後，透過這些編號，即可瞭解各項作業的層級。

這種編號方式可以作爲追蹤成本的系統，因此，這也是會計系統的一部份。每一階層的管理人所需資訊不同，希望得到的報告也就不同。例如，整體專案的經理可能只想知道最高層的資訊，而各分項負責人則希望知道所負責的作業細節。

決定時間及關係

一旦確定專案中的作業項後，必須再決定二件事—專案進行的時間及各項作業的先後順序，因爲有些作業之間會有先後的關係，必須等待其他作業完成後，才能開始。

專案中有些作業項目有先後的關聯。

資料來源：Photo courtesy of joy Mining Machinery.

伽瑪公司的範例中，在設計完成前，無法安裝硬體設備；而在硬體完成初步安裝前，也無法進行相關的測試作業。若某項作業必須在下一項作業開始之前完成，稱爲**直接先行者**（immediate predecessor）。表8.1分別列出伽瑪公司專案中各項作業、直接先行者及所需時間，假設時間爲已知且確定。如果並非確知，則必須估計。估計所要用的技術將在稍後介紹。

表 8.1

伽瑪公司專案中的各項作業、直接先行者及所需工時

作業項目	直接先行者	工時（週）
A. 設計系統	--	20
B. 市場調查專案	--	10
C. 建立硬體	A	15
D. 建立軟體	A	14
E. 測試硬體	C	4
F. 測試軟體	D	7
G. 測試系統	E, F	3
H. 準備相關文件	E, F	4
I. 公開上市之先行作業	B, G	3

表8.1將這個專案作一次綜覽。爲解釋如何實際應用計畫評核術／要徑法，我們將看看表8.1，並試著回答以下各項問題：

1. 如果所需人力在需要時即可立即完成調度、開始作業，在這種情形下，需要多少時間完成整個專案？需注意有些作業項目可能必須同時進行。
2. 專案中負責準備文件的作業人員何時必須開始作業？
3. 如果測試硬體的作業延遲了二個星期，對整個專案完成的時間有何影響？
4. 在不影響整體專案的預期完成時程的前提下，各項作業所能容許的延誤時間有多長？

以上只是這個專案中經理可能會想知道的幾個問題，雖然在小型專案中，以上這些問題無須利用計畫評核術／要徑法也可以回答，但在較大型、有數以百計作業項的專案中，利用如簡單的列表表8.1，並無法回答各項問題，也無法對專案作整體瞭解。計畫評核術／要徑法提供一套系統性的方法，使經理人能有效獲得相關資訊。

8.4 畫出網路

在計畫評核術／要徑法中，專案是以網路的方式呈現。一般較常見的二種網路圖是AOA（activity-on-arcs）及AON（activity-on-nodes）。本書中，所使用的是AOA網路，每一個作業項都以一個有方向箭頭表示。在AOA法中，網路中每一個圓圈或**節點**（nodes）代表專案中的**事件**（events），一個事件代表各項相關作業完成，同時也表示之後的一個或幾個作業與活動的開始。每個完整的網路代表一個專案，其中一定至少有二個節點，分別代表整體專案的開端與完成。每一個有方向的箭頭表示一項作業，可以用編號表示。有些電腦軟體將各節點編號，而作業的編號即是用其前後二個節點的號碼來表示。

在表8.1的伽瑪公司專案中，作業A無任何直接先行者，所以可以直接開始。在網路中，可以表示為：

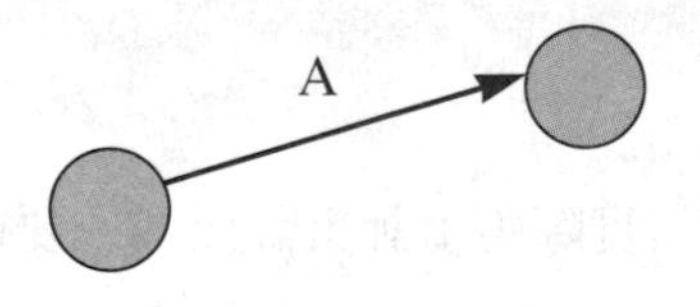

從作業A開始的節點代表整個專案的開端，尾端的節點表示完成作業A。因為作業B也無任何直接先行者，因此，也可以直接開始。將作業B加入之前的圖中，可得：

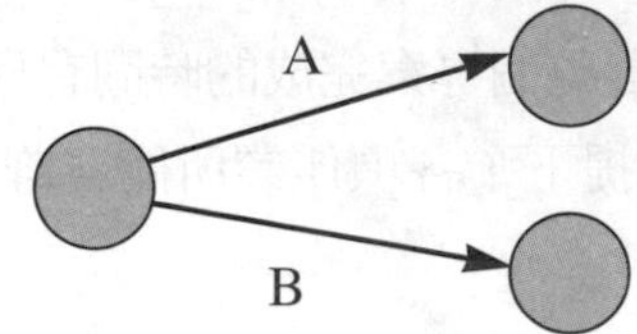

重複相同的步驟，可得出如圖8.3的網路圖。

注意作業E及F二者都是作業H及G的先行者，這表示表示必須有一個節點來代表E、F皆完成的事件，使代表這二個作業的箭頭同時在這個節點結束。在討論作業G時，可以看出這種帶有方向的AOA網路的優點。如果使用無箭頭的直線來表示各作業，將無法知道作業G到底是H或I的先行者。

H及I 之後都無作業項，在繪製網路時如果有所疏忽，可能會將代表這二項作業的箭頭，結束在不同的節點。但因爲代表整個專案完成的必須是一個單一節點，因此，代表無後續作業的作業箭頭，必須結束於相同的節點。

因爲各節點都有編號，所以可以將作業A可以稱爲作業1-2（因爲是開始於節點1，結束於節點2）。同樣的，作業F就可定義爲作業4-5。在專門用來運作計畫評核術／要徑法的電腦軟體中，經常會出現這種類型的符號用。

圖 8.3

以網路表示伽瑪公司的專案

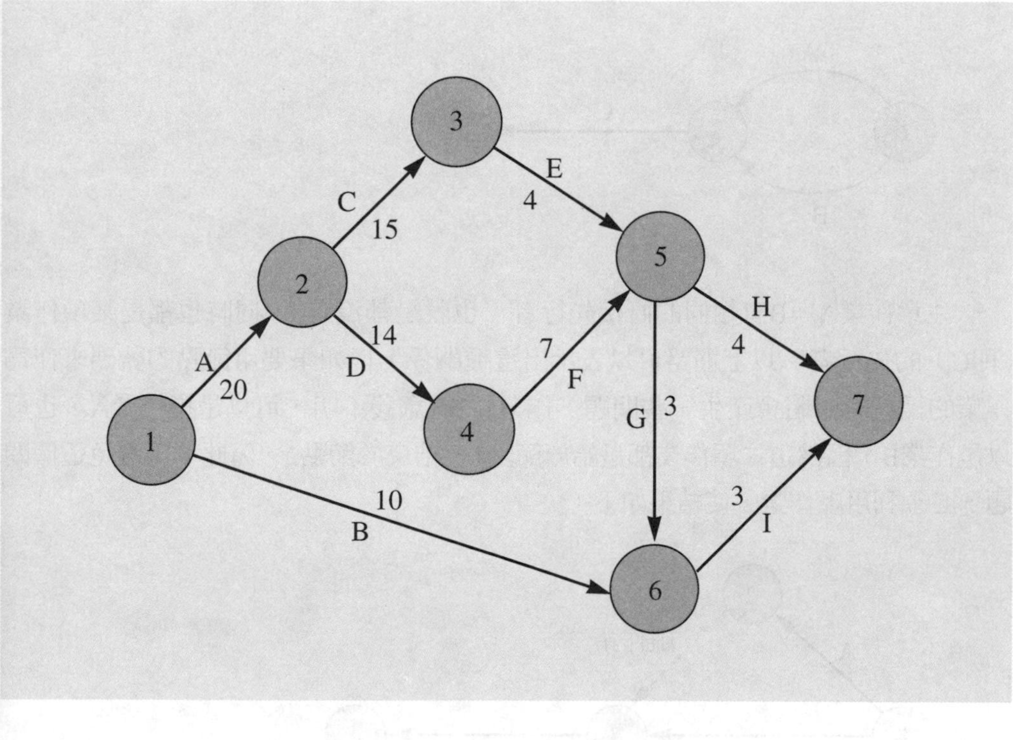

虛作業

有時，必須在網路圖中引進**虛作業**（Dummy Activity）。虛作業並不代表任何一項實際要執行的作業，只是表示一個前行關係，所需的作業時間爲 0。如果有二項作業有相同的直接先行者，同時又是某些作業的直接先行者，這種情形就需要用到虛作業。另外，如果二項作業同時是某些作業的直接先行者，而其中之一（並非二者都是）又是另項作業的先行者，也必須用到虛作業，下列範例將作一詳細說明。

假設現在考慮以下專案：

作業	直接先行者
A	--
B	--
C	A,B

如果不使用虛作業，畫出的網路圖是：

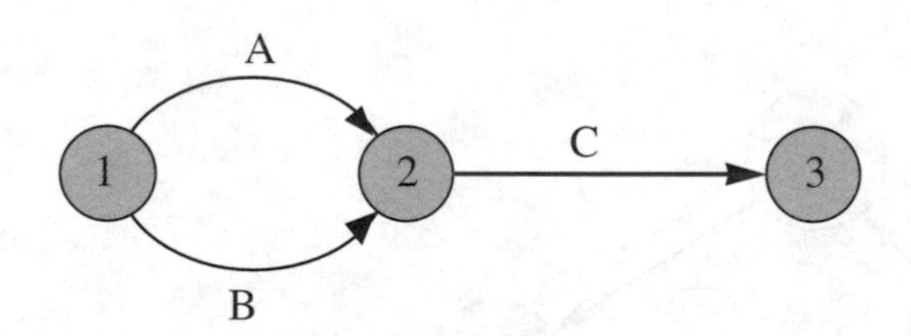

注意作業A與B有相同的直接先行者（也就是都沒有），同時也都是某項作業（即C）的先行者。以上網路可以表示出這種關係，但如果要用節點的號碼來作爲作業的編號時，將會產生一些問題。作業1-2的意義不明，可以是指作業A，也可以是作業B，因爲這二項作業都是始於節點1，結束於節點2。因此，爲避免這個問題，必須利用虛作業，使結果如下：

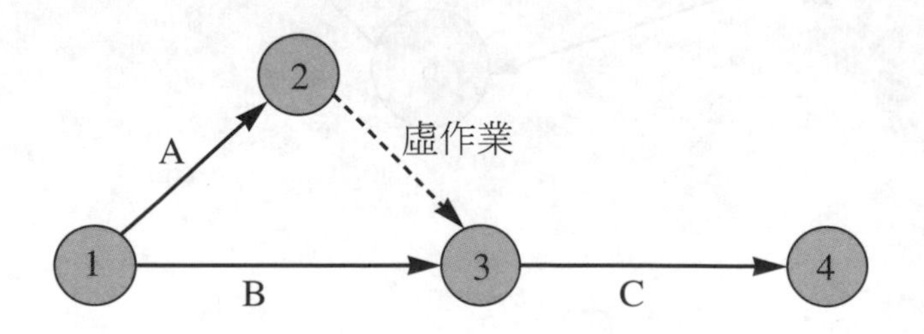

現在，作業 A 可以編號爲1-2，而B可編爲1-3，不會再有定義不清的情形。因爲虛作業是 C 的前行者，這也表示A是C的前行者。

另一個需要用到的情形，如下例：

作業	直接先行者
A	--
B	--
C	A
D	B
E	B, C

作業B及C是都是作業E的直接先行者，而B單獨是D的先行者。爲眞實反映以上的關係，考慮以下的網路：

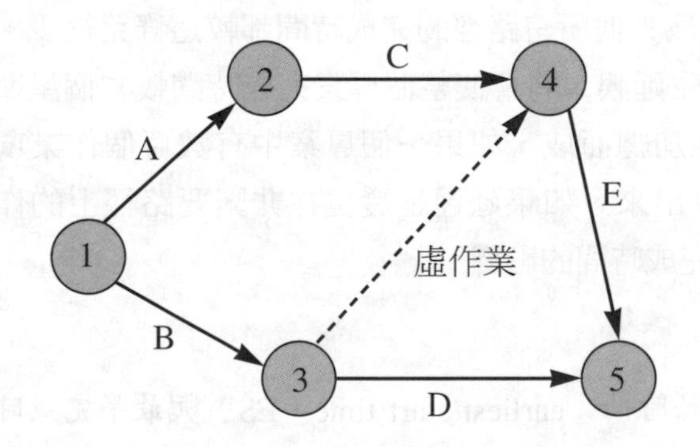

如果不使用虛作業，繪出的網路將會顯示只有 C 是 E 的先行者。如果將 E 從節點3、B 結束的節點畫出來，也會產生類似的問題。如果希望 B 與 C 結束在相同的節點，就畫不出 D 只有一個先行者 B 的情形。

8.5 找出緊要路徑

一旦畫出專案的網路圖後，就要決定整個專案所需得時間。爲了達到這個目的，先要找出**緊要路徑**（critical path）。在網路中，路徑是指連接起開始與結束節點的作業集合。將各項作業所需時間的資訊放入路徑中加總，即可以知道透過各種路徑完成專案的時間。當起點節點與終點節點透過路徑完成連結時，也就是總體專案完成時，因此，完成專案最長所需的時間，即是各條路徑中所花費最長的時間。這條最長的路徑稱爲緊要路徑，因爲對一個專案而言，這條路徑上的作業都是重要的項目。緊要路徑任何作業的延遲，將會延誤整個專案。

在小型的專案中，可以很簡單的列出各項路徑，然後決定每條路徑的時間。如在伽瑪公司的範例中，各路徑及所需時間如下：

ACEH	20+15+4+4	= 43	星期
ADFH	20+14+7+4	= 45	星期
ACEGI	20+15+4+3+3	= 45	星期
ADFGI	20+14+7+3+3	= 47	星期*
BI	10+3	= 13	星期

顯示緊要路徑是ADFGI，因爲其他所有路徑的完成時間都較這條路徑少。在這條路徑中，如果有任何作業發生延誤，將會使整個專案完成時間較47個星期爲長。這條路徑的需時是由各作業加總而成，如果一個專案中有數百個作業項目時，這種方法即不可行。即使算出來，如果延遲是發生在非緊要路徑上的作業時，將會很難知道這對整個專案完成時間的影響。

最早時間

每項作業均可算出其**最早開始時間**（earliest start time，ES）與**最早完成時間**（earliest finish time，EF）。如同字面上的意義，最早開始時間是指某項作業最早可能開始的時間，這表示所有先行的前製作業都必須在這之前完成。最早完成時間是指某項作業最早可能完成的時間，某項作業的最早完成時間，等於其最早開始時間加上作業時間。因此：

t　= 作業時間

ES = 所有直接先行者中，最大的最早完成時間 (EF)

EF = ES+t

專案開始的時點為時間 0，因此，對作業A而言，

ES = 0

EF = 0+20 =20

在網路圖上，最早時間是以中括弧〔 〕表示，爲〔ES，EF〕。

對作業B而言，ES=0，EF=10。因爲作業C在作業A完成之前無法開始，因此

ES (作業C) = EF (作業A) = 20

EF (作業C) = 20+15 = 35

所有作業的最早開始與完成時間如圖8.4。

圖 8.4

伽瑪公司範例的最早時間〔ES，EF〕

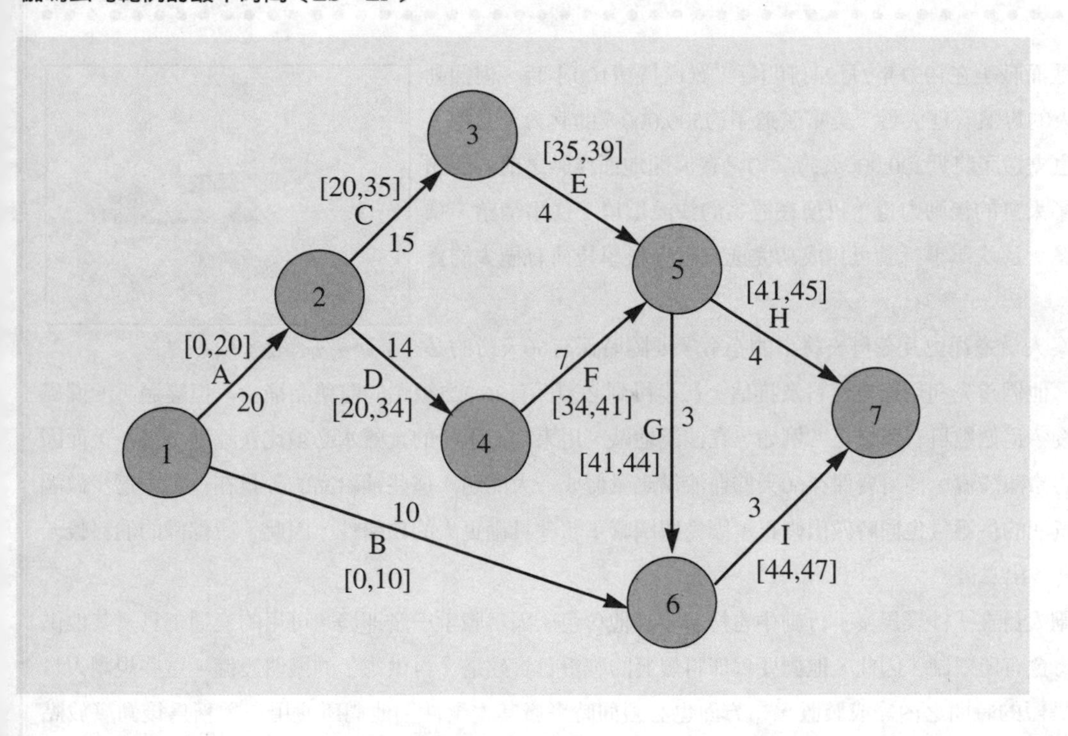

注意，作業 G 與 H 的最早開始時間，要根據其先行前置作業 E 與 F 的最早完成時間而定。因此：

ES (作業G) = 作業 E 與作業 F 中最長的 EF = 41

作業G必須在第41個星期才能開始，這就是它的最早開始時間。如果發生錯誤，作業G在第39個星期（先行者中最小的最早完成時間）完成作業E後即開始，將會使作業 F 無足夠的時間完成，而破壞所有的關聯。

從各項作業的最早完成時間可以看出，整體專案的最早完成時間是47個星期，這是在專案結束的節點中，各項作業最早完成時間的最大值。作業H的最早完成時間是45個星期，小於47個星期，但這項作業並不結束在最後的節點，因此，不能表示整個專案完成的時間。

應用一將管理科技與專業規劃應用在波斯灣戰爭

波斯灣地面戰爭在1991年2月24日開打，雖僅持續100小時，但卻動用了規模龐大的專案管理人員。美軍派遣了約500,000人的兵力至當地，而其他盟國也支援了將近200,000人的兵力。在展開地面作戰之前，盟國的軍隊部署了大量的後勤力量，以便在惡劣的沙漠環境下從事補給、維修及醫療作業。這次軍事行動可以成功完成，管理科學技術有極大的貢獻。

一般動力降落系統

軍事專案人員遵從史瓦茲科夫將軍的指令，要隨時保有60天份的必要軍事用品。他們首先利用歷史資料及推估，初步得到必須保有26,325短頓的醫藥品補給，但經過「沙漠風暴」的行動後，這個數目有所修正。例如，在沙漠地區，用來補充水份的食鹽水必須比在陸地多得多；而因為沒有足夠的冷凍設備，使得要保存60天的血液供應量便成一大問題。這些補給品的數量在行動中逐步做調整。柴油及汽油的供應量也同時做出修正，因爲盟國聯軍希望具備更大的攻擊性，因此，所儲備的油料較一般的軍事行動多出二倍。

後勤規劃人員在「沙漠風暴」行動中也扮演了其他角色。因爲戰爭一觸即發，可用的交通工具及其他供應設備屆時將會有所限制，因此，他們要爲即將爆發的戰爭負責建造「再供應」的機器設備。這些規劃人員一方面要在最短的時間之內完成裝置，一方面也必須同時考慮其安全性。他們所使用一種稱爲後勤發放點（Logistics Release Point；LRP）的技術，在短時間就可重新供應一支戰鬥旅隊的必需品，這對盟軍在波灣的勝利有極大的貢獻。

資料來源：Staats, R., December 1991. "Desert Storm: A Reexamination of the Ground War in the Persian Gulf, and the key Role Played by OR." *OR/MS Today:* 42-56.

最遲時間

找出最早時間後，就可以開始計算**最遲開始時間**（latest start times；LS）與**最遲完成時間**（latest finish times；LF）。某個專案的最遲開始時間，是指在不影響整體專案完成進度的前提下，容許某項專案最晚開始的時間；同樣地，最遲完成時間，是指在不影響進度下，容許某項專案最遲的完成時間。這表示某項專案的最遲完成時間，不能晚過其他直接後續作業的最遲開始時間。

在決定最早開始及完成時間時，是利用專案的開始節點，然後逐步推進至終點節點；在計算最遲開始及完成時間時，反之，就必須由結束節點往前推進。下列的關係式可用於找出最遲時間：

LS = LF-t

LF = 所有直接後序作業中，最小的最遲開始時間（LS）

假設希望專案能在時程內儘早完成，圖8.4顯示可以在節點7、47個星期時完成，因此，就將專案的最遲完成時間訂爲47個星期。這表示作業H與I的完成時間不能晚於第47個星期，所以二者的最遲完成時間都是47個星期。爲了算出H的最遲開始時間，可以利用以下的關係：

LS (作業H) = LF (作業H) - t (作業H) = 47-4 = 43

同樣的，對作業I而言，LS = 47-3 = 44，在網路系統中，最遲時間是以小括弧（）表示，如：

(LS，LF)

所有作業的最遲開始與完成時間參閱圖8.5。

圖8.5表示 B 與 G 同時都是 I 的先行者，因此，這二項作業的完成時間不能晚過 I 的最遲開始時間，所以，B 與 G 的最遲完成時間（LF）都是44個星期。繼續這個過程，就可以找出如圖8.5所示的最遲時間。在計算作業 E 與 F 的最遲完成時間（LF）時，必須注意有二項作業直接接續在 E 及 F 之後（即有二項作業開始於節點 5），因此 E 與 F 最遲完成時間，必須是 G 與 H 的最遲開始時間最值。這二項作業的最遲開始時間分別是41星期（G）與 43星期（H），因此，E 與 F 的最遲完成時間必須是 41 星期，以便即時開始進行作業 G。

圖 8.5

伽瑪公司範例的最遲時間（LS，LF）

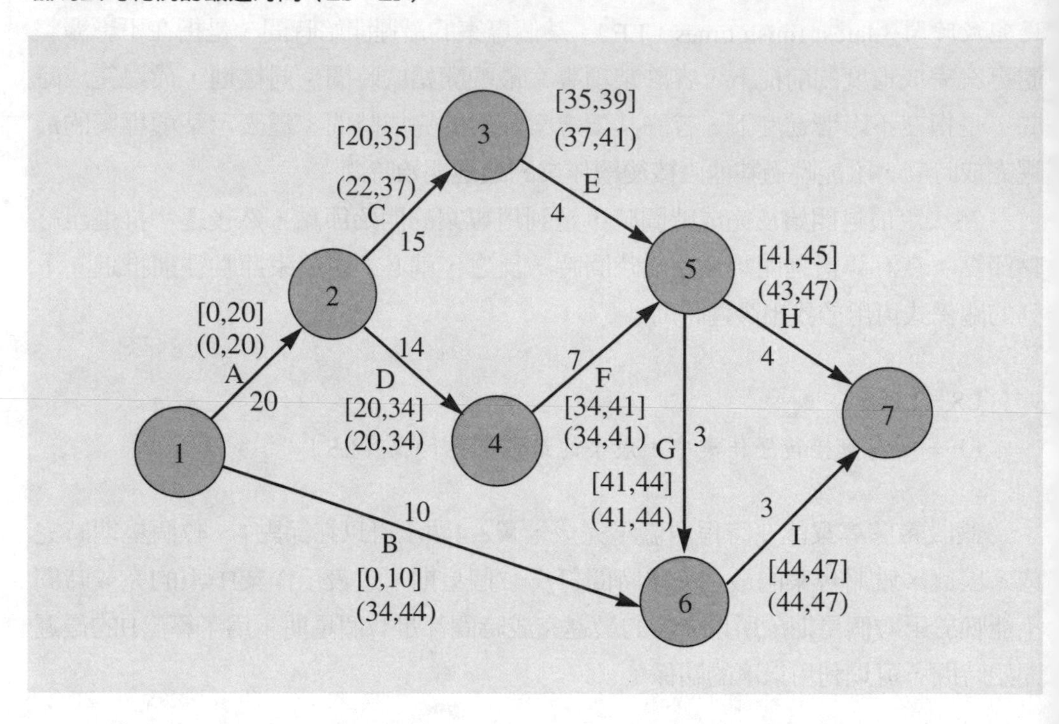

寬裕時間

一旦得出最遲時間，就可以計算**寬裕時間**（slack）（S）。寬裕時間的意義，是指在不影響專案進度之下，某項作業可以延誤的時間。利用最早開始與最遲開始時間的差距，就可以找出寬裕時間。同樣的，寬裕時間也可以用最早完成與最遲完成時間之差來表示。因此：

$$S = LS - ES$$

或

$$S = LF - EF$$

利用圖8.5，算出作業 H 的寬裕時間爲：

$$S = LS - ES = 43 - 41 = 2$$

所以，作業 H 有 2 星期的緩衝期。假設沒有其他延誤發生，作業 H 可以延遲 2 星期。如果一個專案要在最短的時間內完成，在網路上所找出的要徑會有一個重要的特性：路徑所有作業的寬裕時間爲 0。對於緊要路徑上的各項作業，經理人必須特別注意，因爲這些作業並無寬裕時間，一旦延誤，就會影響整體專案完成的時程。至於不在緊要路徑上的作業，除非延誤的時間超過寬裕時間，否則不會影響整體專案的進度，當然，前提是沒有其他的延誤發生。

利用列表，可輕易算出各項作業的最早、最晚及寬裕時間，表8.2是伽瑪公司的相關資訊，緊要路徑上的作業項特別標記出來，寬裕時間都爲 0。

表 8.2

伽瑪公司範例中各項作業的最早、最晚及寬裕時間

作業項目	最早開始時間	最早完成時間	最遲開始時間	最遲完成時間	寬裕時間	是否在緊要路徑上
A	0	20	0	20	0	是
B	0	10	34	44	34	否
C	20	35	22	37	2	否
D	20	34	20	34	0	是
E	35	39	37	41	2	否
F	34	41	34	41	0	是
G	41	44	41	44	0	是
H	41	45	43	47	2	否
I	44	47	44	47	0	是

本書中，所有問題皆假設要在最短可能時間完成專案。但在某些情形，經理人會將完成時間安排得較長，使專案有寬裕時間。如果經理人可以這樣做，則緊要路徑上的作業寬裕時間不再爲 0，而是經理人設定的時間與最早完成時間之差，這些是專案中各寬裕時間的極小值。

8.6 在時間不確定狀態下的計畫評核術／要徑法

伽瑪公司的範例中，假設各項作業所需的時間是確知的。因為過去有執行許多類似專案的經驗，各項作業所需的時間大約是固定，因此，經理人可以大致確認作業時間，而無須考慮其他重大的變異。但如果專案中包含一些新技術或新製程研發，將會使專案完成的時間有較大的變異。例如，最初在執行北極星潛艇飛彈專案時，必須要建立一些當時尚不存在的新系統，建立新系統所需的時間是無法預知的，必須利用推估。

在推估作業所需時間時，通常假設所需的完成時間為一隨機變數，可以用β分配來描述。用來最為作業時間的預估統計數有三種：在每件事都順利的情形下，作業所需的絕對最小完成時間稱為樂觀時間估計值 a；如果是在正常狀態，不是所有作業都順利的情況下的完成時間，稱為最大可能時間估計值 m；而在發生嚴重問題時，所需的最長作業時間稱為悲觀時間估計值 b。這三個估計值加權平均後，可以算出**預期完成時間** t（expected time）或平均時間。算出預期完成時間的公式如下：

$$t = \frac{(a+4m+b)}{6}$$

在大部份的估計式中，給最大可能時間的權數為 4，樂觀與悲觀時間的權數為1，因此，分母為 6，因為總權數為（1+4+1）。

每項作業完成時間的變異，則以變異數（variance）σ^2來估計，公式如下：

$$\sigma^2 = \left(\frac{b-a}{6}\right)^2$$

這個公式的由來，是因為不管作業時間或其他數值是何種分配，幾乎分配中所有的數值，都會落在距離平均數三個標準差之內。樂觀時間 a 表示可用來代表分配中最小的數值，落在距離平均數減三個標準差的距離；而悲觀時間 b 代表最大數值，落在距離平均數減三個標準差的距離。因此，二者之間的距離即是六個標準差，可得：

$$6\sigma = b-a$$
$$\sigma = （b-a）/6$$

因為變異數是標準差的平方，因此：

$$\sigma^2 = (\frac{b-a}{6})^2$$

範例

回到伽瑪公司的例子，假設現在時間不再是確知，而必須用三個估計值加以推估。表8.3是各項作業的推估時間。

表 8.3

伽瑪公司的作業推估時間

作業	a	m	b
A	15	20	25
B	9	10	11
C	13	14	21
D	13	14	15
E	3	4	5
F	6	7	8
G	2	3	4
H	3	4	5
I	3	3	3

依據此表，可以算出各項作業的預期時間與變異數，如對作業A而言：

$$t_A = (\alpha + 4m + b)/6 = 15+4(20)+25/6 = 20$$
$$\sigma^2 = (b-a/6)^2 = (25-15/6)^2 = 2.78$$

利用相同的方法，可以算出各項作業的相關資訊，如表8.4。

表 8.4

伽瑪公司作業推估時間的預期時間與變異數

作業	a	m	b	t=(a+4m+b) /6	$\sigma^2 = ((b-a)/6)^2$
A	15	20	25	20	2.78
B	9	10	11	10	0.11
C	13	14	21	15	1.78
D	13	14	15	14	0.11
E	3	4	5	4	0.11
F	6	7	8	7	0.11
G	2	3	4	3	0.11
H	3	4	5	4	0.11
I	3	3	3	3	0

接著，就如在處理時間確定的問題一樣，把數字代入。表8.4中的資訊，也可以用來找出作業的最早時間、最遲時間及寬裕時間。唯一不同之處，是確定與不確定之下所算出的時間意義不同。在確定的情形下，表示完成整個專案所需的時間爲47星期；如果作業時間是用推估的，則所算出的專案完成時間也是推估的預期時間，實際所需可能多或少於此。

專案完工時間的變異

如果作業時間不確定，完工的時間也就不確定。爲了要算出專案可在某一特定時間內完成的機率，必須要先做一些假設。假設每項作業所需的完成時間與其他作業是獨立的，同時，也假設專案完成時間是近似於常態分配。根據統計上的中央極限定理，只要作業時間彼此是獨立的，而且專案中每一路徑所包含的作業項目夠多，第二項假設即可自動被滿足。

要以常態分配找出機率，必須先知道平均數與標準差，利用下列的符號：

T　　= 整體專案完成時間

E(T) = 專案完成的預期時間(或平均數)

　　　= 緊要路徑上所有作業時間的總和

σ^2_T = 專案完成時間的變異數

　　　= 緊要路徑上所有作業的變異數總和

因為專案完成時間與緊要路徑有密切關係，故專案完成的預期時間與變異數，也就是緊要路徑的預期時間與變異數。緊要路徑的預期時間已經算出，是47星期。要找出任何路徑的變異數，只要將路徑上作業時間的變異數加總即可；同樣地，緊要路徑的變異數，也是加總其上所有作業的變異數。

在伽瑪公司的範例中，緊要路徑是ADFGI，其預期時間是47星期，即是：

$$E(T) = t_A + t_D + t_F + t_G + t_I$$

$$E(T) = 20 + 14 + 7 + 3 + 3 = 47$$

$$\sigma^2_T = \sigma^2_A + \sigma^2_D + \sigma^2_F + \sigma^2_G + \sigma^2_I$$

$$\sigma_T^2 = 2.78+0.11+0.11+0.11+0 = 3.11$$

因此，在使用常態分配表時，就要使用平均數為47，變異數為3.11。標準差是3.11開根號，即；

$$\sigma_T = 1.76$$

電腦軟體可以輕易算出這類問題，解8.1是利用DSS算出伽瑪公司例子在不確定下的結果。

利用這些數值及常態分配，可以算出這個專案在特定時間T之前完成的機率。假設希望知道專案在50個星期或更短時間內完成的機率，利用Z分配（標準常態分配）可以得到下列結果：

$$Z = \frac{T - E(T)}{\sigma_T} = \frac{50 - 47}{1.76} = 1.70$$

解 8.1

在時間不確定的情形下，利用DSS算出伽瑪公司例子的結果

Networks - CPM/Pert

Initial Problem

PERT	Start	End	Opt(a)	Lkly(m)	Pes(b)	Cost	Mean
A	1	2	15	20	25	0	20.00
B	1	6	9	10	11	0	10.00
C	2	3	13	14	21	0	15.00
D	2	4	13	14	15	0	14.00
E	3	5	3	4	5	0	4.00
F	4	5	6	7	8	0	7.00
G	5	6	2	3	4	0	3.00
H	5	7	3	4	5	0	4.00
I	6	7	3	3	3	0	3.00

Solution

Activity	Early Start	Early Finish	Late Start	Late Finish	Slack
*A	0.00	20.00	0.00	20.00	0.00
B	0.00	10.00	34.00	44.00	34.00
C	20.00	35.00	22.00	37.00	2.00
*D	20.00	34.00	20.00	34.00	0.00
E	35.00	39.00	37.00	41.00	2.00
*F	34.00	41.00	34.00	41.00	0.00
*G	41.00	44.00	41.00	44.00	0.00
H	41.00	45.00	43.00	47.00	2.00
*I	44.00	47.00	44.00	47.00	0.00

Expected completion : 47
Total Cost : 0
Standard deviation : 1.763834

* denotes critical path

圖8.6是Z分配的圖。利用常態分配機率表，可以找出Z值小於1.7的機率爲).9554。因此，透過緊要路徑，專案約有95.5%的機率可以在50星期、或更短時間完成。

圖 8.6

利用常態分配，找出伽瑪公司的專案可以在時間 T 之前完成的機率

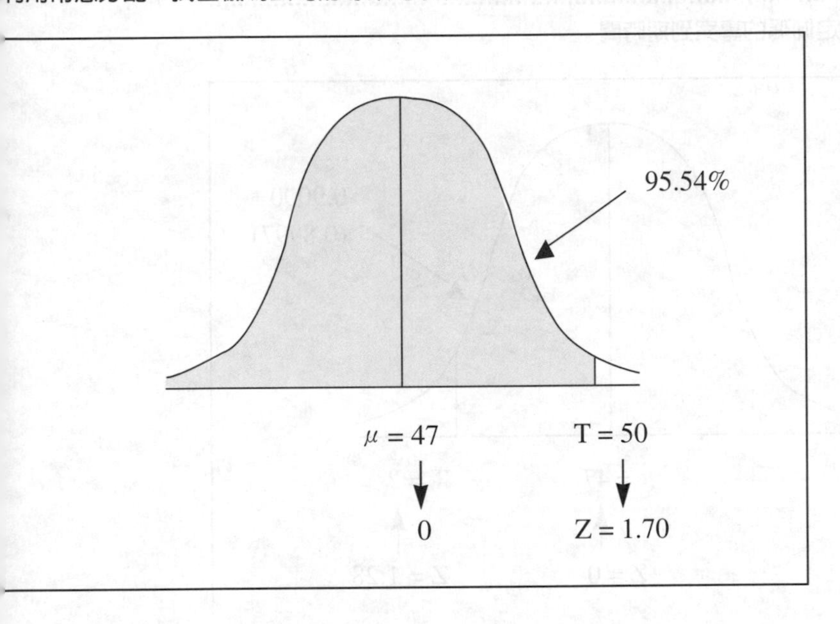

專案在50個星期或更短時間內完成的機率

$= P (T \leqq 50) = P (Z \leqq (50-47) / 1.76) = P (Z \leqq 1.70) = .9554$

在使用這個機率分配時必須非常注意，因爲這是建立在預估及假設之上。除了緊要路徑之外，也必須考慮其他路徑上的作業項目。如果非緊要路徑上有一項完成預估時間非常接近悲觀時間，對整體專案時程而言，這條路徑也將十分重要。因此，在專案進行固然必須時時監控緊要路徑，也不可忽略其他路徑上的作業。

設定專案的到期日

經理人常必須先設定專案完成日期。將專案完成的預期時間訂爲設定時間是合理的，但如果專案完成時間是一個常態分配，則專案在這個時間之前完成的機

率就只有50%，有一半的機率會延遲。

利用常態分配，可以找出適當的到期日。在伽瑪的例子中，假設決定只容許10%的延遲，90%必須在到期日前完成專案。假設完成時間爲常態分配，可以利用其找出合適的到期日。圖8.7說明這個情形。

圖 8.7

利用常態分配決定伽瑪的專案到期時間

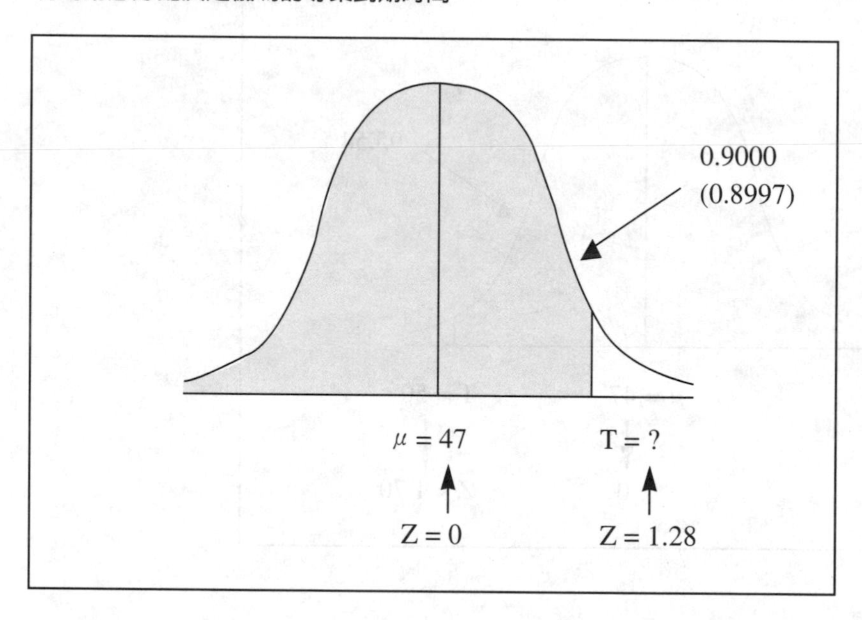

明顯的，「機會」（曲線內的區域）在預定日期應有90％。請看0.9000正常分布的機會，發現最接近的值是0.8997，Z值加上1.28。

$$Z = \frac{T - E(T)}{\sigma_T}$$

$$1.28 = \frac{T - 47}{1.76}$$

或

$T = 47 + 1.28\ (1.76) = 49.25$

若假設成立，此計畫有90％可在49.25個星期左右完成，因此最有可能的到期日為0.90的可能性。

8.7 利用計畫評核術／成本法來規劃預算

在這一節中，將要討論如何規劃與安排專案中的各項作業。在此之前，討論只著重在專案完成的時間，但除此之外，對經理人而言，更必須同時規劃預算、安排現金流量，以便在需要時即可取得資金。在處理預算問題時，**計畫評核術／成本法**（PERT／Cost）非常有效，可以用來規劃、安排與監控專案成本。

在應用這項技術時，是假設成本在作業進行期間是平均分配的，而計畫評核術／成本法可以計算出特定作業發生時所需要的成本。

得爾他電腦顧問公司的例子

現在考慮得爾他顧問公司的範例。這是一家小型的顧問公司，專長是在建立一些商用的套裝軟體。公司現正規劃一個大型的專案如圖8.8，每項作業以及所需

圖 8.8

得爾他公司在規劃的網路

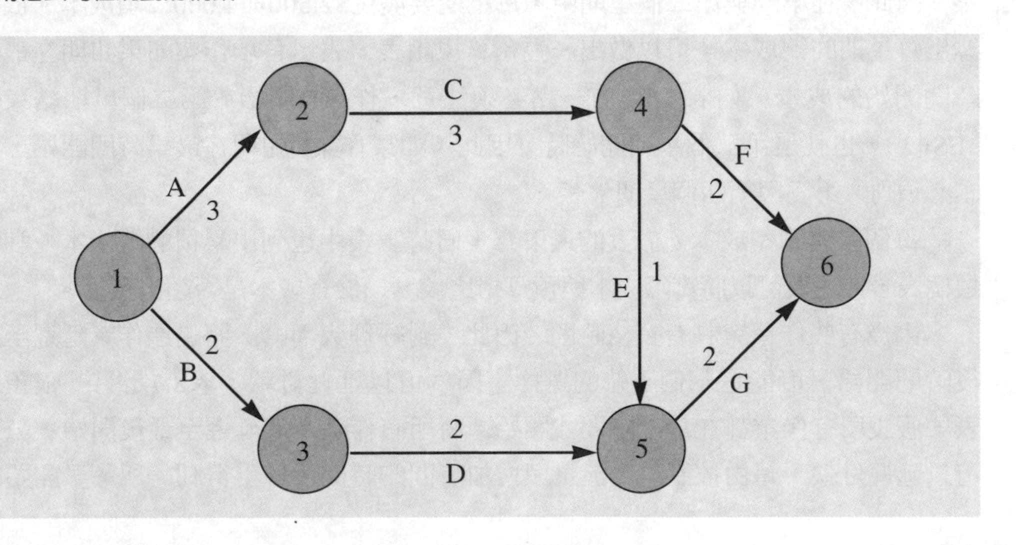

表 8.5

得爾他顧問公司的專案作業時間與成本

作業項目	t	成本	每星期成本
A	3	7,500	2,500
B	2	8,000	4,000
C	3	6,000	2,000
D	2	5,000	2,500
E	1	1,500	1,500
F	2	8,000	4,000
G	2	5,000	2,500
		總計：41,000	

的成本如表8.5所示，每一項成本可再畫分爲每星期的平均成本。如在本例中，假設作業A的完整作業時間爲3星期，每星期的平均成本爲$2,500。如果這個成本平均分配的假設無法被滿足，經理人可以依據個人的知識或經驗，去算出反應眞實情況的每星期預估成本。

解8.2是利用DSS求解的結果，解答資訊中包括每項作業的最早、最晚以及寬裕時間，同時也包括緊要路徑。現在，假設每一項作業都在最早開始時間開始，前三個星期中，會進行作業A的作業；同時，在前二個星期也會進行作業B的作業。因此，在第一與第二個星期中，每星期要發生$2,500與4,000二項成本。依序算出每星期的總成本，可以做出一張預算規劃表，表示各項作業如果如期在最早時間開始的成本，如表8.6。有一點必須注意，作業D開始於第二個星期結束時（ES=2），也就是第三個星期開始時，因此，如果作業D如期在最早時間開始，成本必須列入第三與第四個星期。

每個星期的總成本列於表的最下方，同時，表中也列出累積的總成本。利用這個表，經理人可以將實際成本與預算相比較，以檢查成本是否超出預算。

因爲有些作業容許有寬裕時間，因此，對經理人而言，將這些作業延遲至最後時間開始，可能是一個不錯的選擇，因爲可以延遲付款。表8.7是另一張預算表，假設所有作業都在最後時間才開始。將所有作業時間延遲至最後開始，公司可以延遲付款，藉由控制現金流量與增加時間的時間價值上得利。與最早開始時

解 8.2

利用 DSS 求解得爾他顧問公司的問題

Networks - CPM/Pert

Initial Problem

PERT	Start	End	Opt(a)	Lkly(m)	Pes(b)	Cost	Mean
A	1	2	15	20	25	0	20.00
B	1	6	9	10	11	0	10.00
C	2	3	13	14	21	0	15.00
D	2	4	13	14	15	0	14.00
E	3	5	3	4	5	0	4.00
F	4	5	6	7	8	0	7.00
G	5	6	2	3	4	0	3.00
H	5	7	3	4	5	0	4.00
I	6	7	3	3	3	0	3.00

Solution

Activity	Early Start	Early Finish	Late Start	Late Finish	Slack
*A	0.00	20.00	0.00	20.00	0.00
B	0.00	10.00	34.00	44.00	34.00
C	20.00	35.00	22.00	37.00	2.00
*D	20.00	34.00	20.00	34.00	0.00
E	35.00	39.00	37.00	41.00	2.00
*F	34.00	41.00	34.00	41.00	0.00
*G	41.00	44.00	41.00	44.00	0.00
H	41.00	45.00	43.00	47.00	2.00
*I	44.00	47.00	44.00	47.00	0.00

Expected completion : 47

Total Cost : 0

Standard deviation : 1.763834

* denotes critical path

表 8.6

在得爾他公司的範例中，最早開始時間的成本預算（單位：千元）

	星期								
作業項目	1	2	3	4	5	6	7	8	9
A	2.5	2.5	2.5						
B	4	4							
C				2	2	2			
D			2.5	2.5					
E							1.5		
F							4	4	
G								2.5	2.5
總數	6.5	6.5	5	4.5	2	2	5.5	6.5	2.5
累積總數	6.5	13	18	22.5	24.5	26.5	32	38.5	41.0

表 8.7

在得爾他公司的範例中，最遲開始時間的成本預算（單位：千元）

	星期								
作業項目	1	2	3	4	5	6	7	8	9
A	2.5	2.5	2.5						
B				4	4				
C				2	2	2			
D						2.5	2.5		
E							1.5		
F								4	4
G								2.5	2.5
總數	2.5	2.5	2.5	6	6	4.5	4	6.5	6.5
累積總數	2.5	5	7.5	13.5	19.5	24	28	34.5	41

的成本相比，最後的總成本都是$41,000，與開始時間的早或晚無關。然而，在第四個星期結束時，如果作業在最晚時間才開始，總成本爲$13,500，小於最早開始時間的$22,500。

雖然延遲付款可以降低公司的周轉壓力，但也有其他缺點，因爲整個專案將沒有任何寬裕時間。如果在最遲開始時間才進行作業，任何延誤都會影響到整個專案的完成。

8.8 時間與成本之間的取捨

在規劃完成專案所需時間時，如果必須在較短的時間內完成，通常必須使用一些額外的資源，包括必須要求員工加班，或要多僱人手。要壓縮工時而需要動用到額外的資源，意味著必須提高成本。如果專案必須在少於正常的時間內完成，經理人必須要知道如何以最低成本達成目標。降低專案所需的時間稱爲壓縮（crashing）；完成特定作業所必須的最少時間，則增爲這項作業的壓縮時間；爲使這項作業在壓縮時間內完成所需的成本，稱爲壓縮成本。在做時間／成本分析時，通常必須假設作業所需工時是可以降低的，所需要的總時間必須介於正常工時以及壓縮時間之間。例如，假設作業A的壓縮時間是20星期，正常的作業時間是25個星期，這表示經理人可以將這項作業的完成時間安排爲20、21個星期，或20—25星期中的任何時間。同時，一般也假設壓縮成本與時間成線性關係：如果某項作業要在25個星期內完成需$30,000，要壓縮在20個星期內完成需$40,000，則這10,000是平均分攤在壓縮出的五個星期中，每節省一個星期的時間需$2,000。如果經理人只想多節省一個星期，也就是要在24個星期內完成，則要多用的成本就只有$2,000。如果無法滿足平均分攤成本的假設，則在進行時間／成本分析時必須做小幅的修改，如下面的範例。

得爾他公司的範例

假設在之前得爾他公司所進行的專案中，如果可取得額外的資源，將可在更短的時間內完成所有的專案。表8.8是正常時間、壓縮時間以及對應的成本。如果這項專案要在8星期而非正常的9星期內完成，則有一項作業必定要壓縮。因爲依據緊要路徑所算出的工時爲9星期，因此，如要壓縮工時，也必須回到緊要路徑，

表 8.8

得爾他公司的範例中，正常時間、壓縮時間以及成本

	工	時	成	本		
作業項目	正常	壓縮	正常	壓縮	至多可被壓縮時間	每星期壓縮成本
*A	3	2	7,500	9,500	1	2,000
B	2	1	8,000	9,000	1	1,000
*C	3	1	6,000	9,000	2	1,500
D	2	1	5,000	6,500	1	1,500
*E	1	1	1,500	1,500	-	-
F	2	1	8,000	11,000	1	3,000
*G	2	2	5,000	5,000	-	-

*為緊要路徑

檢視各項作業是否有壓縮的可能。緊要路徑是ACEG，從表8.8中可以看出要下列資訊：作業A至多可被壓縮一個星期，成本為每星期$2,000；作業C至多可被壓縮二個星期，成本為$1,500。作業E以及G項也都在緊要路徑上，但無法被壓縮。因此，要用最低的成本壓縮工時，就選擇緊要路徑上平均壓縮成本最低的作業。選擇壓縮作業C一個星期，可使這項作業的完成時間縮短為二星期，而非正常的三星期。壓縮所需的額外成本為$1,500。有一點必須要注意，作業B的平均壓縮成本為$1,000，較作業C更低，但因作業B並不在緊要路徑上，壓縮作業B並不影響整個作業的完成時間。壓縮後的作業完成新時間表如表8.9，注意，這項壓縮對於其他作業的最早、最晚以及寬裕時間都有所影響。如果要使整個專案在7個星期之內完成，只要將作業C再壓縮一個星期即可。

當緊要路徑上的作業項目被壓縮後，其他作業項目可能取而代之，變成緊要路徑。因此，在壓縮工時後，必須檢視原本緊要路徑之外的其他作業項目，看看是否有其他的路徑較修改後緊要路徑為長。在大型的問題中，靠人工檢視緊要路徑並不可行，可利用線性規劃套裝軟體來檢查。

表 8.9

在壓縮作業 C 一星期後，得爾他公司各項作業的最早、最晚及寬裕時間

作業項目	最早開始時間	最早完成時間	最遲開始時間	最遲完成時間	寬裕時間	是否在緊要路徑上
A	0	3	0	3	0	是
B	0	2	2	4	2	否
C	3	5	3	5	0	是
D	2	4	4	6	2	否
E	5	6	5	6	0	是
F	5	7	6	8	1	否
G	6	8	6	8	0	是

利用線性規劃進行壓縮

線性規劃是用來規劃壓縮的最好工具，在任何的可行的範圍內，都可以利用規劃找出最好的壓縮方式。目標函數是要使壓縮的成本最小化，決策變數是每項作業要壓縮的天數，以及事件（即節點）發生的時點。

爲詳細解釋線性規劃的應用，以下將再以得爾他公司的問題爲例，目標是要使專案在8個星期內、而非原先的9個星期內完成。圖8.8表示作業與事件的關係，整個問題陳述如下：

使壓縮成本最小化受限於：

1. 事件1 在時間 0 發生。
2. 事件2 必須在作業 A 完成後發生。
3. 事件3 必須在作業 B 完成後發生。
4. 事件4 必須在作業 C 完成後發生。
5. 事件5 必須在作業 D 完成後發生。
6. 事件5 必須在作業 E 完成後發生。
7. 事件6 必須在作業 F 完成後發生。

8. 事件6 必須在作業 G 完成後發生。
9. 事件6 必須在八個星期內發生。
10-16. 是各項作業可被壓縮的時間限制。

變數可定義為：

X_1= 事件 1 發生的時點
X_2= 事件 2 發生的時點
X_3= 事件 3 發生的時點
X_4= 事件 4 發生的時點
X_5= 事件 5 發生的時點
X_6= 事件 6 發生的時點
C_A= 作業 A 可被壓縮的時間
C_B= 作業 B 可被壓縮的時間
C_C= 作業 C 可被壓縮的時間
C_D= 作業 D 可被壓縮的時間
C_E= 作業 E 可被壓縮的時間
C_F= 作業 F 可被壓縮的時間
C_G= 作業 G 可被壓縮的時間

為使整個問題完整，雖然已知作業 E 與 G 無法壓縮，但仍加入這二個變數。

作業進行時不考慮總成本，只考慮壓縮的額外成本。利用表8.8，目標函數為：

最小化 $2,000C_A + 1,000C_B + 1,500C_C + 1,500C_D + 3,000C_F$

第一條限制式是：
1. 事件 1 在時間0發生。
這條方程式可以寫成：

$X_1 = 0$

第二條到第八條限制式是各項作業的開始時間，可以從網路圖中來找出。例如，作業C的開始點也就是事件2 發生的時點，因此，將事件2 發生的時點加上作業C完成所需的時間、在減去壓縮所節省的時間，也就是作業C的完成時點。寫成數學式，作業C的完成時點就是$X_2 + 3 - C_C$。如果有幾項作業同時結束在某一個事件（節點），則這個事件的完成時點，就是其中最大的作業完成時點。這個時間必須大於或等於到這個節點的所有作業完成時間，這也就是爲何事件5 有二條限制式。

回到最初的網路圖，起點作業是在專案開始時就直接進行，並結束於節點（事件）2，因此，對於事件2 而言：

事件 2 發生的時點≧作業 A 的開始時點 + 作業所需時間 - 壓縮時間

$X_2 \geqq X_1 + 3 - C_A$

重新整理上式，得：

$-X_1 + X_2 + C_A \geqq 3$

第三條限制式是關於節點（事件）3：

$X_3 \geqq X_1 + 2 - C_B$

重新整理上式，得：

$-X_1 + X_3 + C_B \geqq 2$

第四到第八條的限制式可由相同的方法得出。第九條限制式非常容易，即是：

$X_6 = 8$

最後七條限制式是關於壓縮的時間限制。作業A只能被壓縮一個星期，因此限制式爲：

$C_A \leqq 1$

其他限制式也可以類推。

整個完整的問題是：

最小化 $2{,}000C_A + 1{,}000C_B + 1500C_C + 1500C_D + 3{,}000C_F$

受限於：

$$
\begin{aligned}
X_1 &= 0 \\
-X_1 + X_2 + C_A &\geqq 3 \\
-X_1 + X_3 + C_B &\geqq 2 \\
-X_2 + X_4 + C_C &\geqq 3 \\
-X_3 + X_5 + C_D &\geqq 2 \\
-X_4 + X_5 + C_E &\geqq 1 \\
-X_4 + X_6 + C_F &\geqq 2 \\
-X_5 + X_6 + C_G &\geqq 2 \\
X_6 &= 8 \\
C_A &\leqq 1 \\
C_B &\leqq 1 \\
C_C &\leqq 2 \\
C_D &\leqq 1 \\
C_E &\leqq 0 \\
C_F &\leqq 1 \\
C_G &\leqq 0 \\
\text{所有變數} &\geqq 0
\end{aligned}
$$

這個問題可以套裝軟體求解，找出最好的壓縮方式以及所需的壓縮成本。 這因爲變數中X_1、C_E與C_G必須爲0，因此，若先將這些變數消去，可簡化求解過程。最初之所以會將這些變數加入問題中，純粹只是使整個問題的形式完整。

一旦將問題公式化後，如果要將專案壓縮成其他時間，如七星期或六星期，也很容易求解。只要修改第九條限制式，其他限制式無須做任何的調整。

8.9 其他與專案管理有關的主題

本章中所介紹的工具有助於專案管理，但對於一位專案經理人而言，還必須瞭解其他的工具。

甘特圖

雖然利用網路圖來表示整個專案非常有效，但一般而言，經理人會較偏好使用**甘特圖**（Gantt charts）。利用甘特圖來表示得爾他公司的範例如圖8.9，與計畫評核術／成本法的表8.6相似，但其中的成本值在此替換成柱狀圖。

在基本的甘特圖中，主要是要表現出各項作業的作業時程。在計畫評核術/要徑法中，線段與箭頭只是代表作業間的順序關係，長短並不代表時間長短；甘特圖的表示方法不同，柱狀圖的長短表示作業時間，但在圖中無法看出這些作業彼此之間的前後關係，也無法顯示各項作業是否能有寬裕時間。但如稍做修改，還是可以在甘特圖中表現出寬裕時間，如圖8.10。這張甘特圖所表示的是同一個專案，柱狀圖的後半部份即爲寬裕時間。

圖 8.9

得爾他公司的甘特圖

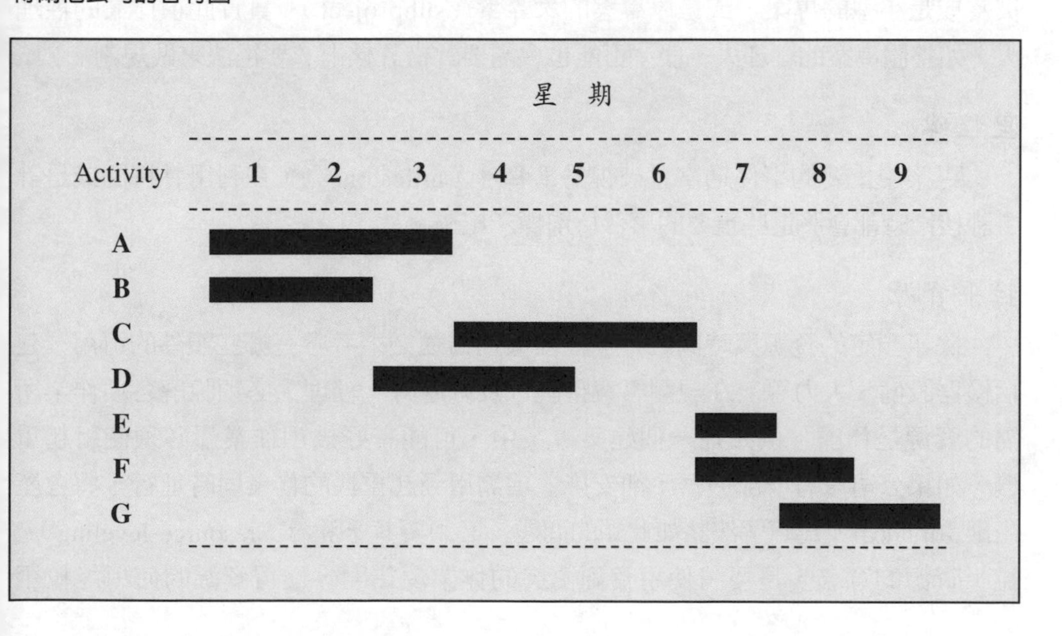

圖 8.10

得爾他公司的甘特圖（有寬裕時間的資料）

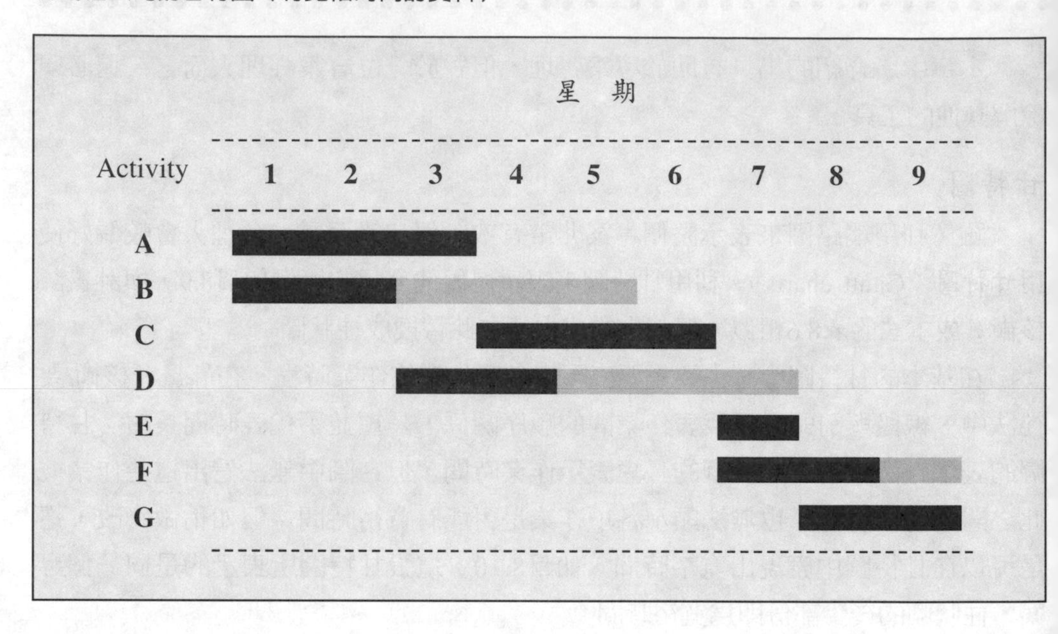

次專案

在大型的專案中，作業可以畫分爲幾個更小型的作業項目，大型的作業可以被當成是小型的專案，或是原專案的**次專案**（subproject）。負責此項作業的經理人，如整體專案的經理人一般，可能也會需要計畫評核術／要徑法來做規劃。

里程碑

專案中重要的事件通常會被視爲**里程碑**（milestones），在利用甘特圖或是計畫評核術時都會將這些重要的事件特別標示出來。

拉平資源

除了預定的資源與時間之外，經理人通常還必須考慮有哪些額外的可用，包括機器設備、人力等。在規劃專案整體以及分層時，經理人必須瞭解各項作業所需的資源是什麼。例如在一個建築專案中，可能有好幾項作業都必須使用起重機，如果公司只有一部機器，卻安排二項需用到起重機的作業同時進行，將會產生嚴重的問題。爲瞭解決諸如此類的問題，必須要**拉平資源**（resource leveling）。拉平資源的意義，是要將使用資源衝突的作業項錯開，使得資源的使用能較平太空梭的發射是一項非常大型的專案，其中包含了許多小型的作業項目。

資料來源：Courtesy NASA

均。如果資源是勞工，這種方法可以使加班的時數減少，使公司儘量利用資源，又無須付出太多的額外成本。

套裝軟體

目前已有許多專供專案經理者使用的套裝軟體，有一些適用於大型主機，另外有些則適用於個人電腦，**摘要表8.1**列出其中一部份。因爲功能不同，所以各種軟體在價格上也有很大的差異。一般而言，大型主機所使用的軟體都較昂貴。雖然成本較高，但企業會願意選擇功能性較強的軟體，因爲這可以協助經理人做出更有效的決策，掌握一些較不易管理的事項。

摘要表 8.1

專案管理的套裝軟體

1. Harvard Project Manger
2. InstaPlan
3. Mac Project Π
4. Microsoft Project for Windows
5. Open Plan
6. Primavera Project Planner
7. Project Workbench
8. Quiknet Professional
9. Super Project Expert
10. Time Line
11. ViewPoint

Microsoft Project 4.0是一種專案管理的套裝軟體。

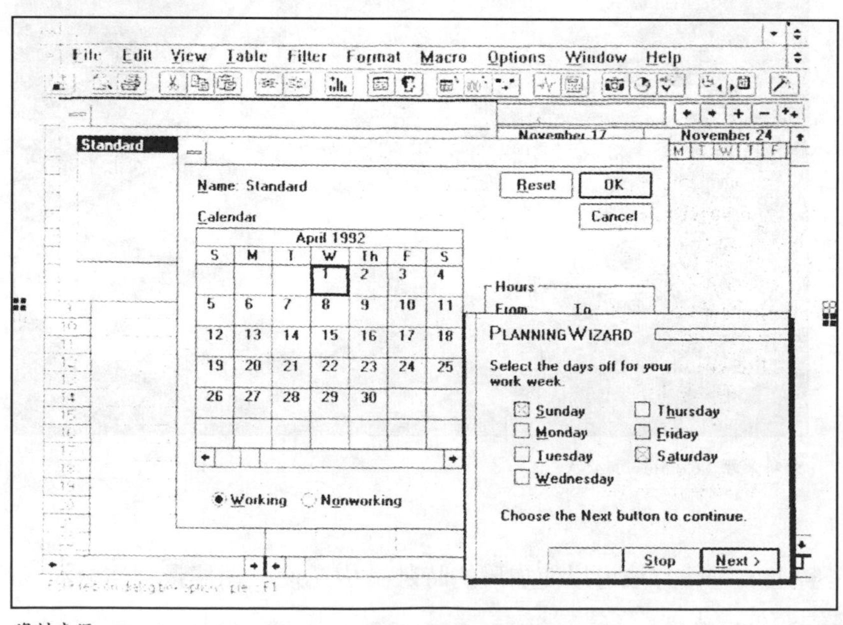

資料來源：Reprinted with permission from Microsoft corporation.

全球觀點—美國南極計劃的專案管理

南極可能是地球上最後一塊淨土，其特殊的氣候與地理環境，爲人類提供了絕佳的研究機會。美國有一項美國南極專案（United States Antarctic Program；USAP），每年都會派遣約2,500人到南極從事研究作業。這項專案所需的資源是由美國各大學、聯邦政府與企業界共同支持，目的是要支援全球性與地區性的研究，以擴充人類對於南極的知識。

1991年，國家科學基金會委託進行一項研究，是關於如何在南極建立作業站，這是美國在南極最大的作業站。因爲作業站距離補給系統很遠，因此，在規劃上，後勤補給、倉儲設備以及人員配備都非常重要。爲了降低作業站所引起的污染，國家科學基金會減少無效率以及重複的人員配置。雖然成本也很重要，但國家基金會仍將重點放在環境問題上，成本成爲次要的問題。

人員配置的適當性以三個層次來分析，每個層次中都包含了數個明確定義的步驟。第一個層次，是要分析個人的支援功能，每項作業清楚定義出內容、責任、作業量以及從事作業的人員，依此計算出個人的作業效率。第二個層次，是要檢討爲作業站提供服務的支援與管理系統，並訂出必須的作業人數，建立組織與專案管理、作業時間、作業量等資訊的資料庫。最後一個層次，是要考慮不同方式縮編所造成的影響。經過三個層次的建議後，最後才得出結論，求出最適的人員配置。這項研究的目的，在儘可能保有南極的原始風貌，以便保有世界最後一片淨土。

資料來源：Hewitt, R. L., June 1992. " OR in Antarctica" *OR/MS Today:* 30-33.

在使用專業軟體時，使用者必須輸入作業項目、先行者、時間或是三種估計時間、成本、以及資源等。之後，電腦就可以畫出網路圖或甘特圖。如果有過度使用資源的情形發生（如不同的作業項必須在同時使用相同的資源），電腦會特別標出，並且顯示實際上的可用資源概況。有些軟體的功能更強，甚至可以檢視資源是否在同時也被其他專案使用。大部份的軟體可以標出工作天與非工作天；在使用時可以也輸入日期，使得算出某項作業的完成時間不只是8個星期，而是更明確的如6月24日。使用者也可輸入每一項作業的實際開始時間，以和預定的時間表做比較。一旦出現延遲的情形，電腦會將之後的作業時間重新安排。有些軟體可以將作業再分層成多四個子層，電腦會提供每一個子層的詳細資訊。

8.10 摘要

本章中，介紹如何應用計畫評核術與要徑法，來規劃、安排與監控整體專案。利用網路圖，可以清楚表達專案中各作業項的關係，並且找出最早、最遲以及寬裕時間。同時，利用計畫評核術／要徑法，也可以規劃專案中所需的成本預算。如果有額外資源，可以考慮壓縮作業時間，使得整體專案在更短的時間內完成。

目前已有許多軟體可專供專案管理使用，利用這些軟體，結合經理人的專業知識，可以使經理人能更有效率與生產力。

近觀—圖示評核術Graphical Evaluation and Review Technique (GERT)

除了計劃評核術與要徑法之外，尚有其他技術可用於專案管理，其中與這二種技術關係最密切的，就是圖示評核術（graphical evaluation and review technique；GERT）。有些專案有不確定性，各項作業有一個發生機綠，在前一項作業未能成功完成時，接下來的作業項目可能無法進行。利用圖示評核術，可以處理此類問題。此外，在計畫評核術中，每項作業都只能發生一次，但圖示評核術中則容許作業重複。因此，如果專案中有些情況無法滿足計劃評核術的假設時，可以圖示評核術作爲替代的規劃分析技術。

雖然圖示評核術是在計劃評核術／要徑法後才發展出的技術，但隨著電腦技術進步，未來圖示評核術將可能如計劃評核術／要徑法一般，被廣泛應用。

資料來源：Meredith, J. R. and S. J. Mantel, Jr., 1989. *Project Managerial Approach.* 2nd ed. NY: John Wiley & Sons, Inc.

字彙

AOA網路（Activities-on-arcs）：在網路中，每一個作業項都以一個有方向箭頭表示。

AON網路（Activities-on-nodes）：在網路中，每一個作業項都以一個節點表示。

作業（Activity）：專案中特定的工作項目。

壓縮（Crashing）：利用額外資源、降低專案所需時間的過程。

要徑法（Critical path method；CPM）：用來規劃整體專案的技術；多半用於作業時間不確知的情況。

緊要路徑（Critical path）：從一個計劃的起點到終點是最長的過程。

虛作業（Dummy activity）：虛作業並不代表任何一項實際要執行的作業。只是表示一個前行關係，所需的作業時間爲0。

最早完成時間（Earliest finish time；EF）：某項作業最早可完成的時間。

最早開始時間（Earliest start time；ES）：某項作業最早可開始的時間。

預期完成時間t（Expected time）：完成某項作業的平均時間。

事件（Event）：在計畫評核術／要徑法中網路的節點，所有在節點結束的作業，表示已經完成。

甘特圖（Gantt chart）：利用圖示法，來表示專案中各項作業的進行時間。

直接先行者（Immediate predecessor）：須在下一項作業開始前完成的作業。

最遲完成時間（Latest finish time；LF）：不影響專案進度下，容許某項專案最遲的完成時間。

最遲開始時間（Latest start time；LS）：指在不影響整體專案完成進度的前提下，容許某項專案最晚開始的時間。

里程碑（Milestone）：專案中重要的事件。

計畫評核術／成本法（PERT／Cost）：用來規劃、安排與監控專案成本的技術。

計畫評核術（Program evaluation and review technique；PERT）：可以用來規劃、安排及控制整個專案進行的技術。

拉平資源（Resource leveling）：將使用資源衝突的作業項錯開，使得資源的使用較平均。

寬裕時間（Slack）（S）：在不影響專案進度之下，某項作業可以延誤的時間。

次專案（Subproject）：指整個專案中的某個作業項，這個作業還可畫分爲其他更小型的作業。

變異數（Variance）（σ^2）：評估作業完成時間變異的指標。

作業畫分結構圖（Work breakdown structure；WBS）：詳列專案中所有的作業，並依次再畫分爲其他個低階的子作業項目。

問題與討論

1. 何謂直接先行者？在一個專案中，為什麼不需要列出所有先行作業？
2. 在PERT網路中，如何計算出某項作業的最遲完成時間？
3. 假設作業C是作業E與F的直接先行者，作業E的最遲開始時間是8星期、作業F是12個星期。作業C的最遲完成時間是多少？如果作業C在第十二個星期時才開始，對專案會有什麼影響？
4. 如何決定緊要路徑？為什麼這些作業項目是很重要的？
5. 假設專案可以在14個星期內完成，但經理人預定的完成時間為16個星期。每一個在緊要路徑上的寬裕時間有多少？
6. 當利用估計法來估算時間時，為什麼公式的分母是 6？
7. 在要找出專案完成的變異時間時，為什麼只是將緊要路徑上的作業變異數相加，而非加總所有變異數？
8. 試解釋除非某項作業是在緊要路徑上，否則即使它的壓縮成本最低，經理人也不會選擇壓縮這項作業。
9. 在應用計畫評核術／成本法規劃預算時，為何經理人不會將所有作業都安排至最遲開始時間才開始？
10. 解釋甘特圖與PERT圖的差異。
11. 利用本章中伽瑪公司的範例，回答下列問題：

    a. 何時應安排員工開始做準備文件的工作？

    b. 如果這些負責文件的員工必須等到第42個星期才有空，對整體專案有何影響？

    c. 如果測試硬體與準備文件的工作都延遲2星期，會延遲整個專案嗎？

    d. 如果裝置硬體與測試軟體的工作都延遲2星期，會延遲整個專案嗎？

12. 計算下列專案網路中的最早、最遲以及寬裕時間。在緊要路徑上的作業項目是哪些？作業 H 的直接先行者是什麼？作業G 的直接先行者是什麼？

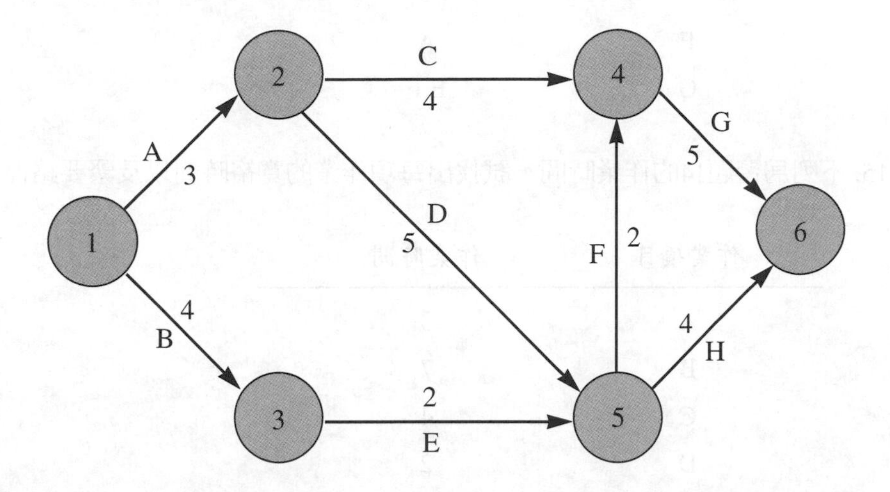

13. 計算下列專案網路中的最早、最遲以及寬裕時間。在緊要路徑上的作業項目是哪些？網路中那一項作業是虛擬作業？

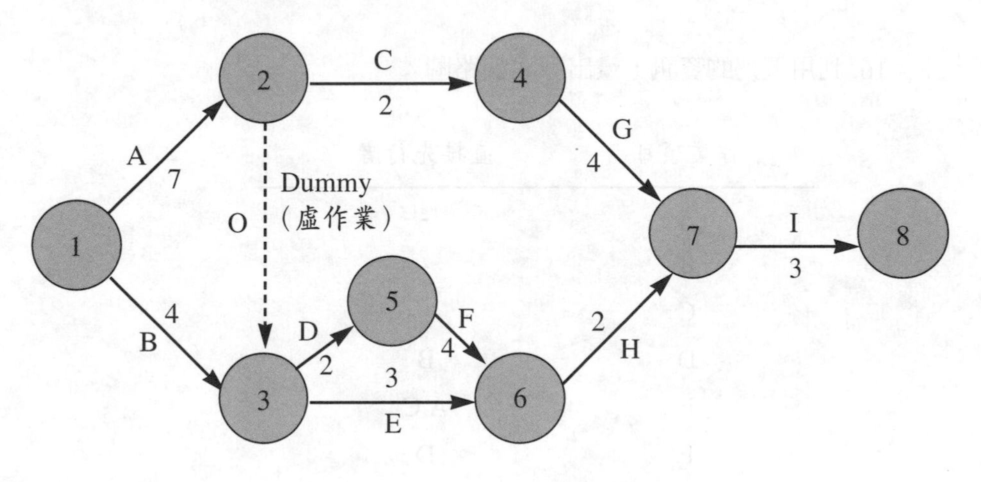

14. 利用下列的資訊，畫出專案網路圖：

作業項目	直接先行者
A	-
B	-
C	A
D	B
E	C,D

F	A
G	E,F

15. 下列爲習題14的作業時間，試找出每項作業的寬裕時間以及緊要路徑。

作業項目	作業時間
A	3
B	7
C	4
D	2
E	5
F	6
G	3

16. 利用下列的資訊，畫出專案網路圖：

作業項目	直接先行者
A	-
B	-
C	-
D	B
E	A,C
F	D
G	E

17. 下列爲習題16的作業時間，試找出每項作業的寬裕時間以及緊要路徑。

作業項目	作業時間
A	5
B	2
C	7

D	6
E	5
F	4
G	2

18. 利用下列的資訊，畫出專案網路圖：

作業項目	直接先行者
A	-
B	-
C	A
D	B,C
E	C

19. 利用下列的資訊，畫出專案網路圖：

作業項目	直接先行者
A	-
B	-
C	A,B
D	C
E	A

20. 某項作業的預期完成時間爲 80個星期，標準差爲 5 星期，試找出專案在下列時間完成的機率：

a. 90個星期或更少
b. 88個星期或更少
c. 78個星期或更少

21. 某項作業的預期完成時間爲80個星期，標準差爲5星期，經理人希望訂出明確的完成期限，只容許15%的延遲機率，如何訂出這個到期日？

22. 某項專案利用預估時間進行PERT規劃，預期完成時間爲40個星期，緊要路徑上的變異數總和是4星期。

a. 緊要路徑在40個星期或更短時間內完成的機率爲何？
b. 緊要路徑需要比40個星期更長的時間完成的機率爲何？
c. 緊要路徑在44個星期或更短時間內完成的機率爲何？
d. 緊要路徑需要比44個星期更長的時間完成的機率爲何？
e. 只有__%的機率，緊要路徑的完成時間會超過44個星期。
f. 只有10%的機率，緊要路徑的完成時間會超過__個星期。
g. 如果經理人要訂出一個明確的到期日，使專案有90%的機率能按時完成，如何訂出這個到期日？

23. 專案中，各項作業的直接先行者與預估時間如下：

作業項目	直接先行者	a	m	b
A	-	9	10	11
B	-	4	10	16
C	A	9	10	11
D	B	5	8	11

a. 計算各項作業的預期完成時間與變異數。
b. 緊要路徑的預期完成時間爲何？網路中其他路徑的預期完成時間爲何？
c. 緊要路徑的變異數爲何？網路中其他路徑的變異數爲何？
d. 如果完成路徑AC的時間呈常態分配，這條路徑能在22個星期或更短的時間內完成的機率是多少？
e. 如果完成路徑BD的時間呈常態分配，這條路徑能在22個星期或更短的時間內完成的機率是多少？
f. 試解釋爲何緊要路徑在22個星期或更短時間完成的機率，不必然等於整個專案在相同時間內完成的機率？

24. 某個專案中，各項作業的直接先行者與預估時間如下：

作業項目	直接先行者	a	m	b
A	-	9	10	11
B	-	8	10	12
C	A	7	8	9
D	A	3	5	13
E	B,C	8	9	10
F	D	3	9	15
G	D	4	5	14
H	E,F	5	8	11

a. 計算各項作業的預期完成時間與變異數。

b. 找出所有作業的最早（開始與完成）、最遲（開始與完成）以及寬裕時間。

c. 緊要路徑上的作業項目有哪些？

d. 緊要路徑的預期完成時間與變異數爲何？

e. 緊要路徑在37個星期或更短時間完成的機率爲何？

f. 專案無法在37個星期或更短時間完成的機率爲何？

g. 如果經理人要訂出一個明確的到期日，使專案只有5%的機率不能按時完成，如何訂出這個到期日？

25. 某項專案的成本預估如下：

作業項目	直接先行者	所需時間	成本
A	-	8	8,000
B	-	4	12,000
C	A	3	6,000
D	B	5	15,000
E	C,D	6	9,000
F	C,D	5	10,000
G	F	3	6,000

a. 建立最早開始時間的預算表。

b. 建立最晚開始時間的預算表。

c. 假設作業G的總成本6,000非平均分配，而是第一個星期爲$4,000，而其他二個星期各爲$1,000。利用這項資訊，修改最早開始時間的預算表。

26. 下列的資訊是關於建立電腦會計系統，公司希望能在報稅季節前完成更新，時間的單位爲星期。

作業項目	直接先行者	時間		成本	
		正常	壓縮	正常	壓縮
A	-	3	2	8,000	9,800
B	-	4	3	9,000	10,000
C	A	6	4	12,000	15,000
D	B	2	1	5,000	5,500
E	A	5	3	7,500	8,700
F	C	2	1	8,000	9,000
G	D,E	4	2	6,000	7,400
H	F,G	5	3	5,000	6,600

a. 在正常狀況下，專案完成的時間爲何？總成本爲何？

b. 假設這個專案必須在16個星期內完成，在額外成本最小的前提下，應如何壓縮？所增加的成本是多少？

c. 列出網路中所有的路徑，在經過 b 的壓縮後，每一條路徑的完成時間爲何？如果專案時間必須在壓縮成15個星期，要如何進行壓縮？必須注意，如果緊要路徑有一條以上，壓縮同在幾條路徑上的作業，比壓縮在不同路徑的不同作業更好。

27. 回到習題 26，寫出線性規劃方程式，目標是要將專案壓縮爲16個星期的最適解。如果壓縮目標是14個星期，要做什麼樣的修改？

分析—全國建築公司

全國建築公司的專長是在蓋小型的獨棟居家建築，公司目前已在鳳凰城推案，這項專案耗盡了公司的資源，使公司必須招募新的人手。在開始推出新案之前，公司的管理當局決定進行PERT分析，以協助新案的經理人做管理。目前公司有許多建設案正在進行，因此，可用資源相當有限，審慎評估相當必要。

比爾是整個PERT規劃案的負責人，他決定應用要徑法，並做出了下表：

作業項目	直接先行者	時間
徵收土地	--	2
管線執照	徵收土地	3
打地基	管線執照	1
整體建築與屋頂	打地基	7
外牆	整體建築	3
鋪設管線	整體建築	4
風乾	整體建築	3
暖氣、冷氣設備管線	風乾	5
粉刷水泥	暖氣、冷氣設備管線	8
廚房設備	粉刷水泥	3
完成管線鋪設工作	粉刷水泥	2
完成內牆粉刷	粉刷水泥	6
完成屋頂工作	整體建築與屋頂	2
鋪設磁磚	整體建築與屋頂	6
屋外排水溝	完成屋頂工作、鋪設磁磚	1
鋪設地板	完成內牆粉刷	5
完成供電	完成內牆粉刷	3
車道	鋪設磁磚	3
建立地標及完成清理工作	車道	4
最後的檢查	建立地標及完成清理工作	1

檢查過這張表後，公司的副總裁認爲有一些細節沒有列出，因此詢問比爾，比爾解釋沒列出的其他細節都包含在表中的作業項目內，但如果有必要，比爾也同意將表上的作業再分爲子作業。

假設表中的資訊正確，請準備一份報告表，決定各項作業的發生時間；報告中也必須包括寬裕時間，並提出建議、如何改善這張表。

第9章

網路模型

9.1簡介
9.2最少分枝的樹枝圖
9.3最大流量技術
9.4最短路徑技術
9.5摘要
字彙
問題與討論

9.1 簡介

網路在管理界的應用很廣泛，如第八章所介紹的計畫評核術／要徑法的網路。本章中，將介紹如何利用最小數目的分枝，來連接區域網路內各部電腦。本章中看如何利用最大流量技術來規劃設計高速公路系統，使車子的流量達到最大；或是用來規劃輸油管線系統，使得輸油量達到最大。同時，也要介紹最短路徑法，看看如何決定二特定地點間的最小成本或距離。

9.2 最少分枝的樹枝圖

湯普森是一所大學的資訊中心主任。因為有許多來自富有校友的捐助，目前學校正在規劃一項大規模的電腦設備擴充計畫。計畫中一部份的工作是要將校園裡各大樓的電腦連結起來，成為一個區域網路。因為纜線的成本很高，因此，湯普森希望使所需的纜線總長度達到最小。計畫中總共有八棟建築要連結，圖9.1是表示這些建築物的地點距離，單位為百呎。在建築物之間可以纜線相連，但必須注意因為有一些實際上的限制，某些節點如2與3之間是不能相連的。在這種情形

圖 9.1

校園建築的樹枝圖

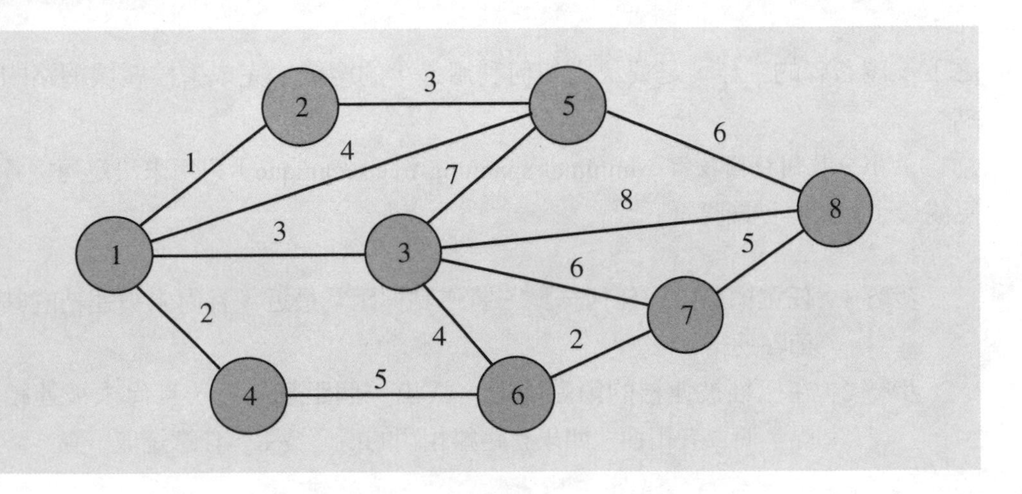

利用最少分枝法，可以找出聯結整個網路所需的最少路徑。

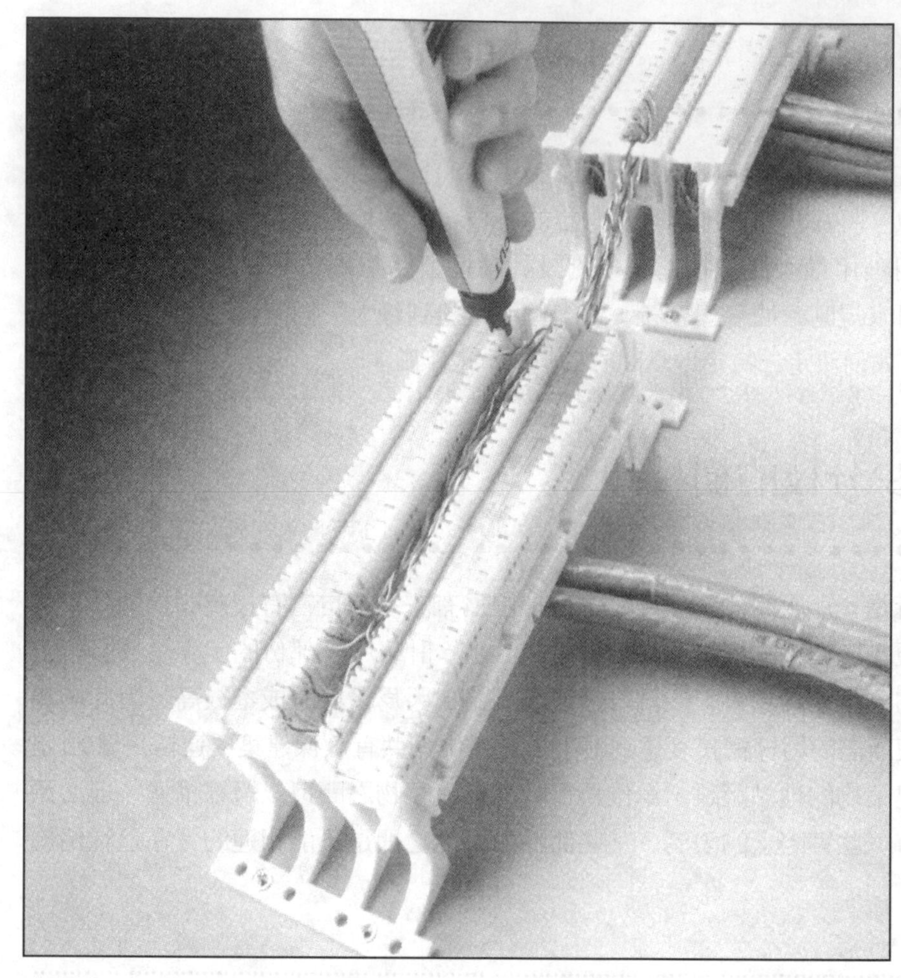

資料來源：Courtesy of AMP Incorporated

之下，湯普森的工作，是要決定如何利用最少的纜線，完成學校區域網路的連結。

最小分枝樹枝圖技術（minimal spanning tree technique）可用來決定連接各節點的最小總距離，摘要如下：

步驟 1：任選網路中的任何一點，將這點與距其最近、且尚未被連結的其他節點連結。

步驟 2：在已經被連結的節點附近，找出一個距離最近、且尚未被連結的點，將二者相連。如果有距離相同的情形發生，任意選取一點。

步驟 3：如果所有節點都已經和其他節點相連，則停止；否則，回到步驟2，直到每個節點都被連結。

將以上各步驟應用到湯普森的例子，第一步，任意選擇節點1作爲開始。與點1相隔最短的距離爲1單位，發生在點1與2之間，因此，連接這二個節點。如圖9.2的第一網路圖。

第二步，檢查其他尙還沒被連接的點，找出與已經被連結的節點1與2最近的點。點4與距離點1爲2單位，較其他各點短，因此，連結點1與4，如圖9.2的第二網

圖 9.2

湯普森問題網路樹枝圖的前三步驟

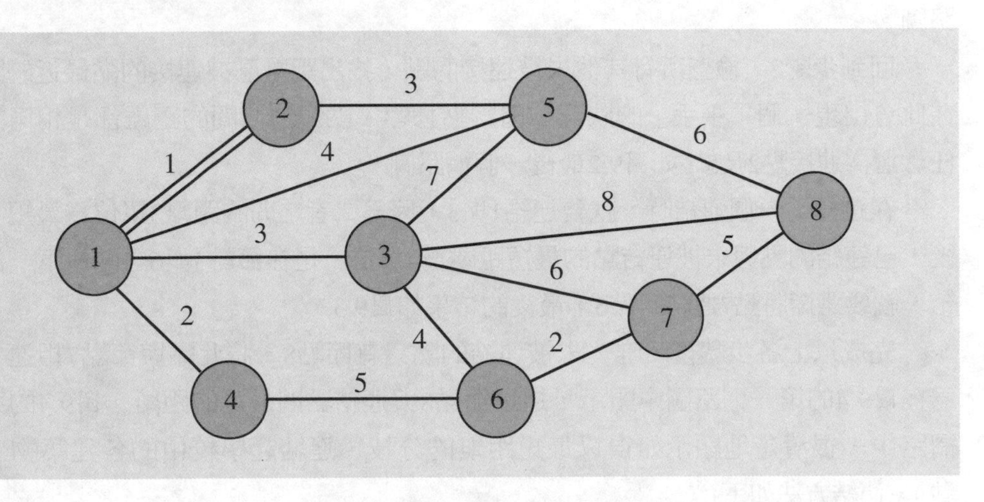

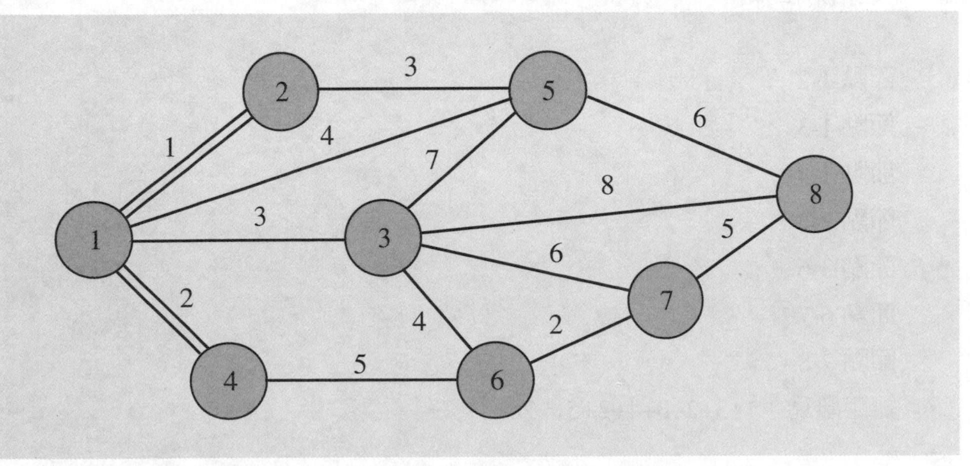

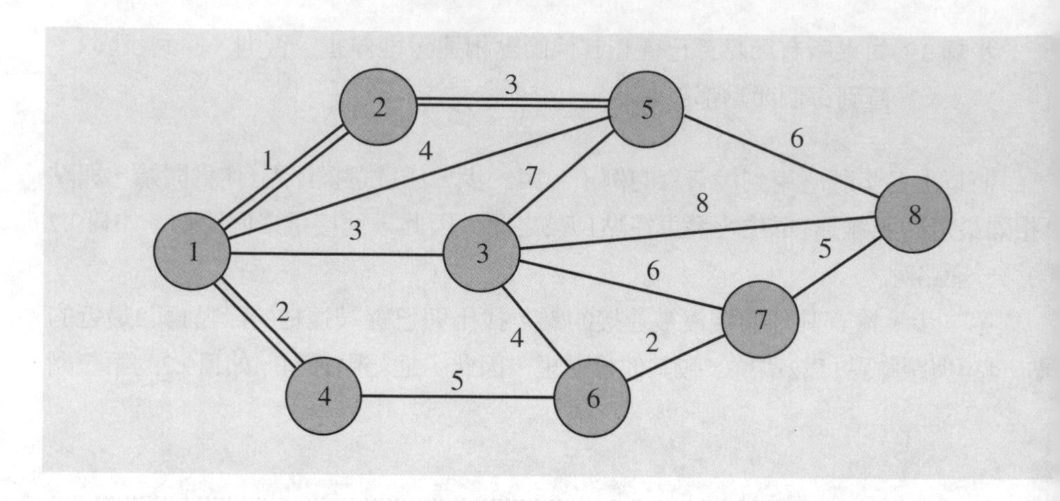

路圖。

回到步驟2，檢查所有其他未被連接的點，找出距離已被連接的點最近的點。在此會出現一個「平手」的狀況，因爲點1與3、點2及5之間的距離都是相同的。任意選擇連接點2及5，如圖9.2最後一個網路圖。

在選擇下一個連結時，就要連結1與3，因爲二者之間的距離3單位爲最短。之後，已連結的點與未被連結點的最短距離爲4單位，是在節點3與6之間。下一個連結，就要選擇將點7連結到點6，最後的結果如圖9.3。

完成以上各步驟後，唯一未被連結的點只有節點8。將此點與節點7相連，因爲在圖9.4的第一網路圖中顯示，這是節點8與連結點間最近的距離。圖9.4的第二網路中，很清楚地顯示如很以最短距離的分枝，連結起學校中的各建築物（節點），連結方法如下：

節點 1-2
節點 1-3
節點 1-4
節點 2-5
節點 3-6
節點 6-7
節點 7-8
總距離爲：1+3+2+3+4+2+5 = 20

圖 9.3

湯普森問題網路樹枝圖的第四、五、六次連結

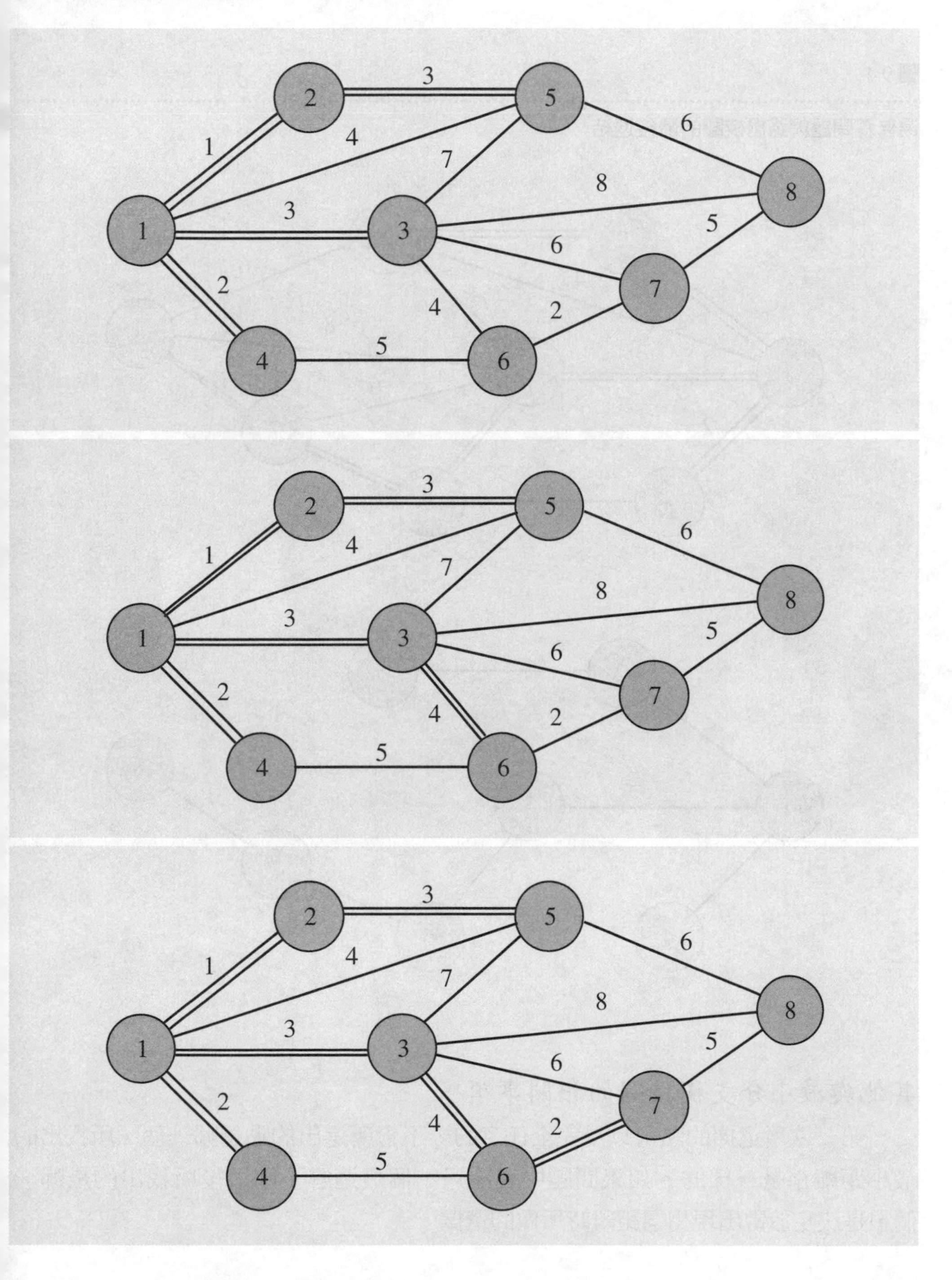

其他任何方式的連接，所需的總距離不會較以上這種連接方法更短。

這個問題也可以用電腦軟體如DSS求解，如解9.1。

圖 9.4

湯普森問題網路樹枝圖的最後連結

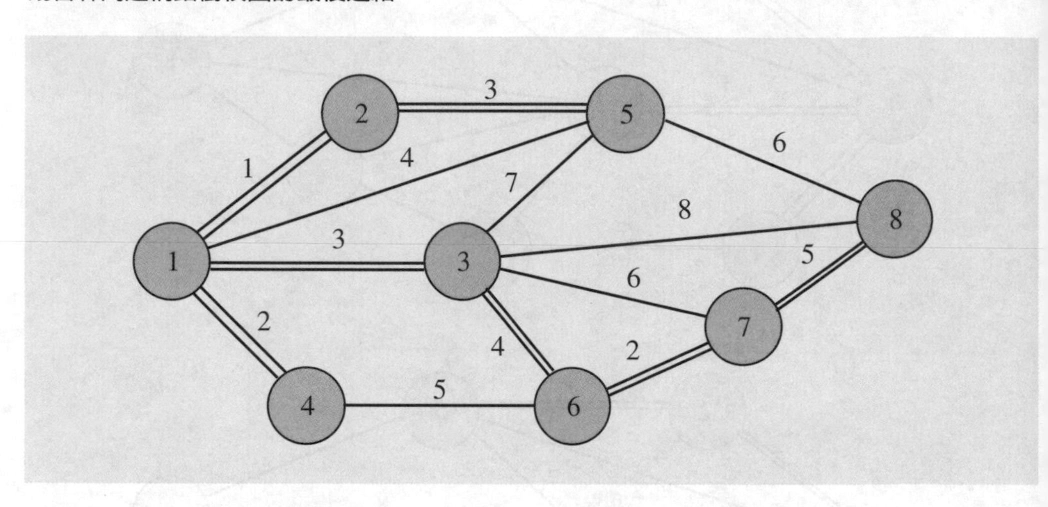

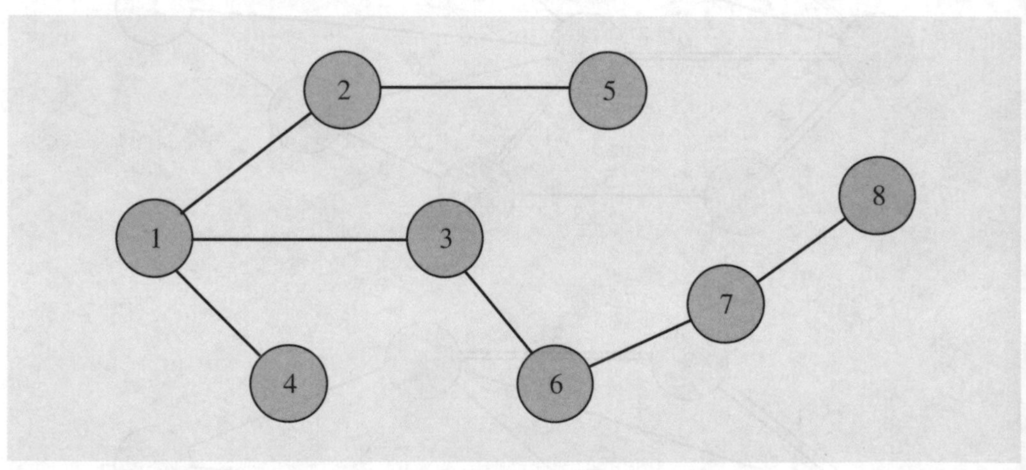

其他與最小分支樹枝圖的相關事項

第一次所選擇的點可以是完全任意的，不管所選出的點是哪一個，所找出的最小距離都是一樣的。如果問題中有不只一個最適解，則最後所找出的是哪一個，是決定於當出現相同距離時所做的選擇。

解 9.1

利用 DSS 得出湯普森問題的解

Networks - Minimum Spanning Tree

Initial Problem

From\To	Node1	Node2	Node3	Node4	Node5	Node6	Node7	Node8
Node1	x	1*	3*	2*	4	x	x	x
Node2	1*	x	x	x	3*	x	x	x
Node3	3*	x	x	x	7	4*	6	8
Node4	2*	x	x	x	x	5	x	x
Node5	4	3*	7	x	x	x	x	6
Node6	x	x	4*	5	x	x	2*	x
Node7	x	x	6	x	x	2*	x	5*
Node8	x	x	8	x	6	x	5*	x

Solution

From	To	Cost
Node1	Node2	1
Node1	Node4	2
Node1	Node3	3
Node2	Node5	3
Node3	Node6	4
Node6	Node7	2
Node7	Node8	5

Total Cost : 20

*** Multiple optimal solutions exist ***

這個問題可以公式化爲0-1線性規劃問題，但在處理大型的問題時，因爲變數及限制式的數目可能會很多，因此並不建議利用線性規劃，利用最小分枝樹枝圖去仍是比較有效率的。有一些軟體可以專門用來處理網路規劃問題。

9.3 最大流量技術

最大流量技術（maximal flow technique）主要是用來分配網路中的流量，使網路上從特定的**投入點**（來源節點，source node ）到**輸出點**（排出節點，sink node）的流量達到最大。利用這種方法，可以決定如有多少油料可以通過某一輸油管，或是決定電話線與通訊網路的承載量。

網路中有箭頭的線段表示流量的數量與方向：流動量由前一個箭頭、順著方向，流動到下一個箭頭。與帶箭頭的線段不同，節點無法表示任何流動的量，因此無法知道節點所承載的流量。解決這個問題，可以引進一個參數，稱爲**流量對話**（conservation of flow），意義是對於一個特定節點而言，流入的量必須等於流出的量。流入來源節點的量，也會等於排出節點的量，而這個量也就是整個網路的最大流量。

考慮威特司油管公司的問題。這個公司有一條輸油管線系統，可以將原油從油田送至加工廠提煉，**圖**9.5的網路是公司的管線圖，從某個節點流到下一個節點的可負載最大流量（單位爲桶／分鐘）也都在圖上有標示。如圖，從來源節點（節點1）到節點2的流量是8，線段末端的數字爲0，表示從節點2到節點1的反向流動爲0。如果反向流量爲正，表示順向或反向流動都是可行的。也就是說，視需要

圖 9.5

威特司公司的管線圖

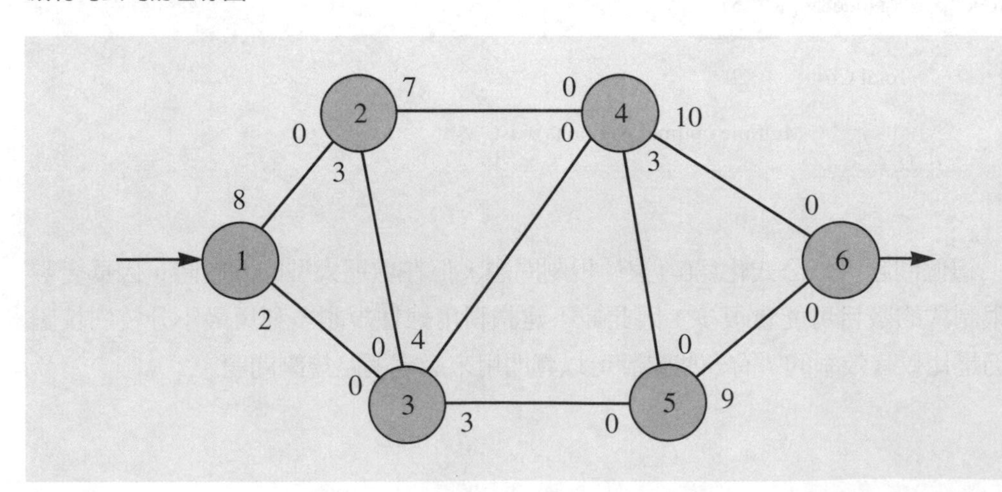

應用—網路模型協助黃色運輸公司控制運輸

黃色運輸系統公司是美國一家全國性的運輸公司，擁有約500個轉運站，承載每年1,500萬次的運量。公司的任務是要儘量滿足客戶的需求，因此，公司每日需要處理上千次的運輸班次，穿越在廣大的、不斷在改變的運輸網。為達成任務，公司引進一種規劃工具稱為SYSNET。

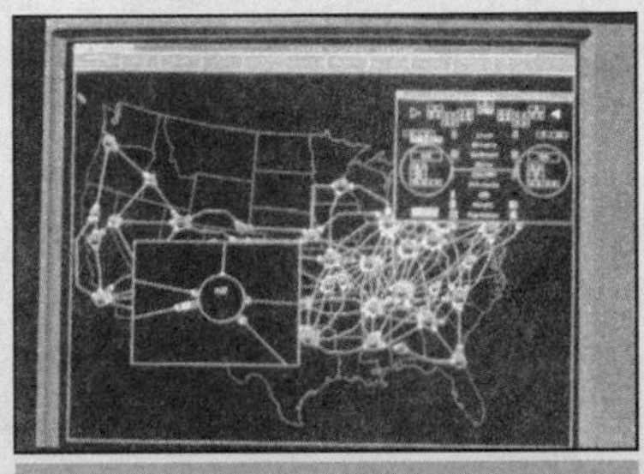
黃色運輸系統公司

SYSNET是一種大型的、互動式的最適化系統，專門用來設計運輸路線及運輸站的網路。藉著將個別運輸站的資訊圖示化，公司可以利用SYSNET來預測系統中對司機、牽引車、拖車及設備容量的需求。系統中的資訊每小時更新一次，以便隨時因應各種狀況的改變。利用這套系統，黃色運輸系統公司可以在短時內調整網路的運作，來滿足個別客戶的即時需求。因為具有這種快速反應的能力，使得公司一直在競爭中立於不敗之地。

有了SYSNET的系統之後，公司大幅改進營運方式，省下了可觀的成本；同時，這個系統也使公司能快速因應整體商業環境的變遷。利用模型，黃色運輸系統公司可以在未付諸實際行動之前，就先對某項新計畫進行完整的評估。這使得公司經理人能迅速做出決定，也使得分析人員樂於去嘗試新的作法。整體而言，SYSNET在改善營運時間及維護顧客滿意度上，有絕佳的表現。

資料來源：Braklow, J. W., June 1993. "Keep on Truckin': Yellow Freight's SYSNET Planning System Provides Control of Transportation Network" *OR/MS Today:* 30-32.

而定，油流動的方向可在正、反向任選其一。使用以下所介紹的最大流量技術，可以用來決定這個系統管線由來源至排出節點的最大流量。

最大流量法

步驟 1：找出一條連結從來源到排出節點的路徑，任二個節點之間的流量（由線段表示）都不能為0。如果找不出這個流量全非0的路徑，表示已經找到了最適解。

步驟 2：一旦找出這個路徑後，選擇路徑中的最小流量，稱為流量C，這代表這條路徑中所能分配的最大超額流量。

步驟 3：將路徑中每一個流量都減去流量C，這將會使其中一個流量變為 0。

步驟 4：將這條路徑的每一個反向流量加上C。這項調整的目的是要使最後找出的最大流量加大（說明如後），回到步驟1。

為解釋上述個步驟，考慮圖9.5的範例。開始步驟 1，任意選擇路徑1-3-4-5-6。當然，也可以選擇其他所有個別流量都為正的路徑。

步驟 2是要找出路徑中的最小流量，發生在點4與5之間，流量為3。因此，這個路徑的最大流量至少為3，讓C=3。

在步驟 3中，是要將路徑中的每一個流量減去3；步驟4則是要將路徑中的每一個反向路徑加上3。最後結果如圖9.6的第一個網路圖。在這個圖中，流入來源節點與流出排出節點的流量都標為3；每一次找出新路徑後，必須修改這個數值。

回到步驟 1，任意選擇其他路徑1-2-3-5-6。在步驟2，找出最小流量是在節點2-3與3-5之間，流量數為3。因此，C=3。在步驟3，將路徑中每一個流量減去3，

最大流量法可以用來作輸油管的規劃，決定從油田到煉油廠的流量。

資料來源：@1991 Texaco Inc.; reprinted with permission from Texaco Inc.

圖 9.6

路徑 1-3-4-5-6，1-2-3-5-6，1-3-4-6 的調整過程

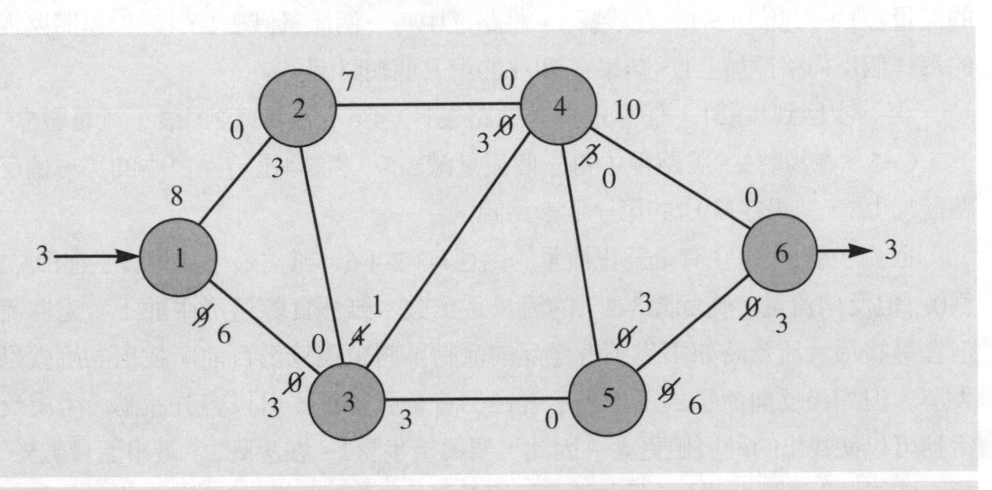

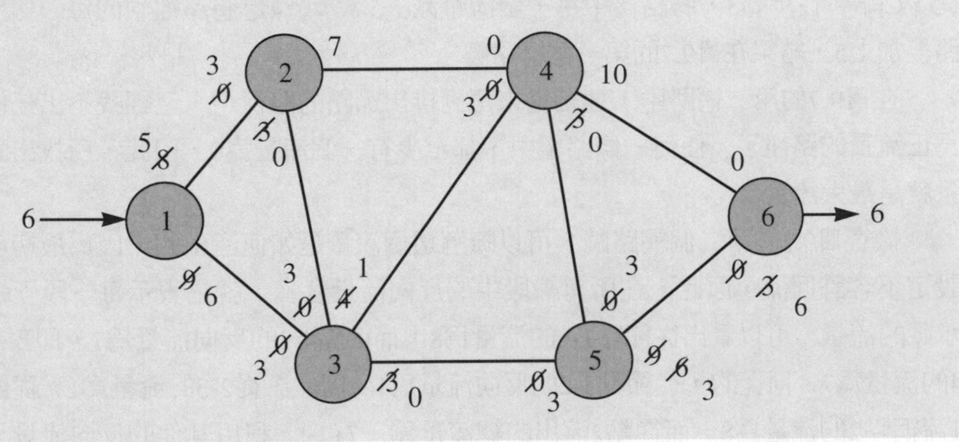

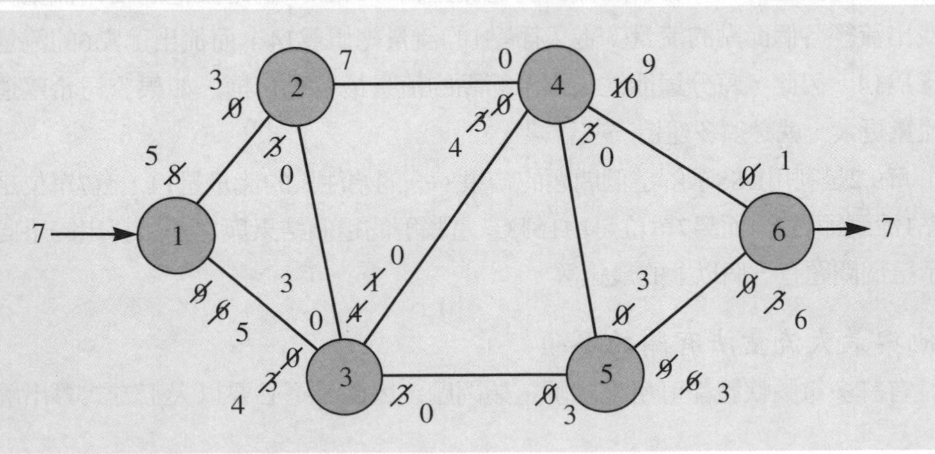

步驟4是要將路徑中的每一個反向路徑加上3，結果如圖9.6的第二個網路圖。

回到步驟1，任意選擇其他路徑1-3-4-6。在步驟2，最小流量是在節點3-4之間的流量數1，因此，C=1。在步驟3，將路徑中每一個流量減去1，步驟4是將路徑中的每一個反向路徑加上1，結果在圖9.6的第三個網路圖。

再一次回到步驟1，任意選擇其他路徑1-2-4-6。在步驟2，最小流量數5，因此，C=5。在步驟3，將路徑中每一個流量減去5，步驟4是將路徑中的每一個反向路徑加上5，結果在圖9.7的第一個網路圖。

回到步驟1，現在有全爲正流量的路徑1-3-2-4-6。雖然最小流量發生在節點2-3爲0，但反向流量（從節點3-2）的流量爲正數。雖然實際情形中並不考慮回流，但在尋找最大流量時如果也不考慮反向流動，將會誤以爲目前所找出的解就是最大解。但如果反向流量爲正，表示管徑仍有承載容量，可以容許流動，考慮反向流動可以使找出的最適值更大。因此，要繼續步驟2。在步驟2，最小流量數5，因此，C=5。在步驟3，將路徑中每一個流量減去5，步驟4是將路徑中的每一個反向路徑加上5，結果在圖9.7的第一個網路圖。

在圖9.7的第二網路中，連結從來源到排出節點的路徑中，已經找不出任何全爲正流量的路徑了。任何一條路徑中，都至少有一個流量爲0，因此，所找出的流量就是最大流量。

檢查圖9.7的第二個網路圖，可以瞭解這個流量是如何產生的。因爲最初已經設定不容許回流，因此，在所有線段中的反向流量意義，就是表示每一段管線所承載的流量。可以看出從節點1-2的流量爲8；而節點4-2的反向流量爲7，即表示2-4的流量爲7。同樣的，從節點3-2的反向流量爲1，因此，從2-3的流量爲1。從節點1流網點2的流量爲8，而從點2流出的總流量爲（7+1）。利用其他的反向流量，可以找出流經各個節點的流量。進入節點1的流量總值爲14，而流出節點6的流量也同樣爲14。因此，每分鐘能注入來源節點的流量最多是14桶，如果公司希望運輸的流量更大，就必須多建造一些管線。

解9.2是利用DSS求解這個問題的結果。一開始注入的流量是14，有7單位是由節點1流到節點2、而另7單位是由1到3。電腦解的這個結果與之前所算出的不同，顯示這個問題有一個以上的最適解。

其他與最大流量法有關的事項

有許多電腦軟體都可用來求解這類問題，因此，不必要以人工方式算出解，

圖 9.7

威特司公司例子的網路圖

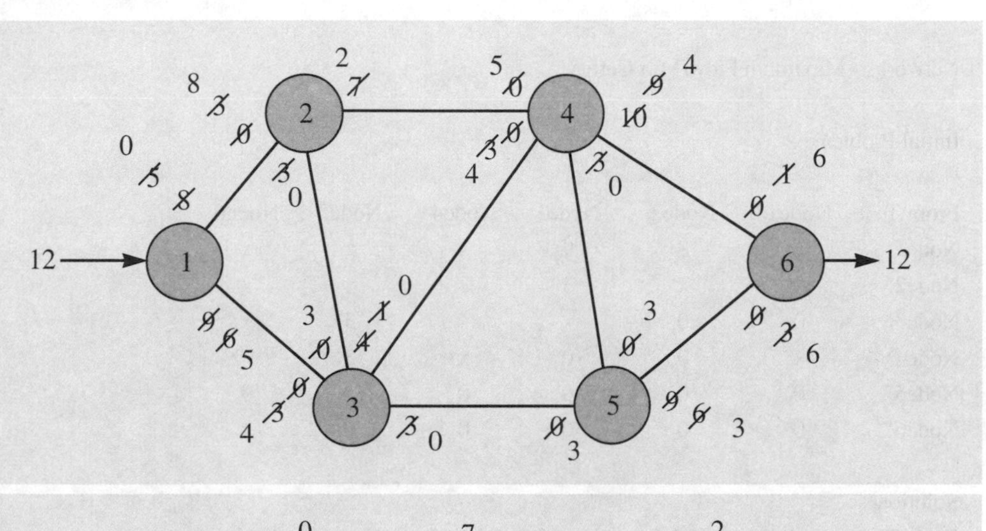

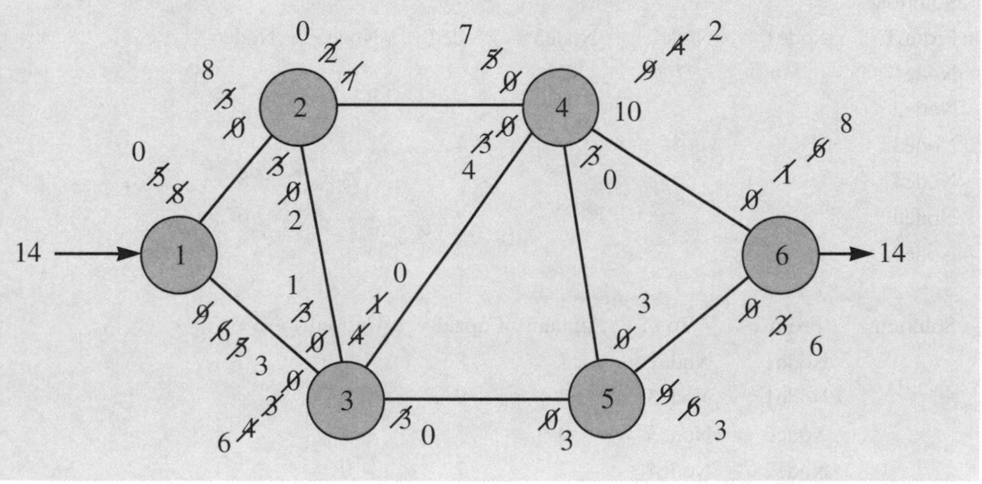

但瞭解技術數背後的內涵卻是必要的。唯有如此，才能知道有哪些必要的資訊要輸進電腦，以利於分析。最大流量技術經常會應用在高速公路的維修規劃。如果高速公路有一段必須因維修而關閉，一般會規劃替代道路供車輛行駛。利用最大流量法，可以評估出替代道路所能承載的最大車流量。

本章中所考慮的範例只容許單向流動，如果代表流量的線段有這種特性，稱爲**定向流動線**（directed arc）。如果允許雙向流動，如雙線道，則稱爲**非定向流動線**（undirected arc）。處理非定向的情況時，最簡單的作法，是將這二種情形分

解 9.2

利用 DSS 求解結果

Networks - Maximum Flow/Min Cut

Initial Problem

From\To	Node1	Node2	Node3	Node4	Node5	Node6
Node1	x	8	9	x	x	x
Node2	0	x	3	7	x	x
Node3	0	0	x	4	3	x
Node4	x	0	0	x	3	10
Node5	0	0	0	0	x	9
Node6	0	0	0	0	0	x

Solution

From\To	Node1	Node2	Node3	Node4	Node5	Node6
Node1		7	7			
Node2			0	7		
Node3				4	3	
Node4					3	8
Node5						6
Node6						

Solution :	From	To	Amount	Capacity	Unused
	Node1	Node2	7	8	1
	Node1	Node3	7	9	2
	Node2	Node3	0	3	3
	Node2	Node4	7	7	0
	Node3	Node4	4	4	0
	Node3	Node5	3	3	0
	Node4	Node5	3	3	0
	Node4	Node6	8	10	2
	Node5	Node6	6	9	3

Maximum Flow = 14

開，分別討論正向流動及反向流動。

全球觀點—利用網路最適模型處理運輸問題

即使一直在開發新市場，擴展商機，但對跨城市的貨運業者而言，無可諱言的，北美自由貿易協定（North American Free Trade Agreement，NAFTA）仍然帶來了極大的壓力。貨運業者必須迅速調整價格及服務品質，以期在放鬆管制的環境下取得競爭優勢。他們必須以更有效率的營運方式，降低成本，同時維持服務品質。

二位加拿大蒙特利大學的研究人員建立了一套網路最適化系統，用來協助業者規劃其遍佈北美的運輸網。最初，他們將注意力放在運輸量在100到10,000噸的小型卡車業者。這些業者一般會集結貨物，使拖車的載重量達30,000到50,000噸時，才開始上路。因爲每天的運輸需求無法事先預知，且是多變無法預測的，這種單趟運輸非常不經濟。因此，研究人員提出建議，使拖車行駛至中繼的運輸站，然後在中繼站加裝一些貨物後，才運到終點。整體而言，這個計畫是非常勞力密集的，同時，也必須愼選拖車經過的路線。

利用網路最適化模型，研究員爲二個加拿大的小型運輸公司評估整體的營運。他們考慮全面性的需求變動，特殊市場需求，以及這些因素對營運成本的影響。在北美自由貿易協定成立後，一般預期貨運需求將有重大變化，這個運輸模型協助業者能有效、快速地因應變化，同使，也是業者能取得市場新機。

資料來源：Roy, J. and T.G. Crainic, May-June 1992. "Improving Intercity Freight Routing with a Tactical Planning Model" *Interfaces* 22(3): 31-44.

9.4 最短路徑技術

最短路徑技術（shortest route technique）可用來找出起點與其他各點間的最短路徑，決定在網路中每一點與起點的距離有多遠。每一個節點都有一個**標籤**（label），用來標示這個點與原點之間的距離，以及從原點到要到達這個節點之前的前一個節點。例如，節點6的標籤可能是（12，4），意義是這個節點與原點距離12單位，路徑上之前的節點是節點 4。

爲掌握最短距離術的使用，一般都使用二套標籤—**暫時標籤**（temporary label）

最短路徑法可以找出從原點到其它各點的最短距離。

資料來源：Mark IV Industries, Inc.

與永久標籤（permanent label）。暫時標籤的使用，是暫時用來表示這個節點與原點的距離，因此，這個距離值不一定是最短距離。當找出這個點與原點的最短距離時，暫時標籤就變成永久標籤。永久標籤可以從暫時標籤的集合中選擇，如下面的例子。爲了使用符號的方便，以小括弧（ ）表示暫時標籤，中括弧〔 〕表示永久標籤。最短路徑術摘要如下：

最短路徑術

步驟1：指定起點的永久標籤爲〔0，S〕。

步驟2：找出所有與帶有永久標籤的節點直接相連的點，指定暫時標籤給這些點。

步驟3：找出與原點最近的暫時標籤，將這個標籤變成長期標籤。如果所有的標籤都變成長期標籤，停止；否則，回到步驟2。

因爲標籤是表示前一節點與距離，因此，要找出最短路徑，只要檢視節點的永久標籤，並追溯回原點即可。

近觀—動態規劃

許多求解網路問題的技術，均可被視爲動態規劃求解法。1950年代，Richard Bellman在研究連續性存貨決策模型時，發展出了動態規劃技術。這可以用來作生產規劃、資本預算管理以及研發經費分配等問題。

雖然動態規劃問題並無特殊的形式，但各形式之間有一些共同的特質。各種動態規劃問題都可以劃分爲更小的問題或階段（stages），每個階段通常有幾個不同的狀態，在每個階段所做的決策，是要決定哪一個狀態要進入下一階段。如果將最短路徑術視爲一種動態規劃方法，則決定永久標籤就是一個階段，狀態是指在每一個階段中，有那一些節點要指定暫時標籤。

動態規劃的原則是最適性，也就是指之後各階段所做出的決策，與之前各階段已做的決策是獨立的。在最短路徑法中，就是指從任何一個有長期標籤的節點出發，所找出的最短路徑都一樣。

資料來源：Bellman, Richard E., 1957. Dynamic Programming. Princeton: Princeton University Press.

最小路徑法的應用範例

考慮羅得水泥公司的例子。這是一家專門爲不同建築工事運送水泥的公司，圖9.8是公司與各工事點間的網路圖，距離單位爲哩。節點1代表公司的所在地，是整個問題的開端。

在步驟1，指定起點的節點1永久標籤爲〔0，S〕，如圖9.9的第一個網路圖。在步驟2，找出所有與這個帶有永久標籤的節點相連的點，指定暫時標籤給這些點。因爲節點2、3、4都與節點1直接相連，因此，要指定暫時標籤給這些點。節點2到節點1的距離爲4，所以節點2的暫時標籤爲（4,1）。點3到節點1的距離爲8，所以點3的暫時標籤爲（8,1）。同樣的，節點4的暫時標籤爲（9,1），因爲它到節點1的距離爲9，如圖9.9的第二個網路圖。

在步驟3，找出與點1最近的暫時標籤，將這個標籤變成長期標籤。因此，選擇暫時標籤（4,1）變成永久標籤〔4,1〕，如圖9.9的第三個網路圖。

圖 9.8

羅得公司的網路圖

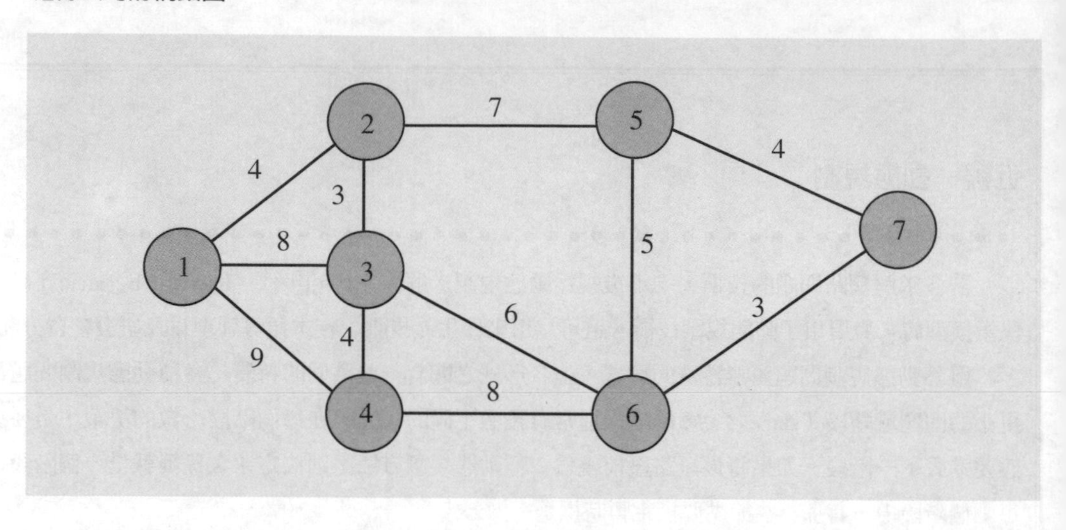

回到步驟2，找出與帶永久標籤（目前節點1與2都有永久標籤）相連的點，並指定暫時標籤給這些點。因爲節點3與點1與2都相連，因此要指定暫時標籤給點3。因爲通過點2再到點1到距離爲7，比點3直接到點1的8小，所以，標籤爲（7,2），而非（8,1）。從節點1經點2到節點3的總距離爲7，如標籤所示；除此之外，其他連結1-3的距離都不會更短。注意，目前這個指定給節點3的暫時標籤，比當只有節點1有永久標籤時的（8,1）好。

繼續其他步驟，將會指定暫時標籤（9,1）給節點4，因爲從點1到4的最短距離爲9。節點5的標籤是（11,2），表示這個節點到原點的距離是2，路徑上之前的節點是點2。以上的結果，如圖9.10的第一個網路圖。在步驟3，從暫時標籤（7,2）、（9,1）及（11,2）中選擇，找出距離節點1最近者。因此，選擇（7,2），將這個節點3的暫時標籤變成永久標籤。

回到步驟2，找出所有與帶永久標籤相連的點（目前是節點1、2及3），並指定暫時標籤給這些點，如圖9.10的第二個網路圖所示。注意節點4的標籤爲（9,1），而非（11,3），因爲前者距離原點的距離較短。步驟3，選擇暫時標籤中距原點最近者，即節點4的（9,1），並這個標籤變成永久標籤。

回到步驟2，找出所有與帶永久標籤相連的點，並指定暫時標籤給這些點，如圖9.10的最後一個網路圖。步驟3，選擇將節點5的暫時標籤變成永久標籤，因爲這

圖 9.9

羅得公司的網路圖

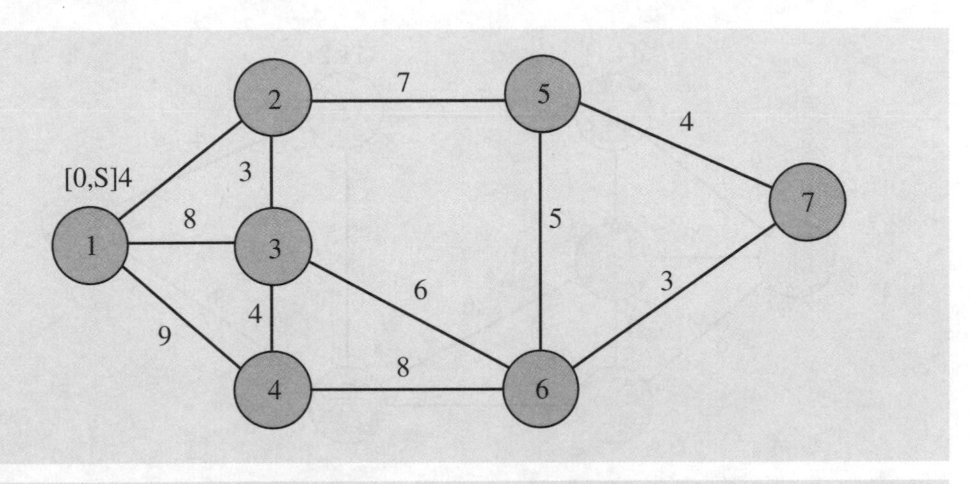

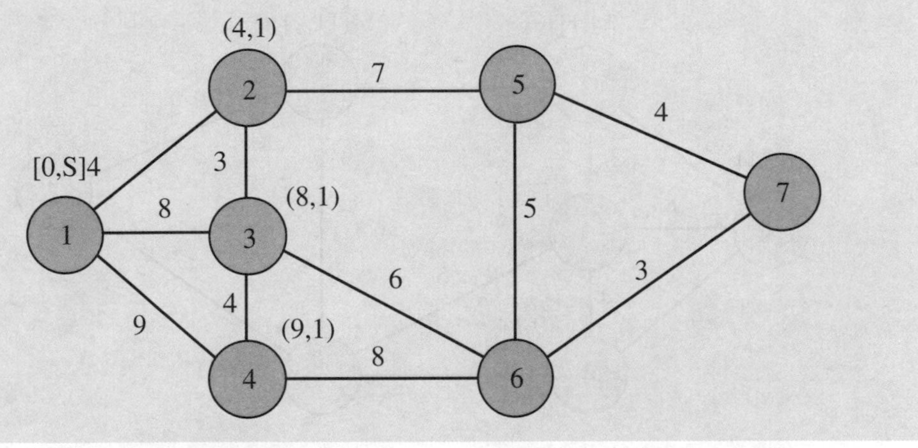

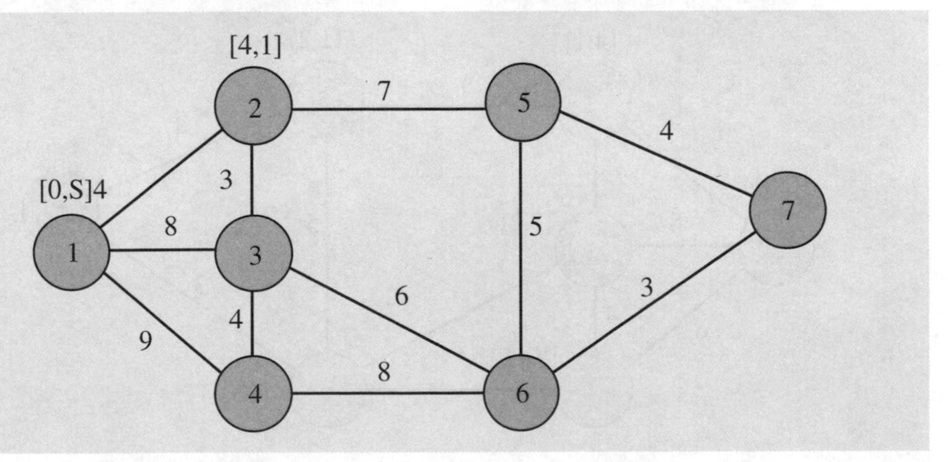

圖 9.10

羅得公司的網路圖

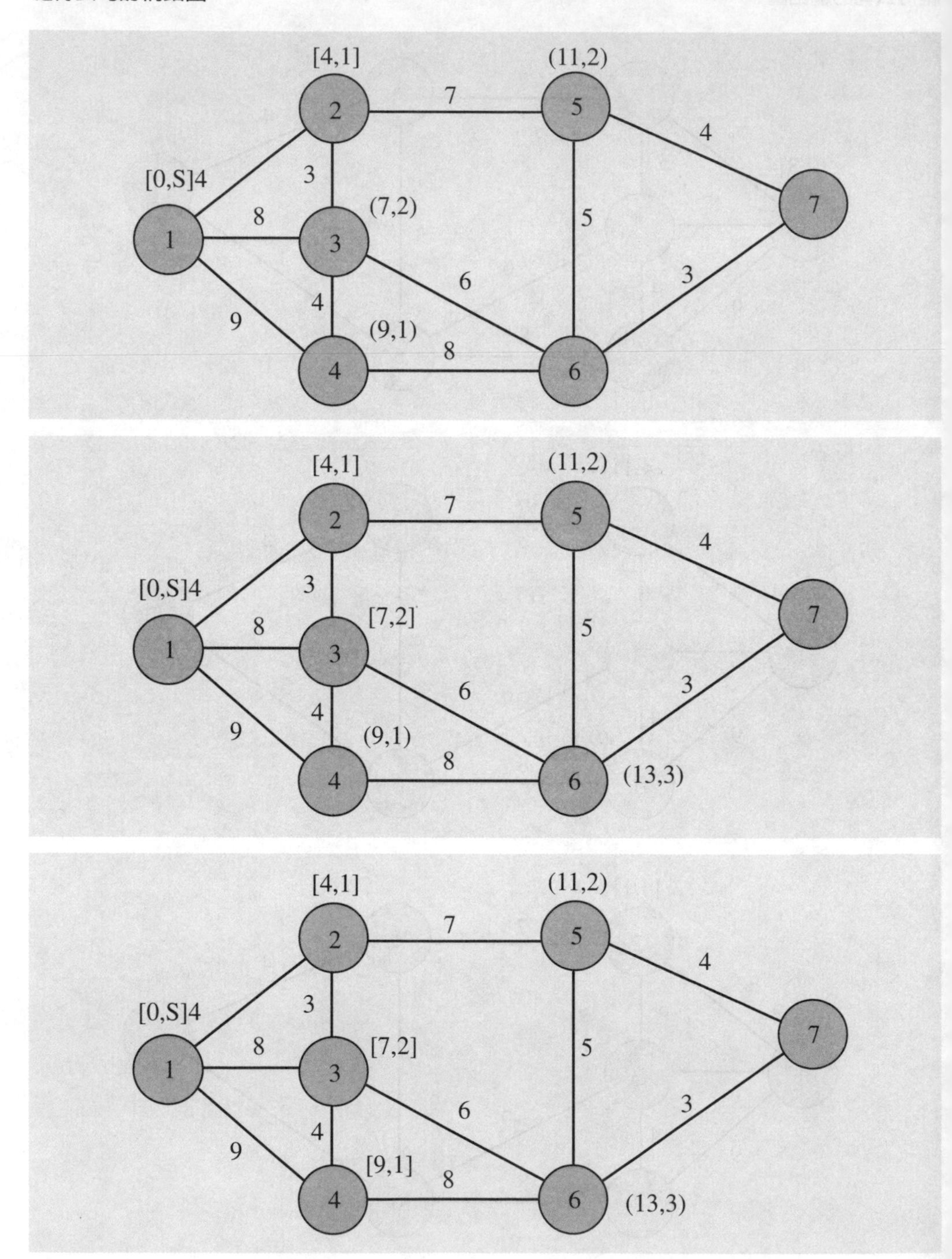

圖 9.11

羅得公司的網路圖

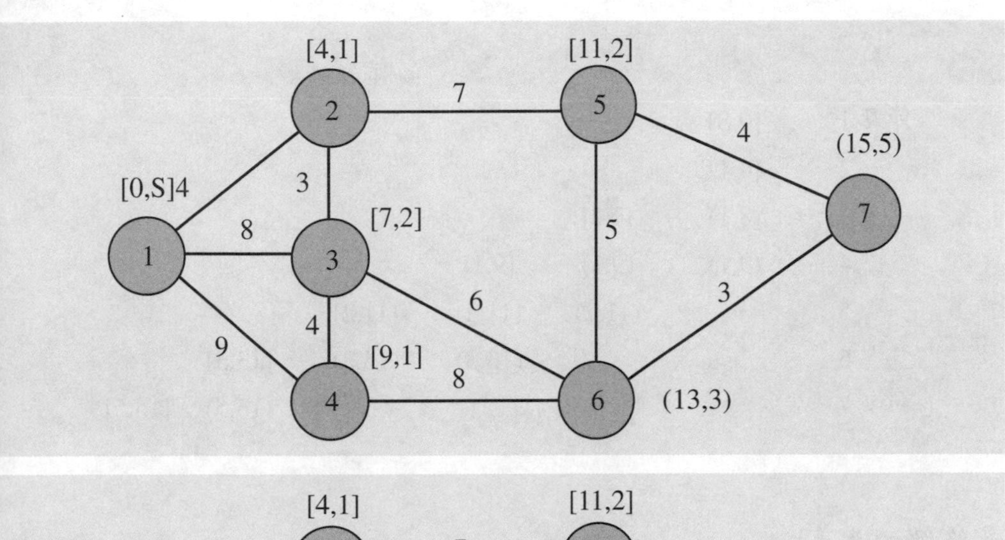

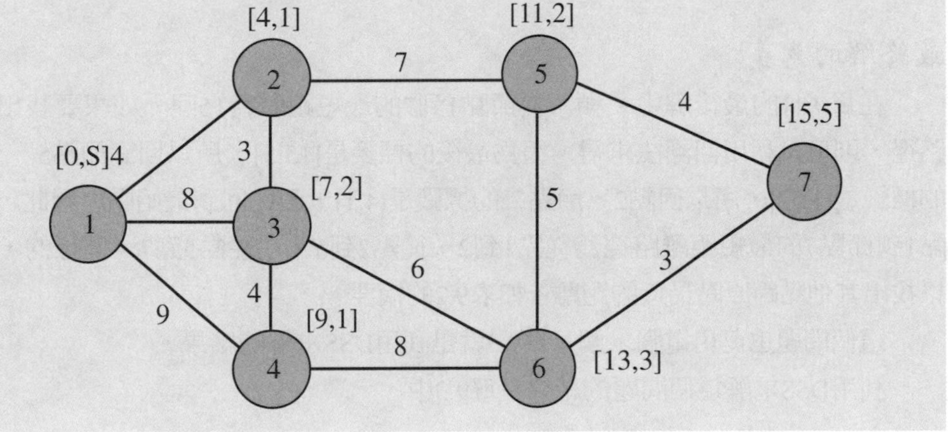

是距原點最短的距離。

回到步驟 2，找出所有與帶永久標籤相連的點，並指定暫時標籤給這些點，如圖9.11的第一個網路圖。步驟3，選擇將節點6的（13,3）變成永久標籤。

回步驟 2，指定暫時標籤（9,1）給節點7，因爲這是最後一個被連點的點，這個暫時標籤變成永久標籤，如圖9.11的第二個網路圖所示，這同時也表示已經找出羅得公司的最適解。

如果利用表將有助於回溯這些標籤，表9.1是羅得公司例子的求解過程。

表 9.1

羅得公司例子的求解過程

路徑	1	2	3	4	5	6
節點 1	[0,S]					
2	[4,1]					
3	(8,1)	[7,2]				
4	(9,1)	(9,1)	[9,1]			
5		(11,2)	(11,2)	[11,2]		
6			(13,3)	(13,3)	[13,3]	
7					(15,5)	[15,5]

最終解的意義

在圖9.11的最後解中，顯示從節點1到7的最短距離為15哩。如果要找出這條路徑，則可以利用回溯法求得。因為最後的標籤是[15,5]，所以回到節點5。在點5的標籤是[11,2]，所以回點2。節點二的標籤是[4,1]，至此回到最始點。因此，從節點1到節點7的最短距離路徑為從點1到2、從點2到5、在從點5到7。同樣的，也可以找出其他點距原點最近的距離。如表9.2的摘要。

這個問題也可用電腦求解，解9.3就是利用DSS求解的結果。

利用DSS求解這個問題的結果在解9.3中。

9.5 摘要

本章中介紹三種常見的網路模型—最少分枝法、最大流量法以及最短路徑法，這些模型在現今管理界都有廣泛的應用。這些方法都是相當有效率的方法，詳細的計算過程，在本章中也透過範例加以詳細解說。在求解較大型的問題時，可以利用套裝軟體求解，以避免繁複的計算過程。

表 9.2

每一個節點的最小路徑

節點	距離	路徑
1	0	開始節點
2	4	1-2
3	7	1-2-3
4	9	1-4
5	11	1-2-5
6	13	1-2-3-6
7	15	1-2-5-7

解 9.3

以DSS求解羅得公司問題的結果

Networks - Shortest Route

Initial Problem with Solution indicated

Segment	Start	End	Measure	Best Cumulative Measure
*Seg1	1	2	4	4
Seg2	1	3	8	8
Seg3	1	4	9	9
Seg4	2	3	3	7
Seg5	3	4	4	11
*Seg6	2	5	7	11
Seg7	3	6	6	13
Seg8	4	6	8	17
Seg9	5	6	5	16
*Seg10	5	7	4	15
Seg11	6	7	3	16

Total Objective Measure : 15

* denotes shortest path

字彙

流量對話（Conservation of flow）：在最大流量法中，假設對於一個特定節點而言，流入的量必須等於流出的量。

定向流動線（Directed arc）：在流量網路中，表示單一流動方向的線段。

標籤（Label）：在最小路徑網路中，用來標示其與原點之間的距離，以及從原點到要到達這個節點之前的前一個節點。

最大流量法（Maximal flow technique）：是一種找出從來源節點到排出節點的最大可能流量。

最小分枝樹枝圖技術（Minimal spanning tree technique）：可用以決定連接各節點的最小總距離。

永久標籤（Permanent label）：在最短路徑法中，找出這個點與原點最短距離時的標籤。

最短路徑法（Shortest route technique）：決定網路中從起點節點到其他節點最短路徑的技術。

排出節點（Sink node）：最大流量網路中，輸出或最後的節點。

來源節點（Source node）：最大流量網路中，輸入或開始的節點。

暫時標籤（Temporary label）：在最短路徑法中，用來表示這個點與原點距離的標籤。

非定向流動線（Undirected arc）：在流量網路中，不特別顯示單一流動方向（可能正向或反向都可以）的線段。

問題與討論

1. 試解釋最少分枝法、最短路徑法以及最小流量法的目的。
2. 在最大流量法中，如果一開始的反向流量值為 0，這代表什麼意義？
3. 在最大流量網路中，會假設每一個節點都有一個流量對話。請問對於整個網路而言，也存在有流量對話嗎？
4. 如果在最大流量網路中，代表流動的線段是不帶有箭頭的線段，則在使用最大流量法求解時，必須作哪些修正？

5. 應用最短路徑法時，標籤中有哪一些數字？
6. 應用最短路徑法時，哪些節點會被指定暫時標籤？
7. 在最短路徑法中，如何決定永久標籤？
8. 在最短路徑的網路中，如果有一個節點同時與幾個帶有永久標籤的節點相連結，要如何決定這個節點的暫時標籤？
9. 有一位大學生希望在春假時進行一次汽車旅行，在本章中，有哪一些技術可以協助他（她）作路線規劃？
10. 有一條州際公路正在進行維修，使得某個與公路相接的小鎮出現了交通問題，進出小鎮變得很麻煩。春假即將來臨，屆時會有許多觀光客來度假，鎮長希望找出一些替代路線。如果，鎮長希望知道經過目前鎮上道路系統的每小時車流量，可以利用哪一些技術？
11. 利用最小分枝法，在總距離爲最小的情形下，決下列通信網路的連結方式。

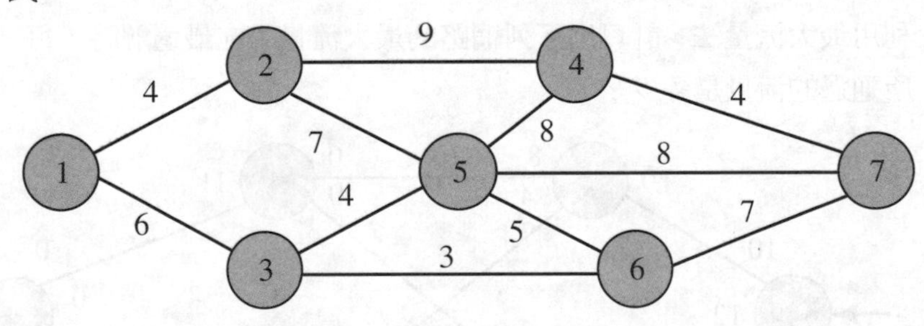

12. 利用最小分枝法，決定下列網路最小距離的連接法。在最適解時，要連接的節點有哪些？

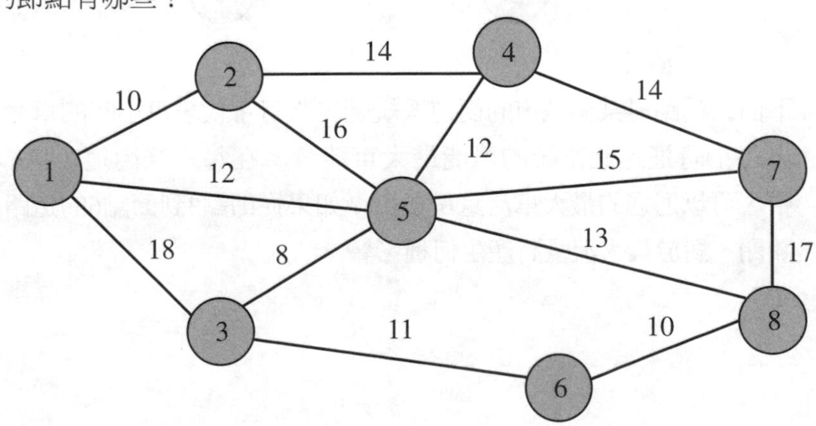

13. 以下的資料代表代表網路以及各相連結的起、終點節點，試畫出此一網路，並利用最小分枝法，求出最小距離的連結法。

連結節點（起點—終點）	距離
1-2	12
1-3	8
2-3	7
2-4	10
3-4	9
3-5	8
4-5	8
4-6	11
5-6	9

14. 利用最大流量法，計算出下列網路的最大流量。在最適解時，每一個節點所通過的流量是多少？

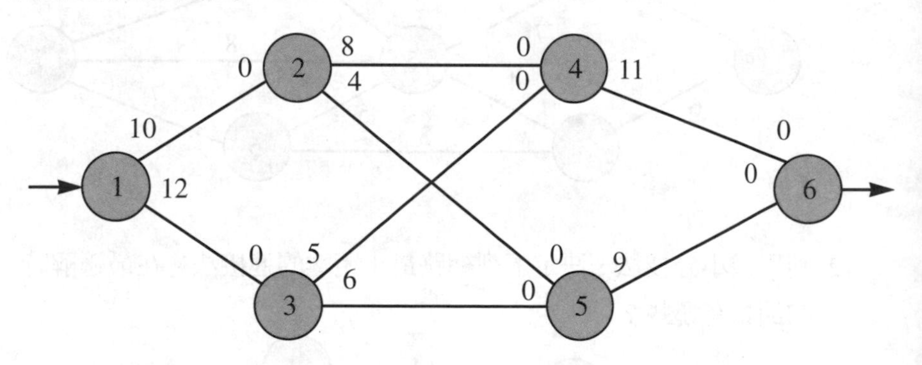

15. 下面的網路是某個城市的街道系統圖，數目字代表每小時的車流量。試找出每小時通過此系統的可能最大車流量。在每一條街道（以線段代表）中，可以通過的最大車流量是多少？如果從節點3到節點6的道路必須暫時關閉，對於最大流量將產生何種影響？

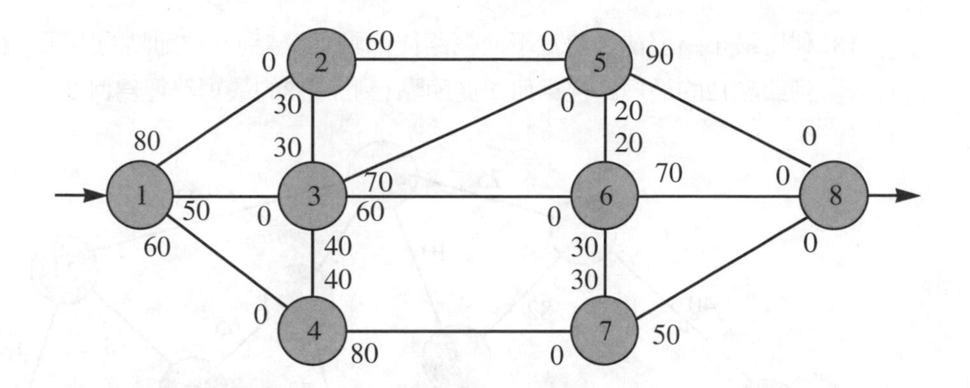

16. 下面的網路是輸油管網路圖，單位是桶 / 每分鐘，試決定出每分鐘通過網路的最大可能流量。通過每一條管線（以線段表示）的流量爲何？

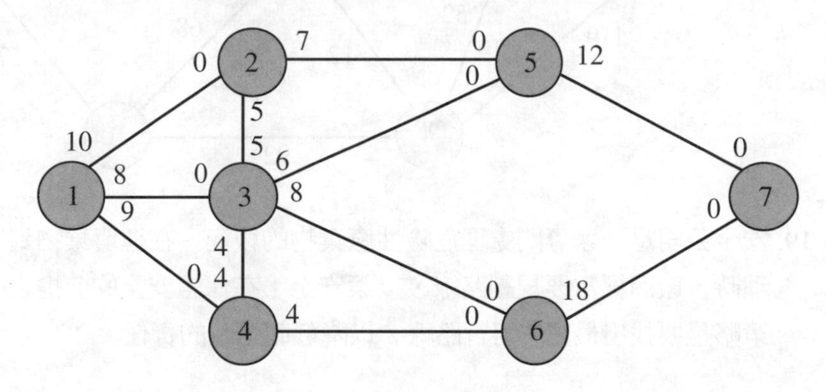

17. 利用最小路徑法，決定下面網路從節點1連結到其他節點的距離。從節點1到節點7的路徑中，必須經過幾個節點？

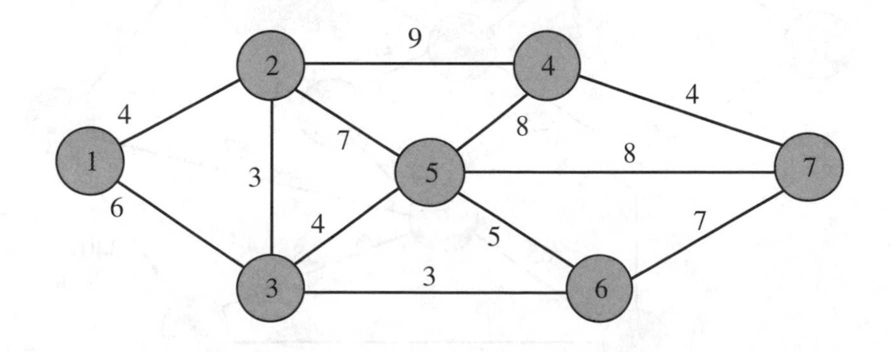

18. 利用最小路徑法，決定下面網路從節點1連結到其他節點的距離。從節點1到節點12的最短路徑爲何？從節點1到節點8的最短路徑爲何？

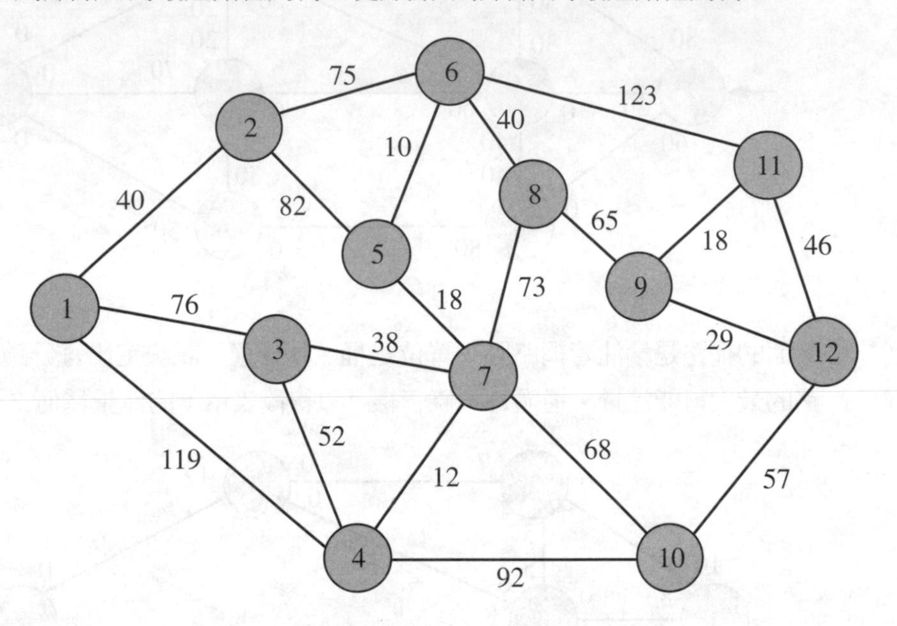

19. 安全公司是一家專門處理危險性廢棄物的廠商，在運廢棄物到安全地點處理時，廠商經常要規劃路線，以策安全。在保證安全的前提之下，公司的策略是要找出最短的可行路線，以降低載運時的責任。

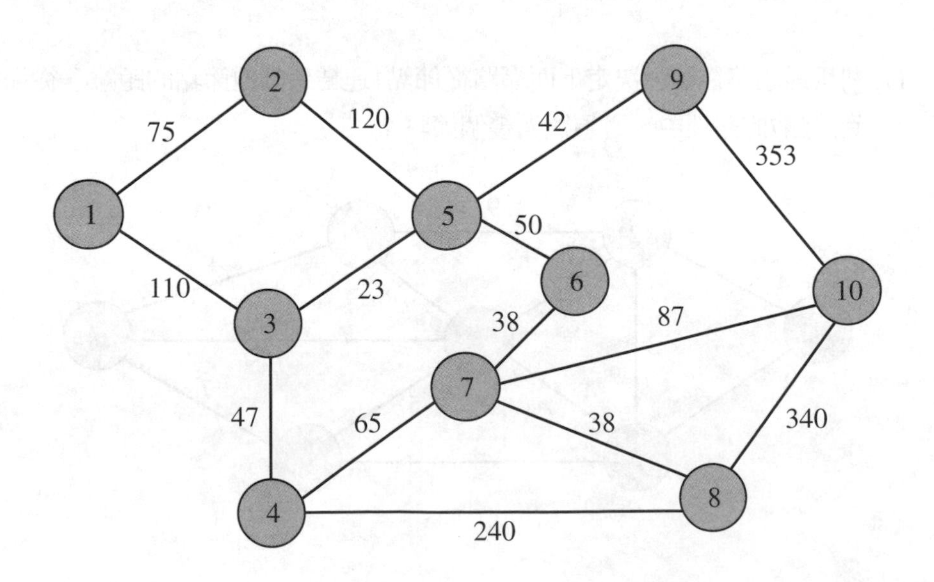

目前廠商所定的契約是每星期要載運一次（從節點1），將有毒的廢棄物運送之安全的處理地點（節點10）。以下的網路圖，代表可行經的路徑以及當地的人口（單位爲千人），找出沿路總人口最少的路徑。

分析—大學規劃委員會

小鎮上，大學正在規劃興建新的足球場，球場的地點預定在校園的北方。因為週末時會有許多民眾也來踢球，因此，可以預期交通將會是一個重要的問題。為了交通保持順暢，大學決定要規劃一套道路系統連接球場到州際公路，使每小時的車流量達 35,000 部。

為了因應可能發生的交通壅塞，考慮拓寬鎮內幾條連接學校與州際公路的道路，以增加承載量。目前鎮上的公路系統及流量如下圖。因為交通問題多半發生在散場時，因此，在規劃案中只需考慮由球場離開的單向交通，包括有些路會暫時變成單行道。

大學的規劃委員會在檢視道路的承載量後，發現由球場（節點1）離開的車流量為每小時 33,000 部，可以從節點 2、3、4 出發的車流量，為每小時 35,000 部；從節點 5、6、7 出發，到州際公路（節點 8）的流量為每小時 35,000 部，因此，委員會認為目前鎮上道路系統最大能容納的流量為每小時 33,000 部，建議鎮長用最低廉的成本，擴建道路，以再多增加 2,000 部的流量。如果無法擴建，則交通問題可能無法解決。

利用本章所介紹的技巧，可以找出從球場到州際公路的最大車流量。為何這個量並不等於大學委員會所找出的 33,000 部？會建議擴建哪些道路來增加承載量，使流量達 33,000？如果每一條道路的擴建成本相同，建議擴建哪些道路來增加承載量，使流量達 35,000？請準備一份簡單的報告，向大學委員會作簡報。

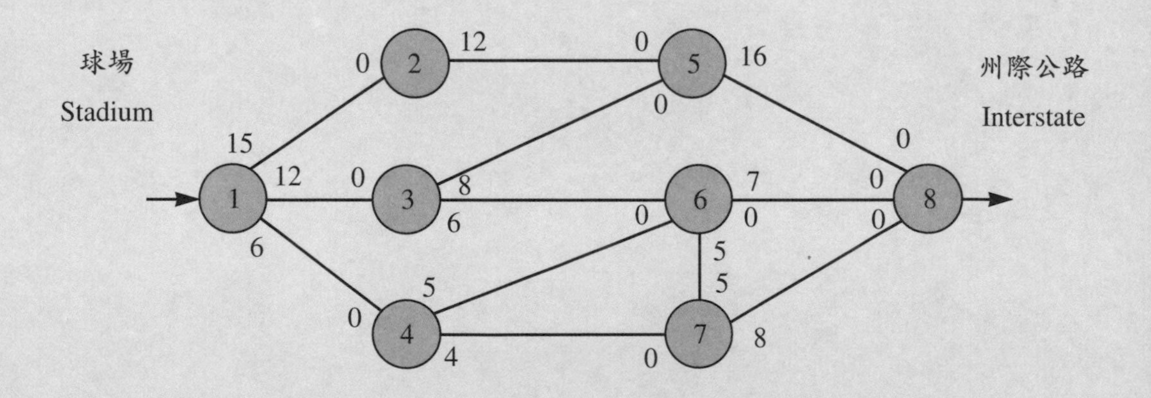

第10章

存貨模型

10.1 簡介

存貨的意義，是指爲因應未來需求，公司所需保有的閒置資源、材料或產品，範圍可能包括原物料、加工半成品、完成品甚至是勞工（工時）。雖然存貨的定義很廣，但本章中主要討論的存貨，是專指公司向供應者購買或自行製造準備出售的物品。

存貨成本對公司的獲利能力有很大的影響，美國每年花在存貨上的費用就高達GDP的20%到25%。經理人是否能明智地管理存貨與決策，愼重決定訂購的數量及時間，將是決定一個公司成敗的重要關鍵。

本章中將要確認公司持有存貨的理由，檢視一般會因存貨發生的成本，以及看看如何計算出這些成本。這些情況都將以一般的存貨模型一經濟訂購量來描述，這個模型可以用來找出公司的最小存貨成本。因爲這個標準模型在適用時需滿足某些假設，因此，在本章中也將討論在假設不滿足的情形下，應該如何來修正模型。

幾個與存貨管理相關的事項也會在本章中討論，這些主題可以用來協助經理人，使經理人找出最適合的存貨管理方式。

10.2 持有存貨的理由

公司持有存貨有許多不同的理由，主要的理由如下：

1. 作爲供給與需求的緩衝。
2. 爲達成規模效益。
3. 爲保有資源。
4. 作爲未被預期的通貨膨脹或重大災難的避險工具。

作爲供給與需求的緩衝

因爲供給和需求會經常改變，因此，存貨經常被用作協調二者之間的緩衝工具。例如，大部份的農產品都有一定的收穫季，但需求不見得是季節性的。因廠商必須持有存貨，以便隨時都能滿足顧客的需求。

資料來源：Photo courtesy of Detroit Diesel Corporation.

此，在豐收時必須先儲存一些，以備日後之需。

即使某項產品的供應是常態性的，但公司可能無法事先預估對該項產品的需求。爲使客戶在需求時即可獲得，公司必須持有存貨。在裝配線上的各工作站間，也需要類似的緩衝物：除非已經有需要的材料，否則，最初的工作站就無法開工。公司通常會隨時持有這些材料，以供作隨時生產之需。如果公司安排材料運抵的時間是與開工時間一致，一旦運輸發生延誤，公司將遭遇嚴重的問題。如果之前的工作有所延誤，且沒有任何補充存貨的話，將會使裝配線的後階段有閒置的情形出現。

規模效益

如果大量訂購，通常都可以有折扣。為了善用折扣，公司常會訂購較大的數量，並將多餘的產品當作存貨，以供日後使用。

如果公司從事是生產而非僅只是銷售，當完成生產之後，機器設備都會需要特殊的清潔保養。較適當的產能利用方式，是持續使用生產設備，直到產量累積到某一個數量，而不是每天生產一些，卻花了很多時間去維修。

有時運費的收費方式並非以數量、而是以次數計算，因此，少叫幾次、但多叫一些數量，會比只叫所需的數目、卻總是在需要時就叫貨節省成本。

保有資源

許多從事生產的工廠，都會將成品直接出售給顧客或批發商，可能要面對需求不穩定的情形：一年中某個時候需求量非常高、但某些時候需求很低。如果公司保有少量甚至不保有存貨，就必須在高需求時大量生產、需求低時減產。如果只供短期使用，則勞工的訓練成本太高。因此，一般經理人都希望使生產率是較平均的，使得勞工的使用率維持一定的常態規律，這表示在某些時候公司必須保有存貨。

作為未預期的通貨膨脹或重大災難的避險工具

如果預期產品的價格在近期內會上漲，在漲價之前，公司可能會多訂購一些額外的數量。這表示存貨水準增加，但可節省購買成本。

有時，公司希望保有存貨的原因，是要防止突發性的貨物短缺。公司遭遇員工示威抗議、或是公司遭遇重大災難，都會使供應量減少；未預期到的天氣改變會使農產產量減少。在面對這些情形時，公司的經理人會很高興有存貨可以應急。

10.3 存貨的成本

公司的存貨決策內容，包含所要訂購的數量與時間，公司的經理人的決策目標是要使存貨成本最小。即使有些經理人的目標並不是使成本最小化，但無論如何，對經理人而言，存貨成本資訊是很重要的。一般而言，存貨有以下四種成本：

1. 購買成本。

2. 持有成本。

3. 訂購成本。

4. 儲量不足成本。

購買成本（purchase cost）是指爲要買到某項產品所付出的成本。除非有大量折扣，一般而言都是固定的，對公司的存貨決策影響較少。如果可以預知價格要上漲，公司可能會決定現在多購買一些，以避免在日後要付出較高的代價。

如果預期天氣會變冷，廠商會多準備一些防風罩與抗凍劑。

資料來源：Courtesy of Masco Corporation.

持有成本（holding cost）是指當公司保有存貨時所需付出的成本。當存貨量增加時，持有成本也會隨之增加。公司持有存貨的成本，可以視爲是對存貨的投資，因爲這些錢可以用於其他生利的項目，爲公司賺取利潤。當公司持有存貨數量增加時，這筆投入的經費成本也就隨之增加。同時，當存貨水準提高時，保險費也會隨之提高。在有大量存貨時，其他成本，包括：稅捐、倉庫管理人力成本以及損毀成本將非常高。因此，持有成本的內涵應包括資金成本、保險、倉儲成本、稅賦、損毀、遭竊、逾期作廢成本等。

訂購成本（ordering cost）是每一次下訂單時所發生的成本，一般包括決定訂單時所要的人力時間、接貨、將訂單加入簿記會計系統、付帳、以及其他與購買相關的工作。這些成本不會因爲訂購數量不同而改變，例如，不管是要訂購10單位或是1,000單位，準備訂單等相關書面文件的所需工作時間相同。一旦下訂單後，必須在簿記會計系統中作帳以及支付貨款，這些工作的所需時間與訂購量也無關。

儲量不足成本（stockout cost）是指當存貨量不足時所發生的成本，此項成本很難估計。如果客戶現時需要的貨物沒有庫存，可能就會到其他競爭對手的公司去購買，這就表示銷售量會下降。如果這種情形經常發生，客戶以後就會先到其他競爭者處購買，這個客源就永遠流失。有時候，儲量不足的成本並非銷售量的損失，而是要付出更高的運輸或其他成本，來取得該項產品（如要利用快遞），以維持顧客的滿意度。這項額外成本，可視爲儲量不足成本。在工廠的生產裝配線上，某項零件的儲量不足將會使整條生產線停工，要到零件送到後才能復工。這些閒置時間所付出的薪水，就是一種儲量不足成本。

利用這四項成本定義，再加上某些特定條件，數量模型可以用來決定最適或成本最小的存貨政策。在解釋模型之前，先要做一些較嚴格的假設。之後，會再討論當條件不被滿足，經理人如何修正模型時，會放鬆這些假設條件。

10.4 米勒公司的例子

米勒公司是北科羅拉多的一個化學用品製造商，生產各種產品。有一種稱爲LX95化學藥品在公司的用量很大，而這種產品是由亞歷桑那的一個小公司所供應。每當這項產品的存貨量太少時，米勒公司就必須下訂單，而貨物會在數日內運抵。從過去二年的記錄來看，這項產品一年中的用量都很平均，每年的用量約為2,000箱。公司在評估整體存貨政策後，同時也訂出了相關的存貨成本。每一次要訂購時會發生一些時間成本，包括下單、清點送達貨物、將貨物運至倉儲地、以及支付帳單等，都需要工作時間，每次成本約為$20。另外，公司也找出其他成本，如資金成本、保險、損壞及其他各項成本，總共約為公司存貨價值（或存貨成本）的10%。每一箱LX95的成本為$80，沒有大量折扣。

全球觀點—Bausch & Lomb 公司的存貨模型

Bausch & Lomb公司的主要業務項目是銷售醫療保健與光學儀器，在全球市場的佔有率很高。因為擁有先進的科技、低廉的生產成本以及已經建立起的品牌，使公司在競爭者中仍能保持優勢。Bausch & Lomb提供許多現貨交易的商品，包括聽力保健器材、視力保健產品、以及一些無須處方箋即可販售的藥品。公司的醫藥部負責製造隱形眼鏡與其他診療器材，生化部門提供顧客一些與藥學研究及遺傳工程相關的服務與產品。此外，Bausch & Lomb的光學部還販售一些加強視覺的產品如太陽眼鏡、雙眼顯微鏡以及望遠鏡。

Bausch & Lomb在美國以外的三十三個國家都設有製造廠或行銷點，產品遍佈全球百餘國，美國之外的收益約占總收益的48%。要維持如此龐大的企業體系，必須依賴不斷的創新。公司利用員工導向的問題解決小組，藉以改善產品的製造方式。這個小組的關注重點很廣，包括財務、分配、生產控制以及存貨管理各方面。

1992年Kmart以提供更好的服務來挑戰Bausch & Lomb的地位，同時也為Kmart本身創造了更高的利潤。為因應這項挑戰，Bausch & Lomb組成了一個具有交叉功能的工作小組。這個小組的最大貢獻，是與Kmart在商品流量規劃方面成為伙伴。在這個計畫案中，Kmart提供一些關於如何管理配銷中心存貨水準的必要資訊給Bausch & Lomb，使得Bausch & Lomb可以及時補充必要的存貨。

其他功能不同的小組，也提供了Bausch & Lomb公司在訂定策略時必要的協助參考。其中一個小組建立了整體服務品質規劃，以改善東京地區的客服品質。另一個小組則建立了存貨管理系統，以協助視力保健部門的專員能有效經營各項業務。整體而言，因為注重存貨管理，使得Bausch & Lomb可以有效提高顧客滿意度，同時在全球的光學儀器市場保持領先。

資料來源：Bausch & Lomb, Healthcare and Optics Worldwide, 1992 Annual Report.

過去，米勒公司的存貨爲每星期40箱，公司的營業時間爲一星期五天、一年50個星期。現在公司想要提高每次訂購的數量，在考慮過各種情形之後，公司的存貨決策變成是每年要訂購25次，但經理人也願意參考其他人的意見。

10.5 計算存貨成本

爲協助米勒公司處理存貨問題，首先要決定哪些存貨成本會影響公司的存貨決策。之前定義的存貨成本有四種，包括購買成本、持有成本、訂購成本及儲量不足成本。爲了簡化問題，將各項變數定義如下：

D = 年需求
Q = 訂購量
C = 每單位的購買成本
C_o = 下單成本
C_h = 持有1單位存貨一年的成本
TPC = 全年的總購買成本
THC = 全年的總持有成本
TOC = 全年的總訂購成本

訂購量是每一次訂購時的單位數，目前假設每一次的訂購量是固定的。

全年的總購買成本

全年總購買成本的意義，是指一年中爲購買該項商品所花費的總成本，因此：

總購買成本 = (年需求)(每單位的購買成本)

$$TPC = DC$$

必須注意這項成本與每次訂購的單位數無關，如果全年的年需求量是 D，則一年中爲取得這些所需單位數的購買成本爲 DC。

全年的總訂購成本

全年總訂購成本的意義，是指一年中爲訂購該項商品所花費的成本。因爲全年的年需求量是D，而年總訂購量爲Q，因此，

每年訂購次數 = D/Q

而總訂購成本 (TOC) 為：

TOC = (每年訂購次數)(每次的訂購成本)

$TOC = (D/Q)C_o$

全年的總持有成本

要知道全年的總持有成本，有時必須要先知道公司的存貨水準。每單位的持有成本（C_h）的意義，是指持有1單位存貨一整年所需的成本。但在通常的情況，特定存貨不會放在倉庫一整年，而是在需要時即拿出來銷售或使用。一旦存貨水準降到每一水準以下時，公司及必須補充存貨。因爲公司的存貨水準一般都是變動的，不易算出存貨的單位數，因此，在計算總持有成本時，多利用平均存貨水準做爲存貨數量。因此，

全年的總持有成本 = THC

THC = (平均存貨水準)(每單位持有成本)

THC = (平均存貨水準) C_h

決定存貨水準的因素，包括每次訂購數量、每年訂購次數、訂購貨物運抵時間、以及商品的需求型態等。因爲影響因素繁多，因此，在計算平均存貨水準時，必須做一些必要的事前假設。

10.6 經濟訂購量

除了爲要算出平均存貨所作的假設之外，模型之中還有一些隱含的假設。經濟訂購量（economic order quantity；EOQ）模型可以用來決定使年存貨成本最低的最適訂購量，但前提是相關的假設必須滿足。應用經濟訂購量模型所必要的假

設為：

1. 購買成本必須是已知且固定。
2. 持有成本必須是已知且固定。
3. 年需求必須是已知且固定。
4. 備運時間成本必須是已知且固定。
5. 每一次所訂購的貨物必須同時到達，不能分批。
6. 公司必須下訂單滿足存貨需求，不能出現儲不足的情形。

如果以上的條件都能滿足，就可以算出平均存貨以及全年總存貨水準。在正式介紹經濟訂購量模型之前，以下將先討論相關的假設，並且解釋為何這些假設是必須的。

第一個假設是購買成本必須是已知且固定，表示在一年之中，產品的購買成本不變，且與訂購量的大小無關，這同時也表示沒有大量折扣。購買成本必須是已知的，這樣才能算出全年的總購買成本。以後會將放鬆這個假設，考慮有折扣時將對決策產生何種影響。

第二個假設是持有成本必須是已知且固定，在計算全年總持有成本以及全年總訂購成本時，這是一個必要的假設。在大部份的情況下，在一年中，單位持有成本是不會變動的。但如果有一些微小的改變，對經理人在作存貨決策時也不會有太大影響。

第三個假設是需求為已知且固定不變，為了要計算全年的總持有成本，這個假設也是必須的。總持有成本是由平均存貨水準來決定，在不知道需求的情形下，將無法知道平均存貨水準的數量。雖然在大部份時候這個假設多半不會成立，但有許多情形，是每個星期與星期之間的需求型態大致可維持一個固定的型態，如果有變動，也只是一些微小的改變。本章稍後，將會討論如何處理不固定的需求型態。

下二個假設，與貨物運輸方式、以及訂購到貨物運抵時間有關，**備運時間**（lead time）是指從下單到收到貨物的時間差。如果備運時間是已知且固定的，那麼，公司就可以安排當存貨水準降為 0 時，也就是貨物運抵的時間。另一個假設，是假定訂購的貨物是一次整批運到。在實際上，有許多情形是貨物會分批到達，例如，如果公司訂購了1,000單位，但供應商一時沒有這麼大的數量，所以，貨物只有在陸續製造出來後，才能裝箱運輸。因此，公司可能會分五天收到貨物，每次200單位。這種情形會影響平均存貨水準，將在稍後討論。

最後一項假設，是設定公司管理當局對存貨採取理性規劃的態度。配合其他假設，再加上如果能控制在適當的時候下訂單，這個假設即可滿足。

決定平均存貨水準

考慮圖10.1，這個圖是表示在目前的存貨政策以及滿足各項假設下，米勒公司存貨的變動情形。

米勒公司每次下訂單時的數量為 40 箱，所以，Q = 40。

圖 10.1

米勒公司存貨的變動情形

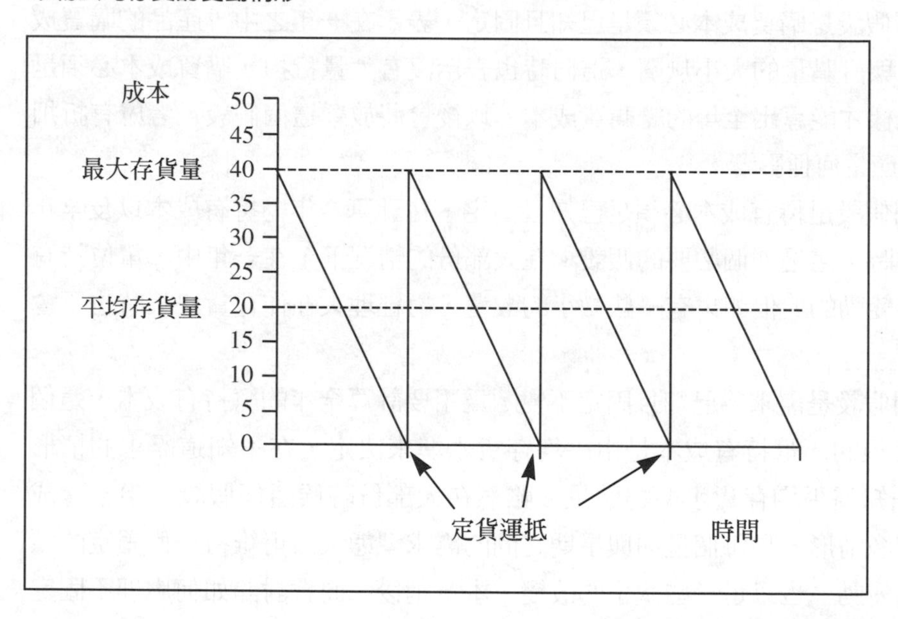

當存貨量為 0 時，也就是所訂購貨物運抵的時間。根據需求固定假設，可以知道存貨量的水準會降為 0；同時，因為有固定備運時間的假設，可知貨物會及時運抵。當貨物運抵時，存貨量就立即有 40 單位，因此，存貨水準立即由 0 升為 40。因此，最大的存貨水準為 40，即：

最大存貨量 = Q = 40

同時，由模型中的其他假設，可以知道平均存貨水準爲最大存貨水準的一半，因此：

平均存貨水準 = (最大存貨水準) /2 = Q/2

據此，可寫出全年總持有成本，為：

全年總持有成本 = THC = $(Q/2)\ C_h$

與經濟訂購量模型相關的存貨成本

如果購買成本是固定的，而且沒有儲量不足的問題，與這個模型相關的存貨成本爲總持有成本與總訂購成本就是：

$$
\begin{aligned}
\text{總相關成本} &= THC+TOC \\
&= (Q/2)\ C_h + (D/Q)C_o
\end{aligned}
$$

圖10.2是表示當訂購數量改變時，以上相關成本的變化情形。

當Q增加時，總持有成本的圖是一條上升的直線，而總訂購成本的圖形是遞減的曲線。因爲目標是要使這二個成本的總和達到最小，因此，在找出答案之

圖 10.2

經濟訂購量模型中的存貨成本變動

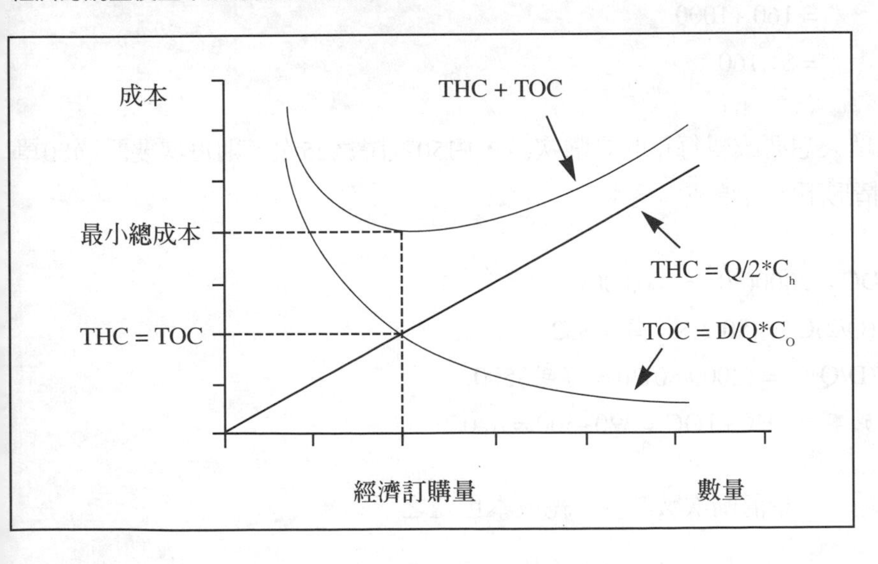

前，要先將二者相加，得出圖中的第三條線。這條最低總成本線的最低點，發生在當 THC = TOC 時。

米勒公司的範例

回到米勒公司的範例，公司每次的訂購量爲40箱，因此，Q=40，但這並不是一個成本最小的原則下所決定出的訂購量。公司的存貨決策相關資訊如下：

D = 2000單位

Q = 40單位

C = 每箱$80

C_o = 每次$20

C_h = 10%($ 80) = 每單位每年$8

TPC = DC = 2000(80) = 160,000

THC = (Q/2)C_h = (40/2)8 = 每年$160

TOC = (D/Q)C_o = (2000/40)20 = 每年$1,000

平均成本爲（Q/2）=（40/2）= 20單位，一年中的訂購次數爲D/Q = 2000/40 = 50。因爲購買成本是固定的，因此，所有的相關成本爲：

總相關成本=THC+TOC

= (Q/2)C_h + (D/Q)C_o

= 160 +1000

= $1,160

如果經理人想要改變每年的訂購次數，由50次降爲25次，則每次要訂購80單位，在這種情形下，各項成本爲：

TPC = DC = 2000(80) = 160,000

THC = (Q/2)C_h = (80/2)8 = 每年$320

TOC = (D/Q)C_o = (2000/80)20 = 每年$500

總相關成本 = THC+TOC = 320+500 = 820

很明顯地，如果訂購次數減少，總成本也隨之下降。

經濟訂購量的公式

雖然可以用「嘗試錯誤」的方法，試試看不同的訂購量可否使成本下降，但這種方式是不必要的。較有效率的方式，可以利用數學公式，找出最小可能的訂購量。為找出數學式，可以利用圖10.2的總成本線，最低點發生在 THC = TOC。如果將這二個數量設為相等、並求解Q值，就可以找出使存貨成本最小的訂購量。在假設都滿足的情形下，這個找出使存貨成本最小的訂購量，稱為**經濟訂購量**（economic order quantity；EOQ）。

$THC = TOC$

$(Q/2)\, C_h = (D/Q)C_o$

$Q^2 = 2DC_o / C_h$

$Q = (2DC_o / C_h)^{1/2}$

因此，經濟訂購量 $EOQ = Q = (2DC_o/C_h)^{1/2}$

在米勒公司的範例中，經濟訂購量Q為：

$Q = (2DC_o/C_h)^{1/2} = [2(2000)20/8]^{1/2} = 100$單位

如果Q = EOQ = 100單位，則：

$THC = (Q/2)C_h = (100/2)8 =$ 每年\$400

$TOC = (D/Q)C_o = (2000/100)20 =$ 每年\$400

總相關成本 = THC+TOC = 400+400 = 800

圖10.3是米勒公司的總成本線圖，EOQ是在THC與TOC線的交點。從此圖中，可以討論出如果不使用經濟訂購量，將對存貨成本有何影響。

10.7 敏感度分析

如果米勒公司決定的訂購量是80單位，而不是經濟訂購量模型所建議的100單位，總成本將會增加，但每年只增加$20。從圖10.3可以看出，在最小值的點附

圖 10.3

米勒公司的總成本線圖

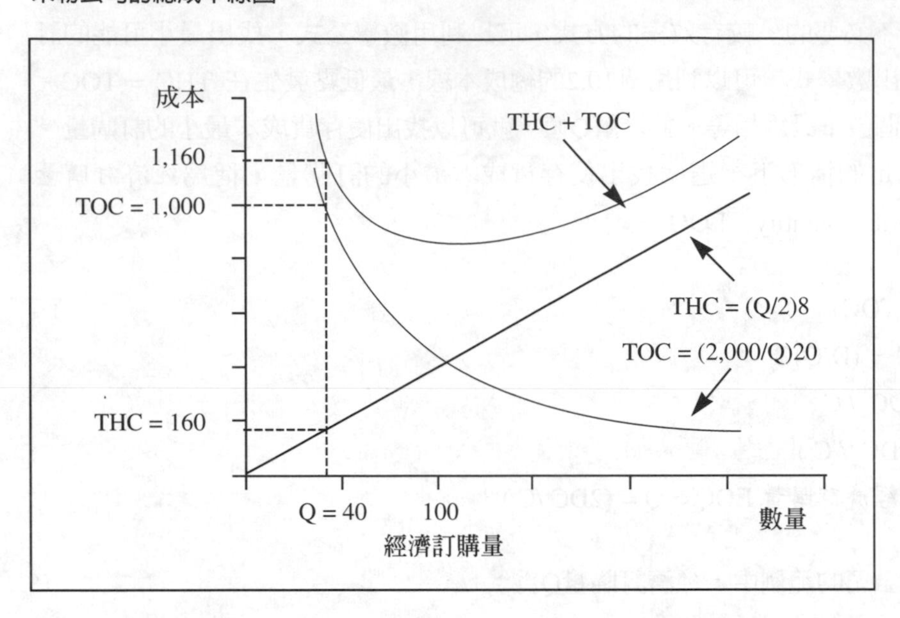

近，總成本線是相對平緩，這表示如果所選擇的訂購量與經濟訂購量相近時，總成本也會很接近最小成本。因此，當經理人在作存貨決策時，如果在成本之外還需考量其他因素，不必一定要選擇經濟訂購量。因爲，只要訂購量與經濟訂購量的差異維持在一定的範圍內，對成本就不會有太大的影響。例如，如果模型建議的訂購次數爲每年11次，但經理人可能會比較偏好每個月訂購一次（也就是一年訂購12次），因爲這較能配合一般公司的業務流程。

其他與經濟訂購模型相關的事項，還包括經濟訂購量公式中一些變數如D、C_o以及C_h的微小變動，這對所算出的經濟訂購量影響很微小。這表示雖然通常需求及成本多半是用推估，無法得出完全準確的數值，但將些推估值應用於經濟訂購量模型時，所計算出的訂購量與經濟訂購量將相去不遠。因此，當需求及成本爲確知的假設不成立時，經濟訂購量模型也可適用。

應用—郵購公司的存貨管理

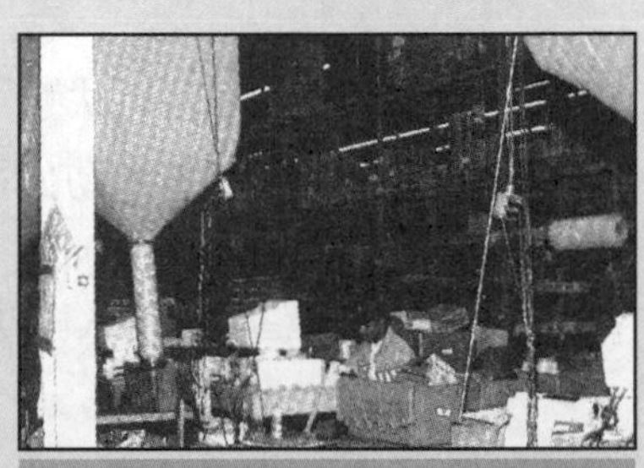
Peach State 攝影器材公司

一般而言，郵購業的利潤很低，因此，為維持一定利潤，郵購業者必須增進效率。方法之一是利用資訊科技來控制存貨水準，使得公司的存貨水準能儘量降至最低。

1990年代初期，一家在亞特蘭大的公司，Wolf影像，開始經營攝影器材的郵購業務，成立一家稱為Peach State攝影器材。一般說來，進入攝影器材業需要3年的時間才能回收，但Peach State影像在短短幾個月內就創造了可觀的收入。能有如此的成功，關鍵在於公司能維持極低的經常管理費用，這必須歸功於經理人利用了精細的存貨模型，來作相關的規劃管理。

在這個模型中，保有Peach State 在美國境內180個分公司的存貨資料，每天營業結束後，每一家分店會上網將資料更新，這些資料會下載到總資料庫。

每當Peach State 的顧客訂購目前在亞特蘭大無庫存的貨品時，客服人員可以立即上電腦搜尋，找出距離最近的供應點。此外，利用這個模型，Peach State預估亞特蘭大倉庫未來的存貨量，以決定何時需要再下訂單。

資料來源：Laplante, A., August 2, 1993. "Camera Business Eyes Inventory Management; Integrated Inventory/Financial Application Gives Start Up an Edge Over its Competitors." *Infoworld* 15(31): 66.

10.8 決定訂購的時間

以上所介紹的部份，是關於如何利用經濟訂購量模型決定訂購數量。模型中，假定貨物運抵的時間，是在當存貨水準將為0時。這種情況只能在當需求為固定、備運時間為固定、且確定經理人在適當的時間下單等各項假設滿足後，才能適用。**再訂購點**（reorder point）是用來代表決定何時下單變數，這個變數值決定於公司的存貨量、備運時間、以及產品的需求型態。**存貨狀態**（inventory position）定義為目前公司所持有的存貨量，再加上已經下訂單訂購的貨物。當存貨狀態等於備運時間所需要使用的存貨數量時，經理人就必須下訂單。

再訂購點 = (每日需求)(備運時間)

= d x L

d = 每日需求

L = 備運時間的天數

當存貨狀態等於再訂購點時，即必須下訂單。

考慮米勒公司的例子，假設備運時間爲4天。因爲年需求是2,000箱，而每年的工作天爲250天，因此每日需求爲8箱。因此，從下單到貨物運抵的備運時間爲4天，因此，公司的再訂購點爲32箱。即是：

d = 8

L = 4

再訂購點 = dL = (4)(8) = 32

如果當公司現有存貨狀態爲32箱時，經理人即應下訂單，則公司新訂購的貨物就會在當倉庫中的存貨水準爲0時運抵。

10.9 大量折扣

經濟訂購量模型中的假設之一，是一年中的購買成本固定不變，而且與訂購的數量無關。如果這個假設不滿足，會對模型產生什麼影響？不能滿足這個假設有二個可能的原因：第一，是如果一年中貨品的購買單價有所改變，將使這個假設不再成立。然而，只要價格的變化幅度不大，在使用經濟訂購模型時，並不會產生太大的問題。

第二個可能，是當大量訂購能有折扣的情形。在購買量很大時，供應商經常都會願意給予適當折扣。因爲大量訂購時可以節省生產以及運輸成本，供應商會將一部份回饋給買方。

要決定有大量折扣的最適訂購量，必須對模型作一些修正，因爲訂購成本現在變成是一個與存貨成本相關的項目，訂購成本因此改變。同時，當單位購買成本改變時，單位持有成本（C_h）也會因之改變，因爲持有成本是由存貨價值來決定。

如果其他假設仍然滿足，可以根據不同的C_h，利用經濟訂購量模型，決定在不同購買成本的的最適訂購量。在不同的價格下，必須考慮某個特定數量：如果模型所決定的訂購量，適用於有折扣的價格，就使用這個數量；如果不適用，就選擇適用有折扣價格的訂購量。根據這些選擇的數量，可以分別算出其相關成本，然後由其中選擇最佳解。

所有相關的成本包括總持有成本、總訂購成本、以及總購買成本，如下：

總相關成本 = THC+TOC+TPC　　　　　　TPC = 總購買成本

$= (Q/2)C_h + (D/Q)C_o + DC$

詳細的應用如下面的範例。

範例

米勒的供應商宣佈一項折扣，只要訂購量在200箱以上，就可以有折扣。如果訂購的數量是在1箱到199箱之間，各箱單價爲$80；如果訂購量是200箱或是更多時，每箱成本就降爲$75；如果訂購500箱或以上，成本將更降爲$72。現在，經理人必須決定是否要增加每次的訂購量，以節省購買成本。然而，如果增加訂購量，就會使持有成本增加，因爲有更多的存貨必須儲存較長的時間。

表10.1是數量、購買價格以及持有成本的資訊，利用不同的C_h算出不同的訂購量爲：

經濟訂購量1 $= EOQ_1 = Q = (2DC_o / C_h)^{1/2} = (2(2000)20 / 8)^{1/2} = 100$

經濟訂購量2 $= EOQ_2 = Q = (2DC_o / C_h)^{1/2} = (2(2000)20 / 7.5)^{1/2} = 103.2$

經濟訂購量3 $= EOQ_3 = Q = (2DC_o / C_h)^{1/2} = (2(2000)20 / 7.2)^{1/2} = 105.4$

表 10.1

在有折扣的情形下，米勒公司的購買成本 C 及 C_h

方式	數量	購買成本 C	持有成本C_h=10%C
1	1-199	$80	.10（80）=8
2	200-499	$75	.10（75）=7.5
3	500或以上	$72	.10（72）=7.2

在第二種折扣的方法下，經濟訂購量爲103.2。這表示如果單位持有成本爲\$7.5，購買成本爲\$75時，最小成本的訂購量爲103.2。但如果訂購量小於200箱時，卻無法使用這項折扣，所以，不考慮103.2箱，而必須考慮能適用折扣的訂購量200箱。

同樣的，在第三種折扣方法下，所算出來的訂購量是105.4箱，但第三種方法的折扣必須要有500箱以上才能適用。因此，在價格爲\$72時不考慮105.4，而必須考慮500箱。

圖10.4是表示當購買成本改變時，總成本改變的情形。這些成本線是在如果購買成本爲相關成本時的形狀，從圖中可以找出最上方二條成本線的最低點，這些最低點都發生在還無法適用折扣的數量。如果要獲得折扣，訂購的數量就要比經濟訂購量大。

一旦決定在不同購買成本下的訂購數量（可能是經濟訂購量，或各種折扣所必須達到的最小量）後，只要算出各種數量下的相關成本，再找出最小成本解即可。要考慮的訂購量爲100、200及500單位，相關成本的計算方式如下，必須注意C與C_h 都會隨著訂購量的不同而改變。總相關成本爲：

圖 10.4

購買成本改變時，總成本改變的情形

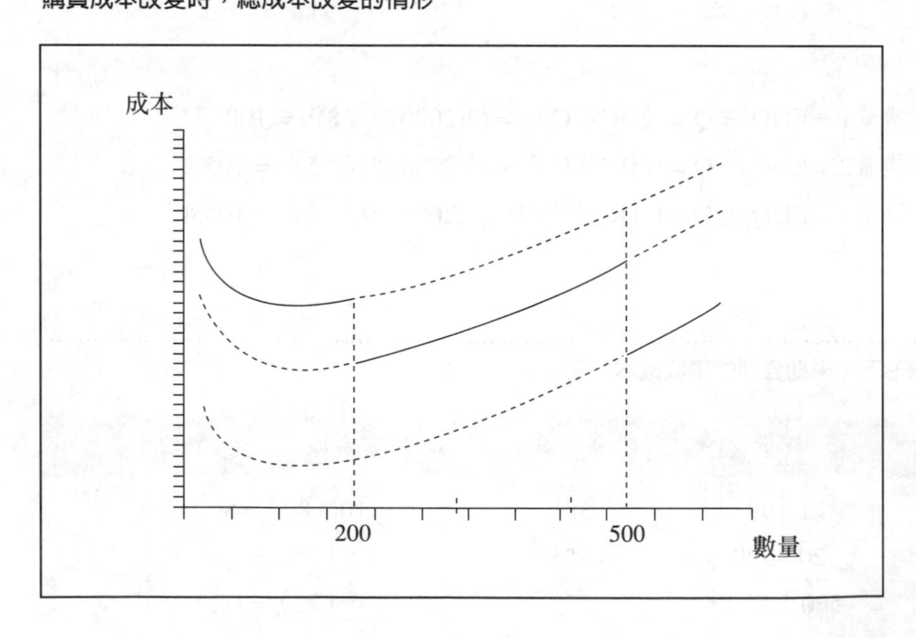

總相關成本 = $(Q/2)C_h + (D/Q)C_o + DC$

當Q = 100時，

總相關成本 = (100/2）8+ (2000/100)20+2000(80) =160,800

當Q = 200時，

總相關成本 = (200/2)7.5+ (2000/200)20+2000(75) =150,950

當Q = 500時，

總相關成本 = (500/2)7.2+ (2000/500)20+2000(72) =145,880

最低成本爲145,880，因此，每次訂購應爲以每箱$72成本、訂購500箱。相關成本資訊如表10.2。

表 10.2

米勒公司在有折扣下的各相關成本

數量	購買成本C	持有成本 C_h=10%C	經濟訂購量或折扣最小量	總相關成本
1-199	$80	8	100	160,800
200-499	$75	7.5	~~103.2~~ 200	150,950
500或以上	$72	7.2	~~105.4~~ 500	145,800←最小值

10.10 生產趨向模型

經濟訂購量模型的假設之一，是訂購的貨物都整批同時抵達，這個假設常常都無法滿足。考慮公司的生產線，線上所生產出來的零件或產品，可能是要用來生產其他產品，而每天的產量有一定的限制。當這項上游產品開始生產時，生產過程可能會在二種情況之下停止：一是生產量滿足下一個產品所需的量（等同於訂購量），或者，第二是達到每日的產量限制Q時。雖然產量限制這種類似的情況會破壞整批到達的假設，但只要其他條件仍可滿足，就可以算出使存貨成本達到最小的產量限制，這種模型通常稱爲**生產趨向模型**（production run model）或者是**連續的經濟訂購量模型**（continuous rate EOQ model）。

不管存貨是向供應商購買或是由公司自己生產，持有成本的概念都相同。但是因爲每次所訂購的貨物並非整批抵達，而是可能分幾天來累積，因此，必須改變計算平均存貨水準的方式。

在這考慮生產的情形中，那些定義爲訂購成本的項目變成無關的成本，同時，也沒有購買成本或應付帳單，但這一部份會被另一項相似的成本，**開工成本**（set-up cost）所取代。模型中一次只考慮一種產品或零件的生產情形，在完成這項產品的製程後，還會產生有一些清理機器的成本。不管產量是1單位或1,000單位，這些成本都會發生，因此，開工成本與訂購成本可視爲同一種成本，因爲都與數量無關。

爲使用上的方便，在生產趨向模型中將使用以下的符號：

p = 每天的生產率

d = 每天的需求率

C_s = 生產的開工成本

TSC = 全年的總開工成本

總持有成本 = (平均存貨水準) C_h

總開工成本 = (一年中的開工次數)(開工成本)

$TSC = (D/Q)C_s$

要算出存貨水準，必須要記住，每天都會有一些產品在製造當日就被使用。圖10.5是顯示存貨在不同時間的變化情形。

生產過程一直持續到製程完成，一旦生產結束後，就沒有補充產品來源，因此，存貨水準即下降。每天最後新增的存貨數量，等於每天的生產數量減去每日需求量，或是：

圖 10.5

生產趨向模型中，存貨在不同時間的變化情形

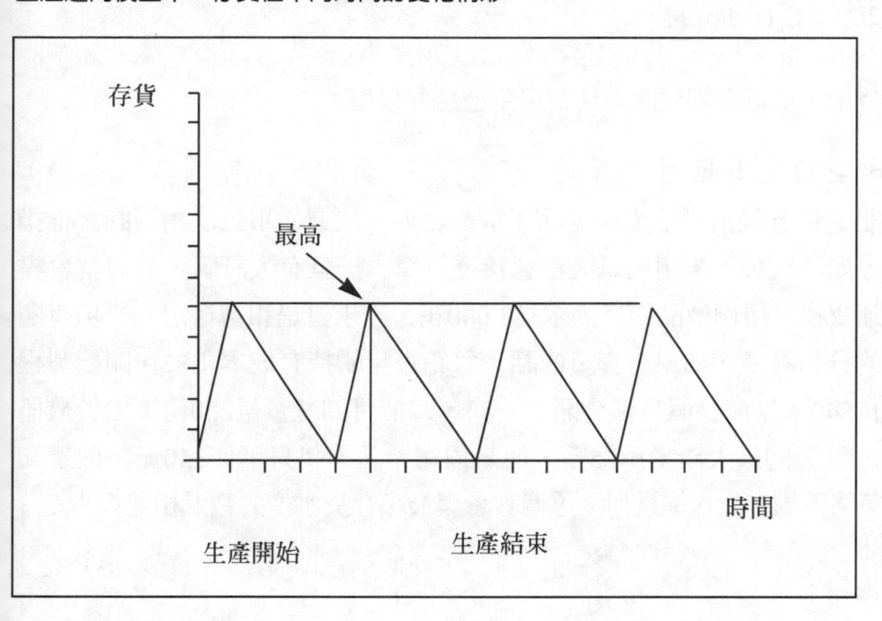

每天新增的存貨數量 = p-d

如果將上式除以 p，就獲得到新增的存貨佔每日產量的比例。在生產趨向模型中，最大的存貨量是發生在當生產量達到限制量Q停止時，因此，最大存貨水準為生產總量乘以產量中作為存貨的比例：

最大存貨量為 = Q〔(p-d) / p〕= Q(1- d/p)

平均存貨水準為：

平均存貨水準 = { Q(1- d/p) } /2

總持有成本是：

$THC = \{ Q(1- d/p) \} / 2 \times C_h$

因為相關的存貨成本為THC以及TSC，如同在經濟訂購模型中一般，最低成本產量將會發生在二種成本相等時。將這二條限制式設為相等，並求解產量 Q，

可以決定最適產量限制 Q*，爲

$$Q^* = \{ 2D_s / [C_h(1-d/p)] \}^{1/2}$$

下面的例子，將可仔細說明如何應用生產趨向模型。

生產趨向模型的應用範例

米爾司是一位脊椎指壓治療師，除了本業之外，他還從事生產相關的脊椎指壓醫療器材，如冷敷袋。米爾司每天都會接獲訂單，一旦有人訂購，公司就會盡快生產並交運貨物。這項產品的年需求是3,000箱，需求算是相當穩定。一項有關於持有成本的分析顯示，如果有存貨的話，每箱每年的持有成本是$2。開始製程的預備成本爲$40。以前每個月都會開工一次，每個月的產量是250箱。由於機器產能的關係，每天的最大產量爲25箱，而米爾司希望一年只工作250天。他想知道，在目前策略下的存貨水準爲何？這個數量與最小存貨水準的數量相差多少？

整個情形如下：

D = 3,000箱
C_s = 每次開工$40
C_h = 每年每單位$2
Q = 每次開工的總產量250單位
P = 每天的產量25單位
d = 3000/250 = 每天12單位

因爲目前公司的策略是每次開工要生產的產量爲250單位（Q=250），所以，可以得出下列結果：

最大的存貨量 = Q = Q(1- d/p) = 250(1-12/25) = 130
平均存貨水準 = { Q(1- d/p) } /2 = { 250(1-12/25) } /2 = 65
THC = (平均存貨水準) C_h = (65)2 = 130
TSC = (D/Q)C_s = (3000/250)40
= (12)40 = 480

在現有的策略下，總相關成本爲：

$$130 + 480 = 610$$

如果要找出總相關成本最小的產量Q，利用以上公式，可得以下結果：

$$Q^* = \{ 2DC_s / [C_h(1-d/p)] \}^{1/2} = \{ 2(300)40 / [2(1-12/25)] \} = 480.4$$

因此，使總相關存貨成本最小的產量爲480.4。如果公司採取這個建議，成本爲：

$$平均存貨水準 = \{ 480(1-12/25) \} /2 = 214.8$$

$$THC = (平均存貨水準) C_h = (124.8)2 = 249.6$$

$$TSC = (D/Q)C_o = (3000/480.4)40$$

$$= (6.25)40 = 250$$

因爲化整的關係，使得以上這二個成本值有一些不同，而最適生產量的總相關成本約爲\$500。因此，如果每次開工時都生產480單位，總存貨成本可以由目前的\$610（Q=250）下降爲\$500，最小成本的生產量（Q=480）可以節省存貨成本達\$110。

其他相關事項

如果每天的生產率（p）大於每日需求量（d），則生產趨向模型的結果，與經濟訂購模型相同。這個結果有直覺上的意義：如果每天的產量可以很大，在作決策時，則每日需求量的相對影響就很小。利用數學式，可以發現在求解最適量時，經濟訂購模型除了在分母部份沒有（1-d/p）之外，其他部份都與生產趨向模型相同。如果p的值比d相對大很多，將會使d/p趨近於0，所以（1-d/p）趨近於1，使得二個模型相同。

10.11 儲量不足、服務水準以及安全儲量

如果存貨已經消耗完，但新的貨物又尚未運到，就會發生儲量不足的情形，

進而產生儲量不足成本。在經濟訂購量模型中，假設這種情形不會發生；然而，如果模型中的需求爲確知且固定、以及備運時間爲需求且固定的假設不滿足時，就有可能發生儲量不足的現象。因此，公司會希望多保有一些存貨，以防止在貨物運抵之前有超乎常態的需求，或者是備運時間較預期爲長。多保有一些存貨，公司可在突發狀況時也能滿足客戶的需求，同時避免發生儲量不足。這些多出來的存貨，稱爲**安全儲量**（safety stock）。

有時候，因爲某些貨物的購買成本或持有成本太高，使得公司寧願接受一定程度的儲量不足發生。或許，公司能夠容忍10%的時間發生儲量不足，但90%的機會都能滿足顧客的需求。公司能滿足客戶需求的機會稱爲**服務水準**（service level），因此：

服務水準 = 1 - 儲量不足的機率

公司所希望達成的服務水準，是由經理人依據持有成本、儲量不足成本以及其他因素所決定的。如果儲量不足成本很高、但持有成本很低，公司可能會希望達成高服務水準；否之，如果儲量不足成本很低、但持有成本很高，可能選擇低服務水準較合適。但在有些情況，如公司的行銷原則是要及時滿足需求，此時的服務水準就不能單以成本決定，而必須考慮其他更重要的原則。

如果需求爲確知且固定、以及備運時間爲需求且固定的假設不滿足，經理人必須設定安全儲量，來維持服務水準。要決定維持特定服務水準所需的安全儲量，經理人必須先要知道需求以及備運時間的變化情形，利用這些變化的機率分配，才能算出所需的安全儲量。

一旦設定好服務水準與安全儲量（SS）後，將備運時間內的總求與安全儲量相加，就可以算出再訂購點，如下：

再訂購點 = dL + SS

一般而言，安全儲量是不會使用的額外存貨量。因此，如果公司決定持有100單位的安全儲量，就表示平均安全儲量爲100單位。當要考慮持有這些安全儲量的貨物時，用來當作持有成本項目是：

安全儲量的持有成本 = (SS) C_h

這與經濟訂購模型不同，在經濟訂購模型中，平均存貨水準是訂購量的一半。計算安全儲量存貨成本的公式之後有一些隱藏性的假設，這些假設雖然不一定正確，但一般而言，利用這個公式，仍可算出與實際值相近的持有成本。

需求爲常態分配的範例

下列的成本相關資訊，可以由公司的歷史資料獲得，如：

$D = 4,000$

$C_h = 9$

$C_o = 45$

$d = 16$

利用經濟訂購量成本，可算出這個公司的經濟訂購量爲200單位。但現在出現一個問題，因爲雖然公司的狀況符合模型中大部份的假設，但需求型態卻是不固定的。雖然並非固定，但從公司的歷史資料來看，發現在備運時間中的銷售量大約呈常態分配。備運時間爲5天，這段時間中的需求平均值爲80單位、標準差爲12單位。在考慮儲量不足與持有成本之後，經理人決定要維持90%的服務水準。在以上的情形下，經理人必須決定再訂購點。

因爲假設備運時間的需求爲常態分配，利用下列的符號：

μ = 備運時間的需求平均值

σ = 備運時間的需求標準差

X = 再訂購點

整個情形如圖10.6所示，可找出在曲線下的機率或區域爲90%的位置。檢視常態分配表，找出機率0.9000，最接近的機率爲0.8997，對應的Z值爲1.28。因此，可以就此找出再訂購點。利用之前介紹的標準常態分配Z公式，可以得出以下結果：

$Z = (X - \mu) / \sigma$

Z = (再訂購點-需求平均值) / (需求標準差)

1.28 = (再訂購點 - 80) /12

圖 10.6

決定服務水準為 90% 的再訂購點

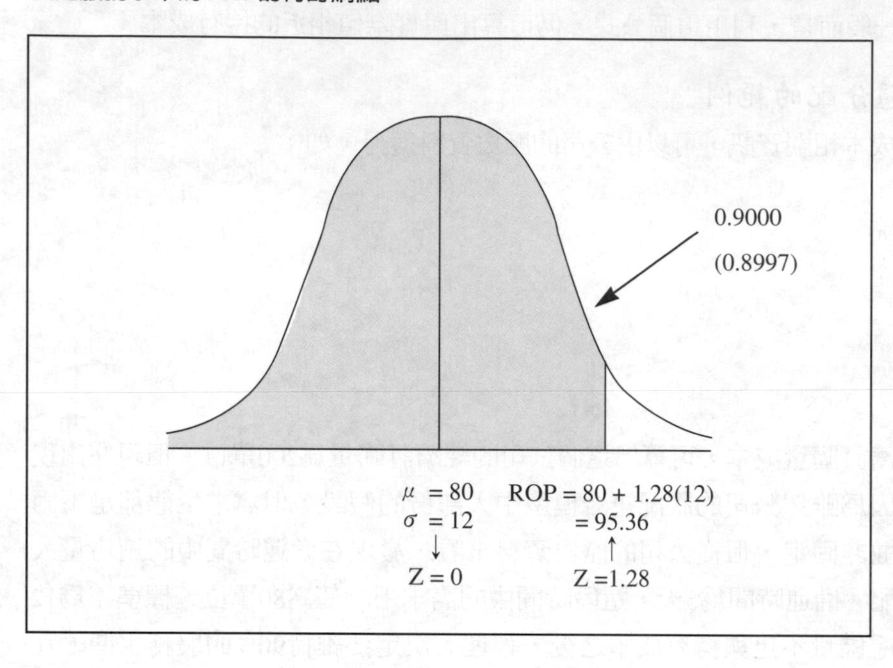

或者

再訂購點 $= 80+1.28(12) = 80 + 15.36 = 95.36$

備運時間內的平均需求量爲80單位，安全儲量爲15.36單位，因此，在其他假設都滿足的情形下，如果再訂購點爲95.36單位，就有90%的機會滿足備運時間中的需求。持有安全儲量的成本爲：

持有成本 $= (SS)C_h = 15.36(9) = \$138.24$

因爲安全儲量（SS）等於再訂購點（X）減平均需求量（μ），因此，在適用常態分配的情形下，可以用以下的公式：

$SS = Z\sigma$

所需要的Z值可以用上述的方式求出。

10.12 單一期間存貨—送報生問題

另外一種存貨的問題，是要決定在特定時段中的存貨或生產量。例如，報社必須決定每天要印刷幾份報紙。報紙如不在當天出售，價值就會變得很低，也無法當作存貨供日後之用。此外，當印刷機器停止工作後，也不可能因爲需求比預期的高而再加印。

上述的這類問題，也時也被稱爲送報生問題（the newsboy problem）。同樣的，不知銷售量的雜誌出版商也會面對類似的情形。服飾店的採購人員必須在幾個月之前即採買當季服飾，如果到時需求太高，公司也無法提供額外的數量。預

資料來源：Courtesy of The Lubrizol Corporation

超市經理人經常面對單一期間的存貨問題。

備要在復活節及聖誕節銷售的玩具，必須在幾個月前就下訂單；如果某項玩具意外大受歡迎，則將使店家在銷售一空後就再無存貨。

求解這一類的存貨問題，必須使用另一種邊際分析方法。這個部份的概念與將在第12章中的決策方法相關，但因爲經常用來規劃存貨問題，因此，在此先作一簡要的介紹。

邊際利潤的意義，是指多儲存1單位貨物最後能銷售出去，因此而增加的利潤部份。邊際損失是指多儲存1單位貨物卻沒有銷售出去，因此而發生的損失部份。如果邊際利潤大於邊際損失，就應該儲存這一單位。讓：

MP = 多儲存 1 單位、可以出售的邊際利潤

ML = 多儲存 1 單位、無法出售的邊際損失

p = 儲存的單位貨物可以出售的機率

1 - p = 儲存的單位貨物無法出售的機率

因此，利用以上的定義，可得：

邊際利潤的期待值 = p(MP)

邊際損失的期待值 = (1-p)(ML)

在以下的情形增加儲存量，如果：

邊際利潤的期待值≧邊際損失的期待值

$p(MP) \geqq (1-p)(ML)$

求解 p，可得：

$p \geqq ML / (ML+MP)$

因此，只要某單位貨物可出售的機率至少爲 $p \geqq ML / (ML+MP)$，就可以多增加這一單位的儲量。

不連續分配下的送報生問題範例

市內到處有自動販賣機在販賣每日新聞報，每一份報紙的售價爲$0.40，而成

本爲$0.10。如果報紙沒有在當天出售，報社會將剩下的賣給廢紙回收廠，每份$0.02。因爲設置的地點不同，每部販賣機的每日需求量也就不同，機率分配如下表：

需求量	24	25	26	27
機率	0.23	0.30	0.32	0.15

每天應該在販賣機中放入多少報紙？在這個範例中，

$$MP = 0.40\text{-}010 = 0.30$$

$$ML = 0.10\text{-}0.02 = 0.08$$

$$p \geqq ML / (ML+MP) = 0.08 / (0.08+0.03) = 0.21$$

所以，目標爲最後一份報紙可出售機率至少要達到21%，而已知：

需求大於24份的機率 = 0.23+0.30+0.32+0.15 = 1.00
需求大於25份的機率 = 0.30+0.32+0.15 = 0.77
需求大於26份的機率 = 0.32+0.15 = 0
需求大於27份的機率 = 0.15

因此，必須放入26份報紙。如果放入27份，則第27份可出售的機率只有0.15，小於0.21。

常態分配下的送報生問題範例

一份全國性的體育雜誌在策畫超級盃冠軍賽的特輯，由過去的資料顯示，這種特刊的銷售量爲常態分配，平均數爲80,000份，而標準差是20,000份。每一本雜誌的邊際成本是$1.00、邊際利潤爲$4.00。

要決定發行的份數，先計算出售機率：

$$p \geqq ML / (ML+MP) = 1/(1+4) = 0.20$$

因此，到最後一份雜誌被賣出的機率爲20%時，所需的份數就足夠了。

因爲假設需求爲常態分配，因此：

μ = 需求平均值

σ = 需求標準差

X = 生產數量

$Z = (X-\mu) / \sigma$

如圖10.7所示，找出機率爲0.8000的Z值（最接近的機率是0.7995），得Z = 0.84，所以：

$Z = (X-\mu) / \sigma$

$0.84 = (X-80{,}000) / 10{,}000$

或是

$X = 80{,}000+0.84(10{,}000) = 88{,}400$

因此，要發行88,400份。

圖 10.7

決定最後1單位出售機率為20%的產量

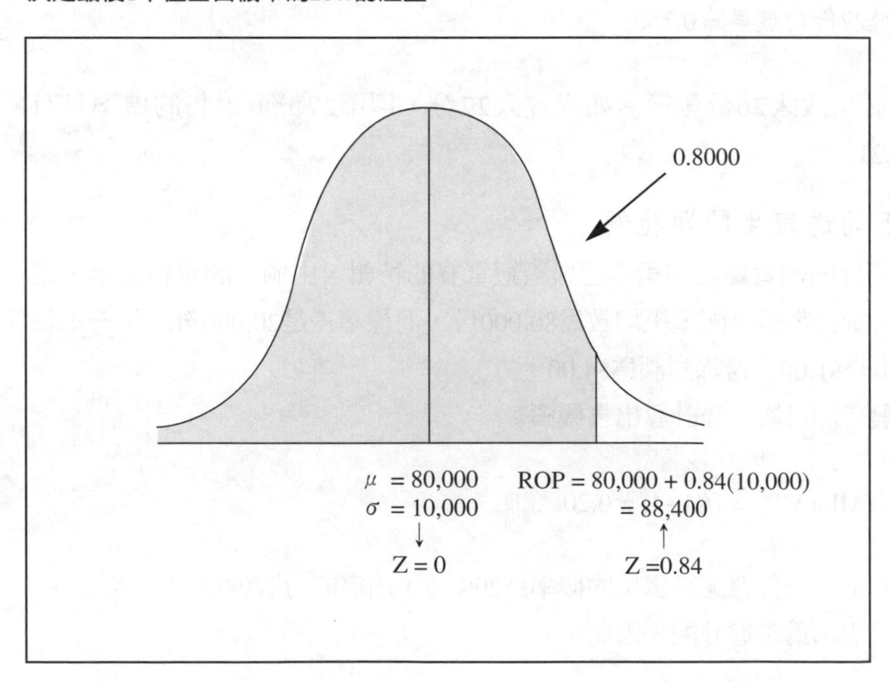

10.13 ABC分析

對經理人而言，本章中所介紹的經濟訂購或其他存貨模型技巧相當有用；但對一個生產多項產品的大型公司而言，不可能花太多時間去預測所有的需求、決定需求的分配型態、決定備運時間的型態、或是計算幾百種產品的訂購及持有成本後，再應用這些模型。然而，在處理有些高價格、高持有成本的產品時，如果能善加管理，可以大幅降低公司的總存貨成本。因此，很重要的，經理人必須決定有哪些產品對存貨成本有重大影響，然後多花些時間規劃這些產品的存貨策略。

ABC分析（ABC analysis）是一種將存貨項目分類的分析法。存貨項分成三類—A、B與C，A類是價格很高的貨物，因此，持有成本也很高，所以必須善加管理。通常說來，總存貨中約有10%的項目屬於此類，但可能約佔總存貨價值的70%。

B類存貨是較A類低價的項目，但是仍有相當的價值。因爲能節省的成本較有限，因此，不需要如A類商品一般，花很多時間去管理。總存貨中約有20%的項目屬於此類，約佔總存貨價值的20%。

C類是低價類存貨，雖然約有70%的存貨屬於此類，但總值只約佔存貨總值的10%。因此，公司無須在此類存貨的管理上花費太多金錢；而且，因爲項目太多，經理人也不需要花太多時間於此，否則會無法兼顧其他。

表10.3是ABC分析法的分類，表中的比例並非絕對數值，但可以提供一般的分配狀況。A類的數目可能由占5%到15%，總價值比率可能高或低於70%。重要的觀念，是這一類的商品項目爲少數，但在存貨的投資比例上卻很高。

表 10.3

ABC 分析法的分類

分類項目	價值（%）	項目（%）
A	70	10
B	20	20
C	10	70

明智的經理人，會在A類存貨的管理上投注最多的時間。審慎管理這些項目，可以節省可觀的持有成本。因爲此類的項目不多，因此，有時間去預測這些項目的需求型態，並建立起完善的存貨策略。在B類的項目上也必須花些時間管理，但不需要如管理A類一般費神。與A類存貨相較，B類的項目較多、且價值較低，因此持有B類存貨的安全儲量成本較A類低。C類存貨數量繁多、但價格低廉，因此，經理人只要有簡單的存貨策略，以防發生儲量不足的情形即可。雖然這類貨品價格低廉，持有安全儲量的成本也很低，但對客戶而言仍是必需品，因此，仍是公司重要的項目。

近觀—封閉環形系統、資源規劃、分配資源規劃

利用物料需求所安排出來的規劃案不必然可行，尤其是當不同產品必須使用相同零件時，就會出現問題。在利用MRP系統作規劃後，有時必須回頭去修正主要的生產規劃。有一種MRP系統可以自動執行回饋功能，稱爲封閉環形（closed-loop）的MRP系統。在這系統中，可以包含生產規劃、主要生產規劃、物料需求規劃、甚至是分配等功能。

這套系統可以包括其他功能，如行銷以及財務管理等。如果將這些整體資料輸入系統，之後在進行物料需求規劃，目前稱爲製造資源規劃（manufacturing resources planning）或是MRP Π。在這種存貨管理系統中，不但可以提供產品數量的訊息，更可包括物料成本、勞工成本以及其他物料的相關資訊。

分配資源規劃（distribution resource planning；DRP）是以MRP的概念爲基礎，用來預估產品的需求。這項預估不只是MRP中的接獲最終產品訂單資訊，還包括預估需要維修以及使用的零件數量。

資料來源：Schonberger, R. J. and E. M. Knod, Jr., 1994. *Operations Management: Continuous Improvement.* 5th ed. Boston: Richard D. Irwin, Inc.

雙桶系統

在管理C類存貨時，常會利用**雙桶系統**（two-bin system），是一種非常有效率的方法。在這種管理法上，是利用二個桶子或容器裝入C類的存貨項目，每次只使用單一容器中的存貨，直到完全使用完。當有一個容器完全空了以後，就訂購之前已經決定的訂購量，在新的訂貨運抵之前，就改使用第二個容器中的存貨。訂

貨運抵後，加入原本已經空了的容器中，如果有多餘的，就放入現在已經在使用的容器中。再訂購點，是發生在其中一個容器的的存貨用盡、要開始使用另一個容器中的存貨時。這個系統可以稍做修改，將二個容器的大小做區別，先使用大型容器中的存貨，等到訂購時，才使用較小型容器中的存貨。一旦訂貨運抵，先將小容器再裝滿後放置在一旁，之後再補充大容器的存貨量。因此，小容器中的存貨量，也就代表在備運時間中的存貨需求以及安全儲量。

10.14 物料需求規劃

討論至此，在存貨模型中一直假設每項存貨之間是互相獨立的。如果每一項物品之間的需求是互相獨立的，存貨管理也可以採取互相獨立的策略；但在某些生產狀況中，各項物品之間的需求是相關的，就不能採取獨立策略。例如，汽車製造廠必須依據汽車產量算出輪胎的需求量。在預估各種零件的需求量時，必須以汽車的生產規劃爲依據。**物料需求規劃**（Materials requirements planning；MRP）的意義，就是將存貨系統中所有的項目合併考慮，找出整體的存貨策略。**物料表**（bill of materials）是表示生產中所需用到的物料數目、項目，以及這些項目彼此的關係。

在一個生產計畫中，各項所需的零件、物料項目以及數量，可以由最後產品的生產規劃表以及物料表中得出。如果產品的需求並非固定，則各項物料的再訂購點也必須做特別的安排。

一般而言，MRP系統大部份是電腦化的系統，每一項物料的需求都由最終產品的需求而定。在應用這項系統時，必須輸入各項物料的存貨數量與備運時間等相關資訊；一旦經理人決定生產規劃後，輸入系統中，電腦就會找出各項物料的訂購量。這個訂購量的資訊不但包括數量資訊，同時也包括依據備運時間所算出的再訂購點。

範例

戶外活動公司生產幾種供野外烤肉的器材，公司在規劃某種特定產品（產品A）的生產時，同時也建立了相關的物料表，如圖10.8。數字的部份，表示每生產1單位所需的數量，如：每生產1單位A，需要2單位的B、1單位的C；每生產1單位

圖 10.8

戶外活動公司的物料表

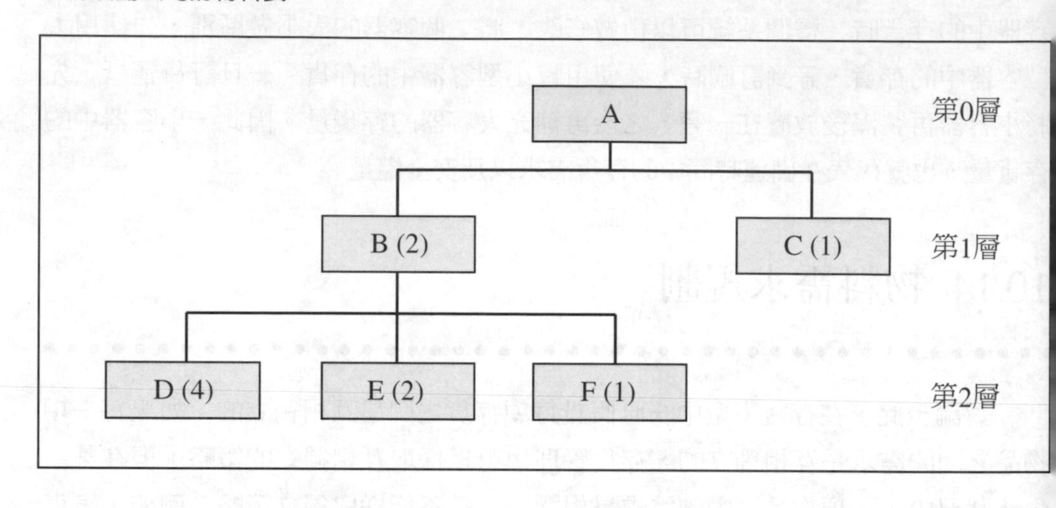

的 B，需要 4 單位 D、2 單位 E 以及 1 單位 F。

公司接到一筆訂單，要訂購250單位的A，必須在5個星期內運抵消費者的手中。經理人於是進行生產規劃，同時決定生產必須的物料數量。檢查公司的現有存貨以及在途訂貨後，得出的存貨資訊如表10.4；表中的最後一欄，是各項物料的備運或裝配時間。依據這些資訊，可知A的生產活動必須在到期日一星期前即開始，在要生產 B 之前的二個星期，必須訂購 E。

詳細料規劃如圖10.9。在做出這個表之前，必須先將生產規劃放在最高層，用以決定各項物料的需求量。在圖10.9的最高層，顯示在5個星期內需要A250單

表 10.4

戶外活動公司的存貨資訊

	項			目		
	A	B	C	D	E	F
現有存貨	50	20	0	100	0	0
在途訂貨	0	40	20	200	90	40
備運／裝配時間	1	1	2	1	2	1

位。250單位稱爲毛需求，淨需求是指毛需求減去現有存貨與在途訂貨後的值。因爲目前公司上有 產品A的存貨50單位、沒有在途訂貨，因此，A的淨需求爲200單位。備運時間爲一星期，從這項資訊來看，必須在第四個星期訂購（生產）200單位A，以便在第五個星期時就能收到A。

進一步的物料需求分析，是從物料表中算出在第四個星期需要400單位的B，在第三個星期需要200單位的C。將這些毛需求的資料放在適當的欄位，可以算出項目B與C的淨需求，如圖10.9中所示。利用備運時間，可以訂出必須下單訂購這些項目的時間。之後，利用項目B的需求量，可以算出D（4×340）、E（2×340）以及F（1×340）的毛需求。繼續之前的步驟，可以得出D、E以及F的需求規劃。

如果同時有幾項最終產品都必須使用相同的零件，過程就會變的較複雜，但基本的概念仍是如以上所介紹的。利用套裝軟體可以很容易地求解，隨著電腦科技進步，MRP的使用更形普遍。

圖 10.9

戶外活動公司的物料需求規劃

Part A　　星期	1	2	3	4	5
毛需求					250
現有存貨 50					50
在途訂貨 0					
淨需求					200
須訂購數量（或生產數量）完成					200
訂購（或生產）數量				200	

Part B　　星期	1	2	3	4	5	
毛需求				400		← 2×200
現有存貨 20				20		From A
在途訂貨 40				40		
淨需求				340		
須訂購數量（或生產數量）完成				340		
訂購（或生產）數量			340			

續圖 10.9

戶外活動公司的物料需求規劃

Part C	星期	1	2	3	4	5	
毛需求					200		←1×200
現有存貨 0					0		From A
在途訂貨 20					20		
淨需求					180		
須訂購數量（或生產數量）完成					180		
訂購（或生產）數量			180				

Part D	星期	1	2	3	4	5	
毛需求				1,360			←4×340
現有存貨 100				100			From B
在途訂貨 200				200			
淨需求				1,060			
須訂購數量（或生產數量）完成				1,060			
訂購（或生產）數量			1,060				

Part E	星期	1	2	3	4	5	
毛需求				680			←2×340
現有存貨 0				0			From B
在途訂貨 90				90			
淨需求				590			
須訂購數量（或生產數量）完成				590			
訂購（或生產）數量		590					

Part F	星期	1	2	3	4	5	
毛需求				340			←1×340
現有存貨 0				0			From B
在途訂貨 40				40			
淨需求				300			
須訂購數量（或生產數量）完成				300			
訂購（或生產）數量			300				

10.15 只要及時系統

只要及時系統（just-in-time system）是一種由日本人所發展出的存貨管理概念，主要是以MRP以及基本的存貨管理模型爲基礎，但多考慮存貨管理的品質與效率性。這套系統中，要儘量使存貨維持低水準，產品只要在需要時及時生產出就可，但品質必須保證優良。

討論只要及時系統之前，要先瞭解推出系統與拉進系統的差別。所謂**推出系統**（push system），是指開始生產時，物料即進入系統中，到達第一個工作站。工作持續進行，每一個零件或零件組不斷向下一個工作站移動，逐漸組裝成更新的零件組。這些在進行的工作，稍後會在下一個工作站中組成成品，或這變成存貨備用。**拉進系統**（pull system）的意義，是指最後一個工作站向之前的工作站要求特定數目的特定零件，如果有必要，這項要求會一直向之前的工作站傳遞，直到最初的工作站。在這個系統中，零件並非在裝配線上動一動，而是當下游有需要時，才向上傳遞需求。在這種情形下，是將需求拉進系統中，因此，就不需要存貨。

拉進系統的另一項優點，站與站之間移動的數量較少，因此，很容易進行品質控制。因爲沒有存貨的問題，也就沒有安全儲量，公司必須以品質來穩定顧客，使顧客願意等待。因此，在這種拉進系統中，必須依賴每一位員工善盡品管的責任。

日本人利用**招牌**（kanbans）或是卡片，附加在每一個裝置零件的容器上，以執行只要及時系統，這背後的邏輯與雙桶系統相似。假設某一個工作站（假設爲第 5 號工作站）中有二個容器，一旦其中一個存貨用完，這個容器連同卡片會傳遞到前一個（也就是 4 號）工作站。4 號工作站會將容器裝滿並回送，同時，也會送一個空的、帶有卡片的容器到 3 號工作站。繼續這樣的過程，一直到傳遞完整個生產線。利用這種系統，經理人可藉著檢查是否有工作站需要額外的卡片來進行管理，使整個生產線的運作順暢。

如果卡片系統運作良好，生產線上也可以維持平順，當最終產品送到最後的工作站時，存貨同時也可以維持在最低量。只要系統設計適當，不論是推出或拉進系統，都能達成平順的生產線；但一般而言，拉進系統較易於控制。

之前曾提到，持有存貨的目的之一，是要作爲生產與需求之間的緩衝器。在只要及時的系統哲學中，卻可以完全忽略了這項需求。如果，在生產的過程中，所需的零件都能保證及時送達，並保證品質良好，這種作爲緩衝的功能就不必要。

另外，只要及時系統之所以能達成品質控制，重要原因是因爲每次的產量很少。這表示在這個系統中，必需保持低訂購與低開工成本，才不會增加總成本。如果開工的準備時間很多，則開工成本就會相對較低，使得小規模的產量有經濟利益。

雖然，本章中的只要及時系統重點是在同一家工廠的生產線上，但對於零件供應商，也可以同樣適用。從零件供應商到製造商的過程，差不多與同一條生產

TRINOVA公司採取「只需及時」的存貨系統，在有需要時才訂購零件。

資料來源：Photo provided courtesy of TRINOVA Corporation

線一般，具有連續性。例如，豐田汽車製造廠會在接到零件時開始組裝，零件供應商只要及時送達，而且保證品質優良即可。汽車製造商與零件供應商間若建立起穩健的合作關係，可以使這種系統的運作非常有效率。

10.16 利用套裝軟體求解存貨問題

DSS可以用來求解許多存貨問題，例如以DSS求解米勒公司的經濟訂購量，結果就列於解10.1。利用DSS，可以將求出持有成本佔購買成本的比例，同時，如果輸入工作天數的資料，還可以算出每日平均需求量。如果有大量折扣，只要加入二項資料（折扣價格以及最少的購買量要求），也可以用同樣的軟體求解。解10.2是米勒公司生產趨向的求解結果。

10.17 摘要

本章在討論持有存貨的基本目的以及相關成本。對一個公司而言，存貨是一項主要的成本，因此，經理人多希望使這項成本最小化。經濟訂購量模型可以用來規劃存貨，使存貨成本達到最小，但必需滿足一些假設。如果無法滿足，經理人則會做出修正：如果有大量折扣，但其他條件仍滿足，可以分別算出成本，在從中選擇最佳策略；如果存貨必需加入生產過程，但其他條件仍滿足，可以找出最適產量。安全儲量適用於需求或監視變動的情況中，利用儲量不足與持有成本加權，可以計算出安全儲量以及服務水準。ABC分析法中，是將存貨分類，依價值的不同，訂出不同的管理策略。在各存貨項目需求有相關時，物料需求規劃是相當有效率的求解技術。只要及時系統是由日本人發展出的管理概念，主要觀念爲降低存貨水準與保持品質。

解 10.1

DSS求解米勒公司的經濟訂購量

Production & Inventory - EOQ w / Discounts

Inputs :

Average Annual Holding Cost per Unit (Ch) *OR*		$8
Average Annual Holding Cost as a % of Unit Cost (Cp)		%
Please enter any two of inputs (A D d)	Annual Demand in Units per Year (A)	2000
	Number of Working Days per Year (D)	250
	Daily Sales Rate in Units per Day (d)	
	Ordering Cost Per Order (Co)	$20
	Lead Time on Orders in Days (TL)	
	Purchase Price per Unit (Cp)	$
	Quantity Discount Price per Unit (Cp')	$
	Minimum Quantity to qualify for discount (Q')	

Outputs :

Q* = 100 units / order

N* = 20 orders / year

T* = 12.5 days / cycle

QR = 0 units

Annual Holding Cost (AHC) = $	400.00 / year
Annual Ordering Cost (AOC) = $	400.00 / year
Annual Purchasing Cost (APC) = $	0.00 / year
Total Annual Cost = $	800.00 / year

解 10.2

米勒公司生產趨向的求解結果

Production & Inventory - Production Lot Size

Inputs :

Average Annual Holding Cost per Unit (Ch) *OR*	$2
Average Annual Holding Cost as a % of Unit Cost (Cp)	%
Please enter any two of inputs (A D d) — Annual Demand in Units per Year (A)	3000
Number of Working Days per Year (D)	250
Daily Sales Rate in Units per Day (d)	
Setup Cost per Production Run (Cs)	$40
Lead Time for setup in Days (TL)	
Manufacturing cost per Unit (Cp)	$
Daily Production Rate in Units per Day (p)	25

Outputs :

Q* = 480.3845 units / lot
QMax = 249.7999 units
N* = 6.244998 orders / year
T* = 40.03204 days / cycle
QR = 0 units
Production Time = 19.21538 days

Annual Holding Cost (AHC) = $	249.80 / year
Annual Setup Cost (ASC) = $	249.80 / year
Annual Purchasing Cost (APC) = $	0.00 / year
Total Annual Cost = $	499.60 / year

字彙

ABC分析（ABC analysis）：依據價值將存貨項目分類的分析法。

物料表（Bill of materials）：表示生產中所需用到的物料數目、項目，以及這些項目彼此的關係。

經濟訂購量（Economic order quantity；EOQ）：在某些假設滿足的情形下，用來找出最小存貨成本。

持有成本（Holding cost）：保有存貨時所需付出的成本。

存貨狀態（Inventory position）：目前所持有的存貨量，再加上已經下訂單訂購的貨物。

只要及時系統（Just-in-time system）：由日本人所發展出的存貨管理概念，要儘量使存貨維持低水準。

招牌（Kanban）：在日本存貨管理系統中，做存貨管理的卡片。

備運時間（Lead time）：從下單到收到貨物的時間差。

物料需求規劃（Materials requirements planning；MRP）：就是將存貨系統中所有的項目合併考慮，找出整體的存貨策略，在生產規劃或需求相關的情形十分有用。

訂購成本（Ordering cost）：每一次下訂單時所發生的成本，不會因爲訂購數量不同而改變。

生產趨向模型（Production run model）或連續的經濟訂購量模型（continuous rate EOQ model）：在有產量限制時，用來找出最小存貨成本的模型。

拉進系統（Pull system）：生產需求的傳遞是由下而上的生產過程。

購買成本（Purchase cost）：爲得到某項產品所付出的成本。

推出系統（Push system）：生產需求的傳遞是由上而下的生產過程。

再訂購點（Reorder point）：利用現有存貨及在途存貨，算出應再訂購時的存量。

安全儲量（Safety stock）：爲避免發生儲量不足而多出來的存貨。

服務水準（Service level）：公司能滿足客戶需求的機率。

開工成本（Set-up cost）：準備開始生產所必須的成本。

儲量不足成本（Stock out cost）：當存貨量不足時所發生的成本，此項成本很難估計。

雙桶系統（Two-bin system）：一種存貨控制術，當其中一個容器中的存貨用盡後，就下單訂購，運抵之前使用另一個容器中的存貨。

問題與討論

1. 持有存貨的原因是什麼？
2. 與存貨有關的成本包括哪一些？當訂購量改變時，會影響到期中的哪一些成本項目？
3. 如果滿足經濟訂購量模型的假設，一位經理人決定的訂購量高於經濟訂購量，對年度訂購成本與年度持有成本有何不同的影響？試比較之。
4. 在經濟訂購量模型中，如果有大量折扣，經理人認為在使成本最小的前提下，訂購量將能取得折扣的最小量，且不會高於這個量。試解釋為什麼這位經理人是錯的。
5. 如果每日的產量明顯高於每日需求，利用生產趨向模型與經濟訂購量模型所得出的結論有何不同？
6. 雖然持有存貨一個重要的原因是要作為供給與需求之間的緩衝器，但如果公司所使用的管理是利用只要及時的管理方式，就無須考慮這項因素。試討論在哪些情形中，可以忽略存貨的緩衝功能。
7. 有人說，ABC分析不只是存貨管理策略，更是時間管理策略，試解釋之。
8. 公司目前正面臨了強烈的競爭，使得儲量不足的成本劇烈上升。公司應如何因應？
9. 在經濟訂購量模型中，平均存貨水準是最大存貨水準的一半；但若考慮安全儲量，則安全儲量會等於最大安全儲量的一半。試解釋為何這個敘述是正確的。
10. 影響公司決定安全儲量水準的因素有哪些？
11. 如果經濟訂購量模型中的假設都被滿足，公司決定每次的訂購量為400單位。年需求量是1,000單位，所以公司一年需訂購 2.5次。分數的部份如何訂購？本章中所定義的訂購成本適用在這個情形嗎？
12. 產品的年需求量為5,000單位，一年中的需求穩定。產品的單位成本為$80，每年每單位的持有成本為產品成本20%。每一次的訂購成本為$25，每一年的工作天爲250天。目前，公司的策略是每次訂購時訂購500單位，備運時間爲5天。

a. 在目前的策略下，最大存貨水準是多少？平均的存貨水準爲多少？每一年要訂購幾次？
b. 在目前的策略下，計算出年度的持有成本、總年度訂購成本、總年度購買成本。

13. 在習題12中，假設公司的目標示希望使年度總存貨成本最小。

a. 每次要訂購多少單位？每一年要訂購多少次？
b. 如捨棄目前的策略，改以經濟訂購量模型求解，年度總存貨成本會減少多少？

14. 歡樂油漆公司有一種頗受歡迎的油漆，年平均銷售量爲9,000加侖。產品的需求型態頗固定，每一加侖的成本爲$15。每次的訂購成本爲$30，持有成本爲購買成本的10%。一旦下訂單後，歡樂油漆公司可在5天內收到訂貨。一年有300個工作天。在管理銷售的數量以及價格時，歡樂公司利用電腦系統控管，因此，所有的資料都非常詳盡。

a. 在使年度總存貨成本最小的前提下，每次訂購量爲多少？每一年要訂購多少次？
b. 在使年度總存貨最小的策略中，計算出年度的持有成本、總年度訂購成本、總年度購買成本。
c. 這種油漆的每日需求量是多少？
d. 在備運時間中，有多少數量的油漆售出？
e. 這個問題的再訂購點是多少？

15. 在問題14中，如果訂購量超過1,000加侖時，廠商給予5%的折扣。歡樂油漆公司有足夠的空間儲存1,500加侖，所以可以考慮訂購1,000加侖。

a. 假設公司的策略是每次訂購1,000加侖，單位持有成本是多少？

b. 假設公司的策略是每次訂購1,000加侖，單位購買成本是多少？
c. 在使年度總存貨最小的策略中，每次的訂購量應是多少？

16. 更多電器品公司出售各種主要家電產品，其中一種電冰箱的銷路最好，平均年需求量爲8,000台，工廠的產量爲每天200台；一旦生產過程啓動，會發生$120的開工成本，每台冰箱每年持有的單位成本爲$50。公司一年的營業日有250天，一年中的需求型態大致固定。
產品的每日需求是多少？

a. 如果公司一開始生產，每次產量均爲400台，公司的生產日有幾天？
b. 在現有的策略下，公司一年要開工幾次？總開工成本是多少？
c. 在現有的策略下，每次停止生產時，公司會有多少存貨？最大的存貨量是多少？平均的存貨水準是多少？

17. 回到習題16中，假設現在公司的策略是要使全年總存貨成本達到最小：

a. 每一次工廠開工，要生產多少台冰箱？
b. 如果公司改變策略，不再每次生產400台，而採取a的最適產量，每年公司可以節省多少存貨成本？
c. 假設生產前置工作需要2天來準備，公司希望在存貨水準爲0時開始生產，則每當存貨水準爲多少時，公司就要準備開始開工？

18. 產品年需求量爲1,200單位，一年中的需求型態大致維持穩定。單位持有成本爲購買成本的18%，每一單位的購買成本爲$80，每次的訂購成本爲$40。

a. 計算經濟訂購量。
b. 假設經濟情形改變，持有成本變爲20%而非18%，計算新的經濟訂購量。
c. 假設經濟情形改變，持有成本變爲22%而非18%，計算新的經濟訂購量。

19. 汽車零件行出售一種特殊的交流發電機，一年中的需求型態大致固定。發電機的批發商提供有大量訂購的折扣，資訊如下：

訂購量	單位成本
1-199	$50
200-399	48
400或更多	47

單位持有成本爲單位購買成本的20%，每次的訂購成本爲$30。假設零件行的目標是要使總存貨成本最小，每次的訂購量應爲多少？

20. 某個電腦公司擁有連鎖的店面，地點在主要的都會區。每一年，公司可以銷售2,000箱專供雷射印表機使用的碳粉匣，一年需求中的需求型態大致穩定。從製造商購買碳粉匣的成本爲每箱$80，但如果一次訂購400箱或更多，每一箱可以有$2的折扣。公司的單位持有成本爲購買成本的15%，每一次的訂購成本爲$30。

    a. 目標是使總存貨成本最小，每次訂購量應爲多少？總存貨成本爲多少？
    b. 如果公司決定每次訂購400箱，總存貨成本爲多少？

21. 某產品的年需求量爲5,000單位，每次的訂購成本爲$40，計算下列情形的經濟訂購量：

    a. 一年的單位持有成本爲$10。
    b. 一年的單位持有成本爲$20。
    c. 一年的單位持有成本爲$40。

22. 某產品的需求爲常態分配，但其他經濟訂購量的假設都可滿足。年需求量爲10,000單位，一年中的營業日有250天。每次的訂購成本爲$48，一年的單位持有成本爲$6。一般的備運時間爲6天，這期間的銷售量爲常態分配，平均數爲240單位，標準差爲80單位在考慮持有成本與倉儲不足成本後，公司決定將服務水準訂在90%。

a. 如果目標是使總存貨成本最小，每次訂購量應爲多少？

b. 安全儲量爲多少？

c. 再訂購點是多少？

23. 公司的存貨策略如下：一旦存貨水準低於90單位或更少，就訂購360單位。銷售量的波動無特殊的季節性因素，但每天都會有波動，每日的銷售量大致呈常態分配。依據過去的資料來看，備運時間爲4天，這期間的平均銷售量爲72單位，標準差爲10單位。公司一年的營業日爲250天，公司應該設定的安全儲量是多少？在這個策略下，隱含服務水準爲多少？

24. 每一年在NBA年度冠軍總局賽結束後，服裝公司都會製作優勝隊伍的T卹，並加上「世界冠軍」等字樣，以資紀念。服裝公司與機器設備租賃公司定有契約，印製圖案的機器只能使用三天。這些T卹會在特約店出售，從第一場球賽開始，一直銷售到最後一場結束，爲期四個星期。T卹的成本爲$6，售價爲$12；如果四個星期過後有一些沒賣完，就會將剩下的衣服送到大批發，每件只要$4。過去的銷售資料如下：

銷售量（單位：千）	機率
10	0.05
11	0.08
12	0.13
13	0.14
14	0.19
15	0.17
16	0.14
17	0.10

公司應該生產多少 T 卹？

25. 韋布司特公司一種推車，十分受歡迎。這種推車稱爲SL27型，有許多不同的零件組成：1 單位零件A、1 單位零件 B、1 單位零件C。每1單位C是由 2 單位 D、4 單位 E 及 4 單位 F 組成。除了零件B之外，其他的備運時間均爲一星期，而零件B的備運時間 爲二星期。爲這個公司建立一張物料表。

26. 回到習題25韋布司特公司的範例，公司接到一筆訂單，在五個星期要運出800單位的SL27。請爲公司建立一張物料需求規劃的淨需求圖，假設目前公司任何零件均無存貨，短期內也無在途訂貨會運抵。
27. 回到習題25韋布司特公司的範例，假設目前公司有80單位的SL27、50單位的零件C、250單位的零件F作爲存貨。此外，公司已訂購了200單位的零件 C，在下個星期一開始時運到。修正物料需求規劃的淨需求圖，以滿足新的狀況。
28. 夏季將至，運動雜誌正在準備出版泳裝專輯，這一向非常受歡迎，銷路很好。依據過去的經驗，泳裝特刊的銷售量是常態分配，平均值爲250,000份，標準差50,000份。每一份雜誌的印刷成本爲$1.20，售價爲$3.50，任何沒有銷售出去的雜誌，就會送至廢紙回收廠，沒有任何利潤。雜誌社應出版多少份雜誌？
29. 某個公司主要的業務是銷售聖誕樹、以及在感恩節與聖誕節之間經營德州的幾個林場。聖誕樹的需求必須在幾個月前就先預估，使公司能預作準備；如果到時需求量超過預期，公司將無法臨時找到額外的貨源供應。每一棵樹的成本爲$8，售價爲$25，依據過去的經驗，銷售量呈常態分配，平均值爲60,000棵，標準差12,000棵，公司應該準備多少棵樹？
30. 職業足球隊的收入來源之一，是銷售球季目錄，目錄中包括比賽日期、球員名冊以及其他相關資訊。每一份目錄的印刷成本爲$1.25，售價爲$4.00。球隊會將沒有銷售出去的目錄捐給慈善團體，以供他們出售給資源回收廠。依據過去的經驗，目錄的銷售量呈常態分配，平均值爲15,000份，標準差5,000份，球隊應該印刷多少份目錄？如果印刷25,000份，所有目錄都能銷售出去的機率是多少？服務水準爲多少？
31. 丹渥公司出產二種類型的電腦桌，二種電腦都在同一生產線生產，且大部份的材料都相同。A型桌是用1單位的C、2單位的D以及4單位的E組成；B型桌是用1單位的D、2單位的E以及4單位的F組成。每單位的F是由2單位的G組成。丹渥公司想利用物料需求規劃系統輔助決策，用來決定各種零件的訂購量。零件D與E都是毛需求，由最終產品的生產規劃決定。所有零件的備運時間爲一個星期，目前公司有200單位的E以及100單位的F存貨；公司已經訂購了300單位的D，下個星期會送到。主要的生產規劃中，必須滿足在第五個星期運出800單位的A型桌、第六個星期運出500單位的B型桌。為丹渥公司建立一張物料需求規劃的淨需求圖，用來決定各種零件的訂購時間與數量。

32. 如果經濟訂購量模型中所有假設均滿足，且公司選擇訂購量Q等於經濟訂購量，則總持有成本與訂購成本可以用下式表示，試證之：

總訂購成本+總持有成本 = $(2DC_oC_h)^{1/2}$

（因為在這種情形下，總持有成本 = 總訂購成本，總成本會變成2×總訂購成本，代入經濟訂購量模型並化簡）

分析—艾茲渥司製造公司

艾茲渥司公司生產鐵製的箱子，專供工廠儲物之用，顧客範圍北起加拿大，南至墨西哥。史帝夫是這個公司的經理，對於產品穩定的銷售量感到十分滿意，同時，也預估未來公司仍能持續成長。但公司目前面臨一個難題：因爲材料與勞動成本節節高昇，逐漸侵蝕公司的利潤。雖然艾茲渥司的產品在品質上頗具競爭力，但若因此將提高的成本轉嫁給消費者，會產生排擠效果，使消費者轉向其他廠商。

在察覺利潤逐漸下降後，史帝夫開始考慮改變存貨策略，以降低成本，月銷售量的資料如下：

月份	銷售（單位）	月份	銷售（單位）
一月	480	七月	530
二月	520	八月	500
三月	540	九月	470
四月	470	十月	510
五月	510	十一月	480
六月	490	十二月	500

銷售量的資料是實際上已發生的需求量；公司之前的策略是儘量滿足顧客需求，隨時保有足夠的存貨。之前，公司的月生產規劃爲生產550減去現有的存貨量；即使月平均銷售量只有500單位，史帝夫仍堅持每月平均應準備550單位。

生產的前置工作需3位工作人員、每人工作 8 小時來完成，平均的工資成本（包含時薪與其他福利）爲每小時$30。在考慮資本、保險以及其他因素後，史帝夫持有成本爲存貨價値的15%；生產每個鐵箱的材料以及勞工成本爲$80。

因爲生產線必須供其他二種產品使用，不可能隨時開工專用來生產這種鐵箱；如果依據鐵箱的存貨水準，史帝夫決定要開始下一次的生產，從決定要生產到實際開工需要一個星期的時間安排。鐵箱每週的平均需求爲125單位，標準差爲10單位。

準備一份報告，對史帝夫提出生產規劃建議。

第11章

排隊模型

11.1 簡介

生活中經常要面對排隊的情境。在商店裡，必須排隊結帳：在速食店中，必須排隊點餐、付帳或拿取食物。在打電話預定旅館或機位時，也必須等到有人有空時才能接聽。在繁忙的機場，飛機抵達時必須在上空盤旋，等待其他飛機降落。在十字路口，汽車必須等綠燈時才能通過。輸入電腦的工作，必須等到電腦處理完其他工作後才能進行。以上這些要排隊的情形，只是日常生活中的一部份。在瞭解排隊的基本概念後，經理人可以藉著規劃或修改經營方式，增加顧客滿意度，使企業提高利潤。

本章中將要探討排隊模型的相關特性，介紹如何計算代表體系運作效率的指標，如平均等待時間，或是隊伍的平均長度等。另外，也要討論如何設計出一套完善的排隊系統，以切合公司的需求。

11.2 卡隆尼爾手工藝品公司的範例

蘇珊是卡隆尼爾手工藝品公司的總裁，這是一家郵購公司，主要出售的商品是一些手工製的藝品。雖然規模不大，但在過去二年來，公司的成長幅度驚人，因此，蘇珊決定目前正是擴充規模的時機。為此，她設立了一支免付費的電話，專供顧客訂貨，而無須透過郵購。有一位專職的員工負責接聽這支電話，並且記錄訂購情形。這支電話一天中開放8個小時，一般而言，打電話進來的頻率約為一小時10通。如果接線生在接聽電話有其他電話打進來，這通後打進來的電話就會暫時被接到語音電話系統等候。這位接線生處理每一通電話的平均時間為4分鐘。

最近，公司注意到有一些客戶很不喜歡等候，一旦被接進語音系統，他們會在接線生有時間接電話之前就掛斷，公司並不知道這些人會不會稍後再試。蘇珊現在正在考慮是否要引進一套改良的電腦系統，以降低接線生處理每通電話的時間，但這需要對接線生作額外的訓練，會加重接線生的工作，因而必須加薪。第二個選擇，是蘇珊考慮要增加一名人手，以協助電話訂購系統的運作。應該選擇哪一個方案？

在正式討論以上的問題之前，先要介紹排隊理論的主要基本概念，之後才討論如何將這個理論應用到上述的情形，以協助蘇珊解決問題。

11.3 排隊理論的基本要素

在排隊理論中，有三個主要的部份，即是一到達者、隊伍以及服務者或服務設施，每一個部份都有一些很重要的特質，這些特質對於分析排隊問題而言，都非常重要。

到達者的特質

每一位進入系統中的到達者都來自於**撥號母體**（calling population）（註：早期的排隊理論是由一位丹麥的電話工程師A.K.Elang所發展出來的，因此，理論中一些專有名詞多與打電話有關），這個撥號母體可能是有限或是無限的。在某些情形，撥號母體即使是有限的，但因爲數量很龐大，因此，若設爲無限也是合理的，但在其他情形則不然。考慮以下的情況：公司有一些機器設備損壞了，要請一位維修人員來修理。在這個情形中，要進入系統的到達者是損壞了、需要維修的機器，而公司的機器是整個撥號母體，這個數目是固定的。這也表示待修的機器數目不能超過公司所有的機器總數。

對於管理者而言，到達者的行爲特質是很重要的。不管隊伍排的多長，總是有些人還是會加入排隊的行列，而且他們會一直留在系統中，直到接受服務爲止，這些人被定義爲**耐心的**（patient）到達者。另外，也有一些人會因爲隊伍太長而不加入，這些人稱爲**退出的**（balk）到達者。另一種到達者稱爲**中途離開的**（renege）到達者，這些人加入隊伍之後，在還未被服務之前就離開了系統。速食店的隊伍如果排的太長，顧客常會有中途離開的情形。

在排隊系統中，另一個到達者的重要特性是到達者的型態。到達率可能是固定或隨機的。在自動化的裝配生產線上，每個零件移動到下一個工作站的速率是相同的；但在速食店中，顧客抵達的型態則是隨機的。有很多機率分配可以用來描述隨機到達的型態。在許多排隊情形中，可以用波氏分配來描述到達者的型態；但有些情形必須用平均分配或其他分配。利用統計學中的適合度檢定，可以決定在特定的情形中最適當的機率分配。

隊伍特性

一旦找出潛在到達者後，一般而言，到達者必須加入排隊。隊伍的最大長度可能是有限或無限的。大部份的排隊問題中，假設隊伍最大的長度可以無限長，但某些情形會對隊伍長度設限。在一個電話系統中，可以將來電接入語音系統等待的電話通數是有限的，超過這個限度，之後撥號的人只能聽到忙線的聲音，而無法進入系統中。

排隊規則（queue discipline）的意義，是指用來決定隊伍中成員接受服務順序的規則。最普遍的是**先進先出法**（first -in，first -out；FIFO），有時也被稱爲先到先服務系統。在這個規則中，到達者必須加入隊伍的最尾端，直到其他先到者被處理之後，才能接受服務。例如，雜貨店中只有一個付帳櫃檯時，就是這種先到先服務系統。在其他的情況，如醫院的急診室中，當新到患者情況很嚴重時，可能會讓他先接受治療，其他病患的治療甚至會因此被迫中斷。另外，要利用電腦處理的工作，可能會因某項工作有特殊重要性而設爲優先處理。在飛機的進出安排上常採取後進先出（last-in，first-out；LIFO）的方式：起飛時讓座位在機艙後

資料來源：Courtesy of Jiffy Lube International, Inc.

許多服務業都採取先進先出，先到先服務。

方的乘客先上，但降落時讓前方的乘客先下機。

服務系統的特性

到達者要進入系統的原因，是要接受服務。服務設施或**管道**（channel）是提供服務的地方，如果在一個排隊系統中，一次只有一位到達者可以接受服務，這個系統就稱為**單線式**（single channel）或**單一服務站**（single server）。而**多重服務站**（multiserver）或**多線式**（multichannel）的系統，則是指系統中多個到達者可以同時接受服務，如在郵局有不同的櫃檯服務客戶，就是這種系統。

單一狀態（single-phase）或**單一階段**（single-stage）系統的意義，是指一旦顧客接受完服務後，就離開系統；另外一種是**多重狀態**（multiphase）或**多重階段**（multistage）系統，是指當顧客接受完某項服務後，必須留在服務設施中，再加入下一個隊伍、接受另一項服務。速食店的車道訂購服務就是這種系統。顧客在第一個服務窗口排隊定餐，之後再開到另一個窗口拿取訂購的食物並且付帳，在完成所有動作後，客戶才會離開整個系統。**圖11.1**是基本的排隊結構圖，此外還有其他可能的結構圖。

另一個在排隊系統中很重要的特性，是服務時間的分配型態。就如同抵達的型態一般，服務時間的型態分佈，有可能是固定、或是隨機的。自動化裝配線上，每一個零件組裝的完成時間是固定的；而在銀行或雜貨店中，顧客接受服務的時間是隨機的。如果服務時間是隨機的，可以用機率分配來描述其的分配型態。至於在特定的情形中要使用哪種機率分配，可以用統計學的適合度檢定來決定。雖然有些時候可能用平均分配與常態分配更合適，但一般而言，在多數的排隊問題中，都以指數分配來描述服務時間的型態。

在**摘要表11.1**中，是關於排隊系統中的幾個重要特質。

利用Kendall符號來建立模型

D.G.Kendall 建立了一套廣為接受的系統，用來描述包含特定的到達者、服務管道數目以及服務時間的排隊模型，這套符號系統常見於求解排隊問題的套裝軟體。基本的三種符號的 Kendall 符號系統（Kendall notation）形式如下：

到達者／服務型態／服務管道的數目

在這一套 Kendall 符號中，有一些固定的符號代表特定的分配，如下列：

圖 11.1

基本的排隊結構

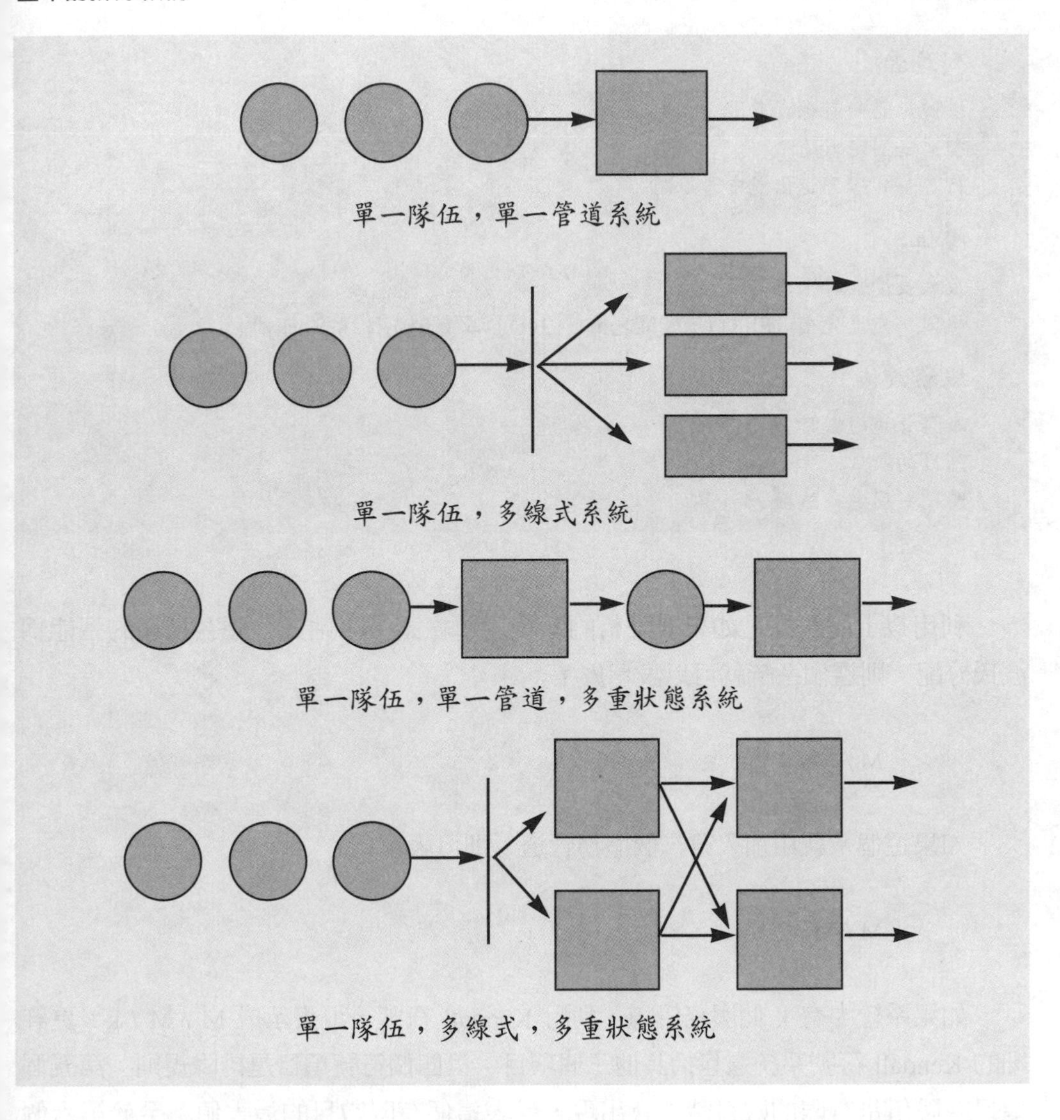

k　服務設施的數目

M　代表到達者的型態為波氏分配(也相等於服務的時間為指數分配)

D　固定率

G　已知平均數與變異數的一般分配

摘要表 11.1

排隊系統的基本要素

到達者
撥號母體—有限或無限 型態—固定或隨機 行為—耐心、退出或中途離開
隊伍
最大長度—有限或無限 規則—先進先出（FIFO）、後進先出（LIFO）或有優先性（priority）
服務設施
服務管道的數目 階段的數目 時間—固定或隨機

利用以上的符號，如果要分析的系統為單線式、單站式、顧客抵達的型態為波氏分配，則這個系統就可以表示為：

M / M / 1

如果這個系統中加入第二個服務管道，則可表示為：

M / M / 2

如果系統中有 k 個服務管道，利用 Kendall 符號，可表示成 M / M / k。更詳細的 Kendall 符號系統還包括其他三個項目：第四個符號項目是排隊規則；第五個項目在隊伍是有限的數目時才會出現，代表這個有限數目的最大值；至於第六個項目，則是母體的數目。如果後面的三項被忽略，表示這個系統被設定為是先進先出（FIFO），而且隊伍長度及母體數目都是無限大。

11.4 波氏分配與指數分配

本章中，大部份的模型都假設到達者的型態是隨機的，可以用波氏分配來描述。同時，這些模型的服務時間型態也都呈指數分配。接下來要介紹這二種分配。

波氏分配

假設在一段固定的時間（如一小時）中，到達的數目（X）可以用波氏分配（Poisson distribution）來表示，則在這一段固定的時段中，抵達的數目恰好爲X的機率，可以用下列數學式來表示：

$P(x) = e^{-\lambda} \lambda^{-x} / x!$ for $x = 0,1,2.......$

其中，x為到達者的數目

λ為固定時段內平均的到達者數目

$e = 2.7183$

$x! = x(x-1)(x-2).......(2)(1)$

利用這項公式，可以算出在特定時間內、不同數目到達者抵達的機率。例如，如果平均的報答者人數爲每小時 2人（λ=2），在下一個小時中，將有0、1及2 位到達者的機率分別爲：

$P(0) = e^{-2} 2^{-0} / 0! = 0.135$

$P(1) = e^{-2} 2^{-1} / 1! = 0.271$

$P(2) = e^{-2} 2^{-2} / 2! = 0.271$

因此，在下一個小時中，都沒有人到達的機率爲0.135，有1個人到達的機率爲0.271，有2個人到達的機率也同樣爲0.271。在本章中，許多模型都是建立在波氏分配上。表11.1是不同的λ值所算出的$e^{-\lambda}$。

圖11.2是將λ=2 的機率分配所畫成的長條圖，機率最高的部份，是在當變數值 x 接近λ時，當 x 逐漸遠離λ，機率也開始逐漸變小。

表 11.1

不同的 λ 值所算出的 $e^{-\lambda}$

λ	$e^{-\lambda}$	λ	$e^{-\lambda}$	λ	$e^{-\lambda}$	λ	$e^{-\lambda}$
0.10	0.9048	1.90	0.1496	3.70	0.0247	5.50	0.0041
0.20	0.8187	2.00	0.1353	3.80	0.0224	5.60	0.0037
0.30	0.7408	2.10	0.1225	3.90	0.0202	5.70	0.0033
0.40	0.6703	2.20	0.1108	4.00	0.0183	5.80	0.0030
0.50	0.6065	2.30	0.1003	4.10	0.0166	5.90	0.0027
0.60	0.5488	2.40	0.0907	4.20	0.0150	6.00	0.0025
0.70	0.4966	2.50	0.0821	4.30	0.0136	7.00	0.0009
0.80	0.4493	2.60	0.0743	4.40	0.0123	8.00	0.0003
0.90	0.4066	2.70	0.0672	4.50	0.0111	9.00	0.0001
1.00	0.3679	2.80	0.0608	4.60	0.0101	10.00	0.0000
1.10	0.3329	2.90	0.0550	4.70	0.0091		
1.20	0.3012	3.00	0.0498	4.80	0.0082		
1.30	0.2725	3.10	0.0450	4.90	0.0074		
1.40	0.2466	3.20	0.0408	5.00	0.0067		
1.50	0.2231	3.30	0.0369	5.10	0.0061		
1.60	0.2019	3.40	0.0334	5.20	0.0055		
1.70	0.1827	3.50	0.0302	5.30	0.0050		
1.80	0.1653	3.60	0.0273	5.40	0.0045		

圖 11.2

波氏分配圖

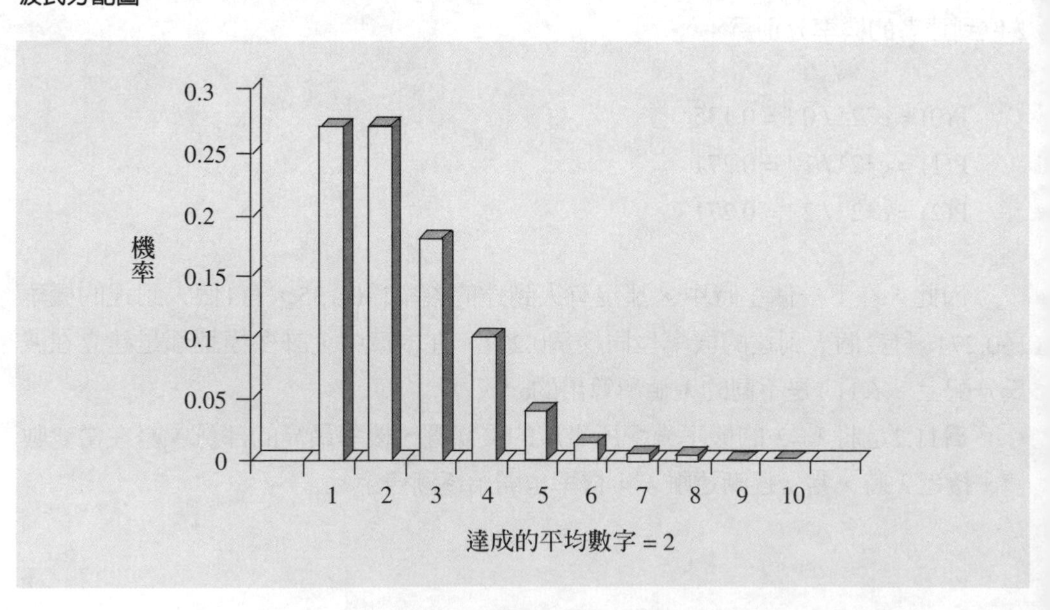

指數分配

在排隊模型中，經常利用**指數分配**（exponential distribution）來描述服務時間的分配型態。雖然指數分配是一種連續分配，而波氏分配是一種不連續分配，但二者間的關係密切。如果，在固定時段中，到達者人數分佈可以用波氏分配來描述，則每一位到達者所相隔的時間，就可以用指數分配來描述。例如。如果每小時到達人數是呈波氏分配，平均是每小時10人，則這十個人彼此之間的時間間隔分配（也就相等於每個人接受服務的時間），就是指數分配，而且平均數爲1/10小時。

如果可以用指數分配來表示服務時間的型態，則服務時間不超過t的機率，可以用下列公式決定：

$$P(\text{時間} \leqq t) = 1 - e^{-\mu t}$$

其中，

μ=每個時段中被服務人數的平均數

因此，

$1/\mu$=每個人被服務的平均時間

服務時間超過 t 的機率是：

$$P(\text{時間} > t) = e^{-\mu t}$$

如果每小時平均服務的人數是12人，則服務時間不超過10分鐘（或10/60=1/6小時）的機率爲：

$$P(\text{時間} \leqq 1/6) = 1 - e^{-12(1/6)} = 1 - e^{-2} = 0.865$$

要注意的是，如果μ的單位是小時，則時間的單位也要改成小時。

圖11.3是一個指數分配的圖，表示分配中變數值超過固定時間（t）的機率分配。注意，當時間（t）愈來愈大時，機率就愈來愈小。

圖 11.3

指數分配圖

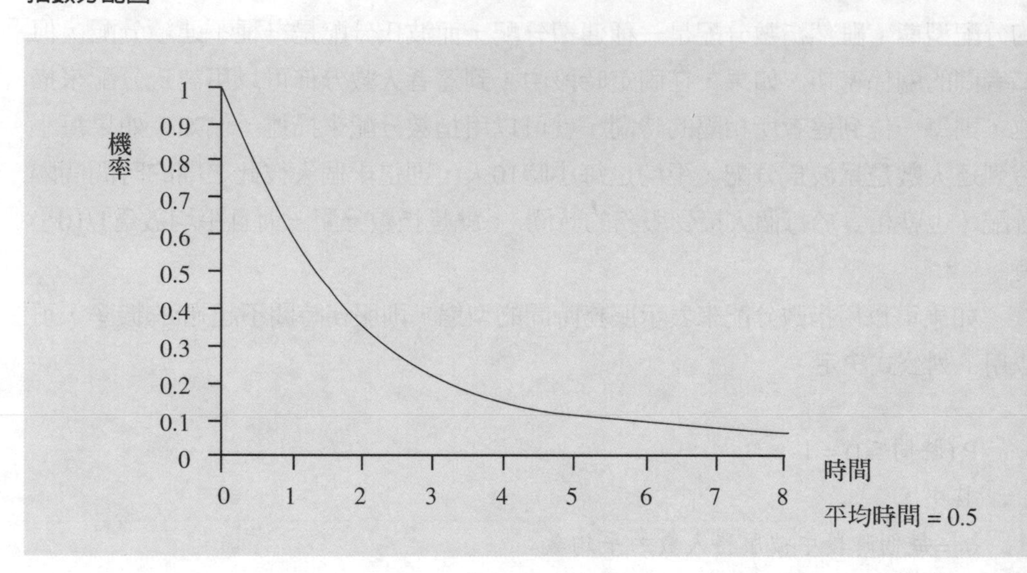

11.5 測量系統表現情形的指標

在使用排隊模型時，經理人最主要的用意，是要藉此來瞭解顧客（到達者）如何看待整個系統的運作，因爲顧客的滿意度常由系統的運作情形決定評估的指標，包括如花在排隊等待的平均時間、花在整個系統中的平均時間、隊伍的平均長度以及隊伍太長的機率等。這些問題都非常重要，經理人必須詳細考慮。這些用來評估系統運作情形的指標，通常稱爲**運作特性**（operating characteristics）。

此外，經理人也必須對服務站或服務設施詳加規劃，因爲，如果有設備閒置的情形發生，是非常不符成本的。因此，瞭解整個系統中設備被利用與閒置時間的比例，對經理人的決策是很重要的。

在某些類型的排隊系統中，可以用一些固定的公式，計算出這些代表系統運作情形的指標。要利用這些公式，前提是排隊系統要達成一種**穩定狀態**（steady state）或**安定條件**（stationary condition）。對於大部份的系統而言，這種狀態多半發生在經歷了最初的**暫時狀態**（transient condition）之後。所謂的暫時狀態，是指當系統剛開始，尚未進入例行的運作軌道時。例如，大批發在每天開門前可能就

應用—排隊模型增加生產力

康乃迪克州新天堂市大樓火災

在市政預算緊縮、但公共服務增加的情形下，政府的管理當局經常必須做一些痛苦的取捨，其中最困難的部份，是有關於公共安全的項目。維持消防隊及救護車系統的運作常需要高成本，但若是減少此類的服務項目，則會招致消防公會、當地居民以及政治領袖的反彈。在1990年，康乃迪克州的新天堂市管理當局就面臨這種難題。因爲經濟蕭條，地方上的主要產業造業產値減少，稅收也因此銳減，但犯罪及販毒事件卻節節升高。

市政府的主要管理者轉向管理科學尋求協助，他要求二位顧問研究目前的消防站分配概況，設定可接受的風險水準，看看其中是否有一些可以合併。新天堂市目前有 15 個消防站，分別分佈在城市中的 10 個地點。每一個消防站（以公司的形式經營）由4個消防員和1部消防車組成；同時，另外有1個站是專門負責處理交通意外事故，還有 4 個是緊急救護站。

首先，顧問利用一套電腦決策模型（這是一個之前已經存在、用來處理類似問題的模型），並加入過去對公共服務需求資料加以分析。他們發現在可以接受的風險之內，最多只能裁撤一個站；但在接下來的分析中，顯示不論就成本或是效益而言，目前分設獨立救護站與緊急事故處理站的作法都是不適當的。於是，他們建議利用目前現有的消防人力資源（大部份已接受過完整的訓練），同時提供緊急醫療的服務，這樣，就無須增加人力成本。顧問把這個建議稱爲消防/急救計劃，這個建議，與排隊理論中整合服務設施的作法相似。

二位顧問建立了一個具空間性的排隊模型，用來預估在趕到緊急事故現場時間上，這個消防／急救計畫小組是否能較從前有所改善。利用這個排隊模型，可以迅速得出分析結果，在市政府面臨巨大預算壓力下，這項特點特別重要。經過分析計算後，顧問推估出在不同的情形下，新系統的工作小組到達城內各地點的平均時間（單位爲分鐘）。他們將這項資訊提供給市政府，讓主政者可以作最後的選擇。這個新規劃出的系統，可以同時達成削減成本與維持公共安全的目標。這項新系統的缺點，是會使城市中的消防安全略微降低，但可以從緊急醫療的時間改善中獲得彌補。而且，這個計畫一年約可爲市政府省下140萬美元。

資料來源：Swersey, A. J., L. Goldring, and E. D. Geyer, January-February 1993. "Improving Fire Department Productivity: Merging Fire and Emergency Medical Units in New Haven" *Interfaces* 23(1): 109-129.

利用先進的運輸管理系統，運輸工程師可以藉由改變號誌來改善交通狀況。

資料來源：Courtesy of Mark IV Industries, Inc. and its subsidiary, Automatic Signal / Eagle Signal Corp.

會有許多顧客守在門外，因此，第一分鐘到達的人數，會較一天中其他的任何一分鐘爲多。一旦服務完這些首先到達的顧客之後，系統就會安定下來，回到常軌，達成穩定狀態。在穩定狀態時，可以算出許多代表系統運作情形的指標，其中的一些指標可能只和隊伍有關，而其他可能是與整個系統（包括隊伍與服務設施）相關。

運作特性指標間的相互關係

在達成穩定狀態時，代表系統運作情形的指標之間，會有一些特殊的相關性。爲了介紹這些關聯性，將先定義以下個變數：

λ = 在固定時段中，進入系統的平均到達者人數

μ = 固定的時段中，接受服務的平均人數

L_q = 隊伍中的正在排隊的平均人數（或是隊伍的平均長度）

L = 系統中的平均到達者數目

W_q = 花在排隊的平均時間（或是平均等待時間）

W = 花在系統中的平均時間

表 11.2

當達成穩定狀態時，在所有的排隊模型中各變數之間的關係

(1) $L = \lambda W$　（或 $W = L / \lambda$ ）

(2) $L_q = \lambda W_q$　（或 $W_q = L_q / \lambda$ ）

(3) $W = W_q + 1/\mu$　（或 $W_q = W - 1/\mu$ ）

利用以上定義，各變數之間的關係列在表11.2。

三條關係式中的第一條，有時稱爲 Little公式（Little's formula），因爲這條關係式是由 John D.C. Little 首先找出並證明的。利用第一條關係式的證明過程，可以得出第二條關係式。第三條關係式的意義，是指平均排隊的時間，加上平均接受服務的時間，必須等於花在系統中的平均時間。這些關係式有一項重大的優點，是一旦這四個統計量中有一個爲已知，要找出其他的變數值就很容易。這一點非常重要，因爲在某些排隊模型中，有一些變數值很容易可以計算出來，但有一些則會很困難。在處理不同的排隊模型時，可以適當應用以上的關係。

11.6 單線式、單站式的排隊模型（M / M / 1）

最常見的排隊模型之一，就是單線式、單站式的模型。在模型中，假設：

1. 撥號母體爲無限大。
2. 到達者是有耐心的。
3. 到達者的型態爲隨機，而且可以用波氏分配來描述。
4. 隊伍的最大長度不設限。
5. 服務的次序是先進先出。
6. 服務時間的型態爲隨機，而且可以用指數分配來描述。
7. 在固定的時間中，接受服務的平均人數多於到達者的平均人數。

在以上這個情形中，下列的等式可以表示這個系統的運作情形。要利用之前所介紹的關係式，必須先找出二個變數值：固定時間內進入系統的到達者平均數（λ），以及被服務的平均人數（μ）。以下有一些公式或定義在之前已經介紹過，再列出一次只是爲了表達上的方便。

λ = 在固定時段中，進入系統的平均到達者人數

μ = 固定的時段中，接受服務的平均人數

其中

$\mu > \lambda$

1. 花在系統中的平均時間爲：

$$W=1/(\mu-\lambda)$$

2. 系統中的平均到達者數目爲：

$$L=\lambda W=\lambda\left[1/(\mu-\lambda)\right]=\lambda/(\mu-\lambda)$$

3. 花在排隊的平均時間（或是平均等待時間）是：

$$W_q=W-1/\mu=\lambda/\left[\mu(\mu-\lambda)\right]$$

4. 隊伍中的正在排隊的平均人數（或是隊伍的平均長度）是：

$$L_q=\lambda W_q=\lambda^2/\left[\mu(\mu-\lambda)\right]$$

5. 這個系統中沒有到達者（或服務設施閒置）的機率爲

$$P_o=1-\lambda/\mu$$

6. 服務設施被利用的比率（或服務設施忙碌的機率）

$$p=\lambda/\mu$$

7. 系統中的到達人數為 n 的機率為：

$$P_n = [(\lambda / \mu)^n] \times P_o$$

在檢視這些關係式，有一點必須注意，就是要考慮當平均到達人數比平均接受服務人數為多時，系統會出現什麼狀況。在這種情形之下，花在排隊與系統中的平均時間會變得無限大，當然，這種不正常的情形不應列入討論。

卡隆尼爾手工藝品公司的範例

為要詳細解釋如何應用這些公式，以下將以之前卡隆尼爾公司的問題為例。在這個範例中，撥進來的電話通數為每小時平均10通，所以$\lambda=10$，同時，也假設電話打進來的型態為隨機、而且可以用波氏分配來描述。處理每通電話的平均所需時間為4分鐘，並假設這個服務時間可以用指數分配來描述。因為λ的單位是小時，因此，代表平均服務人數的μ，單位也必須是小時。每通電話的平均處理時間是4分鐘，則接線生每小時能處理的電話平均為15通。因此，這是一個M / M / 1系統，可以利用之前的公式是來評估整個系統的運作情形，而：

λ=每小時10通電話

μ=每小時15通電話

1. 花在系統中的平均時間為：

$$W = 1 / (\mu - \lambda) = 1 / (15-10) = 0.2\text{小時 (12分鐘)}$$

注意，W（以及W_q）代表的意義都是時間，所使用的單位必須與μ及λ一樣。在這例子中，單位都是小時。

2. 系統中的平均到達者數目為：

$$L = \lambda W = 10(0.2) = 2$$

3. 花在排隊的平均時間（或是平均等待時間）是：

$W_q = W - 1/\mu = 0.2 - 1/15 = 0.1333$小時（8分鐘）

4. 隊伍中的正在排隊的平均人數（或是隊伍的平均長度）是：

$L_q = \lambda W_q = 10(0.1333) = 1.333$

5. 這個系統中沒有到達者（或服務設施閒置）的機率爲

$P_o = 1 - \lambda/\mu = 1 - 10/15 = 0.333$

6. 服務設施被利用的比率（或服務設施忙碌的機率）

$p = \lambda/\mu = 10/15 = 0.667$

7. 系統中的到達人數爲n的機率爲：

$P_n = [(\lambda/\mu)^n] \times P_o = [(10/15)^n] \times (1/3)$
$P_1 = [(10/15)^1] \times (1/3) = 0.222$
$P_2 = [(10/15)^2] \times (1/3) = 0.148$
$P_3 = [(10/15)^3] \times (1/3) = 0.099$
$P_4 = [(10/15)^4] \times (1/3) = 0.066$

以上這些指標，可以用來評估整個系統的運作情形。

11.7 單線式、多站式的排隊模型（M / M / k）

雖然許多排隊問題都與以上的範例相似，但仍存在有其他不同類型的模型，例如系統中的服務設施可能有一個以上。如果以下的假設滿足，與之前單站式的範例相似，可以有一些指標來評估系統的運作情形。假設如下：

1. 撥號母體爲無限大。
2. 到達者是有耐心的。

3. 到達者的型態爲隨機，而且可以用波氏分配來描述。
4. 隊伍的最大長度不設限。
5. 服務的次序是先進先出。
6. 服務時間的型態可以用指數分配來描述，而且每個服務設施的平均服務時間相同。
7. 在固定的時間中，聯合的接受服務平均人數多餘到達者平均人數。

以下的一些公式及定義分別爲：

k = 服務設施的數目
λ = 在固定時段中，進入系統的平均到達者人數
μ = 固定的時段中，接受服務的平均人數

其中

$k\mu > \lambda$

1. 這個系統中沒有到達者（或服務設施閒置）的機率爲

$$P_o = 1 / \sum_{n=0}^{k-1} \{[(\lambda/\mu)^n/n!] + [(\lambda/\mu)^k/k!] \times [k\mu/(k\mu - \lambda)]\}$$

2. 隊伍中的正在排隊的平均人數（或是隊伍的平均長度）是：

$$L_q = \{[(\lambda/\mu)^k \times (\lambda\ \mu)] / [(k-1)!(k\mu - \lambda)^2]\} \times P_o$$

3. 花在排隊的平均時間（或是平均等待時間）是：

$$W_q = L_q / \lambda$$

4. 花在系統中的平均時間爲：

$$W = W_q + 1/\mu$$

5. 系統中的平均到達者數目爲：

$L = \lambda W$

6. 服務設施的利用率爲：

$p = \lambda / k\mu$

7. 系統中的到達人數爲n的機率爲：

$P_n = [(\lambda/\mu)^n]/n! \times P_o$ for n 如果 $n \leqq k$

$P_n = [(\lambda/\mu)^n]/[k!k^{(n-k)}] \times P_o$ for n 如果 $n > k$

爲使計算工作簡化，可以使用套裝軟體或試算表求解。如果是在不使用電腦的情形下求解，可以利用表11.3所列出的（λ/μ）求出 P_o。

範例

回到卡隆尼爾公司的範例，評估如果多加一位接線生來協助接聽電話，將會產生什麼影響。假設二位接線生服務的比率都一樣，依據之前的討論，這會變成一個 M/M/2 的模型，可以用之前所介紹的公式，來評估整個系統的運作。而：

k ＝2個服務管道

λ ＝平均每小時10位到達者

μ ＝平均每小時15人接受服務

其中

$k\mu > \lambda$，$2(15) > 10$

1. 這個系統中沒有到達者（或服務設施閒置）的機率爲：

$$P_o = 1 / \sum_{n=0}^{2-1} [(10/15)^n/n!] + [(10/15)^2/2!] \times [2(15)/(2(15)-10)] = 0.5$$

注意，因為 $\lambda/\mu = 10/15 = 0.67$，從表11.3中，可以找出 $P_o = 0.5$。

2. 隊伍中的正在排隊的平均人數（或是隊伍的平均長度）是：

表 11.3

不同的（λ/μ）求出的 P_o 值

λ/μ	Number of System 1	2	3	4	5
0.10	0.9000	0.9048	0.9048	0.9048	0.9048
0.15	0.8500	0.8505	0.8607	0.8507	0.8507
0.20	0.8000	0.8182	0.8187	0.8187	0.8187
0.25	0.7500	0.7778	0.7788	0.7788	0.7788
0.30	0.7000	0.7391	0.7407	0.7408	0.7408
0.33	0.6667	0.7143	0.7164	0.7165	0.7165
0.35	0.6500	0.7021	0.7044	0.7047	0.7047
0.40	0.6000	0.6667	0.6701	0.6703	0.6703
0.45	0.5500	0.6027	0.6373	0.6376	0.6376
0.50	0.5000	0.6000	0.6061	0.6055	0.6055
0.55	0.4500	0.5686	0.5763	0.5759	0.5759
0.60	0.4000	0.5385	0.5479	0.5487	0.5488
0.65	0.3500	0.5094	0.5209	0.5219	0.5220
0.67	0.3333	0.5000	0.5122	0.5133	0.5134
0.70	0.3000	0.4815	0.4952	0.4965	0.4966
0.75	0.2500	0.4545	0.4706	0.4722	0.4724
0.80	0.2000	0.4286	0.4472	0.4491	0.4493
0.85	0.1500	0.4035	0.4248	0.4271	0.4274
0.90	0.1000	0.3793	0.4035	0.4062	0.4065
0.95	0.0500	0.3555	0.3831	0.3863	0.3867
1.00		0.3333	0.3676	0.3673	0.3678
1.10		0.2903	0.3273	0.3321	0.3328
1.20		0.2500	0.2941	0.3002	0.3011
1.30		0.2121	0.2638	0.2712	0.2723
1.40		0.1765	0.2350	0.2449	0.2463
1.50		0.1429	0.2105	0.2210	0.2228
1.60		0.1111	0.1872	0.1990	0.2014
1.70		0.0811	0.1657	0.1796	0.1821
1.80		0.0525	0.1460	0.1616	0.1646
1.90		0.0256	0.1278	0.1453	0.1417
2.00			0.1111	0.1304	0.1343
2.20			0.0815	0.1046	0.1044
2.40			0.0562	0.0031	0.0039
2.60			0.0345	0.0651	0.0721
2.80			0.0160	0.0502	0.0531
3.00				0.0377	0.0466
3.20				0.0273	0.0372
3.40				0.0136	0.0293
3.60				0.0113	0.0228
3.80				0.0051	0.0174
4.00					0.0130
4.20					0.0093
4.40					0.0063
4.60					0.0034
4.80					0.0017

$L_q = [(10/15)^2 \times (10 \times 15)] / [(2-1)!\,(2(15)-10)^2] \times (0.50) = 0.0833$

3. 花在排隊的平均時間（或是平均等待時間）是：

$W_q = L_q / \lambda = 0.0833/10 = 0.00833$ 小時 (0.5分鐘)

4. 花在系統中的平均時間爲：

$W = W_q + 1/\mu = 0.00833 + 1/15 = 0.075$ 小時 (4.5分鐘)

5. 系統中的平均到達者數目爲：

$L = \lambda W = 10(0.075) = 0.75$ 單位

6. 服務設施的利用率爲：

$p = \lambda / k\mu = 10/2(15) = 1/3 = 0.333$

7. 系統中的到達人數爲 $n = 1$、2 與 3 的機率爲：

當 $n = 1$ 與 2 時，因為 $k = 2$，$n \leqq k$

$P_n = [(\lambda/\mu)^n] / n! \times P_o = [(10/15)^n] / n! \times (0.50)$　　當 $n \leqq 2$

$P_1 = [(10/15)^1] / 1! \times (0.50) = 0.333$

$P_2 = [(10/15)^2] / 2! \times (0.50) = 0.111$

如果 $n = 3$，則 $n > k$

$P_n = [(\lambda/\mu)n] / [k!\,k^{(n-k)}] \times P_o$

$= [(10/15)^n] / 2!\,2^{(n-2)} \times (0.50)$

$P_3 = [(10/15)^3] / 2!\,2^{(3-2)} \times (0.50) = 0.037$

雖然分析的目的是要評估系統的運作情形，但如果經理人能獲得以上的資量，將可以知道整個系統中的成本概況，並可據此做出最符合需求的改變。

全球觀點—排隊模型協助關於競爭力研究的執行

賀爾卡摩是一家芬蘭的通訊電纜與自行車的製造商，傳統上，公司的競爭優勢，在於快速的送貨服務以及高品質的商品。但自1990年起，隨著芬蘭整體經濟情勢的變化，賀爾卡摩也面臨了一些難題。因爲歐陸的迅速整合，使得芬蘭面臨了更劇烈的競爭；此外，由於蘇聯的經濟日趨惡化，顧客隨之流失，更使芬蘭的處境雪上加霜。這使得一些芬蘭的廠商，包括賀爾卡摩，都面臨了業績衰退的壓力。

面對競爭壓力的提高，賀爾卡摩的因應之道，是儘量縮短送貨時間，同時儘可能縛節開支。之前，賀爾卡摩曾利用傳統的極大化靜態模型，來預估公司設備產能的利用率。但公司的經理人發現，利用這些傳統模型，公司無法瞭解顧客等待時間長短所造成的影響。因此，目前賀爾卡摩引進排隊理論，希望能確認出對客戶滿意度這些有重要影響的因素，並計算出預估的備運時間，以協助公司作生產規劃。對賀爾卡摩而言，排隊模型是非常有利的，因爲可以縮短規劃時間。

利用排隊模型，公司可以在正式試行某項計畫之前，先算出相關的影響。例如，模型可以算出如果運輸包裝變小、減少機器設備的啓動時間、或者改變生產製程的影響。利用評估結果，公司可以適時調整人力。例如，經過評估，認爲減少機器設備的啓動時間是有利的，模型就會建議公司的人力資源部調整人力，做出相關的改變。

最後，利用排隊模型，賀爾卡摩可以評估出哪些改變將有利於進軍新的國際市場。如果某項產品的備運時間很短，行銷部的經理就認定這是一項可以行銷海外市場的商品，因爲可以創造較高的利潤。此外，分析師也利用這個模型，評估增加成本來降低備運時間是否可行。因爲公司高層的管理者都相信這個模型，這項降低備運時間的支出獲得支持，使得賀爾卡摩更有能力行銷海外。

資料來源：De Treville, S., October 1992. "Time is Money". *OR/MS Today:* 30-34.

11.8 排隊模型中的管理目標

在應用排隊模型時，一般而言，經理人會有二個目標，其中之一可能是要使系統的表現達一特定水準。所謂系統的表現，可以用排隊模型中所提供的各項指標來評估。例如，經理人進行模型分析的用意，是要設計一個更有效率的系統，具體表現，是要使顧客在銀行等待的時間不過五分鐘。利用排隊模型，可以算出銀行經理所期待的系統設計，可能是使平均時間不超過5分鐘。

資料來源：Photo courtesy of Bank of America NT & SA.

有1個、2個服務設施的平均等待時間，經理人可以找出所需要的櫃台數目。同時，利用其它的指標，如隊伍的平均長度，經理人也可依此算出最適當的服務設施數目。

第二個目標，是要利用排隊模型、使成本最小化。如果可以知道成本，並且找出一個能代表系統運作的指標，就可以進行經濟分析，知道如何使用最小的成本，使系統的運作達成最高的效率。

排隊情形的經濟分析

排隊模型中，典型的成本有二種：等待成本與服務成本。如果顧客在接受服務之前的等待時間過長，顧客可能會因爲不滿而離開；或者，如果看到隊伍太長，顧客可能會拒絕進入系統。降低等待時間的辦法之一，是增加服務設施，但多雇人必須付出的薪水與福利通常很高。經理人必須在這二項成本間尋找平衡。

在不同的情形下，影響等待時間成本的因素也不同，可能的等待時間包括包括排隊的時間或是停留在系統中的時間。在某些情況下，顧客只在乎排隊的時間，一旦這位顧客開始接受服務，他（她）並不在乎在系統中停留了多少時間。

例如，去銀行辦事的客戶，如果一次要處理好幾筆交易，則停留在系統中的時間就會超過一般的時間。但在餐廳中，如果服務的時間太長，顧客很可能就會因爲不耐煩而離去。經理人在研究規劃等待時間時，必須瞭解系統的特性，以收集有效的資訊，幫助決策。

排隊模型中典型的成本如圖11.4，服務成本是以固定比率增加，但等待成本則是以非線性的方式下降。雖然有時經理人可能只想知道影響決策的成本有哪些，但在此則假設經理人的目標非常明確，是要使二種成本的總和達到最小。必須注意的是，總成本最小時，可能是、但也可能不是當二種成本相等時，總成本最小的條件必須透過以下討論找出。

圖 11.4

排隊模型中典型的成本線

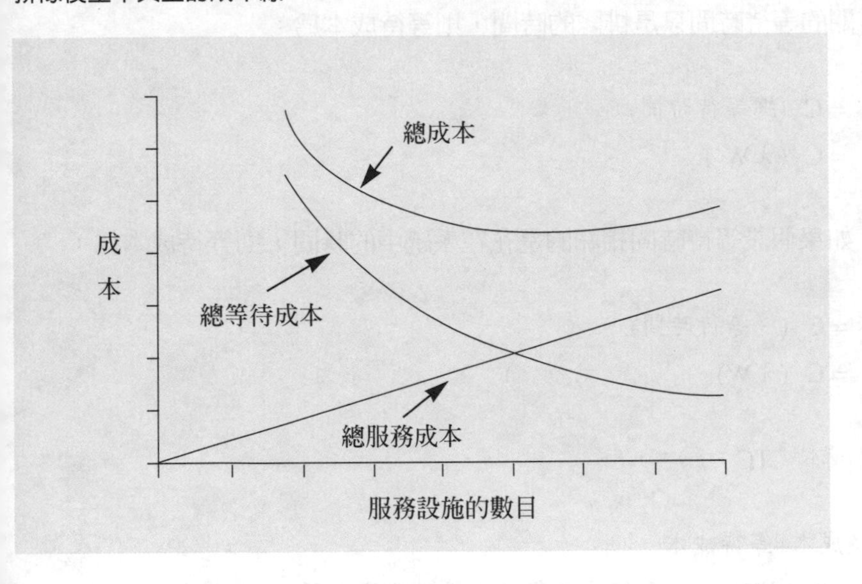

要找出這些成本，先定義：

C_s = 每單位時間(如小時)的服務(勞工)成本

C_w = 每單位時間(如小時)的等待成本

k = 服務設施的數目

利用以上定義，則可計算出每個時段的總服務成本：

$$\text{總服務成本} = (\text{服務設施的數目})(\text{每單位時間的服務成本})$$
$$= kC_S$$

計算總等待成本時，必須先算出等待時間，再乘以單位時間的等待成本。在排隊模型中，與等待時間相關的是排隊時間，因此：

$$\text{總等待時間} = (\text{客戶總數})(\text{平均每人等待時間})$$
$$= \lambda W_q$$

如果因爲系統特性不同，使得與等待時間相關的不僅是排隊的時間，還必須加上花在系統中的時間，只用將 W_q 代換成 W 即可。現在回到之前的情況，假設與運作特性有關的等待時間只是排隊的時間，則等待成本爲：

$$\text{等待成本} = C_w\,(\text{總等待時間})$$
$$= C_w\,(\lambda W_q)$$

同樣地，如果假設等待時間相關的是花在系統中的時間，則等待成本爲：

$$\text{等待成本} = C_w\,(\text{總等待時間})$$
$$= C_w\,(\lambda W)$$

因此，總成本（TC）爲：

$$TC = \text{服務成本} + \text{等待成本}$$
$$TC = kC_S + C_w\,(\lambda W_q)\ (\text{如果等待時間只與排隊時間有關})$$

或是

$$TC = kC_S + C_w\,(\lambda W)\ (\text{如果等待時間與花在系統中的時間有關})$$

利用 Little's 公式，可以將 λW_q 替換成 L_q、λW_q 替換成 L，以簡化計算共

乘。以下M/M/k的範例中，將詳細說明計算過程。

卡隆尼爾手工藝品公司的範例

卡隆尼爾手工藝品公司的總裁是蘇珊，她近在考慮是否多請1位到2位接線生幫忙，來服務打電話進來訂貨的顧客。如果顧客必須等候，她估計每小時公司的損失爲$25；每多雇用一位接線生的薪資是每小時$8。蘇珊希望使總成本最小。

在這個問題中，

$C_s = \$8$　每單位時間(如小時)的服務(勞工)成本

$C_w = \$25$　每單位時間(如小時)的等待成本

k = 服務設施的數目

蘇珊利用排隊時間作爲等待時間的指標，因此，總成本爲：

TC = 服務成本+等待成本

$TC = kC_S + C_w(\lambda W_q)$

在這個問題中，必須找出 k=1、2 或 3 等的 W_q 值。利用之前的公式，已經計算出 k=1 與 2 的W_q 值，k=3 的 W_q 值也可以相同的方法算出，結果如下：

$k = 1$：$W_q = 0.1333$小時

$k = 2$：$W_q = 0.0083$小時

$k = 3$：$W_q = 0.0009$小時

利用這些資訊，套入總成本的公式，可得：

$TC = kC_S + C_w(\lambda W_q)$

$k = 1$：$TC = 1(8)+25(10\times0.1333) = 8+33.33 = \$41.33$

$k = 2$：$TC = 2(8)+25(10\times0.0083) = \$2.08 = 16+2.08 = 18.08$

$k = 3$：$TC = 3(8)+25(10\times0.0009) = 24+0.23 = 24.23$

爲使總成本最小，應該僱請2位接線生（即再多請1位），資訊摘要如表11.4。

表 11.4

卡隆尼爾公司的成本分析：接線生為 1、2 及 3 位

服務設施的數目（k）	1	2	3
單位服務成本（C_s）	\$8	8	8
總服務成本（kC_s）	8	16	24
平均每人等待時間（W_q）	0.1333	0.0083	0.0009
單位時間平均到達人數（λ）	10	10	10
總等待成本（$W_q\lambda$）	1.333	0.083	0.009
單位等待成本（C_w）	\$25	25	25
總等待成本（$W_q\lambda C_w$）	33.33	2.08	0.23
總成本（$kC_s+W_q\lambda C_w$）	41.33	18.08	24.23

利用電腦算出卡隆尼爾的範例

可以利用電腦進行以上的演算，利用DSS計算出的結果如解11.1。再解中，顯示出的資料是當 k=2 時，W與W_q 的單位是分鐘。要找出隊伍長度爲不同數目的機率，必須在問題中先做特殊設定。在這個範例中，是假設隊伍長度範圍在0～4之間。

改善排隊環境

當排隊系統有問題時，經理人可以透過解決問題，使系統的運作更有效率。但即使系統的運作已經很有效率了，顧客仍可能因爲等待時間過長而感到不滿。要增加顧客的滿意度，可以從降低顧客的等待成本、也就是減少**等待環境**（queuing environment）的不適著手。可行的方法包括在等候處多放置一些雜誌，可供閱讀。超市經常採取此種作法：在櫃檯展示報紙與雜誌，使顧客在排隊付帳時，可以瀏覽標題。此外，也可以在顧客等候被接聽時播放音樂，或是在主要的等候區播放錄影帶與電視。利用這些方法，可以減少排隊者的不適，增加排隊樂趣。

以上的方案，都是爲了要使顧客有事可做，讓等待的時間快點過去，使得等待成本（C_s）與總成本都可同時降低，有時，這種方式比降低 W 或 W_q 更容易。

解 11.1

利用 DSS 求解卡隆尼爾的範例（服務設施為 2 個）

Queues

Inputs :

Number of Servers	2
Mean Time Between Arrivals (MTBA) - in minutes	6
OR Arrival Rate (A) - in units/hour	10
Mean Service Time (MST) - in minutes per server	4
OR Service Rate (S) - in units/hour per server	15
# in system for probability Analysis - from	0
- to	4

Outputs :

' Traffic Density ' (A/NS) = 33.33334%
Average Time in System (ATS) = 4.5 minutes
Average Time in the Queue (ATQ) = .5 minutes
Average Number in the System (ANS) = .75 minutes
Average Number in the Queue (ANQ) = 8.333334E - 02 units
Probability of a wait with 2 servers = .1666667

Probable Status of Queue and System at any Time

# in System	# in Queue	Probability	Cum. Probability
0	0	0.500	0.500
1	0	0.333	0.833
2	0	0.111	0.944
3	1	0.037	0.981
4	1	0.012	0.994

11.9 其它的排隊模型

此節中，要介紹其他二種也十分常見的排隊模型，在這二種模型中，到達率都可以用波氏分配來描述，服務時間卻不是指數分配。

M/G/1模型

在排隊模型中，如果到達率爲波氏分配，但服務時間可以用其他已知平均數與標準差的分配來描述，如：

λ ＝在固定時段中，進入系統的平均到達者人數

μ ＝固定的時段中，接受服務的平均人數

$1/\mu$ ＝每個人被服務的平均時間

σ ＝服務時間的標準差

1. 這個系統中沒有到達者（或服務設施閒置）的機率爲：

$$P_o = 1- \lambda / \mu$$

2. 在排隊的平均人數：

$$L_q =[\lambda^2 \sigma^2+(\lambda / \mu)^2] /2(1- \lambda / \mu)$$

3. 平均排隊時間：

$$W_q = L_q / \lambda$$

4. 在系統中花費的平均時間：

$$W = W_q +1/ \mu$$

5. 在系統中的平均人數：

$$L = \lambda W$$

如果服務時間是隨機，而且平均數與標準差爲已知，可以很容易算出各項代表運作特性的指標，只要從系統日常運作中收集資料即可。

M/G/1模型的範例

在某家快餐店中提供車上點餐的服務，車輛的到達率是每小時60部，呈波氏分配。每位顧客接受服務的平均時間是45秒（0.75分鐘），變異數是15秒（0.25分鐘）。現在，想要找出的代表這個 M/G/1 模型的運作特性指標，單位爲分鐘。

$\lambda = 1$（每分鐘）

$1/\mu = 0.75$分鐘

$\mu = 1/0.75 = 1.333$每分鐘

$\sigma = 0.25$分鐘

1. 這個系統中沒有到達者（或服務設施閒置）的機率爲：

$P_o = 1 - \lambda/\mu = 1 - 1/1.333 = 0.25$

2. 在排隊的平均人數：

$L_q = [\lambda^2 \sigma^2 + (\lambda/\mu)^2] / 2(1 - \lambda/\mu) = [1^2 (0.25)^2 + (1/1.333)^2] / 2(1 - 1/1.333) = 1.25$

3. 平均排隊時間：

$W_q = L_q / \lambda = 1.25/1 = 1.25$分鐘

4. 在系統中花費的平均時間：

$W = W_q + 1/\mu = 1.25 + 1/1.333 = 2$分鐘

5. 在系統中的平均人數：

$L = \lambda W = 1(2) = 2$

M/D/1模型的範例

假設到達率是波氏分配，但服務時間為固定，則：

1. 平均排隊時間：

$$W_q = \lambda / 2\mu(\mu - \lambda)$$

2. 平均排隊人數：

$$L_q = \lambda W_q$$

3. 在系統中所花費的平均時間：

$$W = W_q + 1/\mu$$

4. 系統中的平均人數：

$$L = \lambda W$$

M/D/1 模型其實是 M/G/1 模型的一種特殊例子，只要將 M/G/1 模型的標準差定為 0，就可以得到 M/D/1 模型。

M/D/1模型的範例

自動洗車店中，每清洗一輛車需要1分鐘。每一天，汽車的到達率是每小時40部。要找出運作特性指標，利用M/D/1模型：

$\lambda = 40$每小時
$\mu = 60$每小時

利用這些資訊，可以得出：

1. 平均排隊時間：

$$W_q = \lambda / 2\mu(\mu - \lambda) = 40/2(60)(60-40) = 1/60 \text{小時}$$

2. 平均排隊人數：

$$L_q = \lambda W_q = 40(1/60) = 2/3$$

3. 在系統中所花費的平均時間：

$$W = W_q + 1/\mu = 1/60 + 1/60 = 1/30 \text{小時}$$

4. 系統中的平均人數：

$$L = \lambda W = 40(1/30) = 1.333$$

11.10 摘要

本章中，討論排隊模型的基本概念，介紹一些專用的名詞如撥號母體、到達者型態、排隊規則、服務率、服務設施數目、服務階段等，這些可用來代表系統的運作特性。當系統達成穩定狀態時，可以利用公式，找出系統的運作特性。利用Kendall符號系統，可以描述不同的排隊系統，如M/M/1、M/M/k、M/G/1與M/D/1。利用經濟分析，可以找出排隊的成本，改善排隊環境可以改變顧客等待時的心情，進而降低等待成本。

如果排隊模型是較複雜、或不滿足本章的假設時，可利用模擬模型進行分析，將在之後介紹。

字彙

退出的（Balk）：因爲隊伍太長而不加入的到達者。

撥號母體（Calling population）：產生到達者的母體。

管道（Channel）：服務設施。

指數分配（Exponential distribution）：在排隊模型中，通常用來描述服務時間型態分配。

先進先出法（First-in，first-out；FIFO）：到達者必須加入隊伍的最尾端，直到其他先到者被處理之後，才能接受服務。

Kendall符號系統（Kendall notation）：用來描述包含特定的到達者、服務管道數目以及服務時間的排隊模型。

Little公式（Little's formula）：當排隊系統達成穩定狀態時，會成立 $L = \lambda W$ 的關係。

多重服務站（Multiserver）**或多線式**（Multichannel）：系統中多個到達者可以同時接受服務。

多重狀態（Multiphase）**或多重階段**（Multistage）：當顧客接受完某項服務後，必須留在服務設施中，在加入下一個隊伍、接受另一項服務。

運作特性（Operating characteristics）：用來評估系統運作情形的指標。

耐心的到達者（Patient arrival）不管隊伍排的多長，會加入排隊行列，且會一直留在系統中，直到接受服務爲止的到達者。

波氏分配（Poisson distribution）：是一種或然率的分配，通常用於queuing（隊伍、行列、數列）系統中，說明每一個階段達成的數量。

排隊規則（Queue discipline）：用來決定隊伍中成員接受服務順序的規則。

隊伍（Queue）：等待線。

排隊環境（Queuing environment）：排隊情況中的外在狀況。

中途離開的（Renege）到達者，這些人加入隊伍之後，在還未被服務之前就離開了系統。

單線式（Single-channel）**或單一服務站**（Single server）：排隊系統中，一次只有一位到達者可以接受服務。

單一狀態（Sngle-phase）**或單一階段**（Single stage）：一旦顧客接受完服務後，就離開系統。

穩定狀態（Steady state）**或安定條件**（Stationary，condition）：整個系統達成一種穩定的常態。

暫時狀態（Transient condition）：系統開始、尚未進入例行的運作軌道時。

問題與討論

1. 解釋排隊模型的基本組成有哪些部份。
2. 說明在哪些狀況中，利用先進先出法是不適當的？
3. 在單線式的排隊模型中，利用率加上服務設置的閒置機率必為 1。試解釋為何這個關係在多站式時並不成立？
4. 舉例有哪些情況的撥號母體是有限的。
5. 說明波氏分配與指數分配之間的關係。
6. 舉例說明有哪些情況的服務率會是固定的。
7. 解釋為何在進行經濟分析時，有時會用 W 代替 W_q？
8. 說明何謂 M/M/3 的模型？
9. 解釋何謂穩定狀態？
10. 在排隊模型中，為何一般都假設總服務率（μ 或 $k\mu$）必須大於到達率（λ）？
11. 某個排隊系統的到達者呈隨機分配，且可用波氏分配來描述，平均的到達率是每分鐘 2 人。找出下一分鐘到達人數為下列各值的機率：

    a. 0
    b. 1
    c. 2
    d. 3
    e. 3 或更少

12. 某個排隊系統的到達者是每分鐘 0.5人，且可用波氏分配來描述：

    a. 每小時的平均到達人數是多少？
    b. 10 分鐘內的平均到達人數是多少？
    c. 在下一個 10 分鐘內，到達人數正好為 6 人的機率是多少？

13. 服務一位顧客的平均時間是 3 分鐘，服務時間成指數分配：

a. 每一分鐘平均的到達客戶人數爲多少？

b. 顧客接受服務的時間少於 3 分鐘或更少的機率是多少？

c. 顧客接受服務的時間少於 5 分鐘或更少的機率是多少？

14. 顧客的到達者之間間隔爲5分鐘，可以用指數分配來描述：

a. 平均而言，每分鐘到達的客戶人數爲多少？

b. 下一位客戶在五分鐘或更短時間內到達的機率是多少？

c. 下一五分鐘沒有客戶到達的機率是多少？（即下一位客戶在五分鐘以上或更長時間才到達）

d. 平均而言，5 分鐘內有多少客戶到達？

e. 利用波氏分配，$\lambda=1$（每5分鐘），找出 5 分鐘內沒有到達者的機率。

f. 比較 c 與 e 的答案。

15. 波士漢堡是一家漢堡餐廳，店裡只有一部收銀機，一次只能爲一位顧客服務。每分鐘到達餐廳的平均人數可以波氏分配來描述；平均的服務時間爲30秒，服務時間的型態爲指數分配。

a. 在這個問題中，λ 與 μ 分別爲多少？

b. 利用Kendall符號系統定義，這是何種型態的排隊模型？

c. 櫃檯有顧客的機率是多少（百分比）？

d. 櫃檯閒置的機率是多少（百分比）？

e. 隊伍的平均長度是多少？

f. 顧客的平均等待時間是多少分鐘？

g. 顧客從進入餐廳、拿取食物到離開餐廳的平均時間是多長？

16. 商店中客戶的到達率是每分鐘3人，到達率的型態可以波氏分配來描述。店裡只有一個櫃檯，平均服務一位客戶需時15秒，服務時間成指數分配。

a. 在這個問題中，λ 與 μ 分別爲多少？

b. 利用 Kendall 符號系統定義，這是何種型態的排隊模型？

c. 櫃檯有顧客的機率是多少（百分比）？

d. 櫃檯閒置的機率是多少（百分比）？

e. 隊伍的平均長度是多少？

f. 顧客的平均等待時間是多少分鐘？

g. 顧客從進入商店、付帳到離開商店的平均時間是多長？

h. 求出店中有 1、2 與 3 位顧客的機率。

17. 考慮一個單一隊伍、單一服務設施的排隊體系，到達率為波氏分配、服務時間為指數分配。平均的到達率為每小時4人、平均服務時間為12秒，假設系統一天開放八小時。

    a. 平均而言，每小時到達的客戶有多少？

    b. 平均而言，每天到達的客戶有多少？

    c. 每一位客戶在系統中所花費的平均時間是多少？

    d. 一天中，客戶花在系統中的時間是多少？

    e. 如果系統中平均每小時的等待成本為$20，每天的總等待成本是多少？

18. 回到習題17，假設在隊伍中、而非系統中的等待成本是每小時$20，系統中每天的總等待成本是多少？

19. 亞蒙銀行是阿肯色城中唯一的銀行，在一般的星期五中，每小時平均有10位客戶到達。銀行中只有一個櫃檯，平均服務一位客戶的時間是4分鐘，服務時間的型態可以用指數分配來描述。雖然城裡只有一家銀行，但如果銀行裡人太多，有顧客會寧願到20哩外的鄰鎮銀行。亞蒙銀行目前正在考慮開闢第二個櫃檯，以降低顧客的等待時間。銀行的服務原則，是先到先服務。在只有一個櫃檯的情形下，找出：

    （1）平均的排隊時間。

    （2）平均的排隊人數。

    （3）顧客平均花在系統中的時間。

    （4）系統中的平均人數。

    （5）銀行中沒有顧客的機率。

20. 回到習題19中亞蒙銀行的範例，如果銀行中有第二個櫃檯，找出：

（1）平均的排隊時間。
（2）平均的排隊人數。
（3）顧客平均花在系統中的時間。
（4）系統中的平均人數。
（5）銀行中沒有顧客的機率。

21. 習題19與20的亞蒙銀行範例中，假設櫃檯職員的時薪（包括薪資與其他福利）爲每小時$12，銀行一天營業8小時。排隊的等待成本爲每小時$25。

a. 一天中，有多少客戶會進入銀行？
b. 如果只有一個櫃檯，一天中顧客花在排隊的總時間爲多少？
c. 如果只有一個櫃檯，等待成本爲多少？
d. 如果有二個櫃檯，一天中顧客花在排隊的總時間多少？等待成本多少？
e. 如果亞蒙銀行的經理目標是要使等待成本及人事成本總和降至最低，應該要有幾個櫃檯？

22. 快又好便利商店是一家小型的便利商店，由安德生父子經營。安德生先生在考慮加設簡易加油站，以提供更多的服務，他預估汽車到達加油站的頻率約可達每小時 20 部。安德生先生考慮二種不同的系統：一般型的加油速度較慢，加大型的速度較快；利用一般型的機器，每服務一部車平均約需耗時 2 分鐘、加大型平均約需 1 分鐘。安德生先生考慮的方案有三種：購買一部一般型的機器、二部一般型的機器、或是一部加大型。

a. 在三種方案之下，分別計算每一部車的平均等待時間。
b. 以平均等待時間作爲評估準則，哪一種方案最好？
c. 請解釋爲何有二個速度慢服務設施會比只有一個快的服務設施更好？
d. 根據在系統中的平均時間，哪一個是最好的？
e. 請解釋雙頻系統加上一個快速單頻系統的半個服務效率有可能在執行的測量上被認爲比較好。因爲在其它測量上，單頻系統被認爲較好。

23. 自動洗車店每洗一部車約需90秒，假設汽車的平均到達率為每2分鐘1部，並成指數分配，找出：

（1）每部車的平均排隊時間
（2）隊伍中的平均車輛數目
（3）每部車花在系統中的平均時間
（4）系統中平均車輛數目

24. 高中的樂隊成員為了要籌募經費，成立了一支洗車隊。每洗一部車的平均時間為4分鐘、標準差為1分鐘。汽車平均到達率為五分鐘1部。找出：

（1）每部車的平均排隊時間
（2）隊伍中的平均車輛數目
（3）每部車花在系統中的平均時間
（4）系統中平均車輛數目

25. 當 $\sigma=0$ 時，M/D/1 模型中的 W_q 會等於 M/G/1 模型中的 W_q。

26. 表11.3 是 M/M/k 模型中不同 λ/μ 值的 P_o，證明 P_o 可由以下的公式算出：

$$P_o = 1/\{[\sum_{n=0}^{n=k-1}(\lambda/\mu)^n]/n! + [(\lambda/\mu)^k]/(k-1!)(k-\lambda/\mu)\}$$

分析一南方百貨供應店

南方百貨供應店是一家大批發商，供應多種產品，主要的市場在美國西南部。公司有自己的倉庫及運輸系統，最近因為競爭者急速增加，使得公司的利潤下降。為因應這種變化，南方百貨目前亟思提高經營效率、降低成本。

管理當局關注的焦點之一在倉庫的裝運站。公司只有一個裝運站，當卡車到達裝運站時，每一部車由一位員工負責裝卸。在裝卸貨時，卡車司機只是坐在車上等候，但在這等待的時間中，公司也必須付給司機每小時 $15 的工資。裝卸貨的工作人員時薪為 $9，在沒有卡車到達的等待時間中，公司也必須付出薪資。管理當局認為，或許可以多增加一至二個工作人員，以降低等待時間；另一個選擇，是在各地的倉庫多增加一些裝運站，但有些倉庫無法多加裝運站，有些可以多加一個。南方百貨的經理想評估這二種不同策略的影響。

分析時發現，現在卡車抵達裝運站的平均到達率為每小時3部。在只有一位裝卸工的運作下，每部車的平均裝卸時間為 15 分鐘；公司做過實驗，發現如果有二位裝卸工時，裝卸時間可以降為 8 分鐘。如果有三位工作人員，裝卸時間可降為 6 分鐘。如果增加一個裝運站，每一個裝運站的裝卸時間相同。卡車必須依據先來後到排成一列，依序進入任何可用的裝運站。

準備一份報告，向南方百貨的經理提出報告，報告中必須揭露成本資訊。

第12章

決策模型（I）

12.1簡介
12.2範例
12.3報酬表
12.4決策環境
12.5在確定情形下的決策
12.6在不確定情形下的決策
12.7在風險情形下的決策
12.8機會損失（懊悔）
12.9邊際分析
12.10摘要
字彙
問題與討論

12.1 簡介

身為一位經理人，就意味要作決策。為了在未來能提供更佳的服務，公司是否應該要擴充目前的產能，或是購買新的設備？在幾個不同的投資計畫，哪一個是最好、應該投資的？為了服務新的顧客群，要雇用多少額外的員工？對於新開發出來的產品，是應該要大規模行銷，還是先小規模試賣就好？以上這些，是經理人經常要面對的問題。除了一些與管理相關的決策外，個人也必須作一關於如買保險、選擇投資基金、甚至是購買彩票等決策。本章中所要討論的概念，就可以用來作這些決策。

12.2 範例

程示攝影顯像公司是一家化學製造公司，專門生產顯像用的化學藥品。有些化學藥品的有效期限很短，如果不在製造出來後六天內使用，產品就會變質。因此，對於這類產品，公司就不能保有太多的存貨。目前公司研發出一種新產品稱為 KD85，這是一種專門用來沖洗高速底片的藥品，這種新產品的需求，預估可能為一星期為 6、7 或 8 箱。在每星期一早上，公司決定要生產數量，足以供一個星期需求；如果需求超過公司預計的數量，在這個星期中，公司就必須再開工生產一次。因為有規模經濟的關係，在正常的生產狀況下，每一箱的生產成本為$30；但如果需求量超過正常狀況的產量，使得機器要過度使用，就會使多出來的產品每箱生產成本為$60。公司的最高指導原則是要滿足所有的顧客需求，因此，即使產品的成本為$60,公司還是會以$50的售價賠本出售。如果公司所生產出來的數量比需求量多，多出的部份就會被丟棄。現在，因為經理不確定每星期需求的確實數量，因此，他無法決定每個星期一要生產的數量。如何求解這個問題？稍後將再回來討論。

12.3 報酬表

要瞭解特定決策的內容結構，最方便的方法，就是利用**報酬表**（payoff table）。報酬表中所列出的項目包括幾項：第一，是在決策問題中可能的**方案**（alternatives）或選擇；第二，是未來可能發生、會對決策結果有影響的**狀態**（states of nature）或事件；第三，則各項決策可能產生的**報酬**（payoff），如總銷售量或總利潤、或是一些其他的結果。

利用電子技術上所提供的資訊，可以協助穀物商作行銷與投資決策。

資料來源：Archer Daniels Midland, Co.

因決策問題的不同，方案、狀態與報酬所代表的意義也不同。在投資決策問題中，方案可能是要選擇投資在股票、債券或是政府公債；狀態是指會影響投資收益的未來經濟環境變動，報酬一般而言是指投資收益。

如果公司的決策問題是要決定一塊地的最佳利用方式，則方案就可能包括要蓋辦公大樓或是公寓社區，狀態是影響未來對辦公大樓或公寓需求的經濟情況，而報酬就是在不同狀態下、每一種決定所帶來的收益。

在不同的情況下，報酬可能是利潤、總銷售量、市場佔有率、成本或其他在管理上用來代表執行情形的指標。在使用報酬表時，基本上只能以單一的指標來代表報酬。如果經理人必須同時考慮幾種不同的報酬項目，單一指標的報酬表顯然就不適用，但可以利用單一指標衍生出其他種類的報酬表。不同類型的報酬表所適用的決策問題不同，因此，經理人必須謹慎認定要考慮的方案。同時，在使用不同的報酬表時，經理人也必須思考影響不同類型報酬的狀態各有哪些。下一章將會介紹多重準則技術，會有助於經理人評估所有資訊，之後作出決定。

經理人的責任是作決策，在本章中及本書其他各章所介紹的模型，都是用來協助經理人達成這個目的。

表12.1是一個典型的報酬表，表中的符號代表意義如下：

a_i = 方案 $_i$

s_i = 狀態 $_j$

V_{ij} = 在狀態 $_j$ 之下方案 $_i$ 的報酬值

表 12.1

報酬表的範例

	狀	態	
方案	s_1	s_2	s_3
a_1	V_{11}	V_{12}	V_{13}
a_2	V_{21}	V_{22}	V_{23}
a_3	V_{31}	V_{32}	V_{33}

程示攝影顯像公司的範例

現在要回到之前程示攝影顯像公司的範例，爲這個問題建立一張報酬表。公司在每個星期一早上要決定生產 KD85 的產量，預估這項產品的需求爲每星期爲 6、7 或 8 箱，這些預估的需求量就代表可能的狀態。如果每星期的需求情形可能是6、7 或 8 箱三種，則每星期合理的產量就應該爲 6、7 或 8 箱，這些產量決策就代表報酬表中的方案，如表12.2。一旦決定方案和狀態之後，就可以決定不同情形之下的報酬。

表 12.2

程示公司的報酬表（包括方案與狀態）

	狀態		
方案	(s_1) 需求爲6箱	(s_2) 需求爲7箱	(s_3) 需求爲8箱
生產6箱 (a_1)			
生產7箱 (a_2)			
生產8箱 (a_3)			

在這個問題中，經理人所要考慮的報酬是利潤，因此，必須算出不同情形下、不同方案的利潤。首先，先算出如果需求爲6箱且星期一產量爲 6 箱的利潤：

總利潤 = 總收入 - 總成本

$= 6(50)-6(30) = 300-180 = 120$

如果星期一生產6箱，但需求量爲7箱，則前面6箱的成本爲每箱$30，但之後多生產的1箱，成本就要提高爲每箱$60，總利潤爲：

總利潤 = 總收入-總成本

$= 7(50)-〔6(30)+1(60)〕= 350 -〔180+60〕$

$= 350-240 = 110$

同樣地，如果星期一的產量爲6箱，但這個星期的需求量爲8箱，結果爲：

總利潤 = 總收入 - 總成本

= 8(50) -〔6(30)+2(60)〕= 400-〔180+120〕

= 100

如果選擇的方案是星期一生產7箱，則在不同狀態下的利潤如下：

需求為6箱時：利潤 = 6(50)-7(30) = 90
需求為7箱時：利潤 = 7(50)-7(30) = 140
需求為8箱時：利潤 = 8(50)-〔7(30)+1(60)〕= 130

如所選擇的方案是星期一生產8箱，不同狀態下的利潤爲：

需求為6箱時：利潤 = 6(50)-8(30) = 60
需求為7箱時：利潤 = 7(50)-8(30) = 110
需求為8箱時：利潤 = 8(50)-8(30) = 160

在表12.2加入這些報酬值，就會得到表12.3。利用這個表，可以使經理人很快地知道不同狀態下各方案的結果。在本章中所討論的各項決策準則中，都會使用到報酬表。在實際決定所要採行的方案之前，必須先看看在不同情形下的方案結果。

表 12.3

程示公司的報酬表

	狀態		
方案	需求爲6箱	需求爲7箱	需求爲8箱
生產6箱	$120	110	100
生產7箱	90	140	130
生產8箱	60	110	160

12.4 決策環境

決策環境（decision making environment）的意義，是指經理人瞭解自己是在什麼狀況下做出決策。在**確定情形下的決策**（decision making under certainty）是指所有狀態在決策前即爲已知；在**不確定情形下的決策**（decision making under uncertainty）是指有些狀態在事前並不爲經理人所知，或是經理人無法推估這些狀態發生的機率。在**風險情形下的決策**（decision making under risk）是指有些狀態在事前並不爲經理人所知，但是可以推估這些狀態發生的機率。

有幾種不同的準則可以用在這三種不同的決策環境。以下，將要介紹其中的一些準則，以協助經理人作決策，選出最好的選擇。

12.5 在確定情形下的決策

如果已經很確定所有會出現的狀態有哪些，則經理人就可以很簡單地選擇當中報酬最好的方案。例如，個人可以在確知利率的情形下，決定是否要存六個月的定存。如果有三家不同的銀行，利率分別爲7%、7.25%以及7.4%，則個人可以就簡單地選擇最高的利率。

在程示公司的範例中，如果決策者確知每星期的需求 7 箱，就應該選擇生產 7 箱的方案，因爲這個方案所產生的利潤最高。如果每星期的需求確知爲 8 箱，就應該選擇生產 8 箱的方案。

大部份的問題中，狀態都不是確知的，以下要討論在不確定下的決策準則。

12.6 在不確定情形下的決策

很多時候，並不知道未來會發生哪些事件影響方案報酬，必須在這種不確定情形下做出決策。在不確定情形下決策的意義，是指決策者不確知會發生哪些狀態、也無法得知或推估不同狀態發生的機率。在面對這類的決策問題時，有幾種準則可提供建議。以下，將介紹這些準則，並討論準則背後的理論基礎及限制。

樂觀（大中取大）準則

樂觀（大中取大）準則（optimistic （maximax） criterion）的意義，是指考慮每項決策的最佳報酬率。利用這項方法，決策者可以決定每項決策的最佳報酬，並且從中選擇最佳的方案。這表示選出方案的報酬值，是最佳報酬中的最佳報酬，這也就是爲何這項方法稱爲大中取大的原因。

考慮表12.4中程示公司的範例。每個決策的最報酬列於表的邊緣。這些最大值中的最大值爲$160，因此，利用樂觀法則，決策者應該要選擇在星期一生產8箱。如果選擇這個方案，可能達成最高的報酬值（這是當需求爲 8 箱時），但也可能只產生$60的利潤（這是當需求爲6箱時），或者是$110（這是當需求爲7箱時）。

在樂觀準則中，只考慮其中最好的報酬情形，其他一概忽略。許多企業家都是樂觀的，利用這項準則，雖然可以產生最大報酬的方案，在不同狀態發生時，卻也可能會出現報酬非常低的情形。

表 12.4

程示公司的樂觀準則結果

	狀	態		
方案	需求爲6箱	需求爲7箱	需求爲8箱	
生產6箱	$120	110	100	120
生產7箱	90	140	130	140
生產8箱	60	110	160	160*

悲觀（小中取大）準則

另一種可用於不確定狀態下的決策準則，稱爲悲觀（小中取大）準則（pessimistic（maximin）criterion）。利用這個方法，決策者先找出所有方案的最低報酬，再從其中找出報酬最高的方案。如果代表報酬的指標是一些極大化的項目如利潤，就從其中找出最小值。選的方案是在這些最小值中的最佳報酬值，因此，這方法被稱爲小中取大法。

表12.5是程示公司利用悲觀準則所找出的結果。每個決策的最差報酬率如表

表 12.5

程示公司的悲觀準則結果

	狀	態		
方案	需求爲6箱	需求爲7箱	需求爲8箱	
生產6箱	$120	110	100	100*
生產7箱	90	140	130	90
生產8箱	60	110	160	60

的邊緣所列，經理人在檢視這些報酬值後，要選擇最大値100，就是要選擇在星期一生產 6 箱的方案。選擇這個方案，經理人可以確保公司的利潤至少爲$100，如果需求爲 6 箱或 7 箱，則利潤將高於此；如果選擇其他方案，則可能產生比$100更低的利潤。

利用悲觀法則，表示只有考慮每個決策的最差報酬值，跟樂觀法則一樣，也忽略其他的資訊。

賀威茲準則

有一種方法可以同時考慮最佳與最差的報酬值，稱爲**賀威茲準則**（Hurwicz criterion），這個方法是將這二種報酬加權平均，最後選擇加權平均報酬最高的方案。加權用的係數有二種：**樂觀係數**α（coefficient of optimism（α））是最佳報酬的權數，而（$1-\alpha$）則是用來對最差的報酬加權。樂觀係數值介於0與1之間。如果值設爲1，表示這位決策者是完全的樂觀；設爲0，則表示這是一位完全悲觀的決策者，而賀威茲準則也就變成了悲觀準則。

如果要將賀威茲準則用於程示公司的範例中，首先，要先選擇α的值。假設經理人是樂觀的，選擇α的值爲0.7，而（$1-\alpha$）的值就是（1-0.7）= 0.3。利用這些資訊，可以算出以下的加權報酬平均：

方案	加權值 α(最佳報酬)+(1-α)(最差報酬)
生產量為6箱	0.7(120) + 0.3(100) = 114
生產量為7箱	0.7(140) + 0.3(90) = 125
生產量為8箱	0.7(160) + 0.3(60) = 130

利用賀威茲法的結果在表12.6中。最大值是130，因此，應該選擇生產8箱。如果所用的α值不同，所得的結果也或許不同。

表 12.6

程示公司的賀威茲準則結果

方案	狀	態		賀威茲加權值
	需求為6箱	需求為7箱	需求為8箱	0.7(最佳)+0.3(最差)
生產6箱	$120	110	100	114
生產7箱	90	140	130	125
生產8箱	60	110	160	130*

因為當α值設定為1時，這個準則等同於樂觀準則；而設為 0 時，則等同於悲觀準則，因此，可知這項準則不僅都有使用到以上二者的資訊，同時還包含更多。但與之前二種準則一樣，賀威茲準則也忽略了一些資訊。以下所要介紹的另一項準則，則會用到報酬表中的所有資訊。

同等可能性準則

另一個可用於不確定下的決策準則，稱為**同等可能性準則**（equally likely criterion），或是**拉氏準則**（LaPlace criterion）。在這個法則中，假設所有狀態的發生機率都一樣。將機率與報酬相乘，再分別加總，就可以得出各方案的平均報酬。平均報酬最高的方案，就是所應該選擇的方案。

在程示公司的問題中，總共有三種狀態，因此，利用同等可能性準則，每種狀態發生的機率都是三分之一。例這個假設，可得平均報酬爲：

方案	平均報酬
生產量爲6箱	1/3(120)+1/3(110)+1/3(100) = 110
生產量爲7箱	1/3(90)+1/3(140)+1/3(130) = 120
生產量爲8箱	1/3(60)+1/3(110)+1/3(160) = 110

根據這些平均值，選擇生產7箱的方案，因爲在表12.7中，這個方案所產生的平均報酬最高。

表 12.7

程示公司的同等可能性準則結果

方案	狀態			同等可能性（平均）值
	需求爲6箱	需求爲7箱	需求爲8箱	
生產6箱	$120	110	100	110
生產7箱	90	140	130	120*
生產8箱	60	110	160	110

雖然這個準則包含報酬表中的所有資訊（與樂觀準則、悲觀準則及賀威茲準則不同），但假設所有狀態發生的機率相同有時並不符合實際。

最好的準則

目前已經介紹了幾種在不確定性下的決策準則，接下來的問題是，該使用哪一個準則？這個問題無法以簡單的答案來回答。個人對於風險的態度，會影響對選擇方案的偏好，因此，也會影響個人對不同準則的取捨。

有些時候，個人會因爲一些特殊原因來取捨不同的方案，例如，經理人可能會覺得某個方案的最差報酬實在不能接受，所以就刪除了選擇這個方案的可能性；但對於剩下的方案，這位經理人可能就願意冒險，而以樂觀準則作爲標準。像以上這種情況，其實是之前所介紹的準則的延伸。在下一章中，將利用效用的概念來說明。

以上所有介紹在不確定下的決策準則，都有相同的特性，就是未知各種狀態發生的機率。如果可以知道或估計各種狀態發生的情況，將可以把決策環境由不確定性轉爲具有風險性。

全球觀點─E系統將資料轉為可供決策參考用的資料

E系統是世界上最新進的電子軟體設計者、研發者及製造者之一。這個公司提供的商品包括情報、調查以及通訊系統，顧客群包括美國本土與國外的政府及民間機構。這些系統的主要目的，就是提供客戶所需資訊，使決策者可以應付瞬息萬變的環境。

例如，E系統提供一套名爲圖片檔案與通訊系統（Picture Archiving and Communication System；PACS），使醫療保健機構可以將影像資料數位化、儲藏、分配，並將這些資訊分享給各工作站。醫院可以利用PACS反覆檢查各項圖表，如X光圖或超音波結果，以增加診斷時的效率。公司的其他系統還包括飛行自動服務系統（Flight Service Automation System；FSAS），這套系統可以提供一般的飛行員包括天氣、塔台的協助以及警告美國空軍。

波斯灣戰爭的經驗，更加重了決策時對快速、正確資訊的依賴性。爲此，E系統建立了電子戰爭系統、軍事通訊系統以及早期安全預警系統。此外，公司也曾參與一套名爲「防止竄改」（tamper-proof）的通訊系統，這是一套密碼系統。雖然與蘇俄的冷戰已經結束，但美國仍面對著全球和平問題，因此，對於情報的需求可說是未曾削減。

總而言之，在資訊快速發展的今天，各行各業每天要處理的資料越來越多，醫療、航空及國防只是這些高資訊導向產業的其中一部份。E系統的工作是將資料轉化爲資訊，使決策者可以正確做出選擇。

資料來源：E-systems Annual Report, 1993.

12.7 在風險情形下的決策

如果可知會估計每個狀態發生的機率，這就是在風險下做決策，比在不確定下又多了一些資訊。機率可能是由過去的資料決定、因爲對某些狀態有特有的瞭解而決定、由專家的工作結果知道、或是由統計方法推估。

例如，要知道下一個月的銷售量是低、中或高，可以查閱過去的銷售記錄。某部電腦會在明年故障而需要維修的機率，可以由這部機器過去的故障率計算出來。一個公司可以接到政府採購契約的機率，可能會決定於各種企劃案過去成功的比率。

如果知道狀態的發生機率，一位理性的決策者必須使用這項資訊。有一種準則可以用到所有的資訊，那就是期待值準則。

期待值準則

每項決策的**期待值**（expected value；EV），是指這項決策長期的平均值，這裡所指的預期，是借用統計學上的意義。如果某項決策會重複很多次，實際發生

利用電腦產生的立體地層組織圖，專家們可以用來找出開挖的地點。

資料來源：© 1992 Texaco Inc., reprinted with permission from Texaco Inc.

的平均報酬率將會很接近期待值。其他在決策上常用的期待概念，包括期待報酬值、期待利潤值以及期待貨幣收益值等。

決策期待值的計算方式，是將每一種狀態下的報酬乘以對應的狀態機率，然後加總。這是一種很重要的平均加權法，加權的權數爲機率。計算的方法與在同等可能性中準則一樣，之前所使用的及其他數學符號意義如下：

$$a_i = 方案_i$$
$$s_i = 狀態_j$$
$$V_{ij} = 在狀態_j之下方案_i的報酬值$$
$$EV(方案_i) = \Sigma 報酬(機率)$$
$$EV(a_i) = \Sigma V_{ij} P(s_i)$$

在程示公司的範例中，假設已知需求爲6箱的機率是0.6、需求7箱的機率爲0.3、需求爲8箱的機率是0.1。利用這些機率，可以算出各期待值如下：

$$EV(生產6箱) = 0.6(120)+0.3(110)+0.1(100) = 115$$
$$EV(生產7箱) = 0.6(90)+0.3(140)+0.1(130) = 109$$
$$EV(生產6箱) = 0.6(60)+0.3(110)+0.1(160) = 85$$

利用期待值，可知生產 6 箱的方案期待值最高，所以應該選擇這個方案。表12.8是各方案的報酬及期待值。如前所述，期待值的意義，是指如果決策

表 12.8

程示公司的期待值準則結果

	狀	態		
方案	需求爲6箱 (0.6)	需求爲7箱 (0.3)	需求爲8箱 (0.1)	期待值
生產6箱	$120	110	100	115*
生產7箱	90	140	130	109
生產8箱	60	110	160	85

多次重複，長期所能達成的平均報酬。如果每星期的決策都是生產6箱，一星期的利潤有60%的機率爲$120、30%爲110、10%爲$100，平均值是每星期$115。要注意的是，如果所選擇的方案是生產6單位，則每個星期的利潤必是$120、$110或$100其中之一，絕對不會是$115。

何時應該使用期待值準則

使用期待值準則的適當時機，是當決策要多次重複、或是要做多次相似決策時。如果是一個只做一次的決策問題，長期的平均值準則就不適用。當經理人要尋求決策協助時，只用一種決策準則並不適當。

許多情形下，如是要蓋新建築、或是要花錢投資新產品的研發，通常會有數個因素影響決策內容。期待值（利潤或成本）只是經理人在做決策時應考慮的因素之一。

完全資訊的期待值

有時候，可以利用市場調查或研究獲取額外資訊，以瞭解各個狀態發生的機率。市調的結果，是對未來情形的一種預測；利用這些資訊，經理人可以在作決策時擁有更多的資訊，並瞭解哪些因素會影響未來的報酬。

當資訊足以100%預測會出現何種狀態時，稱爲完全資訊。在可以獲得完全資訊所得出的長期平均報酬值，即稱爲**完全資訊下的平均報酬值**（expected value with perfect information）。將這個期待值與沒有額外資訊下所得的期待值相比，得出一個差額值，這個差額值稱爲**完全資訊的期待值**（expected value of perfect information, EVPI），利用這個期待值，可以協助經理人決定要爲額外資訊付出的最大成本。

考慮程示公司的範例，並假設研究結果可以完全預測出未來會出現的狀態。如果公司決定要進行研究，結論是需求爲6箱，最高的預期報酬值爲$120，公司也會決定生產6箱；同樣地，如果結論爲需求爲70箱，預期報酬值爲$140，公司的決策會是要生產7箱；結論是需求爲8箱時，公司的決策就會是要生產8箱，利潤爲$160。結果如表12.9，如果研究所提供的資訊是完全資訊，則公司的利潤只會是$120、$140或$160。

公司在支出研究費用時，並無法知道會出現哪一種狀態，因此，也無法知道確定的報酬值是多少。公司能獲得的資訊，是有60%會出現需求爲6箱，因此，有60%的機率會得到$120的報酬值。同樣的，有30%會出現7箱、得到報酬值爲

表 12.9

程示公司在完全資訊下的平均報酬值

	狀	態		
方案	需求爲6箱 (0.6)	需求爲7箱 (0.3)	需求爲8箱 (0.1)	平均報酬值
生產6箱	$120	110	100	115
生產7箱	90	140	130	109
生產8箱	60	110	160	85
在完全資訊下的平均報酬值	120	140	160	130

$140，10%會出現 8 箱、得到報酬值爲$160。利用以上資訊，算出在完全資訊下的平均報酬值爲：

(完全資訊下的平均報酬值) = 0.6(120)+0.3(140)+0.1(160) = 130

這表示如果公司決定進行研究，長期的平均報酬值爲$130。在沒有額外資訊的情況下，最高的預期平均報酬值爲$115，因此，完全資訊的期待值（EVPI）是這二者之間的差額，爲：

EVPI = 完全資訊下的平均報酬值 - 沒有額外資訊的最高預期平均報酬值

EVPI = 130 - 115 = 15

如果可獲得完全資訊的成本低於$15，額外資訊可以增加淨平均預期報酬值；如果成本等於 15，有沒有獲得額外資訊的平均報酬值是一樣的。

眾所周知，幾乎沒有資訊可以被視爲完全資訊，既然如此，又爲何要計算完全資訊的期待值？其中的一個重要原因，是這項資訊提供資訊成本的上限。在下一章中，將會討論不完全資訊的價值。

12.8 機會損失（懊悔）

有時候，因爲出現一個特定的狀態，會使經理人對所作的決策感到後悔，而希望當初所選擇的是另一個報酬較高的方案。在特定狀態下，最好的報酬值與實際所產生的報酬值之差稱爲**機會損失**（opportunity loss），也稱爲**懊悔**（regret）。在一個最大化的問題中，機會損失可以寫成：

$$O_{ij} = V\times(S_j) - V_{ij}$$

其中

O_{ij} = 方案 S_i 在狀態 S_j 下的機會損失
$V\times(S_j)$ = 狀態 S_j 下的最高報酬值
V_{ij} = 方案 $_i$ 在狀態 $_j$ 下的報酬值

有時候，經理人的決策準則會依據機會損失、而非報酬值爲基礎。**大中取小懊悔準則**（minimax regret criterion）是應用在不確定的狀況時，以選擇**最小的預期機會損失**（expected opportunity loss；EOL）作爲決策準則。再考慮應用這項準則時，將所有資訊列表會有很大的幫助。

機會損失的範例

利用程示公司的範例，可以列一張機會損失表。機會損失表中，所有的方案與狀態都與在報酬表中相同，只要計算出所有狀態下的機會損失即可。狀態1是需求爲6箱，從報酬表中可以看出在這個狀態下的最佳報酬值。表12.10中加黑的數值部份，就表示各狀態的最佳報酬值。如果需求量爲6箱，最佳的報酬值爲$120。

如果需求狀態下是6箱，產量也爲6箱，就沒有機會損失；如果生產決策爲 7箱、但實際需求只有6箱，實際的報酬值爲$90，與$120有差異。因此，如果實際需求爲6箱，則：

機會損失(生產7箱) = 120-90 = $30

表 12.10

程示公司在不同狀態下的最佳報酬值

方案	狀態		
	需求爲6箱	需求爲7箱	需求爲8箱
生產6箱	**$120**	110	100
生產7箱	90	**140**	130
生產8箱	60	110	**160**

表 12.11

程示公司在不同狀態下的機會損失

方案	狀態		
	需求爲6箱	需求爲7箱	需求爲8箱
生產6箱	120-120 = **0**	140-110 = **30**	160-100 = **60**
生產7箱	120-90 = **30**	140-140 = **0**	160-130 = **30**
生產8箱	120-60 = **60**	140-110 = **30**	160-160 = **0**

這表示如果在需求爲 6 箱時，生產 6 箱較生產 7 箱的利潤高$3。同樣地，如果需求爲 6 箱但產量爲 8 箱，則：

機會損失(生產8箱) = 120-60 = $60

如果狀態是需求爲7箱，最好的報酬值爲$140，將這個狀態下所有的報酬與之相比，即可得出機會損失。狀態是需求爲 8 箱時，最好的報酬值爲$160，藉著比較，也可得出機會損失，結果如表12.11。

以機會損失爲決策依據時，一般而言有二種準則：在不確定下作決策時，是使用大中取小懊悔準則；在風險下作決定時，則是利用預期機會損失準則。

大中取小懊悔準則

機會損失為 0 時，表示達成特定狀態下的最佳報酬值，機會損失越小，表示達成的報酬值越高。大中取小懊悔準則是一種較保守的準則，考慮每一個方案在不同狀態下的機會損失最大值，並從這些最大值中選取最小值。大中取小的意義，就是從最大的懊悔值中選取最小值。

表12.12的資訊，是將大中取小懊悔準則應用在程示公司的範例。在需求為 6 箱的狀態下，最大的機會損失值為 60、需求 7 箱時為 30、需求 8 箱時為60。這些最大懊悔值中，最小值為 30，因此，如果依據大中取小準則作生產決策，應生產 7 箱。

表 12.12

利用大中取小懊悔值準則，求解程示公司的問題

	狀	態		
方案	需求為6箱	需求為7箱	需求為8箱	
生產6箱	0	30	60	60
生產7箱	30	0	30	30*
生產8箱	60	30	0	60

這表示不論實際上發生的狀態為何，機會損失不會超過$30，只會更低。

在報酬表中有悲觀（小中取大）的決策準則，與大中取小機會損失的態度相似，都是一種較保守的決策準則，但二種所導致的結果卻不相同。回到之前悲觀準則的討論，最後的結論是要生產6箱，保證利潤至少為$100。在這個方案下，如果需求狀態為8箱，機會損失將為$60。在大中取小懊悔準則下，結論是要生產7箱，在各狀態下，這個方案所產生的實際報酬與最佳報酬值的差額在30之內；但需求為6箱時，最差的報酬值卻會低至90。由此可以看出，悲觀準則將重點放在實際發生的報酬值，而大中取小懊悔準則專注於可能發生的損失。

預期機會損失

如果能知道各種狀態發生的準則，經理人就會利用這項資訊，算出預期機會

應用—利用決策支援系統協助圖書館的預算分配

每年，美國花在公共圖書館的總預算都超過8億5仟萬美元；除了總預算之外，每一間圖書館也有自己的預算規劃。一般而言，圖書館的預算要分爲好幾類，分配預算對每一間圖書館是一項繁瑣的工作，必須利用各分類的流通量、詢問次數、藏書量以及流動率等資料爲基礎，做出許多繁複的計算。有二位印第安那大學的研究員開發了一套決策支援系統（decision support system, DSS），將各種資料加以組織，並一此算出編列、分配預算時所需的統計值。

波士頓公共圖書館

這套DSS是用各類書籍的使用效率作爲基礎，藉此分配預算。系統中將資料分爲四類，第一類是與各種統計值有關的資料庫，如每一項分類的平均成本與流通率（流通量／藏書量）等。第二類是預測資料庫，利用時間序列模型來預估成本與流通數。第三類是預算分配資料庫，這是應用線性規劃模型來嘗試不同的分配方法，利用過去的歷史資料與公平原則（依據各分類的流通量評估），訂出各分類的預算範圍。最後一類是情境測試模型，依據分類預算算出未來的藏書量。

有二位印第安那州的圖書館員也參與這套系統的開發，利用這套系統分配蒙羅縣立圖書館的預算（1993年的預算爲$437,854美元）。他們發現，利用傳統需時四天的工作，在新系統下只需四小時即可完成。同時，他們也發現利用新系統得出的結果較好，最明顯的指標，是新的預算分配使總體的流動率提高了7.5%。圖書館員與研究人員都希望能逐漸將新系統普級化，以減輕工作負擔，提高效率。

資料來源：Glesson M. E., and J. R. Ottensmann, 1994. "A Decision Support System for Acquisitions Budgeting in Public Libraries" *Interfaces* 24(5): 107-117.

損失，以此作爲決策基礎。就如同預期值的概念一般，預期機會損失所代表的意義，是指如果長期重複某項決策多次，平均機會損失會趨近的值。預期機會損失的計算方法亦如預期值，只要將每一項方案的機會損失乘以狀態發生的機率，再予以加總即可，公式如下：

$$\text{方案}_i\text{的預期機會損失(EOL)} = \Sigma\,(\text{機會損失})(\text{機率})$$

$$EOL(ai) = \Sigma\, O_{ij} P(S_j)$$

其中

O_{ij} = 方案 $_i$ 在狀態 $_j$ 下的機會損失
$P(S_j)$ = 狀態 $_j$ 的發生機率

回到程示公司的範例中，計算出每一個方案的預期機會損失：

$$EOL(a_i) = \Sigma O_{ij}P(S_j) = O_{i1}P(S_1)+O_{i2}P(S_2)+ O_{i3}P(S_3)$$
$$= O_{i1}0.6+O_{i2}0.3+ O_{i3}0.1$$

EOL(生產6箱) = 0(0.6)+30(0.3)+60(0.1) = 15
EOL(生產7箱) = 30(0.6)+0(0.3)+30(0.1) = 21
EOL(生產8箱) = 60(0.6)+30(0.3)+0(0.1) = 45

以上的結果如表12.13所示，這些預期機會損失中的最小值爲15，依此，如果決策的基準爲最小預期機會損失時，應該要選擇生產6箱。預期值爲15的意義，表示長期而言，這項方案所造成的平均機會損失爲$15。

完全資訊的期待值與機會損失

預期機會損失的最小值就等於完全資訊的期待值（EVPI）。之前在計算完全資訊的期待值時，是用完全資訊下的預期報酬值減去沒有額外資訊下的期待值，得出的結果同樣也是$15。利用最小預期機會損失所得出的結果，與預期報酬值準

表 12.13

利用預期機會損失準則，求解程示公司的問題

	狀	態		
方案	需求爲6箱 (0.6)	需求爲7箱 (0.3)	需求爲8箱 (0.1)	預期機會損失
生產6箱	0	30	60	15*
生產7箱	30	0	30	21
生產8箱	60	30	0	45

則所達成的結論會完全相同。

電腦軟體求解

利用DSS，可以求解在不同準則下的決策結果。解12.1是以程示公司爲例的求解結果，EVPI值可以在最小預期懊悔（即最小預期機會損失）的部份找出。

12.9 邊際分析

如同程示公司的問題一般，經理人通常會面臨許多可能的方案。在這個範例中，假設需求只可能有6箱、7箱或8箱等三種狀況；但在其他的情況下，或許會出

資料來源：Abigail Reip.

利用邊際分析，可以決定每天的報紙印刷量，當天沒有售出的報紙會造成邊際損失，因爲隔天的報紙幾乎毫無價值。

解 12.1

以 DSS 求解程示公司問題的結果

Decision Analysis

MAX	Demand 6	Demand 7	Demand 8
Prod. 6	120	110	100
Prod. 7	90	140	130
Prod. 8	60	110	160
Prob'S	.6	.3	.1

Decisions under Uncertainty:

* Criterion of Optimism (MaxiMax or MiniMin)

Prod. 6	120	
Prod. 7	140	
Prod. 8	160	<<<Optimum

* Criterion of Pressimism (MaxiMin or MiniMax)

Prod. 6	100	<<<Optimum
Prod. 7	90	
Prod. 8	60	

* Hurwicz Criterion (Alpha = .7)

Prod. 6	114	
Prod. 7	125	
Prod. 8	130	<<<Optimum

* Savage Criterion (MiniMax Regret)

- Regret Matrix values

	Demand 6	Demand 7	Demand 8
Prod. 6	0	30	60
Prod. 7	30	0	30
Prod. 8	60	30	0

解 12.1

以 DSS 求解程示公司問題的結果

Prod. 6	60	
Prod. 7	30	<<<Optimum
Prod. 8	60	

Decisions under Risk:

* Laplace Criterion (all outcomes equally likely)

Optimize Expected Value of Payoff

Prod. 6	110	
Prod. 7	120	<<<Optimum
Prod. 8	110	

Minimize Expected Value of Regret

Prod. 6	30	
Prod. 7	20	<<<Optimum
Prod. 8	30	

* Expected Value Criterion (probabilities given in input)

Optimize Expected Value of Payoff

Prod. 6	115	<<<Optimum
Prod. 7	109	
Prod. 8	85	

Minimize Expected Value of Regret

Prod. 6	15	<<<Optimum
Prod. 7	21	
Prod. 8	45	

現更多可能，如需求可能為 0 到 20 中的任何數目。在比較大型、複雜的問題中，邊際分析（marginal analysis）是相當有效的求解方法。在作邊際分析時，一旦做出決定後，不管狀態如何改變，都不再考慮其他何額外的數量；例如，依據邊際分析決定產量為 6 箱後，即使需求為 8 箱，也不會考慮增加產量。

基本的邊際分析原則，是如果多生產一單位只會造成邊際損失（marginal loss），就不會生產這一單位：要有當生產這一單位有邊際利潤（marginal profit）時，才會考慮生產。

進一步的邊際分析原則，是如果要多生產一單位，必定是這一單位的預期值（不僅是邊際利潤）為正值；如果預期值為負值，則會使整體的預期利潤降低，所以不應該生產。以下是各項相關定義：

MP = 多生產或多銷售一單位的邊際利潤
ML = 多生產或多銷售一單位的邊際損失
p = 可以賣出多一單位的機率
1-p = 無法賣出多一單位的機率

利用這些符號，可以畫出如表12.14的報酬表，並可依此決定是否要銷售或生產多一單位。要注意的是，邊際損失等同於負值的利潤，在計算時必須用-ML代表。如決定要多生產或銷售一單位，必定滿足以下方程式：

多生產一單位的預期值 ≧ 不多生產一單位的預期值

$pMP+(1-p)(-ML) \geqq 0$

表 12.14

利用報酬表解釋邊際分析

方案	狀態		
	可以銷售出去 (p)	無法銷售出去 (1-p)	期待值 (EV)
生產一單位	MP	-ML	pMP+（1-p）（-ML）
不多生產一單位	0	0	0

求解上式的P值：

$p \geqq ML/(ML+MP)$

如果多生產一單位後，可以銷售出去的機率大於或等於ML/（ML+MP），多生產這一單位就是有利可圖的，可以考慮生產。

日出麵包店的範例

日出麵包店每天早晨都出產多拿滋，有一些會直接在麵包店中直接出售，另外也有一些會運到城中其他麵包店銷售。因爲這些點距離日出麵包店都有一段距離，因此，即使有其他麵包店反應當日需求量遠大於可銷售量，也無法回去日出麵包店補充。因爲要保持新鮮，載運的貨車回來之後，任何剩下的多拿滋都會被丟棄，不再出售。日出麵包店的經理所必須作的決策，就是在每天早晨決定要運送多少多拿滋。

依據過去的經驗，每天的需求量一定高於20打、但低於30打，需求型態如表12.15。每一打多拿滋的製造成本爲$2.00，售價爲$5.00，因此，如果有任何多拿滋沒有銷售出去，損失爲每打$2，銷售出去的每打可獲利$3：

邊際損失 = ML = 2　　　　邊際利潤 = MP = 3

只要每多一打的可銷出機率仍滿足下式，即可繼續增加：

表 12.15

日出多拿滋的需求情形

需求量（單位：打）	機率	需求量（單位：打）	機率
20	0.05	26	0.11
21	0.08	27	0.08
22	0.10	28	0.06
23	0.12	29	0.04
24	0.16	30	0.02
25	0.18		

$$p \geqq ML/(ML+MP)$$
$$p \geqq 2/(2+3) = 2/5 = 0.40$$

只要可銷售出去的機率仍大於0.40，則日出麵包店的經理就會決定增加運送量。表12.16是需求大於特定數值的機率分配表。如果經理決定要運送的量爲28打，只有在需求量爲28、29或30打時，才能將全部的多拿滋銷售出去。需求爲至少28打的機率爲：

$$P(需求 \geqq 28) = P(需求 = 28) + P(需求 = 29) + P(需求 = 30)$$
$$= 0.06+0.04+0.02 = 0.12$$

因爲之前的必須滿足的最小機率爲0.40，因此，生產28打的數量過多。再回頭檢視其他機率，需求爲25打或更多的機率爲0.49，需求爲26打或更多的機率爲0.31，因此，最適的運送數量應爲25打。

表 12.16

日出多拿滋的需求機率 P（需求≧）

需求量（單位：打）	機率	P（需求≧）
20	0.05	1.00
21	0.08	0.95
22	0.10	0.87
23	0.12	0.77
24	0.16	0.65
25	0.18	0.49
		←機率爲0.40
26	0.11	0.31
27	0.08	0.20
28	0.06	0.12
29	0.04	0.06
30	0.02	0.02

雖然以上的討論是需求不連續的情形，但如果問題中需求是任何連續性的分配，也可以應用同樣的概念求解。

常態分配下的邊際分析

需求的型態經常爲常態分配。如果依據過去的資料判定常態分配爲眞，可以利用平均值與標準差，算出銷售機率大於等於 ML/（ML+MP）的需求值，如下面的範例。

每日城市新聞的經理要決定在每天生產的數量。依據過去的資料，需求型態爲常態分配，平均值爲20,000、標準差3,000。每一份報紙的生產成本爲8分，售價爲25分。根據以上資料，每日新聞每天應該生產幾份報紙？

利用邊際分析法，可得：

$$ML = 8$$
$$MP = 25-8 = 17$$

如果報紙的銷售機率滿足下式，就應該生產：

$$p \geqq ML/(ML+MP)$$

或者，

$$p \geqq 8/(8+17) = 8/25 = 0.32$$

需求型態爲常態分配，相關的統計值爲：

$$\mu = 20,000$$
$$\sigma = 3,000$$

圖12.1是這個問題的常態分配。如果要求需求至少等於某特定數的機率爲32%，則表示小於這個特定數的機率應爲 68%。利用Z值表，可以找出對應0.68的Z值爲：

$$Z = 0.47$$

圖 12.1

每日城市新聞的需求型態

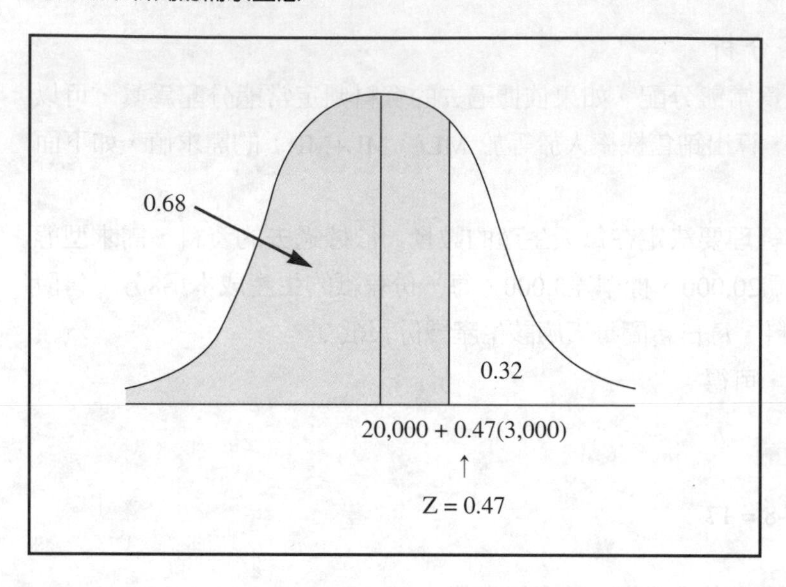

因此：

$$\text{應生產的報紙份數} = \mu + Z\sigma = 20{,}000+0.47(3{,}000) = 21{,}410$$

爲了使長期的平均收益達到最大，每日城市新聞每日的產量應爲21,410。但經理人若有其他因素的考量，如廣告收益或佔有率等，可以將這項資訊作爲參考，再決定最後的產量。

12.10 摘要

本章中，考慮在確定、不確定以及風險等三種不同環境下的決策準則。利用報酬表以及預期機會損失表，可以對不同的決策準則進行討論。

當環境是不確定、而準則是要使預期報酬值達成最大時，可以利用下列準則：樂觀（大中取大）準則、悲觀（小中取大）、賀威茲以及同等可能性（拉氏）準則。如果知道狀態發生的機率，就可以利用預期報酬值準則，使長期的平均報酬值達到最大。

在各狀態下比較方案的報酬率，可以得出機會損失表。利用這個表，在不確定時可以應用大中取小懊悔準則，在風險下則用預期機會損失準則。

在利用預期報酬值準則時，完全資訊的期待值可以用來算出資訊的價值。利用報酬表或是預期機損失表都可以找出完全資訊的期待值。

如果問題是比較大型的，利用邊際分析可以找出最適產量。

字彙

方案（Alternative）：決策者可以選取的選擇。

樂觀係數 α（Coefficient of optimism（α））：在賀威茲法中，用來表示決策者樂觀程度的參數值。

在不確定情形下的決策（Decision making under uncertainty）：有些狀態在事前並不為經理人所知，或是經理人無法推估這些狀態發生的機率。

在確定情形下的決策（Decision making under certainty）：所有狀態在決策前即為已知。

在風險情形下的決策（Decision making under risk）：有些狀態在事前並不為經理人所知，但是經理人可以推估這些狀態發生的機率。

決策環境（Decision making environment）：決策者所面對的情況，在不同的環境下對發生狀態的資訊掌握不同。決策環境有三種：確定、不確定、風險。

同等可能性準則(Equally likely criterion）**或是拉氏準則**（LaPlace criterion）：假設所有狀態的發生機率都一樣，選擇平均報酬最高的方案。

期待值（Expected value，EV）：是指這項決策長期的平均值。

完全資訊下的報酬值（Expected value with perfect information）：在可以獲得完全資訊所得出的長期平均報酬值。

預期機會損失（Expected opportunity loss；EOL）：如果長期重複某項決策多次，平均機會損失會趨近的值。

完全資訊的期待值（Expected value of perfect information；EVPI）：將完全資訊下的平均報酬值與沒有額外資訊下所得的期待值相比的差額值。

賀威茲準則（Hurwicz criterion）：同時考慮最佳與最差的報酬值，將這二種報酬加權平均，最後選擇加權平均報酬最高的方案。

邊際分析（Marginal analysis）：假設如果多一單位的存貨沒有售出時，比較邊際利潤與邊際成本，來決定哪一種方案最好。

邊際損失（Marginal loss）：多一單位的存貨沒有售出時所產生的損失。

邊際利潤（Marginal profit）：多售出一單位的存貨時所產生的利潤。

大中取小懊悔準則（Minimax regret criterion）：應用在不確定的狀況時，以選擇最小的預期機會損失作為決策準則。

機會損失（Opportunity loss）：最好報酬值與實際所產生的報酬值之差。

樂觀（大中取大）準則（Optimistic（maximax）criterion）：考慮每項決策的最佳報酬率，從中選擇最佳的方案。

報酬（Payoff）：用來評估某項方案實際執行情形的指標。

報酬表（Payoff table）：列出方案、狀態以及報酬等項目，用來協助決策。

悲觀（小中取大）準則（Pessimistic (maximin）criterion）：找出所有方案的最低報酬，再從其中找出報酬最高的方案。

懊悔（Regret）：機會損失。

狀態（State of nature）：未來可能發生、會對決策結果有影響的事件。

問題與討論

1. 請詳述如何建立一張報酬表。
2. 在不確定下的決策與在風險下的決策有何不同？
3. 有一位經理人非常樂觀，選擇了一個最大利潤的方案$15,000。這個決策的利潤就等於$15,000嗎？請解釋。
4. 利用小中取大的原則作決策，決策最差的報酬值為$500。請解釋報酬值為$500的意義。
5. 請解釋期待值（expect value）、預期報酬（expected payoff）以及預期利潤（expected profit）中預期或期待（expected）的意義。
6. 何謂完全資訊的期待值？如何從報酬表中計算？
7. 何謂機會損失？如何計算？
8. 如何利用機會損失表計算出完全資訊的期待值？

9. 舉例說明同等可能性準則不適用的情況。

10. 利用大中取小懊悔準則選出某個方案，方案中最大懊悔值為$100，請解釋其意義。

11. 考慮下列的報酬表，報酬值代表利潤值：

	狀	態	
方案	A	B	C
#1	40	50	20
#2	30	30	30
#3	-10	60	80

a. 利用樂觀準則，應該選擇哪一個方案？

b. 利用悲觀準則，應該選擇哪一個方案？

c. 利用同等可能性準則，應該選擇哪一個方案？

d. 利用賀威茲準則、樂觀係數為0.3，應該選擇哪一個方案？

12. 利用習題11的報酬表，假設各狀態發生的機率如下：

P(A) = 0.2

P(B) = 0.3

P(C) = 0.5

a. 利用期待值準則，應選擇哪一項方案？決策的期待值是多少

b. 如果完全預測未來，則預期利潤是多少？

c. 計算完全資訊的期待值。

13. 利用習題11的報酬表，回答下列問題：

a. 如果選擇方案 #2，而且最後發生狀態B，機會損失是多少？

b. 建立機會損失表。

c. 在大中取小懊悔準則，應選擇哪一個方案？

d. 如果發生狀態 A、B 與 C 的機率分別為 0.2、0.3 與 0.5，如問題12中的假設，在預期機會成本準則之下，應選擇哪一個方案？

e. 完全資訊的期待值是多少？

14. 考慮下列的報酬表，報酬值代表利潤值：

方案	狀態		
	S_1	S_2	S_3
#1	120	60	-20
#2	90	80	100
#3	81	81	81
#4	-50	90	110

假設各狀態發生的機率如下：

$P(S_1) = 0.8$

$P(S_2) = 0.1$

$P(S_3) = 0.1$

a. 不要利用其他準則，只利用直覺，方案 #2 是一個好的選擇嗎？請解釋。

b. 利用樂觀準則，應該選擇哪一個方案？

c. 利用悲觀準則，應該選擇哪一個方案？

d. 利用期待值準則，應該選擇哪一個方案？

e. 利用建立機會損失表，並利用大中取小懊悔準則作出最佳選擇，並將這個結果與a相比。

15. 考慮下列的報酬表：

方案	狀態	
	S_1	S_2
#1	100	-20
#2	60	40
機率	0.5	0.5

a. 分別計算出每個方案的期待值。

b. 假設方案 #1 在狀態S_1 的報酬不是$100。在期待值準則下，這個報酬值的最小時為多少時，決策者才會選擇方案 #1？

16. 下列的報酬表是不同投資案的報酬情形：

	狀態	
方案	經濟景氣好	經濟景氣不好
股市	80,000	-20,000
債市	30,000	20,000
房地產	23,000	23,000
機率	0.5	0.5

a. 哪一個方案產生的預期利潤最高？

b. 如果市場研究可完全預測未來，決策者願意付出的最大研究成本為何？

c. 假設決策者不考慮表中的機率。如果決策的準則是期待值準則，經濟景氣好的機率為多少時，對決策者而言，前二種方案是相同的？（即股市的期待值與債市的期待值相等）

17. 考慮下列的報酬表，報酬值代表利潤值：

	狀態	
方案	A	B
#1	100	20
#2	90	30

a. 利用樂觀準則，應該選擇哪一個方案？

b. 假設方案1 在狀態 B 的報酬改變，由 20 變成 -1,000，利用樂觀準則，應該選擇哪一個方案？

c. 假設方案#1 的報酬值維持與原報酬表中相同，但方案 2 在狀態 B 的報酬改變爲 90，利用樂觀準則，應該選擇哪一個方案？

d. 檢視 a、b 與 c 的答案，找出樂觀準則的主要缺點。

18. 考慮下列的報酬表，報酬值代表利潤值：

	狀 態	
方案	A	B
#1	100	20
#2	60	30

a. 利用賀威茲準則、α=0.6，應選擇哪一個方案？

b. 假設方案 1 在狀態 B 的報酬改變，由20 變成 -1,000，利用賀威茲準則、$\alpha = 0.6$，應該選擇哪一個方案？

c. 假設方案#1的報酬值維持與原報酬表中相同，但方案2在狀態B的報酬改變爲90，利用賀威茲準則，$\alpha = 0.6$，應該選擇哪一個方案？

19. 考慮下列的報酬表，報酬值代表利潤值：

	狀 態	
方案	A	B
#1	100	20
#2	60	25

a. 利用悲觀準則，應選擇哪一個方案？

b. 假設方案1在狀態A的報酬改變，由100變成-1,000，利用悲觀準則，應該選擇哪一個方案？

c. 假設方案 #1 的報酬值維持與原報酬表中相同，但方案 #2 在狀態A的報酬改變爲 25，利用悲觀準則，應該選擇哪一個方案？

d. 檢視 a、b 與 c 的答案，找出悲觀準則的主要缺點。

20. 考慮下列的報酬表：

方案	狀態	
	A	B
#1	100	20
#2	90	25

a. 利用賀威茲準則、α=0.4，應選擇哪一個方案？

b. 假設方案#1在狀態A的報酬改變，由100變成10,000，利用賀威茲準則α=0.4，應該選擇哪一個方案？

c. 假設方案#1的報酬值維持與原報酬表中相同，但方案2在狀態A的報酬改變爲25，利用賀威茲準則，α=0.4，應該選擇哪一個方案？

21. 在本章日出多拿滋的範例中，最後的決策是每天要裝運25打多拿滋。25打多拿滋都售完的機率是0.49，最後一打的邊際利潤爲$3，這表示有0.51的機率最後一打無法售出，產生邊際損失邊際損失爲$2。

a. 計算出第25打的邊際利潤期待值與邊際損失期待值？

b. 第25打的邊際利潤期待值是否高於邊際損失期待值？

c. 假設公司改變決策，決定要裝運26打。第26打可售出的機率是多少？

d. 計算出第26打的邊際利潤期待值與邊際損失期待值，哪一個值較高？對經理人而言，這有何意義？

22. 每天早上，每日新聞都會在自動販賣機中放進當天的報紙。每份報紙的成本爲10分，售價爲25分，當天沒有售完的報紙，就會被送至資源回收廠。依據過去的經驗，每天的需求爲15份的機率爲40%、需求爲16份的機率爲40%、需求爲17份的機率爲20%。

a. 建立這個問題的報酬表。

b. 這個問題適用哪一種決策準則？原因爲何？

c. 利用期待值準則，應該選擇哪一個方案？

23. 回到習題22的每日新聞問題中，假設依據過去的經驗，每日需求量最低爲10份、最高爲19份，而報社的管理階層目前正在收集資料，以找出每日需求的機率分配。利用邊際分析，爲經理人建立一套決策準則，使得報社在得知需求機率後，就可以做出決策。

24. 撒氏披薩店的招牌是脆皮披薩，作法十分特殊。脆皮所用的麵團必須經過至少12小時的發酵，因此，每一天晚上撒氏披薩店都要先預備麵團，以供次日之用。如果這些預備好的麵團在次日沒有使用，就會在當日被丟棄。

依據過去的經驗，脆皮披薩的每日需求量爲10到20個，每一個麵團的成本爲$1，每一個披薩的利潤爲$4。下面的機率是依據歷史銷售資料所得出的：

需求量	機率	需求量	機率
10	0.03	16	0.14
11	0.05	17	0.10
12	0.11	18	0.07
13	0.12	19	0.03
14	0.17	20	0.01
15	0.17		

a. 利用邊際分析，爲撒氏披薩店訂出一套決策準則，以規劃每日要準備的麵團數目。
b. 依據 a 訂出的決策準則，撒氏披薩店每天應準備多少麵團？
c. 假設機率正確，期待值準則可以保證長期平均（預期）利潤達到最大。爲什麼有時決策者不採取邊際分析所建議的數目，事實上所決定的數目會大於此？（機率與未來儲量不足的關聯）

25. 馬可斯最近繼承了一塊土地，目前正在規劃如何處理。基於個人財務狀況的考慮，馬可斯不願保有這塊土地太久。目前，已經有人出價$200,000，要購買這一塊土地，馬可斯認爲這是一項可接受的選擇，另一個可能，是考慮興建一棟小型的公寓並出售。如果公寓的需求很高、可以完全出售，馬可斯可以獲得利潤$400,000；但若需求很低，則會損失$50,000。馬可斯認爲有60%需求會很高、40%需求很低。

a. 如果馬可斯的目標是要求預期利潤極大，應該選擇哪一個方案？
b. 對於馬可斯而言，期待值準則是否爲合適的決策準則？試解釋。
c. 如果研究可以得出完全資訊，馬可斯願爲研究付出的最高價是多少？
d. 假設需求高時利潤爲$400,000是一項錯誤的訊息，依據期待值準則，當需求高時利潤爲多少時，會使馬可斯願意建公寓？

26. 永生保險公司推出一項壽險：如果保險人在保險一年內死亡，公司理賠$100,000；若否，則公司不作任何行動，且契約消失。公司利用一些特質表格，評估個人的健康以及其他特質，估出個人在一年內死亡的機率。某一種類型的個人，有0.001的機率在一年內死亡，公司理賠$100,000；0.999的機率存活，使契約歸於無效。

a. 對於此類型的個人，公司預期的理賠金額爲多少？
b. 假設開辦這項保險的經常性費用爲$75，應收多少保費？

分析—讀書時間

瑞秋是一位環境管理科學的研究生，某一堂課，她的平均分數一直保持A，但分數不高，為接近B的邊緣。因此，在期末考時，她必須考出一個A或一個相當高分的B，才能使整個學期的平均為A。這一門課的教授上星期指定三份必讀的研究報告，其中有一份報告，會佔期末考的25分。瑞秋在期末必須安排一次事先未預期到的旅行，去接受雇主的面談，這使得瑞秋讀書的時間大為減少。瑞秋必須讀完其他期末考的範圍，沒有時間讀完三篇報告，因此，他認為期末考時約有10分的問題將是她無法回答的。

現在距離考試仍有3個小時，她現在有3個方案：第一，每篇報告花1小時；不管考題出的是哪一份報告，瑞秋相信她可以在25分中得到10分。第二，是選擇二篇報告來讀，每一篇花1.5小時；如果考題中包含其中任何一篇，她相信她可在25分中得15分，但如果題目出的是她沒讀的那一份報告，她就會得 0 分。第三個策略，是只選其中一篇，花3小時讀完；如果題目的範圍包含她讀到的部份，她可以獲得滿分；若否，就只能得0分。

利用本章所介紹的技術分析這個問題，準備一份簡短的報告，建議瑞秋應如何應付期末考，其中應包括建議背後的假設。

第13章

決策模型（II）

13.1簡介
13.2範例
13.3決策樹
13.4利用額外資訊
13.5效用理論
13.6多重因素的決策
13.7效用加權平均法
13.8分析層級法
13.9摘要
字彙
問題與討論

13.1 簡介

前一章中，已經介紹一些基本的決策模型，並且利用報酬表以及機會損失表來協助經理人作決策。本章中，將要介紹決策樹，用決策樹來代替報酬表。在連續的決策過程中，決策樹可以發揮相當大的作用。

第十二章中曾介紹過如何計算完全資訊的期待值，本章中，要考慮當額外可獲得的資訊只是樣本資訊或是不完全資訊時，應該如何做出決策。同時，也將介紹如何計算樣本資訊的期待值。

如果以期待值獲預期利潤爲標準，有時候，經理人所做出的決策看起來是不符理性的。利用效用理論，可以解釋爲何經理人的決策有時看起來是不理性的，也可以解釋爲何這樣的決策仍具一致性的。

利用之前介紹的決策準則，可以考慮單一因素的報酬表；但如果影響決策的因素有數個，就必須利用其他方法處理相關的決策問題。

13.2 範例

「重要時刻」房屋公司是一家在美國西部的房地產公司，在過去十年中，「重要時刻」總共推出完成了超過300個建設案，投資總額約在 $200,000到$300,000之間。目前，公司的管理當局正在考慮推出一個公寓式的社區。假設公司推出的案子是建大型的公寓社區，完成時如果市場景氣甚佳，則利潤預估可達 $200,000；如果景氣低迷，公司就會損失約 $100,000。另一種選擇，是推出小型的公寓社區。如果景氣好，公司可賺 $80,000；如果不好，則會虧損約 $50,000。

公司在考慮是否要進行更詳細的市場研究，但這必須花費約$10,000。從過去的經驗來看，雖然不一定能完全反映市場的需求狀況，但研究結果仍非常具有參考價值。如果不利用市場研究來獲取額外資訊，公司也可以自行評估景氣狀況，預估景氣好的機率爲 0.50，景氣不好的機率也同樣爲 0.50。現在，「重要時刻」的管理當局必須作二項決策：決定是否要從事市場研究，以及決定要蓋哪一類型的公寓社區。

13.3 決策樹

決策樹（decision tree）是用來取代報酬表，可以在決策過程中協助經理人作決定。在報酬表中所有的資訊，同樣也會出現在決策樹中。在繪製決策樹時，適用矩形或箱型來代表要做出決定的決策點，線段或樹枝由這些決策點開始，代表決策者在此可以選擇的方案。圖中的圓形代表事件，意義是在此會發生所有可能的狀態其中之一。另外會有一些線段或樹枝從事件節點開始，這些樹枝代表所可能發生的所有狀態。在決策樹中，決策點與事件點通常稱爲**節點**（nodes），圖13.1是一個基本的決策圖結構。

圖 13.1

基本的決策圖結構

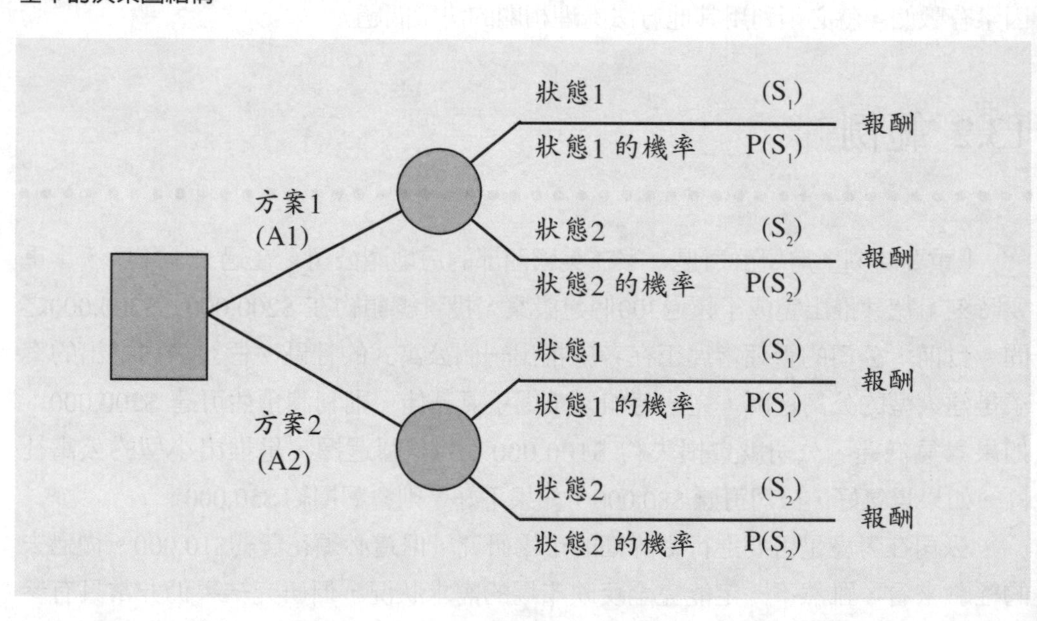

黃金時段報酬率的決策樹

回到黃金時段報酬率的例子，我們先來分析在不可能獲得市場研究報告或其他資訊的情況，前一章的技巧可以用來製作一個如表13.1的報酬表，大型的公寓社區以 a_1 標示其變化，小型的公寓社區以 a_2 標示其變化。

景氣佳以 S_1 標明，景氣差以 S_2 標明，這也是可以用決策樹來表示。

在畫決策樹圖時，起始的決策點是放在左方，決策過程是逐漸向右方移動，畫出代表可能方案的樹枝，每一段樹枝都結束在一個事件節點、決策節點或是報酬值。在之前的範例中，可以畫出一段樹枝是代表建大型的公寓社區，另一段則是代表建小型社區。因爲這些方案的報酬必須決定於景氣的變化，因此這些樹枝的尾端都是一個事件節點。從事件節點可以在畫出二段樹枝，分別代表可能發生的狀態，以及發生這些狀態的機率。報酬列在狀態樹枝的尾端，之後，就畫出了一個完整的決策樹圖，如圖13.2。接下來，就可以應用這個決策樹圖來作相關的分析。

在圖13.2的決策樹中只有一個矩形，這個矩形代表報酬表。一般而言，在決策樹中的矩形（決策點）所在的位置，可以用報酬表來替代。從決策點所發散出的樹枝代表方案，從事件節點發散出的樹枝代表狀態，所有的節點，包括決策點及事件點，都可以編號以便於分析，因爲要利用電腦套裝軟體，所有的決策點都必須編號，使電腦易於確認輸入的資料。

利用決策樹所作的分析

一旦畫出決策樹後，就可以進行分析工作。雖然畫圖時是由左方畫至右方，

圖 13.2

「重要時刻」房屋公司的決策樹圖

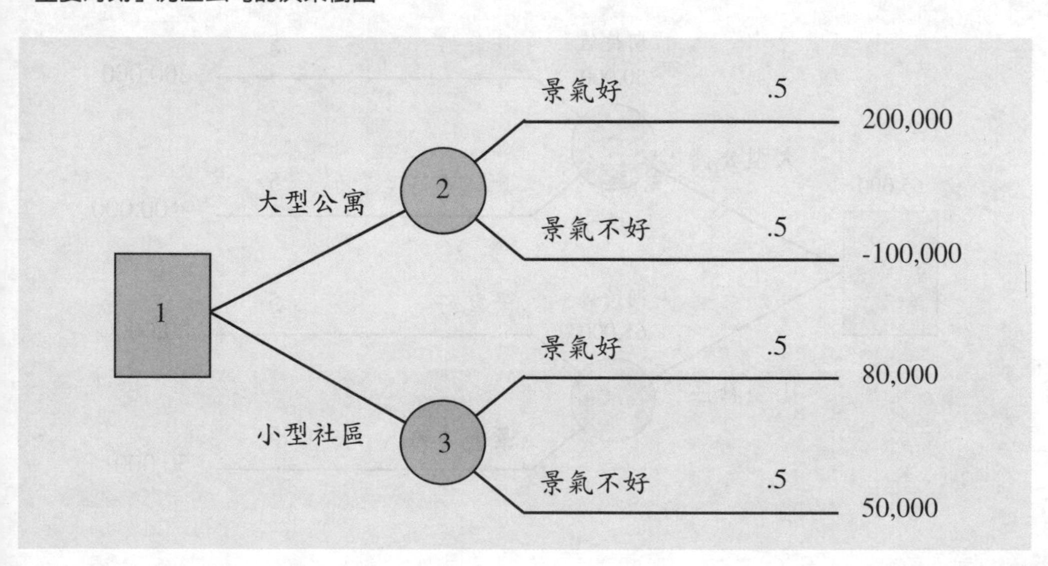

但在決策分析時的方向必須相反，由右方的最尾端開始。雖然在利用決策分析時可以不必考慮決策準則，但目前爲了分析的方便，假設決策的準則是要使期待值最大化。因此，必須算出每一個事件節點的期待值，然後，依據算出的期待值，在決策節點選擇期待值爲最大的方案。

回到之前「重要時刻」房屋公司的範例中，利用圖13.2的決策樹，在節點 2 有50%的機率報酬爲\$200,000，另外50%的機會會得到 -\$100,000 的報酬，計算期待值時，可得：

期待值(大型社區) = 0.5(200,000)+0.5(-100,000) = 50,000

將這個期待值加入節點2中，並重複相同的過程，算出節點3的期待值為：

期待值(小型社區) = 0.5(80,000)+0.5(50,000) = 65,000

繼續向決策樹的後方移動（向左方移動），下一個要考慮的節點，是在節點1的決策點。在這個節點要作的決策，只要根據剛才算出二個方案的期待值，在其中選擇最好的就可以。因爲\$65,000的值較\$50,000高，因此，選擇興建小型的公寓社區，並將這個預期的報酬值加入節點1，如圖13.3。在這個圖中的所有資訊，都

圖 13.3

「重要時刻」房屋公司的決策樹圖（已計算出期待值）

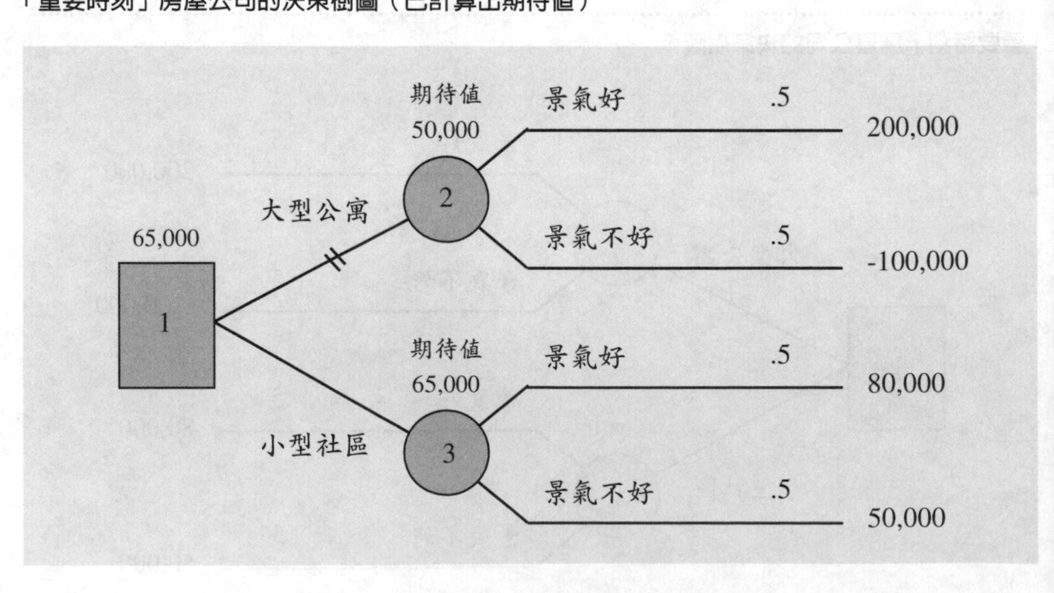

表 13.1

「重要時刻」房屋公司的報酬表

	狀	態	
方案	景氣佳 (s_1)	景氣差 (s_2)	期待值 (EV)
興建大型的公寓社區 (a_1)	200,000	100,000	$50,000 = EV(a_1)$
興建小型的公寓社區 (a_2)	80,000	50,000	$65,000 = EV(a_2)$
機率	$P(s_1) = 0.5$	$P(s_2) = 0.5$	

可以從表13.1的報酬表中找出。在圖13.3的決策樹圖中，在代表大型社區的方案樹枝上畫有雙斜線（\\），這表示這個樹枝已經被刪除，即不選擇這項方案。

13.4 利用額外資訊

之前所畫出的「重要時刻」房屋公司的決策樹圖中，並未包括考慮市場研究，但這些市場研究經常都能提供一些有用的資訊。基本上，這類研究通常會在二個層面上影響報酬表或決策樹：研究通常需要成本，因此，在計算預期報酬值時，必須將這項成本列入考慮；另外，研究的結果，也會改變公司推估各種狀態的發生機率。

在不使用額外資訊所得出的狀態發生機率，稱爲**事前機率**（prior probabilities）。獲得市場研究的資訊後，所算出來的機率則稱爲**事後機率**（posterior probabilities）。利用貝氏定理，可以求得事後機率。

利用貝氏定理修正機率

在決策樹中所算出的事後機率，是根據二個因素計算：事前機率以及所使用樣本資訊的歷史正確程度。利用市場分析或其他方式獲得額外資訊的結果，會使各狀態的發生機率調高或降低。如果依據過去的經驗，額外資訊確實性很高，相關狀態的事後機率就必須大幅修改；如果資訊只具備普通程度的確實性，相關機率的調整幅度就會較小。**貝氏理論**（Bayes Theorem）就是利用事前機率以及樣本資料的確實性，來算出事後機率。

為了便於解釋貝氏理論，定義以下的變數：

s_1 = 狀態 1
s_2 = 狀態 2
I_1 = 利用額外資訊得出的結果 1
I_2 = 利用額外資訊得出的結果 2
$P(s_1)$ = 狀態 1 的事前機率
$P(s_2)$ = 狀態 2 的事前機率

如果問題中有二種狀態、二個資訊得出的結果，利用貝氏理論，當資訊得出的結果為 I_k、發生的 s_j（ $_j$ =1,2， $_k$ =1,2）事後機率可寫成：

$$P(sj \mid I_k) = P(s_j (I_k) / P(I_k)$$
$$= P(I_k \mid s_j) P(s_j) / 〔P(I_k \mid s_1) P(s_1) + P(I_k \mid s_2) P(s_2)〕$$

回到「重要時刻」房屋公司的例子中，各個變數定義為：

s_1 = 狀態 1 (景氣好)
s_2 = 狀態 2 (景氣不好)
I_1 = 利用額外資訊得出的結果 1 (市場研究結論認為景氣好)
I_2 = 利用額外資訊得出的結果 2 (市場研究結論認為景氣好)
$P(s_1)$ = 狀態 1 的事前機率 (景氣好)
$P(s_2)$ = 狀態 2 的事前機率 (景氣不好)

要應用貝氏理論，必須是以下的條件機率（conditional probabilities）為已知：

$P(I_1 \mid s_1)$ = P (在實際上是景氣好時，得出的市場研究結論也是認為景氣好)
$P(I_2 \mid s_1)$ = P (在實際上是景氣好時，得出的市場研究結論卻認為景氣不好)
$P(I_1 \mid s_2)$ = P (在實際上是景氣不好時，得出的市場研究結論卻認為景氣好)

$P(I_2 \mid s_2) = P$ (在實際上是景氣不好時，得出的市場研究結論也認為景氣不好)

以上這些條件機率值可由過去進行類似計畫的經驗中獲得，可以讓經理人瞭解過去類似市場研究的正確性。如果市場研究的計畫是交由專業顧問公司進行，這些資料可以由顧問公司依據過去的成效獲得。

假設由過去的經驗，可以得出各項條件機率的數值如下：

$P(s_1) = 0.5$　　　　$P(s_2) = 0.5$

$P(I_1 \mid s_1) = 0.9$　　　　$P(I_1 \mid s_2) = 0.3$

$P(I_2 \mid s_1) = 0.1$　　　　$P(I_2 \mid s_2) = 0.7$

利用這些機率，找出下列的事後機率後，並將其加入決策樹圖中。要計算的事後機率包括：

$P(s_1 \mid I_1) = P$ (市場研究結論認為景氣好，實際發生的情形也是景氣好)

$P(s_2 \mid I_1) = P$ (市場研究結論認為景氣好，但實際發生的情形是景氣不好)

$P(s_1 \mid I_2) = P$ (市場研究結論認為景氣不好，但實際發生的情形是景氣好)

$P(s_2 \mid I_2) = P$ (市場研究結論認為景氣不好，實際發生的情形也是景氣不好)

以上各事後機率值可以利用貝氏理論計算出，如：

$$
\begin{aligned}
P(s_1 \mid I_1) &= P(s_1 \text{ and } I_1 / P(I_1) \\
&= P(I_1 \mid s_1)P(s_1) / [P(I_1 \mid s_1)P(s_1) + P(I_1 \mid s_2)P(s_2)] \\
&= 0.9(0.5) / [0.9(0.5)] + 0.3(0.5)] \\
&= 0.45/0.60 \\
&= 0.75
\end{aligned}
$$

從計算出的 $P(s_1 \mid I_1)$中，可以知道 $P(I_1)=0.60$。要找出 $P(s_2 \mid I_1)$，可以用下列的公式：

$$
\begin{aligned}
P(s_2 \mid I_1) &= P(s_2 \text{ and } I_1 / P(I_1) \\
&= P(I_1 \mid s_2)P(s_2) / P(I_1) \\
&= 0.3(0.5)/0.60 = 0.15/0.60 = 0.25
\end{aligned}
$$

事實上，即使不經過計算，也知道 $P(s_2 \mid I_1)$值為 0.25。因為在市場研究認為景氣好時，實際上會發生的狀況只有二種：景氣好或是景氣不好，因此：

$$P(s_1 \mid I_1)+P(s_2 \mid I_1)=1$$

或是

$$P(s_2 \mid I_1)=1-P(s_1 \mid I_1)=1-0.75=0.25$$

利用表列計算事後機率

如果作一張類似表13.2的的統計表，對於計算事後機率相當有幫助，這可以解釋在得到的結果是 I_1 的前提下，如何得出各種狀態發生的事後機率。在表13.2中前二欄的機率是已知的，第三欄的機率事前二欄機率相乘的結果。算出第三欄的機率，也就是得到 I_1 的機率。將事前機率除以第三欄的機率值，就可以得到事後機率值，如列在最後一欄的機率值。

利用這類的表，可以為每一項可能得出的結果都製一張表。在得出結果不同的前提下，每種狀態發生的事後機率都不同。在「重要時刻」房屋公司的範例中，從市場研究的樣本資訊分析中，可能得出的結果有二種—景氣好（I_1）或是景氣不好（I_2），這就必須要畫二張表，I_1 的列表資訊在表13.2，I_2 的列表資訊在表13.3。如果有三種可能的結果，為了要算出不同前提下的事後機率，就必須要畫三張表。現在可以得出的所有的事後機率值為：

$P(s_1 \mid I_1)$ ＝P (市場研究結論認為景氣好，實際發生的情形也是景氣好)
$=0.750$
$P(s_2 \mid I_1)$ ＝P (市場研究結論認為景氣好，但實際發生的情形是景氣不好)
$=0.250$
$P(s_1 \mid I_2)$ ＝P (市場研究結論認為景氣不好，但實際發生的情形是景氣好)
$=0.125$
$P(s_2 \mid I_2)$ ＝P (市場研究結論認為景氣不好，實際發生的情形也是景氣不好)
$=0.875$

將這些資訊加入決策樹圖中，可以進行相關的決策。

表 13.2

利用表列及貝氏定理，計算出在得到結果為 I_1 的前提下，各狀態的發生機率

結果爲I_1的資訊列表				
s_j	$P(s_j)$	$P(I_1 \mid s_j)$	$P(I_k \text{ and } s_i)$ $= P(s_j) \cdot P(I_1 \mid s_j)$	$P(s_j \mid I_k)$ $=P(s_j)/ P(I_1)$
S_1	$P(s_1)$	$P(I_1 \mid s_1)$	$P(s_1 \text{ and } I_1)$ $=P(s_1) \cdot P(I_1 \mid s_1)$	$P(s_1)/ P(I_1)$ $= P(s_1 \mid I_1)$
S_2	$P(s_2)$	$P(I_1 \mid s_2)$	$P(s_2 \text{ and } I_1)$ $=P(s_2) \cdot P(I_1 \mid s_2)$	$P(s_2)/ P(I_1)$ $= P(s_2 \mid I_1)$
			$P(I_1)= P(s_1 \text{ and } I_1)+ P(s_2 \text{ and } I_1)$	

結果爲I_1的資訊列表				
S_j	$P(s_j)$	$P(I_1 \mid s_j)$	$P(I_k \text{ and } s_i)$ $= P(s_j) \cdot P(I_1 \mid s_j)$	$P(s_i \mid I_k)$ $=P(s_j)/ P(I_1)$
S_1	0.5	0.9	0.5(0.9)=0.45	0.45/0.60=0.750
S_2	0.5	0.3	0.5(0.3)=0.15	0.15/0.60=0.250
			$P(I_1)$= 0.45+0.15=0.60	

重要時刻房屋公司的擴張決策樹

如果事後機率加入之前的決策樹中，可以得到圖13.4。現在，第一個決策點變成要決定是否進行市場調查。如果最後決定要進行研究，則決定社區規模前，經理人就可以參考研究結果所得出的額外資訊。如果市場研究的結論是認爲景氣好（I_1），在代表結論爲景氣好的節點後，必須在適當的分支上分別加入事後機率 0.75 與 0.25。同樣的，如果得出的研究結果是認爲景氣不好，就要在代表結論爲景氣不好的節點後，必須在適當的分支上分別加入事後機率 0.125 與 0.875。必須注意的是，因爲研究需要成本，因此，不管得出的結論爲何，最後得出的報酬都必須減去$10,000（研究成本）。如果在決策過程中不考慮應用研究，則繪出的圖就

表 13.3

利用表列及貝氏定理，計算出在得到結果為 I_2 的前提下，各狀態的發生機率

結果爲I2的資訊列表				
s_j	$P(s_j)$	$P(I_2 \mid s_j)$	$P(I_k \text{ and } s_i)$ $= P(s_j) \times P(I_2 \mid s_j)$	$P(s_j \mid I_k)$ $= P(s_j)/ P(I_2)$
S_1	$P(s_1)$	$P(I_2 \mid s_1)$	$P(s_1 \text{ and } I_2)$ $= P(s_1) \times P(I_2 \mid s_1)$	$P(s_1)/ P(I_2)$ $= P(s_1 \mid I_2)$
S_2	$P(s_2)$	$P(I_2 \mid s_2)$	$P(s_2 \text{ and } I_1)$ $= P(s_2) \times P(I_2 \mid s_2)$	$P(s_2)/ P(I_2)$ $= P(s_2 \mid I_2)$
			$P(I_2) = P(s_1 \text{ and } I_2) + P(s_2 \text{ and } I_2)$	

結果爲 I_2 的資訊列表				
S_j	$P(s_j)$	$P(I_2 \mid s_j)$	$P(I_2 \text{ and } s_i)$ $= P(s_j) \times P(I_2 \mid s_j)$	$P(s_j \mid I_2)$ $= P(s_j)/ P(I_2)$
S_1	0.5	0.1	0.5(0.1) = 0.05	0.05/0.40 = 0.125
S_2	0.5	0.7	0.5(0.7) = 0.35	0.35/0.40 = 0.875
			$P(I_2) = 0.05+0.35 = 0.4$	

會如圖13.3所示。因此，在圖13.4中的節點4、10及11，就相等於圖13.3的節點1、2與3。

一旦畫出完整的決策樹圖，就可以著手進行分析。分析工作是由尾端有報酬的分支開始，然後往回溯（往左方）。首先算出最靠近最終報酬的事件節點的期待值，然後回溯到決策節點，並選擇最佳預期報酬值的方案，並將這個方案所帶來的預期報酬值加入決策節點中。圖13.5是以上過程的結果。在事件節點5，有60%的預期報酬值爲\$115,000，40%的機會可得預期報酬值\$43,750。期待值爲\$86,500，這個值要進入節點5中。繼續往回看，到節點1，在這裡，經理人會選擇要進行市場研究，因爲進行研究所帶來的期待報酬值爲\$86,500，較不進行研究的\$65,000爲高。

圖 13.4

「重要時刻」房屋公司的決策樹圖（考慮額外資訊）

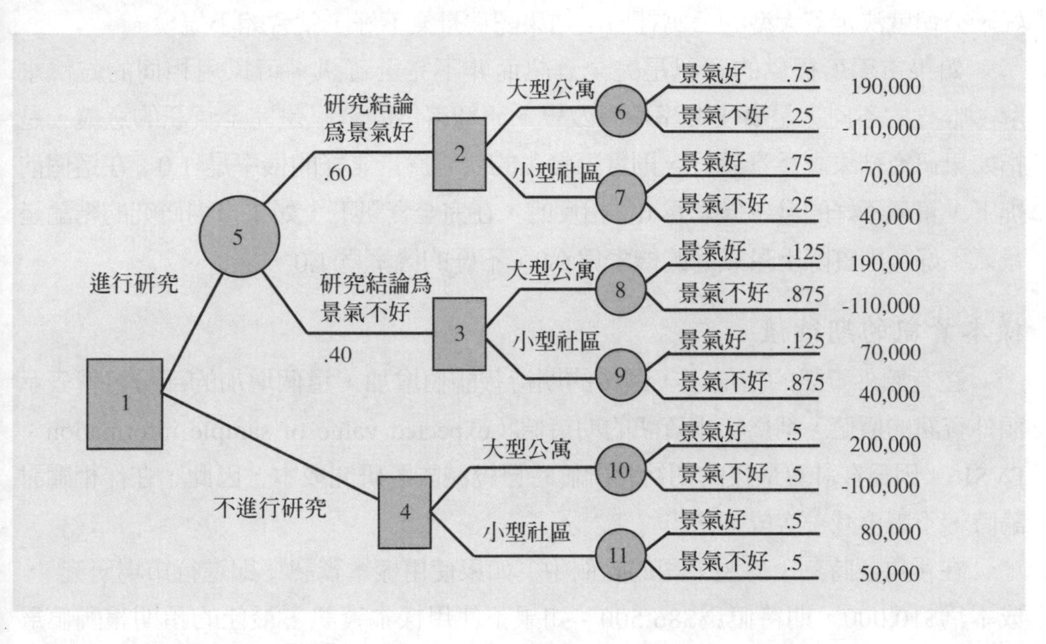

圖 13.5

「重要時刻」房屋公司的決策樹圖（加入期待值）

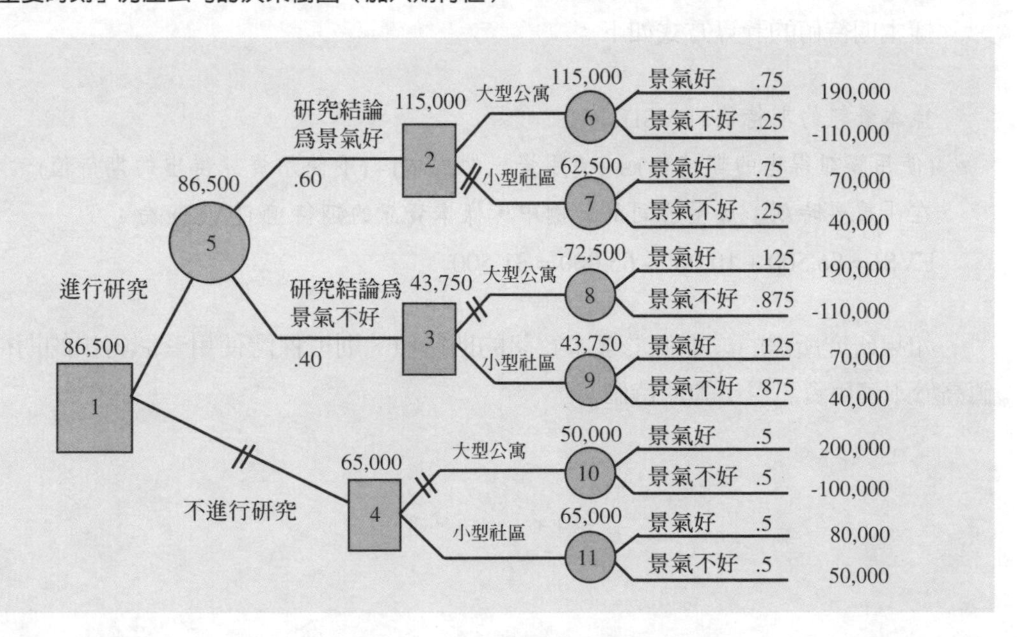

圖13.5可以提供一個決策過程的覽要，看看在不同的情形下，經理人是如何作出決定。公司最後選擇進行研究，並靜待研究結果。如果研究結論認爲景氣好，公司就決定蓋大型的公寓社區；如果認爲景氣不好，就會縮小規模。

如果市場所提供的資訊是完全資訊而非不完全資訊，可以用相同的方法求解。唯一的不同，是事後機率值會改變。研究得出的資訊是完全資訊的意義，是指如果研究結果認爲景氣好，則實際發生的狀態爲景氣好的機率是 1.0；在這個前提下，景氣不好的發生機率爲 0。相反的，在完全資訊下，如果市場研究的結論是景氣不好，則實際上景氣好的機率爲 0.0，不好的機率爲 1.0。

樣本資訊的期待值

在有額外資訊的情形下，最後的期待報酬值增加，這個增加的部份，就表示額外資訊的價值，稱爲樣本資訊的期待值（expected value of sample information；EVSI）。因爲在計算最後的期待報酬值時已經減去了研究成本，因此，在作相關討論時，不需再減一次成本。

在「重要時刻」房屋公司的範例中，如果使用樣本資訊（即進行市場研究），成本爲$10,000，期待值爲$86,500；如果不使用樣本資訊，最佳的預期報酬值爲$65,000。因此，花了$10,000使用樣本資訊後，期待值增加了$21,500。公司願意爲這個研究最多再付$21,500，也就是總共願意最多付出$31,500，換句話說，也就是這個樣本資訊的期待值（EVSI）爲$31,500。

樣本期待值的計算方式如下：

樣本資訊的期待值 (EVSI) =

(使用資訊得出的期待值) + (使用資訊的成本) - (不使用資訊得出的期待值)

在「重要時刻」房屋公司的範例中，樣本資訊的期待值 (EVSI) 為：

EVSI = 86,500 + 10,000 - 65,000 = 31,500

如果研究所需的成本低於樣本資訊的期待值，則可保證使用資訊得出的期待值高於不使用資訊得出的期待值。

全球觀點—輝瑞藥廠的決策判定

輝瑞（Pfizer）是一家國際性的醫療保健研究公司，主要業務有四個部份，由這四個部份擴展出的行銷網路非常廣大。醫療保健部主要在開發一些需要處方箋的藥物以及醫院的醫療器材；一些無須處方箋的藥品如眼藥水或漱口水等，則由一般保健部負責。另一個有發展潛力的部門是食品營養部，專門生產一些食物或飲料中的特別成分如代糖或代脂肪等。最後一個部門是動物保健部門，在這裡提供有專利的動物用藥物。

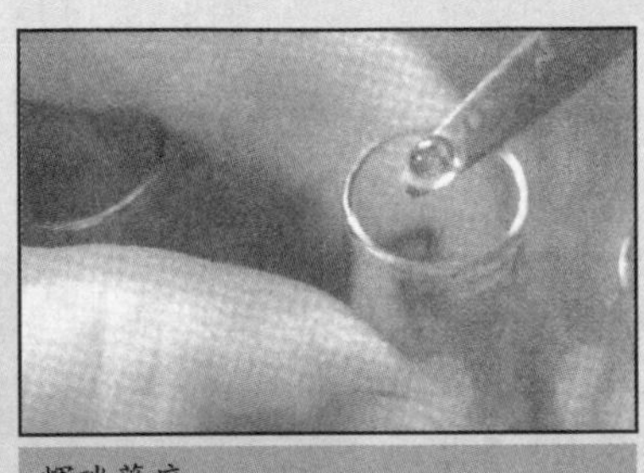

輝瑞藥廠

在現今一個高度挑戰的環境中，為了保持競爭力，輝瑞必須持續從事研發。在此同時，醫療保健體系也正經歷一些重大的變化，逐漸朝向降低組織成本的方向發展。為因應這些變化，輝瑞開始強調控制成本，轉而接受超過80項的結果研究（outcomes research），減少自行開發新技術，以降低成本。不論是經濟上或療效上來看，這些臨床實驗對於新產品的開發都有正面的效益。

利用臨床實驗，輝瑞藥廠不斷探索新的開發領域，以滿足現代社會的需要，增進民眾的生活品質與壽命。同時，在進行臨床研究時，研究人員也可確認哪一些醫療程序是較無危險性、且對病人而言較無不適性的，這可以縮短病人恢復期，並降低醫療費用。

資料來源：Pfizer Annual Report, 1993.

13.5 效用理論

有時候，人們所做出的最後決策與預期報酬值最大的準則並不一致。當人們在購買保險時，所付出的保費可能比所能得到的紅利或報酬為高；在可能的範圍內，經理人所選擇的不必然是預期報酬值最大的方案，有時甚至可能是預期值最小、或是會使公司倒閉的負報酬值。對於購買者而言，每一張樂透彩券的報酬值都是負的；對於賭客而言，賭場中每一種遊戲的的報酬值也都是負值。為什麼人們會做出一些看起來是不理性的決策？原因即在於這些決策所帶來的價值，除了貨幣的報酬值之外，還包括其他非貨幣的的價值。這種特殊的總報酬或結果稱為效用（utility）。保險可以爲購買的人帶來心理的安定，使公司倒閉可能是在考慮過所有的可能性後最好的結果；預期會贏的心情，對購買彩票的人而言，也是購買彩票所帶來報酬的一部份；對於選擇去賭場玩樂的人而言，賭博遊戲可以帶來極大的娛樂價值。

因此，以最大預期報酬的準則來看，個人做出一個看起來是非理性的決策時，但事實上這個決策卻符合最大預期效用準則，仍然是理性的。在決策過程

對購買彩券的人而言，「預期會贏」本身就是效用的一部份。

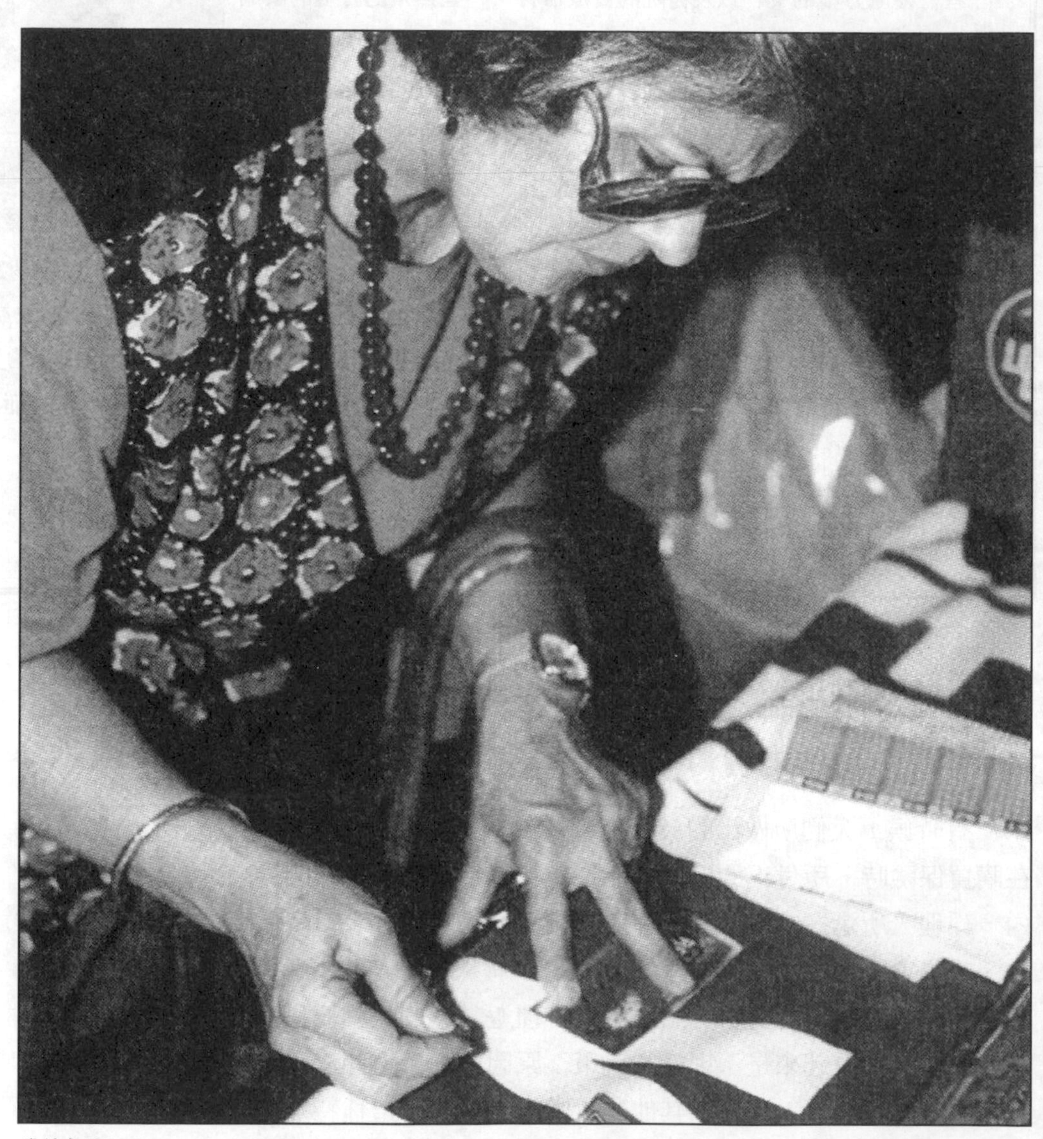

資料來源：Courtesy New York State Lottery.

中，加入每個方案所帶來的效用值，就可以算出每個決定的預期效用值。但因為效用值是由個人的主觀決定，要算出方案的效用值並非一件容易的工作。同樣一個方案，對不同的決策者而言，所帶來效用可能不同。幸運的是，因為在決策過程中貨幣報酬值是一個重要的考量，因此，除非某個方案的非貨幣價值較其他方案極高或極低，一般而言，如果以貨幣報酬值來決定效用值高低，仍是合理的作法。

效用與貨幣價值之間的換算率因人而異，甚至，對同一個決策者而言，相同的貨幣報酬值所代表的效用也不盡相同。例如，當目前所能獲得的最高可能報酬為$15時，如果某個方案可以多增加$10的報酬，對決策者而言，效用很高；但同樣是增加$10的貨幣報酬值，如果最高的可能報酬值為$1,000，效用可能就很低。因此，某個貨幣報酬值所表示的效用值，除了決定於決策者的主觀意志之外，也跟決策可能得到的報酬值高低有關。

將貨幣報酬值換算成效用值

當要將貨幣報酬值待換成效用值時，第一步是要確定總效用的規模。將最高與最低報酬值分別訂出一個效用值，這中間的差距就是效用規模。通常，最高報酬值的效用訂為1，最低的報酬訂為0。效用規模並非只有一種，也可以使用0到10、或是0到100的規模。

下一步，決策者在二種不同的選擇下比較方案。第一種是在確定狀態下的報酬，此時的報酬值稱為確定當量（certainty equivalent；CE）。第二種要考慮在不確定狀態下的情形，此時方案中會有幾種可能的報酬值，決策者要決定的是，在第二種情形中，得到最大報酬的機率為多少時，他會認為這二種選擇所產生的效用是相等的。在第二情形中考慮最高與最低的報酬值，假設二個選擇下的效用相等時，是在第二種選擇中獲得最大報酬值機率為 p 獲得最小報酬機率為（1-p）時。整個概念如表13.4。

指定效用值的範例

為解釋如何將貨幣報酬替換成效用值，考慮下列的例子。假設現在有二個投資方案，報酬值分別如表13.5。如果利用期待值的準則，應該要選擇方案一。但因為這個方案有可能會損失$1,000，但第二個方案所有的報酬值都為正數，決策者可能會認為第二個方案是較佳的選擇。要瞭解選擇方案二是否為一個理性的決定，以下將要把貨幣價值替換成效用值，看看方案二是否是使預期效用最大的選擇。

表 13.4

利用確定當量，將貨幣報酬值替換為效用值

	狀態		
選擇	狀態1	狀態2	期待值
1	CE	CE	CE
2	最大值	最小值	p（最大值）+（1-p）（最小值）
機率	p	1-p	
確定當量（CE）			

表 13.5

報酬表

	景氣差	景氣一般	景氣好	期待值
投資案1	-1,000	0	3,000	600
投資案2	200	400	600	400
機率	0.3	0.4	0.3	

在各方案中，最好的報酬值發生在方案一，爲$3,000，將效用值訂爲1；最差的報酬值爲$-1,000，效用爲0。讓U（貨幣報酬）定義爲貨幣報酬的效用值，表示：

$$\text{Utility}(3{,}000) = U(3{,}000) = 1$$
$$\text{Utility}(-1{,}000) = U(-1{,}000) = 0$$

其他可能出現的報酬值還有$0、$200、$400以及$600，這些貨幣報酬值也必須換成效用。

要找出$600的效用，可以利用如表13.6的比較表。假設現在可以有二種選擇，第一種選擇是在確定的情形下，可以得到$600的報酬；另一種選擇，是有機會可得最高或最低的報酬值，如表13.6。

表 13.6

為了要找出 $600 的效用值，所做出的報酬表

	狀	態	
選擇	狀態1	狀態2	期待值
1	600	600	600
2	3,000	-1,000	p（3,000）+（1-p）（-1,000）
機率	p	1-p	

決策者要問自己一個問題：當 p 值爲多少時，這二種選擇是一樣的？假設決策者主觀認爲是0.7，表示當 $p = 0.7$ 時，在這位決策者的心目中，二種選擇的預期效用一樣，雖然，這並不表示這二種選擇的預期報酬值相等。要找出效用值。可以列表如下：

	狀	態	
選擇	狀態1	狀態2	期待值
1	U(600)	U(600)	U(600)
2	U(3,000)	U(-1,000)	pU(3,000)+(1-p)U(-1,000)
機率	p	1-p	

在方案2中，最佳報酬值的效用爲 1，最差的爲 0，本例中，二種選擇預期效用相等時是當 $p = 0.7$，因此，可得結果如下：

	狀	態	
選擇	狀態1	狀態2	期待值
1	U(600)	U(600)	U(600)
2	1	0	0.7
機率	0.7	0.3	

如果二種選擇相等，表示二者的預期效用值相等，可得：

確定當量的預期效用值＝選擇二的預期效用值

U(600) = 0.7

將效用的規模訂在0到1之間有一個好處，這會使每一個報酬的效用值都等於決策者所設定的主觀機率值。因此，要找出其他貨幣報酬值的效用值，只要找出決策者的主觀機率即可。

假設，當決策者被問到主觀機率時的答覆如下：

報酬	機率
0	0.4
200	0.5
400	0.6

重複之前找出報酬$600的效用值過程，可得：

U(0) = 0.4

U(200) = 0.5

U(400) = 0.6

要找出這個問題中的最大預期效用值，可以仿照之前，作一張效用的報酬表，如表13.7。算出的最大預期效用是在方案二，因此，選擇方案二雖然不符最大

表 13.7

效用報酬表

	景氣差	景氣一般	景氣好	期待值
投資案1	0	0.4	1	0.46
投資案2	0.5	0.6	0.7	0.60
機率	0.3	0.4	0.3	

預期效用的準則，但符合最大預期效用準則。

效用曲線

利用報酬值與相對應的效用值，可以畫出一條**效用曲線**（utility curve），效用曲線代表決策者對風險的態度。在之前的例子中，所畫出的效用曲線如**圖**13.6，從圖中可以清楚看出決策者的風險態度。

效用曲線的形狀代表風險態度，**圖**13.7是三種基本的效用曲線，所代表的風險態度分別爲風險趨避者、風險中立者與風險愛好者。當貨幣報酬相對很小時，個人很可能就成爲一個風險愛好者；在貨幣報酬相對大時，多半爲風險趨避者。例如，人可能會花$1去買張彩券，以希望贏得$1,000，但即使賠率相同，人不見得會花$1,000去賭$1,000,000。

圖 13.6

利用報酬值與相對應的效用值畫出效用曲線

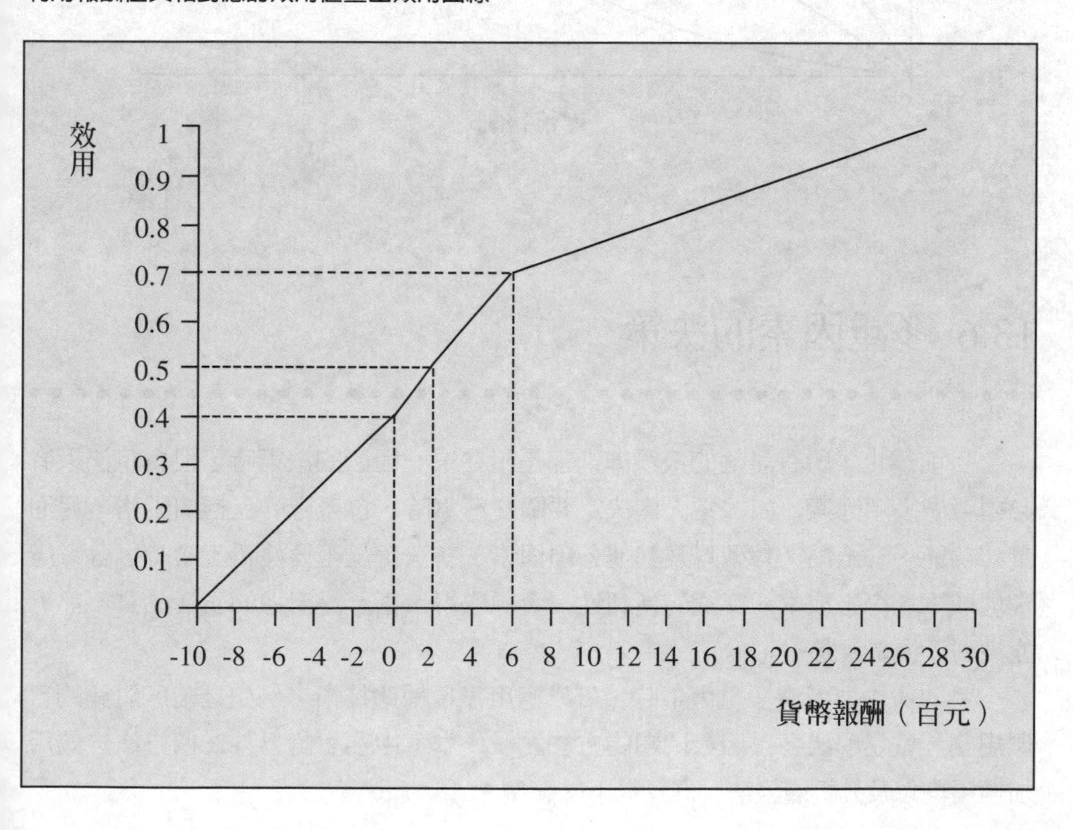

圖 13.7

三種基本的效用曲線

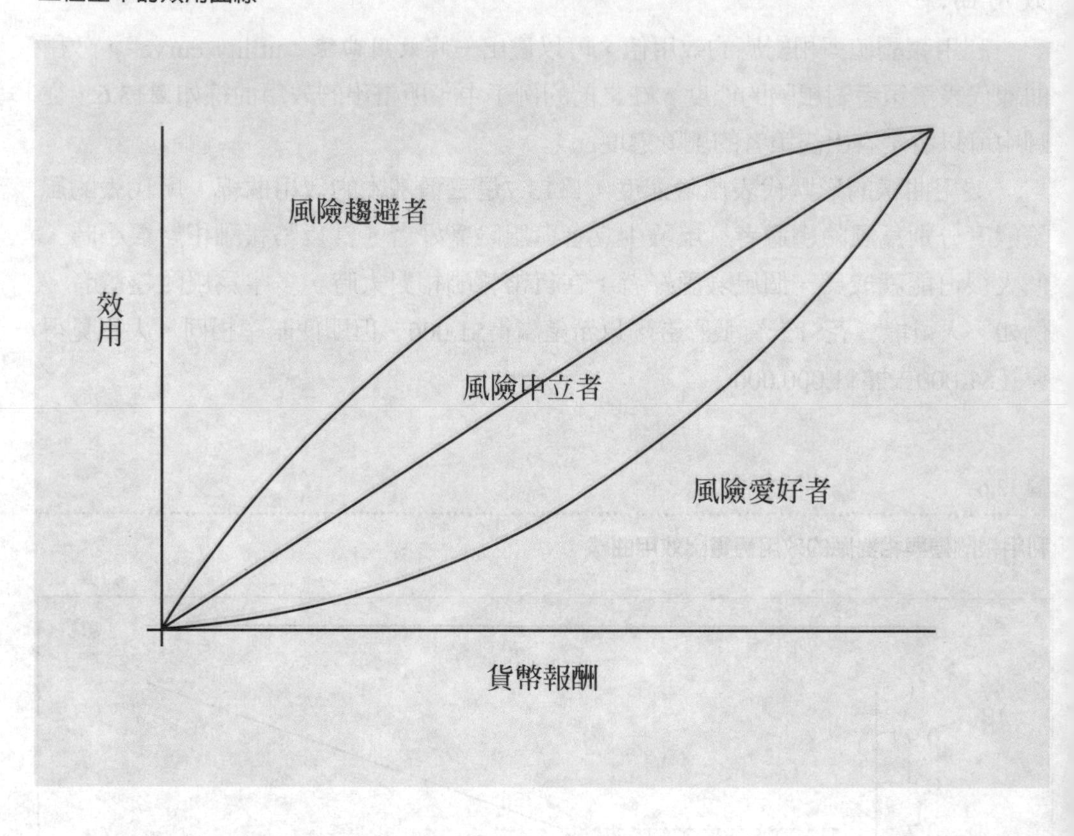

13.6 多重因素的決策

目前爲止，所有討論的決策準則都是用在單一因素的決策時，但有時決策者必須考慮多項因素。如，當人們決定要購買汽車時，會考慮的包括如價格、耗油量、功能、安全性、外型以及其他各項因素。在決定是否要建新工廠時，會考慮土地成本、勞工成本、交通的便利性、資源取得、甚至是周邊的生活品質，都可能被列入愼重考慮。

當決策中要考慮多重因素時，可以應用幾項輔助技術，例如之前所討論的目標規劃，就是解決多重因素問題的方法之一。本章中要討論另外二個方法：效用加權平均以及分析層級法，詳見以下的範例。

全球觀點—利用決策分析制定芬蘭的環保政策

政治人物經常被要求爲複雜的事物做決定，有時候，這些決定的複雜性遠超過這些人的專業經驗。大部份的政治人物習慣用不完整的訊息來做交易。爲了解決這個問題，芬蘭的公共政策決策者會在他們的政治程序中，用一個聯合的決策分析方案來解決這個問題。

例如，芬蘭國會的成員會使用決策分析的方式來制定核能政策，他們的目的是用政策辯論的方式，爲將來的決策做準備或指出比較性的偏好。國家能源會議也會用決策分析的方式爲芬蘭未來能源的選擇創造一個整體的架構。芬蘭國家的水利環境發展局爲多樣且具爭議性的問題提出政策提案。例如，爲了製造能源與測量酸雨而改變湖泊水位等問題。當局的成員會靈活的以決策分析的方式向政治人物提出問題清楚的架構。

芬蘭的總理對於決策分析爲釐清環境政策上所扮演的角色印象深刻。事實上，他也相當支持以類似的分析方式分析芬蘭加入歐洲共同市場的決定。

由於在政治的壓力下，這個決定下的非常快，因此這個分析才能用上，但是這個例子顯現出未來在公共政策的決議上，決策分析的潛能。

資料來源：Hamalainen, R. P., June 1992. "Politics & Policy, Decision Analysis Makes its Way into Environmental Policy in Finland." *OR/MS Today:* 40-43.

資料來源：Courtesy of American Honda Motor Co. / Fleishman Hillard Inc.

在作購車決策時，可能考慮的因素有安全、價格及耗油性等。

範例

克隆尼公司正在規劃新建一座工廠，以便滿足公司業務日益成長的需求，在審愼考慮稅賦、交通的成本及便利性、以及原物料的取得等各項因素後，公司選定了三個地點，經理人要在這三者中擇一興建工廠。

在做出最後決定之前，經理人要依據三項因素，分別將三個地點排定優先次序；經理人決定要評估周邊的生活環境品質，因爲新管理當局的人必須隨著移動到新工廠所在地生活。另一個因素，是工廠的新建成本。最後，要考慮工廠所在地的勞工供給概況。在經過評估後，經理人並未發現哪一個地點最具優勢。現在，應該如何作決定？

13.7 效用加權平均法

在面對多重因素的決策問題時，其中的一個求解方法，就是依據各個因素的效用值或報酬值，將各方案予以排序，而這些報酬或效用值是由決策者的主觀意識決定依據重要性的不同，每一個因素會有不同的權數，利用權數將各方案的總效用加權平均，就可以得出優先次序。

在克隆尼公司的範例中，假設每一個因素的滿分效用都是 100。在第一個城市中，經理人認爲周邊的生活品質可得 85，而另二個城市在這個項目的得分分別爲60 與 80。同樣的，針對其他二個因素，經理人也分別訂出其效用值，結果如表13.8。對於各個因素的重要性，經理人主觀認爲權數應該爲 0.3、0.2 與 0.5。所算出的加權平均數也列於表13.8，依據這項結果，應選擇第三個地點。

在依據效用加權平均作決策時，必須注意這些效用或排序值都是經理人主觀決定，一點小小的改變都會使結果有很大的不同。在表13.8中，雖然被選擇的是第三個城市，但第一個城市的得分也非常相近。

13.8 分析層級法

另一項多準則的求解法，是***分析層級法***（analytic hierarchy process；AHP），就像在效用加權平均法中一樣，AHP也是一種加權平均的方法。在AHP中的指定

表 13.8

因素排序

	因	素		
	生活品質	新建成本	勞動供給	加權平均
城市 1	85	70	75	77
城市 2	60	80	70	69
城市 3	80	75	80	79
權數	0.3	0.2	0.5	

順序與權數的方法較具系統性，因此，所得出的結果比效用加權平均更具可靠性與一致性。

在分析層級法中，是針對每一個不同的因素，將各方案予以配對，以得出優劣比較值。同樣地，也可以針對同一方案中的不同因素加以配對，以找出各個因素的重要次序，並求出權數。

在應用分析層級法時，經理人必須決定整體目標、確認要評估的因素或準則、以及確定要加入評估的是哪些方案，有時候甚至要考慮一些次要的準則。在克隆尼公司的範例中，目標是要選出最佳的工廠興建地點，準則包括生活品質、興建成本、以及勞動供給。在勞動供給中，還要考慮一些次要的因素如勞工成本、可用勞工數、以及當地勞工的技術水準等。要考慮的方案，是有三個可供選擇的城市。一旦界定出方案後，及可以開始進行決策考量。**摘要表**13.1中，簡要概述應用AHP法的步驟。以下將再以克隆尼公司作爲範例，詳盡解釋AHP法的應用步驟。

配對比較

在應用AHP法時，配對比較的原則就像**表**13.9所列出的一樣。克隆尼的經理人必須要將城市1與城市2、城市2與城市3、城市1與城市3分別就3個因素作比較。假設在生活品質的因素上，經理覺得城市1比城市2好太多了，就可以在城市1列、城市2行的欄位中給分9分，表示與城市2（行）相比，城市1（列）更好，如**表**13.10中所示。因此，在城市2列、城市1行的欄位中，數值應爲1/9，因爲城市2不

摘要表 13.1

應用分析層級法的步驟摘要

1. 根據不同因素，找出各方案的優劣順序。
   A. 依據各因素，建立方案的配對矩陣。
   B. 將矩陣一般化（normalize）。
   C. 將每一列的數值平均，得出優劣次序的值。
   D. 計算出一致率（consistency ratio），如果有必要，要進行修正。
2. 找出每一個因素的權數。
   A. 建立配對矩陣，來作各個因素的比較。
   B. 將矩陣一般化（normalize）。
   C. 將每一列的數值平均，得出優劣次序的值。
   D. 計算出一致率（consistency ratio），如有必要，要進行修正。
3. 算出加權平均後的優劣次序值，選擇權數最高的方案。

表 13.9

在 AHP 中應該指定的分數值

分數	判斷敘述	分數	判斷敘述
1	一樣好	6	好很多
2	差不多一樣好	7	非常好
3	好一些	8	非常好到好太多了
4	好一些到比較好	9	好太多了
5	比較好		

表 13.10

城市 1 與城市 2 就生活品質項的比較

	城市1	城市2	城市3
城市 1	1	9	
城市 2	1/9	1	
城市 3			1

表 13.11

克隆尼範例中就生活品質項的配對比較

	城市1	城市2	城市3
城市 1	1	9	1/3
城市 2	1/9	1	1/5
城市 3	3	5	1

比城市1好。表中所有從左上方斜對角的數字必為1，因為每個城市都跟自己一樣好。如果在同一個項目上將城市1與城市3相比較，假設城市3比城市1好，將城市3列、城市1行的欄位分數訂為3，也就表示城市1列、城市3行的欄位應該為1/3。最後比較城市2與城市3，假設城市3也比城市2好很多，就將5與1/5放在對應的欄位，如表13.11。

一旦完成配對比較後，就可以算出每個方案的優劣次序，之後要再找出每個方案的權數。這個步驟在分析層級法中稱為**綜合**（synthesis）。計算精確的綜合值需用到複雜的數學，非本書的重點，以下只介紹近似值的算法。在一般的現實情況，其實所計算出的只是近似值，也足以做為經理人的決策參考。

將矩陣一般化

一旦完成配對矩陣後，要用每一行的總值作一般化，就是將一行中的每一個數目字都除以這一行中的總值，這個結果稱為**一般化矩陣**（normalized matrix）。

在第一欄中：

總值為：1+1/9+3 = 4.111

第一行的一般化：

1/4.11 = 0.243
(1/9)/4.111 = 0.027
3/4.111 = 0.730

表 13.12

將生活品質項的配對矩陣一般化

配對矩陣			
	城市 1	城市 2	城市 3
城市 1	1	9	1/3
城市 2	1/9	1	1/5
城市 3	3	5	1
總值	4.111	15	1.533

一般化矩陣				
	城市 1	城市 2	城市 3	列平均（優劣順序）
城市 1	0.243	0.600	0.217	0.345
城市 2	0.027	0.067	0.130	0.075
城市 3	0.730	0.333	0.652	0.572

完整的一般化結果列於表13.12：第一行所有的數值都除以4.111，第二行所有的數值都除以15，第三行所有的數值都除以1.533，結果就會像表13.12。

得出AHP中的優劣次序值

將矩陣一般化後，將每一列的數值相加平均，得出的平均數就是各方案在這項目上的**優劣值**（rating）或**優先性**（priority）。在表13.12中，所考慮的準則是生活品質，城市1 在這個項目上的平均值（第一列）為：

$$(0.243+0.600+0.217)/3 = 0.354$$

因此，城市1 的優劣值為 0.354。利用同樣的計算方式，可以得出其他城市的優劣值，如城市2 的優劣值為 0.075，城市3 為 0.572。

之後，要計算出**一致率**（consistency ratio），看看配對出的優先次序是否具一致性。檢查一般化矩陣中各列的數值，如果配對結果是一致的，則同一列的每個數值都應差不多。利用一致率為指標，可以知道當數值差異為多少時，表示已達

表 13.13

克隆尼範例中就興建成本與勞動供給項的配對比較

配對矩陣（興建成本）				
	城市 1	城市 2	城市 3	
城市 1	1	1/5	1/2	
城市 2	5	1	4	
城市 3	2	1/4	1	
總值	8	1.45	5.5	
一般化矩陣				
	城市 1	城市 2	城市 3	列平均（優劣順序）
城市 1	0.125	0.138	0.091	0.118
城市 2	0.625	0.690	0.727	0.681
城市 3	0.250	0.172	0.182	0.201
配對矩陣（勞動供給）				
	城市 1	城市 2	城市 3	
城市 1	1	2	1/4	
城市 2	1/2	1	1/7	
城市 3	4	7	1	
總值	5.5	10	1.393	
一般化矩陣				
	城市 1	城市 2	城市 3	列平均（優劣順序）
城市 1	0.182	0.200	0.179	0.187
城市 2	0.091	0.100	0.103	0.098
城市 3	0.727	0.700	0.718	0.715

差異顯著水準，但因爲計算一致率的過程十分複雜，因此，將在稍後的章節再作介紹。

建立其他的配對矩陣並選擇最佳方案

在克隆尼的問題中，決策者必須再依據興建成本與勞動供給等二項因素，作出配對矩陣，就如表13.13。在表13.13的矩陣中，每一欄都被加總與一般化，每一列也都算出平均值，之後，要找出各因素的重要權數。

經理人要將三個因素配對比較，找出各因素的重要性順序。表13.4是完整的比較過程，同樣地，也必須將每一行一般化，並且求出每一列的加權平均。

一旦算出各因素的重要次序以及權數後，及可以找出各方案的加權優劣值，如在城市1中：

$$0.360(0.345)+0.128(0.075)+0.512(0.572) = 0.4295$$

利用相同的方法，可以算出其他城市的優劣值，如表13.15。依據之前配對法所算出的評估結果，經理人應選擇將工廠蓋在城市3。但必須注意的是，城市1與城市3的優劣值相距不遠。

要確認這些優先次序具有一致性，必須利用之前所有的一般化矩陣。

表 13.14

三個因素的配對矩陣

三個因素的配對矩陣	生活品質	興建成本	勞動供給	
生活品質	1	4	1/2	
興建成本	1/4	1	1/3	
勞動供給	2	3	1	
總值	3.25	8	1.833	
一般化矩陣	**生活品質**	**興建成本**	**勞動供給**	**列平均（優劣順序）**
生活品質	0.308	0.500	0.273	0.360
興建成本	0.077	0.125	0.182	0.128
勞動供給	0.615	0.375	0.545	0.512

表 13.15

利用AHP法找出的優劣值

	生活品質	興建成本	勞動供給	加權平均優劣值
城市1	0.354	0.075	0.572	0.4295
城市2	0.118	0.681	0.201	0.2326
城市3	0.187	0.098	0.715	0.4459
權數	0.360	0.128	0.512	

計算一致率

在克隆尼範例中，總共有4個配對矩陣，每一個矩陣中都可以計算出一個一致率。計算一致率的方法，將以各方案在生活品質項的比較爲例，配對矩陣爲：

	配對矩陣			
	城市 1	城市 2	城市 3	平均優劣值
城市 1	1	9	1/3	0.354
城市 2	1/9	1	1/5	0.075
城市 3	3	5	1	0.572

利用這項資訊，算出一致率的步驟如下：

步驟 1：找出每一列的加權總數。每一列中，每一欄的權數就是其對應的平均優劣值，例如第一列第一欄的權數，就是對應的平均優劣值 0.354；同一列第二欄的權數，對應的平均優劣值是0.075，依此類推。因此：

$$0.0354(1)+0.075(9)+0.527(1/3) = 1.2165$$
$$0.0354(1/9)+0.075(1)+0.527(1/5)= 0.2283$$
$$0.0354(3)+0.075(5)+0.527(1) = 2.0059$$

步驟 2：將每一列的平均優劣值除以該列的權數總值。

1.2165/0.354 = 3.4408

0.2283/0.075 = 3.0653

2.0059/0.572 = 3.5084

步驟 3：求出步驟 2 中各數值的平均值，並將這個平均值定義爲 λ。

λ = (3.4408+3.0563+3.5084)/3 = 3.3352

步驟 4：計算出一致性指數（consistency index；CI）。

一致性指數 CI = (λ -n)/(n-1)

其中，n 是要比較的項目個數（註：即是配對矩陣中的列數）。

CI = (3.332-3)/(3-1) = 0.1676

步驟 5：計算一致率（consistency ratio；CR）。

一致率 CR = CI/RI

其中 RI 是隨機指數(random index)，與 n 有關，可以由下表找出：

n：	2	3	4	5	6	7	8	9	10
RI：	0.0	0.58	0.90	1.12	1.24	1.32	1.41	1.45	1.51

因此

CR = 0.1676/0.58 = 0.2889

如果 CR 的值大於 0.10，表示之前所算出的優劣值是不具一致性的，必須修改後重新再計算。檢查一致性最簡單的方法，就是察看一般化矩陣的數值。在本例中，一致率的值很大，檢視表13.12的矩陣，可以發現在城市 1 與城市 3 的列中，中間的數值與兩端的值相差很大，決策者必須回到最初的配對比較，作適當的修正。

AHP的套裝軟體

雖然以上的計算過程很繁瑣，但卻十分詳盡地說明了AHP的應用步驟。有一點必須注意，以上的方法所算出的數值，其實只是AHP的近似值，並非眞值。雖則如此，但近似值已足以提供許多相當有用的資訊，在一般的試算表軟體中，都可以演算上述的過程。

另外也有一些易於使用的套裝軟體，如 Expert Choice，可以進行AHP的分析與計算。要輸入的資料，就是配對比較的數值。

加權效用法與分析層級法

雖然，加權效用法與分析層級法都可以用於多重因素的決策，但這二種方法有其特殊的優點。加權效用法是較易於瞭解與使用，AHP法的結果較具一致性，且在這個方法中有一個可以評估一致性的指標，但計算過程繁複。在應用這二種技術時，經理人必須瞭解主觀的判斷將影響最後的結果，因此，雖然方案中得分最高者應爲最佳選擇，但其他得分高的方案也可以列入考慮的範圍。

13.9 摘要

本章中，是利用決策樹代替報酬表，做爲經理人的輔助決策工具，解決連續性決策問題。一般而言，決策的準則是利用預測報酬值。

在可以獲得額外資訊時，利用貝氏定理，可以利用事前機率算出事後機率，得出抽樣情形下的條件機率。之後，在決策樹中所要考慮的就是事後機率，而非事前機率。

有時，貨幣報酬並非決策者做決定的準則。如果某個高報酬方案有出現報酬極端惡劣的風險時，決策者可能會選擇較安全的方案。計算每一個方案的效用（非僅是貨幣價值），將會有助於決策。一個預期效用值最高的方案，並不必然是預期報酬值最高的方案。

在決策中要考慮多項因素時，可以利用加權效用法找出最佳的方案。另一個方法，是利用分析層級法，這是利用配對比較爲基礎，並可算出一致率，協助決策者檢查所配對出的結果。

字彙

分析層級法（Analytic hierarchy process；AHP）：是一種應用在多因素決策的模型，配對比較是這個方法的主要部份。

貝氏理論（Bayes Theorem）：就是利用事前機率以及樣本資料的確實性，來算出事後機率。

確定當量（Certainty equivalent；CE）：在確定狀態下的報酬。

一致率（Consistency ratio）：在AHP中，用來衡量一致性的指標。如果這個指標小於0.10，表示配對比較的結果即認定為一致的。

一致性指數（Consistency index）：AHP法中用來找出一致率的數值。

決策樹（Decision tree）：利用圖示法代表決策過程，在解決連續性的問題時非常有用。

樣本資訊的期待值（Expected value of sample information；EVSI）：在有額外資訊的情形下，最後的期待報酬值增加的部份。

節點（Nodes）：決策樹中代表決策點或事件的點。

一般化矩陣（Normalized matrix）：在AHP中的配對矩陣，將一行中的每一個數目字都除以這一行中的總值。

事後機率（Posterior probabilities）：獲得額外資訊下，所算出來的狀態發生的條件機率。

事前機率（Prior probabilities）：不使用額外資訊所得出的發生機率。

隨機指數（Random index）：在AHP法中，用來找出一致率的數值。

綜合（Synthesis）：在AHP，要算出整體的優先性與優劣值的過程。

效用（Utility）：某個結果或報酬的總值。

效用曲線（Utility curve）：利用報酬值與相對應效用值畫出的曲線。

問題與討論

1. 在哪些情形下，使用決策樹會優於報酬表？
2. 何謂事前與事後機率？

3. 在決策樹圖中，方塊代表什麼意義？圓形代表什麼意義？

4. 何種類型的資訊需要用到貝氏定理？

5. 說明利用決策樹進行分析的步驟？

6. 解釋爲何有時經理人並不以使貨幣報酬達到最大作爲決策準則？

7. 解釋如何指定貨幣報酬的效用值？

8. 說明風險愛好者的效用曲線形狀爲何？風險趨避者的效用曲線形狀爲何？

9. 簡單說明分析層級法。

10. 假設經理人利用分析層級法來輔助決策，某一個因素的一致率大於0.10，在一般化矩陣中，如何檢查這種不一致？

11. 財務分析師向顧客推薦二項投資案（a_1 與 a_2），每一項投資案的報酬與景氣好（s_1）或景氣差（s_2）有關，報酬表如下：

	狀態	
方案	s_1	s_2
a_1	2,000	-800
a_2	900	400
機率	0.5	0.5

a. 畫出這個情形的決策樹。

b. 計算出哪一個方案的預期報酬率爲最高。

12. 回到問題11，假設景氣好的機率上升。當景氣好的機率爲多少時，決策者會認爲二個方案一樣好？

13. 回到問題11，假設狀態發生的機率如原報酬表所示，但方案 a_1 在狀態 s_2 的報酬改變，不再是-800。當這個報酬值變爲多少時，決策者會認爲二個方案一樣好？

14. 假設在問題11中，可以獲得額外的研究資訊，作爲對未來的狀態預測的參考，成本爲$200。如果研究結論認爲景氣好，實際上眞的爲景氣好的機率有70%；如果研究結論認爲景氣差，實際上眞的爲景氣差的機率有90%。有40%研究結論會認爲景氣好、60%認爲景氣差。

a. 畫出這個問題的決策樹。
b. 如果決定進行研究，且研究結論認爲景氣好，預期利潤爲何？
c. 如果決定進行研究，且研究結論認爲景氣差，預期利潤爲何？
d. 應該進行研究嗎？爲什麼？
e. 在這個問題中，樣本資訊的期待值爲多少？
f. 決策者願意爲研究花費的最大成本爲何？爲什麼？

15. 財務分析師向顧客推薦二項投資案（a_1 與 a_2），每一項投資案的報酬與景氣好（s_1）、景氣尚可（s_2）或景氣差（s_3）有關，報酬表如下：

方案	狀態		
	s_1	s_2	S_3
a_1	1,000	200	-500
a_2	600	400	0
機率	0.2	0.3	0.5

a. 畫出這個情形的決策樹。
b. 計算出哪一個方案的預期報酬率爲最高。
c. 假設方案 a_1 在狀態 s_3 的報酬改變，當這個報酬值變爲多少時，決策者會認爲二個方案一樣好？

16. 賽西開發公司正在規劃興建一座購物中心，規模有三種：小型、中型與大型。不同規模的預期報酬與經濟狀況有關，報酬表如下表，單位爲千元：

方案	狀態		
	景氣差	景氣尚可	景氣好
小型	-20	40	60
中型	-40	80	120
大型	-120	100	300
機率	0.3	0.5	0.2

畫出這個問題的決策樹，並決定購物中心的規模。

17. 某個問題中有二種狀態：第一種是市場狀況良好（s_1），第二種是市場狀況不好（s_2），使產品銷路不佳。利用市場研究，可以獲得額外資訊，預測未來。市場研究的結果可能爲好（I_1）或不好（I_2），各項機率如下：

$P(s_1) = 0.5$　　$P(s_2) = 0.5$

$P(I_1 \mid s_1) = 0.7$　　$P(I_2 \mid s_1) = 0.3$

$P(I_1 \mid s_2) = 0.1$　　$P(I_2 \mid s_2) = 0.9$

a. 這些問題的事前機率是哪些？
b. 市場研究結論爲好的機率是多少（即$P(I_1)$）？
c. 市場研究結論爲不好的機率是多少（即$P(I_2)$）？
d. 利用貝氏定理，找出以下的事後機率：
$P(s_1 \mid I_1)$，$P(s_2 \mid I_1)$，$P(s_1 \mid I_2)$，$P(s_2 \mid I_2)$
e. 假設市場研究的結論認爲市場好，實際上市場狀況好、產品銷路佳的機率有多少？
f. 假設市場研究的結論認爲市場好，但實際上市場狀況好、產品銷路佳的機率有多少？
g. 假設可以獲得完全資訊，資訊的結論認爲市場好，實際上市場狀況好、產品銷路佳的機率有多少？

18. 某個問題中有二種狀態：第一種是經濟狀況良好（s_1），第二種是經濟狀況不好（s_2）；如果進行經濟分析研究，可以獲得額外資訊，預測未來，研究的結果可能爲好（I_1）或不好（I_2）。決策者認爲研究有60%認爲經濟好、40%認爲不好。依據過去經驗，當研究結論認爲經濟好，實際上也發生經濟狀況好的機率爲80%；研究結論認爲經濟不好，實際上也是經濟狀況不好的機率爲90%。

假設I1代表研究結論認爲經濟好，I_2爲結論爲經濟不好，回答下列問題：

a. 下列機率值各爲多少：
$P(s_1)$，$P(s_2)$，$P(I_1 \mid s_1)$，$P(I_2 \mid s_1)$，$P(I_1 \mid s_2)$，$P(I_2 \mid s_2)$
b. 問題中的事前機率包括哪些？

c. 找出下列機率：

$P(s_1 \mid I_1)$，$P(s_2 \mid I_1)$，$P(s_1 \mid I_2)$，$P(s_2 \mid I_2)$，$P(I_1)$、$P(I_2)$

d. 假設研究的結論認爲經濟好，實際上景氣好的機率有多少？

e. 假設研究的結論認爲經濟不好，但實際上景氣好的機率有多少？

f. 研究的結論認爲經濟好的機率有多少？

g. 研究的結論認爲經濟不好的機率有多少？

19. 回到習題18中，假設方案與報酬如下表：

	狀態	
方案	s_1	s_2
a_1	10,000	2,000
a_2	5,000	4,000

a. 假設進行研究的成本是$2,000，畫出這個問題的決策樹。

b. 如果決策者決定進行研究，且最後得出的結論是經濟景氣不好，預期利潤值是多少？

c. 樣本資訊的期待值爲多少？

20. 下面是二個方案的預期報酬值：

	狀態	
方案	s_1	s_2
a_1	10,000	0
a_2	6,000	3,000
機率	0.7	0.3

a. 這二個方案的預期報酬值各爲多少？如果目標釋要使預期利潤達到最大，應該選擇哪一個方案？

b. 如果要將效用指定給報酬值，哪一個報酬值的效用應該爲 1？哪一個報酬值的效用應該爲 0？

c. 建立一張報酬表，並利用報酬表找出$6,000的效用值。這個問題的確定當量是多少？應用自己的判斷與風險態度，找出$6,000的效用值。

d. 假設現在要找出$3,000的效用值。這個問題的確定當量是多少？應用自己的判斷與風險態度，找出$3,000的效用值。

e. 假設$6,000的效用值是0.5、$3,000的效用是0.2，這是一個風險愛好者或風險趨避者的效用型態？

f. 利用$6,000的效用值是0.5、$3,000的效用是0.2，分別找出方案 1 與方案 2 的預期效用。依據預期效用準則，應該選擇哪一個方案？

21. 琳達是一位大學生，即將要畢業，目前正在申請進入研究所讀MBA。琳達已經收到三間大學的入學許可，現在必須決定要進入哪一家就讀。她將大學依據成本、系所聲譽以及生活品質等因素，將三家大學分別予以排序，結果摘要如下表（0爲最差，10爲最佳）：

	大學		
	A	B	C
成本	4	8	7
系所聲譽	9	5	6
生活品質	7	7	3

琳達以成本爲決定的最要因素，她決定成本的權數爲 0.6，系所聲譽 0.2、生活品質爲 0.2。琳達應選擇哪一間大學？

22. 回到習題 21 琳達的問題，在重新評估整個問題後，琳達不確定她所訂出的分數是否能眞實反映實際狀況，因此，她決定將大學作兩兩配對比較。在成本分面，B大學比起A大學較好，B大學比C大學好一些，C大學比A大學好一些；在系所聲譽方面，A大學比起B大學算是非常好，C大學比B大學好一些，A大學比起C大學較好；在生活品質方面，A大學與B大學一樣好，A大學比起C大學較好，B大學比起C大學算是好很多。請建立這個問題的分析層級過程配對矩陣。

23. 將問題 22 中的矩陣一般化，求解出琳達應選哪一家大學。

24. 吉娜是一位大學生，正找爲自己找一部代步用車，目前找出三種她負擔得起的車子。在作評估時，她認爲影響最後決定的因素是成本、外型以及品質。她分別依據各因將車子評分，分數100滿分，各項資料如下：

	成本	外型	品質
A型車	65	90	80
B型車	80	50	65
C型車	70	80	70

成本是最重要的因素，吉娜給這項因素的權數爲 0.5；外觀爲次重要，權數0.3；品質的重要性最低，權數爲 0.2。計算出各類車的加權平均分數，決定吉娜應選哪一類型的車子。

25. 假設現在要用分析層級法來求解問題24，吉娜依據三個因素將車子兩兩配對，得出下列的觀察：

在成本方面：B 型車比起 A 型車較好
B 型車比 C 型車好一些
C 型車比 A 型車好一些
在外觀方面：A 型車比 C 型車好一些
A 型車比 B 型車好太多了
B 型車比起 C 型車算是非常好，甚至是好太多了
在品質方面：A 型車比 C 型車好一些，也可以說是比較好
C 型車比 B 型車好一些
A 型車比起 B 型車較好

a. 依據成本、外觀與品質等三項因素，建立這個問題配對比較表。
b. 檢視這些偏好評分，是否有不一致？如果是，應如何修改？

26. 在習題25中的AHP過程，吉娜建立了三個因素的配對比較表如下：

	成本	外觀	品質
成本	1	4	6
外觀	1/4	1	1/2
品質	1/6	2	1

請描述這些因素在吉娜心中的重要性。

27. 將習題25與26中的矩陣一般化，這三種車型的相對優劣分數各是多少？三個因素的相對優劣分數各是多少？吉娜應如何選擇？

28. 計算問題27中的一致率。有任何不一致的現象發生嗎？請找出來。

分析—雙季公司

雙季公司位於新墨西哥州南方，是一家冷、暖氣機的供應商。公司的營運績效一直非常良好，但近年來由於競爭者快速增加，使得雙季公司面臨了挑戰的壓力，因此，雙季的管理當局決定要發展更積極市場行銷策略。

雙季公司供應一種 4 噸重的冷氣壓縮機，這是雙季公司主要的利潤來源。這種壓縮機可當作零件單獨出售，或作爲整組空調系統的一部份，製造商必須提供一年的保證與維修服務。製造商授權給雙季公司，如果壓縮機的零件在一年內有任何故障的情形，雙季公司的維修部技師可以進行維修，之後再向製造商收取工資及材料費。

目前雙季公司在考慮是否要以不收費或收取少許費用的方式，將售後服務時間延長爲三年。如果延長爲三年，第一年的成本仍可由製造商承受，但第二、三年的成本就必須由雙季公司自行吸收。這雖然會使成本增加、不利於利潤，但可以刺激銷售量。現在，雙季公司經理的工作，就是要計算出如果公司提供三年的售後服務，將會使公司的成本增加多少。

雙季公司購買壓縮機的單位成本是$300，如果賣給其他特約商店，售價爲$400；如果賣給一般大衆，則售價爲$750，但其中包括安裝費$190。當壓縮機有任何損壞時，修理的平均勞工成本依據損壞情形而定：如果損壞不嚴重，平均勞工成本爲$80，如果是嚴重的故障，勞工成本就增爲$120。在材料費方面，如果損壞不嚴重，每次的材料費約只需$50，如果是嚴重的故障，每次的材料費就約需$300。依據過去的經驗，銷售出的壓縮機約有10%會在一年內發生故障；如果第一年內發生故障、經過維修後，就不太可能在第二年或第三年內再發生問題。如果銷售出去的壓縮機沒有在第一年內發生任何故障，其中約有5%會在第二年內出問題；如果沒有在第二年內發生故障，其中約有8%會在第三年內出問題。在這些問題中，80%都是不嚴重的小問題，只有20%會發生嚴重故障。

準備一份報告，對雙季公司的經理提出建議。其中的內容必須包括：如果公司提供三年的售後服務，公司成本將增加的部份；如果經理人希望打平這些成本，應如何對顧客收費？討論經理人在作決策可能考慮的其他問題。

第14章

預測

14.1 簡介

經理人每天都要面對不確定性，為了能更審慎規劃未來，必須經常做一些相關的預測，以降低不確定性。公司必須預測產品需求，依此做出生產規劃；必須預測明年全年的總收益，以便規劃今年的預算開支；地方及中央政府必須預估稅收情形，以便規劃預算與施政項目。技術的改變會對整體產品市場造成衝擊，一位優秀、有經驗的經理人，或許可以憑直覺或者判斷力去預測某些事，特別是那些並不要求高準確度的事件；然而，針對某些必須儘量準確預估的情況，即使是最有經驗的經理人，也會發現利用傳統的預測技術將非常有助益。對於公司未來的銷售量，某位經理人可能很樂觀而有高估的現象，但其他較悲觀經理人可能會以保守的眼光來看，使得公司的生產規模無法滿足實際的市場需求。即使經理人有很強的直覺，但若輔以系統性的數量模型，可以更加全面考慮各種趨勢，不至於忽略任何可能性。

14.2 預測模型的種類

基本上，預測模型可以分為二大類：數量模型與質性模型。如果預測的基礎是過去的數量或數值資料，這種技術就稱為**數量模型**（quantitative model）；如果預測的基礎是根據判斷或其他非數量性的因素，這類的模型就稱為**質性模型**（qualitative model）。表14.1是一些預測模型的分類表。

進一步的分類，可以將數量模型分為時間序列模型或是因果關係模型。**時間序列**（time series）是指一組在特定時間中所觀察出的變數值，內容包括每天的股價、每月的銷售額、每季收益以及每年的新建房屋數等，所有這些變數值都是在特定時間中所觀察出的值。時間序列預測模型中，是利用某個變數本身的歷史資料，來預估這個變數未來的趨勢。如果是利用其他的變數來作預測，這樣的預測模型稱為**因果關係模型**（causal models）。例如，在估計每月的銷售量時，可以預期這個變數量的變化會受廣告支出與銷售價格等因素影響。如果下個月是宣傳期，廣告預算很高，可以預期銷售額會較平均值為高。如果下個月舉行大拍賣，可以預期產品需求也會較平常為高。在一個因果關係模型中，就是試圖要找出銷

Reynolds金屬公司必須預測易開罐的需求。爲了滿足市場需求，公司新設了一家回收廠，使公司回收的產能增加3倍。

資料來源：Photo courtesy Renolds Metals Company.

表 14.1

預測模型的分類

數量模型
時間序列
1. 基本模型
2. 動差平均模型
3. 加權動差平均模型
4. 指數調和模型
因果關係模型
1. 模型
2. 經濟計量模型
質性模型
1. 專家小組
2. Delphi 模型

售量與這些因素之間的關係。

14.3 質性模型

如果預測模型不是利用數學模型，而是利用專業的意見或判斷來進行預測，這類的模型稱爲質性模型或判斷模型。在無法取得大量歷史數值資料的情形下，這類的模型就很有用。在預估會出現重大科技突破、使資料型態大幅改變的情形下，也經常會使用這一類的模型。例如，生活型態因爲汽車與電話的發明而大幅改變，這類的影響就無法使用任何歷史資料分析。

在質性模型的分析法中，一種常見的方式是將在某個領域有專業知識或經驗的專家聚集起來，利用集體討論，得出預測的結果。但因爲個人的特質或群體互動的特性不同，有些人很可能影響、或被影響，使得這個方式會帶來一些負面的效果。爲降低這項缺點，會使用另一種替代的方式—Delphi 模型。

Delphi 模型（Delphi Method）的預測基礎也是利用專家的意見，但並不把這些專家召集起來，成爲一個小組，而是設計出問卷，將這些問卷分送到各位專家手上。收到問卷的專家，不僅要提供預測的結果，同時也必須詳細說明理由。如果無法達成共識，會將問卷結論加以彙整摘要，連同原因再寄回給一批專家。在獲得這些來自其他專家的意見之後，每一位專家都會被徵詢，是否要因新資訊而修改個人的預測結果。這個過程會一直重複，直到達成一致的結論爲止。

由於電腦軟、硬體設備的進步，目前可以使用集體決策支援系統，來執行類似 Delphi 式的決策方法。利用電腦設備，各位專家可以在同一個空間內利用個人電腦上網，或者由遠端加入。問卷被放置在網路中，每一位專家在銀幕上出現問題時，就提供預測與相關解釋。所有的預測結果與解釋會列成表的形式，展示在專家的眼前，各位專家可以據此再作進一步的評論，這個程序會一直持續下去，直到主持人認爲已經經過充分的討論，足夠做出回饋與回應。就像在 Delphi 法中一樣，這個方式可以避免個人獨斷影響結論，而且，這個方法較 Delphi 法更能快速獲得結論。其他還有許多不同類型的質性預測模型，這些模型多半都用於市場研究。對於決定某項產品的銷售量與銷售成果而言，顧客的意見是非常重要的。在預估新推的產品是否會成功時，經常會使用顧客調查、重點顧客群以及其他的質性模型，進行預測。

14.4 時間序列

時間序列可以劃分爲四個部份，即是趨勢、季節型態、循環型態以及隨機或不規則變異。不同的時間序列變數資料，會有不同的特性。**散布圖**（scatter diagram）是用長期時間序列資料所畫出的圖，便於解釋時間序列資料的型態。

趨勢（trend）是指長期而言，時間序列變數值的變化是增加或是減少。所謂上升趨勢的意義，是指在經過一段時間後，變數值是逐漸增加。但即使時間序列資料是呈現上升趨勢，也可以觀察到有時候變數值呈減少的變化，這是因爲有一些隨機或季節性的變異。圖14.1是二個散布圖，分別爲上升趨勢與下降趨勢。

圖 14.1

正趨勢與負趨勢的範例

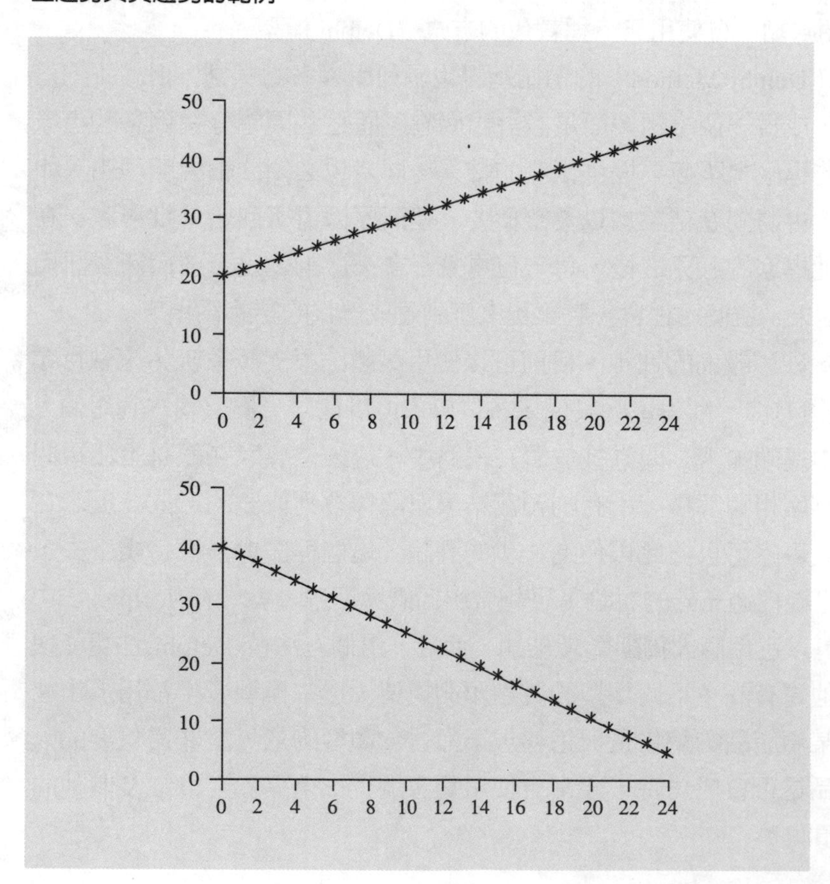

季節型態（seasonal pattern）是指在一年之中的某個時間，變數值的變化會有規律地重複。例如，肥料、澆花水管以及割草機的銷售量在春、夏季節會增加，而外套、手套以及其他冬季用品的銷售量則在秋冬季節會上升。有些產業也有傳統的旺季，在一年中的特定時節收益會較高。大批發的店在週末銷售量大，在其他非週末的日子則較低；餐廳在一天中某些時候顧客會比較多。這種顧客在固定時候會較多或較少的變異情形，就是季節型態的一種。因此，所謂的「季節」並不單指一年中的四季，在分析日資料時，可能是指一個星期的某幾天；在分析季資料時，可能就是指一年中的某幾季；在分析星期性資料時，可能就是指一個月中的某幾個星期。圖14.2的散布圖，就是有季節變異的散布圖範例。

圖 14.2

有季節變異的散布圖範例

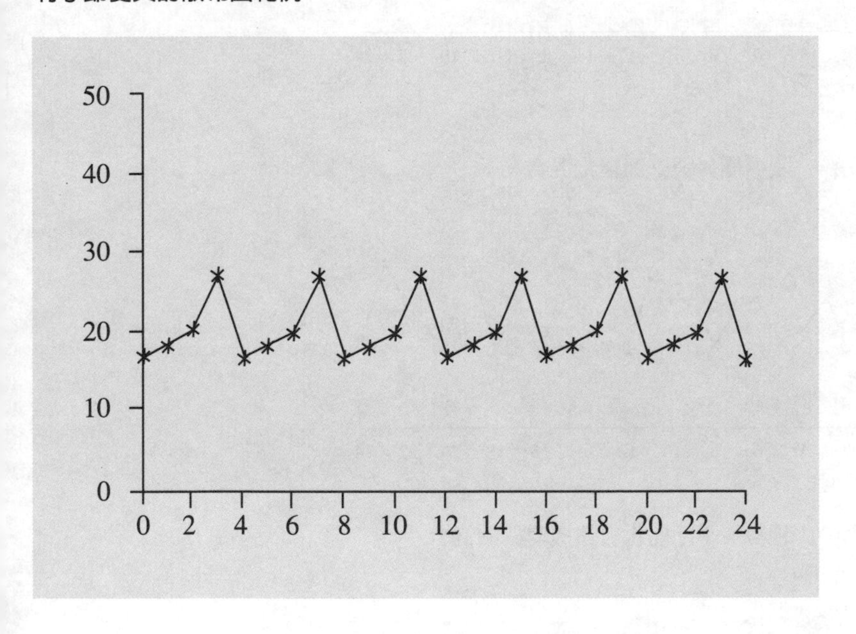

循環型態（Cyclical patterns）是指因爲經濟景氣循環的關係，資料一年一年間的變異情形。在幾年之中，經濟景氣會有上升或下降的變化，經濟學家稱這種變化爲景氣循環。循環型態與季節型態的變化相似，只是變化的時間較長。

隨機或不規則變異（Random 或 irregular variations）的意義，是指資料的變化型態是隨機或不規則、不可預測的。如果時間序列的資料變化是有趨勢、有季節性或是循環性時，可以將資料加以分析作爲預測的基礎，但預測值與眞值之間會有一個差額，這個差額就是由隨機變異所引起。在圖14.3的散布圖中，所呈現的資

圖 14.3

資料變化型態是趨勢與季節性變異混合型態的散布圖

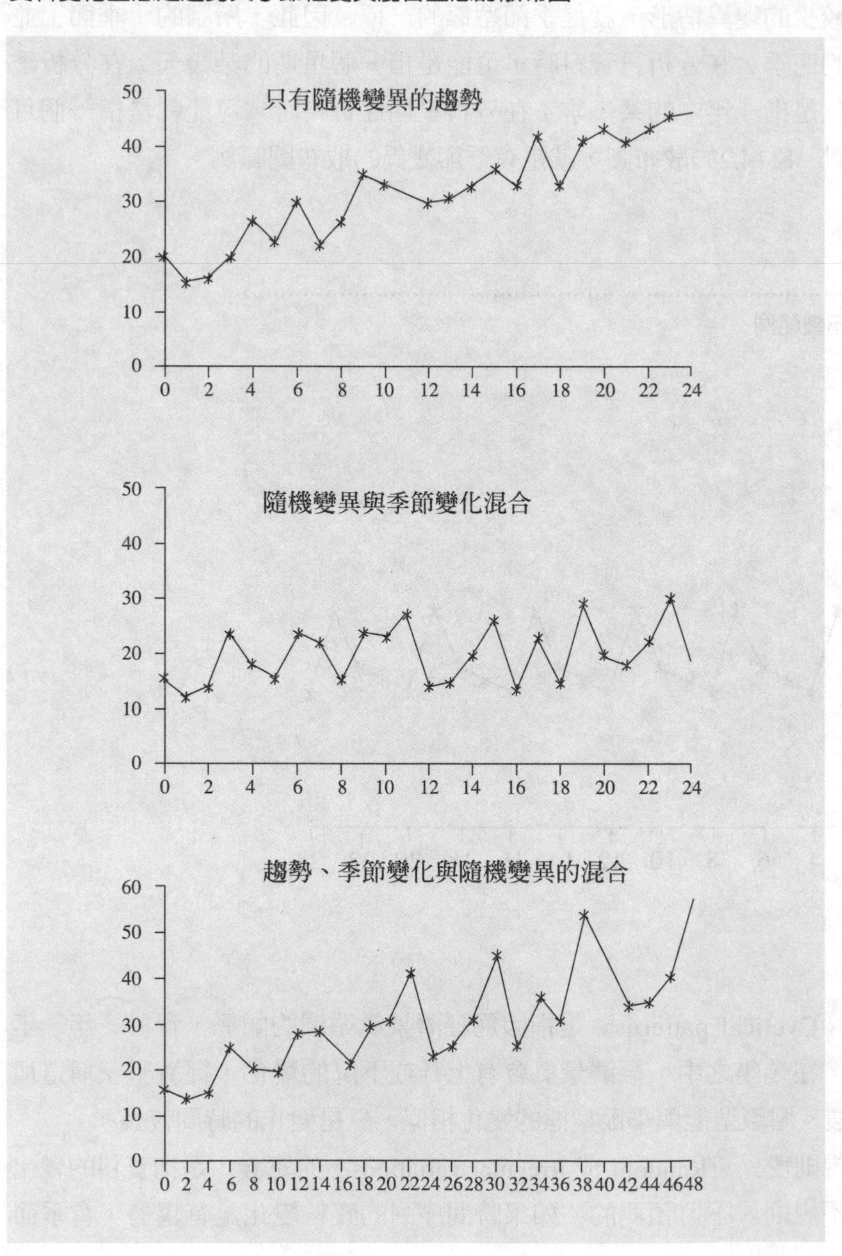

料變化型態是趨勢與季節性變異的混合型態。在下面的範例中，將要介紹一些常見的時間序列模型。

範例

費氏食品公司是一家食品供應商，供應多種的罐頭蔬菜以及其他食物。目前，公司正在進行一項研究，看看是否透過更審慎的規劃，使公司的存貨成本降低。咖啡是公司要考慮的重要項目之一，因為咖啡的售價最近正有上升的跡象。雖然，長期而言，咖啡的需求是一個較穩定的趨勢，但一年中不同月份的需求量卻呈現波動。表14.2是過去六個月來咖啡的每月需求量資料，單位為千磅，經理人希望利用這些資料來預估下個月的咖啡需求量。

表 14.2

費氏食品公司的咖啡需求量月資料

月份	需求量（單位：千磅）
1	28
2	18
3	22
4	30
5	23
6	28

時間序列模型

在本章中，將要考慮四種時間序列模型，即是基本模型、動差平均模型、加權動差平均模型以及指數調和模型。在費氏食品的範例中，將分別使用以上四種模型進行分析。為瞭解釋上的方便，定義變數如下：

F_t = 時間 t 的預測值

Y_t = 時間 t 的真值

表14.3表示如何在費氏食品公司的範例中，定義出變數的眞值。下一個時間是第七個月份，這個月的銷售量還未知，就是要預測的數字。

表 14.3

費氏食品公司的咖啡需求量月資料

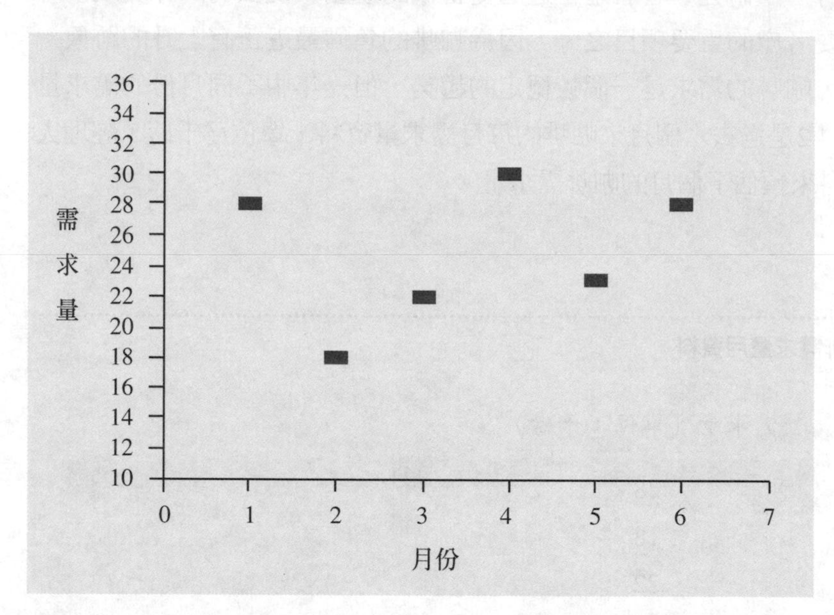

表 14.3

費氏食品公司定義出變數的真值

月份時間 = t	需求量（Y_t）
t = 1	$Y_1 = 28$
t = 2	$Y_2 = 18$
t = 3	$Y_3 = 22$
t = 4	$Y_4 = 30$
t = 5	$Y_5 = 23$
t = 6	$Y_6 = 28$
t = 7	$Y_7 = ?$

近觀—指數調和的進一步發展

在利用指數調和模型時，如果有必要，可以利用追蹤指標（tracking signal）來長期監控指數調和係數，並調整錯誤。最常用的追蹤指標，是將錯誤值的累積總和除以平均差絕對值。如果這個值接近於 0，表示長期而言，正值的錯誤與負值的錯誤相抵銷；如果長期的估計錯誤是正值或負值，追蹤指標就不會接近於 0，這表示必須調整預測模型。

利用調整控制法（adaptive-control methods），在模型中可以依據追蹤指標自動校正調和係數，而不需要利用人工來察覺錯誤後才作調整。這種調整控制法在商業界逐漸應用廣泛，但若與這種調整控制法與傳統的固定調和係數法相比，目前尙未有明確的證據認定前者較佳。另一種更複雜的時間序列預計技術是 Box-Jenkins 法，這種方法的使用技術難度較高，且是少需要至少50個期間的資料，且在許多研究中都認爲指數調和法的準確度較 Box-Jenkins 法爲高。

資料來源：Gardner, E. S., Jr., 1985. "Exponential Smoothing: The State of the Art." *Journal of Forecasting* 4: 1-28.

基本模型

基本模型（naive model）可能是最簡單的預測模型，在這個模型中，下一期的預測值就等於本期的眞值，可表達爲：

時間t的預測值 = 時間 (t-1) 的真值

$F_t = Y_t - 1$

在費氏食品公司的範例中，第七個月（t = 7）的預估值爲：

$F_7 = Y_{7-1} = Y_6 = 28$

因此，預估第七個月的咖啡需求量爲28,000磅。基本模型經常被使用，因爲它非常易於使用，而且對某些目的而言，基本模型所做出的預測已經達到足夠的準確性。但這個模型有一重大的缺點，就是除了要預測的的前期資料外，更早期的資料一概忽略。如果這個前期資料恰好非常極端（隨機變異很大），這個模型就可能不是一項良好的預測。在預測時，會希望使用更多的前期資料，使得資料中的隨機變異呈現較調和的型態，而不會對預測值造成巨大的影響。

動差平均模型

有一個很簡單的方法可調和資料的隨機變異，就是將所有可得的前期資料加以平均。但這個方法也有缺點，如果某一年的數字很極端，可能就會使這二十年來的平均值偏高或偏低。此外，就需求而言，因為環境的改變，太久的歷史資料與近幾年的需求情形相關性不大，經理人必須判斷出哪些是相關性較大的資料。同時，當要平均的數值資料太多時，資料變化的趨勢會被平均，使得預測值與趨勢之間的關係變得較不敏感。因此，改良後的方法，是指將最近 n 期的資料平均，以作為分析之用，這個方式稱為**動差平均法**（moving average）。這種將n期資料求動差平均的模型可表示成：

時間 t 的預測值 = 前 n 期的真值平均數

$$F_t = (Y_{t-1} + Y_{t-2} + \cdots\cdots + Y_{t-n})/n$$

其中

n = 要平均的資料期數

在費氏食品公司的範例中，要預估第七個月的需求量，如果可以用之前二個月的平均值來作為基準，動差平均如下：

$$F_7 = (Y_{7-1} + Y_{7-2})/2 = (Y_6 + Y_5)/2 = (28 + 23)/2 = 25.5$$

如果以之前三個月的動差平均為預估基礎，可得：

$$F_7 = (Y_6 + Y_5 + Y_4)/3 = (28 + 23 + 30)/3 = 27$$

因此，在預估第七個月的需求量時，如果用之前的二個月動差平均作為基礎，預估值為25,500磅；如果用之前的三個月動差平均作為基礎，預估值為27,000磅。

利用動差平均法，之前 n 期的資料都有一個相同的權數（1/n）。但如果經理人認爲時間越近的資料相關性越大，就必須放大較近期資料的權數。

加權動差平均法

加權動差平均（weighted moving average）模型是以動差模型爲基礎，但要加入平均的資料權數不同。一般而言，與遠期的歷史資料比較，越近期的資料相關性越高，因此權數較大。加權動差平均模型可以表示如下：

$$F_t = W_{t-1}Y_{t-1} + W_{t-n}Y_{t-2} + \ldots\ldots\ldots\ldots + W_{t-n}Y_{t-n}$$

其中

n ＝要平均的資料期數

W_{t-i} ＝每一項資料的權數

以及

權數總和 = 1

在費氏食品公司的範例中，如果以利用三個月的資料爲例，假設最近一期的資料權數爲 0.5、次近的權數爲 0.3、最遠的爲 0.2，加權動差平均模型爲：

$$F_7 = 0.5Y_6 + 0.3Y_5 + 0.2Y_4$$
$$= 0.5(28)+0.3(23)+0.2(30) = 26.9$$

在指定權數時，如果一開始的權數和不爲 1，必須修改權數值。將各權數除以權數總和，並將這個商數作爲修改後的新權數。例如，如果有經理人認爲最近一期的資料權數爲 3、次近的權數爲 2、最遠的爲 1，權數總和爲：

權數總和 = 3+2+1 = 6

之後，將每個權數分別除以這個總數，就可以得出新權數：

$W_1 = 3/6 = 0.5$

$W_2 = 2/6 = 0.333$
$W_3 = 1/6 = 0.167$

這將使權數總和為 1。

在動差平均法與加權動差平均法中果要作預測，先決條件都是之前 n 期的資料必須為已知。如果 n 很大或是要預測的變數很多（例如要估計幾種不同的產品需求量），則需為已知的資料數字有很多，有時不易取得。

指數調和法

指數調和（exponential smoothing）模型是一種簡單、有效率的模型，而且只要利用少數的數值資料，即可進行分析預測。在指數調和模型中，本期的預測值是以之前的預測值為基礎，檢視前期預測值的準確程度，加以修正，以得出本期的預測值。**預測誤差**（forecast error）是指眞值與預測值之間的誤差，如果前期的預估值偏低，下一期的的預估值就要調高；如果前期的預估值偏高，下一期的預估值就要向下修正。指數調和模型為：

時間 t 的預估值 = (前期的預估值) + (預估誤差的調整值)
$F_t = F_{t-1} + \alpha$〔(t-1)期的預測誤差〕
$F_t = F_{t-1} + \alpha$〔(t-1)期的真值-預估值〕
$F_t = F_{t-1} + \alpha (Y_{t-1} - F_{t-1})$

其中

Y_{t-1} = (t-1)期的真值
α = 調和係數 ($0 \leqq \alpha \leqq 1$)

在使用這個模型時，預測者必須選擇一個在 0 與 1 之間的調和係數 α。在費氏食品公司的範例中，要預估的是第七個月份的需求量，假設預測者選擇的調和係數為 0.4，而前期（第六個月份）的預估值是 24.8，模型為：

$F_7 = F_{7-1} + \alpha (Y_{7-1} - F_{7-1})$
$F_7 = F_6 + 0.4(Y_6 - F_6)$

$$F_7 = 24.8+0.4(28-24.8)$$
$$= 24.8+0.4(3.2)$$
$$= 24.8+1.28$$
$$= 26.08$$

在第六個月份時，估計值為24.8，但眞值為28，可見預估值偏低了3.2單位，這表示預測誤差為+3.2。當這個正誤差值乘以調和係數、再加上原預估值時，得出的本期預估值會較前期預估值為大；如果誤差值為負，則新預估值會較前期預估值為小。

應用—預估美國醫生的需求

在美國，醫療體系的改革引起廣泛的討論；雖然目前未有任何具體的行動，但未來規劃的方向已逐漸確立：要建立整體規劃醫療網，使更多人能接受更完整的醫療服務。這將使美國社會的內科醫師需求發生重大變革。

醫學院教育局委託一項研究計畫，研究醫療保健體系對內科醫師需求的影響，以目前狀態為基礎，預估2000年時的內科醫師需求人數。

模型的預測分成二階段：第一階段，是預估在規劃不同的醫療體系下所需的內科醫生人數為何；第二階段，就要預估在不同體系下，美國人民希望接受的醫療水準。依據這些資訊，就可以估出在2000年時美國社會對內科醫生的總體需求，並再計算出對各不同專業內科醫師的需求。

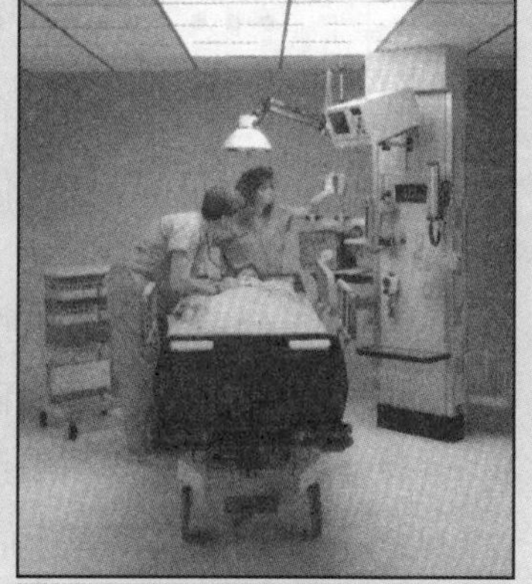

Hill-Rom, Batesville, In.

估計出需求量之後，聯邦政府也估計在三種不同的教育訓練體系下，內科醫生人力供給量有何不同。兩相比較，發現無論是三種之中任一種體系下，供給量都大於需求量：一般內科的供給約大於需求，但有一些專科則明顯出現供過於求的現象。利用這一點，可以佐證一般內科的需求量遠大於專業內科。

醫療體系改革對於美國醫療人力資源有重大的影響，預測模型可以提供必要的資訊，供政府決策時作為參考；同時，也可以提供未來人力需求資訊，協助美國的醫學生作生涯規劃。

資料來源：Welner, J. P., 1994. "Forecasting the Effects of Health Reform on U.S. Physician Workforce Requirement: Evidence from HMO Staffing Patterns." *Journal of the American Medical Association*, 272(3): 222-230.

調和係數值對預估值有很大的影響，如果α很接近1，表示前期眞值的權數較大、前期預估值的權數較小。這一點可以由以下的數學式中明白看出：

$$F_t = F_{t-1} + \alpha(Y_{t-1} - F_{t-1})$$
$$F_t = F_{t-1} + \alpha Y_{t-1} - \alpha F_{t-1}$$
$$F_t = (1-\alpha)F_{t-1} + \alpha Y_{t-1}$$

如果α很接近 1，則前期眞值的權數就會大於預估值的權數；反之，如果α很接近 0，則前期預估值的權數會較大。如果資料的隨機變異是比較穩定的型態，應該選擇較小的α值來調和，使得本期的預測值較不會受到前期隨機變異的影響。但若選擇的α值太小，也會產生另一個問題，使得前期眞值的影響太小。下一節中，將要討論如何計算預估準確度，並利用準確度指標來選擇適當的α。

14.5 代表預測準確度的指標

要衡量某個特定模型的預測準確度，或是要評估幾個預測模型何者較佳，可以利用一些評估預測準確度的指標。有三項指標經常用來評估準確度，分別爲：絕對差平均值、平方差平均值，以及比例絕對差平均值。誤差的意義，是指預估值與眞值之間的差額。

要計算準確度，要計算出各個指標的數值，首先，要找出過去所有的眞值資料，以及利用這個模型在過去算出的所有預估值，誤差的計算，是找出同一個時點上眞值與預估值之間的差距。

現在，假設要評估的模型，是費氏食品公司的範例中基本模型的準確度。**表14.4**是這個模型中的相關資料。

必須注意的是，第一個月沒有預估值，因爲這是第一個數值。預測從第二個月份開始，每一個月都有預估值以及對應的眞值，誤差就是二者之差，如表所示。另外，必須注意在第七個月份是沒有誤差值的，因爲實際的眞值未知。

誤差總和爲 0，因爲正值的誤差完全被負值的誤差所抵銷。而**平均誤差值**（mean forecast error）是所有誤差的平均值，寫成數學式爲：

表 14.4

費氏食品公司基本模型的平均值差

月份（時間 = t）	需求量（眞值 = Y_t）	基本模型的預估值（預估值 = F_t）	誤差（$Y_t - F_t$）
1	28	-	-
2	18	28	18-28 = -10
3	22	18	22-18 = 4
4	30	22	30-22 = 8
5	23	30	23-30 = -7
6	28	23	28-23 = 5
7	-	28	-
			誤差總和 = 0
			誤差總和平均數 = 0

誤差平均值 = Σ（誤差總和）/n = $\Sigma(Y_t - F_t)/n$

其中

n = 要計算的誤差總個數

在費氏食品公司的例子中，誤差平均值爲 0，這並不是一個良好的判別準確度指標。負的誤差值很大，正的誤差值也很大，但二者完全互相抵銷。利用這個指標，並無法判知模型的預測值與眞值之間的誤差程度。

有一個方法可以解決正、負項相抵銷的問題，就是將所有的誤差取絕對值，然後再加以平均，這個方法稱爲**絕對差平均法**（mean absolute deviation；MAD），公式如下：

絕對差平均法 = MAD = Σ｜誤差值｜/n = $\Sigma|Y_t - F_t|/n$

利用這個指標評估基本模型的結果如表14.5，這個指標可以有效評估出預測的準確度。

表 14.5

費氏食品公司基本模型的絕對差平均值（MAD）與平方差平均值（MSE）

月份 （時間＝t）	需求量 （真值＝Y_t）	基本模型的預估值 （預估值＝F_t）	絕對差 $\lvert F_t - Y_t \rvert$	平方差 $(F_t - Y_t)^2$
1	28	-	-	
2	18	28	$\lvert 18-28 \rvert = 10$	$(-10)^2 = 100$
3	22	18	$\lvert 22-18 \rvert = 4$	$(4)^2 = 16$
4	30	22	$\lvert 30-22 \rvert = 8$	$(8)^2 = 64$
5	23	30	$\lvert 23-30 \rvert = 7$	$(-7)^2 = 49$
6	28	23	$\lvert 28-23 \rvert = 5$	$(5)^2 = 25$
7	-	28		
			$\Sigma \lvert errors \rvert = 34$	$\Sigma (errors)^2 = 254$
			MAD = 34/5 = 6.8	MSE = 254/5 = 50.8

另一個防止正、負數抵銷的方法，是將各個誤差值加以平方後，再求平均數，這個方法稱為**平方差平均法**（mean squared error；MSE），公式如下：

$$平方差平均法 = MSE = \Sigma(誤差值)^2/n = \Sigma(F_t - Y_t)^2/n$$

計算的結果也同樣列於表14.5。

必須要瞭解的是，單單只是算出MAD或是MSE的數值，並無法知道某項特定模型的預測效率，比如說，假設某個模型算出來的MAD值是1,000，這個數值是大還是小？答案是要依據所分析的資料數值而定。如果要估計的月銷售量範圍是在100,000到300,000之間時，MAD的值為1,000，表示預估的誤差值很小，模型算是是相當良好。然而，如果要預估的是下個月的訂購量，範圍是在500到3,000之間，則若MAD的數值為1,000，表示誤差很大。為了使這些代表準確性的指標更有意義，另外有一個修正的指標為比例**絕對差平均值**（mean absolute percent error, MAPE），是將誤差的絕對值比例化後，再求平均值，公式如下：

$$比例絕對差平均法 = MAPE = \Sigma \lvert 誤差值/真值 \rvert /n = \Sigma \lvert (Y_t - F_t)/ Y_t \rvert /n$$

在表表14.6中，是費氏食品公司範例中，基本模型的比例絕對差平均值（MAPE）。從表中看出，基本模型的預測值偏離眞值29.7%。

表 14.6

費氏食品公司基本模型的比例絕對差平均值（MAPE）

月份 （時間＝t）	需求量 （眞值＝Y_t）	基本模型的預估值 （預估值＝F_t）	比例絕對差% （｜(F_t - Y_t)/Y_t｜)100%
1	28	-	-
2	18	28	｜(18-28)/18｜100% = 55.5%
3	22	18	｜(22-18)/22｜100% = 18.2%
4	30	22	｜(30-22)/30｜100% = 26.7%
5	23	30	｜(23-30)/23｜100% = 30.4%
6	28	23	｜(28-23)/28｜100% = 17.8%
7	-	28	--
			Σ｜%誤差｜= 148.6%
			MAPE = 148.6%/5 = 29.7%

選擇最準確的預測模型

如果預測模型是完全準確，表示預測值會正好等於眞值，這將使MAD=0，MSE=0以及MAPE=0。如果有幾個模型或方式可以選擇，要評估出較有效的模型或方式，可以利用MAD、MSE或是MAPE等指標，找出這些指標值最低的模型或方式。例如，經理人認爲某項統計量最適合用指數調和模型來預測，但不清楚要如何選擇調和係數值。在這種情形下，經理人可以多試幾個不同的調和係數，算出不同係數值下的MAD，再找出MAD值最低的模型即可。

在評估模型時，應該使用MAD、MSE或MAPE中的哪一項指標？很多時候，不管所使用的指標是三者之中的哪一個，所得出的評估結果是相同的。MAD是一項易於使用的指標，從MAD的數值中，可以很清楚地看出預估模型的平均偏離程度；但一般而言，MSE較常被使用，因爲經過平方後，本來偏離程度大的誤差值權數加大，使得偏離度大的誤差值被更加強調。對於經理人而言，微小的預測誤差值的問題不大，但如果模型的誤差太大，會引起嚴重的後果。因爲MSE有這樣的特性，因此，這是一個較被廣爲接受的測量準確度的指標。

14.6 因果關係模型以及迴歸模型

第二大類的數量模型，是因果關係模型。這個大類中包括迴歸模型、經濟計量模型以及一些其他的模型。本節中要介紹迴歸模型的應用，之後會有一些其他模型的參考資料。

簡單線性迴歸

基本的迴歸模型，稱爲簡單線性迴歸模型，模型被稱爲線性的原因，是因爲預估式是一條等式，畫出的圖形爲一條直線，模型可以表達成如下：

$$\hat{Y} = a+bX$$

其中

$\hat{Y}$ = 要估計的依賴變數或是響應變數

X = 獨立變數

a = 截距

b = 迴歸線的斜率

Y稱爲**依賴變數**（dependent variable）或是**響應變數**（response variable），這是要估計的變數。Y之上有一個（ ^ ）符號，這表示是估計值。用來分析、估計出Y值的資料稱爲**獨立變數**（independent variable），以 X 表示。例如，如果經理人認爲銷售量是由廣告支出所決定，在要估計銷售額時，就可以建立一個模型，利用銷售額與廣告之初的歷史相關性來做估計。依賴變數（Y）是銷售量，因爲這個值是由獨立變數-廣告支出（X）決定。

假設依賴變數與獨立變數之間存在線性的關係，可以利用過去的資料，找出這一條最能代表二者關係的迴歸線。選擇不同的截距以及斜率，可以找出許多條不同的線，來描述依賴變數與獨立變數之間的關係。利用迴歸模型所找出的迴歸線，是所有線中誤差值平方和最小的直線，因此，迴歸線又被稱爲最小平方線。

在迴歸模型中有二個指標，是用來衡量依賴變數與獨立變數之間的相關程度，這二個指標是**判定係數**（coefficient of determination）r^2，以及**相關係數**（coefficient of correlation）r。從符號中可以很清楚的看出，前者開根號的值就是後者。判定係數的意義，是要計算依賴變數的變異中，有多少比例是可以用獨立變數的變異來解釋，這二個指數的範圍分別爲：

$$0 \leqq r^2 \leqq 1$$

$$-1 \leqq r \leqq 1$$

當迴歸模型可以完全預測時（即MSE=0），表示X與Y之間有完全的相關性，因此，r^2=1 或是 r=+1 或 -1。在一個良好的迴歸模型中，r^2 值較高。

範例

西堤公司是一家專門製造熱水器的公司，目前公司的經理人正在編列下年的財務規劃，但在估計生產成本上有一些問題。爲求能更確實估計出明年的收支情況，公司的經理人決定要開始評估過去五個月來的電費成本概況。從資料中可以很清楚的發現，不論何時，只要產品的生產數量增加，當月的電費成本也就會跟著上升，因爲在產品的生產過程中，電力是最主要的生產要素。表14.7是每個月的電費成本（單位是百元）與生產數量（單位是千個）的資料。

表 14.7

西提公司的資料

月份	電費成本（單位：百元）	生產數量（單位：千個）
1	12	5
2	16	7
3	9	4
4	18	8
5	17	9

經理人建立了一個迴歸模型，以生產的單位數爲基礎，來預估每月的電費成本。因此，依賴變數是電費成本，而獨立變數是每個月生產的單位數。，模型爲：

Y = 每月的電費成本(單位為百元)

X = 產品數量(單位為千個)

預估電費成本 = 截距+斜率(產品數量)

$$\hat{Y} = a+bX$$

要找出截距（a）以及斜率（b），可以利用電腦套裝軟體以及下一節所介紹的公式求解。解14.1是利用DSS求解的結果，得：

截距 = a = 2.96

斜率 = b = 1.73

模型爲：

$$\hat{Y} = 2.96+1.73X$$

如果某個月的產品預定生產6,000單位（X=6），則電費成本可預估爲：

$$\hat{Y} = 2.96+1.73(6) = 13.34(\text{單位爲百元})$$

因此這個月的電費成本預估爲$1,334。

利用電腦求解，同時也可以得出判定係數（r^2）值等於0.90，這表示每月電費成本的變化量，有90%是因爲生產成本的變化所引起。

利用迴歸模型除了可得出預估電力成本外，也可以進一步提出更多資訊，以供經理人參考。公司的電費成本可被定義成一項半變動成本，因爲這項成本中包括二個成分：固定成本與變動成本。在這個模型中，截距爲2.9，表示即使不生產任何產品時，當月也會有電費成本，爲$296，這是電費成本中的固定部份。斜率爲1.73，表示X每多增加1單位（或產量多增加1,000單位），電力成本會增加1.73單位，也就是$173，這是變動成本的部份。

解 14.1

利用 DSS 求解西提公司問題的結果

Forecasting - Simple Linear Regression

Obs	Ind(X)	Dep(Y)	X*Y	X**2	Y**2	Y^	Y-Y^	(Y-Y^)**2
1	5.00	12.00	60.00	25.00	144.00	11.6279	0.3721	0.1385
2	7.00	16.00	112.00	49.00	256.00	15.0930	0.9070	0.8226
3	4.00	9.00	36.00	16.00	81.00	9.8953	-0.8953	0.8016
4	8.00	18.00	144.00	64.00	324.00	16.8256	1.1744	1.3793
5	9.00	17.00	153.00	81.00	289.00	18.5581	-1.5581	2.4278
Sum	33.00	72.00	505.00	235.00	1094.00	72.0000	0.0000	5.5698
Avg	6.60	14.40	101.00	47.00	218.80	14.4000	0.0000	0.5570

a =	2.9651
b =	1.7326
R**2 =	0.9026
R =	0.9501
Std Error =	1.3626

Regression Equation :
Y^ = 2.965113 + 1.732559 X

在特殊的統計或管理科學的電腦套裝軟體，可以設計精細的迴歸模型並求解，而目前一般的試算表也多會提供迴歸功能，因此，大多會用電腦求解迴歸。但在下一節中，本書也將會介紹基本的迴歸公式，以供參考。

複迴歸

在大部份的情形中，依賴變數都不只與一個獨立變數相關，而是要靠多個獨立變數來解釋，這種有多個獨立變數的迴歸模型，稱為**複迴歸模型**（multiple regression model）。假設某個迴歸模型中有二個獨立變數，則模型可寫成：

$$\hat{Y} = a + b_1X_1 + b_2X_2$$

在西提公司的範例中，可以假設除了生產的產量之外，電費成本還與每個月空調的使用情形有關，因此，每個月的溫度變化情形也可以視為一項要用來解釋成本的獨立變數。一旦找出樣本月份的平均溫度後，可以將這項資料與之前的產量輸入電腦，電腦就可以據此計算出 a、b_1 與 b_2 的值，求出模型。

迴歸模型的公式

在這一節中，將要介紹如何求解簡單線性迴歸中的截距與斜率。複迴歸的求解非常複雜，一般都用電腦求解，因此，將不在此介紹。要解出簡單線性迴歸模型，先建立出如表14.8的資訊，將可以協助求出下面各個數值：

ΣX

ΣY

ΣX^2

ΣXY

算出這些總值後，就可以進行以下的運算：

$$b = (\Sigma XY - 1/n \Sigma X \Sigma Y) / [\Sigma X^2 - 1/n(\Sigma X)^2]$$

$$a = 1/n \Sigma Y - b(1/n) \Sigma X$$

表14.8中，有這些總和的數值：

$\Sigma X = 33$

$\Sigma Y = 72$

表 14.8

西提公司範例中的計算

月份	Y=電費成本（單位：百元）	X=產量（單位：千個）	X^2	XY
1	12	5	25	60
2	16	7	49	112
3	9	4	16	36
4	18	8	64	144
5	17	9	81	153
	$\Sigma Y=72$	$\Sigma X=33$	$\Sigma X2=235$	$\Sigma XY=505$

$\Sigma X^2 = 235$

$\Sigma XY = 505$

因此

$b = (505-(33)(72)/5)/〔235-(33)^2/5〕= 1.733$

$a = (72)/5-(1.733)(33/5) = 2.962$

這個結論與之前用電腦計算出的相同。

全球觀點─預測格林卡片公司的趨勢

美國格林（American Greetings）卡片公司是一家國際性的公司，生產卡片以及相關產品，公司在世界各地如加拿大、英國、法國以及墨西哥都有子公司。利用這些子公司，格林公司建立起一個全球行銷網，在超過50個國家中、擁有97,000個銷售點。

對於公司能持續滿足顧客多樣的需要，格林公司的管理當局深感自豪。在策略上，他們在不同的國家設定不同年齡的目標顧客群，並在卡片上使用16種語言。格林公司的卡片設計，是儘量要跟隨最新趨勢，並掌握社會生活型態的脈動，以符合市場需求。例如，他們會設計一些特殊目的的卡片，針對忙碌的父母、非洲裔美國人、大學生、視障者或愛好寵物者等特殊顧客群，以滿足他們的特殊需求。為了進一步推廣這種小眾市場，公司甚至推出了一些當場製作卡片的工作室，使得有興趣的人可以設計自己的卡片。

為了在卡片市場中保持優勢，必須不斷進行研發，並要與市場的想法保持聯繫。格林公司利用人口、趨勢、流行以及過去的銷售量等資料進行預測，利用預測結果來刺激新的設計靈感，並利用預測來作存貨管理。例如，格林公司在管理銷售時，是直接由各銷售點的收銀機獲得資料。公司的銷售資料因此可以快速更新，並且可以在最短的時間內對市場變化做出反應。這種迅速反應的機制，使公司的存貨一直能保持在極低的水準，並能保持生產力，使得格林公司在卡片市場始終能佔有一席之地。

資料來源：American Greetings Annual Report, 1993.

14.7 有趨勢及季節型態的時間序列模型

雖然之前已經介紹過趨勢以及季節型態的概念，但至目前爲止，尙未將這二個因素加入時間序列模型中。事實上，這二個因素可以加入之前所介紹過的任何時間序列模型中。最常用來考慮趨勢與季節型態的方法是**相乘時間序列模型**（multiplicative time series model），但另外也還有一種相加時間序列模型。在相乘時間序列模型中，是假設資料有下列的特質：

$$Y_t = T_t \times S_t \times I_t$$

其中，

Y_t = 時間 t 的真值
T_t = 時間 t 數值資料中的趨勢成分
S_t = 時間 t 數值資料中的季節型態成分
I_t = 時間 t 數值資料中的不規則(隨機)變異成分

在相加時間序列模型中，則是假設資料具有下列特質：

$$Y_t = T_t + S_t + I_t$$

要建立模型來預估Y_t 時，還需瞭解一件事，就是不規則（隨機）變異是無法預測的。趨勢成分（T_t）是因爲趨勢調整而產生的值，如果沒有趨勢，相加模型中就只要估計出季節型態的值即可。在相乘模型中，季節成分只是一個指數，意義是要找出與平均相比，特定時間的數值規模是較大或是較小。

找出季節指數

要計算季節指數，最好必須要有同一段時間的重複資料。如果同時段的資料太少，不易看出季節性的變化，這種變化很容易被解釋爲是不規則變異。例如，要分析的資料是月資料或季資料時，最好要有幾年的資料，在分析日資料時，如果認爲一星期中的某幾天有不同的趨勢，就最好要多收集幾個星期的資料。

現在，假設每月的銷售量不存在趨勢，但有季節的變化。如果要找出一月的

資料來源：Photo courtesy of New York Rocing Association.

紐約Saratoga賽馬場的服務設施在八月旺季時都供不應求，利用歷史資料，可以事先預估需求。

季節指數，先算出所有銷售量的平均值，再算出所有一月的平均銷售量，然後：

S_{jan} = 一月的季節指數

S_{jan} = (所有一月銷售量的平均值) / (所有月份銷售量的平均值)

要計算每個月的季節指數，只要重複以上的過程即可。如果存在趨勢，則分母部份的平均月銷售量必須改變，由本來的用所有月份的銷售量平均值，改爲以要估計的月份爲中心點，往前、後各取一半的月份，再利用這些選擇的月份求出的平均值作分母。這一部份將在稍後有更詳盡的解釋。

透納公司的範例

在表14.9中，是過去五年來透納公司的每季銷售量資料，單位爲$100,000，圖14.5是這些資料的散布圖。

表 14.9

透納公司的季銷售資料

年度	季節	銷售量（單位：100,000元）
1	1	108.4
	2	125.8
	3	152.9
	4	140.7
2	1	110.5
	2	131.1
	3	128.7
	4	139.4
3	1	93.0
	2	129.1
	3	137.9
	4	149.3
4	1	119.0
	2	128.7
	3	129.4
	4	128.8
5	1	102.0
	2	123.3
	3	143.3
	4	145.3
		平均 = 128.3

S_1 = (所有第一季銷售量的平均值) / (所有季節銷售量的平均值)

計算過程如下：

圖 14.5

透納公司的季銷售資料散布圖

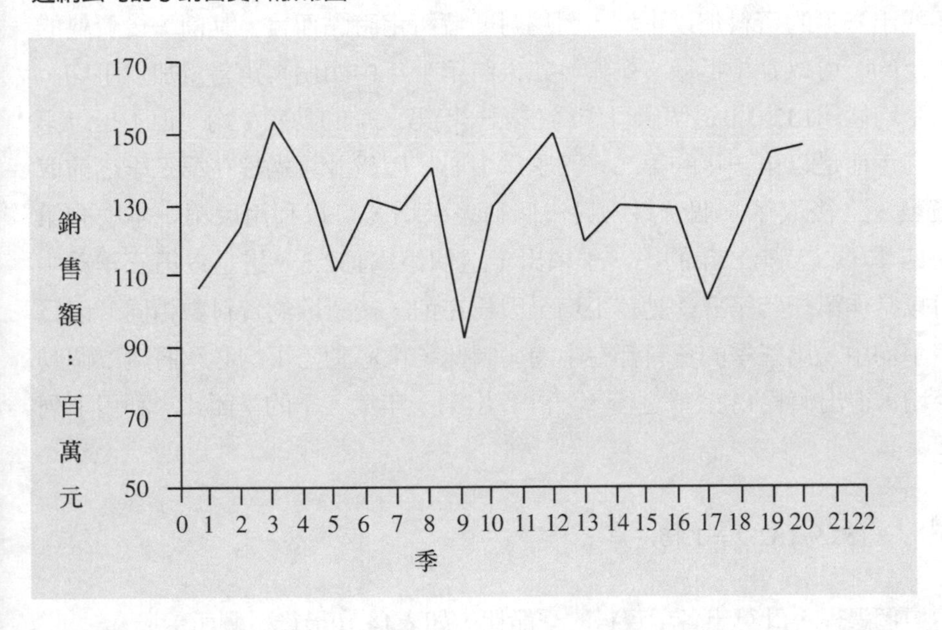

$$\text{所有第一季銷售量的平均值} = (108.4+110.5+93.0+119.0+102.0)/5 = 106.58$$

$$S_1 = 106.58/128.3 = 0.83$$

利用相同的計算過程，可以得出其他季節指數如下：

$$S_2 = 0.99$$
$$S_3 = 1.08$$
$$S_4 = 1.09$$

從這些季節指數中，可以看出傳統上第一季的銷售量是低於平均值，第二季是接近平均值，而最後二季的銷售量水準較高。

如果銷售量中有趨勢、或者經理人懷疑有趨勢，則以上所計算出的季節指數就不盡正確，因爲趨勢變化被歸類成季節性的變化。前一季與本季的銷售量變化中，除了季節性的變化外，還必須包括趨勢變化。要消除趨勢的影響，只要將每一季的銷售量與季銷售量的中心動差平均比較即可。這個中心動差平均必須是以要估計的時點爲中心，往前、後各取一半資料值。

表14.10在解釋如何檢視趨勢。在調整趨勢的影響時，必須在要分析的時點前、後各找出一半的資料加以平均，因爲對一個特定時點而言，其前、後資料的趨勢是相反的，可以互相抵銷。例如，如果將第一年中四個季銷售量加以平均，可以得出平均值爲132.0，這個值可作爲在第一年第三季的動差平均。但不是以第三季爲中心，而是以第一年的第二、三季爲中心，因爲計算過程在第三季之前取了二個資料、之後取了一個資料。另一個動差平均，可以利用取第一年中的第二、三、四季，以及第二年的第一季求出，這個值爲132.5，這是以第三季爲中心。這可以當作第一年第三季動差平均，因爲在前、後所取的資料數相同。因爲二個動差平均中，第三季的資料都在中間，因此，中心動差平均必須將這二個動差加以平均，得出值爲132.2。之後，要計算出第一年第三季的季節比，利用下列公式：

季節比 = 152.9/132.2 = 1.156

重複這個過程，計算出各項資料的季節比，如表14.10最後一欄所示。

爲了要將不規則（隨機）變異最小化，可以將不同年度中各季的季節比平均，分別得出四季的季節指數。這個結果在表14.11。各季的季節指數平均值爲1，一年中有四季，因此，季節指數的總額應爲4。如果算出的季節指數總和不爲4，必須將各季節指數除以指數的總和，得出調整後的季節指數。在本例中，無須作這種調整。

將資料去季節化

一旦找出各季的季節指數後，即可以將資料去季節化，以排除季節變動的影響。去季節化的方式，只要將原始資料除以季節指數即可，如表14.12。原始資料與去季節化後的資料散布圖如圖14.6。在第五年的第一季中，雖然銷售量較其之前（第四年第四季）與之後（第五年第二季）二季爲低，但在第一季中算高銷售量。

利用季節指數來調整預測值

季節指數可以用來調整預估值。如果要消除季節性的影響，可以在時間序列的模型中，使用去季節化之後的資料分析，利用之前所介紹過任一個時間序列模型技術，再選擇適當的季節指數即可。在透納公司的範例中，如果要預估第六年

表 14.10

透納公司的季銷售資料

年度	季節	銷售量（單位：100,000元）	動差平均	中心動差平均	季節比（銷售量/中心動差平均）
1	1	108.4			
	2	125.8	132.0		
	3	152.9	132.5	132.2	1.156
	4	140.7	133.8	133.1	1.057
2	1	110.5	127.8	130.8	0.845
	2	131.1	127.4	127.6	1.028
	3	128.7	123.1	125.2	1.028
	4	139.4	122.6	122.8	1.135
3	1	93.0	124.9	123.7	0.752
	2	129.1	127.3	126.1	1.024
	3	137.9	133.8	130.6	1.056
	4	149.3	133.7	133.8	1.116
4	1	119.0	131.6	132.7	0.897
	2	128.7	126.5	129.0	0.997
	3	129.4	122.2	124.4	1.041
	4	128.8	120.9	121.6	1.060
5	1	102.0	124.4	122.6	0.832
	2	123.3	128.5	126.4	0.975
	3	143.3			
	4	145.3			

MA= moving average

CMA= centered moving average

第一季的銷售量，可以用四個年度第一季的去季節化後資料求動差平均值，如：

四個年度第一季的去季節化後資料動差平均 = (133.3+133.9+122.1+122.7)/4
= 128

將這個數值乘以第一季的季節指數，得結果如下：

預估值 = (四個第一季的動差平均)S_1
= (128)0.83 = 106.24

除了動差平均模型之外，也可以利用其他模型，配合適當的季節指數即可。

如果將趨勢與季節變化同時加入指數調和模型中，這個模型就稱爲溫氏模型（Winter's Model），許多套裝軟體都是使用這種模型。

表 14.12

透納公司的去季節化資料

季節	銷售量/指數=去季節化後的資料	季節	銷售量÷指數=去季節化後的資料
1	108.4÷0.83=130.6	1	119.0÷0.83=143.4
2	125.8÷1.10=124.6	2	128.7÷1.01=127.4
3	152.9÷1.07=142.9	3	129.4÷1.07=120.9
4	140.7÷1.09=129.1	4	128.8÷1.09=118.2
1	110.5÷0.83=133.1	1	102.0÷0.83=122.7
2	131.1÷1.01=129.8	2	123.3÷1.01=122.1
3	128.7÷1.07=120.3	3	143.3÷1.07=133.9
4	139.4÷1.09=127.9	4	145.3÷1.09=133.3
1	93.0÷0.83=112.0		
2	129.1÷1.01=128.8		
3	137.9÷1.07=128.9		
4	149.3÷1.09=137.0		

圖 14.6

透納公司的原始資料與去季節化資料的散布圖

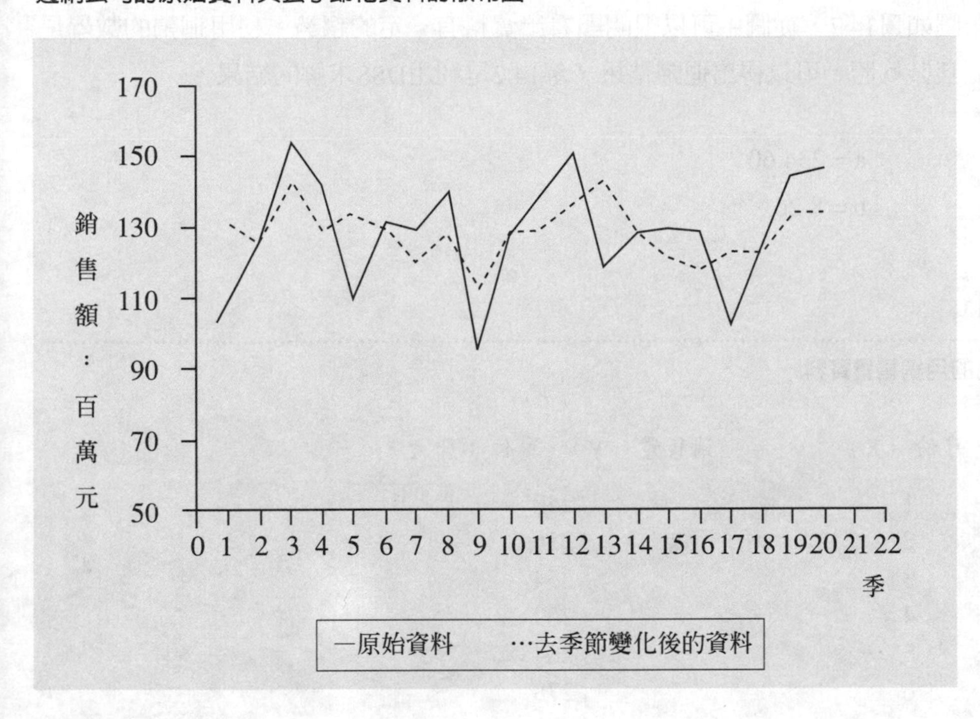

趨勢調整

如果資料中有趨勢，一般而言可以有二種方式來處理。如果基本模型是指數調和模型，加上趨勢後的調和模型，則變成**賀氏線性指數調和模型**（Holt's Linear Exponential Smoothing Model），簡稱**賀氏模型**（Holt's Model）。這是一種相加的模型，估計出趨勢成分後，將這個值加入原始的預估值中即可。例如，如果發現一般而言，從本期到下期的趨勢是增加的，而且數量為12單位，假設最初不考慮趨勢的預估值為 680 單位，則在調整趨勢成分後，新的預估值為680+12=692單位。這個方法在指數調和模型的軟體中被廣泛應用。

另一個方法是利用迴歸模型，在模型中把時間當作是一項獨立變數，這也是一個相加模型。這種基本的迴歸模型為：

$$\hat{Y} = a + bX$$

如果使 X = 時間，這就使得模型可以自動調整時間的影響。

例如，假設一個公司在過去六個月的銷售量如表14.13（單位爲千元），畫出的散布圖如圖14.7，從圖中可以很明顯看出資料有一定的趨勢。利用迴歸的數學是會電腦套裝軟體，可以得出迴歸結果，解14.2是利用DSS求解的結果。

a = 234.60

b = 8.26

表 14.13

有趨勢的月銷售量資料

月份（X）	銷售量（Y）（單位：千元）
1	240
2	256
3	254
4	269
5	284
6	278

圖 14.7

散布圖

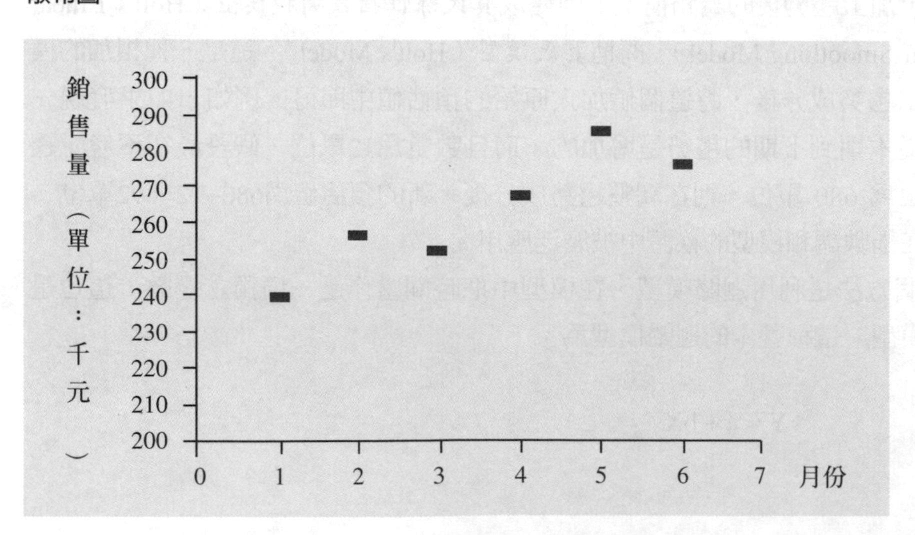

解 14.2

利用 DSS 求出的結果

Forecasting - Simple Linear Regression

Obs	Ind(X)	Dep(Y)	X*Y	X**2	Y**2	Y^	Y-Y^	(Y-Y^)**2
1	1.00	240.00	240.00	1.00	57600.00	242.8571	-2.8571	8.1633
2	2.00	256.00	512.00	4.00	65536.00	251.1143	4.8857	23.8702
3	3.00	254.00	762.00	9.00	64516.00	259.3714	-5.3714	28.8523
4	4.00	269.00	1076.00	16.00	72361.00	267.6286	1.3714	1.8808
5	5.00	284.00	1420.00	25.00	80656.00	275.8857	8.1143	65.8417
6	6.00	278.00	1668.00	36.00	77284.00	284.1429	-6.1429	37.7346
Sum	21.00	1581.00	5678.00	91.00	417953.00	1581.0000	0.0000	166.3429
Avg	3.50	263.50	946.33	15.17	69658.84	263.5000	0.0000	16.6343

a = 234.6000
b = 8.2571
R**2 = 0.8776
R = 0.9368
Std Error = 6.4487

Regression Equation :
Y^ = 234.6 + 8.257143 X

因此，這個迴歸模型是：

$$\hat{Y} = 234.60 + 8.26X$$

預估第七個月的銷售量（X=7）爲：

$$\hat{Y} = 234.60 + 8.26(7) = 292.42$$

預估第十個月的銷售量（X=10），可得結果爲：

$$\hat{Y} = 234.60 + 8.26(10) = 317.20$$

如果要預估的時間增加，在使用這種趨勢調整時必須更謹慎。趨勢不會無限制地發展下去，在做長期預測時，經理人必須決定應做趨勢調整的時機。

14.8 選擇適當的技術

在做不同問題的預測時，何者是最好的模型？答案會受許多因素影響。

本章中所介紹的，是幾個常用的預測模型以及評估模型準確性的指標。雖然模型的準確性無法依據一般性的理論得出，必須評估眞正在使用的模型，但若能在實際進行預測時就先對模型作適當性檢定，將可節省時間與經濟成本，尤其是當要預測的變數值必須由大量的資料得出時。

摘要表14.1中所定義出來的各項目，有助於檢定模型是否適用，以下要對各項目的內涵作簡單的介紹。

經理人之所以要進行預測，有時候是爲了要規劃未來，有時則是爲了要進行進度控制。當進行預測是爲了要作控制時，則當資料一有變動，模型必須要能做出即時的反應。

資料的使用者決定所需資料的詳細度。公司的整體決策者只對整體的指標感興趣，但生產部的經理必須預估顧客對產品的需求。

雖然經理人都希望預估的準確度越高越好，但有時粗略的預測已足以提供所需的資訊。在規劃餐廳的食物採購量時，必須預估出顧客的人數，但不需要預估每天每一種食物所需的量。然而，如果在同一個餐廳要舉行宴會，就必須對各種食物的需求量作估計。

摘要表 14.1

在選擇預測模型時所應考慮的項目

進行預測的目的
需要資訊的詳細度
決策者對於預測所要求的準確度
時間
資料型態
可獲得的資料
預測模型所需的成本

資料來源：Photo courtesy of National Oceanic and Atmospheric Administration.

結合時間序列，因果關係與判斷的模型，可以用來預測天氣變化。

估計時間長短對於模型的選擇影響重大。有些模型適合作短期（如幾個月）的預估、有些適合中期（如幾個月到一至二年）、而有些適合作長期（一、二年以上）的預測。本章中的時間序列模型多用於短期預測，迴歸模型適合用於中期預測，而質性模型則多用於長期預測。

資料的型態會影響模型的選擇，例如，如果資料有趨勢或季節性的型態，就必須選擇能處理這類資料的模型。

如果模型中所需的資料是不可得，則模型完全無法發揮作用。因此，在選擇模型時必須慎重考慮。

預測模型的成本包括建立模型、收集資料以及進行預測的成本。如果必須發展或購買新軟體來進行預測，則與原有可用軟體的模型相較，這個模型的成本會高出甚多。

14.9 摘要

本章中，討論幾個數量預測模型，包括時間序列模型與因果關係模型。在時間序列模型的討論中，包括基本模型、動差平均模型、加權動差平均模型與指數調和模型；而迴歸分析則是常見的因果關係模型。如果必須，這些模型都可以處理有趨勢與季節型態的資料。

評估準確度的指標，是利用模型過去預測的結果，來決定模型預測的準確度。這些指標包括絕對差平均數、平方差平均數、以及比例絕對差平均數。

質性模型是以專家的經驗為預測基礎，其中的 Delphi 法可以消除個人對預估結果的影響，而大部份進行市場研究的模型都是質性模型。

雖然有許多可用的預測模型，但在對特定問題做預測時，經理人必須謹慎考慮，以能選出最合適的模型。必須考慮的事項包括進行預測的目的、需要資訊的詳細度、決策者對於預測所要求的準確度、時間、資料型態、可獲得的資料以及預測模型所需的成本等。

字彙

相加時間序列模型（Additive time series model）：在時間序列模型中，將季節性型態、循環型態與隨機變異相加，以得出預估值。

因果關係模型（Casual Method）：利用其他變數來要預測的變數值的模型。

相關係數（Coefficient of correlation）（r）：衡量二個變數之間相關性的指標。

判定係數（Coefficient of determination）（r^2）：在迴歸模型中，依賴變數的變數亦可以由獨立變數的變異來解釋的部份。

循環型態（Cyclical patterns）：是指因為經濟景氣循環的關係，資料一年一年間的變異情形。

Delphi模型（Delphi Method）：利用專家的意見作為預測的基礎，設計出問卷，將這些問卷分送到各位專家手上。

依賴變數（Dependent variable）**或是響應變數**（response variable）：迴歸模型中，要利用其他變數估計出的變數，通常的符號是Y。

指數調和（Exponential smoothing）：在指數調和模型中，本期的預測值是以之前的預測值爲基礎，再加以修正得出。

預測誤差（Forecast error）：是指眞值與預測值之間的誤差。

賀氏線性指數調和模型（Holt's Linear Exponential Smoothing Model）：基本模型是指數調和模型，但加上趨勢調整。

獨立變數（Independent variable）：迴歸模型中 ，用來預估其他變數的變數，符號通常爲X。

平均誤差值（Mean forecast error）：所有誤差的平均值。

絕對差平均法（Mean absolute deviation；MAD）：將所有的誤差取絕對值，然後再加以平均。

平方差平均法（Mean squared error；MSE）：各個誤差值加以平方後，再求平均數。

比例絕對差平均值（Mean absolute percent error；MAPE ）：將誤差的絕對值比例化後，再求平均值。

動差平均法（Moving average model）：將最近 n 期的資料平均，以作爲分析之用。

複迴歸模型（Multiple regression model）：多個獨立變數的迴歸模型。

相乘時間序列模型（Multiplicative time series model）：在時間序列模型中，將季節性型態、循環型態與隨機變異相乘，以得出預估值。

基本模型（Naive model）：是一個時間序列模型，下一期的預測值就等於本期的眞值。

質性模型（Qualitative model）：模型中，預測的基礎是根據判斷或其他非數量性的因素。

數量模型（Quantitative model）：模型中，預測的基礎是過去的數量或數值資料。

隨機或不規則變異（Random 或 irregular variations）：資料的變化型態是隨機或不規則、不可預測的。

散布圖（Scatter diagram）：將長期的時間序列資料所畫出的圖。

季節型態（Seasonal pattern）：指在一年之中的某個時間，變數值的變化會有規律地重複。

時間序列（Time series）：指一組在特定時間中所觀察出的變數值。

趨勢（Trend）：長期而言，時間序列變數值的變化是增加或是減少。

加權動差平均模型（Weighted moving average model）：基本上是一個動差平均的模型，但每一個觀察值的權數都不同。

溫氏模型（Winter's Model）：趨勢與季節變化同時加入指數調和模型中。

問題與討論

1. 何謂時間序列？有哪一些技術可以用來預測時間序列？
2. 有哪些指標可用來橫量預測的準確度？在完全預測時，這些指標值為多少？
3. 在迴歸模型中，$r^2=1$ 的意義為何？在這種情形下，MSE 值為多少？
4. r^2的意義為何？
5. 敘述 Delphi 模型的步驟。
6. 在指數調和模型中，α 的選擇，影響到新資料值與舊資料值的權數。如果希望將預估調和、減少越近期值的權數，應如何選擇 α ？
7. 描述三種評估模型準確性的指標。
8. 對於評估預測準確度而言，為何平均誤差值並非一個良好的指標？
9. 利用本章的公式，將下列的預測模型與基本模型相較：

   a. 一個月的動差平均數作為預估。
   b. 三個月的加權動差平均，權數分別為1（最近期資料權數）、0、0。
   c. 指數調和模型，$\alpha=1$。

10. 某一段時間資料的季節指數等於 1、大於 1 或小於 1 時，意義為何？
11. 每週銷售額（單位為百元）如下表：

星期	1	2	3	4	5	6
銷售額	12	14	10	13	15	17

利用下列模型，預估第七個星期的銷售值：

a. 基本模型。

b. 二星期的動差平均。

c. 二星期的加權動差平均，權數分別爲 2（最近期資料權數）與 1。

d. 指數調和模型，α=0.4（假設第一個星期的估計值是12）。

12. 習題11中，如果以絕對差平均值作爲衡量標準，哪一種預測模型最佳？哪一種最準確？

13. 利用平方差平均值作爲衡量標準，評估問題11各預測模型的準則，哪一種預測模型最準確？

14. 過去八季大城公司的季銷售額（單位爲百萬）如下：

年	1994				1995			
季	1	2	3	4	1	2	3	4
銷售額	23	24	21	24	25	27	23	25

a. 利用指數調和模型，$\alpha = 0.2$，預估1996年第一季的銷售額。假設1994年第一季的預估值爲 23。

b. 畫出這些資料的散布圖，圖中可以看出任何趨勢或季節性因素嗎？

15. 在問題14中，計算：

a. 平均季銷售量。

b. 每一季的平均季銷售量。

c. 利用 a 與 b 的答案，算出四個季節指數值。

d. 利用中心動差平均，算出四個季節指數值。

16. 下表是一家汽車經紀商的每日銷售額：

日	1	2	3	4	5
銷售額	10	12	9	11	13

利用下列模型，預估第六天的銷售額：

a. 基本模型。

b. 一天動差平均模型。

c. 指數調和模型，調和係數爲 1。

17. 資產評估公司建立了一套迴歸模型，用來評估不同地點的房地產價格。模型中，房價（Y）是總平方尺（X）的依賴變數，模型如下：

$\hat{Y} = 13,473 + 37.65X$

這個模型的相關係數爲 0.63。

a. 利用這個模型，預估一間面積爲1,860平方呎的房屋售價。

b. 鄰近地區有一間1,860平方呎的房屋出售，售價爲$95,000，爲何這個價格不等於預估值？

c. 如果使用複迴歸模型來評鑑房地產價格，要加入哪些數量變數，會使得模型在預估售價時更準確？

d. 這個問題的判定係數是多少？

18. 下表的資訊，是隨機抽取五個月的銷售額與廣告預算資訊：

月份	銷售額（單位：千元）	廣告預算（單位：百元）
1	4	2
2	6	3
3	5	3
4	7	5
5	4	3

a. 建立一個迴歸模型，廣告預算爲獨立變數，銷售值爲要預估的依賴變數。

b. 利用 a 的模型，預估當月廣告預算爲 $400 時，銷售額爲多少？

19. 考慮下列的時間序列：

月份	1	2	3	4	5
銷售量	35	42	39	45	47

a. 資料中有明顯的趨勢嗎？

b. 建立一個迴歸模型，把時間當成一個獨立變數。

c. 利用 b 的趨勢迴歸模型，預估第六個月的銷售額。

d. 利用 b 的趨勢迴歸模型，預估第七個月的銷售額。

20. 美國勞工統計局算出各年消費者物價指數（CPI）如下：

年	CPI
1	93
2	101
3	107
4	113
5	122

a. 利用指數調和模型、假設調和係數 $\alpha = 0.3$，預估第六年的 CPI。假設第一年的 CPI 預估值爲 93。

b. 利用指數調和模型、假設調和係數 $\alpha = 0.8$，預估第六年的 CPI。假設第一年的 CPI 預估值爲 93。

c. 計算 a 與 b 中的 MAD，哪一個是較好的預測模型？

d. 依據資料來看，很明顯的存在趨勢，哪一個模型中調整較快？當資料存在有趨勢時，不同 α 的選擇對趨勢有什麼意義？

21. 利用習題20中的 CPI，將時間視爲獨立變數，建立一個迴歸模型。利用這個模型，預測第六年與第七年的 CPI。

22. 管理科學課的學生拿到期中考的成績，教授提供了另一項額外資訊：去年學生的期中考與期末考成績表如下：

期中考成績	期末考成績
98	93
77	78
88	84
80	73
96	84
61	64
66	64
95	95
69	76

a. 建立一個迴歸模型，利用這個模型，可以依據期中考的成績，計算出全班各人期末考的成績。

b. 利用這個模型，預估出一個期中考為 83 分的學生的期末考成績。

23. 紐約股票交易所的指數資料如下：

年	股票指數
1985	124
1986	156
1987	195
1988	181
1989	216
1990	226
1991	258
1992	285
1993	300
1994	315

建立一個趨勢模型，預估1995、1996以及2000年的股價指數。

24. 如果利用習題23的模型預估1985到1994之間10年的資料，MAD值爲多少？

25. 如果利用基本模型預估習題23的10年間的資料，計算出MAD值，並與習題24的MAD值作比較。

26. 美國在1985到1994年的年失業率如下表：

年	股票指數
1985	7.2
1986	7.0
1987	6.2
1988	5.5
1989	5.3
1990	5.5
1991	6.7
1992	7.4
1993	6.8
1994	6.1

利用基本模型預估1995年的失業率，並計算出絕對差平均值。

27. 利用習題26的資料，建立一個指數調和模型，假設 $\alpha=0.4$，且1985年的預估值爲7.2。計算出模型的MAD值，並與習題26的MAD值相比較。

分析—德州的營業稅

德州主要的稅收集中於幾種特定的產品與服務，州政府的審計人員依據銷售毛額以及銷售稅收為標準，將產品與服務畫分為幾大類，利用歷史資料估計未來稅收，以規劃州政府預算。這些分類可以再作更詳細的畫分，供地方政府作為財政規劃的依據。

這些分類中有一項是零售業，季銷售如下：

年	季	銷售（單位：百萬元）
1990	1	218
	2	247
	3	243
	4	292
1991	1	225
	2	254
	3	255
	4	299
1992	1	234
	2	265
	3	264
	4	327
1993	1	250
	2	283
	3	289
	4	356

利用以上資訊，估計1994年四季的銷售資料。準備一份簡單的報告，報告中必須包括預估值以及預估值的準確度。

第15章

模擬

15.1 簡介

在本書中，有許多章節都在討論利用數學模型，以最適化求解問題，本章中要討論的是**電腦模擬**（simulation）：不用最適化的概念求解問題，而是利用電腦模擬現實世界的不同情形，並加以評估。模擬的功能，只是在協助決策者評估模型所找出來的決策或選擇。

利用電腦模擬軟體，可以呈現許多複雜的事件，如太空船的運作、美國經濟體的現況、交通系統、甚至是十公里路跑的比賽情形。商業應用模擬領域很廣，包括資本預算規劃、合作計畫、環境影響、成本分析以及外匯交易模型。利用模擬，經理人在執行決策前能先探知結果，無須事後才承受決策錯誤的惡果。

在本章中，將要討論建立及執行模擬模型的相關步驟與問題，有一部份的工作將利用蒙地卡羅法，本章中將透過不同範例來詳細介紹這個方法。此外，也將要討論模擬模型的優點與缺點。本章中會利用二個範例來介紹基本模擬模型的運作，另外，也會同時介紹某些專用於特殊目的模擬系統。

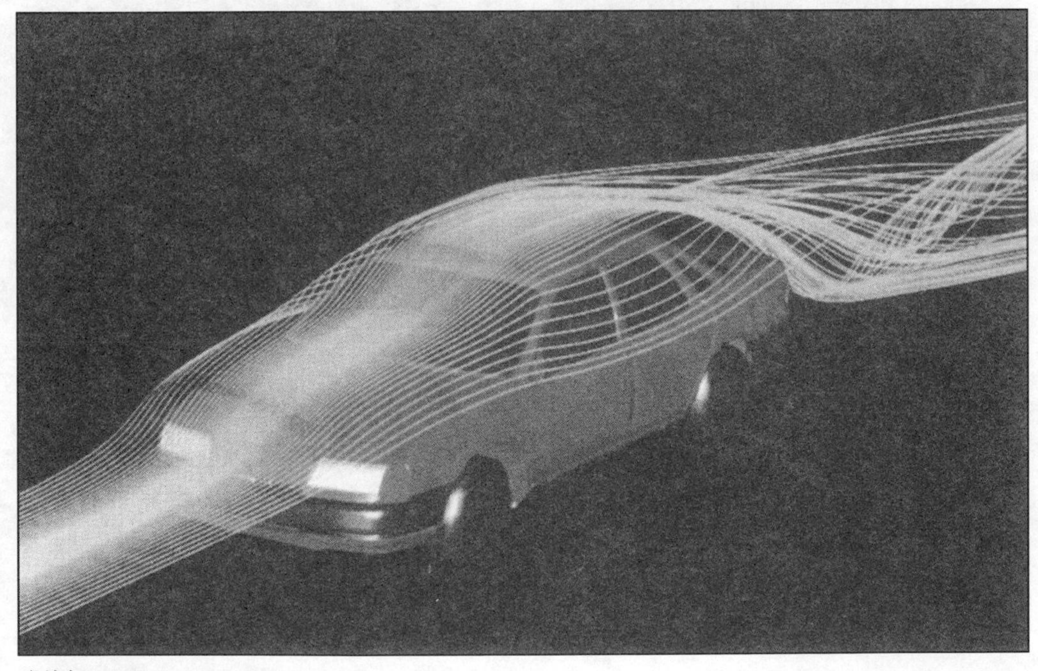

資料來源：Photo courtesy of Ford Motor Company

利用模擬，汽車設計者可以瞭解不同的車型與氣流之間的關係。

15.2 範例

價廉物美汽車零件超市是一家汽車零件的銷售商，所提供的貨物範圍廣泛，顧客群包括一般的個人以及汽車修理場。目前，公司經理人正在想盡辦法要降低存貨水準。在經過分析後，前經理人發現了有幾種可能的策略。在實際開始執行之前，經理希望能獲得更多資訊，以便眞實掌握各項策略所造成的影響。

公司供應的產品之一是一種汽車專用的配電器。這對價廉物美超市而言，是一項非常重要的產品，因此，公司開始對這項產品作更詳細的分析。從過去的記錄中，可以看出這項產品的需求量爲每日 0 到 4 單位。當公司認爲存貨水準太低時，就會下單訂貨，一般需要 1 到 3 天貨物才會運到。每日需求量以及備運時間的機率分配如表15.1。

表 15.1

價廉物美超市的需求量與備運時間機率分配

每日需求	機率	備運時間	機率
0	0.30	1	0.35
1	0.35	2	0.45
2	0.20	3	0.20
3	0.10		
4	0.05		

利用這些需求與備運時間的資訊，經理人可以更瞭解不同策略對成本與存貨安全量的影響。配電器的價格非常高昂，持有成本高，因此，保有高水準的存貨對公司而言並不合算；但如果發生儲量不足的情況，也並非公司所樂見。根據存貨持有以及儲量不足成本等相關資訊，公司預估持有成本爲每單位$0.05，儲量不足成本爲$25，而每次的訂購成本爲$15。爲要找出實際的成本，經理人想要找出在不同策略下、不同的再訂購點的平均每日存貨水準以及儲存量的水準。

15.3 利用電腦模擬協助管理問題決策

在實際利用模擬之前，本節將先介紹模擬模型的基本概念，並利用價廉物美超市的範例，來詳細解釋這些概念。摘要表15.1是應用模擬模型的步驟。在模擬的過程中，每一個步驟都非常重要。在本節中先作一簡要介紹，至於如何建立一個模擬模型（步驟 2），將在下一節中討論細節。

摘要表 15.1

應用模擬模型的步驟

1. 定義出眞實世界的問題
2. 建立模擬模型
3. 測試並使模擬模型有效
4. 設計在模型中要進行的實驗
5. 執行模擬
6. 評估結果
7. 執行結論

定義出眞實世界的問題

經理人必須明確認知問題，並瞭解問題與周圍系統的互動關係；同時，也要認定在問題中，哪些指標是經理人所必須控制與所要考慮的。在資料方面，要定義收集的範圍以及模擬模型的限制。

在價廉物美超市的範例中，經理人所關心的問題是存貨成本與安全存貨水準，存貨成本包括儲量不足成本以及持有成本。因此，必須收集的資料就應該包括儲量不足的數量，以及平均存貨的水準。代表存貨策略優劣的指標，包括倉儲不足的數量、存貨水準，或者是與這二者相關的成本。

建立模擬模型

建立模型的詳細步驟，將在下一節中作進一步的詳細介紹，在此只作概要簡述。簡單來說，在此步驟的工作包括選擇出模擬模型、建立模型的整體結構、利

應用—美國郵政利用模擬作設備與設施規劃

在西元2000年之前，美國郵政服務的運輸量將超過每年26兆1,000億次郵件包裹、雇用人數達100萬人。目前，美國郵政系統處理全球四分之一的包裹郵件，成本爲全球最低。然而，近來因爲有許多替代性的郵遞、貨運公司興起，加上有更多的廣告管道以及電子網路的發展，使得目前美國郵政系統也面臨了越來越大的競爭。美國郵政的管理當局認爲，要在維持數量以及品質的前提下保持低成本，建立自動化技術是唯一的方法。

美國郵政服務

爲研究美國郵政所面臨的複雜環境，管理當局需要精細的技術作爲輔助工具。引進自動化設備的影響層面很廣，因爲其他類型的設備、人力以及營運成本也要隨之調整。在1985年，美國郵政當局連同他們的顧問公司建立了一套模擬模型，這個模型是全國性的，稱爲評估替代技術模型（model for evaluating technology alternatives；META）。這個模型將因爲寄送過程與方式改變而造成的影響量化，試著去模擬在不同的寄送方式下，對於全國性的信件處理方式會有什麼影響；同時，模型中也考慮因爲採取各項策略所需要的設備利用、能處理的郵件數量、以及勞工成本等相關問題。美國郵政利用這個模型進行對不同策略的評估，這些策略包括提供折扣、引進新興技術以及改變信件包裹的處理方式等。最後，美國郵政決定利用META來建立一套共同自動化計畫（corporate automation plan；CAP），這套計畫從1988年一直使用到1995年。

美國郵政將META繼續延伸，將這個模型應用到地區性的郵政單位，協助地區單位在設備、人力以及實行CAP上的特殊規劃需求。在CAP眞正執行時，美國郵政預期每年約可節省4,000億美元，美國郵政的管理當局認爲，META眞正發揮了最大價值。因此，郵政當局計畫繼續推廣類似的評估模擬系統，使模擬成爲營運以及預算規劃的一部份，使得今後各項計畫的執行能發揮最高的效益。

資料來源：Cebry, M. E., A. H. Desilva, and F. J. Dilisio, January-February 1992. "Management Science in Automated Postal Operations: Facility and Equipment Planning in the United States Postal Service." *Interfaces* 22(1): 110-130.

用蒙地卡羅模擬找出亂數、以及明確寫出所要使用的程式等。

在這個步驟中，模型的建立者必須設計出模型的更新時間機制。其中一種是**固定時間變數模型**（fixed time increment model），在相隔固定的時段後，就必須把新發生的事件資料更新到模型中。例如，模擬存貨問題時，必須要知道在倉儲不足時段中是否會有顧客流失，但不需要知道顧客是在哪一天流失的。因此，只要在固定時段更新資料即可。另外一種機制是**變動時間變數模型**（variable time increment model），也稱爲**下一事件模型**（next event model）。在這種模型中，只要有發生資料的變動，就要隨時更新。在模擬排隊模型時，必須知道現有多少人在排隊、服務設施閒置的時間有多長以及諸如此類的資料，因此，必須隨時更新資料。雖然可以將固定的時段畫分的很短，如此所收集到的資料就會與變動時間的模型相似，但這是不必要的。在決定要選擇何者之前，必須先決定要計算的指標是哪些。指標值可能是存量或流量，計算固定時間內的數值，如每日的倉儲不足數量，是存量；計算每次變動後的數值，如每單位的平均排隊時間，是流量。這二種指標所需的資料型態不同。固定時間與變動時間模型的應用範例將在稍後介紹。

進行測試，並使模擬模型有效

在建立模型後必須加以測試，以瞭解模型是否有效。要測試模型的有效性可由幾方面著手：對於使用者而言，模型必須合理；模型在模擬眞實情況時，結構必須有邏輯性。當模型在作預測時，過去預測值不應與眞值相差太多。模型中所使用的亂數產生式最好能複製次序相同的亂數，因爲模擬模型的功能是要比較不同政策，如果能再造相同次序的亂數，就可以在相同的基礎下比較政策優劣。

設計在模型中要進行的實驗

在設計模型所要進行的實驗時，必須要明訂哪一些變數值要放進模型，例如，在價廉物美超市的範例中，必須決定要用哪一些再訂購點的數值，然後才在模擬模型中設定出最初的情況，以使模型能反應最眞實的情形。更明確的說，在價廉物美超市的範例中，不宜將開始存貨水準爲0的模擬結果列入考慮，因爲開始存貨爲0的意義，代表每天一開始就面臨了儲量不足的問題，直到下單、接到訂貨後才解除，這並不是正常的情況。較好的作法，是多跑幾次模型，然後在正式進行模擬之前將不合理的情況剔除；或者，也可以在設定模型時，將一開始的存貨水準訂在平均值。在多跑幾次模擬模型後，結果趨近均衡或是穩定狀態，這是系統的正常狀態。在到達穩定的情況之前，模型系統是處在一種移轉或變動的狀態。除非進行模擬的目的是要研究系統在變動狀態的運作情形，否則，一般會將這段時間的資料結果排除在外。

在設計實驗時要選擇模擬的時點數（樣本數），必須依據最後所需要應用的統計結果，以及進行模擬的成本等因素，選擇所需的數量。

執行模擬

在完成建立模型、測試並使模型具有效性、以及設計實驗等工作後，就可以執行模型的模擬工作，記錄下模擬的結果，以作爲評估工作之參考。

評估結果

在得出模擬結果後要進行評估，以比較各項不同政策的效果。但有一點必須注意，即使是同一項策略，因爲選擇的時段不同，所得出的效果也不盡相同，如選擇在前1,000天與後1,000天執行同一個模擬模型，所得出的結果就可能不同。在此，就必須利用統計檢定，測試不同結果的差異是否已達統計顯著水準，或者只是因爲隨機變異所造成的差異。在評估模擬結果的過程中，經理人可以決定修改模型，或者是在選擇不同的樣本進行再次模擬。

執行結論

一旦完成評估工作後，經理人即可依據評估結果做出最後決策，之後就可實際執行決策。

15.4 建立蒙地卡羅模擬模型

雖然應用模擬模型的每一步驟都非常重要，但本章中只針對如何建立模型作討論。在建立模擬模型時，蒙地卡羅過程是非常重要的一部份。**蒙地卡羅模擬模型**（Monte Carlo simulation model）的內涵，是產生一些亂數變數來代表實際發生的事件（例如每日的需求量），然後再進行模擬。找出亂數變數的方式有二種，一種是**機率分配**，另一種是累進機率分配，雖然二種方法都可使用，但一般而言，後者的使用較普遍，如**摘要表**15.2。

在蒙地卡羅模擬中，經常在同一個模型裡放入多個變數。例如，在價廉物美超市的範例中，可以利用模型找出隨機的每日需求量，以及隨機的備運時間，同時進行模擬。在這個例子中，因爲每日需求量是一個存量的概念，只要在每日營業日終了時作記錄即可，因此要用固定時間變數模型。

摘要表 15.2

蒙地卡羅模擬模型的步驟

1. 建立變數的累進機率分配
2. 找出變數值的亂數值區間
3. 產生變數
4. 利用找出的亂數，決定代表事件的變數值

累進機率分配

累進機率分配（cumulative probability distribution）的意義，是指變數值小於或等於某特定數值的機率。表15.2的資料，是價廉物美超市需求量的機率分配與累進機率分配。

表 15.2

價廉物美超市需求量的機率分配與累進機率分配

每日需求量	機率P(每日需求量)	累進機率P(每日需求量≦)
0	0.30	0.30
1	0.35	0.65=0.30+0.35
2	0.20	0.85=0.30+0.35+0.20
3	0.10	0.95=0.30+0.35+0.20+0.10
4	0.05	1.00=0.30+0.35+0.20+0.10+0.05

指定亂數值

因爲本例中的機率都計至小數第二位，因此，必須使用二位的亂數。依此類推，如果機率是計至小數第一位，就要用一位數的亂數；如果是小數第三位，就必須是三位亂數。

將亂數值化爲百分比的形式，可以簡化取亂數的過程：只要所取出的亂數在累進機率範圍中，可使用任何一個選擇出的亂數。如，需求爲 0 的機率如果用二位碼表示，爲30%；需求爲 1 的機率用二位碼表示爲35%，依此類推。使用連續的

數字是最簡單取亂數的方式，換算成機率分配，就是累進的機率分配，利用累進機率分配法可指定的亂數範圍如表15.3。選擇01作爲開始，變數值00代表累進機率值爲1.00。這表示如果找出代表每日需求量的亂數值是44，因爲這是落在 31-65，因此，這表示每日需求量爲1單位。

表 15.3

利用累進機率分配，在價廉物美超市範例中的亂數值範圍

每日需求量	累進機率 P(每日需求量≦_)	亂數值範圍
0	0.30	01-30
1	0.65	31-65
2	0.85	66-85
3	0.95	86-95
4	1.00	96-00

找出亂數值

有許多方法可以產生亂數值：可以將數字寫在紙片上，然後隨機抽取；可以利用數學公式來產生亂數值，但因爲是透過公式計算，可以由前面一個或多個亂數推斷之後的亂數，使得這些亂數彼此間不完全獨立，且可被再次重複。因此，這些利用數學式算出的亂數有時被稱爲**假性亂數**（pseudorandom numbers）。在特殊用途的電腦軟體或是一般的試算表中，都有這些產生亂數值的數學式。使用這些數學式時必須注意，因爲假性亂數會被重複，表示只要模擬的次數夠多或時間夠長，終會出現完全相同的假性亂數，造成完全相同的模擬結果。當然，如果在完成模擬之前沒有發生這種現象，這就不會是一個問題。

但有時決策者會希望能重新複製相同次序的假性亂數，因爲，決策者就可在相同基礎下比較不同決策的優劣。因此，在比較不同決策所造成差異時，可以剔除隨機變易的影響，單單只留下不同決策所造成的單純影響。

在選擇亂數時，可以很簡單地利用亂數表即可，如表15.4的亂數表。這些數字是隨機產生的，在使用時，只要隨機找出一個起點，再依據所需要的亂數位數

選取。利用價廉物美公司的範例來解釋，如果要找出每日需求量的亂數值，只要在亂數表（如表15.4）中隨便找出一點，如第一列的第二欄37為起點。之後，往下

表 15.4

亂數表

62	37	27	85	64	63	60	45	98	97	82	17	06	14	66	04	10	64
50	71	47	62	67	66	64	30	12	15	74	61	81	31	05	20	25	93
41	11	06	57	17	21	05	54	34	49	39	08	19	38	40	54	11	59
26	73	15	75	51	19	33	81	58	32	81	84	44	56	61	86	72	99
77	85	81	84	33	46	64	14	01	72	65	58	05	57	82	98	51	07
95	98	75	53	28	32	06	53	27	91	21	59	94	37	18	19	82	59
14	93	90	01	44	06	96	14	32	93	19	87	90	32	50	73	27	78
21	34	75	80	55	88	18	04	57	09	03	01	74	81	67	08	60	32
64	95	23	94	37	95	13	40	85	42	48	40	53	23	00	61	89	23
49	75	70	71	01	77	11	66	34	70	07	01	53	74	71	17	52	82
15	45	21	61	19	02	50	49	80	84	27	02	87	31	48	51	14	63
27	83	73	23	09	21	99	28	58	67	20	58	59	41	77	07	41	70
58	65	30	91	18	50	75	39	53	08	90	84	84	55	41	95	61	34
35	57	17	04	23	03	94	14	86	68	31	41	29	02	01	33	12	96
49	70	57	25	56	33	01	34	89	40	70	22	96	17	49	86	78	84
09	93	23	55	77	99	97	03	99	57	91	20	38	29	52	77	99	07
46	64	30	75	04	27	13	10	93	33	13	41	90	27	55	41	90	12
49	62	05	57	13	30	31	64	50	81	55	97	92	38	78	73	40	15
31	36	61	40	43	06	14	34	03	18	06	19	79	78	08	59	26	99
29	62	13	08	70	54	99	0 3	50	70	31	37	31	08	34	25	55	16
27	41	58	02	11	95	52	29	12	16	43	48	37	19	20	27	47	92
25	50	20	82	77	22	84	64	96	25	97	31	77	88	29	20	93	47
32	61	33	87	37	36	52	33	63	39	63	17	35	15	28	65	28	03
16	51	16	40	29	92	95	05	93	95	66	11	20	38	22	58	48	93
97	73	74	16	99	48	71	29	20	98	50	90	61	83	93	24	34	08
46	91	77	08	70	98	26	77	45	67	01	89	58	03	80	70	68	74
71	35	04	26	56	73	07	53	26	01	21	43	54	06	06	76	31	11
92	40	47	70	94	04	52	78	40	13	30	71	96	19	70	92	97	83
36	37	69	88	07	87	18	39	84	81	34	56	98	15	38	35	49	37
80	56	83	61	26	45	07	59	55	60	44	16	31	26	62	83	17	99
76	59	24	09	39	90	66	02	35	56	89	93	17	49	30	84	14	39
93	14	48	95	50	53	53	96	92	99	35	35	44	34	00	12	01	12
56	77	19	63	60	56	31	30	59	43	91	98	23	70	00	92	08	36
21	46	66	54	25	06	45	53	41	82	33	74	90	73	50	15	18	47
51	05	29	84	58	23	59	46	93	48	37	36	60	46	30	03	46	01
30	35	75	57	59	84	12	30	34	88	27	64	76	15	77	22	21	04
39	98	58	68	45	92	15	68	80	67	49	48	06	88	78	56	37	82
87	92	02	25	57	14	27	26	59	05	23	34	76	35	41	30	24	89
20	35	65	53	99	42	07	05	07	57	96	12	88	04	36	51	09	45
97	81	98	20	14	82	57	90	27	00	21	20	68	95	04	68	37	90
63	29	92	48	93	92	10	88	64	34	79	52	19	31	39	26	45	73
87	83	37	23	84	08	55	75	94	76	37	25	43	19	98	38	41	46

表 15.5

從亂數表中找出代表每日需求量的數值與對應的需求量

代表需求量的亂數	對應的需求量
37	1
71	2
11	0
73	2
85	2
98	4
93	3
34	1
95	3
75	2

移動，移動依序選出10個二位數的數字即可，結果如表15.5。

如果需要的亂數只是一位數，可以將選出來的二位亂數只取其中的一位；另一種作法，是如果選出的亂數爲37，第一個亂數值取3、第二個數取7即可。

利用亂數值決定變數值

一旦找出亂數值後，即可以利用亂數值決定出對應的變數值。在價廉物美超市的例子中，第一個亂數值爲37，這個數值落在31-65的區間，對應出第一天的需求量爲1；第二個亂數值爲71，所以第二天的需求量爲2。依此類推，可以得出10天需求量變數值，如表15.5所示。

15.5 建立模擬模型—範例

在本節中，將要以價廉物美超市爲例，詳細說明如何建立模擬模型。假設經理人的存貨策略，是要在當存貨量將爲4單位或更少時，即加訂10單位。經理人想

全球觀點—模擬天然氣的發現

石油與天然氣業者隨時都在尋找地下的礦藏，一旦找出礦藏後，必須進行商業利益的評估，決定礦藏的發現是否有開採的經濟價值。有許多因素會影響評估，如稅制、權利金、價格變動以及其他替代能源資源的成本。以上這些原因又有其他的因素決定，例如，不同公司之間的合作效率、不同國家的法令規定等。

加拿大石油與天然氣礦地管理局（Canada Oil and Gas Lands Administration；COGLA）與蘇格蘭礦產能源部（Nova Scotia Department of Mines and Energy）的顧問群共同建立了一個模型，分析天然氣礦藏地的地質與經濟等相關資訊，這個模型的主要目的，是要找出具有開採價值的加拿大與蘇格蘭礁層。

顧問群利用三個子模型組成了一個大型的模擬模型：第一個是鑽鑿模型，是在分析資料後，要找出新的天然氣礦藏地。第二個模型為成本模型，在分析尋找與開發礦藏所需要的成本。最後是一個過濾模型，再分析所發現的礦藏地是否具有經濟利益。在大型的模擬模型中，主要是要掌握地質與經濟的不確定因素。

加拿大與蘇格蘭政府將這個模型作為決策的輔助工具。例如，殼牌（Shell）與美孚(Mobil)石油公司曾經提出共同開發加拿大淺礁層的計畫，但因為1986年的石油價格大幅下降，為節省開支，這個合作計畫就暫告終止。但在利用模型分析後，加拿大政府認為如果能多找出一兆平方呎的礦藏，即使油價下跌，仍有開採的價值。之後，他們再利用模型預測出可能的礦藏地。因為這項預測，使原來的開發計畫實現。另外，這個模型也預測出蘇格蘭礁層具有經濟利益。

資料來源：Power, M., and E. Jewkes, March-April 1992. "Simulating Natural Gas Discoveries." *Interfaces* 22(2): 38-51.

瞭解的指標，是因此會損失多少銷售量，以及平均的存貨水準是多少。另外，假設當開始模擬時，店裡有的存量是 6 單位。

模擬開始必須要製作一張**流程圖**（flowchart），代表要模擬的行動及邏輯。本例中，假設每次下訂單都是在營業日終了之後，而所有訂購的貨物都會在營業日開始時到達，以便及時補足儲量。圖15.1是價廉物美超市的流程圖。每天開始時，經理人會去確定是否有貨運抵，如果有，則將這些新到貨物數量加入存貨量內。之後，要檢視每日的需求量。假設本日的需求量較存貨量為在營業日終了時，只要調整存貨，並且看看是否已經到待再訂購點的水準。如果是，要再檢查是否有一些已訂購貨物尚未運抵。如果需求大於存貨量，就要記錄今天因此減少的銷售額，並且檢查是否有尚未運到的在途訂貨。如果沒有，就必須再下訂單。下單

圖 15.1

價廉物美超市的流程圖

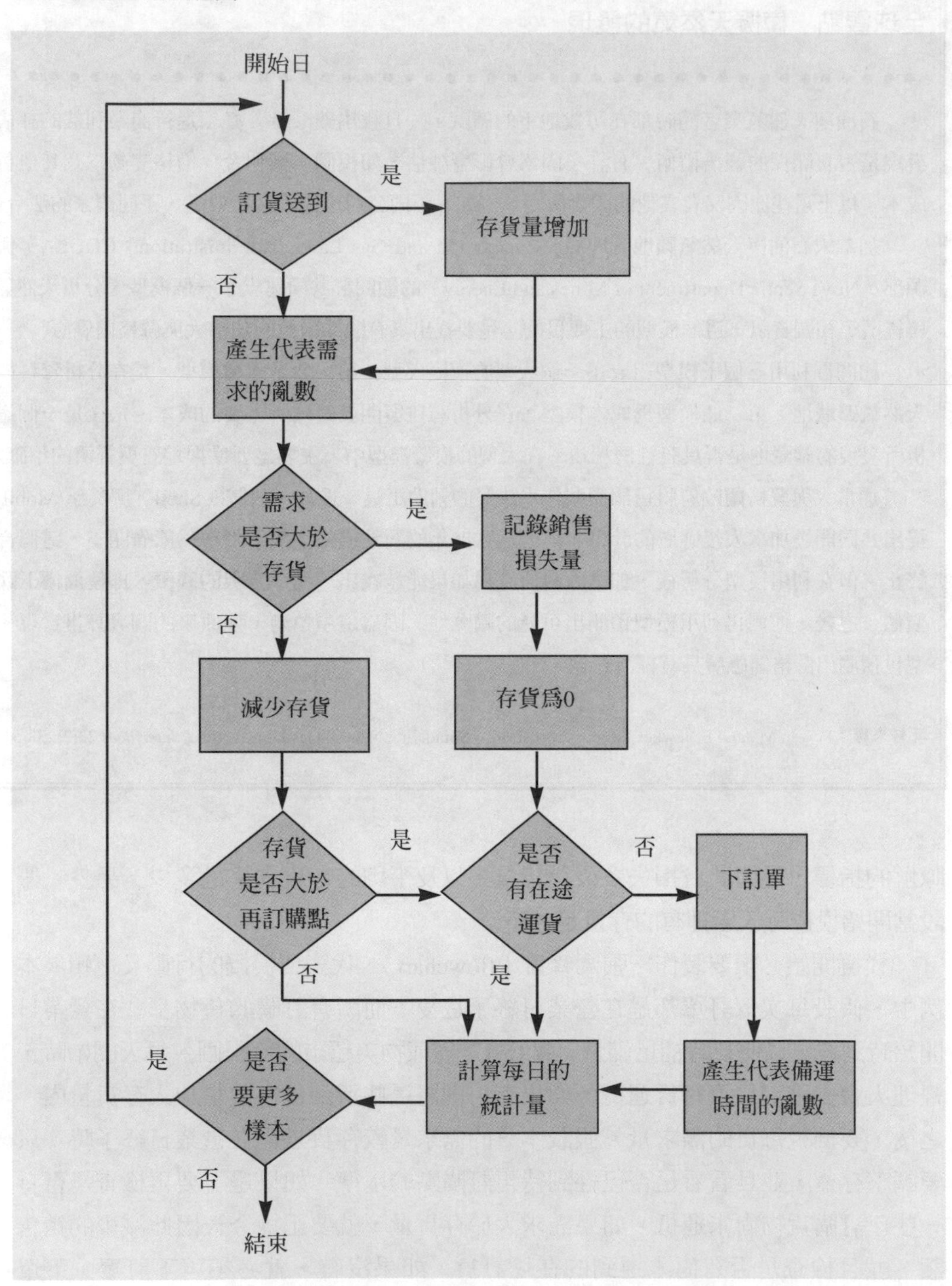

時，利用蒙地卡羅模擬出隨機的備運時間。每日終了，記錄下模擬結果，並且看看是否有足夠的模擬天數（樣本數）。如果是，停止模擬；若否，則再模擬下一天。

表15.6的資訊，是每日需求量與備運時間的累進機率分配與亂數值，同時，也包括10天的模擬結果。代表每日需求量亂數值的產生，就如同在之前蒙地卡羅的過程中所解釋的方式相同。至於代表備運時間的亂數值，是從表15.4中第一行第

表 15.6

在價廉物美公司範例中，10天的模擬結果

時間	開始存貨	接獲訂貨	亂數值	每日需求	終了存貨	銷售損失	訂購	亂數	備運時間
1	6		37	1	5	0	否		
2	5		71	2	3	0	是	86	3
3	3		11	0	3	0	否		
4	3		73	2	1	0	否		
5	1		85	2	0	1	否		
6	0	10	98	4	6	0	否		
7	6		93	3	3	0	是	62	2
8	3		34	1	2	0	否		
9	2		95	3	0	1	否		
10	0	10	75	2	8	0	否		
				總共	31	2			

每日需求量	累進機率	亂數值範圍
0	0.30	01-30
1	0.65	31-65
2	0.85	66-85
3	0.95	86-95
4	1.00	96-00

備運時間	累進機率	亂數值範圍
1	0.35	01-35
2	0.80	35-80
3	1.00	81-00

四欄開始找出的數值。

根據表中的資訊，開始的第一天存貨量爲6單位，需求爲1；第二天開始的存貨量爲5、需求爲2。這使得第二天終了時的存貨爲3，到達了再訂購點。代表備運時間的亂數值爲86（從亂數表中第一列第四欄得出），對應的備運時間是3天。因爲是在第二天終了時所下的訂單，因此，貨運要在第六天開始時才會運抵。繼續這樣的過程，並將結果記錄製表。

透過10天的模擬，發現損失的銷售量爲2單位，平均的終了存貨量爲3.1，必須再訂購二次。爲了能繼續進行經濟分析，必須找出平均每日持有成本、平均每日儲量不足成本、以及平均每日訂購成本。成本已定如下：

每次儲量不足成本 = \$25

每日每單位持有成本 = \$0.05

每次訂購成本 = \$15

在10天之中有2天發生儲量不足的情形，因次，平均的次數是 2/10=0.2。平均的每日存貨水準爲3.1，每日平均訂購次數爲 2/10 = 0.2，因此：

平均每日儲量不足成本 = 0.2(25) = \$5.00

平均每日持有成本 = 3.1(0.05) = \$0.155

平均每日訂購成本 = 0.2(15) = \$3.00

在完整的模擬中，樣本數會大於10；但在此因爲只是要解釋模擬的過程，因此只要小規模的樣本。

在完成以上的全部模擬過程後，經理人可以再模擬另一項不同的存貨策略。例如，改變再訂購點的存貨量（每次仍訂購10單位，但最低存貨限制不是4單位，而是其他數值），或者改變在訂購的數量（在存貨量降到4單位或更低時，不訂購10單位而是其他數量）。多試幾項不同的存貨策略，利用多樣本的模擬結果，經理人可以得到一些相當有用的資訊，以便進行相關的決策。經理人或許會因此對供應商提出保證，要求訂貨能在二天內運抵。即使這種要求可能會增加費用，但對於價廉物美公司而言，這或許反而能降低整體存貨成本。

15.6 排隊的範例

另一個會經常利用模擬模型處理的問題，是排隊問題。雖然，有許多問題可以用之前的排隊模型來分析，但如果有些問題無法滿足假設，就無法利用模型。例如，如果隊伍太長，到達者可能會拒絕進入系統中；如果排隊的機會成本太高，顧客也可能在排到一半、接受服務之前即離去。在模擬模型中，可以在不限定問題的假設之下，得出一些關於系統的運作情形。

在下面的例子中，假設要瞭解的指標有二個：平均的排隊時間以及服務設施閒置的平均時間。因爲要模擬的變數中包括平均的排隊時間，這個指標會因隨時的人數變動而改變，因此，必須使用變動時間的模擬模型。

花園便利商店

花園便利商店是一家連鎖的便利商店，目前公司正在規劃新開幾家較大型的店面。由於連鎖店面的數目增加，因此，公司同時也考慮增建配銷發貨倉庫，利用交通運輸工具，將貨物由這中心點運到個別的銷售店面。在規劃倉庫的新建工程時，有人建議要蓋二個裝、卸貨作業站，取代以往只有一個工作站的規劃。因爲在只有一個工作站的情形下，裝、卸貨的工作都在一起，使工作站內的工作流程複雜化，不但降低效率，同時也提高成本。爲了分析新計畫的可行性，經理人著手研究目前發貨倉庫的運作情形，在得出分析結果後，稍做修改，就可以作爲新規劃的參考。再考慮各項管理科學技術後，經理人認爲這個問題可以用排隊模型來進行分析，因爲他所希望瞭解的指標是諸如平均排隊的卡車數目、平均等待時間等。但因爲經理人最後的目的是要修改系統，將單站式改爲多站式，這種修改會破壞原本用來評估的排隊模型。因此，在仔細考量後，花園便利商店的經理人決定進行模擬。

在本例中，將要詳細解釋如何決定單站式下的平均排隊時間。因爲到達者的抵達時間以及服務時間都爲隨機變數，因此，必須先找出機率分配。找出機率分配、累進機率分配後，就可以決定亂數值的範圍，結果如表15.7所示。在規劃模擬時，經理人要瞭解的指標爲平均等待時間、以及平均等待時間等指標，這些必須包含在從模擬模型中得出的結果中。假設每個工作站的工作時間爲早上7:00開始，在這個時間應該沒有等待裝卸的卡車。另外，假設工作站中能容納最多的卡車數目爲 10 輛。

表 15.7

花園便利商店中變數的機率分配與亂數範圍

卡車間相距的到達時間	機率	累進機率	亂數範圍
6	0.35	0.35	01-35
7	0.25	0.60	36-60
8	0.25	0.85	61-85
9	0.15	1.00	86-00
服務時間	機率	累進機率	亂數範圍
5	0.10	0.10	01-10
6	0.35	0.45	11-45
7	0.30	0.75	46-75
8	0.25	1.00	76-00

要開始模擬時，先從亂數表（表15.4）中選取10個數字，模擬到達者之間彼此的時間差異，假設從第四列第一欄開始，向右選取；再另選取10個亂數模擬服務時間，假設從第一列第一欄開始，向右選取。選出的亂數結果如表15.8，第一部卡車是在6分鐘後，也就是7:06到達，而這部卡車需要在工作站中停留7分鐘。第二部卡車在8分鐘後、也就是7:14到達，而這部卡車在工作站中停留6分鐘。

因爲經理人想瞭解的指標是服務設施的閒置時間，因此，必須另做一張表，以記錄此項資料。利用表15.8中的抵達時間以及服務時間資訊，並多增加二欄，分別表示服務開始以及結束時間，這樣就可決定出每輛卡車的等待時間以及服務設施的閒置時間了。

由表15.9中可知，第一部卡車於7:06到達，這部卡車可以立刻開始進行裝卸的工作，因爲之前沒有任何其他卡車等在工作站中。因此，這部卡車的等待時間爲0。這部卡車需時 7分鐘進行裝卸的工作，所以服務時間結束7:13。第二部卡車於7:14到達，而第一部已於7:13離開，因此，服務設施有1分鐘的閒置時間。第二部卡車於7:14開始裝卸，需時6分鐘，因此，服務於7:20完成。第三部於7:20到達，也是立即開始作業，整個裝卸工作於7:26完成。第四部卡車於7:28分到達，中間使

表 15.8

利用蒙地卡羅模擬，找出花園便利商店的亂數值及對應的變數值

卡車	亂數值	到達的時間差異	到達時刻	亂數值	服務時間
1	26	6	7:06	62	7
2	73	8	7:14	37	6
3	15	6	7:20	27	6
4	75	8	7:28	86	8
5	51	7	7:35	64	7
6	19	6	7:41	63	7
7	33	6	7:47	60	7
8	81	8	7:55	45	6
9	58	7	8:02	98	8
10	32	6	8:08	97	8

表 15.9

花園便利商店的結果列表

卡車	到達時刻	服務時間	服務開始時間	服務結束時間	等待時間	閒置時間
1	7:06	7	7:06	7:13	0	6
2	7:14	6	7:14	7:20	0	1
3	7:20	6	7:20	7:26	0	0
4	7:28	8	7:28	7:36	0	2
5	7:35	7	7:36	7:43	1	0
6	7:41	7	7:43	7:50	2	0
7	7:47	7	7:50	7:57	3	0
8	7:55	6	7:57	8:03	2	0
9	8:02	8	8:03	8:11	1	0
10	8:08	8	8:11	8:19	3	0
				總數	12	9

工作站有2分鐘的閒置。第五部卡車於7:35分到達，但必須等到前一部於7:36離開後，才能開始裝卸，這產生了等待時間1分鐘。繼續進行同樣的分析，就可得出表15.9的結果。

所有10部卡車的總等待時間爲12分鐘，平均每部的等待時間爲1.2分鐘。這一天10部車的總運作時間爲1小時又8分鐘，其中工作站有9分鐘都閒置。雖然這只是一項小規模的模擬，經理人不至於從這個模型中下任何結論，但這足以解釋整個模擬模型的過程。利用電腦軟體，可以進行大規模如幾千天的分析，藉此以掌握工作站運作的情形。利用模擬模型，也可以模擬有二個工作站的情形，並將結果與只有一個工作站時做比較。

15.7 使用蒙地卡羅模型時應注意的事項

雖然對經理人而言模擬模型相當有用，但在建立模型時，必須注意模擬過程中常犯的一些錯誤，如下：

1. 在模擬中，一開始的過渡狀態不能用來代表要研究的系統，因爲這並非正常狀態。如果採用過渡狀態，除非採取相關的預防措施，否則會使結果偏誤。
2. 假性亂數可被重複，因此，若進行模擬的樣本數太大，可能會使結果有誤差。
3. 即使取出的變數數值在可行範圍，但並不一定能符合模型中所設定的關係與結構。有一些極端的變數值可能使模擬無效。

因爲存在以上等問題，因此，必須要測試模型並使其有效。模型是有效性的意義，是指所有可能的變數值輸入時，都能使模型的結果有效。

15.8 其他與模擬相關的事項

在今日的管理界，模擬模型是一項非常有用的工具。模擬之所以被廣泛應用，其中的原因是在於：

1. 有些問題太過複雜，無法利用現有的技術加以分析，或現有的技術不易應用。
2. 在模擬模型中，各項決策可以在不干擾眞實世界的情形下做測試。因此，可以利用模擬模型來做為員工訓練的工具。
3. 模擬的基本概念簡單易懂。
4. 在眞實世界中，幾年時間的情形與結果，可以在電腦中壓縮為幾分鐘。

雖然模擬看起來可以提供決策者一切必要的資訊，但它也有限制：

1. 要建立一個有效的模擬模型，必須在時間與金錢上花費巨大成本。
2. 模擬無法得出最適的選擇，只是測試不同決策所造成的影響。
3. 某個模擬模型所得出的結論具有其獨特性，無法應用到其他不同的情形。

資料來源：U. S. Geological Surrey Photographic Library, Denver, Co.

電腦模擬可以用來預測地震與可能造成的傷害。

近觀—知識基礎模型系統

目前，新類型的電腦模擬是一種「知識基礎模擬系統」（knowledge based simulation system；KBSS），這是一種將模擬與以專家系統爲基礎的知識庫相結合的系統，將專家的知識與經驗變成模擬系統的一部份。利用這種系統，即使經理人不具備寫程式、規劃的能力，或不瞭解模擬理論基礎，一樣可以進行模擬。

傳統的模擬模型只能執行設計者的規劃，但在KBSS中，模型會提供一些可供測試的策略。因此，模型的使用者只需要描述要模擬的特定情形，以及定義模擬的目標即可。

除此之外，與專家系統結合的KBSS還有其他功能。在專家系統中，專家做出建議的基本前提是要具備理性，在KBSS系統中也有這項功能，因此，KBSS可以用作爲教學以及分析的輔助工具。在KBSS中，即使使用者並沒有明確提供外部的相關資訊，只要資料庫中存在有相關資訊，KBSS會自動將這些外部資訊放入模型中。無須特別電腦程式設定，KBSS也可以建議使用者如何修改模擬模型。

資料來源：Merkuryera, G. G., and Y.A. Merkurev, February 1994. "Knowledge Based Simulation Systems A Review" *Simulation* 62(2): 74-89.

15.9 電腦模擬的套用程式

至此，本章中已經詳細介紹如何以手算的方式應用蒙地卡羅過程；用**模擬的套用程式**（simulation languages），有許多套用程式可以將這些過程電腦化。許多電腦程式是專供模擬之用，其中有些甚至是專門設計特定類型的問題使用，如GPSS與GASP是專門處理排除問題，SLAM、GERT與Q-GERT是專門用來處理網路的問題，其他如SIMSCRIPT以及DYNAMO等，也是專爲特殊目的之用。另外，有許多圖形式的模擬模型套裝軟體，可以在個人電腦上執行，用來模擬特殊情形，例如，工作流程圖、產品壽命循環、航空公司營運以及交通系統等。這些軟體是這技工最終使用者、而非程式設計師使用，因此都只需即少甚至不需要寫程式。

除以上這些供特殊目的使用的軟體外，另外還有一些試算表軟體如 Lotus 1-2-3、Quarrto Pro、Excel 與 IFPS 等，也都提供亂數產生式的功能，因此，利用這些試算表，也可以進行模擬。另一些特別的試算表如@RISK，可在試算表中進行模擬，常用於資本預算的財務模擬、成本分析、合作計畫以及外匯交易模型等。

15.10 利用DSS進行模擬

利用DSS套裝軟體，可以進行排隊問題與存貨問題的模擬，但DSS並不如專用於模擬的軟體一樣具有彈性，DSS模擬模型只能應用在一些較基本的簡單系統。

在使用DSS時，使用者會被要求輸入一個種子數目，以作爲產生亂數之用。利用相同的種子數目，可以複製出相同的亂數。

DSS的排隊模型

利用DSS模擬排隊系統，使用者必須在各種的機率分配中擇一，作爲到達率的機率分配。使用者可以在如常態分配、平均分配、指數分配或是一般的不連續分配選擇，之後將所選擇的機率分配與變數值輸入電腦中。

解15.1是一個簡單的模擬模型。到達者的時間差呈平均分配，範圍爲3分鐘到8分鐘。這表示到達者的時間差異可爲介於這之間的任何數，且機率皆相同。服務時間假設爲常態分配，平均值爲10分鐘、標準差爲2分鐘。模擬長度（樣本數）爲前10位到達者或開始的前20分鐘。

解中的資料包括下列各項指標：每位到達者的到達時間及離開系統的時間；同時，也揭露出系統中最大、最小與平均的到達者人數。利用系統中平均人數的資訊，可以決定特定排隊系統中的等候成本。

利用DSS模擬存貨策略

要利用DSS模擬排隊策略，必須先決定每日銷售量與備運時間的分配。解15.2是一個存貨策略的模擬結果，其中假設每日銷售量爲常態分配，平均值爲50、標準差爲10；備運時間也設爲常態分配，平均值10、標準差2。要模擬的存貨循環期爲10，再訂購點爲650。

在結果中揭露以下的資訊：每個存貨循環期的備運時間、以及訂貨運抵時的現有存貨量。其中，負值的存貨量表示出現儲量不足，結果中也會揭露因此所損失的銷售量。利用正值的存貨數量，可以算出持有安全儲量的成本。利用相同的種子數目，DSS可以用來模擬不同的存貨策略，如將再訂購點設爲600或700。

右圖為在實際開始執行交通管制之前，利用電腦模擬的結果。

資料來源：Photo courtesy of Massachusetts Highway Department, Central Artery / Tunnel Project.

解 15.1

利用 DSS 模擬排隊系統的結果

Queuing Simulation

Inputs :

Arrival Distribution	Uniform	3	8	
Service Time Distribution	Normal	5	2	
Simulation Length	Number	10	20	Time
Initial Number in System	2			

Random number generator seed value : 25

Outputs :

Period	Start	Arrivals	Departures	End
1	2	0	0	2
2	2	0	0	2
3	2	0	0	2
4	2	1	1	2
5	2	0	0	2
6	2	0	0	2
7	2	0	0	2
8	2	0	1	1
9	1	0	0	1
10	1	1	0	2
11	2	0	0	2
12	2	0	0	2
13	2	1	0	3
14	3	0	1	2
15	2	0	0	2
16	2	0	0	2
17	2	0	0	2
18	2	0	0	2
19	2	0	0	2
20	2	0	1	1
Totals		3	4	

Max number in system : 3

Min number in system : 1

Avg number in system : 1.9

解 15.2

DSS 模擬存貨策略

Inventory Simulation

Inputs :

Daily Sales Distribution	Normal	50	10
Lead Time Distribution	Normal	12	2
# of Cycles in Simulation	10		
Reorder Level (#of units)	650		

Random number generator seed value : 25

Outputs :

Cycle #	Lead Time	Sales	QMin (+/-)
1	10	492	158
2	12	599	51
3	16	844	-194
4	12	613	37
5	13	620	30
6	9	468	182
7	10	519	131
8	12	588	62
9	11	606	44
10	12	569	81
Averages :	11	591	58

Maximum Stockout : -194

Average Stockout : 0

Maximum Surplus : 182

15.11 摘要

本章中，將介紹用來輔助管理決策的模擬模型，並解釋應用的各項步驟，這些步驟依序爲：定義問題、建立模型、進行測試並使模型有效、設計實驗、進行模擬、評估結果以及執行結果。在建立模型的部份，主要介紹蒙地卡羅模擬過程，這是利用亂數來模擬事件的模型。在固定時間變數模型中，是利用存貨模型爲例，排隊模型則是用來解釋變動時間變數模型（或下一事件模型）的應用。在建立模擬模型時，流程圖是非常有用的輔助工具。大部份的模擬模型都可以用套裝軟體或試算表進行。最後，則是討論模擬的優點與限制。

字彙

累進機率分配（Cumulative probability distribution）：變數值小於或等於某特定數值的機率。

固定時間變數模型（Fixed time increment model）：在相隔固定的時段後，就必須就新發生的事件，將資料更新到模型中。

流程圖（Flowchart）：利用圖示，說明要模擬的行動及邏輯。

蒙地卡羅模擬模型（Monte Carlo Simulation Model）：利用產生一些亂數變數來代表實際發生的事件。

下一事件模型（Next event model）：是一種模擬模型，這種模型中，只要有發生資料的變動，就要隨時更新。

假性亂數（Pseudorandom number）：利用數學式計算出的亂數。

模擬的套用程式（Simulation Language）：進行模擬的套用軟體程式。

模擬（Simulation）：利用電腦代表現實世界的不同情形，並加以評估。

變動時間變數模型（Variable time increment model）：是一種模擬模型，這種模型中，只要有發生資料的變動，就要隨時更新。

問題與討論

1. 解釋固定時間變數模型與變動時間變數模型之間的差異。如果要獲得的資訊是關於每一個隨機事件，必須要用那一種模型？
2. 要建立一個協助經理人評估決策的模擬模型，有哪些步驟？
3. 要如何將累進機率分配應用在蒙地卡羅過程中？如果不使用累進機率分配，還有哪些方法可以找出亂數？
4. 如果問題中滿足需求量固定、備運時間固定等條件，存貨問題可以用之前所介紹的經濟訂購量模型求解，找出成本最小的策略。請解釋為何已經有了經濟訂購模型後，一般還會經常使用模擬模型來求解存貨問題。
5. 有一個模型用來模擬排隊系統，樣本數為100天，結果發現在這個系統中，服務設施的閒置率為23%。經理人希望改變這個情形，並再進行一次模擬。第二次的模擬中輸入與第一次相同的變數值，但樣本數為100天。結果，在第二次模擬時，閒置率變成27%。第一次與第二次的結果產生差異，是否就表示模型是無效的？請解釋。
6. 解釋在模擬中有效性的意義。
7. 何謂假性亂數？
8. 以模擬模型作為分析工具有哪些缺點與限制？
9. 電信通訊公司希望能模擬與衛星相連的電話系統運作，這個電話系統每分鐘的負載量可達上千通。模擬系統建立後，要模擬的樣本數為6小時，無論模擬的最初狀況如何（即使是開始的電話通數為0），所有模擬結果都不會被剔除，都要列入參考分析。試解釋不對起初的情況作特別設定時，模擬結果會有什麼問題？
10. 試解釋如何利用本章中所提供的亂數表，以獲得三位數的亂數。
11. 每日需求量的機率分配如下表：

需求	機率
13	0.35
14	0.39
15	0.22

16	0.04

a. 請找出需求量的累進機率分配。

b. 指定每個需求量的亂數值。

c. 利用本章中的亂數表，從第一列開始，進行4天的需求量模擬。

d. 這個模擬模型是固定時間變數模型，還是變動時間變數模型？

12. 某個交換機中接到電話的頻率是每分鐘4到8通，機率分配如下：

通數	機率
4	0.1
5	0.2
6	0.4
7	0.2
8	0.1

a. 請找出通數的累進機率分配。

b. 利用一位數的亂數，指定每個通數的亂數值。

c. 利用本章的亂數表，從第三欄開始，取第二位數值（第三欄的數字是27，取 7 作爲第一個亂數），模擬 5 分鐘系統的運作。

d. 這個模擬模型是固定時間變數模型，還是變動時間變數模型？

13. 在大學的影印店中，學生進入的時間間隔及機率分配如下：

時間間隔	機率	時間間隔	機率
1	0.35	3	0.25
2	0.30	4	0.10

a. 請找出時間間隔的累進機率分配。

b. 指定每個時間間隔的亂數值。

c. 假設開店爲8：00，當時系統中並無到達者。利用本章中的亂數表，從最後一列開始，以對角線往右上方移動，模擬10位最早的到達者，並將到達的時間列表。

d. 這個模擬模型是固定時間變數模型，還是變動時間變數模型？

14. 利用習題13的結果，假設每一次影印所需的時間爲2分鐘，且店裡只有一部影印機，試將每一位到達者到達與離開的時間列表。服務開始後，每一位到達者的平均等待時間是多久？

15. 參考習題13的情形，現在假設每一次影印完成的時間由1到3分鐘不等，如下表所示：

完成時間	機率
1	0.45
2	0.30
3	0.25

a. 請找出累進機率分配，並指定每個完成時間的亂數值。

b. 利用本章中的亂數表，從倒數第二列開始，模擬10位最早的到達者，利用類似習題14的列表，找出前10個到達者的完成時間。

c. 服務開始後，每一位到達者的平均等待時間是多久？

d. 從一開始到第10項影印工作完成，影印機的總閒置時間爲多少？

16. 利用亂數表的第一欄，模擬價廉物美汽車超市10天的需求量。這10天的總需求量是多少？試與書中的模擬結果作比較。

17. 在過去八年來，只要有東方州立大學隊出賽的足球賽，門票都會銷售一空。除了門票收入外，足球賽另一個賺錢的方式是出售節目表。在球賽中，每一場可以出售的節目表數量與機率分配如下：

節目表出售的數量（單位：百張）	機率
23	0.15
24	0.22
25	0.24
26	0.21
27	0.18

每張節目表的成本爲$0.80，售價爲$2.00，如果節目表在當天無法售出，就會捐贈給資源回收中心，無法產生任何收入。

a. 利用本章中亂數表的最後一欄，從這一欄的第一個數目開始，模擬出10場球賽的節目表銷售量。

b. 如果東方州立大學決定每場球賽將印刷2,500份節目表，則在10場球賽的銷售量模擬中，平均的利潤是多少？

c. 如果東方州立大學決定每場球賽印刷2,600份節目表，則在10場球賽的銷售量模擬中，平均的利潤是多少？

18. 參考習題17的情形，假設這些銷售量的機率分配情形只在天氣好時適用，如果球賽在天氣不佳時開打，則觀眾數目將大爲減少，而節目單的銷售量與機率分配情形將如以下：

天氣不佳的銷售量

節目表出售的數量（單位：百張）	機率
12	0.25
13	0.24
14	0.19
15	0.17
16	0.15

節目表必須在比賽前二天完成印刷，東方州立大學現在要以天氣預測爲基礎，計算出應印刷的節目表份數。

a. 如果預測有20%天氣會不佳，試模擬10場比賽的天氣情形。

b. 假設天候不佳，試模擬10場比賽中對節目表的需求量。

c. 假設一開始的預測是有20%壞天氣，另80%爲好天氣，試建立一張流程圖，作爲模擬10場比賽節目表需求的準備。

d. 假設預測有20%爲壞天氣，且決定印刷2,500份的節目表，試模擬10場球賽的總利潤。

19. 杜馬家電公司出售各種廠牌的家電設備，依據過去的經驗，某種廠牌的冰箱銷售量與機率分配為：

每星期需求量	0	1	2	3	4
機率	0.20	040	0.20	0.15	0.05

每星期的備運時間與機率分配如下：

備運時間（單位：星期）	1	2	3
機率	0.15	0.35	0.50

考量成本與儲藏空間，公司決定每次訂購時都要訂購10部，每一星期結束時，每一單位的持有成本為$1；如果發生儲量不足的情形，則每次會因此產生$40的成本。公司決定，當每星期結束時，若存貨只剩下2台冰箱或更少就要再下訂單。試模擬杜馬家電公司10星期的運作情形，假設最初的存貨水準為5部。請決定這個問題中的每星期平均持有成本與每星期平均儲量不足成本。

20. 重新模擬習題19，但假設再訂購點是4部而非2部。試比較二者持有成本與儲量不足成本差異。

21. 在密西西比河流域，穀物的運送是以平底貨船作為運輸工具，在穀物發配中心裝貨，順流而下，到路易斯安納卸貨。因為碼頭很小，一次只容許一艘船卸貨，如果正巧碼頭上有船在裝卸，晚到的就必須等候。平底船與碼頭的工作時間都是一天24小時、一星期7天，平底船到達率與碼頭卸貨率的機率分配如下：

二船到達的時間間隔（單位：小時）	1	2	3	4
機率	0.20	0.35	0.35	0.10

卸貨時間（單位：小時）	1	2	3
機率	0.30	0.40	0.30

模擬前20艘到達與卸貨的船隻，並算出每一艘船的平均等待時間與碼頭的閒置時間。

22. 從習題21中可以得出成本資訊，假設一艘船每小時的等待成本爲$120，而目前卸貨碼頭的人事成本爲$80。現在碼頭管理處正在考慮多雇用人手，使得卸貨時間降低一半，但這個計畫必須支出人事成本$160。利用模擬的結果，對這項計畫提出建議。

23. 羅伯正在計畫到拉斯維加斯度假，他希望能盡情去嘗試輪盤賭博的遊戲。輪盤的玩法有好幾種，其中最簡單的就是賭顏色。如果賭客下的賭注是$1，賭對的時候可以再贏回 $1。各個顏色出現的機率如下：

出現顏色	機率
紅	25/52
黑	25/52
綠	2/52

試模擬25次的輪盤遊戲，假設賭客每次下注都是$5，賭紅色，平均的報酬是多少？

24. 參考習題23，羅伯決定出了一項特定的策略：第一次賭$5，紅色，如果賭錯了，下一次就將賭注加倍。如果又輸了，再下一次就將賭注再加倍，一直繼續下去，直到羅伯贏了爲止。如果贏了，下一次他就會恢復最初的賭注$5。試模擬這個遊戲25次，總報酬值爲多少？羅伯最大可能贏回的報酬是多少？

25. 金五製造是一家生產計算機塑膠外殼的公司，總共有4條生產線，每一條都有一部模具機，在生產上扮演重要角色。如果其中有機器損壞了，停頓會造成每小時$180的成本。每部損壞的機器會有專責的維修工程師負責修理，工程師的薪水爲每小時$25。在任何一個小時中，每台機器可能故障的機率爲15%，維修時間的機率分配如下：

維修時間（單位：小時）	1	2	3	4	5
機率	0.1	0.3	0.3	0.2	0.1

試模擬這個系統20個小時的運作情形，計算出每一部機器的停頓時間，以及公司的平均停頓成本。

26. 在習題25的金五公司的範例中，分析在每條生產線上裝置第二部及第三部機器的可行性。假設每位工程師的工作時間如習題25，且與其他維修工程師的工作是互相獨立的。加入這些改變後，試模擬整個系統20小時的運作的情形，並請算出每小時的平均停頓時間，以及因爲維修所必須付給工程師的薪資成本。

分析—全國性發展的企業

全州建築公司興建了一座大型的公寓社區。公司作行銷時訂定了一些策略，其中一部份的策略，是強調一旦住戶有水管或冷氣機的問題時，公司會在一小時之內派人處理。如果住戶等候的時間超過一小時，每小時可獲得$10的折扣，由房租裡扣除。如果維修人員外出時，會由答錄機留下來電的時間與記錄。依據過去的經驗，在星期一至五的上班時間，因爲比較少人在家，所以大部份叫修的人都不需要等，但在週末時則會有比較長的等待時間。

公司將週末時叫修的電話作成記錄，機率分配如下：

每通電話的時間間隔（單位：分鐘）	機率
30	0.15
60	0.30
90	0.30
120	0.25

每次完成維修的時間因問題的難易度而有不同。大部份所要用到的零件儲藏室中都會有存貨，但有時候會遇上一些特殊的麻煩，因此，需要到當地的五金行中採買相關的零件。如果正好手邊有所需的零件，維修的人員會將目前的維修工作完成，之後再檢查下一個住戶的問題；如果手邊沒有零件，就必須把所有的工作停下來，開車到五金行採買後再回來，總共約要花一小時。

如果手邊有零件，完成維修工作的時間機率分配如下：

維修時間（單位：分鐘）	機率
30	0.45
60	0.30
90	0.20
120	0.05

每次接到電話後，維修人員需要先檢查手邊是否有要用的零件，需時約爲30分鐘。如果從五金行中買回了新零件，必須花約一小時去安裝。

在維修人員外出時如果有電話打進來，這些電話在新零件安裝完後才會被處理。維修人員的薪資是每小時$20，公司經理正在考慮是否要在週末時多請一位維修人員。

請利用模擬來協助經理人作決策，在進行模擬之前，務必清楚各項假設，以便明確定義問題。

附錄A

附錄A：馬可夫分析

許多管理的問題都是機率性的問題，系統狀態可能隨時會改變。馬可夫分析是一種預測工具，專門用來預測系統在不同時間點會發生的狀態。這種分析法是從找出可能的狀態變化開始，並算出不同時點間、不同狀態的移轉機率。最常應用馬可夫分析的領域如下：消費者的品牌移轉、機器設備的維修規劃、以及應收帳款分析等。

在應用馬可夫分析時，必須先作下列假設：

1. 狀態的變化種類是有限的。
2. 不同狀態間的移轉機率，在各期爲固定。
3. 當期會發生的狀態，只與前期所發生的狀態與移轉機率有關。
4. 在每一個期間中，系統狀態只改變一次。

在馬可夫分析中常用的符號如下：

P_{ij} = 系統在本期的狀態為 $_i$，在下一期轉變為狀態 $_j$ 的機率。

以下關於消費者品牌轉換的案例，將作爲說明馬可夫分析的例子。

如果系統中有二個狀態，則代表移轉機率的就是一個機率矩陣：

$$P=\begin{bmatrix} P_{11} & P_{12} \\ P_{21} & P_{22} \end{bmatrix}$$

範例

店裡出售二種咖啡—X牌與Y牌。根據一項消費者購買行爲的研究指出，如果某個消費者一開始是購買X牌的咖啡，則下一次購買時，這個消費者有70%會再購買X牌、30%購買Y牌；如果消費者一開始是購買Y牌，則下一次這個消費者會有80%的機率再購買Y牌，20%換成X牌。

將以上的敘述定義成符號如下：

狀態 1 = 顧客一開始是購買X牌的咖啡

狀態 2 = 顧客一開始是購買Y牌的咖啡

P_{11} = 一開始購買X牌的人，下一次還是購買X牌的機率 = 0.7

P_{12} = 一開始購買X牌的人，下一次是購買Y牌的機率 = 0.3

P_{21} = 一開始購買Y牌的人，下一次是購買X牌的機率 = 0.2

P_{22} = 一開始購買Y牌的人，下一次還是購買Y牌的機率 = 0.8

移轉機率矩陣爲：

$$P=\begin{bmatrix} 0.7 & 0.3 \\ 0.2 & 0.8 \end{bmatrix}$$

在機率矩陣中，每一列的機率和必爲 1，因爲在下一期中，會出現的不是狀態 1 就是狀態 2，二者機率和必爲 1。

利用帶有機率樹枝狀圖（圖1），可以詳細說明購買X牌顧客的購買型態。從樹狀途中，可以看出系統如果在本期爲狀態 1（購買X牌），到下一期也爲狀態 1的機率爲0.7；到第三期仍爲狀態1的機率，是0.7 x 0.7 = 0.49。這個機率直接由二個機率相乘得出，是因爲這二個事件完全獨立。事件獨立的原因，是因爲在馬可夫分析中先作假設，假設本期發生的狀態只與前一期的狀態及移轉機率有關。

圖 1 樹狀圖

一開始購買 X 牌消費者的消費型態

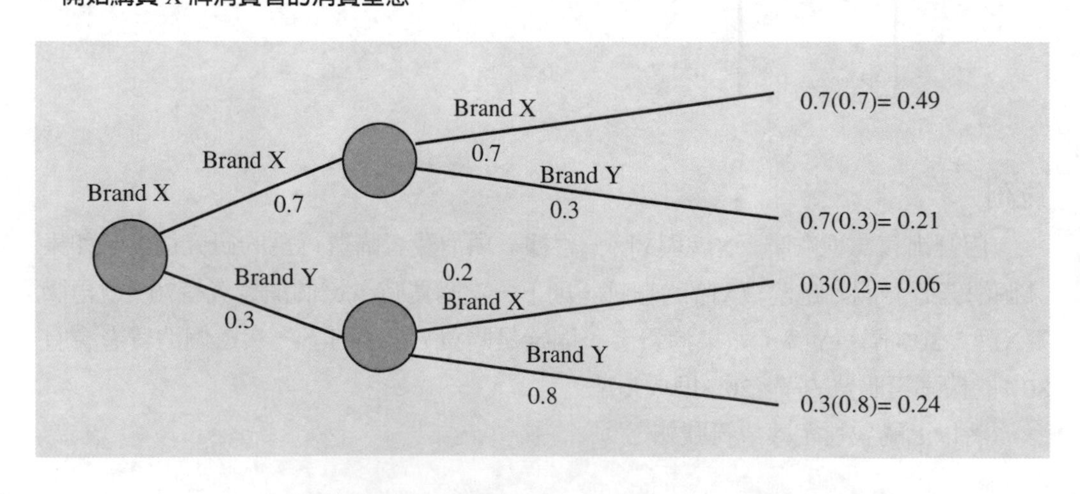

如果系統在第三期爲狀態 1，可能的移轉狀態，除了每一期都是狀態 1 之外，另一種可能，是在第二期轉換成狀態 2（購買Y牌），但在第三期又轉回狀態 1（購買X牌）。第二種情形的機率爲0.06，因此，系統在第三期爲狀態 1 的機率爲0.49+0.06=0.55。這表示如果所有顧客在本期都購買X牌的咖啡，在第三期時，仍會有55%購買X牌。

雖然可以將帶有機率的樹狀圖無限延伸，算出不同時期每種狀態的機率，但這項工作可能很耗時。要得出相同的資訊，可以利用矩陣運算，是較簡單的方法。

狀態機率

狀態機率得符號表示爲 $q_i(k)$，表示在第 k 期時，系統爲狀態 $_i$ 的機率。如果 k = 0，就表示是當期的情形，因此：

$q_1(0)$ = 系統在本期為狀態1的機率。

$q_1(1)$ = 系統在下一期為狀態1的機率。

$q_2(0)$ = 系統在本期為狀態2的機率。

$q_2(1)$ = 系統在下一期為狀態2的機率。

如果將第k期的機率寫成列向量（就是只有一列的矩陣），這個列向量的符號爲Q（k）定義爲：

$$Q(k) = [\ q_1(k)\ q_2(k)]$$

則本期的機率爲：

$$Q(0) = [\ q_1(0)\ q_2(0)]$$

要得到下一期各狀態的機率，只要將本期的機率向量乘以移轉機率矩陣即可，如下：

$$Q(1) = Q(0)P$$

$$[\ q_1(1)\ q_2(1)\ ] = [\ q_1(0)\ q_2(0)] \begin{bmatrix} P_{11} & P_{12} \\ P_{21} & P_{22} \end{bmatrix}$$

回到之前的範例，假設所有消費者一開始都購買X牌的咖啡，因此：

$q_1(0) = 1$
$q_2(0) = 0$

所以

$Q = [\ 1 0\ ]$

將這個向量與移轉機率矩陣相乘，為：

$$[\ q_1(1)\ q_2(1)\ ] = [\ 1 0\ ] \begin{bmatrix} 0.7 & 0.3 \\ 0.2 & 0.8 \end{bmatrix}$$

在運算時，將向量乘以矩陣中的對應欄，可得：

$$[\ q_1(1)\ q_2(1)\ ] = [\ 1(0.7)+0(0.2) \quad 1(0.3)+0(0.8)\ ]$$
$$= [\ 0.7\ \ 0.3\ ]$$

同樣的，要找出第二期的各項狀態機率，可以利用第一期的列向量：

$$Q(2) = Q(1)P$$

$$[\ q_1(2)\ q_2(2)\ ] = [\ q_1(1)\ q_2(1)] \begin{bmatrix} P_{11} & P_{12} \\ P_{21} & P_{22} \end{bmatrix}$$

$$[\ q_1(2)\ q_2(2)\ ] = [\ 0.7\ 0.3] \begin{bmatrix} 0.7 & 0.3 \\ 0.2 & 0.8 \end{bmatrix}$$

$$[\ q_1(2)\ q_2(2)\ ] = [\ 0.7(0.7)+0.3(0.2) \quad 0.7(0.3)+0.3(0.8)\ ]$$
$$= [\ 0.49+0.06 \quad 0.21+0.24\ ]$$
$$= [\ 0.55\ \ 0.45\ ]$$

這個結果與之前用樹狀圖找出的相同。如果將這個計算過程繼續下去，會發現各個狀態的機率變化越來越小，會逐漸收斂到穩定狀態。

穩定或均衡狀態

穩定狀態或均衡狀態的意義，是指各期間的狀態機率不再改變。爲瞭解釋上的方便，將利用下列定義符號：

q_1 = 在穩定狀態時，系統為狀態1的機率。

q_2 = 在穩定狀態時，系統為狀態2的機率。

要找出穩定狀態時的機率，可利用各期間狀態機率不再改變的特性：

$$Q = QP$$

$$[\,q_1 \quad q_2\,] = [\,q_1 \quad q_2\,] \begin{bmatrix} P_{11} & P_{12} \\ P_{21} & P_{22} \end{bmatrix}$$

範例中，移轉機率矩陣爲：

$$[\,q_1 \quad q_2\,] = [\,q_1 \quad q_2\,] \begin{bmatrix} 0.7 & 0.3 \\ 0.2 & 0.8 \end{bmatrix}$$

相乘結果可得出：

$$[\,q_1 \quad q_2\,] = [\,0.7q_1 + 0.2q_2 \quad 0.3q_1 + 0.8q_2\,]$$

因此，

$$q_1 = 0.7q_1 + 0.2q_2$$

以及

$q_2 = 0.3q_1 + 0.8q_2$

將以上的方程式簡化，可得：

$0.3q_1 - 0.2q_2 = 0$

以及

$-0.3q_1 + 0.2q_2 = 0$

這二個是相依方程式，因此，必須有另一條方程式才能求解。之前已知：

$q_1 + q_2 = 1$

利用這二條方程式解聯立：

$q_1 + q_2 = 1$
$0.3q_1 - 0.2q_2 = 0$

得結果：

$q_1 = 0.4$

以及

$q_2 = 0.6$

這表示在穩定狀態時，系統爲狀態 1 的機率是0.4。一旦達到這個機率，系統就不會再改變。這表示，最後X牌的市場佔有率爲40%，Y牌爲60%。會發生穩定狀態，是因爲最後從X轉換成Y、與從Y轉換成X的人數相同。

吸收狀態

吸收狀態的意義，是指某一種狀態轉換爲其他的狀態的機率爲 0。換言之，就是指假設有某一個事件進入狀態後，就永遠停留在這個狀態中。在馬可夫分析中，在應收帳款分析中常會出現這種狀態。以下的範例將詳細解釋這個概念。

公司將顧客的信用分等級，有些顧客必須在接到帳單後立刻付款，有些可以延遲付款。有些顧客無法付出帳款時，帳單就會列入壞帳。公司將信用分成下列的等級：

S_1 = 0-30天內付款

S_2 = 31-90天內付款

S_3 = 立即付款

S_4 = 壞帳

利用過去的記錄，各個狀態間的移轉機率為：

從 \ 到	S_1	S_2	S_3	S_4
S_1	0.3	0.2	0.5	0
S_2	0	0.5	0.4	0.1
S_3	0	0	1	0
S_4	0	0	0	1

將以上的資訊化為移轉機率矩陣：

$$P = \begin{bmatrix} 0.3 & 0.2 & 0.5 & 0 \\ 0 & 0.5 & 0.4 & 0.1 \\ 0 & 0 & 1 & 0 \\ 0 & 0 & 0 & 1 \end{bmatrix}$$

從矩陣中可以看出，一旦收回帳款後（S_3），狀態 S_3 就不會再改變為其他的狀態。同樣地，一旦被列入壞帳後，也不會再改變為其他狀態。因此，這二種狀態都是吸收狀態。

其他相關問題

當系統中存在著吸收狀態時，系統最後一定會達成其中一種狀態。要算出達成各吸收狀態的機率，必須利用所謂的基本矩陣。

利用馬可夫分析，也可以找出其他經理人感興趣的資訊，如系統從一個狀態移轉到另一個狀態所需的平均時間，或者系統達成目前狀態所需的時間，同時，也可以找出達成吸收所需的時間等。

馬可夫分析在管理上的應用

利用馬可夫分析，可以預測在沒有外力的前提下，系統長期的演變情形，但一般而言，經理人的興趣並不僅於此，他們希望改變移轉機率，以刺激或防止某種結果的出現。提出新的行銷策略，減少顧客轉換品牌的機率；增加動機，使顧客願意提前付帳。經理人會考慮採取不同的決策，改變移轉機率，刺激經理人所樂見的結果出現。在馬可夫分析中，可以分析出移轉機率改變時，對整體系統會產生的影響。

附錄B

常態分配的機率值

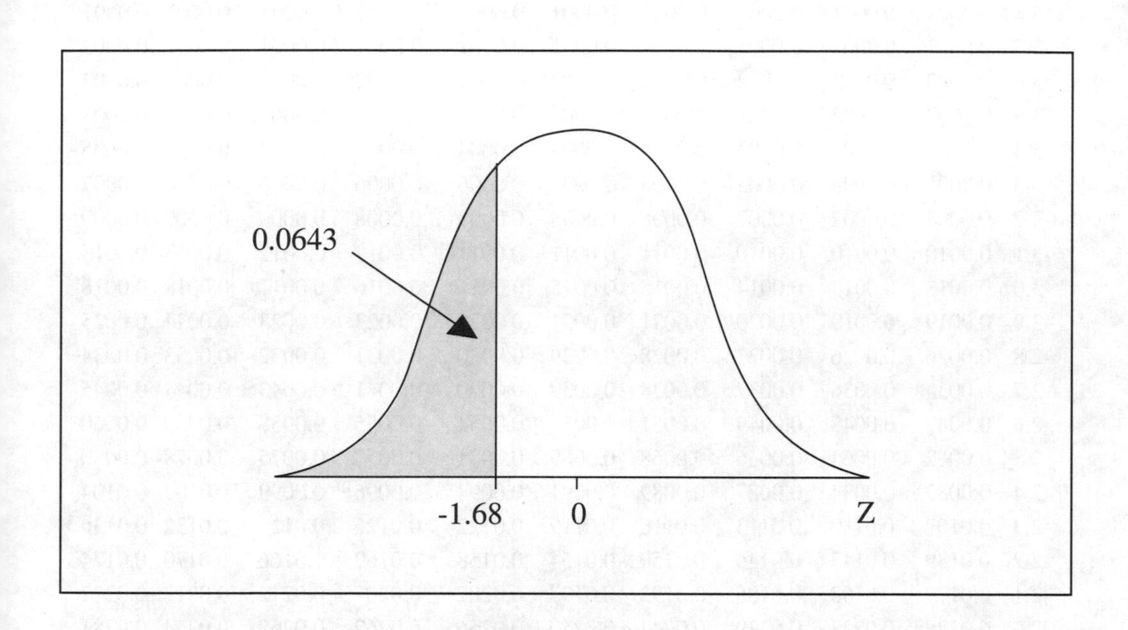

後表供查出標準常態隨機變數小於或等於某Z值的機率值（如圖示，$P(Z \leq -1.68) = 0.0643$）。

Z	小數點後兩位數字									
	00	01	02	03	04	05	06	07	08	09
-3.9	0.0000	0.0001	0.0001	0.0001	0.0001	0.0001	0.0001	0.0001	0.0001	0.0001
-3.8	0.0001	0.0001	0.0001	0.0001	0.0001	0.0001	0.0001	0.0001	0.0001	0.0001
-3.7	0.0001	0.0001	0.0001	0.0001	0.0001	0.0001	0.0001	0.0001	0.0001	0.0002
-3.6	0.0002	0.0002	0.0002	0.0002	0.0002	0.0002	0.0002	0.0002	0.0002	0.0002
-3.5	0.0002	0.0002	0.0003	0.0003	0.0003	0.0003	0.0003	0.0003	0.0003	0.0003
-3.4	0.0003	0.0003	0.0004	0.0004	0.0004	0.0004	0.0004	0.0004	0.0005	0.0005
-3.3	0.0005	0.0005	0.0005	0.0005	0.0006	0.0006	0.0006	0.0006	0.0006	0.0007
-3.2	0.0007	0.0007	0.0007	0.0008	0.0008	0.0008	0.0008	0.0009	0.0009	0.0009
-3.1	0.0010	0.0010	0.0010	0.0011	0.0011	0.0011	0.0012	0.0012	0.0013	0.0013
-3.0	0.0013	0.0014	0.0014	0.0015	0.0015	0.0016	0.0016	0.0017	0.0018	0.0018
-2.9	0.0019	0.0019	0.0020	0.0021	0.0021	0.0022	0.0023	0.0023	0.0024	0.0025
-2.8	0.0026	0.0026	0.0027	0.0028	0.0029	0.0030	0.0031	0.0032	0.0033	0.0034
-2.7	0.0035	0.0036	0.0037	0.0038	0.0039	0.0040	0.0041	0.0043	0.0044	0.0045
-2.6	0.0047	0.0048	0.0049	0.0051	0.0052	0.0054	0.0055	0.0057	0.0059	0.0060
-2.5	0.0062	0.0064	0.0066	0.0068	0.0069	0.0071	0.0073	0.0075	0.0078	0.0080
-2.4	0.0082	0.0084	0.0087	0.0089	0.0091	0.0094	0.0096	0.0099	0.0102	0.0104
-2.3	0.0107	0.0110	0.0113	0.0116	0.0119	0.0122	0.0125	0.0129	0.0132	0.0136
-2.2	0.0139	0.0143	0.0146	0.0150	0.0154	0.0158	0.0162	0.0166	0.0170	0.0174
-2.1	0.0179	0.0183	0.0188	0.0192	0.0197	0.0202	0.0207	0.0212	0.0217	0.0222
-2.0	0.0228	0.0233	0.0239	0.0244	0.0250	0.0256	0.0262	0.0268	0.0274	0.0281
-1.9	0.0287	0.0294	0.0301	0.0307	0.0314	0.0322	0.0329	0.0336	0.0344	0.0351
-1.8	0.0359	0.0367	0.0375	0.0384	0.0392	0.0401	0.0409	0.0418	0.0427	0.0436
-1.7	0.0446	0.0455	0.0465	0.0475	0.0485	0.0495	0.0505	0.0516	0.0526	0.0537
-1.6	0.0548	0.0559	0.0571	0.0582	0.0594	0.0606	0.0618	0.0630	0.0643	0.0655
-1.5	0.0668	0.0681	0.0694	0.0708	0.0721	0.0735	0.0749	0.0764	0.0778	0.0793
-1.4	0.0808	0.0823	0.0838	0.0853	0.0869	0.0885	0.0901	0.0918	0.0934	0.0951
-1.3	0.0968	0.0985	0.1003	0.1020	0.1038	0.1056	0.1075	0.1093	0.1112	0.1131
-1.2	0.1151	0.1170	0.1190	0.1210	0.1230	0.1251	0.1271	0.1292	0.1314	0.1335
-1.1	0.1357	0.1379	0.1401	0.1423	0.1446	0.1469	0.1492	0.1515	0.1539	0.1562
-1.0	0.1587	0.1611	0.1635	0.1660	0.1685	0.1711	0.1736	0.1762	0.1788	0.1814
-0.9	0.1841	0.1867	0.1894	0.1922	0.1949	0.1977	0.2005	0.2033	0.2061	0.2090
-0.8	0.2119	0.2148	0.2177	0.2206	0.2236	0.2266	0.2296	0.2327	0.2358	0.2389
-0.7	0.2420	0.2451	0.2483	0.2514	0.2546	0.2578	0.2611	0.2643	0.2676	0.2709
-0.6	0.2743	0.2776	0.2810	0.2843	0.2877	0.2912	0.2946	0.2981	0.3015	0.3050
-0.5	0.3085	0.3121	0.3156	0.3192	0.3228	0.3264	0.3300	0.3336	0.3372	0.3409
-0.4	0.3446	0.3483	0.3520	0.3557	0.3594	0.3632	0.3669	0.3v707	0.3745	0.3783
-0.3	0.3821	0.3859	0.3897	0.3936	0.3974	0.4013	0.4052	0.4090	0.4129	0.4168
-0.2	0.4207	0.4247	0.4286	0.4325	0.4364	0.4404	0.4443	0.4483	0.4522	0.4562
-0.1	0.4602	0.4641	0.4681	0.4721	0.4761	0.4801	0.4840	0.4880	0.4920	0.4960

常態分配的機率值（續）

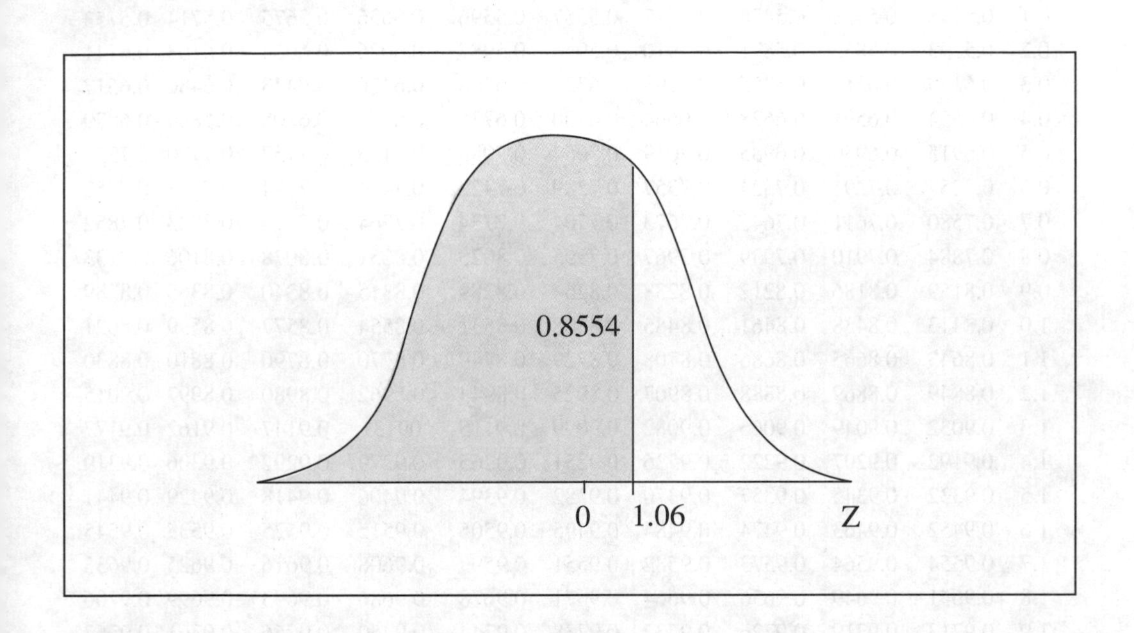

後表供查出標準常態隨機變數小於或等於某Z值的機率值（如圖示，$P(Z \leqq 1.06) = 0.8554$）。

Z	小數點後兩位數字 00	01	02	03	04	05	06	07	08	09
0.0	0.5000	0.5040	0.5080	0.5120	0.5160	0.5199	0.5239	0.5279	0.5319	0.5359
0.1	0.5398	0.5438	0.5478	0.5517	0.5557	0.5596	0.5636	0.5675	0.5714	0.5753
0.2	0.5793	0.5832	0.5871	0.5910	0.5948	0.5987	0.6026	0.6064	0.6103	0.6141
0.3	0.6179	0.6217	0.6255	0.6293	0.6331	0.6368	0.6406	0.6443	0.6480	0.6517
0.4	0.6554	0.6591	0.6628	0.6664	0.6700	0.6736	0.6772	0.6808	0.6844	0.6879
0.5	0.6915	0.6950	0.6985	0.7019	0.7054	0.7088	0.7123	0.7157	0.7190	0.7224
0.6	0.7257	0.7291	0.7324	0.7357	0.7389	0.7422	0.7454	0.7794	0.7823	0.7852
0.7	0.7580	0.7611	0.7642	0.7673	0.7704	0.7734	0.7764	0.7794	0.7823	0.7852
0.8	0.7884	0.7910	0.7939	0.7967	0.7995	0.8023	0.8051	0.8078	0.8106	0.8133
0.9	0.8159	0.8186	0.8212	0.8238	0.8264	0.8289	0.8315	0.8340	0.8365	0.8389
1.0	0.8413	0.8438	0.8461	0.8485	0.8508	0.8531	0.8554	0.8577	0.8599	0.8621
1.1	0.8643	0.8665	0.8686	0.8708	0.8729	0.8749	0.8770	0.8790	0.8810	0.8830
1.2	0.8849	0.8869	0.8888	0.8907	0.8925	0.8944	0.8962	0.8980	0.8997	0.9015
1.3	0.9032	0.9049	0.9066	0.9082	0.9099	0.9115	09131	0.9147	0.9162	0.9177
1.4	0.9192	0.9207	0.9222	0.9236	0.9251	0.9265	0.9279	0.9292	0.9306	0.9319
1.5	0.9332	0.9345	0.9357	0.9370	0.9382	0.9394	0.9406	0.9418	0.9429	0.9441
1.6	0.9452	0.9463	0.9474	0.9484	0.9495	0.9505	0.9515	0.9525	0.9535	0.9545
1.7	0.9554	0.9564	0.9573	0.9582	0.9551	0.9599	0.9608	0.9616	0.9625	0.9633
1.8	0.9641	0.9649	0.9656	0.9664	0.9671	0.9678	0.9686	0.9693	0.9699	0.9706
1.9	0.9713	0.9719	0.9726	0.9732	0.9738	0.9744	0.9750	0.9756	0.9761	0.9767
2.0	0.9972	0.9778	0.9783	0.9788	0.9793	0.9798	0.9803	0.9808	0.9812	0.9817
2.1	0.9821	0.9826	0.9830	0.9834	0.9838	0.9842	0.9846	0.9850	0.9854	0.9857
2.2	0.9861	0.9864	0.9868	0.9871	0.9875	0.9878	0.9881	0.9884	0.9887	0.9890
2.3	0.9893	0.9896	0.9898	0.9901	0.9904	0.9906	0.9909	0.9911	0.9913	0.9916
2.4	0.9918	0.9920	0.9922	0.9925	0.9927	0.9929	0.9931	0.9932	0.9934	0.9952
2.5	0.9938	0.9940	0.9941	0.9943	0.9945	0.9946	0.9948	0.9949	0.9951	0.9952
2.6	0.9953	0.9955	0.9956	0.9957	0.9959	0.9960	0.9961	0.9962	0.9963	0.9964
2.7	0.9965	0.9966	0.9967	0.9968	0.9969	0.9970	0.9971	0.9972	0.9973	0.9974
2.8	0.9974	0.9975	0.9976	0.9977	0.9977	0.9978	0.9979	0.9979	0.9980	0.9981
2.9	0.9981	0.9982	0.9982	09983	0.9984	09984	0.9985	0.9985	0.9986	0.9986
3.0	0.9987	0.9987	0.9987	0.9988	0.9988	0.9989	0.9989	0.9989	0.9990	0.9990
3.1	0.9990	0.9991	0.9991	0.9991	0.9992	0.9992	0.9992	0.9992	0.9993	0.9993
3.2	0.9993	0.9993	0.9994	0.9994	0.9994	0.9994	0.9994	0.9995	0.9995	0.9995
3.3	0.9995	0.9995	0.9995	0.9996	0.9996	0.9996	0.9996	0.9996	0.9996	0.9997
3.4	0.9997	0.9997	0.9997	0.9997	0.9997	0.9997	0.9997	0.9997	0.9997	0.9998
3.5	0.9998	0.9998	0.9998	0.9998	0.9998	0.9998	0.9998	0.9998	0.9998	0.9998
3.6	0.9998	0.9998	0.9999	0.9999	0.9999	0.9999	0.9999	0.9999	0.9999	0.9999
3.7	0.9999	0.9999	0.9999	0.9999	0.9999	0.9999	0.9999	0.9999	0.9999	0.9999
3.8	0.9999	0.9999	0.9999	0.9999	0.9999	0.9999	0.9999	0.9999	0.9999	0.9999
3.9	1.0000	1.0000	1.0000	1.0000	1.0000	1.0000	1.0000	1.0000	1.0000	1.0000

特定 λ 值及其 $e^{-\lambda}$ 值

λ	$e^{-\lambda}$	λ	$e^{-\lambda}$
0.10	0.9048	4.00	0.0183
0.20	0.8187	4.10	0.0166
0.30	0.7408	4.20	0.0150
0.40	0.6703	4.30	0.0136
0.50	0.6065	4.40	0.0123
0.60	0.5488	4.50	0.0111
0.70	0.4966	4.60	0.0101
0.80	0.4493	4.70	0.0091
0.90	0.4066	4.80	0.0082
1.00	0.3679	4.90	0.0074
1.10	0.3329	5.00	0.0067
1.20	0.3012	5.10	0.0061
1.30	0.2725	5.20	0.0055
1.40	0.2466	5.30	0.0050
150	0.2231	5.40	0.0045
1.60	0.2019	5.50	0.0041
1.70	0.1827	5.60	0.0037
1.80	0.1653	5.70	0.0033
1.90	0.1496	5.80	0.0030
2.00	0.1353	5.90	0.0027
2.10	0.1225	6.00	0.0025
2.20	0.1108	7.00	0.0009
2.30	0.1003	8.00	0.0003
2.40	0.0907	9.00	0.0001
2.50	0.0821	10.00	0.0000
2.60	0.0743		
2.70	0.0672		
2.80	0.0608		
2.90	0.0550		
3.00	0.0498		
3.10	0.0450		
3.20	0.0408		
3.30	0.0369		
3.40	0.0334		
3.50	0.0302		
3.60	0.0273		
3.70	0.0247		
3.80	0.0224		
3.90	0.0202		

亂數表

62	37	27	86	64	63	60	45	98	97	82	17	03	14	66	04	10	64
50	71	47	62	67	66	64	30	12	15	74	61	81	31	05	20	25	93
41	11	06	57	17	21	05	54	34	49	39	08	19	38	40	54	11	59
26	73	15	75	51	19	33	81	58	32	81	84	44	56	61	86	72	99
77	85	81	84	33	46	64	14	01	72	65	58	05	57	82	98	51	07
95	98	75	53	28	32	06	53	27	91	21	59	94	37	18	19	82	59
14	93	90	01	44	06	96	14	32	93	19	87	90	32	50	73	27	78
21	34	75	80	55	88	18	04	57	09	03	01	74	81	67	08	60	32
64	95	23	94	37	95	13	40	85	42	48	40	53	23	00	61	89	23
49	75	70	71	01	77	11	66	34	70	07	01	53	74	71	17	52	82
15	45	21	61	19	02	50	49	80	84	27	03	87	31	48	51	14	63
27	83	73	23	09	21	99	28	58	67	20	58	59	41	77	07	41	70
58	65	30	91	18	50	75	39	53	08	90	84	84	55	41	95	61	34
35	57	17	04	23	03	94	14	86	68	31	41	29	02	01	33	12	96
49	70	57	25	56	33	01	34	89	40	70	22	96	17	49	86	78	84
09	83	23	55	77	99	97	03	99	57	91	20	38	29	52	77	99	07
46	64	30	75	04	27	13	10	93	33	13	41	90	27	55	41	90	12
49	62	05	57	13	30	31	64	50	81	55	97	02	38	78	73	40	15
31	36	61	40	46	06	14	34	03	18	06	19	79	78	08	59	26	99
29	62	13	08	70	54	99	03	50	70	31	37	31	08	34	25	55	16
27	41	58	02	11	95	52	29	12	16	43	48	37	19	20	27	47	92
25	50	20	82	77	22	84	64	96	25	97	31	77	88	29	20	93	47
32	61	33	87	37	36	52	33	63	39	63	17	35	15	28	65	28	03
16	51	16	40	29	92	95	05	93	95	66	11	20	38	22	58	48	93
97	73	74	16	99	48	71	29	20	98	50	90	61	83	93	24	34	08
46	91	77	08	70	98	26	77	45	67	01	89	58	03	80	70	68	74
71	36	04	26	56	76	07	53	26	01	21	43	54	06	06	76	31	11
92	40	47	70	94	04	52	78	40	13	30	71	96	19	70	92	97	83
36	37	69	88	07	87	18	39	84	81	34	56	98	15	38	35	49	37
80	56	83	64	26	45	07	59	55	60	44	16	31	26	62	83	17	99
76	59	24	09	39	90	66	02	35	56	89	93	17	49	30	84	14	39
93	14	48	95	50	53	53	96	92	99	35	35	44	34	00	12	01	12
56	77	19	63	60	56	31	30	59	43	91	98	23	70	00	92	08	36
21	46	66	54	25	06	45	53	41	82	33	74	90	73	50	15	18	67
51	05	29	84	58	23	59	46	93	48	37	36	60	46	30	03	46	01
30	35	75	57	59	84	12	30	34	88	27	64	76	15	77	22	21	04
39	98	58	68	45	92	15	68	80	67	49	48	06	88	78	56	37	82
87	92	02	25	57	14	27	26	59	05	23	34	76	35	41	60	24	89
20	35	65	53	99	42	07	05	07	57	96	12	88	04	36	51	09	46
97	81	98	20	14	82	57	90	27	00	21	20	68	95	04	68	37	90
63	29	92	48	93	92	10	88	64	34	79	52	19	31	39	26	45	73
87	83	37	23	84	08	55	75	94	76	37	25	43	19	98	38	41	43

著　　者☞ Michael E. Hanna
譯　　者☞李茂興
出 版 者☞揚智文化事業股份有限公司
發 行 人☞葉忠賢
總 編 輯☞孟　樊
責任編輯☞賴筱彌
登 記 證☞局版北市業字第 1117 號
地　　址☞台北市新生南路三段 88 號 5 樓之 6
電　　話☞886-2-23660309・23660313
傳　　眞☞886-2-23660310
郵政劃撥☞14534976
印　　刷☞鼎易印刷事業有限公司
法律顧問☞北辰著作權事務所 蕭雄淋律師
初版一刷☞2000 年 4 月
定　　價☞新台幣 700 元
I S B N☞957-818-098-5
E-mail☞ tn605547@ms6.tisnet.net.tw
網　　址☞http://www.ycrc.com.tw

國家圖書館出版品預行編目資料

作業研究 / Michael E. Hanna 著；李茂興譯.
-- 初版 -- 臺北市：揚智文化，2000[民89]
面；　公分. --（商管叢書）
譯自：Introduction to management science
ISBN：957-818-098-5（精裝）

1. 管理科學 — 研究方法

494.01　　89000246